KB044597

문제 풀며 정리하는

확률과 통계 2판

Probability and Statistics

고석구 · 이재원 저

| 머리말

어떤 이론이나 지식은 그 내용 자체로만 이해하고자 할 때 상당한 어려움이 따를 수 있다. 그래서 우리는 예제를 살펴보고 현실적인 상황을 살펴볼 수 있는 문제도 다뤄보게 된다.

이 책은 저자들의 여러 통계학 저서에 나오는 문제들을 통계학에서 다루는 내용의 일반적인 순서에 따라 정리하여 풀이한 것으로 첫눈에 보면 확률과 통계학에 관한 연습문제들의 풀이로만 보일 수 있다. 그러나 단순히 문제 풀이 과정을 보여 주고자 하는 것이 아니라 확률과 통계학에 대한 학습을 심화시키고 응용할 수 있는 능력을 배양하는 데 목적이 있다. 그래서 가끔은 동일한 문제처럼 보이지만 이론 전개에 따라 구성이나 발문을 달리한 문제들도 있다. 따라서 각 문제를 해결하는 데 필요한 기본이론 및 지식을 습득하고 나서 해당 문제를 풀어봄으로써 이를 구분·점검·확인하고 내용을 확실하게 이해하고 심화하는 해설서 및 보조 교재로 활용하는 것이 바람직하다고 생각한다.

초판을 갑자기 발간하게 되어 오류가 많이 나타났으나 여러 가지 이유로 즉시 바로잡아 출간하지 못하고 블로그에 정오표만 제공하다가 이제야 개정하여 제2판을 내게 됨을 정중히 사과드린다. 최대한 오류를 잡아내고자 노력하였으니 독자 제현의 양해를 구한다.

2023년 8월
저자 일동

| 차례

■ 머리말 ·· iii

| CHAPTER 01 | 기술통계학 1 : 표와 그래프 ·· 1

| CHAPTER 02 | 기술통계학 2 : 수치 척도 ·· 43

| CHAPTER 03 | 확률 ·· 77

| CHAPTER 04 | 확률변수 ·· 149

| CHAPTER 05 | 결합확률분포 ·· 201

| CHAPTER 06 | 이산확률분포 ·· 315

| CHAPTER 07 | 연속확률분포 ·· 381

| CHAPTER 08 | 표본분포 ·· 463

| CHAPTER 09 | 추정 ·· 517

| CHAPTER 10 | 가설검정 ·· 577

■ 부록 ·· 647

기술통계학 1 : 표와 그래프

01-01

2014년 6.4 지방선거에서 서울지역의 유효 투표수 4,863,783표에 대하여 4명의 서울시장 후보가 각각 다음과 같이 득표하였다.

A후보: 2,096,294, B후보: 2,726,763, C후보: 23,325, D후보: 17,401

이 자료에 대한 도수표를 작성하라.

풀이 각 후보별 상대도수를 구하면 각각 다음과 같다.

$$\text{A후보} : \frac{2096294}{4863783} = 0.4310, \quad \text{B후보} : \frac{2726763}{4863783} = 0.5606,$$

$$\text{C후보} : \frac{23325}{4863783} = 0.0048, \quad \text{D후보} : \frac{17401}{4863783} = 0.0036$$

따라서 각 후보별 득표수에 대한 도수표는 다음과 같다.

구분	도수	상대도수	백분율(%)
A	2,096,294	0.4310	43.10
B	2,726,763	0.5606	56.06
C	23,325	0.0048	0.48
D	17,401	0.0036	0.36

01-02

문제 01-01 자료의 각 후보별 득표수와 득표비율에 대한 막대그래프를 그리라.

풀이

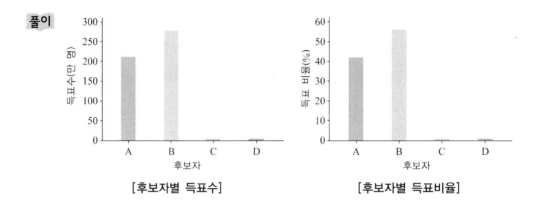

[후보자별 득표수]　　　　　　　　[후보자별 득표비율]

01-03

문제 01-01 자료의 각 후보별 득표수와 득표비율에 대한 선그래프를 그리라.

풀이

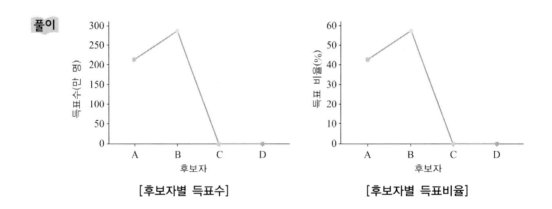

[후보자별 득표수]　　　　　　　　[후보자별 득표비율]

01-04

문제 01-01 자료의 각 후보별 득표율에 대한 원그래프를 그리라(단, 득표율이 1% 미만인 후보들의 파이 조각은 결합한다).

풀이　C후보와 D후보의 득표율이 1% 미만이므로 두 후보의 득표율을 합하면 0.84%이고, 따라서 A, B 그리고 C와 D의 득표율에 따른 중심각을 구하면 다음과 같다.

$$A후보 : 0.4310 \times 360° = 155.2°, \quad B후보 : 0.5606 \times 360° = 201.8°,$$

$$C, D후보 : 0.0084 \times 360° = 3.0°$$

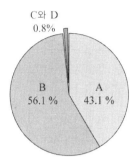

[후보자별 득표율]

01-05

다음은 어느 대형 마트를 이용한 고객 50명을 상대로 조사한 만족도를 나타낸 것이다. 물음에 답하라.

G A S A A I P I I G A S S G P A S S I S P I P P P
G A S P I G I A G G S P A S G P I A A G S S G G S

(1) 이 자료에 대한 도수표를 작성하라.
(2) 이 자료에 대한 도수막대그래프와 선그래프를 그리라.
(3) 이 자료에 대한 상대도수 막대그래프와 선그래프를 그리라.
(4) 이 자료에 대한 원그래프를 그리라.

풀이 (1)

범주	도수	상대도수
A	10	0.2
G	11	0.22
I	8	0.16
P	9	0.18
S	12	0.24

(2)

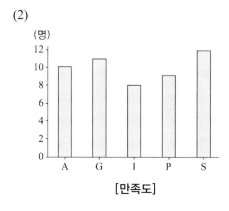

[만족도]

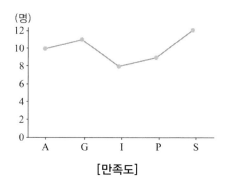

[만족도]

(3)

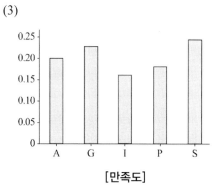

[만족도]

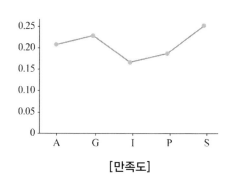

[만족도]

(4)

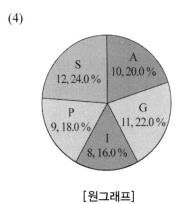

[원그래프]

01-06

다음 표는 어느 대학에서 교내 음주의 찬성 여부를 재학생 100명을 상대로 조사하여 나타 낸 것이다. 물음에 답하라.

찬성	찬성	찬성	무응답	찬성	무응답	찬성	반대	무응답	찬성	찬성	반대
무응답	찬성	반대	찬성	반대	찬성	찬성	무응답	무응답	찬성	찬성	반대
찬성	찬성	찬성	찬성	무응답	반대	찬성	찬성	무응답	찬성	무응답	찬성
찬성	찬성	반대	반대	찬성	찬성	찬성	반대	반대	찬성	찬성	찬성	반대
반대	무응답	찬성	찬성	반대	찬성	반대	찬성	무응답	찬성	찬성	무응답
찬성	무응답	반대	찬성	찬성	반대	찬성	반대	찬성	반대	반대	찬성	찬성
반대	찬성	반대	찬성	찬성	반대	찬성	찬성	찬성	찬성	반대	반대	찬성
찬성	찬성	찬성	무응답	찬성	찬성	반대	찬성	찬성	찬성	반대	반대	찬성

(1) 이 자료에 대한 도수표를 작성하라.
(2) 이 자료에 대한 도수막대그래프와 선그래프를 그리라.
(3) 이 자료에 대한 상대도수 막대그래프와 선그래프를 그리라.
(4) 이 자료에 대한 원그래프를 그리라.

풀이 (1)

범주	도수	상대도수
찬성	59	0.59
반대	27	0.27
무응답	14	0.14

(2)

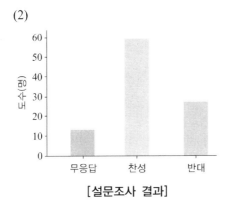

[설문조사 결과]

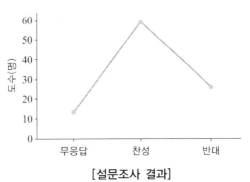

[설문조사 결과]

(3)

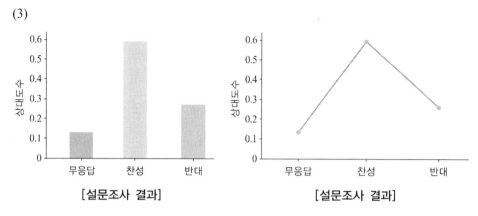

[설문조사 결과]　　　　　　　　[설문조사 결과]

(4)

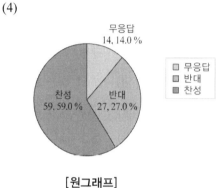

[원그래프]

01-07

다음은 2018년 6.13 지방선거의 연령대별 사전투표자 수와 유권자 수에 대한 막대그래프이다. 물음에 답하라.

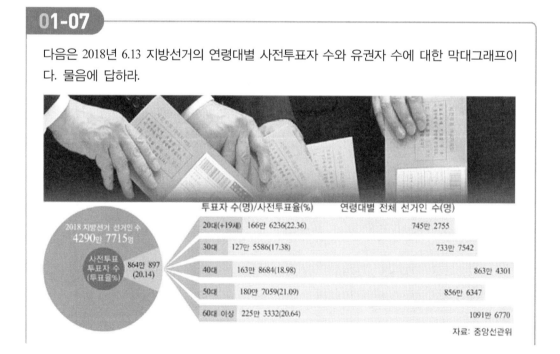

(1) 다음 표를 완성하라.

(단위: 명)

연령	20대(+19세)	30대	40대	50대	60대 이상
유권자 수					
사전투표자 수					

(2) 연령대별 유권자 수에 대한 원그래프를 그리라.
(3) 연령대별 사전투표자 수에 대한 원그래프를 그리라.

풀이 (1)

연령	20대(+19세)	30대	40대	50대	60대 이상
유권자 수(명)	7,452,755	7,337,542	8,634,302	8,566,347	10,916,770
사전투표자 수(명)	1,666,236	1,275,586	1,638,684	1,807,059	2,253,332

(2)

[유권자수]

(3)

[사전투표자수]

01-08

다음은 우리나라 국민 10만 명당 존재하는 10대 암 종류별 발생자 수를 각각 조사하여 표로 나타낸 것이다. 물음에 답하라.

(1) 남자와 여자에게 발생하는 암 종류에 대한 비율을 각각 구하라.

(2) 남자와 여자에게 발생하는 암 종류에 대한 원그래프를 각각 그리라.

순위	암 종류	남자	암 종류	여자
1	위	21,344	갑상선	33,562
2	대장	17,157	유방	15,942
3	폐	15,167	대장	10,955
4	간	12,189	위	10,293
5	전립선	8,952	폐	6,586
6	갑상선	7,006	간	4,274
7	방광	2,847	자궁경부	3,728
8	췌장	2,807	담낭	2,514
9	신장	2,722	췌장	2,273
10	담낭	2,479	난소	2,010

풀이 (1)

순위	암 종류	남자	암 종류	여자
1	위	0.230	갑상선	0.364
2	대장	0.185	유방	0.173
3	폐	0.164	대장	0.119
4	간	0.132	위	0.112
5	전립선	0.097	폐	0.071
6	갑상선	0.076	간	0.046
7	방광	0.031	자궁경부	0.040
8	췌장	0.030	담낭	0.027
9	신장	0.029	췌장	0.025
10	담낭	0.027	난소	0.022

(2)

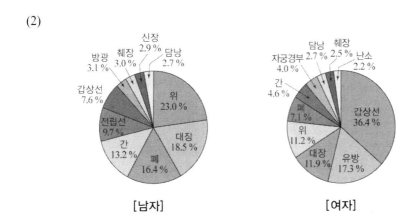

[남자]   [여자]

01-09

다음은 2010년 주요 선진국의 인구 1만 명당 교통사고 사망자 수를 표로 나타낸 것이다. OECD 평균 사망자 수에 기준선을 작성한 막대그래프를 그리라.

국가	한국	영국	독일	미국	프랑스	호주	스웨덴	일본	OECD평균
사망자(명)	2.6	0.7	0.7	1.3	1.0	0.8	0.5	0.7	1.1

풀이

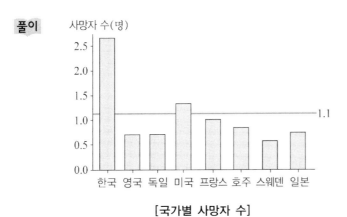

[국가별 사망자 수]

01-10

다음은 2013년도 전국 광역시 · 도별 재정자립도를 표로 나타낸 것이다.

(단위: %)

지역	서울	부산	대구	인천	광주	대전	울산	세종	경기
자립도	88.8	56.6	51.8	67.3	45.4	57.5	70.7	38.8	71.6
지역	강원	충북	충남	전북	전남	경북	경남	제주	
자립도	26.6	34.2	36.0	25.7	21.7	28.0	41.7	30.6	

(1) 재정자립도의 막대그래프를 그리라.

(2) 재정자립도의 선그래프를 그리라.

(3) 재정자립도에 대한 원그래프를 그리라.

풀이 (1)

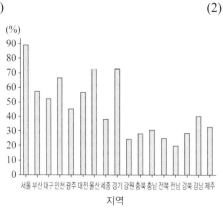

[지역별 재정자립도]

(2)

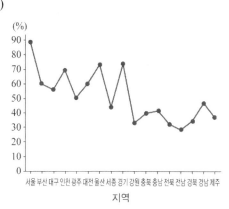

[지역별 재정자립도]

(3)

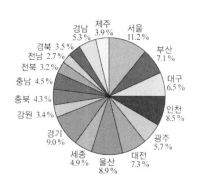

[재정자립도 원그래프]

01-11

다음은 5년 주기로 조사한 우리나라 인구수를 표로 나타낸 것이다.

(단위 : 명)

구분	2000년	2005년	2010년	2015년
전체	46,136,101	47,278,951	48,580,293	51,529,338
남자	23,158,582	23,623,954	24,167,098	25,758,186
여자	22,977,519	23,654,997	24,413,195	25,771,152

(1) 전체와 성별에 따른 연도별 인구수의 막대그래프를 각각 그리라.

(2) 연도에 따른 전체 인구수 그리고 남자와 여자 인구수의 막대그래프를 각각 그리라.

(3) 연도별 전체 인구수를 나타내는 원그래프를 그리라.

풀이 (1)   (2)

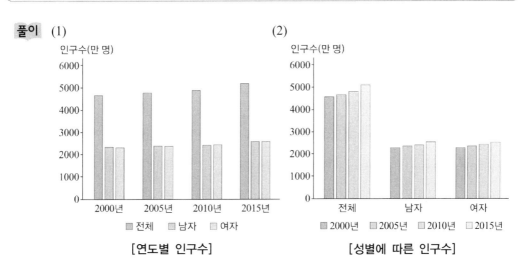

[연도별 인구수]   [성별에 따른 인구수]

(3)

[인구수(연도)의 원그래프]

01-12

다음은 2004년부터 10년간의 연도별 혼인 건수와 이혼 건수를 표로 나타낸 것이다. 물음에 답하라.

지표	2004년	2005년	2006년	2007년	2008년
혼인건수	308,598	314,304	330,634	343,559	327,715
이혼건수	138,932	128,035	124,524	124,072	116,535
지표	2009년	2010년	2011년	2012년	2013년
혼인건수	309,759	326,104	329,087	327,073	322,807
이혼건수	123,999	116,858	114,284	114,316	115,292

(1) 연도별 혼인 건수를 나타내는 막대그래프와 선그래프를 그리라.
(2) 연도별 이혼 건수를 나타내는 막대그래프와 선그래프를 그리라.
(3) 혼인 건수와 이혼 건수를 함께 나타내는 선그래프를 그리라.

풀이 (1)

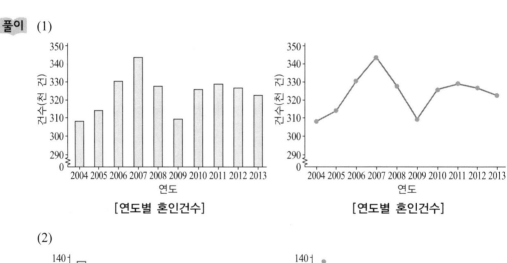

[연도별 혼인건수]   [연도별 혼인건수]

(2)

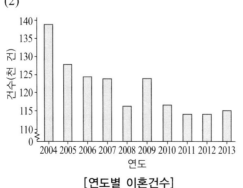

[연도별 이혼건수]

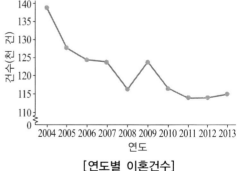

[연도별 이혼건수]

(3)

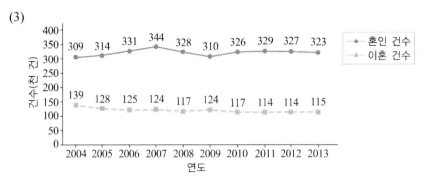

[연도별 혼인건수와 이혼건수 비교]

01-13

다음은 2004년부터 9년간 조사한 출생아 수와 여아 100명당 남아의 비율을 표로 나타낸 것이다. 물음에 답하라.

(단위: 명)

연도	2004	2005	2006	2007	2008	2009	2010	2011	2012
출생아수	472,761	435,031	448,153	493,189	465,892	444,849	470,171	471,265	484,550
출생성비	108.2	107.8	107.5	106.2	106.4	106.4	106.9	105.7	105.7

(1) 연도별 출생아 수에 대한 막대그래프를 그리라.
(2) 연도별 출생성비에 대한 선그래프를 그리라.
(3) 이 자료를 이용하여 남자아이 수와 여자아이 수에 대한 막대그래프를 그리라.

풀이 (1)

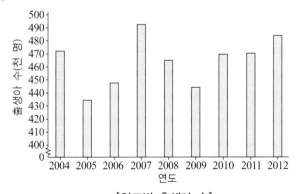

[연도별 출생아 수]

(2)

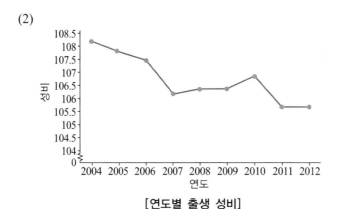

[연도별 출생 성비]

(3)

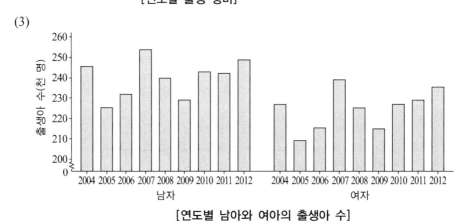

[연도별 남아와 여아의 출생아 수]

2004년도의 남자아이 수와 여자아이 수를 각각 x, y라 하면, $x+y=472761$, $x:y=108.2:100$이므로 $108.2y=100x$이고, 따라서 연립방정식 $x+y=472761$, $108.2y=100x$을 풀면 남자아이 수 $x=245,690$명 여자아이 수 $y=227,071$이다. 같은 방법으로 남자와 여자아이 수를 구하면 다음 표와 같다.

(단위: 명)

연도	2004	2005	2006	2007	2008	2009	2010	2011	2012
남자	245,690	225,680	232,176	254,009	240,169	229,321	242,925	242,162	248,989
여자	227,071	209,351	215,977	239,180	225,723	215,528	227,246	229,103	235,561

01-14

다음은 주요 국가의 화폐에 대한 원화의 매매 기준율과 구입 가격, 판매 가격을 나타낸 것이다. 물음에 답하라.

(단위: 원)

통화명	구입 가격	판매 가격	통화명	구입 가격	판매 가격
미국 USD	1,034.79	999.21	캐나다 CAD	951.25	914.13
유럽연합 EUR	1,406.08	1,351.22	호주 AUD	970.75	932.87
일본 JYP	1,011.03	976.27	브라질 BRL	492.70	419.72
중국 CNY	174.98	155.37	러시아 RUB	31.66	26.06
영국 GBP	1,743.18	1,675.16	요르단 JOD	1,493.68	1,321.35

출처: KEB하나은행

(1) 각 통화별 구입 가격과 판매 가격을 비교하는 막대그래프를 그리라.

(2) 각 통화별 구입 가격과 판매 가격을 비교하는 선그래프를 그리라.

(3) 각 통화별 구입 가격과 판매 가격의 차이에 대한 막대그래프를 그리라.

풀이 (1)　　　　　　　　　　　　　　(2)

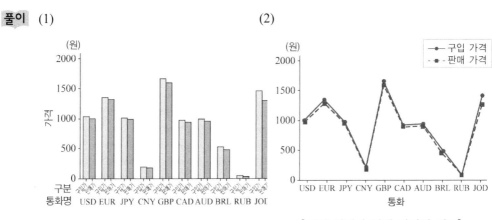

[통화별 구입가격과 판매 가격 비교]　　　[구입 가격과 판매 가격의 비교]

(3)

[구입 가격과 판매 가격의 차]

01-15

다음은 2013년의 월별 평균기온과 강수량을 표로 나타낸 것이다.

구분	01	02	03	04	05	06	07	08	09	10	11	12
평균기온(℃)	−2.1	0.7	6.6	10.3	17.8	22.6	26.3	27.3	21.2	15.4	7.1	1.5
강수량(mm)	28.5	50.4	59.7	75.5	129.0	101.1	302.4	164.0	120.8	52.9	57.5	21.0

출처: 기상청

(1) 월별 평균 기온을 비교하는 막대그래프를 그리라.
(2) 월별 강수량을 비교하는 막대그래프를 그리라.
(3) 월별 강수량의 상대비율에 대한 원그래프를 그리라.
(4) 월별 강수량에 대한 평균 기온을 나타내는 산점도를 그리라.
(5) 월별 평균 기온을 나타내는 시계열도를 그리라.
(6) 월별 강수량을 나타내는 시계열도를 그리라.

풀이 (1)　　　　　　　　　　(2)

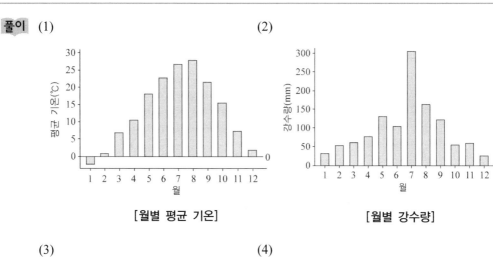

[월별 평균 기온]　　　　　　[월별 강수량]

(3)　　　　　　　　　　(4)

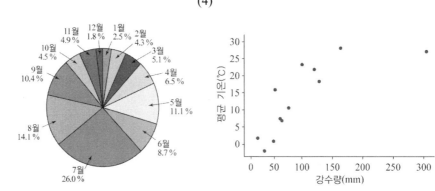

[월별 강수량의 상대 비율]　　[강수량에 대한 평균 기온의 산점도]

(5)   (6)

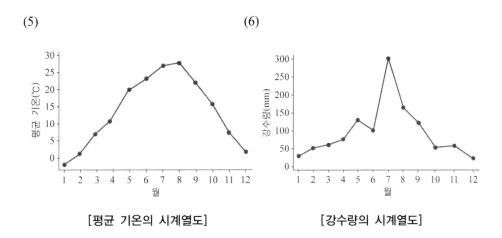

[평균 기온의 시계열도]   [강수량의 시계열도]

01-16

다음은 상용근로자 5인 이상 사업체의 상용근로자 기준으로 조사한 교육 수준별 임금(상여금 제외)을 표로 나타낸 것이다.

(단위: 만 원)

구분		2003년	2007년	2010년	2011년
중졸이하	통합	1,226	1,584	1,674	1,692
	남자	1,437	1,818	1,920	1,973
	여자	910	1,170	1,263	1,291
고졸	통합	1,456	1,780	1,947	2,034
	남자	1,620	1,969	2,172	2,274
	여자	1,098	1,381	1,475	1,552
전문대졸	통합	1,489	1,843	2,070	2,204
	남자	1,690	2,097	2,345	2,468
	여자	1,188	1,491	1,696	1,852
대졸이상	통합	2,208	2,807	3,006	3,132
	남자	2,351	3,038	3,296	3,420
	여자	1,688	2,100	2,261	2,397

출처: 고용노동부

(1) 2011년도의 학력에 따른 남자와 여자의 임금을 비교하는 막대그래프를 그리라.
(2) 학력에 따른 연도별 통합 임금을 비교하는 막대그래프를 그리라.
(3) 연도에 따른 학력별 통합 임금을 비교하는 막대그래프를 그리라.

(4) 연도별 남자와 여자의 임금을 하나의 쌍이라 할 때, 남자와 여자의 임금에 대한 산점도
를 그리라.
(5) 대졸 이상인 근로자의 임금을 비교하는 시계열 그림을 그리라.

풀이

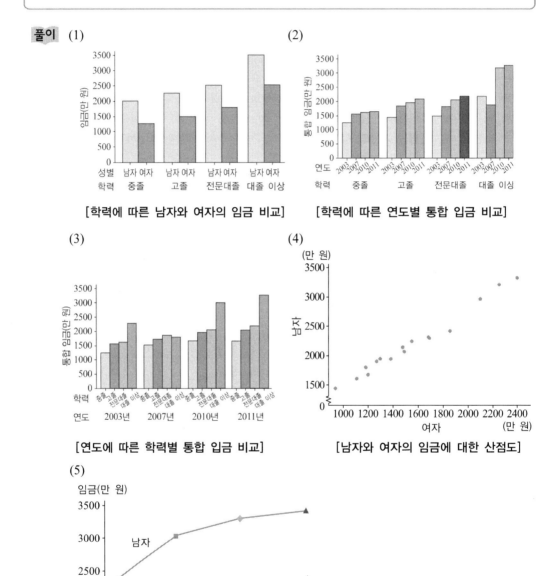

(1) [학력에 따른 남자와 여자의 임금 비교]

(2) [학력에 따른 연도별 통합 임금 비교]

(3) [연도에 따른 학력별 통합 임금 비교]

(4) [남자와 여자의 임금에 대한 산점도]

(5) [남자와 여자의 임금 시계열도]

01-17

다음 자료에 대한 점도표를 작성하라.

$$19 \quad 11 \quad 20 \quad 19 \quad 16 \quad 14 \quad 20 \quad 13 \quad 18 \quad 16$$
$$14 \quad 17 \quad 16 \quad 20 \quad 12 \quad 20 \quad 12 \quad 10 \quad 19 \quad 13$$

풀이

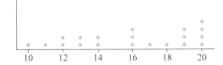

01-18

다음은 특정 시간대에 어느 택배회사에서 배달한 상자의 무게를 측정한 결과라고 하자. 상자 무게에 대한 점도표를 그리라.

$$2.3 \quad 1.3 \quad 1.5 \quad 2.4 \quad 1.5 \quad 1.9 \quad 1.1 \quad 1.7 \quad 1.2 \quad 1.6 \quad 1.1 \quad 2.5 \quad 2.2 \quad 1.4 \quad 1.3$$
$$1.5 \quad 1.8 \quad 2.6 \quad 2.3 \quad 1.8 \quad 2.4 \quad 2.3 \quad 1.2 \quad 1.6 \quad 1.9 \quad 2.8 \quad 2.3 \quad 2.6 \quad 1.3 \quad 1.8$$

풀이

01-19

다음 자료에 대하여 계급의 수가 5인 도수분포표를 작성하라.

$$12.6 \quad 10.5 \quad 25.2 \quad 20.9 \quad 29.5 \quad 28.3 \quad 12.9 \quad 11.2 \quad 26.1 \quad 23.6$$
$$18.2 \quad 13.1 \quad 14.8 \quad 11.1 \quad 10.2 \quad 16.9 \quad 26.7 \quad 16.7 \quad 23.6 \quad 17.5$$

풀이 계급의 수가 5이고 최댓값 29.5, 최솟값 10.2이므로 계급 간격을 다음과 같이 구한다.

$$\frac{29.5 - 10.2}{5} = 3.86 \approx 4$$

그리고 기본단위가 0.1이므로 제1계급의 하한을 $10.2 - \dfrac{0.1}{2} = 10.15$로 정하면, 다음과 같은 5개의 계급 간격을 얻는다.

10.15 ~ 14.15 14.15 ~ 18.15 18.15 ~ 22.15 22.15 ~ 26.15 26.15 ~ 30.15

이제 이 계급들을 표에 작성하기 위하여 제1열에 계급 간격을 기입하고, 각 계급 안에 놓이는 관찰값의 도수를 제2열에 기입한다. 그리고 각 계급의 도수를 전체 자료의 수인 20으로 나눈 상대도수를 제 3열에 기입한다. 도수와 상대도수의 누적도수를 제4열과 제5열에 기입하고 마지막 열에 계급값을 기입하면 다음 표와 같은 도수분포표가 완성된다.

계 급	계급 간격	도수	상대도수	누적도수	누적상대도수	계급값
제1계급	10.15 ~ 14.15	7	0.35	7	0.35	12.15
제2계급	14.15 ~ 18.15	4	0.20	11	0.55	16.15
제3계급	18.15 ~ 22.15	2	0.10	13	0.65	20.15
제4계급	22.15 ~ 26.15	4	0.20	17	0.85	24.15
제5계급	26.15 ~ 30.15	3	0.15	20	1.000	28.15
합 계		20	1.00			

01-20

문제 01-19의 도수분포표에 대한 도수히스토그램을 그리라.

풀이 각 계급의 계급값은 12.15, 16.15, 20.15, 24.15, 28.15이며, 각 계급의 도수는 7, 4, 2, 4, 3이므로 도수히스토그램을 그리면 다음과 같다.

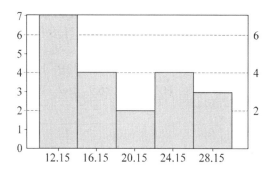

01-21

문제 01-20의 히스토그램에 대한 도수다각형을 그리라.

풀이 히스토그램의 상단중심부를 선분으로 이으면 다음과 같은 다각형을 얻는다.

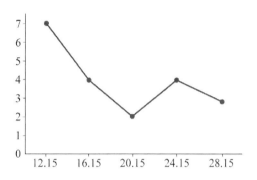

01-22

다음 자료집단에 대한 줄기-잎 그림을 그리라.

22.6	20.5	25.2	20.9	29.5	28.3	22.9	21.2	26.1	23.6
28.2	23.1	24.8	21.1	20.2	26.9	26.7	26.7	23.6	27.5

풀이 1의 자릿수를 줄기, 0.1의 자릿수를 잎으로 정하면 줄기-잎 그림은 다음과 같다.

3	20	2 5 9	전체도수 20
5	21	1 2	기본단위 0.1
7	22	6 9	
(3)	23	1 6 6	
(1)	24	8	
9	25	2	
8	26	1 7 7 9	
4	27	5	
3	28	2 3	
1	29	5	

01-23

다음은 어떤 주가의 가격 변화를 매시간 관찰하여 표로 나타낸 것이다. 이 자료에 대한 시계열 그림을 그리라.

시각	9	10	11	12	13	14	15
가격(원)	18,900	18,400	17,600	18,100	18,100	18,600	18,500

풀이 수평축에 시각을 기입하고 그에 대응하는 주가를 선분으로 이으면 다음과 같은 시계열 그림을 얻는다.

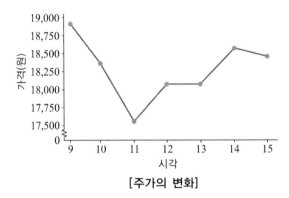

[주가의 변화]

01-24

다음은 2000년과 2010년에 발생한 진도별 지진 발생횟수이다. 진도에 따른 2000년과 2010년의 진도별 발생 비율을 비교하는 상대도수분포다각형을 그리라.

진 도	2000년의 지진 횟수	2010년의 지진 횟수
0.0 ~ 0.95	136	108
0.95 ~ 1.95	2,214	2,117
1.95 ~ 2.95	7,532	7,561
2.95 ~ 3.95	7,705	7,749
3.95 ~ 4.95	8,387	8,456
4.95 ~ 5.95	1,036	1,121
5.95 ~ 6.95	128	145
6.95 ~ 7.95	9	14
7.95 ~ 8.95	1	2
합계	27,148	27,273

풀이 두 그룹별 진도에 대한 상대도수를 먼저 구한다.

진 도	2000년의 지진 횟수	상대도수	2010년의 지진 횟수	상대도수	계급값
0.0 ~ 0.95	136	0.00500	108	0.00396	0.45
0.95 ~ 1.95	2,214	0.08155	2,117	0.07762	1.45
1.95 ~ 2.95	7,532	0.27744	7,561	0.27723	2.45
2.95 ~ 3.95	7,705	0.28382	7,749	0.28413	3.45
3.95 ~ 4.95	8,387	0.30894	8,456	0.31005	4.45
4.95 ~ 5.95	1,036	0.03816	1,121	0.04110	5.45
5.95 ~ 6.95	128	0.00471	145	0.00532	6.45
6.95 ~ 7.95	9	0.00033	14	0.00051	7.45
7.95 ~ 8.95	1	0.00003	2	0.00007	8.45
계	27,148	1.00000	27,273	1.00000	

이제 상대도수 히스토그램을 먼저 그리고, 각 계급의 상단 중심부를 선으로 이으면 상대도수 히스토그램을 얻는다.

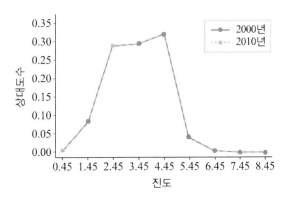

[2000년과 2010년의 지진발생 비율]

01-25

다음은 2014년 2분기 서울의 특정 지역에서 거래된 아파트 시세를 표로 나타낸 것이다. 전용면적에 따른 실거래 가격을 나타내는 산점도를 그리라. 단, 단위는 면적-m^2, 금액-만 원이다.

전용면적(m^2)	실거래 가격(만 원)	전용면적(m^2)	실거래 가격(만 원)
93.75	40,800	45.77	14,750
84.88	44,000	41.30	17,300
44.33	16,600	41.30	17,700
59.82	28,800	58.01	25,300
116.46	35,300	60.50	21,800
41.30	17,500	59.20	23,100
45.90	16,900	31.98	17,150
41.30	14,000	59.28	27,000
41.30	16,900	41.30	20,000
49.94	18,600	45.77	18,900
58.01	21,400	49.94	22,800
58.01	22,500	31.95	16,000
41.30	15,750	38.52	23,000
41.30	14,000	45.90	16,000

출처: 국토교통부

풀이

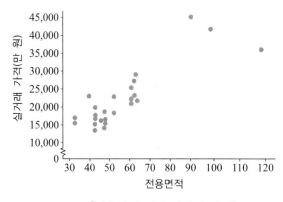

[전용면적 대비 실거래 가격]

01-26

500개의 측정값을 조사한 결과에 대한 도수분포표를 만들었으나, 실수로 인하여 다음과 같은 표를 작성하였다. 물음에 답하라.

계 급	계급 간격	도수	상대도수	누적도수	누적상대도수	계급값
제1계급	0.5 ~ 4.5		0.05			
제2계급	4.5 ~ 8.5		0.11			
제3계급	8.5 ~ 12.5		0.12			
제4계급	12.5 ~ 16.5				0.46	
제5계급	16.5 ~ 20.5	115				
제6계급	20.5 ~ 24.5		0.17			
제7계급	24.5 ~ 28.5		0.10			
제8계급	28.5 ~ 32.5		0.04			
합 계		500	1.00			

(1) 도수분포표를 완성하라.
(2) 도수히스토그램과 누적상대도수 히스토그램을 그리라.
(3) 누적상대도수 다각형을 그리라.

풀이

(1)

계 급	계급 간격	도수	상대도수	누적도수	누적상대도수	계급값
제1계급	0.5 ~ 4.5	25	0.05	25	0.05	2.5
제2계급	4.5 ~ 8.5	55	0.11	80	0.16	6.5
제3계급	8.5 ~ 12.5	60	0.12	140	0.28	10.5
제4계급	12.5 ~ 16.5	90	0.18	230	0.46	14.5
제5계급	16.5 ~ 20.5	115	0.23	345	0.69	18.5
제6계급	20.5 ~ 24.5	85	0.17	430	0.86	22.5
제7계급	24.5 ~ 28.5	50	0.10	480	0.96	26.5
제8계급	28.5 ~ 32.5	20	0.04	500	1.00	30.5
합 계		500	1.00			

(2)

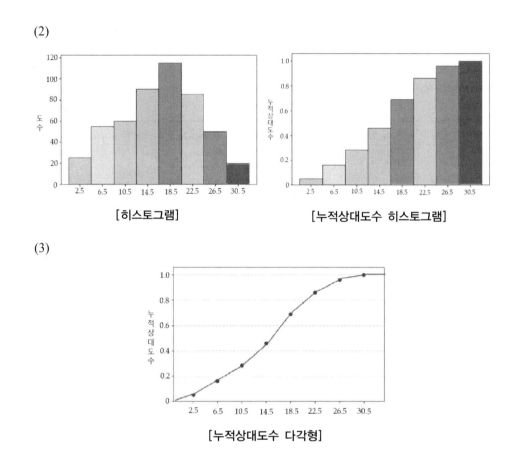

[히스토그램]   [누적상대도수 히스토그램]

(3)

[누적상대도수 다각형]

01-27

다음 자료집단을 생각하자.

25 28 22 34 26 21 38 21 22 26 30 28 40 28 22 39 35 22 29 38
40 23 39 23 29 35 31 34 33 23 33 36 23 35 27 38 32 32 32 38
38 31 33 39 35 25 31 33 32 22

(1) 제1계급이 20.5부터 시작하고 계급 간격이 4인 도수분포표를 작성하라.

(2) 이 도수분포표에 대한 도수히스토그램을 그리라.

(3) 이 자료집단의 범위를 구하라.

(4) 자료를 작은 값부터 크기 순서로 나열할 때, 36이 놓이는 위치의 비율을 구하라.

풀이

(1)

계 급	계급 간격	도수	상대도수	누적도수	누적상대도수	계급값
제1계급	20.5 ~ 24.5	11	0.22	11	0.22	22.5
제2계급	24.5 ~ 28.5	8	0.16	19	0.38	26.5
제3계급	28.5 ~ 32.5	10	0.20	29	0.58	30.5
제4계급	32.5 ~ 36.5	11	0.22	40	0.80	34.5
제5계급	36.5 ~ 40.5	10	0.20	50	**1.00**	38.5
합 계		50	1.00			

(2)

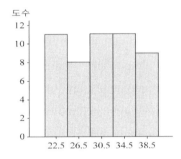

(3) $R = 40 - 21 = 19$

(4) 50개의 자료 중에서 36의 위치는 40번째이므로 80% 위치에 놓인다.

01-28

다음은 새로 개발한 신차의 연비를 알기 위하여, 임의로 선정한 50대의 연비를 측정한 결과이다. 물음에 답하라.

11.1	10.6	10.4	10.5	10.2	12.4	14.6	12.0	6.2	13.7
14.7	14.0	11.2	11.2	10.6	10.2	12.1	12.5	14.4	9.7
12.2	9.8	12.3	12.8	14.9	13.5	14.7	11.5	13.6	11.5
14.5	9.5	13.1	13.1	10.6	10.4	9.6	13.5	12.7	14.3
13.6	14.8	13.2	13.4	11.8	10.3	9.8	13.2	10.9	11.8

(1) 정수 부분을 줄기로 갖는 줄기-잎 그림을 그리라.

(2) 줄기 부분을 두 배로 늘린 줄기-잎 그림을 그리라.

(3) 특이점으로 추정되는 자료를 찾아라.

풀이 (1)

1	6	2	전체도수 50
1	7		기본단위 0.1
1	8		
6	9	5 6 7 8 8	
16	10	2 2 3 4 4 5 6 6 6 9	
23	11	1 2 2 5 5 8 8	
(8)	12	0 1 2 3 4 5 7 8	
19	13	1 1 2 2 4 5 5 6 6 7	
9	14	0 3 4 5 6 7 7 8 9	

(2)

1	6o	2	전체도수 50
1	6*		기본단위 0.1
1	7o		
1	7*		
1	8o		
1	8*		
1	9o		
6	9*	5 6 7 8 8	
11	10o	2 2 3 4 4	
16	10*	5 6 6 6 9	
19	11o	1 2 2	
23	11*	5 5 8 8	
(5)	12o	0 1 2 3 4	
22	12*	5 7 8	
19	13o	1 1 2 2 4	
14	13*	5 5 6 6 7	
9	14o	0 3 4	
6	14*	5 6 7 7 8 9	

(3) 특이점으로 추정되는 자료는 6.2이다.

01-29

다음과 같은 줄기-잎 그림을 생각하자.

6	1	0 0 1 4 5 7	전체도수 50
16	2	0 1 1 3 5 5 5 7 8 8	기본단위 1
(13)	3	1 3 3 5 6 6 6 7 8 8 9 9 9	
21	4	0 1 1 2 2 3 3 3 4 4 5 7 7 7 9	
6	5	3 4 5 6 8 9	

(1) 본래의 자료집단을 구하라.

(2) 이 자료집단에 대한 점도표를 그리라.

(3) 계급 간격이 10인 도수히스토그램을 그리라.

풀이

 (1)

10 10 11 14 15 17 20 21 21 23 25 25 25 27 28 28 31 33 33 35 36 36 36 37 38 38
39 39 39 40 41 41 42 42 43 43 43 44 44 45 47 47 47 49 53 54 55 56 58 59

 (2)

(3)

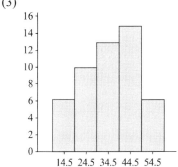

01-30

다음은 신혼부부 30쌍을 상대로 나이를 조사한 결과를 나타낸 것이다. 물음에 답하라.

남자	여자	남자	여자	남자	여자	남자	여자	남자	여자
32	27	30	29	28	25	29	27	29	24
35	32	33	29	27	25	27	27	34	31
30	25	31	27	32	29	34	30	34	31
30	29	35	31	29	30	37	35	38	33
30	25	25	25	35	30	32	27	32	30
40	36	32	29	31	32	35	31	34	31

(1) 남자와 여자의 나이를 비교하는 점도표를 그리라.

(2) 남자와 여자의 나이를 비교하는 간격이 5인 줄기-잎 그림을 그리라.

(3) 남자와 여자의 나이를 비교하는 산점도를 그리라.

풀이

(1)

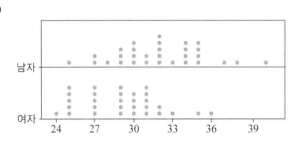

(2)

여자				남자	
4	1	2o	0		전체도수 30
9 9 9 9 9 7 7 7 7 7 5 5 5 5 5	(15)	2*	7	5 7 7 8 9 9 9	기본단위 1
3 2 2 1 1 1 1 1 0 0 0 0	14	3o	(16)	0 0 0 0 1 1 2 2 2 2 2 3 4 4 4 4	
6 5	2	3*	7	5 5 5 5 7 8	
	0	4	1	0	

(3)

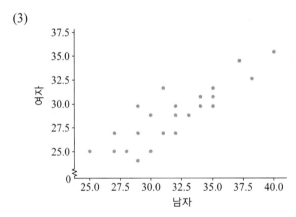

[남자와 여자의 산점도]

01-31

다음은 청소년의 흡연율을 표로 나타낸 것이다. 물음에 답하라.

(단위: %)

년도	2005	2006	2007	2008	2009	2010	2011	2012	2013
흡연율	11.8	12.8	13.3	12.8	12.8	12.1	12.1	11.4	9.7

(1) 연도별 흡연율의 막대그래프를 그리라.

(2) 연도에 따른 흡연율의 추이에 대한 시계열도를 그리고, 흡연율의 변화를 간단히 분석하라.

풀이

(1)
(2)

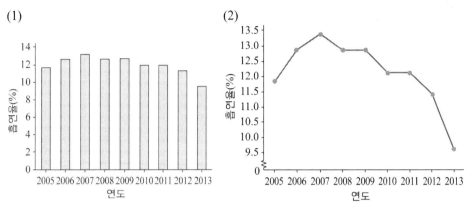

[연도별 흡연율]

[연도별 흡연율의 시계열도]

01-32

다음은 1개월간 분석한 USD 1달러당 원화 가치를 표로 나타낸 것이다. 일자에 따른 원화 가치를 나타내는 시계열 그림을 그리라.

(단위: 원)

일자	원화	일자	원화
2014.05.12	1,024.40	2014.05.26	1,023.50
2014.05.13	1,022.00	2014.05.27	1,023.20
2014.05.14	1,025.50	2014.05.28	1,021.00
2014.05.15	1,026.00	2014.05.29	1,017.50
2014.05.16	1,025.00	2014.05.30	1,020.30
2014.05.19	1,021.80	2014.06.02	1,024.00
2014.05.20	1,025.00	2014.06.03	1,024.00
2014.05.21	1,025.50	2014.06.05	1,022.00
2014.05.22	1,024.00	2014.06.09	1,015.20
2014.05.23	1,025.50	2014.06.10	1,017.00

출처: KEB하나은행

ACTUAL:

풀이

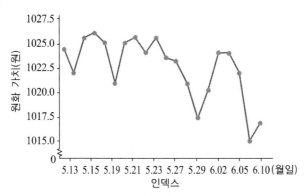

[원화 가치의 시계열도]

01-33

다음은 교통사고 발생 건수에 따른 사망자 수와 부상자 수를 표로 나타낸 것이다. 물음에 답하라.

(단위: 건, 명)

년도	2004	2005	2006	2007	2008	2009	2010	2011	2012
발생	220,755	214,171	213,745	211,662	215,822	231,990	226,878	221,711	223,656
사망	6,563	6,376	6,327	6,166	5,870	5,838	5,505	5,229	5,392
부상	346,987	342,233	340,229	335,906	338,962	361,875	352,458	341,391	344,565

출처: 경찰청

(1) 연도에 따른 사망자 수의 변화를 나타내는 시계열 그림을 그리라.
(2) 연도에 따른 사망자 수와 부상자 수의 변화를 나타내는 시계열 그림을 그리라.

풀이

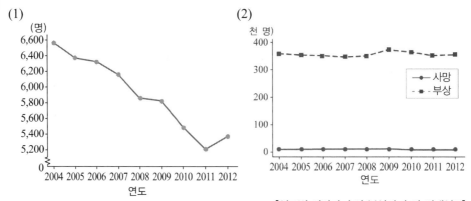

(1) [연도별 사망자 수의 시계열도]

(2) [연도별 사망자 수와 부상자 수의 시계열도]

01-34

다음은 통계학 개론 과목을 수강 중인 학생 45명을 상대로 성별과 나이를 조사하여 표로
나타낸 것이다. 물음에 답하라.

나이	성별	나이	성별	나이	성별	나이	성별	나이	성별
24	M	24	F	19	M	21	F	23	M
25	F	24	F	21	M	19	F	21	F
20	F	23	M	26	M	19	M	19	F
22	F	20	F	20	M	20	F	19	F
19	M	19	F	25	F	23	M	23	M
19	M	19	M	20	M	20	M	19	M
19	M	25	M	19	M	22	F	21	M
20	M	24	F	22	F	20	F	19	M
22	M	22	M	26	M	20	F	21	F

(1) 다음 표 안의 빈칸에 해당하는 도수를 기입하라.

성별 \ 나이	19 ~ 20	21 ~ 22	23 ~ 24	25 ~ 26	합계
남자(M)					
여자(F)					
합계					

(2) 나이에 따른 성별 도수히스토그램을 그리라.
(3) 나이에 대한 원그래프를 그리라.

풀이

(1)

성별 \ 나이	19 ~ 20	21 ~ 22	23 ~ 24	25 ~ 26	합계
남자(M)	13	4	5	3	25
여자(F)	9	6	3	2	20
합계	22	10	8	5	45

(2)

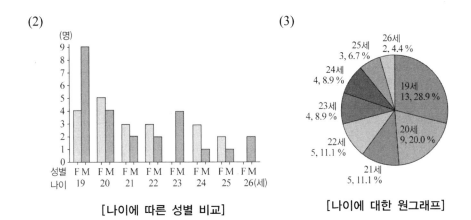

[나이에 따른 성별 비교]

(3)

[나이에 대한 원그래프]

01-35

다음은 연도별 우리나라 국민의 기대 수명과 현재 남녀의 평균 수명을 표로 나타낸 것이다. 물음에 답하라.

(단위: 년)

년도	2008	2009	2010	2011	2012	2013	2014	2015	2016	2017
기대 수명	79.6	80.0	80.2	80.6	80.9	81.4	81.8	82.1	82.4	82.7
남자	76.2	76.7	76.8	77.3	77.6	78.1	78.6	79.0	79.3	79.7
여자	83.0	83.4	83.6	84.0	84.2	84.6	85.0	85.2	85.4	85.7

출처: 통계청

(1) 기대 수명과 남녀의 평균 수명에 대한 시계열 그림을 그리라.
(2) 2008년도와 2017년도의 기대 수명을 직선으로 연결하는 일차방정식을 구하고, 2025년도와 2030년도의 기대 수명과 남녀의 평균 수명을 예측하라.

풀이 (1)

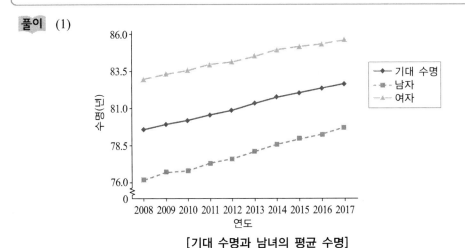

[기대 수명과 남녀의 평균 수명]

(2)

$$\text{기대 수명의 기울기: } \frac{3.1}{9}, \quad \text{기대 수명 방정식: } y = \frac{3.1}{9}(x-2017)+82.7;$$

$$y_{2025} = \frac{3.1}{9}(2025-2017)+82.7 = 85.46(\text{세}),$$

$$y_{2030} = \frac{3.1}{9}(2030-2017)+82.7 = 87.18(\text{세})$$

$$\text{남자의 평균 수명의 기울기: } \frac{3.5}{9}, \quad \text{평균 수명 방정식: } y = \frac{3.5}{9}(x-2012)+79.7;$$

$$y_{2025} = \frac{3.5}{9}(2025-2017)+79.7 = 82.81(\text{세}),$$

$$y_{2030} = \frac{3.5}{9}(2030-2017)+79.7 = 84.76(\text{세})$$

$$\text{여자의 평균 수명의 기울기 : } \frac{2.7}{9} = 0.3, \text{ 평균 수명 방정식: } y = 0.3(x-2017)+85.7;$$

$$y_{2025} = 0.3(2025-2017)+85.7 = 88.1(\text{세}),$$

$$y_{2030} = 0.3(2030-2017)+85.7 = 89.6(\text{세})$$

01-36

다음 자료에 대한 점도표를 그리라.

62	67	69	62	57	66	62	68	53	58
65	69	62	64	56	57	49	55	64	66

풀이

01-37

다음 자료는 대형 서점에 비치된 기초통계학 교재들의 가격이다.

(단위: 만 원)

2.3	1.5	1.7	2.3	2.0	1.5	1.9	1.2	2.2	2.0
2.7	2.4	1.4	1.7	2.1	2.0	2.3	2.8	2.7	2.0
1.5	1.9	1.4	2.6	2.3	2.6	2.0	2.7	2.6	2.1

(1) 계급 간격이 2,000원인 히스토그램을 그리라.
(2) 점도표를 그리라.
(3) 계급 간격이 5,000원인 줄기-잎 그림을 그리라.

풀이

(1)

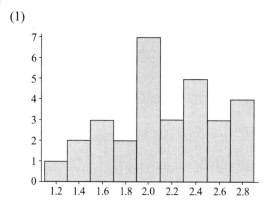

(2)

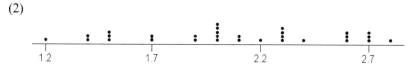

(3)

```
   3      1   2 4 4              전체도수 30
  10      1   5 5 5 7 7 9 9      기본단위 0.1
 (13)     2   0 0 0 0 0 1 1 2 3 3 3 3 4
   7      2   6 6 6 7 7 7 8
```

01-38

다음 자료에 대하여 물음에 답하여라.

22	19	27	22	27	11	22	48	24	19
15	18	36	33	32	21	37	16	33	16
24	41	39	17	28	22	21	33	17	18

(1) 점도표를 작성하여라.
(2) 계급 간격이 10인 히스토그램을 그리라.
(3) 계급 간격이 5인 줄기-잎-그림을 그리라.

풀이

(1)

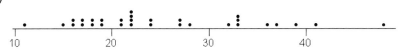

(2)

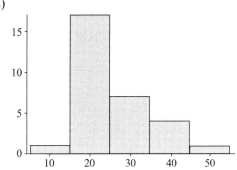

(3)

3	1	1	전체도수 30
10	1	5 6 6 7 7 8 8 9 9	기본단위 1
(8)	2	1 1 2 2 2 2 4 4	
12	2	7 7 8	
9	3	6 7 9	
5	4	1	
2	4	8	
1			

01-39

다음은 어느 대학교 1학년 학생 40명의 기초통계학 점수이다.

91	85	64	45	92	82	95	89	83	78
67	67	15	79	67	85	79	76	82	57
55	99	68	72	79	80	64	76	68	81
66	81	91	64	73	74	86	67	62	97

(1) 점도표를 작성하여라.
(2) 계급 간격이 10인 히스토그램을 그리라.
(3) 계급 간격이 5인 줄기-잎-그림을 그리라.

풀이

(1)

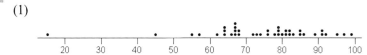

(2)

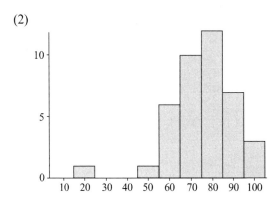

(3)

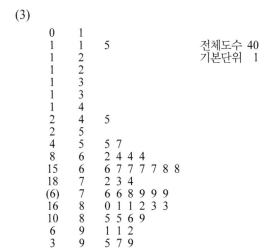

0	1	
1	1	5
1	2	
1	2	
1	3	
1	3	
1	4	
2	4	5
2	5	
4	5	5 7
8	6	2 4 4 4
15	6	6 7 7 7 7 8 8
18	7	2 3 4
(6)	7	6 6 8 9 9 9
16	8	0 1 1 2 3 3
10	8	5 5 6 9
6	9	1 1 2
3	9	5 7 9

전체도수 40
기본단위 1

01-40

임의로 선택한 20명의 키에 대한 다음 자료에 대한 물음에 답하여라.

| 181 | 175 | 154 | 149 | 192 | 172 | 175 | 100 | 181 | 188 |
| 197 | 167 | 125 | 177 | 197 | 165 | 149 | 172 | 172 | 153 |

(1) 점도표를 작성하여라.

(2) 계급 간격이 12인 히스토그램을 그리라.

(3) 계급 간격이 5인 줄기-잎-그림을 그리라.

풀이

(1)

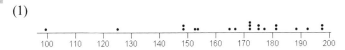

(2)

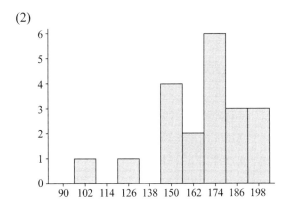

(3)

1	10	0	전체도수 20
1	10		기본단위 1
1	11		
1	11		
1	12		
2	12	5	
2	13		
2	13		
2	14		
4	14	9 9	
6	15	3 4	
6	15		
6	16		
8	16	5 7	
(3)	17	2 2 2	
9	17	5 5 7	
6	18	1 1	
4	18	8	
3	19	2	
2	19	7 7	

01-41

다음은 2년 주기로 등록된 kr 도메인 수를 표로 나타낸 것이다.

2006	2008	2010	2012	2014	2016	2018
705,775	1,001,206	1,076,899	1,094,431	1,031,455	1,049,450	1,047,458

(1) 등록된 도메인 수에 대한 도수분포표를 작성하여라.

(2) 등록된 도메인 수에 대한 상대도수 막대그래프를 그리라.

(3) 등록된 도메인 수에 대한 상대도수 선그래프를 그리라.

(4) 등록된 도메인 수에 대한 원그래프를 그리라.

(5) 등록된 도메인 수의 산점도를 그리라.

풀이 (1) 상대도수를 구하기 위하여 년도별 등록된 도메인 수를 모두 더하여 7,006,674를 얻는다. 그러므로 구하고자 하는 도수분포표는 다음과 같다.

년도	도수	상대도수	년도	도수	상대도수
2006	705,775	0.1007	2014	1,031,455	0.1472
2008	1,001,206	0.1429	2016	1,049,450	0.1498
2010	1,076,899	0.1537	2018	1,047,458	0.1495
2012	1,094,431	0.1562	합계	7,006,674	1.0000

(2)   (3)

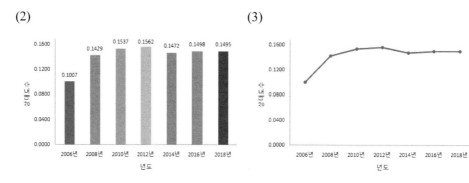

[등록 도메인 수의 상대도수 막대그래프]   [등록 도메인 수의 상대도수 선그래프]

(4)

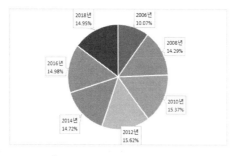

[등록 도메인 수의 원그래프]

(5)

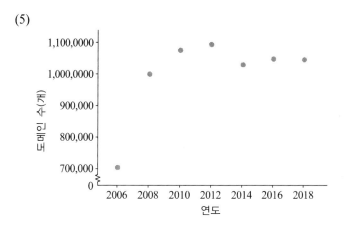

01-42

통계청 자료에 의하면 2007년도에 등록한 장애인과 장애등급이 다음 표와 같다.

등급	남자	여자	전체
1	116,328	83,243	199,571
2	205,765	144,225	349,990
3	236,297	131,738	368,035
4	167,319	129,709	297,028
5	230,372	176,392	406,764
6	328,008	155,493	483,501

(1) 남자와 여자 그리고 전체 장애인에 대한 등급별 도수분포표를 작성하여라.
(2) 남자와 여자 그리고 전체 장애인에 대한 등급별 상대도수 막대그래프를 그리라.
(3) 남자와 여자 그리고 전체 장애인에 대한 등급별 원그래프를 그리라.
(4) 남자와 여자 그리고 전체 장애인에 대한 등급별로 비교하는 선그래프를 그리라.

풀이

(1)

등급	남자	상대도수	여자	상대도수	전체	상대도수
1	116,328	0.0906	83,243	0.1014	199,571	0.0948
2	205,765	0.1602	144,225	0.1757	349,990	0.1663
3	236,297	0.1840	131,738	0.1605	368,035	0.1749
4	167,319	0.1303	129,709	0.1580	297,028	0.1411
5	230,372	0.1794	176,392	0.2149	406,764	0.1932
6	328,008	0.2555	155,493	0.1895	483,501	0.2297
합계	1,284,089	1.0000	820,800	1.0000	2,104,889	1.0000

(2)

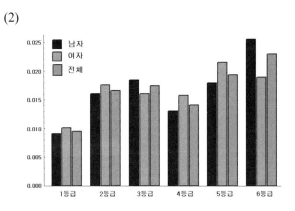

(3)

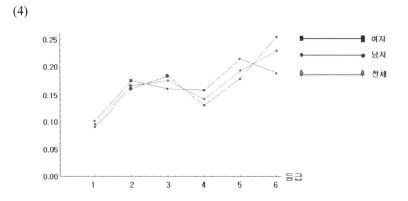

(4)

기술통계학 2 : 수치 척도

02-01

이번 학기 통계학과 2학년생 30명의 취득 학점이 다음과 같다. 이 자료집단에 대한 평균과 도수 히스토그램을 구하라. 그리고 도수 히스토그램에 중심의 위치를 표시하라.

3.45	3.12	2.83	3.05	3.43	4.22	3.58	3.84	3.75	2.43
2.73	3.33	3.92	3.48	2.45	2.28	4.03	1.89	3.63	1.76
2.75	3.05	2.52	3.48	3.16	4.01	3.43	2.86	2.45	3.67

풀이   30명의 취득학점을 모두 합하면 $\sum_{i=1}^{30} x_i = 94.58$ 이므로 30명 전체의 평균은 다음과 같다.

$$\mu = \frac{1}{30} \sum_{i=1}^{30} x_i = \frac{94.58}{30} = 3.153$$

도수히스토그램은 다음과 같으며, 점선은 중심의 위치인 평균을 나타낸다.

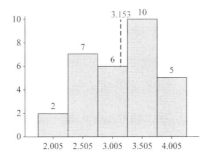

02-02

모집단의 평균(모평균)을 추측하기 위하여 보편적으로 표본평균을 이용한다. 다음은 통계학과 2학년생 중에서 표본으로 선출한 5명의 이번 학기 취득 학점이다.

[3.12 3.92 2.75 4.01 3.48]

이 표본을 이용하여 2학년생 전체의 평균 학점을 추측하라.

풀이 5명의 평균 취득 학점은 다음과 같다.

$$\bar{x} = \frac{3.12 + 3.92 + 2.75 + 4.01 + 3.48}{5} = 3.456$$

따라서 2학년 전체의 평균 학점은 3.456으로 추측된다.

02-03

다음 도수분포표로 주어진 양적자료의 평균을 구하라.

계급 간격	도수	상대도수	계급값
9.5 ～ 19.5	9	0.225	14.5
19.5 ～ 29.5	9	0.225	24.5
29.5 ～ 39.5	9	0.225	34.5
39.5 ～ 49.5	10	0.250	44.5
49.5 ～ 59.5	2	0.050	54.5
59.5 ～ 69.5	1	0.025	64.5
합계	40	1.00	

풀이 각 계급값을 $x_1 = 14.5$, $x_2 = 24.5$, $x_3 = 34.5$, $x_4 = 44.5$, $x_5 = 54.5$, $x_6 = 64.5$라 하면 각 계급의 상대도수는 0.225, 0.225, 0.225, 0.250, 0.05, 0.025이다. 따라서 도수분포표에 의한 가중평균은 다음과 같다.

$$\bar{x} = x_1 \times 0.225 + x_2 \times 0.225 + x_3 \times 0.225 + x_4 \times 0.25 + x_5 \times 0.05 + x_6 \times 0.025$$

$$= 32$$

02-04

자료 [1, 2, 3, 4, 5, 6, 7, 8, 9, 100]에 대한 평균과 10%-절사평균을 구하라.

풀이 10개의 자룻값을 모두 더하면 145이고, 따라서 평균은 14.5이다. 또한 $n = 10$, $\alpha = 0.1$이므로 제거되는 자료의 수는 $n\alpha = 1$이다. 따라서 가장 작은 자룻값 1과 가장 큰 자룻값 100을 제거한 나머지 8개의 자료에 대한 평균을 구하면 다음과 같다.

$$TM_{10\%} = \frac{1}{8} \sum_{i=1}^{8} x_i = \frac{44}{8} = 5.5$$

02-05

자료 A[5, 8, 7, 6, 5, 4, 50]과 자료 B[1, 2, 3, 4, 5, 6, 7, 8, 9, 100]에 대한 중위수를 구하라.

풀이 자료집단 A를 크기순으로 재배열하면, 4, 5, 5, 6, 7, 8, 50이므로 가장 가운데 놓이는 자룻값은 6이다. 따라서 자료집단 A의 중위수는 6이다. 또한 자료집단 B는 이미 순서대로 배열되어 있으며, 자료의 크기가 10이므로 자료집단 B의 중위수는 5번째와 6번째 자룻값 5와 6의 평균인 5.5이다.

02-06

자료 A[5, 8, 7, 6, 5, 4, 5]와 자료 B[1, 2, 3, 4, 5, 6, 7, 8, 9, 10]에 대한 최빈값을 구하라.

풀이 자료집단 A에서 5의 빈도가 가장 많으므로 최빈값은 5이다. 그러나 자료집단 B는 반복되는 자룻값이 없으므로 최빈값이 없다.

02-07

자료 A[5, 8, 7, 6, 5, 4, 5]와 자료 B[5, 8, 7, 6, 5, 4, 50]에 대한 범위를 구하라.

풀이 자료집단 A의 최대 자룻값은 8이고 최소 자룻값은 4이므로 범위는 4이고, 자료집단 B의 최대 자룻값은 50이고 최소 자룻값은 4이므로 범위는 46이다.

02-08

자료 [5, 8, 7, 6, 5, 4, 5, 0]의 평균편차를 구하라.

풀이 평균을 구하면 5이므로 각 편차의 절댓값은 0, 3, 2, 1, 0, 1, 0, 5이다. 따라서 평균편차는 다음과 같다.

$$M.D = \frac{1}{8}(0+3+2+1+0+1+0+5) = 1.5$$

02-09

2013년도에 측정된 월별 평균 강수량에 대한 다음 자료집단의 모분산을 구하라.

(단위: mm)

[28.5 50.4 59.7 75.5 129.0 101.1 302.4 164.0 120.8 52.9 57.5 21.0]

풀이 1년은 12달이므로 주어진 자료집단은 모집단이다. 우선 모평균을 먼저 구하면 다음과 같다.

$$\mu = \frac{1}{12}\{28.5+50.4+59.7+75.5+129.0+101.1+302.4+164.0$$
$$+\ 120.8+52.9+57.5+21.0\}$$

$$= \frac{1162.8}{12} = 96.9$$

따라서 편차와 편차의 제곱을 구하면 다음 표와 같다.

x_i	$x_i - \mu$	$(x_i - \mu)^2$	x_i	$x_i - \mu$	$(x_i - \mu)^2$
28.5	-68.4	4678.56	302.4	205.5	42230.25
50.4	-46.5	2162.25	164.0	67.1	4502.41
59.7	-37.2	1383.84	120.8	23.9	571.21
75.5	-21.4	457.96	52.9	-44.0	1936.00
129.0	32.1	1030.41	57.5	-39.4	1552.36
101.1	4.2	17.64	21.0	75.9	5760.81
			합	0	66283.70

따라서 구하고자 하는 모분산은 $\sigma^2 = \dfrac{66283.70}{12} = 5523.64$이다.

02-10

표본집단 [2, 1, 0, 1, 3]에 대한 표본분산을 구하라.

풀이 평균을 먼저 구하면 $\overline{x} = 1.4$이고, 따라서 다음을 얻는다.

x_i	$x_i - \overline{x}$	$(x_i - \overline{x})^2$	x_i	$x_i - \overline{x}$	$(x_i - \overline{x})^2$
2	0.6	0.36	1	-0.4	0.16
1	-0.4	0.16	3	1.6	2.56
0	-1.4	1.96	합 계	0	5.2

따라서 구하고자 하는 표본분산은 $s^2 = \dfrac{5.2}{4} = 1.3$이다.

02-11

문제 02-09의 모집단에 대한 모표준편차와 문제 02-10의 표본에 대한 표본표준편차를 구하라.

풀이 모분산이 $\sigma^2 = 5523.64$이므로 모표준편차는 $\sigma = \sqrt{5523.64} \approx 74.3212$이다.

표본분산 $s^2 = 1.3$이므로 표본표준편차는 $s = \sqrt{1.3} \approx 1.1402$이다.

02-12

크기가 100인 다음 표본을 생각해 보자.

30.74	28.44	30.20	32.67	33.29	31.06	30.08	30.62	27.31	27.88
26.03	29.93	31.63	28.13	30.62	27.80	28.69	28.14	31.62	30.61
27.95	31.62	29.37	30.61	31.80	29.32	29.92	31.97	30.39	29.14
30.14	31.54	31.03	28.52	28.00	28.46	30.38	30.64	29.51	31.04
27.00	30.15	29.13	27.63	30.87	28.67	27.39	33.20	29.52	30.86
34.01	29.41	31.18	34.59	33.35	33.73	28.39	26.82	29.53	32.55
30.34	32.44	27.09	29.51	31.36	31.61	31.24	28.83	31.88	32.24
31.72	28.34	29.89	30.27	31.42	29.11	29.36	32.24	29.56	31.72
30.67	28.85	30.87	27.17	30.85	28.75	25.84	28.79	31.74	34.59
32.69	26.23	28.20	31.62	33.48	28.00	33.86	29.22	26.50	30.89

이 자료집단의 평균은 $\overline{x} = 30.138$이고 표준편차는 $s = 1.991$이다. 구간 $(\overline{x} - 1.5s, \overline{x} + 1.5s)$안에 놓이는 자룻값의 개수와 그 비율을 구하라.

풀이 $\overline{x} = 30.138$, $s = 1.991$이므로 $\overline{x} - 1.5s = 27.152$, $\overline{x} + 1.5s = 33.125$이다. 따라서 전체 자료를 크기순으로 나열하면 $(\overline{x} - 1.5s, \overline{x} + 1.5s) = (27.152, 33.125)$ 안에 84개, 즉 84%의 자료가 있다.

02-13

다음 도수분포표를 완성하고, 평균과 분산 그리고 표준편차를 구하라.

계급 간격	도수	계급값	$f_i x_i$	$(x_i - \overline{x})^2$	$(x_i - \overline{x})^2 f_i$
1.05 ~ 1.41	8	1.23			
1.41 ~ 1.77	6	1.59			
1.77 ~ 2.13	5	1.95			
2.13 ~ 2.49	7	2.31			
2.49 ~ 2.85	4	2.67			
합 계	30				

풀이 도수분포표를 완성하면 다음과 같다.

계급 간격	도수	계급값	$f_i x_i$	$(x_i - \overline{x})^2$	$(x_i - \overline{x})^2 f_i$
1.05 ~ 1.41	8	1.23	9.84	0.4045	3.2360
1.41 ~ 1.77	6	1.59	9.54	0.0762	0.4572
1.77 ~ 2.13	5	1.95	9.75	0.0071	0.0355
2.13 ~ 2.49	7	2.31	16.17	0.1971	1.3797
2.49 ~ 2.85	4	2.67	10.68	0.6464	2.5856
합 계	30		55.98	1.3313	7.6940

평균은 다음과 같다.

$$\overline{x} = \frac{1}{30} \sum f_i x_i = \frac{55.98}{30} = 1.866$$

분산 s^2과 표준편차 s는 각각 다음과 같다.

$$s^2 = \frac{1}{29} \sum (x_i - \overline{x})^2 f_i = \frac{7.694}{29} \approx 0.2653, \quad s = \sqrt{0.2653} \approx 0.515$$

02-14

다음은 근속 년수 대비 연봉이 높은 10대 회사에 대한 평균 연봉과 근속 년수를 표로 나타 낸 것이다. 평균 연봉과 근속 년수에 대한 변동계수를 구하고 상대적으로 비교하라.

회사명	평균 연봉(만 원)	근속 년수(년)	회사명	평균 연봉(만 원)	근속 년수(년)
삼성전자	10,200	9.3	현대자동차	9,400	16.8
SK 텔레콤	10,500	12.4	현대케미칼	6,779	12.2
LG전자	6,900	8.5	대한항공	6,400	13.8
GS칼텍스	9,107	14.6	포스코	7,900	18.5
롯데쇼핑	3,353	5.7	현대중공업	7,232	18.0

풀이 연봉의 평균과 분산 그리고 표준편차를 구하면 다음과 같다.

$$\bar{x} = \frac{1}{10}\sum x_i = \frac{77771}{10} = 7,777.1(만 원)$$

$$s^2 = \frac{1}{9}\sum_{i=1}^{10}(x_i - 7777.1)^2 = \frac{41233879}{9} \approx 4581542.11$$

$$s = \sqrt{4581542.11} \approx 2,140.45(만 원)$$

근속 년수의 평균과 분산 그리고 표준편차를 구하면 다음과 같다.

$$\bar{y} = \frac{1}{10}\sum y_i = \frac{129.8}{10} = 12.98(년)$$

$$s^2 = \frac{1}{9}\sum_{i=1}^{10}(y_i - 12.98)^2 = \frac{161.12}{9} \approx 17.9$$

$$s = \sqrt{17.9} \approx 4.23(년)$$

따라서 평균 연봉과 근속 년수에 대한 변동계수는 다음과 같다.

$$평균연봉의 \ 변동계수 : \frac{s}{\bar{x}} = \frac{2140.45}{7777.1} \times 100 = 27.52(\%)$$

$$근속 \ 년수의 \ 변동계수 : \frac{s}{\bar{y}} = \frac{4.23}{12.98} \times 100 = 32.59(\%)$$

그러므로 근속연수의 변동계수가 평균 연봉의 변동계수보다 크므로 근속 년수의 흩어 진 정도가 평균 연봉의 흩어진 정도에 비하여 상대적으로 약 1.2배($= \frac{32.59\%}{27.52\%}$) 정도 더 크다.

02-15

A 대학교에 다니는 학생을 상대로 SAT 시험을 치른 결과, 2,562명이 응시하여 평균이 555점, 표준편차가 68점이었다. 이때 SAT 시험에 응시한 영희의 점수는 562점, 철수의 점수는 549점이라 할 때, 이 두 학생의 z-점수를 구하라.

풀이 영희의 표준점수 : $z_1 = \dfrac{562-555}{68} = 0.1029$

철수의 표준점수 : $z_2 = \dfrac{549-555}{68} = -0.0882$

02-16

다음 자료집단에 대한 70-백분위수와 사분위수를 구하라.

161	144	129	162	186	163	138	172	148	157
183	129	160	152	150	194	136	122	197	143
145	176	181	157	189					

풀이 먼저 자룻값을 다음과 같이 크기순으로 재배열한다.

122	129	129	136	138	143	144	145	148	150
152	157	157	160	161	162	163	172	176	181
183	186	189	194	197					

$n=25$, $k=70$이므로 $m = \dfrac{25 \times 70}{100} = 17.5$이고, 따라서 70-백분위수는 $P_{70} = x_{18}$ $= 172$이다. 제1사분위수는 25-백분위수이고 $m = \dfrac{25 \times 25}{100} = 6.25$이므로 제1사분위수는 $Q_1 = x_7 = 144$이다. 제2사분위수는 50-백분위수이고 $m = \dfrac{25 \times 50}{100} = 12.5$이므로 제2사분위수는 $Q_2 = x_{13} = 157$이다. 제3사분위수는 75-백분위수이고 $m = \dfrac{25 \times 75}{100}$ $= 18.75$이므로 제3사분위수는 $Q_3 = x_{19} = 176$이다.

02-17

문제 02-16의 자료집단에 대한 사분위수 범위를 구하라.

풀이 $Q_1 = 144$, $Q_3 = 176$이므로 IQR $= 176 - 144 = 32$이다.

02-18

다음 자료집단에 대한 상자 그림을 그리라.

55	48	50	49	54	58	95	20	50	57
47	49	58	48	49	47	49	59	47	53
50	49	49	46	55	53	48	47	52	48
49	47	58	57	47	53	56	51	46	52
47	53	46	49	56	48	49	47	58	55

풀이 ① 이 자료집단을 크기 순서로 재배열하여 사분위수를 구한다.

$$Q_1 = x_{(13)} = 48, \quad Q_2 = \frac{x_{(25)} + x_{(26)}}{2} = 49, \quad Q_3 = x_{(38)} = 55$$

따라서 사분위수범위는 IQR $= 55 - 48 = 7$이다.

② 안울타리와 인접값을 구한다.

$$f_l = Q_1 - 1.5\text{IQR} = 48 - 10.5 = 37.5$$

$$f_u = Q_3 + 1.5\text{IQR} = 55 + 10.5 = 65.5$$

인접값은 각각 46과 59이다.

③ 이제 바깥울타리를 구한다.

$$f_L = Q_1 - 3\text{IQR} = 48 - 21 = 27$$

$$f_U = Q_3 + 3\text{IQR} = 55 + 21 = 76$$

④ 자룟값 20은 아래쪽 바깥 울타리보다 작고 95는 위쪽 바깥 울타리보다 크므로 극단 특이점이고 보통 특이점은 없다.

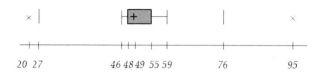

20 27   46 48 49 55 59   76   95

02-19

다음 (x_i, y_i)쌍으로 주어진 표본자료에 대한 공분산을 구하라.

x_i	6	8	11	12	15
y_i	5	7	9	9	13

풀이 $\overline{x} = \dfrac{1}{5}\sum x_i = 10.4$, $\overline{y} = \dfrac{1}{5}\sum y_i = 8.6$, $s_x^2 = \dfrac{1}{4}\sum(x_i - \overline{x})^2 = \dfrac{49.2}{4} = 12.3$, $s_y^2 = \dfrac{1}{4}\sum(y_i - \overline{y})^2 = \dfrac{35.2}{4} = 8.8$이고, 다음 표로부터 $\sum(x_i - \overline{x})(y_i - \overline{y}) = 40.8$을 얻는다. 따라서 최저 온도와 최고 온도 사이의 공분산은 $s_{xy} = \dfrac{40.8}{4} = 10.2$이다.

x_i	y_i	$x_i - \overline{x}$	$y_i - \overline{y}$	$(x_i - \overline{x})(y_i - \overline{y})$
6	5	-4.4	-3.6	15.84
8	7	-2.4	-1.6	3.84
11	9	0.6	0.4	0.24
12	9	1.6	0.4	0.64
15	13	4.6	4.4	20.24

02-20

문제 02-19에 대한 자료의 상관계수를 구하라.

풀이 $s_x^2 = 12.3$, $s_y^2 = 8.8$이므로 $s_x = 3.507$, $s_y = 2.966$이다. $s_{xy} = 10.2$이므로 구하고자 하는 상관계수는 $r_{xy} = \dfrac{s_{xy}}{s_x s_y} = \dfrac{10.2}{3.507 \times 2.966} = 0.9806$이다.

02-21

자료집단 [3, 7, 4, 2, 3, 5, 2, 6]에 대한 평균 $\bar{x}$, 중위수 M_e 그리고 최빈값 M_o를 구하라.

풀이 크기순으로 재배열하면, [2, 2, 3, 3, 4, 5, 6, 7]이다. $\bar{x} = \dfrac{1}{8}\sum x_i = 4$, $M_e = \dfrac{3+4}{2} = 3.5$, $M_o = 2, 3$이다.

02-22

자료집단 [2, 1, 5, 3, 3, 4, 2, 5, 3, 16]에 대한 평균 $\bar{x}$, 중위수 M_e 그리고 최빈값 M_o, 10%-절사평균 T를 구하라.

풀이 크기순으로 재배열하면, [1, 2, 2, 3, 3, 3, 4, 5, 5, 16]이다. $\bar{x} = \dfrac{1}{10}\sum x_i = 4.4$, $M_e = \dfrac{3+3}{2} = 3$, $M_o = 3$이다. 그리고 $0.1 \times 10 = 1$이므로 양 끝에서 하나씩 제거한 나머지 자료집단은 [2, 2, 3, 3, 3, 4, 5]이고, 따라서 10% 절사평균은 $T = \dfrac{1}{8}\sum x_i = 3.375$이다.

02-23

미국의 전국대학고용주협회(NACE)에서 마케팅 전공과 회계학 전공 대졸자의 연봉을 표본 조사한 결과, 다음을 얻었다. 단위는 $1,000이다.

마케팅 전공 : 34.2 45.0 39.5 28.4 37.7 35.8 30.6 35.2 34.2 42.4
회계학 전공 : 33.5 57.1 49.7 40.2 44.2 45.2 47.8 38.0 53.9 41.1 41.7 40.8 55.5 43.5 49.1 49.9

(1) 두 전공의 평균, 중위수를 구하라.
(2) 두 전공의 제1사분위수와 제3사분위수를 구하라.
(3) 이 표본에서 두 전공 졸업자들의 연봉에 대해 어떤 사실을 알 수 있는가?

풀이 (1) 크기순으로 재배열하면, 다음과 같다.

마케팅 전공 : [28.4 30.6 34.2 34.2 35.2 35.8 37.7 39.5 42.4 45.0]

$$\bar{x} = \frac{1}{10}\sum x_i = 36.3, \ M_e = \frac{35.2+35.8}{2} = 35.5$$

회계학 전공 : [33.5 38.0 40.2 40.8 41.1 41.7 43.5 44.2 45.2 47.8 49.1

$$49.7 \quad 49.9 \quad 53.9 \quad 55.5 \quad 57.1]$$

$$\overline{y}= \frac{1}{16}\sum y_i = 45.7, \ M_e = \frac{44.2 + 45.2}{2} = 44.7$$

(2) 마케팅 전공의 25-백분위수 $P_{25} = x_{(3)} = 34.2$, 75-백분위수 $P_{75} = x_{(8)} = 39.5$이고 회계학 전공의 25-백분위수 $P_{25} = \dfrac{x_{(4)} + x_{(5)}}{2} = 40.95$, 75-백분위수 $P_{75} = \dfrac{x_{(12)} + x_{(13)}}{2} = 49.8$이다.

(3) 회계학 전공 졸업자가 마케팅 전공 졸업자에 비하여 평균 \$9,400 더 많다.

02-24

OECD는 2010년에 인구 1만 명당 평균 1.1명이 교통사고로 사망한다고 발표하였다. 다음은 이를 확인하기 위해 주요 국가의 인구 1만 명당 교통사고 사망자 수를 표본 조사한 결과를 표로 나타낸 것이다. 사망자 수에 대한 평균, 중위수 그리고 최빈값을 구하라.

(단위: 명)

국가	한국	영국	독일	미국	프랑스	호주	스웨덴	일본
사망자	2.6	0.7	0.7	1.3	1.0	0.8	0.5	0.7

출처: 경찰청

풀이 자료를 재배열하면 [0.5 0.7 0.7 0.7 0.8 1.0 1.3 2.6]이다. $\overline{x}= \dfrac{1}{8}\sum x_i$ $= 1.0375$, $M_e = \dfrac{0.7 + 0.8}{2} = 0.75$, $M_o = 0.7$이다.

02-25

2013년도 전국 광역시 도별 재정자립도를 나타내는 다음 표에 대하여 평균, 중위수를 구하라.

(단위: %)

지역	서울	부산	대구	인천	광주	대전	울산	세종	경기
자립도	88.8	56.6	51.8	67.3	45.4	57.5	70.7	38.8	71.6
지역	강원	충북	충남	전북	전남	경북	경남	제주	
자립도	26.6	34.2	36.0	25.7	21.7	28.0	41.7	30.6	

출처: 통계청

풀이 자료를 다음과 같이 재배열한다.

[21.7 25.7 26.6 28.0 30.6 34.2 36.0 38.8 41.7 45.4 51.8 56.6 57.5 67.3 70.7 71.6 88.8]

$$\bar{x} = \frac{1}{17}\sum x_i = 46.65, \ M_e = x_{(9)} = 41.7$$

이다.

02-26

다음은 지난 10년간 연도별 혼인 건수와 이혼 건수를 조사하여 나타낸 표이다. 물음에 답하라.

지표	2004년	2005년	2006년	2007년	2008년
혼인건수	308,598	314,304	330,634	343,559	327,715
이혼건수	138,932	128,035	124,524	124,072	116,535
지표	2009년	2010년	2011년	2012년	2013년
혼인건수	309,759	326,104	329,087	327,073	322,807
이혼건수	123,999	116,858	114,284	114,316	115,292

(1) 지난 10년간 평균 혼인 건수를 구하라.
(2) 지난 10년간 평균 이혼 건수를 구하라.
(3) 혼인 건수와 이혼 건수의 차에 대한 평균을 구하라.

풀이 (1) $\bar{x} = \frac{1}{10}\sum x_i = 323964$

(2) $\bar{y} = \frac{1}{10}\sum y_i = 121685$

(3) $\bar{x} - \bar{y} = \frac{1}{10}\sum(x_i - y_i) = 202279$

02-27

다음은 2013년의 월별 평균기온과 강수량을 나타낸 것이다. 물음에 답하라.

출처: 기상청

구분	01	02	03	04	05	06	07	08	09	10	11	12
평균기온(℃)	−2.1	0.7	6.6	10.3	17.8	22.6	26.3	27.3	21.2	15.4	7.1	1.5
강수량(mm)	28.5	50.4	59.7	75.5	129.0	101.1	302.4	164.0	120.8	52.9	57.5	21.0

(1) 연간 평균기온과 평균 강수량을 구하라.
(2) 월별 평균기온과 강수량의 10%-절사평균을 구하라.
(3) 월별 평균기온과 강수량의 중위수를 구하라.

풀이 (1) $\bar{x} = \dfrac{1}{12}\sum x_i = 12.89, \ \bar{y} = \dfrac{1}{12}\sum y_i = 96.9$

(2) 재배열하면 다음과 같다.

$[-2.1 \quad 0.7 \quad 1.5 \quad 6.6 \quad 7.1 \quad 10.3 \quad 15.4 \quad 17.8 \quad 21.2 \quad 22.6 \quad 26.3 \quad 27.3]$

$[21.0 \quad 28.5 \quad 50.4 \quad 52.9 \quad 57.5 \quad 59.7 \quad 75.5 \quad 101.1 \quad 120.8 \quad 129.0 \quad 164.0 \quad 302.4]$

10%- 자료를 제거하면 다음과 같다.

$[0.7 \quad 1.5 \quad 6.6 \quad 7.1 \quad 10.3 \quad 15.4 \quad 17.8 \quad 21.2 \quad 22.6 \quad 26.3]$

$[28.5 \quad 50.4 \quad 52.9 \quad 57.5 \quad 59.7 \quad 75.5 \quad 101.1 \quad 120.8 \quad 129.0 \quad 164.0]$

$$T_x = \frac{1}{10}\sum x_i = 12.95, \ \ T_y = \frac{1}{10}\sum y_i = 83.9$$

(3) $M_e^x = \dfrac{x_{(6)} + x_{(7)}}{2} = 12.85, \ M_e^y = \dfrac{y_{(6)} + y_{(7)}}{2} = 67.6$

02-28

특정 시간대에 어느 택배회사에서 수거한 상자의 무게를 측정한 결과 다음과 같은 결과를 얻었다. 물음에 답하라.

2.3	1.3	1.5	2.4	1.5	1.9	1.1	1.7	1.2	1.6	1.1	2.5	2.2	1.4	1.3
1.5	1.8	2.6	2.3	1.8	2.4	2.3	1.2	1.6	1.9	2.8	2.3	2.6	1.3	1.8

(1) 상자의 무게에 대한 평균, 중위수 그리고 최빈값을 구하라.
(2) 상자의 무게에 대한 사분위수 Q_1과 Q_3을 구하라.
(3) 상자의 무게에 대한 40-백분위수 P_{40}을 구하라.

풀이 (1) $\bar{x} = \dfrac{1}{30}\sum x_i = 1.84, \ M_e = \dfrac{x_{(15)} + x_{(16)}}{2} = 1.8, \ M_o = 2.3$

(2) $Q_1 = x_{(8)} = 1.4, \ Q_3 = x_{(23)} = 2.3$

(3) $P_{40} = \dfrac{x_{(12)} + x_{(13)}}{2} = 1.6$

02-29

다음 자료집단에 대하여 물음에 답하라.

| 25 28 22 34 26 21 38 21 22 26 30 28 40 28 22 39 35 22 29 38 |
| 40 23 39 23 29 35 31 34 33 23 33 36 23 35 27 38 32 32 32 38 |
| 38 31 33 39 35 25 31 33 32 22 |

(1) 자료집단에 대한 평균, 중위수 그리고 최빈값을 구하라.
(2) 자료집단에 대한 사분위수 Q_1과 Q_3을 구하라.
(3) 자료집단에 대한 30-백분위수 P_{30}을 구하라.

풀이 (1) $\bar{x} = \dfrac{1}{50} \sum x_i = 30.58,\ M_e = \dfrac{x_{(25)} + x_{(26)}}{2} = 31.5,\ M_o = 22,\ 38$

(2) $Q_1 = x_{(13)} = 25,\ Q_3 = x_{(38)} = 35$

(3) $P_{30} = \dfrac{x_{(15)} + x_{(16)}}{2} = 26.5$

02-30

다음은 새로 개발한 신차의 연비를 알기 위하여, 임의로 선정한 50대의 연비를 측정한 결과이다. 물음에 답하라(단, 단위는 km/L 이다).

11.1	10.6	10.4	10.5	10.2	12.4	14.6	12.0	6.2	13.7
14.7	14.0	11.2	11.2	10.6	10.2	12.1	12.5	14.4	9.7
12.2	9.8	12.3	12.8	14.9	13.5	14.7	11.5	13.6	11.5
14.5	9.5	13.1	13.1	10.6	10.4	9.6	13.5	12.7	14.3
13.6	14.8	13.2	13.4	11.8	10.3	9.8	13.2	10.9	11.8

(1) 연비에 대한 평균, 중위수 그리고 최빈값을 구하라.
(2) 연비에 대한 5%-절사평균을 구하라.
(3) 연비에 대한 사분위수 Q_1과 Q_3을 구하라.
(4) 연비에 대한 30-백분위수 P_{30}을 구하라.

풀이 (1) $\bar{x} = \dfrac{1}{50} \sum x_i = 12.064,\ M_e = \dfrac{x_{(25)} + x_{(26)}}{2} = 12.15,\ M_o = 10.6$

(2) $T = \dfrac{1}{46} \sum x_i = 12.126$

(3) $Q_1 = x_{(13)} = 10.6, \quad Q_3 = x_{(38)} = 13.5$

(4) $P_{30} = \dfrac{x_{(15)} + x_{(16)}}{2} = 10.75$

02-31

다음과 같이 줄기-잎 그림으로 주어진 자료에 대하여 물음에 답하라.

1	0 0 1 4 5 7
2	0 1 1 3 5 5 5 7 8 8
3	1 3 3 5 6 6 6 7 8 8 9 9 9
4	0 1 1 2 2 3 3 3 4 4 5 7 7 7 9
5	3 4 5 6 8 9

(1) 이 자료의 평균, 중위수 그리고 최빈값을 구하라.

(2) 이 자료의 사분위수 Q_1과 Q_3을 구하라.

풀이 (1) $\overline{x} = \dfrac{1}{50} \sum x_i = 35.66, \quad M_e = \dfrac{x_{(25)} + x_{(26)}}{2} = 38, \quad M_o = 25, \ 36, \ 39, \ 43, \ 47$

(2) $Q_1 = x_{(13)} = 25, \quad Q_3 = x_{(38)} = 44$

02-32

대학에 입학한 남·여 신입생을 대상으로 주중에 얼마나 공부를 하는지 표본 조사한 결과 다음 표와 같았다. 물음에 답하라.

여학생						남학생					
120	120	150	100	210	110	100	120	180	150	120	160
150	180	135	180	100	190	180	150	140	110	100	0
180	150	160	120	160	170	120	140	120	155	180	120
155	120	150	180	120	100	60	100	115	140	120	130
110	180	150	120	170	100	100	180	180	200	100	75

(1) 남·여 신입생의 평균 공부 시간을 구하라.

(2) 남·여 신입생의 공부 시간의 표준편차를 구하라.

(3) 120분에 대한 남·여 신입생의 z-점수를 구하라.

풀이 (1) $\bar{x} = \frac{1}{30} \sum x_i = 144.67, \quad \bar{y} = \frac{1}{30} \sum y_i = 128.17$

(2) $s_x^2 = \frac{1}{29} \sum (x_i - 144.67)^2 \approx 989.54, \quad s_x = \sqrt{989.54} \approx 31.4570$

$s_y^2 = \frac{1}{29} \sum (y_i - 128.17)^2 \approx 1740.49, \quad s_y = \sqrt{1740.49} \approx 41.7192$

(3) 여학생의 120분에 대한 표준점수 : $z = \dfrac{120 - 144.67}{31.457} \approx -0.7842$

남학생의 120분에 대한 표준점수 : $z = \dfrac{120 - 128.17}{41.7192} \approx -0.1958$

02-33

다음 표는 30쌍의 신혼부부를 상대로 나이를 조사하여 표로 나타낸 것이다. 물음에 답하라.

(단위: 세)

남자	여자	남자	여자	남자	여자	남자	여자	남자	여자
32	27	30	29	28	25	29	27	29	24
35	32	33	29	27	25	27	27	34	31
30	25	31	27	32	29	34	30	34	31
30	29	35	31	29	30	37	35	38	33
30	25	25	25	35	30	32	27	32	30
40	36	32	29	31	32	35	31	34	31

(1) 남자와 여자의 나이에 대한 평균, 중위수 그리고 최빈값을 구하라.
(2) 남자와 여자 나이의 차에 대한 평균, 중위수 그리고 최빈값을 구하라.
(3) 남자와 여자의 나이에 대한 범위, 평균편차를 구하라.
(4) 남자와 여자의 나이에 대한 표준편차를 구하라.
(5) 남자와 여자의 나이에 대한 z-점수와 z-점수의 점도표를 그려서 비교하라.
(6) 공분산과 상관계수를 구하고, 양의 상관관계인지 음의 상관관계인지 결정하라.

풀이 (1) $\bar{x} = \frac{1}{30} \sum x_i = 32, \quad M_e^x = \frac{x_{(15)} + x_{(16)}}{2} = 32, \quad M_o = 32$

$\bar{y} = \frac{1}{30} \sum y_i = 29.067, \quad M_e^y = \frac{y_{(25)} + y_{(26)}}{2} = 29, \quad M_o = 25, \ 27, \ 29, \ 31$

(2) $\bar{x} - \bar{y} = \frac{1}{30} \sum (x_i - y_i) = 2.933, \quad M_e^{x-y} = \frac{x_{(15)} + x_{(16)}}{2} = 3, \quad M_o = 3, \ 5$

(3) $R_x = 15, \quad R_y = 12, \quad MD_x = \frac{1}{30} \sum |x_i - \bar{x}| = 2.667,$

$$MD_y = \frac{1}{30}\sum|y_i - \overline{y}| = 2.404$$

(4) 먼저 분산을 구하면, $s_x^2 = \frac{1}{29}\sum(x_i - \overline{x})^2 \approx 11.655$, $s_y^2 = \frac{1}{29}\sum(y_i - \overline{y})^2 \approx$ 9.237이다. 그러므로 표준편차는 각각 $s_x = \sqrt{11.655} \approx 3.414$, $s_y = \sqrt{9.237}$ ≈ 3.039이다.

(5)

남자	표준점수	남자	표준점수	남자	표준점수
32	0.0000	25	−2.0504	34	0.5858
35	0.8787	32	0.0000	37	1.4646
30	−0.5858	28	−1.1717	32	0.0000
30	−0.5858	27	−1.4646	35	0.8787
30	−0.5858	32	0.0000	29	−0.8787
40	2.3433	29	−0.8787	34	0.5858
30	−0.5858	35	0.8787	34	0.5858
33	0.2929	31	−0.2929	38	1.7575
31	−0.2929	29	−0.8787	32	0.0000
35	0.8787	27	−1.4646	34	0.5858

여자	표준점수	여자	표준점수	여자	표준점수
27	−0.6800	25	−1.3381	30	0.3071
32	0.9652	29	−0.0219	35	1.9523
25	−1.3381	25	−1.3381	27	−0.6800
29	−0.0219	25	−1.3381	31	0.6361
25	−1.3381	29	−0.0219	24	−1.6671
36	2.2813	30	0.3071	31	0.6361
29	−0.0219	30	0.3071	31	0.6361
29	−0.0219	32	0.9652	33	1.2942
27	−0.6800	27	−0.6800	30	0.3071
31	0.6361	27	−0.6800	31	0.6361

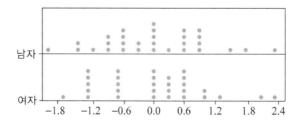

(6) 공분산은 $s_{xy} = \dfrac{1}{29}\sum_{i=1}^{30}(x_i - 32)(y_i - 29.067) = \dfrac{255}{29} \approx 8.7931$ 이고, 상관계수는

$r = \dfrac{s_{xy}}{s_x s_y} = \dfrac{8.7931}{3.414 \times 3.039} \approx 0.8475$ 이므로 양의 상관관계가 있다.

02-34

액세서리 판매점을 찾는 손님들이 이 상점에서 풍기는 향기에 반응하는지 실험하였다. 첫 일주일은 향기없이 상점을 운영하였고, 다음 일주일은 레몬향이 풍기도록 하였으며, 그다음 일주일은 라벤더향이 풍기도록 하였다. 이 상점의 매출을 살펴보니 다음과 같았다. 물음에 답하라.

(단위: 만 원)

무향(x)	13.2	15.5	15.9	17.2	18.5	23.2	14.5	12.6	19.2	13.9
	16.9	15.5	15.5	17.5	21.5	11.5	12.5	13.5	14.8	17.2
	17.5	18.5	13.4	12.0	17.2	15.5	16.3	12.9	21.5	10.5
레몬향(y)	16.9	15.5	17.8	16.5	17.5	23.9	12.7	14.5	16.9	18.7
	15.9	18.5	16.5	16.5	21.5	17.5	15.5	15.6	17.4	18.5
	16.5	18.4	18.5	16.0	15.4	13.7	17.5	15.7	23.5	18.5
라벤더향(z)	16.5	18.6	15.5	19.5	18.5	11.6	25.9	25.9	16.7	15.8
	16.9	19.8	17.8	19.5	21.5	22.5	15.8	19.9	15.6	17.7
	18.5	17.9	22.6	22.0	18.3	16.9	18.8	16.8	28.5	19.5

(1) 각 경우에 대한 평균과 분산을 구하라.
(2) 각 경우의 사분위수를 구하라.
(3) 각 경우에 대한 상자 그림을 그리고 판매금액을 비교하라.

풀이 (1) $\overline{x} = \dfrac{1}{30}\sum x_i = 15.847$, $\overline{y} = \dfrac{1}{30}\sum y_i = 17.267$, $\overline{z} = \dfrac{1}{30}\sum z_i = 19.043$

$s_x^2 = \dfrac{1}{29}\sum(x_i - 15.847)^2 \approx 9.447$, $s_y^2 = \dfrac{1}{29}\sum(y_i - 17.267)^2 \approx 5.964$,

$s_z^2 = \dfrac{1}{29}\sum(z_i - 19.043)^2 \approx 12.340$

(2) $Q_1^x = x_{(8)} = 13.4$, $Q_2^x = \dfrac{x_{(15)} + x_{(16)}}{2} = 15.5$, $Q_3^x = x_{(23)} = 17.5$

$Q_1^y = y_{(8)} = 15.7$, $Q_2^y = \dfrac{y_{(15)} + y_{(16)}}{2} = 16.9$, $Q_3^y = y_{(23)} = 18.5$

$Q_1^z = z_{(8)} = 16.8$, $Q_2^z = \dfrac{z_{(15)} + z_{(16)}}{2} = 18.5$, $Q_3^z = z_{(23)} = 19.9$

(3) 향이 없을 때 보단 향기가 있을 때 손님들의 구매력이 높아지고, 레몬향보다 라벤더향일 때 구매력이 높다. 특히 라벤더향일 때 충동적으로 과잉 구매하는 손님이 있다.

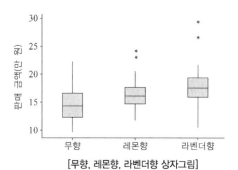

[무향, 레몬향, 라벤더향 상자그림]

02-35

다음은 우리나라 4년제 대학교의 이수단위당 학비를 상자 그림으로 나타낸 것이다. 물음에 답하라(단위는 만 원이다).

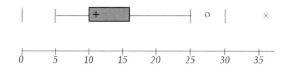

(1) 중위수를 추정하라.
(2) 제1사분위수와 제3사분위수를 추정하라.
(3) 사분위수 범위를 구하라.
(4) 과도한 특이점으로 생각되는 학비를 추정하라.
(5) 다른 대학교에 비하여 비싸게 보이는 학비를 추정하라.
(6) 이수단위당 학비의 분포는 양의 비대칭인지 음의 비대칭인지 결정하라.

풀이 (1) 120,000원 (2) $Q_1 = 100,000$, $Q_3 = 170,000$ 원 (3) $IQR = 70,000$
(4) 370,000원 (5) 275,000원 (6) 양의 비대칭

02-36

산모들은 자기 몸의 칼슘이 모유 속에 녹아 신생아에게 전해짐으로 인하여 자신의 골밀도가 약해지는 것을 우려한다. 이것을 알아보기 위하여 6개월 동안 모유를 수유한 44명의 산모와 전혀 모유를 주지 않거나 임신하지 않은 비슷한 연령의 여성 24명을 대상으로 여성의 뼈 속에 있는 무기질함량의 변화율을 조사하여 다음 결과를 얻었다. 물음에 답하라.

모유 수유한 여성	-4.7 -2.5 -4.9 -2.7 -0.8 -5.3 -8.3 -2.1 -6.8 -4.3 2.2 -7.8 -3.1 -1.0 -6.5 -1.8 -5.2 -5.7 -7.0 -2.2 -6.5 -1.0 -3.0 -3.6 -5.2 -2.0 -2.1 -5.6 -4.4 -3.3 -4.0 -4.9 -4.7 -3.8 -5.9 -2.5 -0.3 -6.2 -6.8 1.7 0.3 -2.4 0.4 -5.1
그렇지 않은 여성	2.9 1.5 0.8 -0.5 -0.5 2.3 1.7 1.5 -0.6 1.7 1.1 0.5 1.9 1.5 -1.6 1.5 -1.2 1.7 -0.5 1.6 1.4 1.8 -2.2 0.4

(1) 평균을 구하여 모유를 수유한 여성들의 골밀도 손실이 뚜렷하게 큰 것을 보이라.

(2) 사분위수를 구하고, 상자그림을 그려서 비교하라.

풀이 (1) $\overline{x} = \dfrac{1}{44}\sum x_i = -3.668$, $\overline{y} = \dfrac{1}{22}\sum y_i = 0.779$

(2) $Q_1^x = \dfrac{x_{(11)} + x_{(12)}}{2} = -5.45$, $Q_2^x = \dfrac{x_{(22)} + x_{(23)}}{2} = -3.9$,

$Q_3^x = \dfrac{x_{(33)} + x_{(34)}}{2} = -2.1$

$Q_1^y = \dfrac{y_{(6)} + y_{(7)}}{2} = -0.5$, $Q_2^y = \dfrac{y_{(12)} + y_{(13)}}{2} = 1.45$, $Q_3^y = \dfrac{y_{(18)} + y_{(19)}}{2} = 1.7$

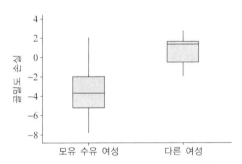

[모유 수유 여성과 다른 여성의 비교]

02-37

다음은 청소년들이 일주일 동안 인터넷을 사용하는 시간에 대한 도수분포표이다. 이 표를 이용하여 인터넷 사용시간에 대한 평균과 표준편차를 구하라.

이용시간	9.5 ~ 18.5	18.5 ~ 27.5	27.5 ~ 36.5	36.5 ~ 45.5	45.5 ~ 54.5	54.5 ~ 63.5	63.5 ~ 72.5
인원 수	4	6	13	16	10	0	1

풀이

계급 간격	도수(f_i)	계급값(x_i)	$f_i x_i$	$(x_i - \overline{x})^2$	$(x_i - \overline{x})^2 f_i$
9.5 − 18.5	4	14	56	514.382	2057.53
18.5 − 27.5	6	23	138	187.142	1122.85
27.5 − 36.5	13	32	416	21.902	284.73
36.5 − 45.5	16	41	656	18.662	298.60
45.5 − 54.5	10	50	500	177.422	1774.22
54.5 − 63.5	0	59	0	498.182	0.00
63.5 − 72.5	1	68	68	980.942	980.94
합 계	50		1834	2398.64	6518.88

$$\overline{x} = \frac{1}{50}\sum f_i x_i = \frac{1834}{50} = 36.68, \quad s^2 = \frac{1}{49}\sum(x_i - \overline{x})^2 f_i = \frac{6518.88}{49} \approx 133.04$$

$$s = \sqrt{133.04} \approx 11.5343$$

02-38

다음 도수분포표를 이용하여 평균과 표준편차를 구하라.

계급	9.5 ~ 19.5	19.5 ~ 29.5	29.5 ~ 39.5	39.5 ~ 49.5	49.5 ~ 59.5	59.5 ~ 69.5
도수	9	9	9	10	2	1

풀이

계급 간격	도수(f_i)	계급값(x_i)	$f_i x_i$	$(x_i - \overline{x})^2$	$(x_i - \overline{x})^2 f_i$
9.5 ~ 19.5	9	14.5	130.5	306.25	2756.25
19.5 ~ 29.5	9	24.5	220.5	56.25	506.25
29.5 ~ 39.5	9	34.5	310.5	6.25	56.25
39.5 ~ 49.5	10	44.5	445.0	156.25	1562.50
49.5 ~ 59.5	2	54.5	109.0	506.25	1012.50
59.5 ~ 69.5	1	64.5	64.5	1056.25	1056.25
합 계	40		1280.0		6950.00

$$\overline{x} = \frac{1}{40}\sum f_i x_i = \frac{1280}{40} = 32, \quad s^2 = \frac{1}{39}\sum(x_i - \overline{x})^2 f_i = \frac{6950}{39} \approx 178.21,$$

$$s = \sqrt{178.21} \approx 13.3495$$

02-39

평균 $\bar{x}$와 표준편차 s는 각각 표본자료의 중심위치와 산포를 나타내는 척도이지만, 이것만으로는 표본자료의 분포 모양을 완전하게 설명하지 못한다. 동일한 평균과 표준편차를 갖는다 하더라도 자료집단의 분포 모양이 다르게 나타날 수 있다. 이러한 사실을 확인하기 위하여 다음 표본자료를 살펴보고, 물음에 답하라.

| 표본자료 A | 9.14 | 8.14 | 8.74 | 8.77 | 9.26 | 8.10 | 6.13 | 3.10 | 9.13 | 7.27 | 4.74 |
| 표본자료 B | 6.58 | 5.76 | 7.71 | 8.84 | 8.47 | 7.04 | 5.25 | 5.56 | 7.91 | 6.89 | 12.51 |

(1) 두 표본자료의 평균과 표준편차를 구하라.
(2) 점도표를 그려서 두 표본자료의 분포 모양을 비교하라.

풀이 (1) $\bar{x} = \dfrac{1}{11}\sum x_i = 7.502$, $\bar{y} = \dfrac{1}{11}\sum y_i = 7.502$

$$s_A = \sqrt{\frac{1}{10}\sum (x_i - 7.502)^2} = 2.0317, \quad s_B = \sqrt{\frac{1}{10}\sum (y_i - 7.502)^2} = 2.033$$

(2) 표본자료 A는 오른쪽으로 치우치고 왼쪽으로 긴 꼬리 모양으로 분포를 이루지만, 표본자료 B는 퍼짐형으로 나타난다.

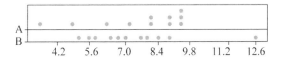

02-40

경영학 과목의 중간시험에 응시한 100명의 점수는 평균 70, 표준편차 5인 것으로 알려졌다. 물음에 답하라.
(1) 얼마나 많은 학생이 60점과 80점 사이에 있는가?
(2) 얼마나 많은 학생이 57점과 83점 사이에 있는가?

풀이 (1) 60점은 평균으로부터 2표준편차만큼 아래에 있고, 80점은 2표준편차만큼 위에 있다. 그러므로 체비쇼프정리에 의하여 적어도 75%의 학생, 즉 적어도 75명의 점수가 60점과 80점 사이에 있다.

(2) $\dfrac{57-70}{5} = -2.6$, $\dfrac{83-70}{5} = 2.6$이므로 57점은 평균으로부터 2.6표준편차만큼 아

래에 있고, 83점은 2.6표준편차만큼 위에 있다. 이때 $1 - \dfrac{1}{2.6^2} \approx 0.852 (= 85.2\%)$ 이므로 체비쇼프정리에 의하여 적어도 85%의 학생, 즉 적어도 85명의 점수가 57점과 83점 사이에 있다.

02-41

다음은 농구선수의 키와 몸무게를 측정한 결과이다. 변동계수를 구하고 비교하라.

키(in)	70	78	67	77	72	78	69	74	68	67	77	73	71	76	79
몸무게(lb)	185	182	188	179	191	196	189	183	190	201	185	184	179	173	184

풀이 $\bar{x} = \dfrac{1}{15} \sum x_i = 73.07, \ \bar{y} = \dfrac{1}{15} \sum y_i = 185.93$

$$s_x^2 = \frac{1}{14} \sum (x_i - 73.07)^2 \approx 18.21, \ s_y^2 = \frac{1}{14} \sum (y_i - 185.93)^2 \approx 48.64$$

$$s_x = \sqrt{18.21} \approx 4.27, \ s_y = \sqrt{48.64} \approx 6.97$$

$$C.V_x = \frac{4.27}{73.07} \times 100 \approx 0.058 (= 5.8\%),$$

$$C.V_y = \frac{6.97}{185.93} \times 100 \approx 0.037 (= 3.7\%)$$

따라서 몸무게에 비하여 키의 분포가 상대적으로 넓게 나타난다.

02-42

다음은 연도별 우리나라 남자와 여자의 평균 수명을 표로 나타낸 것이다. 평균 수명에 대한 공분산과 상관계수를 구하라.

(단위: 세)

년도	2008	2009	2010	2011	2012	2013	2014	2015	2016	2017
남자	76.2	76.7	76.8	77.3	77.6	78.1	78.6	79.0	79.3	79.7
여자	83.0	83.4	83.6	84.0	84.2	84.6	85.0	85.2	85.4	85.7

출처: 통계청

풀이 $\bar{x} = \dfrac{1}{10} \sum x_i = 77.93, \ s_x^2 = \dfrac{1}{9} \sum (x_i - 77.93)^2 = 1.4357, \ s_x = \sqrt{1.4357} \approx 1.1982$

$$\overline{y} = \frac{1}{10}\sum y_i = 84.41, \ \ s_y^2 = \frac{1}{9}\sum (y_i - 84.41)^2 = 0.8366, \ \ s_y = \sqrt{0.8366} \approx 0.9146$$

다음 표로부터 $\sum (x_i - \overline{x})(y_i - \overline{y}) = 9.8370$을 얻는다. 따라서 남자와 여자의 평균 수명 공분산은 $s_{xy} = \dfrac{9.8370}{9} \approx 1.093$이고, 상관계수는 $r_{xy} = \dfrac{1.093}{1.1982 \times 0.9146} \approx 0.9974$이다.

구분	x_i	y_i	$x_i - \overline{x}$	$y_i - \overline{y}$	$(x_i - \overline{x})(y_i - \overline{y})$	$(x_i - \overline{x})^2$	$(y_i - \overline{y})^2$
2008	76.2	83.0	-1.73	-1.41	2.4393	2.9929	1.9881
2009	76.7	83.4	-1.23	-1.01	1.2423	1.5129	1.0201
2010	76.8	83.6	-1.13	-0.81	0.9153	1.2769	0.6561
2011	77.3	84.0	-0.63	-0.41	0.2583	0.3969	0.1681
2012	77.6	84.2	-0.33	-0.21	0.0693	0.1089	0.0441
2013	78.1	84.6	0.17	0.19	0.0323	0.0289	0.0361
2014	78.6	85.0	0.67	0.59	0.3953	0.4489	0.3481
2015	79.0	85.2	1.07	0.79	0.8453	1.1449	0.6241
2016	79.3	85.4	1.37	0.99	1.3563	1.8769	0.9801
2017	79.7	85.7	1.77	1.29	2.2833	3.1329	1.6641
합	779.3	844.1			9.8370	12.9210	7.5290

02-43

공분산과 상관계수가 각각 0인 경우에는 선형관계가 성립하지 않지만 비선형관계는 존재할 수 있음을 다음 자료를 이용해 확인하라.

x	-5	-4	-3	-2	-1	0	1	2	3	4	5
y	25	16	9	4	1	0	1	4	9	16	25

풀이 $\overline{x} = \dfrac{1}{11}(-5-4-3-2-1+0+1+2+3+4+5) = 0,$

$\overline{y} = \dfrac{1}{11}\{(25+16+9+4+1)\times 2 + 0\} = 10,$

$\sum x_i y_i = (-5)\times 25 - 4\times 16 - 3\times 9 - 2\times 4 - 1\times 1 + 0\times 0$

$\qquad\qquad + 1\times 1 + 2\times 4 + 3\times 9 + 4\times 16 + 5\times 25 = 0$

따라서 $s_{xy} = \dfrac{1}{n-1}\left(\sum x_i y_i - n\overline{x}\,\overline{y}\right) = \dfrac{1}{10}(0 - 11\times 0\times 10) = 0$과 $r_{xy} = \dfrac{s_{xy}}{s_x s_y} = $

$\dfrac{0}{s_x s_y} = 0$을 얻으므로 선형 무상관관계이다. 그러나 주어진 자료는 $y = x^2$의 비선형

관계를 나타낸다.

44 ~ 51. 각 문제에서 주어진 자료에 대하여 다음을 구하라.

    (1) 평균, 중앙값과 최빈값   (2) 5% 절사평균

    (3) 사분위수   (4) 30-백분위수와 60-백분위수

02-44

2.3	1.5	1.7	2.3	2.0	1.5	1.9	1.2	2.2	2.0
2.7	2.4	1.4	1.7	2.1	2.0	2.3	2.8	2.7	2.0
1.5	1.9	1.4	2.6	2.3	2.6	2.0	2.7	2.6	2.1

풀이 (1) $\overline{x} = 2.08$, $M_e = 2.05$, $M_o = 2.0$

(2) $T_M = 2.0857$

(3) $Q_1 = x_{(8)} = 1.70$, $Q_3 = x_{(23)} = 2.4$

(4) $P_{30} = \dfrac{x_{(9)} + x_{(10)}}{2} = \dfrac{1.9 + 1.9}{2} = 1.9$, $P_{60} = \dfrac{x_{(18)} + x_{(19)}}{2} = \dfrac{2.2 + 2.3}{2} = 2.25$

02-45

17	14	18	13	15	18	9	9	8	16	5	13	18	12	7
9	22	14	17	11	9	15	16	11	10	11	8	9	9	13

풀이 (1) $\overline{x} = 12.533$, $M_e = 12.5$, $M_o = 9.0$ (2) $T_M = 12.464$

(3) $Q_1 = 9.0$, $Q_3 = 16.0$ (4) $P_{30} = \dfrac{9 + 9}{2} = 9$, $P_{60} = \dfrac{13 + 14}{2} = 13.5$

02-46

51.9	60.7	61.8	57.2	54.1	45.3	64.1	59.5	57.3	61.2
59.8	62.1	69.4	58.7	70.4	68.5	61.1	58.5	55.4	64.3
59.1	55.8	58.5	65.4	60.4	62.8	56.7	68.4	55.5	68.6

풀이 (1) $\bar{x} = 60.42$, $M_e = 60.20$, $M_o = 58.5$

(2) $T_M = 60.60$

(3) $Q_1 = 57.2$, $Q_3 = 64.1$

(4) $P_{30} = \dfrac{57.3 + 58.5}{2} = 57.9$, $P_{60} = \dfrac{61.1 + 61.2}{2} = 61.15$

02-47

0.9	2.5	0.7	2.1	1.0	1.4	0.9	1.2	0.2	2.0
1.7	1.1	2.4	1.3	2.1	1.5	1.3	1.8	1.7	2.1
1.0	1.4	1.3	1.6	2.3	1.6	1.9	1.7	1.6	1.1

풀이 (1) $\bar{x} = 1.5133$, $M_e = 1.55$, $M_o = 1.3, 1.6, 1.7, 2.1$

(2) $T_M = 1.5321$

(3) $Q_1 = 1.10$, $Q_3 = 1.9$

(4) $P_{30} = \dfrac{1.2 + 1.3}{2} = 1.25$, $P_{60} = \dfrac{1.6 + 1.7}{2} = 1.65$

02-48

| 10 | 15 | 20 | 19 | 24 | 25 | 12 | 27 | 20 | 14 | 22 | 20 | 12 | 20 | 23 |
| 14 | 15 | 22 | 15 | 12 | 24 | 27 | 14 | 18 | 29 | 19 | 12 | 28 | 25 | 11 |

풀이 (1) $\bar{x} = 18.93$, $M_e = 19.50$, $M_o = 12, 20$

(2) $T_M = 18.89$

(3) $Q_1 = 14, \quad Q_3 = 24$

(4) $P_{30} = \dfrac{14 + 15}{2} = 14.5, \ P_{60} = \dfrac{20 + 20}{2} = 20$

02-49

0.11	0.44	0.86	0.19	0.38	0.39	0.61	1.47	0.36	0.49
1.22	0.44	1.94	0.68	0.01	1.90	0.59	1.97	0.35	0.80
0.18	0.29	0.49	0.80	1.76	1.33	0.57	0.06	0.46	1.01

풀이 (1) $\bar{x} = 0.738, \ M_e = 0.53, \ M_o = 0.44, \ 0.49, \ 0.80$

(2) $T_M = 0.72$

(3) $Q_1 = 0.36, \quad Q_3 = 1.01$

(4) $P_{30} = \dfrac{0.38 + 0.39}{2} = 0.385, \ P_{60} = \dfrac{0.61 + 0.68}{2} = 0.645$

02-50

10.23	5.10	6.04	6.62	4.94	6.42	4.80	0.65	3.30	7.23
2.79	4.65	0.73	2.08	6.50	1.73	2.57	5.31	3.83	4.16
3.56	10.73	2.23	3.05	3.82	1.73	2.12	1.82	6.79	6.24

풀이 (1) $\bar{x} = 4.392, \ M_e = 3.995, \ M_o = 1.73$

(2) $T_M = 4.3$

(3) $Q_1 = 2.23, \ Q_3 = 6.24$

(4) $P_{30} = \dfrac{2.57 + 2.79}{2} = 2.68, \ P_{60} = \dfrac{4.80 + 4.94}{2} = 4.87$

02-51

18.89	20.18	20.92	19.40	19.54	19.94	20.20	19.22	21.01	20.33
21.67	20.43	20.98	19.96	20.10	20.49	19.23	21.71	19.85	21.24
20.15	19.66	21.47	19.73	19.46	19.89	17.93	17.93	18.70	20.39

풀이 (1) $\overline{x} = 20.02$, $M_e = 19.985$, $M_o = 17.93$

(2) $T_M = 20.034$

(3) $Q_1 = 19.46$, $Q_3 = 20.49$

(4) $P_{30} = \dfrac{19.54 + 19.66}{2} = 19.6$, $P_{60} = \dfrac{20.18 + 20.20}{2} = 20.19$

52 ~ 59. 문제 02-44 ~02-51에 제시된 각 자료에 대하여, 다음을 구하라.

(1) 범위   (2) 사분위수범위   (3) 평균편차

(4) 표준편차   (5) 변동계수

02-52

(1) 범위 $R = x_{(30)} - x_{(1)} = 2.8 - 1.2 = 1.6$

(2) 사분위수범위 I.Q.R.$= Q_3 - Q_1 = 2.4 - 1.70 = 0.7$

(3) 평균편차 M.D $= 0.366667$

(4) 표준편차 $\sigma = 0.4506$

(5) 변동계수 $C.V. = \dfrac{\sigma}{\overline{x}} = \dfrac{0.4506}{2.08} = 0.2166$

02-53

(1) 범위 $R = x_{(30)} - x_{(1)} = 22 - 5 = 17$

(2) 사분위수범위 I.Q.R.$= Q_3 - Q_1 = 16 - 9 = 7$

(3) 평균편차 M.D $= 3.4$

(4) 표준편차 $\sigma = 4.058$

(5) 변동계수 $C.V. = \dfrac{\sigma}{\overline{x}} = \dfrac{4.058}{12.533} = 0.3238$

02-54

(1) 범위 $R = x_{(30)} - x_{(1)} = 70.4 - 45.3 = 25.1$

(2) 사분위수범위 I.Q.R. $= Q_3 - Q_1 = 64.1 - 57.2 = 6.9$

(3) 평균편차 M.D $= 4.19778$

(4) 표준편차 $\sigma = 5.57$

(5) 변동계수 $C.V. = \dfrac{\sigma}{\overline{x}} = \dfrac{5.57}{60.42} = 0.0922$

02-55

(1) 범위 $R = x_{(30)} - x_{(1)} = 2.5 - 0.2 = 2.3$

(2) 사분위수범위 I.Q.R. $= Q_3 - Q_1 = 1.9 - 1.10 = 0.8$

(3) 평균편차 M.D $= 0.426667$

(4) 표준편차 $\sigma = 0.5342$

(5) 변동계수 $C.V. = \dfrac{\sigma}{\overline{x}} = \dfrac{0.5342}{1.5133} = 0.3530$

02-56

(1) 범위 $R = x_{(30)} - x_{(1)} = 29.0 - 10.0 = 19.0$

(2) 사분위수범위 I.Q.R. $= Q_3 - Q_1 = 24.0 - 14.0 = 10$

(3) 평균편차 M.D $= 4.80889$

(4) 표준편차 $\sigma = 5.67$

(5) 변동계수 $C.V. = \dfrac{\sigma}{\overline{x}} = \dfrac{5.67}{18.93} = 0.2995$

02-57

(1) 범위 $R = x_{(30)} - x_{(1)} = 1.97 - 0.01 = 1.96$

(2) 사분위수범위 I.Q.R. $= Q_3 - Q_1 = 1.01 - 0.36 = 0.65$

(3) 평균편차 M.D $= 0.462556$

(4) 표준편차 $\sigma = 0.580$

(5) 변동계수 $C.V. = \dfrac{\sigma}{\overline{x}} = \dfrac{0.58}{0.738} = 0.7859$

02-58

(1) 범위 $R = x_{(30)} - x_{(1)} = 10.73 - 0.65 = 10.08$

(2) 사분위수범위 I.Q.R. $= Q_3 - Q_1 = 6.24 - 2.23 = 4.01$

(3) 평균편차 M.D $= 2.00716$

(4) 표준편차 $\sigma = 2.514$

(5) 변동계수 $C.V. = \dfrac{\sigma}{\bar{x}} = \dfrac{2.514}{4.392} = 0.5724$

02-59

(1) 범위 $R = x_{(30)} - x_{(1)} = 21.71 - 17.93 = 3.78$

(2) 사분위수범위 I.Q.R. $= Q_3 - Q_1 = 20.49 - 19.46 = 1.03$

(3) 평균편차 M.D $= 0.731333$

(4) 표준편차 $\sigma = 0.961$

(5) 변동계수 $C.V. = \dfrac{\sigma}{\bar{x}} = \dfrac{0.961}{20.02} = 0.048$

02-60

다음에 주어진 자료에 대하여 물음에 따라 상자 그림을 그리라.

3.5	81.5	27.6	33.2	12.0	20.5	19.0	21.2	22.8	20.5
21.7	24.4	6.4	17.3	22.1	22.2	22.3	24.7	22.7	32.6
15.8	21.9	21.4	26.8	22.3	26.1	22.0	24.7	21.6	22.1

(1) 사분위수 Q_1, Q_2, Q_3 을 구하라.

(2) 사분위수범위 I.Q.R. 을 구하라.

(3) 아래쪽 울타리와 위쪽 울타리 $f_l = Q_1 - 1.5 \times$ I.Q.R., $f_u = Q_3 + 1.5 \times$ I.Q.R. 을 구하라.

(4) 아래쪽 바깥 울타리와 위쪽 바깥 울타리 $f_L = Q_1 - 3 \times$ I.Q.R., $f_U = Q_3 + 3 \times$ I.Q.R. 을 구하라.

(5) 인접값을 구하라.

(6) 이상점이 있으면 그 이상점을 구하라.

(7) 상자 그림을 작성하여라.

풀이

(1) $Q_1 = x_{(8)} = 20.5$, $Q_2 = \dfrac{x_{(15)} + x_{(16)}}{2} = 22.05$, $Q_3 = x_{(23)} = 24.4$

(2) I.Q.R. $= 24.4 - 20.5 = 3.9$

(3) $f_l = Q_1 - 1.5 \times$ I.Q.R. $= 20.5 - 5.85 = 14.65$

　　$f_u = Q_3 + 1.5 \times$ I.Q.R. $= 24.4 + 5.85 = 30.25$

(4) $f_L = Q_1 - 3 \times$ I.Q.R. $= 20.5 - 11.7 = 8.8$

　　$f_U = Q_3 + 3 \times$ I.Q.R. $= 24.4 + 11.7 = 36.1$

(5) 아래쪽 인접값=15.8,　위쪽 인접값 $= 27.6$

(6) 보통 이상점 : 12.0, 32.6, 33.2　극단 이상점 : 3.5, 6.4, 81.5

(7)

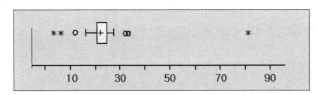

02-61

고소득층과 저소득층의 하루 일당에 대한 표준편차와 변동계수를 구하고, 상대적으로 두 자료집단의 흩어진 정도를 분석하여라. (단, 단위는 \$이다.)

저소득층	11.5	12.2	12.0	12.4	13.6	10.5
고소득층	171	164	167	156	159	164

풀이 두 집단의 평균($\overline{x_l}$, $\overline{x_h}$)과 표준편차(σ_l, σ_h)를 먼저 구한다.

$$\overline{x_l} = \frac{11.5 + 12.2 + 12 + 12.4 + 13.6 + 10.5}{6} = 12.03,$$

$$\overline{x_h} = \frac{171 + 164 + 167 + 156 + 159 + 164}{6} = 163.5$$

이고, 분산과 표준편차는 각각

$$s_l^2 = \frac{1}{5} \sum (x - 12.03)^2 = 1.051, \quad s_l = \sqrt{1.051} = 1.0252,$$

$$s_h^2 = \frac{1}{5} \sum (x - 163.5)^2 = 29.1, \quad s_h = \sqrt{29.1} = 5.39$$

이다. 한편, $C.V_l = \dfrac{1.0252}{12.03} = 0.0852, \quad C.V_h = \dfrac{5.39}{163.5} = 0.033$이다. 따라서 절대수치에 의하면 고소득층의 소득이 더 폭넓게 나타나지만($s_l < s_h$), 상대적으로 비교하면 고소득층의 소득이 저소득층보다 평균에 더 밀집($C.V_h < C.V_l$)한 모양을 나타낸다.

02-62

어떤 모임의 구성원에 대한 나이를 조사하기 위하여 15명을 임의로 선출하여 조사한 결과 [22, 21, 26, 24, 23, 23, 25, 30, 24, 26, 25, 24, 21, 25, 26]을 얻었다. 선출된 구성원의 나이에 대한 점도표를 그리고, 표준점수로 변환한 점도표를 그리라.

풀이 우선 표본평균과 표본분산과 표본표준편차를 먼저 구한다.

$$\overline{x} = \frac{1}{15}\sum x_i = 24.33, \quad s^2 = \frac{1}{14}\sum(x_i - 24.33)^2 = \frac{73.3335}{14} = 5.2381,$$

$$s = \sqrt{5.2381} = 2.289$$

이제 각 측정값을 $z_i = \dfrac{x_i - 24.33}{2.289}$에 의하여 표준화된 측정값을 구하면 다음과 같다.

[$-1.01791,\ -1.45478,\ 0.72958,\ -0.14417,\ -0.58104,\ -0.58104,\ 0.29270,$ $2.47706,\ -0.14417,\ 0.72958,\ 0.29270,\ -0.14417,\ -1.45478,\ 0.29270,\ 0.72958$] 그러므로 원자료와 표준화된 자료의 점도표를 그리면 다음과 같다.

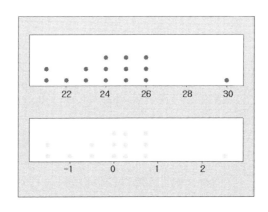

03-01

다음 수를 구하라.

(1) $3!$ (2) $_6P_5$ (3) $_5P_3$

풀이 (1) $3! = 1 \times 2 \times 3 = 6$

(2) $_6P_5 = \dfrac{6!}{1!} = 6 \neq 1 \times 2 \times 3 \times 4 \times 5 \times 6 = 720$

(3) $_5P_3 = \dfrac{5!}{2!} = \dfrac{120}{2} = 60$

03-02

다음 수를 구하라.

(1) $_{10}P_2$ (2) $_5P_3$ (3) $_5C_3$ (4) $\binom{10}{2}$

풀이 (1) $_{10}P_2 = \dfrac{10!}{8!} = 90$ (2) $_5P_3 = \dfrac{5!}{2!} = 60$

(3) $_5C_3 = \dfrac{5!}{2!\,3!} = 10$ (4) $\binom{10}{2} = \dfrac{10!}{2!\,8!} = 45$

03-03

다음 수를 구하라.

(1) $_4C_1$ (2) $_4C_3$ (3) $_6C_2$ (4) $_6C_3$

풀이 (1) $_4C_1 = \dfrac{_4P_1}{1!} = \dfrac{4!}{1!\,3!} = 4$ (2) $_4C_3 = \dfrac{_4P_3}{3!} = \dfrac{4!}{3!\,1!} = 4$

(3) $_6C_2 = \dfrac{_6P_2}{2!} = \dfrac{6!}{2!\,4!} = 15$ (4) $_6C_3 = \dfrac{_6P_3}{3!} = \dfrac{6!}{3!\,3!} = 20$

03-04

불량품이 2대 포함된 10대의 TV 중에서 3대를 선택한다고 할 때, 다음을 구하라.

(1) 10대의 TV 중에서 3대를 선택하는 방법의 수
(2) 양호한 TV만 3대 모두 선택하는 방법의 수
(3) 양호한 TV 2대와 불량품 1대를 선택하는 방법의 수

풀이 (1) $_{10}C_3 = \dfrac{10!}{3!\,7!} = 120$ (2) $_8C_3 \times {_2C_0} = 56 \times 1 = 56$

(3) $_8C_2 \times {_2C_1} = 28 \times 2 = 56$

03-05

다음 경우의 수를 구하라.

(1) 주사위를 5번 던지는 경우, 표본점의 수
(2) 동전을 10번 던지는 경우, 표본점의 수
(3) 52장의 카드에서 3장의 카드를 차례대로 뽑는 경우의 수
(4) 빨간 공 5개와 파란 공 5개가 들어있는 주머니에서 순서 없이 빨간 공 2와 파란 공 3개를 꺼내는 경우의 수

풀이 (1) $6^5 = 7776$ (2) $2^{10} = 1024$

(3) $_{52}P_3 = \dfrac{52!}{49!} = 132600$ (4) $\dbinom{5}{2}\dbinom{5}{3} = 100$

03-06

서로 다른 주사위 2개를 던지는 실험에 대한 표본공간을 구하라.

풀이 주사위를 두 번 던지는 게임에서 처음에 나올 수 있는 모든 결과는 1, 2, 3, 4, 5, 6의 눈뿐이며, 또한 그 각각의 눈에 대하여 두 번째 던져서 나올 수 있는 눈의 모든 경우도 역시 동일하다. 그러므로 주사위를 두 번 던지는 게임에서 나올 수 있는 모든 가능한 결과의 집합인 표본공간은 다음과 같다.

$$S = \begin{Bmatrix} (1,1), (1,2), (1,3), (1,4), (1,5), (1,6) \\ (2,1), (2,2), (2,3), (2,4), (2,5), (2,6) \\ (3,1), (3,2), (3,3), (3,4), (3,5), (3,6) \\ (4,1), (4,2), (4,3), (4,4), (4,5), (4,6) \\ (5,1)\ (5,2), (5,3), (5,4), (5,5), (5,6) \\ (6,1), (6,2), (6,3), (6,4), (6,5), (6,6) \end{Bmatrix}$$

03-07

문제 03-06의 실험에서 첫 번째 나온 눈의 수가 짝수인 사건을 구하라.

풀이 첫 번째 나온 눈의 수가 2, 4, 6인 표본점으로 구성되므로 구하고자 하는 사건은 다음과 같다.

$$S = \begin{Bmatrix} (2,1), (2,2), (2,3), (2,4), (2,5), (2,6) \\ (4,1), (4,2), (4,3), (4,4), (4,5), (4,6) \\ (6,1), (6,2), (6,3), (6,4), (6,5), (6,6) \end{Bmatrix}$$

03-08

다음 경우의 수를 구하라.
(1) 문자 a, b, c, d를 순서를 고려하여 배열할 수 있는 경우의 수
(2) 문자 a, e, i, o, u에서 3개를 택하여 순서를 고려하여 나열할 수 있는 경우의 수
(3) 문자 a, e, i, o, u에서 중복을 허락하여 3개를 택해 순서를 고려하여 배열할 수 있는 경우의 수
(4) 문자 a, e, i, o, u에서 순서를 고려하지 않고 3개를 택하는 경우의 수

풀이 (1) 문자 a, b, c, d를 순서를 고려하여 배열할 경우, 처음에 a, b, c, d 중에서 어느 것을 선택하여도 무방하므로 처음에 어느 한 문자를 배열할 수 있는 방법은 4가지

이다. 처음에 a가 배열되었다면, 두 번째 배열될 문자는 a를 제외한 나머지 세 문자 중에서 어느, 하나가 배열될 수 있으므로 3가지가 있다. 이제 두 번째 문자로 b가 배열되었다면, 세 번째 배열될 문자는 c와 d 중에서 어느 하나가 놓여질 수 있으므로 2가지 경우가 있고, 따라서 어느 한 문자가 배열되면 네 번째 배열될 문자는 나머지 한 문자이므로 1가지이다. 따라서 문자 a, b, c, d를 순서 있게 나열할 수 있는 방법은 $4 \times 3 \times 2 \times 1 = 24$이다.

(2) 문자 a, e, i, o, u에서 처음에 배열할 수 있는 문자는 5개 중에서 어느 것도 가능하므로 5가지이다. 처음에 배열된 것이 a라 하면, 두 번째 배열 가능한 문자는 e, i, o, u 중에서 어느 것도 가능하므로 4가지가 있다. 이때 e가 배열된다면 세 번째로 배열이 가능한 문자는 i, o, u 중에서 어느 하나가 가능하고 따라서 3가지 방법이 있다. 그러므로 문자 a, e, i, o, u 중에서 문자 3개를 선택하여 순서를 고려하여 배열할 수 있는 방법은 $5 \times 4 \times 3 = {}_5P_3 = 60$이다.

(3) 문자 a, e, i, o, u에서 처음에 배열할 수 있는 문자는 5개 중에서 어느 것도 가능하므로 5가지이다. 처음에 배열된 것이 a라 하면, 중복을 허용하므로 두 번째 배열 가능한 문자도 역시 a, e, i, o, u 중에서 어느 것도 가능하므로 5가지가 있다. 다시 a가 배열된다면 중복을 허용하므로 세 번째로 배열이 가능한 문자는 a, e, i, o, u 중에서 어느 하나가 가능하고 따라서 5가지 방법이 있다. 그러므로 문자 a, e, i, o, u 중에서 중복을 허용하여 문자 3개를 순서를 고려하여 배열할 수 있는 방법은 $5 \times 5 \times 5 = 125$이다.

(4) 문자 a, e, i, o, u에서 순서를 고려하여 3개를 배열할 수 있는 방법은 (2)에서 구한 60가지이다. 한편 순서를 생각하지 않고 3개를 뽑아내므로 (a, e, i), (a, i, e), (e, a, i), (e, i, a), (i, e, a), (i, a, e)는 동일하다. 다른 문자의 배열도 동일하므로 순서를 고려한 60가지 방법에 대하여 순서를 고려하지 않고 3개를 선택하는 방법의 수는 $\dfrac{60}{6} = \dbinom{5}{3} = 10$이다.

03-09

주머니 안에 빨간 공이 두 개, 파란 공이 두 개 들어있으며, 동일한 색의 공에는 각각 숫자 1과 2가 적혀있다. 이 주머니에서 차례대로 공을 2개 꺼낼 때, 물음에 답하라.

(1) 비복원추출로 공을 꺼내는 경우의 표본공간을 구하라.

(2) 복원추출로 공을 꺼내는 경우의 표본공간을 구하라.

풀이 (1) 처음에 꺼낸 공을 다시 주머니에 넣지 않고 두 번째 공을 꺼내므로, 처음에 빨간 공 1번이 나왔다면 두 번째 공을 꺼낼 때 이 공은 나올 수 없다. 이와 같이 처음 꺼낸 공은 두 번째 공을 꺼낼 때 나올 수 없으므로 구하고자 하는 표본공간은 다음과 같다.

$$S = \begin{cases} (R1,\ R2), (R1,\ B1), (R1,\ B2) \\ (R2,\ R1), (R2,\ B1), (R2,\ B2) \\ (B1,\ R1), (B1,\ R2), (B1,\ B2) \\ (B2,\ R1), (B2,\ R2), (B2,\ B1) \end{cases}$$

(2) 처음에 꺼낸 공을 다시 주머니에 넣고 두 번째 공을 꺼낸다면, 처음에 빨간 공 1번이 나왔다면 두 번째 역시 동일한 공이 나올 수 있다. 따라서 이와 같은 방법으로 공 두 개를 꺼낼 때 중복을 허용하므로 구하고자 하는 표본공간은 다음과 같다.

$$S = \begin{cases} (R1,\ R1), (R1,\ R2), (R1,\ B1), (R1,\ B2) \\ (R2,\ R1), (R2,\ R2), (R2,\ B1), (R2,\ B2) \\ (B1,\ R1), (B1,\ R2), (B1,\ B1), (B1,\ B2) \\ (B2,\ R1), (B2,\ R2), (B2,\ B1), (B2,\ B2) \end{cases}$$

03-10

주머니 안에 빨간색과 노란색 그리고 파란색 공이 각각 하나씩 들어있다고 한다. 이제 이 주머니에서 복원추출에 의하여 두 개의 공을 차례로 꺼낸다고 할 때,
(1) 표본공간을 구하라.
(2) 처음 꺼낸 공이 빨간 공일 사건을 구하라.
(3) 같은 색의 공이 반복해서 나올 사건을 구하라.

풀이 (1) 빨간색을 R, 노란색을 Y 그리고 파란색을 B 라 하면, 구하고자 하는 표본공간은
$S = \{(R,\ R), (R,\ B), (R,\ Y), (Y,\ R),\ (Y,\ B), (Y,\ Y), (B,\ R), (B,\ B), (B,\ Y)\}$
이다.

(2) $A = \{(R,\ R), (R,\ B), (R,\ Y)\}$

(3) $B = \{(R,\ R), (B,\ B), (Y,\ Y)\}$

03-11

보험회사에서 화재로 인한 손실을 보상하기 위하여 화재보험을 판매한다.
(1) 화재로 인한 손실 총액에 대한 원단위 표본공간을 구하라.
(2) 손실액이 10,000,000원보다 많고 100,000,000원보다 작은 사건을 구하라.

풀이 (1) 손실액이 원단위로 평가되므로 표본공간은 $S=\{x \mid x \geq 0, x \text{는 정수}\}$이다.

(2) $S=\{x \mid 1,000,000 < x < 100,000,000, x \text{는 정수}\}$

03-12

주사위를 두 번 던지는 게임에서 첫 번째 나온 눈의 수가 3인 사건을 A, 두 번째 나온 눈의 수가 3의 배수인 사건을 B 그리고 두 눈의 수의 합이 7인 사건을 C라 할 때, 다음을 구하라.

(1) $A \cup C$ (2) $B \cap C$ (3) $(A \cup B)^c$ (4) $(A \cup B) \cap C$

풀이 우선 세 사건을 먼저 구하면, 다음과 같다.

$$A = \{(3,1), (3,2), (3,3), (3,4), (3,5), (3,6)\}$$
$$B = \left\{\begin{array}{l}(1,3), (1,6), (2,3), (2,6), (3,3), (3,6) \\ (4,3), (4,6), (5,3), (5,6), (6,3), (6,6)\end{array}\right\}$$
$$C = \{(1,6), (2,5), (3,4), (4,3), (5,2), (6,1)\}$$

(1) $A \cup C = \{(3,1), (3,2), (3,3), (3,4), (3,5), (3,6), (1,6),$

$(2,5), (4,3), (5,2), (6,1)\}$

(2) B와 C에 모두 포함되는 표본점이므로 $B \cap C = \{(1,6), (4,3)\}$이다.

(3) $A \cup B = \left\{\begin{array}{l}(3,1), (3,2), (3,4), (3,5), (1,3), (1,6) \\ (2,3), (2,6), (3,3), (3,6), (4,3), (4,6) \\ (5,3), (5,6), (6,3), (6,6)\end{array}\right\}$이므로 $(A \cup B)^c$은 다음과 같다.

$$(A \cup B)^c = \left\{\begin{array}{l}(1,1), (1,2), (1,4), (1,5) \\ (2,1), (2,2), (2,4), (2,5) \\ (4,1), (4,2), (4,4), (4,5) \\ (5,1), (5,2), (5,4), (5,5) \\ (6,1), (6,2), (6,4), (6,5)\end{array}\right\}$$

(4) (3)의 $A \cup B$와 C의 공통부분에 있는 표본점들의 사건이므로 다음과 같다.

$$(A \cup B) \cap C = \{(1,6), (3,4), (4,3)\}$$

03-13

주사위를 한 번 던지는 게임에서, 홀수의 눈이 나오는 사건을 A, 2 또는 6의 눈이 나오는 사건을 B 그리고 3의 배수가 나오는 사건을 C 라 할 때, 다음을 구하라.

(1) $A \cap C$ (2) $B \cup C$

(3) $A \cup (B \cap C)$ (4) $(A \cup B)^c$

풀이 $S = \{1, 2, 3, 4, 5, 6\}$, $A = \{1, 3, 5\}$, $B = \{2, 6\}$, $C = \{3, 6\}$ 이므로

(1) $A \cap C = \{1, 3, 5\} \cap \{3, 6\} = \{3\}$

(2) $B \cup C = \{2, 6\} \cup \{3, 6\} = \{2, 3, 6\}$

(3) $B \cap C = \{2, 6\} \cap \{3, 6\} = \{6\}$

이므로
$$A \cup (B \cap C) = \{1, 3, 5\} \cup \{6\} = \{1, 3, 5, 6\}$$

(4) $A \cup B = \{1, 3, 5\} \cup \{2, 6\} = \{1, 2, 3, 5, 6\}$

이므로
$$(A \cup B)^c = \{1, 2, 3, 5, 6\}^c = \{4\}$$

03-14

주머니 안에 빨간색과 파란색의 공깃돌이 몇 개씩 들어있다. 주머니에서 두 개의 공깃돌을 차례로 꺼낼 때,

(1) 나올 수 있는 공깃돌의 색에 대한 표본공간을 구하라.
(2) 두 개의 공깃돌이 서로 다른 색인 사건을 구하라.
(3) 파란색이 많아야 한 개인 사건을 구하라.
(4) 첫 번째 공깃돌이 빨간색이고, 두 번째 공깃돌이 파란색인 사건을 구하라.

풀이 (1) 빨간색 공깃돌이 나오면 R, 파란색 공깃돌이 나오면 B 라 하면, 구하고자 하는 표본공간은 $S = \{RR, RB, BR, BB\}$ 이다.

(2) 두 개의 공깃돌이 서로 다른 색인 사건은 $\{RB, BR\}$ 이다.

(3) 파란색이 많아야 한 개인 사건은 $S = \{RR, RB, BR\}$ 이다.

(4) 첫 번째 공깃돌이 빨간색이고, 두 번째 공깃돌이 파란색인 사건은 $S = \{RB\}$ 이다.

03-15

다음 두 사건 A와 B가 서로 배반인 사건인지 아닌지 구분하여라.

(1) 주사위를 던져서 짝수의 눈이 나오면 A, 홀수의 눈이 나오면 B라 한다.

(2) 임의로 선정된 사람이 서울에서 태어났으면 A, 대구에서 태어났으면 B라 한다.

(3) 임의로 선정된 여자가 25세 이상이면 A, 25세 이상의 기혼녀이면 B라 한다.

(4) 임의로 선정된 사람의 혈액형이 A이면 A, 혈액형이 B이면 B라 한다.

풀이 (1) $A = \{2, 4, 6\}$, $B = \{1, 3, 5\}$이므로 A와 B는 배반 사건이다.

(2) 어떠한 사람도 서울과 대구에서 동시에 태어날 수 없으므로 A와 B는 배반 사건이다.

(3) 25세 이상의 여성 중에는 미혼인 여성과 기혼인 여성이 섞여 있으므로 A와 B는 배반 사건이 아니다.

(4) A형이면서 동시에 B형인 혈액형은 존재하지 않으므로 A와 B는 배반 사건이다.

03-16

주사위를 두 번 반복하여 던지는 게임에서 두 눈의 합이 짝수이면 A, 처음 나온 눈이 3이면 B 그리고 두 눈의 합이 6이면 C라 할 때, 다음을 구하라.

(1) $A \cup C$ (2) $A \cap C$

(3) $B \cap C$ (4) $(B \cup C)^c$

(5) $A^c \cap B^c$ (6) $B^c \cap C$

(7) $A \cup B \cup C$ (8) $A \cap B \cap C$

풀이
$$A = \left\{ \begin{array}{cccccc} (1,1) & (1,3) & (1,5) & (2,2) & (2,4) & (2,6) \\ (3,1) & (3,3) & (3,5) & (4,2) & (4,4) & (4,6) \\ (5,1) & (5,3) & (5,5) & (6,2) & (6,4) & (6,6) \end{array} \right\},$$

$B = \{(3,1)\ (3,2)\ (3,3)\ (3,4)\ (3,5)\ (3,6)\}$,

$C = \{(1,5)\ (2,4)\ (3,3)\ (4,2)\ (5,1)\}$

(1) 두 눈의 합이 6인 사건은 합이 짝수인 사건의 부분집합이므로 $A \cup C = A$

(2) $A \cap C = C$

(3) $B \cap C = \{(3,3)\}$

(4) $(B \cup C)^c = \begin{Bmatrix} (1,1) \ (1,2) \ (1,3) \ (1,4) \ (1,6) \\ (2,1) \ (2,2) \ (2,3) \ (2,5) \ (2,6) \\ (4,1) \ (4,3) \ (4,4) \ (4,5) \ (4,6) \\ (5,2) \ (5,3) \ (5,4) \ (5,5) \ (5,6) \\ (6,1) \ (6,2) \ (6,3) \ (6,4) \ (6,5) \ (6,6) \end{Bmatrix}$

(5) $A \cup B = \begin{Bmatrix} (1,1) \ (1,3) \ (1,5) \ (2,2) \ (2,4) \ (2,6) \\ (3,1) \ (3,2) \ (3,3) \ (3,4) \ (3,5) \ (3,6) \\ (4,2) \ (4,4) \ (4,6) \ (5,1) \ (5,3) \ (5,5) \\ (6,2) \ (6,4) \ (6,6) \end{Bmatrix}$ 이고, $A^c \cap B^c = (A \cup B)^c$

이므로

$$A^c \cap B^c = \begin{Bmatrix} (1,2) \ (1,4) \ (1,6) \ (2,1) \ (2,3) \ (2,5) \\ (4,1) \ (4,3) \ (4,5) \ (5,2) \ (5,4) \ (5,6) \\ (6,1) \ (6,3) \ (6,5) \end{Bmatrix}$$

(6) B^c은 처음 눈이 3이 아닌 사건이므로 $B^c \cap C = \{(1,5) \ (2,4) \ (4,2) \ (5,1)\}$

(7) $A \cup B \cup C = \begin{Bmatrix} (1,1) \ (1,3) \ (1,5) \ (2,2) \ (2,4) \ (2,6) \\ (3,1) \ (3,2) \ (3,3) \ (3,4) \ (3,5) \ (3,6) \\ (4,2) \ (4,4) \ (4,6) \ (5,1) \ (5,3) \ (5,5) \\ (6,2) \ (6,4) \ (6,6) \end{Bmatrix}$

(8) $A \cap B \cap C = \{(3,3)\}$

03-17

임의의 세 사건 A, B 그리고 C에 대하여 다음 사건을 나타내는 벤다이어그램을 그리라.

(1) A만 나오는 사건 (2) B와 C는 나오지만 A는 안 나오는 사건

(3) 적어도 하나의 사건이 나올 사건 (4) 적어도 두 개 이상의 사건이 나올 사건

(5) 세 사건 모두 나올 사건 (6) 꼭 두 개의 사건만 나올 사건

풀이

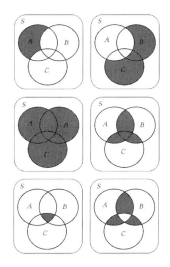

03-18

주사위를 두 번 반복하여 던지는 게임에서 두 눈의 합이 7인 사건을 A, 적어도 한 번 6의 눈이 나오는 사건을 B라 할 때, $A \cup B$와 $A \cap B$를 구하라.

풀이 표본공간은 문제 03-06에서 구한 것과 동일하다. 한편 두 사건 A와 B는 다음과 같다.

$$A = \{(1,6), (2,5), (3,4), (4,3), (5,2), (6,1)\},$$

$$B = \begin{Bmatrix} (1,6), (2,6), (3,6), (4,6), (5,6), (6,6) \\ (6,1), (6,2), (6,3), (6,4), (6,5) \end{Bmatrix}$$

그러므로

$$A \cup B = \begin{Bmatrix} (1,6), (2,6), (3,6), (4,6), (5,6), (6,6), (6,1), (6,2) \\ (6,3), (6,4), (6,5) \ (2,5), (3,4), (4,3), \ (5,2) \end{Bmatrix},$$

$$A \cap B = \{(1,6), (6,1)\}$$

03-19

보험회사에서 자동차 사고로 인한 손실을 보상한다. 이때 보험회사가 지급할 보험금이 350,000원 이상 1,000,000원 미만인 사건을 A, 500,000원보다 크고 15,000,000원 보다 작은 사건을 B라 하자. 사건 $A \cup B$와 $A \cap B$를 구하라.

풀이 (1) $A \cup B = \{x \mid 350,000 \leq x < 15,000,000, x$는 정수 $\}$

(2) $A \cap B = \{x \mid 500,000 < x < 1,000,000, x$는 정수 $\}$

03-20

동전을 네 번 던질 때, 다음 사건을 구하라.

(1) 표본공간
(2) 앞면이 꼭 2번 나오는 사건
(3) 처음 두 번의 결과에서 뒷면이 나오는 사건
(4) 처음 세 번 연속하여 동일한 면이 나오는 사건
(5) 앞면과 뒷면 또는 뒷면과 앞면이 번갈아 나오는 사건

풀이 (1) $\begin{Bmatrix} HHHH, \ HHHT, \ HHTH, \ HTHH, \ THHH, \ HHTT, \ HTHT, \ THTH, \\ HTTH, \ THHT, \ TTHH, \ HTTT, \ THTT, \ TTHT, \ TTTH, \ TTTT \end{Bmatrix}$

(2) $\{HHTT,\ HTHT,\ THTH,\ HTTH,\ THHT,\ TTHH\}$

(3) $\{TTHH,\ TTHT,\ TTTH,\ TTTT\}$

(4) $\{HHHH,\ HHHT, TTTH,\ TTTT\}$

(5) $\{HTHT,\ THTH\}$

03-21

공정한 동전을 세 번 반복적으로 던지는 실험에 대하여,

(1) 표본공간을 구하라.

(2) 적어도 한 번 그림이 나올 사건을 구하라.

(3) 그림보다 숫자가 많이 나올 사건을 구하라.

풀이 (1) 표본공간은 다음과 같다.

$$S = \begin{Bmatrix} (그림,그림,그림),(그림,그림,숫자),(그림,숫자,그림),(그림,숫자,숫자) \\ (숫자,그림,그림),(숫자,그림,숫자),(숫자,숫자,그림),(숫자,숫자,숫자) \end{Bmatrix}$$

(2) 적어도 한 번 그림이 나올 사건은 다음과 같다.

$$S = \begin{Bmatrix} (그림,그림,그림),(그림,그림,숫자),(그림,숫자,그림),(그림,숫자,숫자) \\ (숫자,그림,그림),(숫자,그림,숫자),(숫자,숫자,그림) \end{Bmatrix}$$

(3) 그림보다 숫자가 많이 나올 사건은 다음과 같다.

$$S = \{(그림,숫자,숫자),(숫자,그림,숫자),(숫자,숫자,그림),(숫자,숫자,숫자)\}$$

03-22

다음 경우에 맞는 표본공간을 구하라.

(1) "1"의 눈이 나올 때까지 공정한 주사위를 반복하여 던진 횟수

(2) 최저 온도 21℃에서 최고 온도 32.3℃까지 24시간 동안 연속적으로 기록된 온도계 눈금의 위치

(3) 형광등을 교체한 후로부터 형광등이 끊어질 때까지 걸리는 시간

풀이 (1) 주사위를 처음 던져서 "1"의 눈이 나오면 주사위를 던진 횟수는 1, 처음에 "1"이 아닌 다른 눈의 수가 나오고 두 번째 "1"의 눈이 나오면 주사위를 던진 횟수는 2 이다. 이와 같이 반복하여 계속하여 "1"이 아닌 눈이 나오는 경우를 생각할 수 있으므로 표본공간은 $S = \{1,\ 2,\ 3,\ \cdots\}$ 이다.

(2) 온도계가 최저 온도 21℃에서 최고 온도 32.3℃까지 연속적으로 나타나므로 표본 공간은 [21, 32.3]이다.

(3) 형광등을 교체하여 언제 끊어질지 모르므로 형광등이 끊어질 때까지 걸리는 시간 을 나타내는 표본공간은 [0, ∞)이다.

03-23

여학생 연주, 하나, 채은이와 남학생 상국이, 영훈이 중에서 두 명을 선정하여 과대표와 총 무를 시키려 한다. 다음 사건을 구하라(이때 먼저 선정된 학생이 과대표이다).

(1) 표본공간
(2) 영훈이가 과대표가 되는 사건
(3) 채은이가 총무가 되는 사건
(4) 여학생이 과대표와 총무가 되는 사건

풀이 (1) {(연주, 하나), (연주, 채은), (연주, 상국), (연주, 영훈), (하나, 연주), (하나, 채은), (하나, 상국), (하나, 영훈), (채은, 연주), (채은, 하나), (채은, 상국), (채은, 영훈), (상국, 연주), (상국, 하나), (상국, 채은), (상국, 영훈), (영훈, 연주), (영훈, 하나), (영훈, 채은), (영훈, 상국)}

(2) {(영훈, 연주), (영훈, 하나), (영훈, 채은), (영훈, 상국)}

(3) {(연주, 채은), (하나, 채은), (상국, 채은), (영훈, 채은)}

(4) {(연주, 하나), (연주, 채은), (하나, 연주), (하나, 채은), (채은, 연주), (채은, 하나)}

03-24

어느 신혼부부는 세 명의 자녀를 갖고자 한다. 세 명을 낳았을 때 그 자녀가 딸만 셋인 사 건을 A, 딸이 둘인 사건을 B 그리고 딸이 하나인 사건을 C, 딸이 없는 사건을 D라 하자. 그러면 이들 네 사건은 쌍마다 배반임을 보이라(단, 첫째 아이, 둘째 아이와 셋째 아이를 구분한다).

풀이 딸을 f, 아들을 b라 하면, 표본공간은 다음과 같다.

$$S = \{fff, ffb, fbf, bff, fbb, bfb, bbf, bbb\}$$

따라서 네 사건은 각각 다음과 같다.

$$A = \{fff\}, \quad B = \{ffb, fbf, bff\}, \quad C = \{fbb, bfb, bbf\}, \quad D = \{bbb\}$$

그러므로 어느 두 사건도 공통인 표본점을 갖지 않고, 따라서 A, B, C 그리고 D는 쌍마다 배반인 사건이다.

03-25

보험 대리점에서 건강보험과 생명보험을 판매하고 있다. 이 대리점의 주 고객 중에서 71명은 건강보험에 가입하였고, 48명은 생명보험에 가입하였다. 그리고 35명은 두 종류의 보험에 모두 가입하였다고 할 때, 이 대리점의 전체 고객 수를 구하라.

풀이 건강보험에 가입한 고객을 A, 생명보험에 가입한 고객을 B라 하면,

$$n(A) = 71, \ n(B) = 48, \ n(A \cap B) = 35$$

이다. 한편 전체 고객의 수는 건강보험에 가입한 고객의 수 $n(A)$와 생명보험에는 가입하였으나 건강보험에 가입하지 않은 고객의 수 $n(B \cap A^c)$의 합이므로 구하고자 하는 전체 고객의 수는

$$n(A) + n(B \cap A^c) = n(A) + \{n(B) - n(A \cap B)\} = 71 + (48 - 35) = 84$$

이다.

03-26

주식, 채권 그리고 선물 등 세 종류의 상품을 판매하고 있는 중개인이 그의 고객에 대한 성향을 살펴본 결과 다음과 같이 조사되었다.

(a) 주식을 갖고 있는 고객 39명

(b) 채권을 갖고 있는 고객 37명

(c) 선물을 갖고 있는 고객 29명

(d) 주식과 채권을 갖고 있는 고객 21명

(e) 주식과 선물을 갖고 있는 고객 19명

(f) 채권과 선물을 갖고 있는 고객 18명

(g) 세 가지 상품을 모두 갖고 있는 고객 13명

(h) 현재 아무런 상품도 갖고 있지 않은 고객 21명

이때 중개인의 고객은 모두 몇 명인가?

풀이 주식을 갖고 있는 고객을 A, 채권을 갖고 있는 고객을 B 그리고 선물을 갖고 있는 고객을 C라 하면,

$$n(A)=39,\ n(B)=37,\ n(C)=29,\ n(A\cap B)=21,\ n(A\cap C)=19$$
$$n(B\cap C)=18,\ n(A\cap B\cap C)=13,\ n\{(A\cup B\cup C)^c\}=21$$

이다. 그러면 전체 고객의 수를 x라 하면,

$$n(A\cup B\cup C)=x-n[(A\cup B\cup C)^c]=x-21$$
$$=n(A)+n(B)+n(C)-n(A\cap B)-n(B\cap C)$$
$$-n(A\cap C)+n(A\cap B\cap C)$$
$$=39+37+29-(21+19+18)+13=60$$

따라서 $x-21=60$ 즉, $x=81$이다.

03-27

생명보험, 건강보험 그리고 자동차보험을 판매하는 중개인은 143명의 고객을 갖고 있으며, 고객의 성향은 다음과 같다.

(a) 생명보험에 가입한 고객 82명
(b) 건강보험에 가입한 고객 45명
(c) 자동차보험에 가입한 고객 36명
(d) 생명보험과 건강보험에 가입한 고객 16명
(e) 생명보험과 자동차보험에 가입한 고객 11명
(f) 건강보험과 자동차에 가입한 고객 15명
(g) 세 가지 보험에 모두 가입한 고객 6명

이때 다음의 수를 구하라.
(1) 보험증권을 갖고 있지 않은 고객의 수
(2) 생명보험만 가입한 고객의 수
(3) 오로지 한 보험만 가입한 고객의 수
(4) 생명보험이나 건강보험에 가입했으나, 자동차보험에 가입하지 않은 고객의 수

풀이 (1) 생명보험, 건강보험 그리고 자동차보험에 가입한 고객을 각각 A, B 그리고 C라 하면,

$$n(A)=82,\ n(B)=45,\ n(C)=36,\ n(A\cap B)=16,$$

$$n(A \cap C) = 11, \ n(B \cap C) = 15, \ n(A \cap B \cap C) = 6$$

이고 전체 고객 수가 143명이므로 $n(S) = 143$이다.

$$n(A \cup B \cup C) = n(A) + n(B) + n(C) - n(A \cap B) -$$
$$- n(B \cap C) - n(A \cap C) + n(A \cap B \cap C)$$
$$= 82 + 45 + 36 - (16 + 15 + 11) + 6 = 127$$

이므로 어떠한 보험에도 가입하지 않은 고객의 수는

$$n\{(A \cup B \cup C)^c\} = n(S) - n(A \cup B \cup C) = 143 - 127 = 16$$

(2) 생명보험만 가입한 고객의 수는

$$n(A) - n(A \cap B) - n(A \cap C) + n(A \cap B \cap C) = 82 - (16 + 11) + 6 = 61$$

(3) 건강보험만 가입한 고객의 수는

$$n(B) - n(A \cap B) - n(B \cap C) + n(A \cap B \cap C) = 45 - (16 + 15) + 6 = 20$$

자동차보험만 가입한 고객의 수는

$$n(C) - n(A \cap C) - n(B \cap C) + n(A \cap B \cap C) = 36 - (11 + 15) + 6 = 16$$

이다. 따라서 오로지 한 보험만 가입한 고객의 수는 $61 + 20 + 16 = 97$이다.

(4) 생명보험 또는 건강보험에 가입한 고객의 수는

$$n(A \cup B) = n(A) + n(B) - n(A \cap B) = 82 + 45 - 16 = 111$$

이다. 이 중에서 자동차보험에 가입하지 않은 고객의 수는

$$n(A \cup B) - n(A \cap C) - n(B \cap C) + n(A \cap B \cap C)$$
$$= 111 - 11 - 15 + 6 = 91$$

03-28

동전을 세 번 던지는 게임에서 앞면이 두 번 나올 확률을 구하라.

풀이 동전을 세 번 던지는 게임에 대한 표본공간은 다음과 같다.

$$S = \{HHH, \ HHT, \ HTH, \ THH, \ HTT, \ THT, \ TTH, \ TTT\}$$

그리고 앞면이 두 번 나오는 사건을 A라 하면 $A = \{HHT, HTH, THH\}$이다. 따라서 앞면이 두 번 나올 확률은 $P(A) = \dfrac{3}{8} \approx 0.375$이다.

03-29

통계학을 수강하는 40명의 혈액형을 조사한 결과 A형이 11명, B형이 9명, AB형이 6명 그리고 O형이 14명인 것으로 조사되었다. 이때 임의로 1명을 선정할 때, 선정된 학생의 혈액형이 O형일 확률을 구하라.

풀이 40명의 혈액형에 대한 도수표는 다음과 같다.

구분	도수	상대도수
A	11	0.275
B	9	0.225
AB	6	0.150
O	14	0.350

따라서 O형인 학생이 선정될 확률은 0.35이다.

03-30

두 남녀가 영화를 보기 위하여 정오부터 1시 사이에 영화관 앞에서 만나기로 하였고, 누가 먼저 영화관에 도착하든지 20분 이상 기다리지 않기로 약속했다. 이 남녀가 함께 영화를 볼 확률을 구하라.

풀이 남자의 도착시각을 12시 x분, 여자의 도착시각을 12시 y분이라 할 때 두 사람의 도착 시각의 차이가 20분을 벗어나지 말아야 영화를 볼 수 있다. 즉, $|x - y| \leq 20$이어야 영화를 볼 수 있으며, 이 사건을 A라 하자. 그러면 1시간은 60분이므로 표본공간의 넓이는 $60^2 = 3600$이고, 사건 A는 다음 그림과 같다. 따라서 두 사람이 만나서 영화를 볼 확률은 $P(A) = \dfrac{3600 - 1600}{3600} = \dfrac{5}{9} \approx 0.556$이다.

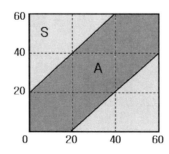

03-31

표본공간 $S = \{1, 2, 3, 4, 5, 6\}$에 대하여 하나의 표본점 i ($i = 1,2,3,4,5,6$)로 구성된 사건을 A_i라 하면, A_i에 대한 확률이 다음과 같다.

$$P(A_1) = 0.15, \quad P(A_2) = 0.10, \quad P(A_3) = 0.25,$$

$$P(A_4) = 0.05, \quad P(A_5) = 0.30, \quad P(A_6) = 0.15$$

이때 사건 $A = \{1, 2, 3\}$, $B = \{1, 2, 4, 6\}$, $C = \{1, 5\}$에 대하여, 다음 확률을 구하라.

(1) $P(A)$, $P(B)$, $P(C)$ (2) $P(A \cup B)$, $P(A \cap B)$

(3) $P(A \cup B \cup C)$, $P(A \cap B \cap C)$ (4) $P(B \cup C)$, $P(B - C)$

풀이 사건 A_i는 표본공간 안의 오로지 한 표본점들로 구성된 단순사건이므로 서로 다른 두 사건 A_i와 A_j를 택하여도 공통의 표본점을 갖지 않는다. 그러므로 사건 A, B 그리고 C를 다음과 같이 표현할 수 있다.

$$A = \{1, 2, 3\} = A_1 \cup A_2 \cup A_3, \quad B = \{1, 2, 4, 6\} = A_1 \cup A_2 \cup A_4 \cup A_6,$$

$$C = \{1, 5\} = A_1 \cup A_5$$

(1) $P(A) = P(A_1 \cup A_2 \cup A_3) = P(A_1) + P(A_2) + P(A_3)$

$\qquad = 0.15 + 0.10 + 0.25 = 0.50$

$P(B) = P(A_1 \cup A_2 \cup A_4 \cup A_6) = P(A_1) + P(A_2) + P(A_4) + P(A_6)$

$\qquad = 0.15 + 0.10 + 0.05 + 0.15 = 0.45$

$P(C) = P(A_1 \cup A_5) = P(A_1) + P(A_5) = 0.15 + 0.30 = 0.45$

(2) $A \cup B = \{1, 2, 3\} \cup \{1, 2, 4, 6\} = \{1, 2, 3, 4, 6\} = A_5^c$ 이므로

$\qquad P(A \cup B) = P(A_5^c) = 1 - P(A_5) = 1 - 0.30 = 0.70$

$A \cap B = \{1, 2, 3\} \cap \{1, 2, 4, 6\} = \{1, 2\} = A_1 \cup A_2$ 이므로

$\qquad P(A \cap B) = P(A_1) + P(A_2) = 0.15 + 0.10 = 0.25$

(3) $A \cup B \cup C = \{1, 2, 3\} \cup \{1, 2, 4, 6\} \cup \{1, 5\} = S$ 이므로

$\qquad P(A \cup B \cup C) = P(S) = 1$

$A \cap B \cap C = \{1, 2, 3\} \cap \{1, 2, 4, 6\} \cap \{1, 5\} = \{1\} = A_1$ 이므로

$\qquad P(A \cap B \cap C) = P(A_1) = 0.15$

(4) $B \cup C = \{1, 2, 4, 6\} \cup \{1, 5\} = \{1, 2, 4, 5, 6\} = A_3^c$ 이므로

$$P(B \cup C) = P(A_3^c) = 1 - P(A_3) = 1 - 0.25 = 0.75$$

$B - C = \{1, 2, 4, 6\} - \{1, 5\} = \{2, 4, 6\} = A_2 \cup A_4 \cup A_6$ 이므로

$$P(B - C) = P(A_2) + P(A_4) + P(A_6) = 0.10 + 0.05 + 0.15 = 0.20$$

03-32

사건 A, B 그리고 C에 대하여

$$P(A) = 0.88, \ P(B) = 0.90, \ P(C) = 0.95, \ P(A \cap B) = 0.81,$$

$$P(B \cap C) = 0.83, \ P(C \cap A) = 0.85, \ P(A \cap B \cap C) = 0.75$$

일 때, 다음 확률을 구하라.

(1) $P(A \cup B)$ (2) $P(A \cup B \cup C)$

풀이 (1) $P(A \cup B) = P(A) + P(B) - P(A \cap B) = 0.88 + 0.90 - 0.81 = 0.97$

(2) $P(A \cup B \cup C) = P(A) + P(B) + P(C) - P(A \cap B)$

$$- P(A \cap C) - P(B \cap C) + P(A \cap B \cap C)$$

$$= 0.88 + 0.90 + 0.95 - 0.81 - 0.83 - 0.85 + 0.75 = 0.99$$

03-33

어느 모임의 구성원을 살펴보면 부자가 7%, 저명인사가 10% 그리고 부자이면서 저명인사가 3%라고 한다. 이 모임에서 어느 한 사람을 임의로 선정하여 회장으로 추대하고자 한다.

(1) 부자가 아닌 사람이 회장으로 추대될 확률을 구하라.

(2) 부자는 아니지만 저명인사가 회장이 될 확률을 구하라.

(3) 부자 또는 저명인사가 회장이 될 확률을 구하라.

풀이 회장으로 추대된 사람이 부자일 사건을 A 그리고 저명인사일 사건을 B라 하면, $P(A) = 0.07$, $P(B) = 0.1$ 그리고 $P(A \cap B) = 0.03$이다.

(1) $P(A^c) = 1 - P(A) = 1 - 0.07 = 0.93$

(2) $P(A^c \cap B) = P(B) - P(A \cap B) = 0.1 - 0.03 = 0.07$

(3) $P(A \cup B) = P(A) + P(B) - P(A \cap B) = 0.07 + 0.1 - 0.03 = 0.14$

03-34

주사위를 두 번 던지는 통계실험에서 첫 번째 나온 눈이 1, 2 또는 3인 사건을 A, 첫 번째 나온 눈이 3, 4 또는 5인 사건을 B 그리고 두 눈의 합이 9인 사건을 C라 할 때, 확률 $P(A \cup B \cup C)$를 구하라.

풀이 각각의 사건 A, B 그리고 C에 대하여

$$A \cap B = \{(3,1), (3,2), (3,3), (3,4), (3,5), (3,6)\},$$

$$A \cap C = \{(3,6)\}, \quad B \cap C = \{(3,6), (4,5), (5,4)\}, \quad A \cap B \cap C = \{(3,6)\}$$

이다. 따라서 이들의 확률은

$$P(A \cap B) = \frac{1}{6}, \quad P(A \cap C) = \frac{1}{36}, \quad P(B \cap C) = \frac{1}{12}, \quad P(A \cap B \cap C) = \frac{1}{36}$$

이고, 구하고자 하는 확률은 다음과 같다.

$$P(A \cup B \cup C) = P(A) + P(B) + P(C) - P(A \cap B)$$
$$- P(A \cap C) - P(B \cap C) + P(A \cap B \cap C)$$
$$= \frac{1}{2} + \frac{1}{2} + \frac{1}{9} - \frac{1}{6} - \frac{1}{12} - \frac{1}{36} + \frac{1}{36} = \frac{31}{36}$$

03-35

동전을 세 번 던지는 게임에서 세 번 모두 앞면이 나오는 사건을 A, 앞면이 두 번 나오는 사건을 B 그리고 세 번째에서 앞면이 나오는 사건을 C, 처음에 앞면이 나오고 세 번째 뒷면이 나오면 D라 한다. 이때 다음 확률을 구하라.

(1) $P(A \cup B)$ (2) $P(B \cup C)$ (3) $P(A^c \cap B^c)$

(4) $P(C \cap D^c)$ (5) $P(B \cap D)$ (6) $P(A^c \cap C)$

풀이 표본공간 $S = \left\{ \begin{array}{cccc} (H,H,H) & (H,H,T) & (H,T,H) & (T,H,H) \\ (H,T,T) & (T,H,T) & (T,T,H) & (T,T,T) \end{array} \right\}$에 대하여

$$A = \{(H,H,H)\}, \quad B = \{(H,H,T)(H,T,H)(T,H,H)\},$$

$$C = \{(H,H,H)(H,T,H)(T,H,H)(T,T,H)\},$$

$$D = \{(H,H,T)(H,T,T)\}$$

(1) $A \cup B = \{(H,H,H), (H,H,T), (H,T,H), (T,H,H)\}$ 이므로

$$P(A \cup B) = \frac{4}{8} = \frac{1}{2}$$

(2) $B \cup C = \{(H,H,H), (H,H,T), (H,T,H), (T,H,H), (T,T,H)\}$ 이므로

$$P(B \cup C) = \frac{5}{8}$$

(3) $P(A^c \cap B^c) = 1 - P(A \cup B) = 1 - \frac{1}{2} = \frac{1}{2}$

(4) $D^c = \{(H,H,H), (H,T,H), (T,H,H), (T,H,T), (T,T,H), (T,T,T)\}$ 이므로 $C \subset D^c$ 이다. 따라서

$$P(C \cap D^c) = P(C) = \frac{4}{8} = \frac{1}{2}$$

(5) $B \cap D = \{(H,H,T)\}$ 이므로 $P(B \cap D) = \frac{1}{8}$

(6) $A^c \cap C = \{(H,T,H), (T,H,H), (T,T,H)\}$ 이므로 $P(A^c \cap C) = \frac{3}{8}$

03-36

지난해에 어떤 단체의 스포츠 관람 습성에 관하여 조사한 결과, 그들 중에서 체조와 야구 그리고 축구를 관람한 사람은 각각 28%, 29% 그리고 19% 이었다. 한편 체조와 야구를 관람한 사람은 14%, 야구와 축구를 관람한 사람은 12% 그리고 체조와 축구를 관람한 사람은 10% 이었으며, 세 개의 스포츠 모두를 관람한 사람은 8% 이었다. 세 개의 스포츠 중 어느 것도 관람하지 않은 사람의 비율을 구하라.

풀이 체조와 야구 그리고 축구를 관람할 사건을 각각 G, B 그리고 S라고 하자.

$$P(G) = 0.28, \ P(B) = 0.29, \ P(S) = 0.19,$$

$$P(G \cap B) = 0.14, P(B \cap S) = 0.12, \ P(G \cap S) = 0.10,$$

$$P(G \cap B \cap S) = 0.08$$

이다.

$$P(G \cup B \cup S) = P(G) + P(B) + P(S) - P(G \cap B)$$
$$- P(B \cap S) - P(G \cap S) + P(G \cap B \cap S)$$

$$= 0.28 + 0.29 + 0.19 - 0.14 - 0.12 - 0.10 + 0.08 = 0.48$$

이므로

$$P\{(G \cup B \cup S)^c\} = 1 - P(G \cup B \cup S) = 1 - 0.48 = 0.52$$

03-37

다음 확률을 구하라.

(1) $P(A) = \dfrac{1}{4}$, $P(B) = \dfrac{1}{3}$, $P(A \cup B) = \dfrac{1}{2}$일 때, $P(A \cap B)$

(2) $P(A) = \dfrac{1}{3}$, $P(A \cap B) = \dfrac{1}{12}$, $P(A \cup B) = \dfrac{1}{2}$일 때, $P(B)$

(3) $S = A \cup B$이고 $P(A) = 0.75$, $P(B) = 0.63$일 때, $P(A \cap B)$

(4) $P(A) = 0.3$, $P(B) = 0.5$ 그리고 $P(A \cap B^c) = 0.2$일 때, $P(A^c \cap B^c)$

(5) $P(A) = 0.3$, $P(A \cap B) = 0.1$일 때, $P(B|A)$

풀이 (1) $P(A \cap B) = P(A) + P(B) - P(A \cup B) = \dfrac{1}{4} + \dfrac{1}{3} - \dfrac{1}{2} = \dfrac{1}{12}$

(2) $P(B) = P(A \cup B) - P(A) + P(A \cap B) = \dfrac{1}{2} - \dfrac{1}{3} + \dfrac{1}{12} = \dfrac{1}{4}$

(3) $S = A \cup B$이므로 $P(A \cup B) = P(S) = 1$이므로

$$P(A \cap B) = P(A) + P(B) - P(A \cup B) = 0.75 + 0.63 - 1.00 = 0.38$$

(4) $P(A \cap B) = P(A) - P(A \cap B^c) = 0.3 - 0.2 = 0.1$이고

$$P(A \cup B) = P(A) + P(B) - P(A \cap B) = 0.3 + 0.5 - 0.1 = 0.7$$

이므로

$$P(A^c \cap B^c) = P\{(A \cup B)^c\} = 1 - P(A \cup B) = 1 - 0.7 = 0.3$$

(5) $P(B|A) = \dfrac{P(A \cap B)}{P(A)} = \dfrac{0.1}{0.3} = \dfrac{1}{3}$

03-38

$P(A \cup B) = 0.7$, $P(A \cup B^c) = 0.9$일 때, $P(A)$를 구하라.

풀이 $P(A \cup B) = P(A) + P(B) - P(A \cap B)$,

$$P(A \cup B^c) = P(A) + P(B^c) - P(A \cap B^c)$$

이므로

$$P(A \cup B) + P(A \cup B^c) = 2P(A) + \{P(B) + P(B^c)\}$$
$$- \{P(A \cap B) + P(A \cap B^c)\}$$

또는

$$0.7 + 0.9 = 2P(A) + 1 - P[A \cap (B \cup B^c)]$$
$$= 2P(A) + 1 - P(A)$$

이다. 따라서 $1.6 = P(A) + 1$ 즉, $P(A) = 0.6$이다.

03-39

$S = A \cup B$이고 $P(A) = 0.75$, $P(B) = 0.63$이라 할 때, $P(A \cap B)$를 구하라.

풀이 $P(A \cup B) = P(S) = 1$
$$= P(A) + P(B) - P(A \cap B) = 0.75 + 0.63 - P(A \cap B)$$

이므로 $P(A \cap B) = 0.75 + 0.63 - 1 = 0.38$이다.

03-40

두 사건 A와 B가 서로 배반일 때, $P(A) + P(B) = 1.4$가 될 수 있는가? 될 수 없다면 그 이유를 말하여라. 만일 두 사건이 배반이 아니라면 등식이 성립할 수 있는가? 예를 들어 설명하여라. 이때 $S = A \cup B$라 가정한다.

풀이 두 사건 A와 B가 서로 배반이면 $P(A) + P(B) = 1.4$가 될 수 없다. 그 이유는, 두 사건 A와 B가 서로 배반이므로 사건 $B \subset A^c$이고, 따라서 $P(B) \leq P(A^c)$이고, $P(A) + P(A^c) = 1$이므로 $P(A) + P(B) \leq 1$이어야 한다. 그러나 두 사건 A와 B가 서로 배반이 아니라면 성립할 수 있다. 예를 들어, $P(A) = 0.75$, $P(B) = 0.65$, $P(A \cap B) = 0.4$이면, 가정에 의해 $P(A \cup B) = 1$이므로, $P(A) + P(B) = P(A \cup B) + P(A \cap B) = 1.4$이다.

03-41

52장의 카드에서 임의로 카드 한 장을 꺼낼 때, 이 카드가 그림인 사건을 A, 하트 또는 클로버인 사건을 B 그리고 검은색인 사건을 C라 하자. 다음 확률을 구하라.

(1) $P(A \cup B)$ (2) $P(A \cup B \cup C)$

풀이 그림 카드는 무늬별로 3장씩 모두 12장, 하트 또는 클로버인 카드는 모두 26장 그리고 검은색 카드도 모두 26장이므로 $P(A) = \dfrac{12}{52}$, $P(B) = \dfrac{26}{52}$, $P(C) = \dfrac{26}{52}$ 이다.

$A \cap B$는 하트 또는 클로버인 그림 카드이므로 6장, $B \cap C$는 클로버 카드 13장 그리고 $A \cap C$는 검은 색 그림 카드이므로 6장, $A \cap B \cap C$는 클로버 그림 카드이므로 3장이다. 그러므로 각각의 경우에 대한 확률은 다음과 같다.

$$P(A \cap B) = \frac{6}{52}, \ P(B \cap C) = \frac{13}{52}, \ P(A \cap C) = \frac{6}{52}, \ P(A \cap B \cap C) = \frac{3}{52}$$

(1) $P(A \cup B) = P(A) + P(B) - P(A \cap B) = \dfrac{12}{52} + \dfrac{26}{52} - \dfrac{6}{52} = \dfrac{32}{52} = \dfrac{8}{13}$ 이다.

(2) $P(A \cup B \cup C) = P(A) + P(B) + P(C) - P(A \cap B)$
$$- P(B \cap C) - P(A \cap C) + P(A \cap B \cap C)$$
$$= \frac{12}{52} + \frac{26}{52} + \frac{26}{52} - \frac{6}{52} - \frac{13}{52} - \frac{6}{52} + \frac{3}{52}$$
$$= \frac{42}{52} = \frac{21}{26}$$

03-42

주사위를 세 번 던지는 게임에서 세 번 모두 동일한 눈의 수가 나오지 않을 확률을 구하라.

풀이 주사위를 세 번 던질 때 나타날 수 있는 모든 경우의 수는 $6^3 = 216$가지이다. 세 번 모두 같은 눈의 수가 나오는 사건을 A라 하면 다음과 같고, $P(A) = \dfrac{6}{216} = \dfrac{1}{36}$ 이다.

$$A = \{(1,1,1), (2,2,2), (3,3,3), (4,4,4), (5,5,5), (6,6,6)\}$$

그리고 세 번 모두 같은 눈의 수가 나오지 않는 사건은 A의 여사건이므로 구하고자 하는 확률은 $P(A^c) = 1 - P(A) = 1 - \dfrac{1}{36} = \dfrac{35}{36}$ 이다.

03-43

청소년을 대상으로 염색에 대한 성향을 조사하여 다음 표를 얻었다. 물음에 답하라.

	하고 싶다	안 한다	합계
남자	0.08	0.40	0.48
여자	0.15	0.37	0.52
합계	0.23	0.77	1.00

(1) 청소년 중에서 한 명을 임의로 선정할 때, 이 사람이 염색을 원할 확률을 구하라.

(2) 남자가 선정되었다고 할 때, 이 사람이 염색을 원할 확률을 구하라.

(3) 여자가 선정되었다고 할 때, 이 사람이 염색을 원할 확률을 구하라.

풀이 (1) 0.23 (2) $\dfrac{0.08}{0.48} \approx 0.1667$ (3) $\dfrac{0.15}{0.52} \approx 0.2885$

03-44

앞면이 나올 가능성이 $\dfrac{2}{3}$인 찌그러진 동전을 두 번 던질 때, 다음 확률을 구하라.

(1) 앞면이 한 번도 나오지 않을 확률

(2) 앞면이 한 번 나올 확률

(3) 앞면이 두 번 나올 확률

풀이 (1) 뒷면이 나올 가능성이 $\dfrac{1}{3}$이므로 두 번 모두 뒷면이 나올 확률은 $\dfrac{1}{3} \times \dfrac{1}{3} = \dfrac{1}{9}$이다.

(2) 앞면이 나오면 뒷면도 한 번 나오므로 확률은 $2 \times \dfrac{2}{3} \times \dfrac{1}{3} = \dfrac{4}{9}$이다.

(3) 앞면이 두 번 모두 나올 확률은 $\dfrac{2}{3} \times \dfrac{2}{3} = \dfrac{4}{9}$이다.

03-45

흰 바둑돌 5개와 검은 바둑돌 3개가 들어있는 주머니에서 다음과 같이 차례대로 두 개를 추출할 때, 검은 바둑돌과 흰 바둑돌이 나올 확률을 구하라.

(1) 비복원추출로 바둑돌을 뽑는 경우

(2) 복원추출로 바둑돌을 뽑는 경우

풀이 (1) 처음에 검은 바둑돌이 나오는 사건을 A, 두 번째 흰 바둑돌이 나오는 사건을 B라 하면, $P(A) = \frac{3}{8}$ 이고 $P(B|A) = \frac{5}{7}$ 이므로 구하고자 하는 확률은 다음과 같다.

$$P(A \cap B) = P(A)P(B|A) = \frac{3}{8} \times \frac{5}{7} = \frac{15}{56} \approx 0.2679$$

(2) 꺼낸 바둑돌을 다시 주머니에 넣으므로 $P(B|A) = \frac{5}{8}$ 이고, 따라서 구하고자 하는 확률은 다음과 같다.

$$P(A \cap B) = P(A)P(B|A) = \frac{3}{8} \times \frac{5}{8} = \frac{15}{64} \approx 0.234375$$

03-46

주머니 안에 흰색 바둑돌이 4개 검은색 바둑돌이 6개 들어있다. 꺼낸 바둑돌을 다시 주머니에 넣는 방법으로 이 주머니에서 차례로 바둑돌 3개를 꺼낼 때,
(1) 3개 모두 흰색일 확률을 구하라.
(2) 바둑돌이 차례로 흰색, 검은색 그리고 흰색일 확률을 구하라.

풀이 (1) 꺼낸 바둑돌을 다시 주머니에 넣으므로 주머니 안에는 매번 흰색 바둑돌이 4개 검은색 바둑돌이 6개 들어있다. 따라서 세 번 모두 흰색일 확률은 $\left(\frac{4}{10}\right)^3 = \frac{8}{125}$ 이다.

(2) 차례로 흰색, 검은색 그리고 흰색일 확률 $\frac{4}{10} \times \frac{6}{10} \times \frac{4}{10} = \frac{12}{125}$ 이다.

03-47

주머니 안에 흰색 바둑돌이 4개 검은색 바둑돌이 6개 들어있다. 꺼낸 바둑돌을 다시 주머니에 넣지 않는 방법으로 이 주머니에서 차례로 바둑돌 3개를 꺼낼 때,
(1) 3개 모두 흰색일 확률을 구하라.
(2) 바둑돌이 차례로 흰색, 검은색 그리고 흰색일 확률을 구하라.

풀이 (1) 3개 모두 흰색일 확률은 $\frac{4}{10} \times \frac{3}{9} \times \frac{2}{8} = \frac{1}{30}$ 이다.

(2) 차례로 흰색, 검은색 그리고 흰색일 확률은 $\frac{4}{10} \times \frac{6}{9} \times \frac{3}{8} = \frac{1}{10}$ 이다.

03-48

다음은 초등학교에 다니는 자녀를 둔 500가구를 상대로 일주일 동안 가족 전체가 집에서 함께 식사한 횟수를 조사하여 나타낸 표이다. 500가구 중에서 임의로 한 가구를 선정했을 때, 다음 확률을 구하라.

식사횟수	0	1	2	3	4	5	6	7번 이상
가구수	9	11	28	35	48	215	132	22

(1) 집에서 가족 전체가 식사를 한 번도 하지 못할 확률
(2) 가족 전체가 적어도 세 번 식사할 확률
(3) 가족 전체가 많아야 세 번 식사할 확률

풀이 (1) $\dfrac{9}{500} = 0.018$ (2) $1 - \dfrac{9+11+28}{500} = 0.904$ (3) $\dfrac{9+11+28+35}{500} = 0.166$

03-49

청소년들의 일주일간 인터넷 사용시간을 알아보기 위하여 50명을 표본 조사하여 다음 결과를 얻었다. 청소년 중 임의로 한 명을 선택했을 때, 이 사람에 대해 다음 확률을 구하라.

이용시간	9.5−18.5	18.5−27.5	27.5−36.5	36.5−45.5	45.5−54.5	54.5−63.5	63.5−72.5
인원수	4	6	13	16	10	0	1

(1) 인터넷을 27시간 이하로 사용할 확률
(2) 인터넷을 19시간 이상 45시간 이하로 사용할 확률
(3) 인터넷을 46시간 이상 사용할 확률

풀이 우선 다음과 같이 도수분포표를 먼저 만든다.

계급 간격	도수	상대도수
9.5−18.5	4	0.08
18.5−27.5	6	0.12
27.5−36.5	13	0.26
36.5−45.5	16	0.32
45.5−54.5	10	0.20
54.5−63.5	0	0.00
63.5−72.5	1	0.02
합 계	50	1.00

(1) $0.08 + 0.12 = 0.20$ (2) $0.12 + 0.26 + 0.32 = 0.70$

(3) $0.20 + 0.00 + 0.02 = 0.22$

03-50

룰렛게임은 38개의 숫자 00, 0, 1, ···, 36으로 구성되어 있으며, 각 숫자에 다음과 같은 색이 칠해져 있다.

빨간 색	1, 3, 5, 7, 9, 12, 14, 16, 18, 19, 21, 23, 25, 27, 30, 32, 34, 36
검은 색	2, 4, 6, 8, 10, 11, 13, 15, 17, 20, 22, 24, 26, 28, 29, 31, 33, 35
녹색	00, 0

플레이어가 작은 공을 던져서, 이 공이 멈춘 숫자가 이 플레이어가 얻은 숫자이다. 그리고 이 플레이어는 홀수, 짝수, 빨간색, 검은색, 녹색 또는 높은 수, 낮은 수 등등 다양한 방법으로 베팅을 한다. 이때 00과 0은 짝수도 홀수도 아닌 수로 생각한다.

홀수가 나오는 사건을 A, 검은색 숫자가 나오는 사건을 B 그리고 낮은 수인 1 ~ 18 사이의 숫자가 나오는 사건을 C라 할 때, 물음에 답하라.

(1) $P(A)$, $P(B)$, $P(C)$를 구하라.

(2) $P(A \cap B)$, $P(A \cup B)$, $P(A \cap B \cap C)$를 구하라.

(3) $P(A \cup B \cup C)$를 구하라.

(4) $P(A^c \cap B)$, $P(A \cap B^c)$를 구하라.

풀이

$A = \{1,3,5,7,9,11,13,15,17,19,21,23,25,27,29,31,33,35\}$

$B = \{2,4,6,8,10,11,13,15,17,20,22,24,26,28,29,31,33,35\}$

$C = \{1,2,3,4,5,6,7,8,9,10,11,12,13,14,15,16,17,18\}$

(1) $P(A) = \dfrac{18}{38} = \dfrac{9}{19}$, $P(B) = \dfrac{18}{38} = \dfrac{9}{19}$, $P(C) = \dfrac{18}{38} = \dfrac{9}{19}$

(2) $A \cap B = \{11,13,15,17,29,31,33,35\}$

$A \cup B = \{1,2,3,4,5,6,7,8,9,10,11,13,15,17,19,20,$
$\qquad\qquad 21,22,23,24,25,26,27,28,29,31,33,35\}$

$A \cap B \cap C = \{11,13,15,17\}$

이므로

$$P(A \cap B) = \frac{8}{38} = \frac{4}{19}, \; P(A \cup B) = \frac{28}{38} = \frac{14}{19}, \; P(A \cap B \cap C) = \frac{4}{38} = \frac{2}{19}$$

이다.

(3) $B \cap C = \{2,4,6,8,10,11,13,15,17\}, \ C \cap A = \{1,3,5,7,9,11,13,15,17\}$

이므로

$$P(B \cap C) = \frac{9}{38}, \ P(C \cap A) = \frac{9}{38}$$

이다. 따라서

$$P(A \cup B \cup C) = P(A) + P(B) + P(C) - P(A \cap B)$$

$$- P(A \cap C) - P(B \cap C) + P(A \cap B \cap C)$$

$$= \frac{18}{38} + \frac{18}{38} + \frac{18}{38} - \frac{8}{38} - \frac{9}{38} - \frac{9}{38} + \frac{4}{38} = \frac{32}{38} = \frac{16}{19}$$

(4) $P(A^c \cap B) = P(B) - P(A \cap B) = \frac{9}{19} - \frac{4}{19} = \frac{5}{19}$

$P(A \cap B^c) = P(A) - P(A \cap B) = \frac{9}{19} - \frac{4}{19} = \frac{5}{19}$

03-51

100명의 회원이 있는 친목단체를 대상으로 신용카드 소지와 할부 자동차 소유 여부를 조사한 결과, 78명이 신용카드를 소지하였고 50명은 할부 자동차를 소유하고 있었다. 그리고 41명은 신용카드와 할부 자동차를 모두 소유하고 있다. 회원 중에서 임의로 한 명을 선정했을 때, 다음 확률을 구하라.

(1) 신용카드는 갖고 있으나 할부 자동차를 갖고 있지 않을 확률
(2) 할부 자동차는 갖고 있으나 신용카드를 갖고 있지 않을 확률
(3) 신용카드 또는 할부 자동차를 소유하고 있을 확률

풀이 (1) 신용카드를 소유하고 있는 사건을 A, 할부 자동차를 소유하고 있는 사건을 B라 하면, $P(A) = 0.78, \ P(B) = 0.50, \ P(A \cap B) = 0.41$이다. 그러면 신용카드는 갖고 있으나 할부 자동차를 갖고 있지 않을 사건은 $A \cap B^c$이고, $A \cap B^c = A - (A \cap B)$이므로 구하고자 하는 확률은 다음과 같다.

$$P(A \cap B^c) = P(A) - P(A \cap B) = 0.78 - 0.41 = 0.37$$

(2) 할부 자동차는 갖고 있으나 신용카드를 갖고 있지 않을 사건은 $A^c \cap B$이고, $A^c \cap B = B - (A \cap B)$이므로 구하고자 하는 확률은 다음과 같다.

$$P(A^c \cap B) = P(B) - P(A \cap B) = 0.50 - 0.41 = 0.09$$

(3) $P(A \cup B) = P(A) + P(B) - P(A \cap B) = 0.78 + 0.50 - 0.41 = 0.87$이다.

03-52

지난해에 100명으로 구성된 어떤 단체의 스포츠 관전 습성에 대한 조사 결과, 그들 중에서 체조와 야구 그리고 축구를 관람한 사람은 각각 28명, 29명 그리고 19명이었다. 한편 체조와 야구를 관람한 사람은 14명, 야구와 축구를 관람한 사람은 12명 그리고 체조와 축구를 관람한 사람은 10명이었으며, 세 개의 스포츠 모두를 관람한 사람은 8명이었다. 세 개의 스포츠 중 어느 것도 관람하지 않은 사람의 수를 구하라.

풀이 체조와 야구 그리고 축구를 관람할 사건을 각각 G, B 그리고 F라고 하자.

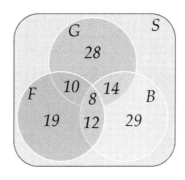

그러면

$$n(G) = 28, \ n(B) = 29, \ n(F) = 19$$

이고

$$n(G \cap B) = 14, \ n(B \cap F) = 12, \ n(G \cap F) = 10, \ n(G \cap B \cap F) = 8$$

이다.

$$n(G \cup B \cup F) = n(G) + n(B) + n(F) - n(G \cap B) - n(B \cap F)$$
$$- n(G \cap F) + n(G \cap B \cap F)$$
$$= 28 + 29 + 19 - (14 + 12 + 10) + 8 = 48$$

이므로

$$n[(G \cup B \cup F)^c] = 100 - n(G \cup B \cup F) = 100 - 48 = 52$$

03-53

보험회사는 화재로 인한 손실에 대하여 보상을 해준다. 50만원 이상 500만원 미만의 손실이 발생하는 사건을 A 그리고 100만원 이상 5,000만원 미만의 손실이 발생하는 사건을 B라 할 때, $A \cup B$와 $A \cap B$를 구하라. 단, 단위는 원이다.

풀이 화재로 인한 손실액을 x 라 하면, 원 단위에서 보험금이 지급되므로 두 사건 A 와 B 는 각각 다음과 같다.

$$A = \{x \,|\, 500{,}000 \leq x < 5{,}000{,}000, \ x \text{는 정수}\},$$
$$B = \{x \,|\, 1{,}000{,}000 \leq x < 50{,}000{,}000, \ x \text{는 정수}\}$$

따라서

$$A \cup B = \{x \,|\, 500{,}000 \leq x < 5{,}000{,}000, \ x \text{는 정수}\}$$
$$\cup \{x \,|\, 1{,}000{,}000 \leq x < 50{,}000{,}000, \ x \text{는 정수}\}$$
$$= \{x \,|\, 500{,}000 \leq x < 50{,}000{,}000, \ x \text{는 정수}\}$$

$$A \cap B = \{x \,|\, 500{,}000 \leq x < 5{,}000{,}000, \ x \text{는 정수}\}$$
$$\cap \{x \,|\, 1{,}000{,}000 \leq x < 50{,}000{,}000, \ x \text{는 정수}\}$$
$$= \{x \,|\, 1{,}000{,}000 \leq x < 5{,}000{,}000, \ x \text{는 정수}\}$$

03-54

두 개의 원소 a 와 b 를 갖는 표본공간 S_1 의 부분집합 전체의 개수를 구하라. 그리고 세 개의 원소 a 와 b 그리고 c 를 갖는 표본공간 S_2 의 부분집합 전체의 개수를 구하라. 이 두 사실로부터 n 개의 원소를 갖는 표본공간 S 의 부분집합 전체의 개수를 유추하여라.

풀이 S_1 의 부분집합은 $\{a\}$, $\{b\}$, $\{a,b\}$, $\varnothing$ 이므로 $2^2 = 4$ 개이다. S_2 의 부분집합은 $\{a\}$, $\{b\}$, $\{c\}$, $\{a,b\}$, $\{a,c\}$, $\{b,c\}$, $\{a,b,c\}$, $\varnothing$ 이므로 $2^3 = 8$ 개이다. 따라서 n 개의 원소를 갖는 표본공간 S 의 부분집합의 개수는 2^n 이다.

03-55

10,000명의 보험가입자를 가지고 있는 자동차 보험회사는 보험가입자를 다음과 같이 분류한다.

(1) 젊은 사람과 나이든 사람   (2) 남자와 여자   (3) 기혼과 미혼

이러한 가입자 중에 3,000명은 젊은 사람이고, 4,600명은 남자 그리고 7,000명은 기혼자이다. 한편 보험가입자는 1,320명의 젊은 남자와 3,010명의 기혼남자 그리고 1,400명의 기혼인 젊은 사람과 600명의 기혼인 젊은 남자로 분류되었다고 한다. 이때, 보험가입자 중에서 젊은 여성으로서 미혼인 사람의 수는 얼마인가?

풀이 젊은 사람을 Y, 여자를 F 그리고 미혼을 S라 하면,

$$n(Y \cap F \cap S) = n(Y \cap F) - n(Y \cap F \cap S^c)$$
$$= n(Y) - n(Y \cap F^c) - \{n(Y \cap S^c) - n(Y \cap F^c \cap S^c)\}$$
$$= 3000 - 1320 - (1400 - 600) = 880$$

03-56

주사위를 네 번 던질 때, 처음 나온 눈의 수가 1이 아닐 확률을 구하라.

풀이 처음 나온 눈의 수가 1인 사건을 A라 하면, 구하고자 하는 확률은 $P(A^c)$이므로 처음 나온 눈의 수가 1일 확률을 먼저 구한다. 그러면 사건 A는 첫 번째 눈의 수가 1이면, 나중 세 눈은 어떠한 수가 나와도 되므로 결국 주사위 세 번 던지는 결과와 일치한다. 따라서 사건 A의 표본점은 모두 $6^3 = 216$개이고, 주사위 네 번 던지는 실험에서 나타날 수 있는 모든 경우의 수는 6^4이다. 따라서 $P(A) = \dfrac{6^3}{6^4} = \dfrac{1}{6}$이고, 구하고자 하는 확률은

$$P(A^c) = 1 - \frac{1}{6} = \frac{5}{6}$$

이다.

03-57

4명으로 구성된 그룹에서 적어도 2명의 생일이 같은 요일일 확률을 구하라.

풀이 일주일 사이에 4명으로 구성된 그룹에서 적어도 2명의 생일이 같은 사건을 A라 하면, 여사건은 일주일 사이에 4명의 생일이 모두 다른 경우이다. 따라서 첫 번째 구성원의 생일이 월요일이면, 두 번째 구성원은 월요일이 아닌 6일 중 하나이고, 세 번째 구성원은 앞의 두 요일이 아닌 요일 중에서 하나 그리고 마지막 구성원은 세 요일이 아닌 요일에 태어났으므로 $P(A^c) = \dfrac{7 \times 6 \times 5 \times 4}{7 \times 7 \times 7 \times 7} = 0.35$이다. 따라서 적어도 두 명의 생일이 같은 요일일 확률은 $P(A) = 1 - P(A^c) = 1 - 0.35 = 0.65$이다.

03-58

5명이 방에 있다. 이들 중에서 생일이 같은 사람이 둘 이상일 확률을 구하라.

풀이 생일이 같은 사람이 둘 이상일 사건을 A라 하면, A의 여사건인 5명의 생일이 모두
다를 확률을 먼저 구한다. 두 번째 사람의 생일은 첫 번째 사람과 다르고, 세 번째 사
람의 생일은 처음 두 사람과 달라야 한다. 그리고 네 번째 사람의 생일은 처음 세 사
람과 다르고, 다섯 번째 사람은 앞의 네 사람과 달라야 한다. 따라서 여사건의 확률은
다음과 같다.

$$P(A^c) = 1 \times \left(1 - \frac{1}{365}\right) \times \left(1 - \frac{2}{365}\right) \times \left(1 - \frac{3}{365}\right) \times \left(1 - \frac{4}{365}\right)$$

$$= \frac{365 \times 364 \times 363 \times 362 \times 361}{365^5} \approx 0.9729$$

따라서 구하고자 하는 확률은 $P(A) = 1 - P(A^c) = 1 - 0.9729 = 0.0271$ 이다.

03-59

주사위를 두 번 반복하여 던지는 실험에서 두 눈의 합이 7인 사건을 A 그리고 두 눈의 차
가 1인 사건을 B라 할 때, A와 B가 독립인지 종속인지 결정하라.

풀이 주사위를 두 번 던질 때, 두 눈의 합이 7인 사건 A와 두 눈의 차가 1인 사건 B는 각
각 다음과 같다.

$$A = \{(1, 6), (2, 5), (3, 4), (4, 3), (5, 2), (6, 1)\}$$

$$B = \{(1, 2), (2, 1), (2, 3), (3, 2), (3, 4), (4, 3), (4, 5), (5, 4), (5, 6), (6, 5)\}$$

그리고 $A \cap B = \{(3, 4), (4, 3)\}$ 이므로 $P(A) = \frac{1}{6}$, $P(B) = \frac{5}{18}$, $P(A \cap B) = \frac{1}{18}$
이고, 따라서 다음이 성립한다.

$$P(A \cap B) = \frac{1}{18} \neq P(A) P(B) = \frac{5}{108}$$

즉, 두 사건 A와 B는 독립이 아니다.

03-60

어떤 프로그래머는 컴퓨터로 작업한 파일을 습관적으로 데스크톱과 USB에 저장하는데, 이 때 데스크톱에 저장한 파일이 훼손될 확률이 1.5%이고 USB에 저장한 파일이 훼손될 확률은 2.7%라고 한다. 두 방법으로 저장하는 사건은 서로 독립이라 할 때, 물음에 답하라.
(1) 두 저장 장치에 저장한 파일이 모두 훼손될 확률을 구하라.
(2) USB에 저장한 파일만 훼손될 확률을 구하라.
(3) 적어도 어느 한 파일이 훼손될 확률을 구하라.

풀이 데스크톱에 저장하여 훼손되는 사건을 A, USB에 저장하여 훼손되는 사건을 B라 하자. 그러면 $P(A) = 0.015$, $P(B) = 0.027$이고 A와 B는 독립이다.

(1) $P(A \cap B) = P(A)P(B) = 0.015 \times 0.027 = 0.000405$

(2) $A \cap B \subset B$이므로 USB에 저장한 파일만 훼손될 확률은 다음과 같다.

$$P(B) - P(A \cap B) = 0.027 - 0.000405 = 0.026595$$

(3) $P(A \cup B) = P(A) + P(B) - P(A \cap B) = 0.015 + 0.027 - 0.000405 = 0.041595$

03-61

마케팅 표본조사 결과, 조사 대상자의 54%가 A 회사 제품을 선호하였고 40%는 B 회사 제품을 선호하였다. 그리고 조사에 응한 사람의 23%가 두 회사 제품을 모두 선호한 것으로 조사되었다. 임의로 선정한 사람이 A 회사나 B 회사 제품만을 선호할 확률을 구하라.

풀이 A 회사와 B 회사 제품을 선호할 사건을 각각 A, B라 하면

$$P(A) = 0.54, \ P(B) = 0.4, \ P(A \cap B) = 0.23$$

이다. 한편 A 회사 제품만 선호할 확률은

$$P(A \cap B^c) = P(A) - P(A \cap B) = 0.54 - 0.23 = 0.31$$

B 회사 제품만 선호할 확률은

$$P(A^c \cap B) = P(B) - P(A \cap B) = 0.4 - 0.23 = 0.17$$

따라서 A 회사나 B 회사 제품만을 선호할 확률은 0.48이다.

03-62

혈압과 심장박동 사이의 관계를 연구하고 있는 의사가 자신의 환자를 대상으로 혈압 상태 (정상, 고혈압, 저혈압)와 심박 상태(정상, 비정상)을 조사하여 다음의 결과를 얻었다.

(1) 14%는 고혈압이고, 22%는 저혈압이다.

(2) 15%는 심박이 비정상이다.

(3) 심박이 비정상인 환자 중에서 $\frac{1}{3}$ 이 고혈압이다.

(4) 정상 혈압을 가진 환자 중에서 $\frac{1}{8}$ 이 비정상적인 심박을 갖는다.

임의로 한 환자를 선정할 때 심장박동이 정상이고 저혈압인 환자가 선정될 확률을 구하라.

풀이 조사 결과를 표로 작성하면 다음과 같다.

	고혈압	저혈압	정상 혈압	합 계
정상 심박	0.09	0.20	0.56	0.85
이상 심박	0.05	0.02	0.08	0.15
합 계	0.14	0.22	0.64	1.00

따라서 심장박동이 정상이고 저혈압인 환자는 20%이다.

03-63

사격 동호회의 회원 A, B, C가 날아가는 클레이 표적을 맞힐 확률은 각각 0.6, 0.9, 0.7 이라고 한다.
(1) 세 사람 모두 표적을 맞힐 확률을 구하라.
(2) 세 사람 중 적어도 한 사람이 표적을 맞힐 확률을 구하라.
(3) 세 사람 모두 표적을 맞히지 못할 확률을 구하라.

풀이 (1) 세 사람이 표적을 맞히는 사건은 독립이고 $P(A) = 0.6, P(B) = 0.9, P(C) = 0.7$ 이다. 따라서 세 사람 모두 표적을 맞힐 확률은 다음과 같다.

$$P(A \cap B \cap C) = P(A)\,P(B)\,P(C) = 0.6 \times 0.9 \times 0.7 = 0.378$$

(2) $P(A \cap B) = P(A)\,P(B) = 0.6 \times 0.9 = 0.54$

$P(B \cap C) = P(B)\,P(C) = 0.9 \times 0.7 = 0.63$

$P(C \cap A) = P(C)\,P(A) = 0.7 \times 0.6 = 0.42$

$P(A \cap B \cap C) = 0.378$이므로 구하고자 하는 확률은 다음과 같다.

$$P(A \cup B \cup C) = P(A) + P(B) + P(C) - P(A \cap B)$$
$$- P(B \cap C) - P(C \cap A) + P(A \cap B \cap C)$$
$$= 0.6 + 0.9 + 0.7 - 0.54 - 0.63 - 0.42 + 0.378$$
$$= 0.988$$

(3) 세 사람 모두 표적을 맞히지 못하는 사건은 적어도 한 명이 맞추는 사건의 여사건 이므로 구하고자 하는 확률은 $P[(A \cup B \cup C)^c] = 1 - 0.988 = 0.012$이다.

03-64

보험회사는 대기업의 고용주들에게 기업의 종업원에게 보험금의 일부를 지원하는 건강보험을 제공한다. 이때 각 기업은 추가 부담금으로 A, B 그리고 C 중에 정확히 두 개를 선정하거나, 또는 어느 것도 선정하지 않을 수 있다. A, B 그리고 C를 선정하는 기업의 고용주의 성향은 각각 $\frac{1}{4}$, $\frac{1}{3}$ 그리고 $\frac{5}{12}$ 이다. 이때 임의로 선정된 고용주가 어느 것도 선택하지 않을 확률을 구하라.

풀이 A와 B를 선택하는 고용주의 비율을 x, A와 C를 선택하는 고용주의 비율을 y 그리고 B와 C를 선택하는 고용주의 비율을 z라고 하자. 그리고 어느 것도 선택하지 않을 비율을 w라 하면, 다음과 같은 벤다이어그램을 얻는다.

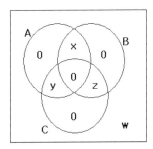

그러면 구하고자 하는 확률은 $w = 1 - (x + y + z)$이고, 한편 주어진 조건에 의하여 다음 관계식을 얻는다.

$$x + y = \frac{1}{4}, \; x + z = \frac{1}{3}, \; y + z = \frac{5}{12}, \; x + y + z = \frac{1}{2}$$

따라서 $w = \frac{1}{2}$ 이다.

03-65

1차 진료기관의 의사를 방문하여 연구소나 전문의에게 보내지지 않을 확률은 35% 이다. 한편 1차 진료기관의 의사에게 오는 사람 중 30% 는 전문의에게 그리고 40% 는 연구소로 보내진다. 이 진료기관을 방문한 사람이 연구소와 전문의에게 보내질 확률을 구하라.

풀이 연구소에 보내질 사건을 A, 전문의에게 보내질 사건을 B 라 하면 다음과 같은 벤다이어그램을 그릴 수 있다. 그러면

$$P(A) = 0.4, \quad P(B) = 0.3, \ P(A \cup B) = 1 - P\left[(A \cup B)^c\right] = 1 - 0.35 = 0.65$$

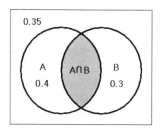

특히

$$P(A \cup B) = 0.65 = P(A) + P(B) - P(A \cap B)$$
$$= 0.4 + 0.3 - P(A \cap B)$$

이다. 그러므로 $P(A \cap B) = 0.05$

03-66

지난해에 어떤 단체의 스포츠 관람 습성에 관한 조사 결과, 그들 중에서 체조와 야구 그리고 축구를 관람한 사람은 각각 28%, 29% 그리고 19% 이었다. 한편 체조와 야구를 관람한 사람은 14%, 야구와 축구를 관람한 사람은 12% 그리고 체조와 축구를 관람한 사람은 10% 이었으며, 세 개의 스포츠 모두를 관람한 사람은 8% 이었다. 세 개의 스포츠 중 어느 것도 관람하지 않은 사람의 비율을 구하라.

풀이 체조와 야구 그리고 축구를 관람할 사상을 각각 G, B 그리고 S 라고 하자. 그러면

$$P(G) = 0.28, \ P(B) = 0.29, \ P(S) = 0.19$$
$$P(G \cap B) = 0.14, P(B \cap S) = 0.12, \ P(G \cap S) = 0.10,$$
$$P(G \cap B \cap S) = 0.08$$

이다.

$$P(G \cup B \cup S) = P(G) + P(B) + P(S) - P(G \cap B)$$
$$- P(B \cap S) - P(G \cap S) + P(G \cap B \cap S)$$
$$= 0.28 + 0.29 + 0.19 - 0.14 - 0.12 - 0.10 + 0.08$$
$$= 0.48$$

이므로

$$P\{(G \cup B \cup S)^c\} = 1 - P(G \cup B \cup S) = 1 - 0.48 = 0.52$$

03-67

마케팅 표본조사 결과, 조사 대상자의 60% 가 자동차를 소유하고 있으며, 30% 는 집을 갖고 있다. 한편 자동차와 집을 모두 소유하고 있는 사람은 20% 로 조사되었다. 임의로 선정한 사람이 자동차나 집 중 어느 하나만 소유하고 있을 확률을 구하라.

풀이 자동차와 집을 소유하는 사건을 각각 A, B 라 하면

$$P(A) = 0.6, \ P(B) = 0.3, \ P(A \cap B) = 0.2$$

이다. 한편 자동차만 소유할 확률은

$$P(A \cap B^c) = P(A) - P(A \cap B) = 0.6 - 0.2 = 0.4$$

집만을 소유할 확률은

$$P(A^c \cap B) = P(B) - P(A \cap B) = 0.3 - 0.2 = 0.1$$

따라서 자동차나 집 중 어느 하나만 소유하고 있을 확률은 0.5이다.

03-68

어떤 보험회사의 생명보험 가입자 가운데 10% 는 흡연자이고, 나머지는 비흡연자이다. 그리고 비흡연자가 올해 안에 사망할 확률은 1% 이고, 흡연자가 사망할 확률은 5% 라고 할 때, 보험가입자가 올해 안에 사망할 확률을 구하라.

풀이 생명보험 가입자 가운데 흡연자가 선정될 사건을 A, 보험가입자가 사망할 사건을 B 라 하면, 문제 조건에 의하여

$$P(A) = 0.1, \quad P(A^c) = 0.9, \quad P(B|A) = 0.05, \quad P(B|A^c) = 0.01$$

이다. 따라서 보험가입자가 올해 안에 사망할 확률은 다음과 같다.

$$P(B) = P(A)\,P(B|A) + P(A^c)\,P(B|A^c) = 0.1 \times 0.05 + 0.9 \times 0.01 = 0.014$$

03-69

문제 03-68에서 보험가입자가 사망했다고 할 때, 이 가입자가 흡연자일 확률을 구하라.

풀이 문제 03-68로부터 보험가입자가 사망할 확률은 $P(B) = 0.014$이다. 따라서 보험가입자가 사망했다고 할 때, 이 가입자가 흡연자일 확률은 다음과 같다.

$$P(A|B) = \frac{P(B|A)\,P(A)}{P(B)} = \frac{0.1 \times 0.05}{0.014} = 0.357$$

03-70

적십자사에서 발간한 '2012 혈액 사업 통계연보'에 따르면 헌혈한 우리나라 사람 중에서 Rh(+) O형은 27.3% 라 한다. 서로 관계없는 4명을 임의로 선택했을 때, 다음 확률을 구하라.

(1) 4명이 모두 Rh(+) O형이다.
(2) 4명 중 그 누구도 Rh(+) O형이 아니다.
(3) 적어도 1명이 Rh(+) O형이다.

풀이 (1) 선택한 4명을 각각 A, B, C, D라 하면, 서로 관계없는 사람이므로 이 사람들이 Rh(+) O형일 확률은 $P(A) = P(B) = P(C) = P(D) = 0.273$이다. 그러므로 4명이 모두 Rh(+) O형일 확률은 다음과 같다.

$$P(A \cap B \cap C \cap D) = P(A)\,P(B)\,P(C)\,P(D) = 0.273^4 = 0.00555$$

(2) 4명 중 그 누구도 Rh(+) O형이 아닐 확률은 다음과 같다.

$$P(A^c \cap B^c \cap C^c \cap D^c) = P(A^c)\,P(B^c)\,P(C^c)\,P(D^c) = (1 - 0.273)^4 = 0.2793$$

(3) 적어도 1명이 Rh(+) O형인 사건은 네 명 모두 Rh(+) O형이 아닌 사건의 여사건이므로 구하고자 하는 확률은 $1 - P(A^c \cap B^c \cap C^c \cap D^c) = 1 - 0.2793 = 0.7207$이다.

03-71

정답이 하나뿐인 5지선다형 문제가 3문제 있다. 무작위로 다섯 항목 중에서 하나를 선택할 때, 다음 확률을 구하라.

(1) 3문제 중에서 어느 하나를 맞힐 확률

(2) 처음 두 문제를 맞힐 확률

(3) 모두 다 틀릴 확률

(4) 적어도 하나를 맞힐 확률

(5) 정확히 한 문제를 맞혔다고 할 때, 맞힌 문제가 두 번째 문제일 확률

풀이 (1) 각 문제 당 다섯 항목 중 정답이 하나뿐이므로 문제 당 정답을 맞힐 확률은 각각 0.2씩이다. 3문제를 차례대로 A, B, C라 하면, $P(A) = P(B) = P(C) = 0.2$이다. 이때 3문제 중에서 한 문제를 맞히는 경우는 첫 번째 문제를 맞히고 나머지 두 문제를 틀리는 $A \cap B^c \cap C^c$와 같은 방법으로 $A^c \cap B \cap C^c$, $A^c \cap B^c \cap C$이다. 그리고 각 경우의 확률은 다음과 같다.

$$P(A \cap B^c \cap C^c) = P(A)P(B^c)P(C^c) = 0.2 \times 0.8 \times 0.8 = 0.128$$

$$P(A^c \cap B \cap C^c) = P(A^c)P(B)P(C^c) = 0.8 \times 0.2 \times 0.8 = 0.128$$

$$P(A^c \cap B^c \cap C) = P(A^c)P(B^c)P(C) = 0.8 \times 0.8 \times 0.2 = 0.128$$

이때 각 문제를 맞힌 것은 독립이므로 구하고자 하는 확률은 $0.128 + 0.128 + 0.128 = 0.384$이다.

(2) 처음 두 문제를 맞힌 경우는 처음 두 문제를 맞히고 세 번째 문제를 맞힌 경우와 틀린 경우가 있으므로 구하고자 하는 확률은 다음과 같다.

$$P(A \cap B \cap C) + P(A \cap B \cap C^c) = P(A)P(B)P(C) + P(A)P(B)P(C^c)$$
$$= 0.2 \times 0.2 \times 0.2 + 0.2 \times 0.2 \times 0.8 = 0.04$$

(3) $P(A^c \cap B^c \cap C^c) = P(A^c)P(B^c)P(C^c) = 0.8 \times 0.8 \times 0.8 = 0.512$

(4) 적어도 하나를 맞힌 경우는 모두 다 틀린 경우의 여사건이므로 다음과 같다.

$$1 - P(A^c \cap B^c \cap C^c) = 1 - 0.512 = 0.488$$

(5) 3문제 중에서 어느 하나를 맞힐 확률은 (1)에 의하여 0.384이고, 두 번째 문제만 맞힐 확률은 $P(A^c \cap B \cap C^c) = 0.128$이므로 베이즈정리에 의해 구하고자 하는 확률은 $\dfrac{0.128}{0.384} = \dfrac{1}{3}$이다.

03-72

8명의 남학생과 7명의 여학생이 있는 교실에서 교사가 비복원추출에 의하여 3명의 학생을 무작위로 선정할 때, 남학생의 수가 여학생의 수보다 많을 확률을 구하라.

풀이 남학생의 수가 여학생의 수보다 많은 경우는 (남학생, 여학생)=(3, 0), (2, 1)뿐이며, 특히 남학생 2명과 여학생 1명이 선정되는 경우는 (여, 남, 남), (남, 여, 남), (남, 남, 여)인 경우로 분류된다. 그러므로 구하고자 하는 확률은 다음과 같다.

$$\frac{8}{15}\times\frac{7}{14}\times\frac{6}{13}+\frac{8}{15}\times\frac{7}{14}\times\frac{7}{13}\times3=\frac{36}{65}$$

03-73

다음은 의료산업에 종사하는 전문직 근로자 자료를 표로 나타낸 것이다. 의료산업에 종사하는 근로자 중에서 임의로 한 사람을 선정하였을 때, 이 사람에 대하여 다음 확률을 구하라.

출처: 통계청

직 종	종사자 수		성별 비율		전체 비율	
	여성	남성	여성	남성	여성	남성
의사	15,744	66,254	27.86	57.25	9.14	38.47
치과의사	4,738	16,606	8.38	14.35	2.75	9.64
한의사	1,910	13,496	3.38	11.66	1.11	7.84
약사	34,128	19,364	60.38	16.74	19.81	11.24
계	56,520	115,720	100.0	100.0	32.81	67.19
	172,240				100.0	

(1) 이 사람이 여성일 확률
(2) 이 사람이 남성인 치과의사일 확률
(3) 약사일 확률
(4) 여성일 때, 이 여성이 약사일 확률

풀이 (1) 의료산업에 종사하는 전체 근로자는 172,240명이고 이들 중에서 여성은 56,520명이므로 임의로 선정된 의료산업에 종사하는 사람이 여성일 확률은 $\frac{56520}{172240}=$ 0.3281이다.

(2) 남성인 치과의사는 16,606명이므로 남성인 치과의사일 확률은 $\frac{16606}{172240}=0.0964$ 이다.

(3) 전체 약사의 수는 34,128+19,364=53,492명이므로 약사일 확률은 $\dfrac{53492}{172240} = 0.3105$이다.

(4) 의료산업에 종사하는 전체 여성 근로자 수는 56,520명이고, 이 중에서 약사는 34,128명이므로 구하고자 하는 확률은 $\dfrac{34128}{56520} = 0.6038$이다.

03-74

근로자가 어떤 기계의 사용 설명서에 따라 사용할 때 결함이 생길 확률은 1%이고 그렇지 않을 때 결함이 생길 확률은 4%이다. 시간이 부족한 관계로 근로자가 설명서를 80% 밖에 숙지하지 못한 상태로 기계를 사용할 때, 이 기계에 결함이 생길 확률을 구하라.

풀이 근로자가 사용 설명서를 숙지할 사건을 A, 기계에 결함이 생기는 사건을 B라 하면, $P(A) = 0.8$, $P(A^c) = 0.2$이고 $P(B|A) = 0.01$, $P(B|A^c) = 0.04$이다. 따라서 구하고자 하는 확률은 다음과 같다.

$$P(B) = P(A)P(B|A) + P(A^c)P(B|A^c) = 0.8 \times 0.01 + 0.2 \times 0.04 = 0.016$$

03-75

스톡옵션의 변동에 대한 가장 간단한 모델로 스톡 가격이 매일 1단위 오를 확률이 $\dfrac{2}{3}$이고, 떨어질 확률이 $\dfrac{1}{3}$, 그날그날의 변동은 독립이라고 가정할 때, 물음에 답하라.

(1) 이틀 후, 스톡 가격이 처음과 동일할 확률을 구하라.
(2) 3일 후, 스톡 가격이 1단위만큼 오를 확률을 구하라.
(3) 3일 후에 스톡 가격이 1단위만큼 올랐다면, 첫날 올랐을 확률을 구하라.

풀이 (1) 스톡이 1단위만큼 오르는 사건을 U, 1단위만큼 떨어지는 사건을 D 그리고 이틀 뒤 스톡 가격이 동일한 사건을 O라 하면, 아래 왼쪽 그림과 같이 이틀 뒤 스톡 가격이 동일한 경우는 내일 오르고 모레 떨어지는 경우와 내일 떨어지고 모레 오르는 경우가 있다. 따라서 전확률 공식에 의하여

$$P(O) = P(U)P(D|U) + P(D)P(U|D) = \frac{2}{3} \times \frac{1}{3} + \frac{1}{3} \times \frac{2}{3} = \frac{4}{9}$$

(2) 3일 후에 1단위만큼 오르는 경우는 다음과 같이 세 가지 경우가 있다.

(a) 오늘 오르고 내일 오르고 모레 떨어지는 경우

(b) 오늘 오르고 내일 떨어지고 모레 오르는 경우

(c) 오늘 떨어지고 이틀 연속 오르는 경우

따라서 U_1, U_2, U_3을 각각 오늘, 내일 그리고 모레 오르는 사건이라 하고, D_1, D_2, D_3을 각각 오늘, 내일 그리고 모레 떨어지는 사건이라 하고 3일 후에 1단위만큼 오른 사건을 U라 하면, 구하고자 하는 확률은 다음과 같다.

$$P(U) = P(U_1)P(U_2|U_1)P(D_3|U_1 \cap U_2) + P(U_1)P(D_2|U_1)P(U_3|U_1 \cap D_2)$$
$$+ P(D_1)P(U_2|D_1)P(U_3|D_1 \cap U_2)$$
$$= \frac{2}{3} \times \frac{2}{3} \times \frac{1}{3} + \frac{2}{3} \times \frac{1}{3} \times \frac{2}{3} + \frac{1}{3} \times \frac{2}{3} \times \frac{2}{3} = \frac{4}{9}$$

(3) 첫날 1단위만큼 오르고 3일 후에 1단위만큼 오를 확률은

$$P(U_1 \cap U) = \frac{2}{3} \times \frac{2}{3} \times \frac{1}{3} + \frac{2}{3} \times \frac{1}{3} \times \frac{2}{3} = \frac{8}{27}$$

이므로 구하고자 하는 조건부 확률은 다음과 같다.

$$P(U_1|U) = \frac{P(U_1 \cap U)}{P(U)} = \frac{8/27}{4/9} = \frac{2}{3}$$

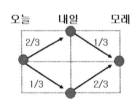

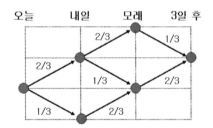

03-76

주머니 A에는 흰 바둑돌 5개와 검은 바둑돌 3개, 주머니 B에는 흰 바둑돌 4개와 검은 바둑돌 4개, 주머니 C에는 흰 바둑돌 3개와 검은 바둑돌 5개 그리고 주머니 D에는 흰 바둑돌 2개와 검은 바둑돌 6개가 들어있다. 동전을 세 번 던져서 앞면이 세 번이면 주머니 A를 선택하고, 두 번이면 주머니 B, 한 번이면 주머니 C 그리고 뒷면이 세 번이면 주머니 D를 선택한다.

(1) 임의로 한 주머니를 택하여 흰 바둑돌을 꺼낼 확률을 구하라.

(2) 흰 바둑돌이 나왔을 때, 이 바둑돌이 A, B, C, D에서 나왔을 확률을 각각 구하라.

풀이 (1) 동전을 세 번 던져서 세 번 모두 앞면이 나올 확률은 $P(A) = \dfrac{1}{8}$, 두 번 앞면이

나올 확률은 $P(B) = \dfrac{3}{8}$, 한 번 앞면이 나올 확률은 $P(C) = \dfrac{3}{8}$, 그리고 세 번

모두 뒷면이 나올 확률은 $P(D) = \dfrac{1}{8}$ 이다. 그러므로 흰 바둑돌이 나오는 사건을
E라 하면, $P(E)$는 다음과 같다.

$$P(E) = P(A)\,P(E|A) + P(B)\,P(E|B) + P(C)\,P(E|C) + P(D)\,P(E|D)$$

$$= \frac{1}{8} \times \frac{5}{8} + \frac{3}{8} \times \frac{4}{8} + \frac{3}{8} \times \frac{3}{8} + \frac{1}{8} \times \frac{2}{8} = \frac{28}{64} = 0.4375$$

(2) $P(A|E) = \dfrac{P(A)\,P(E|A)}{P(E)} = \dfrac{(1/8)\,(5/8)}{28/64} = \dfrac{5}{28} = 0.1786$

$P(B|E) = \dfrac{P(B)\,P(E|B)}{P(E)} = \dfrac{(3/8)\,(4/8)}{28/64} = \dfrac{12}{28} = 0.4286$

$P(C|E) = \dfrac{P(C)\,P(E|C)}{P(E)} = \dfrac{(3/8)\,(3/8)}{28/64} = \dfrac{9}{28} = 0.3214$

$P(D|E) = \dfrac{P(D)\,P(E|D)}{P(E)} = \dfrac{(1/8)\,(2/8)}{28/64} = \dfrac{2}{28} = 0.0714$

03-77

초보운전자의 60% 가 운전 교육을 받았고, 처음 1년간 운전 교육을 받지 않은 초보운전자
가 사고를 낼 확률이 0.08 이지만 운전 교육을 받은 초보운전자가 사고를 낼 확률은 0.05
라고 한다.

(1) 처음 1년간 초보운전자가 사고를 내지 않았을 확률을 구하라.
(2) (1)의 조건 아래 이 운전자가 운전 교육을 받았을 확률을 구하라.

풀이 (1) 초보운전자가 운전 교육을 받았을 사건을 A 라 하면, 운전 교육을 받지 않을 사
건은 A^c 이고, $P(A) = 0.6$ 그리고 $P(A^c) = 0.4$ 이다. 따라서 초보운전자가 사
고를 내지 않을 사건을 B 라 하면, $P(B|A) = 0.95$, $P(B|A^c) = 0.92$ 이므로 구
하고자 하는 확률은 다음과 같다.

$$P(B) = P(A)P(B|A) + P(A^c)P(B|A^c) = 0.6 \times 0.95 + 0.4 \times 0.92 = 0.938$$

(2) 베이즈정리에 의해 구하고자 하는 확률은 다음과 같다.

$$P(A|B) = \frac{P(A)\,P(B|A)}{P(B)} = \frac{0.6 \times 0.95}{0.938} = 0.608$$

03-78

보험회사는 보험신청자를 남자인지 아니면 여자인지 그리고 집을 소유하고 있는지 아닌지에 따라 분류한다. 이러한 분류로부터 보험회사는 보험신청자의 65%가 남자이고, 37%는 집을 가지고 있으며, 18%는 집을 소유한 여자라는 정보를 얻었다. 이때 집을 갖고 있지 않은 남자의 비율은 얼마인가?

풀이 여자인 보험신청자를 F, 집을 소유한 보험신청자를 H라 하면, $P(F) = 0.35$, $P(H) = 0.37$이다. 따라서 구하고자 하는 비율은 다음과 같다.

$$P(F^c \cap H^c) = P((F \cup H)^C) = 1 - P(F \cup H)$$
$$= 1 - \{P(F) + P(H) - P(F \cap H)\}$$
$$= 1 - (0.35 + 0.37 - 0.18) = 0.46$$

03-79

어깨 회전근개 파열로 고통받고 있는 환자들을 대상으로 조사한 결과, 그들 중 22%는 정형외과와 침술원을 모두 찾았으며, 반면에 이들을 모두 찾지 않은 환자는 12%이었다. 정형외과를 찾은 환자는 침술원을 찾은 환자보다 14% 많았다고 한다. 이 환자 중 무작위로 한 명을 선정하였을 때, 이 환자가 정형외과를 찾았을 확률을 구하라.

풀이 환자가 정형외과를 찾는 사건을 A, 침술원을 찾는 사건을 B라 하자. 그러면 조건에 의하여

$$P(A \cap B) = 0.22, \ P(A^c \cap B^c) = 0.12, \ P(A) = P(B) + 0.14$$

이다. 한편 $P(A^c \cap B^c) = P[(A \cup B)^c] = 1 - P(A \cup B) = 0.12$이므로 $P(A \cup B) = 0.88$이다. 그러므로

$$0.88 = P(A \cup B) = P(A) + P(B) - P(A \cap B)$$
$$= P(A) + (P(A) - 0.14) - 0.22 = 2P(A) - 0.36$$

이고, 따라서 $P(A) = 0.62$이다.

03-80

치과의료보험증권은 치열교정, 치아 이식 그리고 이 뽑기 등 세 가지에 대하여 보장해 준다. 이 증권이 유효한 기간에 보험가입자는 다음과 같은 치료에 대한 확률이 있다.

(1) 치열교정 : $\dfrac{1}{2}$ (2) 치열교정 또는 치아 이식 : $\dfrac{2}{3}$

(3) 치열교정 또는 이 뽑기 : $\dfrac{3}{4}$ (4) 치아 이식 및 이 뽑기 : $\dfrac{1}{8}$

치열교정에 대한 필요성은 치아 이식 및 이 뽑기와 독립이다. 이 증권이 유효한 기간에 보험가입자가 치아를 보충하거나 이를 뽑을 필요가 있을 확률을 구하라.

풀이 치열교정, 치아 이식 그리고 이 뽑기에 대한 사건을 각각 A, B 그리고 C라 하면,

$$P(A)=\frac{1}{2}, \quad P(A\cup B)=\frac{2}{3}, \quad P(A\cup C)=\frac{3}{4}, \quad P(B\cap C)=\frac{1}{8}$$

이다. A와 B 그리고 A와 C가 독립이므로

$$P(A\cup B)=P(A)+P(B)-P(A\cap B)=P(A)+P(B)-P(A)P(B)$$
$$=\frac{1}{2}+P(B)-\frac{1}{2}P(B)=\frac{2}{3}$$

$$P(A\cup C)=P(A)+P(C)-P(A\cap C)=P(A)+P(C)-P(A)P(C)$$
$$=\frac{1}{2}+P(C)-\frac{1}{2}P(C)=\frac{3}{4}$$

따라서 $P(B)=\dfrac{1}{3}$, $P(C)=\dfrac{1}{2}$ 이고, 구하고자 하는 확률은

$$P(B\cup C)=P(B)+P(C)-P(B\cap C)$$
$$=\frac{1}{3}+\frac{1}{2}-\frac{1}{8}=\frac{17}{24}$$

03-81

대중 건강 연구가가 1999년에 사망한 937명의 남자에 대한 의료기록을 관찰한 결과 심장병에 관련된 원인에 의하여 210명이 사망한 것을 발견하였다. 더욱이 937명 가운데 312명은 어느 한 부모가 심장병으로 고통을 받았으며, 그 312명 중 102명이 심장병과 관련되어 사망한 것으로 나타났다. 937명의 남자 중에서 임의로 선정한 한 사람의 두 부모가 결코 심장병과 관련이 없다는 조건 아래서, 이 사람이 심장병과 관련된 원인에 의하여 사망했을 확률을 구하라.

풀이 심장병이 원인이 되어 사망할 사건을 H, 두 부모 중에서 어느 한쪽이 심장병으로 고통받았을 사건을 F라고 하자. 그러면 의료기록에 기초하여,

$$P(H \cap F^c) = \frac{210 - 102}{937} = \frac{108}{937}, \quad P(F^c) = \frac{937 - 312}{937} = \frac{625}{937}$$

이다. 따라서

$$P(H|F^c) = \frac{P(H \cap F^c)}{P(F^c)} = \frac{108/937}{625/937} = \frac{108}{625} = 0.173$$

03-82

보험회사에서는 남편과 아내를 위하여 두 종류의 보험증권을 판매한다. 증권 A는 올해 안에 남편과 아내가 모두 사망할 경우 사망한 부부의 자녀에게 10,000천 원을 지급한다. 그리고 증권 B는 남편과 아내 중 어느 한 사람이 사망하면, 생존해 있는 배우자에게 10,000천 원을 지급한다. 남편이 올해 안에 사망할 확률은 0.021이고, 아내가 사망할 확률은 0.009이다. 이때 각 보험증권이 올해 안에 보험금을 지급할 확률을 구하라. 남편과 아내의 사망은 서로 독립이라고 가정한다.

풀이 남편이 올해 안에 사망할 사건을 H, 아내가 사망할 사건을 W라 하자. 그러면 $P(H) = 0.021$, $P(W) = 0.009$이고, 남편과 아내의 사망은 서로 독립이므로

$$P(H \cap W) = P(H)\,P(W) = 0.021 \times 0.009 = 0.000189$$

이다. 따라서 증권 A가 보험금을 지급할 확률은

$$P(H \cap W) = P(H)\,P(W) = 0.021 \times 0.009 = 0.000189$$

이고, 증권 B가 보험금을 지급할 확률은

$$P(H \cup W) = P(H) + P(W) - P(H \cap W)$$
$$= 0.021 + 0.009 - 0.000189 = 0.029811$$

이다.

03-83

보험회사는 자동차보험 고객에 대하여 다음과 같은 정보를 수집하였다.

(1) 모든 고객은 적어도 한 대 이상의 자동차에 대하여 보험에 가입하였다.

(2) 고객의 70%는 2대 이상의 자동차에 대하여 보험에 가입하였다.

(3) 고객의 20%는 스포츠카 보험에 가입하였다.

(4) 두 대 이상의 자동차보험에 가입한 고객 중에서, 15%는 스포츠카 보험에 가입하였다.

이제 임의로 선정한 고객이 스포츠카가 아닌 자동차를 꼭 한 대만 가지고 있을 확률은 얼마인가?

풀이 고객이 두 대 이상의 자동차에 대하여 보험에 가입할 사건을 A, 스포츠카에 대하여 보험에 가입할 사건을 B라고 하자. 그러면

$$P(A) = 0.70, \ P(B) = 0.20, \ P(B|A) = 0.15$$

이다. 따라서

$$P(A \cap B) = P(B|A)P(A) = 0.15 \times 0.70 = 0.105$$

스포츠카가 아닌 자동차를 꼭 한 대만 가지고 있을 사건은 $A^c \cap B^c$이므로, 구하고자 하는 확률은

$$P(A^c \cap B^c) = P[(A \cup B)^c] = 1 - P(A \cup B)$$
$$= 1 - \{P(A) + P(B) - P(A \cap B)\}$$
$$= 1 - (0.70 + 0.20 - 0.105) = 0.205$$

이다. 또는 주어진 조건으로부터 다음 표를 작성할 수 있으며,

보유수＼종류	일반자동차	스포츠카	합계
1대	0.205	0.095	0.300
2대 이상	0.595	0.105	0.700
합계	0.800	0.200	1.000

따라서 $P(\text{일반 자동차 한대만 소유}) = 0.205$이다.

03-84

AIDS 검사로 널리 사용되는 방법으로 ELISA 검사가 있다. 이 방법으로 100,000명이 검사를 받았으며, 검사결과 다음 표를 얻었다고 한다. 검사를 받은 사람 중에서 임의로 한 명을 선정하였을 때, 다음 확률을 구하라.

	AIDS 균 보균자	AIDS 균 미보균자
양성반응	4,535	5,255
음성반응	125	90,085

(1) 선정한 사람이 미보균자일 때, 이 사람이 양성반응을 보일 확률

(2) 선정한 사람이 보균자일 때, 이 사람이 음성반응을 보일 확률

풀이 선정된 사람이 미보균자일 사건을 A, 양성반응을 보일 사건을 B라 하자. 그러면

$$P(A) = \frac{95340}{100000} = 0.9534, \quad P(B) = \frac{9790}{100000} = 0.0979,$$

$$P(A \cap B) = \frac{5255}{100000} = 0.05255$$

(1) $P(B|A) = \dfrac{P(A \cap B)}{P(A)} = \dfrac{0.05255}{0.9534} \approx 0.0551$

(2) $P(B^c|A^c) = \dfrac{P(A^c \cap B^c)}{P(A^c)} = \dfrac{0.00125}{0.0466} \approx 0.0268$

03-85

자동차보험에 가입한 150명의 보험가입자를 대상으로 자동차 사고를 조사한 결과 85명이 사고 경력을 가지고 있다는 결론을 얻었다. 이 보험에 가입한 보험가입자 중에서 임의로 한 사람을 선정하였을 때, 이 사람이 사고 경력을 가지고 있을 확률을 구하라.

풀이 150명의 보험가입자 전체를 대상으로 조사하였으므로 표본공간의 원소는 $n(S) = 150$이다. 이 보험가입자 중에서 사고 경력이 있는 사람들의 집합을 A라 하면 $n(A) = 85$이므로 임의로 선정한 보험가입자가 사고 경력을 가지고 있을 확률은 다음과 같다.

$$P(A) = \frac{n(A)}{n(S)} = \frac{85}{150} = \frac{17}{30} = 0.567$$

03-86

중국어와 일어를 선택적으로 운영하는 어느 고등학교에서 2학년에 진급한 120명 중에서 중국어를 선택한 학생이 32명, 일어를 선택한 학생이 36명 그리고 중국어와 일어를 모두 선택한 학생이 8명이라고 한다. 2학년 학생 중에서 임의로 한 명을 선정했을 때, 두 교과목 중에서 어느 하나를 선택했을 확률을 구하라.

풀이 임의로 선정한 학생이 중국어를 선택할 사건을 C, 일어를 선택할 사건을 J라 하면, $n(C) = 32$이고 $n(J) = 36$ 그리고 $n(C \cap J) = 8$이므로

$$P(C) = \frac{n(C)}{n(S)} = \frac{32}{120}, \quad P(J) = \frac{n(J)}{n(S)} = \frac{36}{120},$$

$$P(C \cap J) = \frac{n(C \cap J)}{n(S)} = \frac{8}{120}$$

이다. 그러므로 임의로 선정한 학생이 두 과목 중에서 어느 하나를 선택할 확률은 다음과 같다.

$$P(C \cup J) = P(C) + P(J) - P(C \cap J) = \frac{32}{120} + \frac{36}{120} - \frac{8}{120} = \frac{1}{2}$$

03-87

미국 의학계에 따르면, 미국 성인의 32%가 비만이고 4%는 당뇨병으로 고통받는다고 한다. 그리고 성인 2.5%가 비만이면서 당뇨병으로 고통을 받는다고 한다. 이때 비만이 아니면서 당뇨병으로도 고통받지 않는 성인의 비율을 구하라.

풀이 비만인 성인이 선정되는 사건을 B, 당뇨병에 걸린 성인이 선정될 사건을 D라 하면,

$$P(B) = 0.32$$

이고

$$P(D) = 0.04$$

그리고

$$P(B \cap D) = 0.025$$

이므로

$$P(B \cup D) = P(B) + P(D) - P(B \cap D) = 0.32 + 0.04 - 0.025 = 0.335$$

이다. 따라서 구하고자 하는 확률은 다음과 같다.

$$P(B^c \cap D^c) = P[(B \cup D)^c] = 1 - P(B \cup D) = 1 - 0.335 = 0.665$$

03-88

양의 정수 n에 대하여, 근원사건 $\{n\}$의 확률을 $P(\{n\}) = 2 \times \left(\frac{1}{3}\right)^n$이라 한다. 사건

$A = \{n : 5 \leq n \leq 8\}$, $B = \{n : 1 \leq n \leq 8\}$에 대하여

(1) $P(A)$를 구하라.

(2) $P(B)$를 구하라.

풀이 (1) $P(A) = P(\{5, 6, 7, 8\}) = P(\{5\}) + P(\{6\}) + P(\{7\}) + P(\{8\})$

$$= 2 \times \left(\frac{1}{3}\right)^5 + 2 \times \left(\frac{1}{3}\right)^6 + 2 \times \left(\frac{1}{3}\right)^7 + 2 \times \left(\frac{1}{3}\right)^8 = \frac{80}{6561}$$

(2) $P(B) = P(\{1, 2, 3, 4, 5, 6, 7, 8\})$

$$= P(\{1\}) + P(\{2\}) + P(\{3\}) + \cdots + P(\{7\}) + P(\{8\})$$

$$= 2\left\{\left(\frac{1}{3}\right) + \left(\frac{1}{3}\right)^2 + \left(\frac{1}{3}\right)^3 + \left(\frac{1}{3}\right)^4 + \left(\frac{1}{3}\right)^5 + \left(\frac{1}{3}\right)^6 + \left(\frac{1}{3}\right)^7 + \left(\frac{1}{3}\right)^8\right\}$$

$$= 2 \times \frac{\frac{1}{3}\left(1 - \frac{1}{3^8}\right)}{1 - \frac{1}{3}} = 2 \times \frac{3280}{6561} = \frac{6560}{6561}$$

03-89

$S = A \cup B$이고 $P(A) = 0.75$, $P(B) = 0.63$이라 할 때, $P(A \cap B)$를 구하라.

풀이 $S = A \cup B$이므로 $P(A \cup B) = P(S) = 1$이므로

$$P(A \cap B) = P(A) + P(B) - P(A \cup B) = 0.75 + 0.63 - 1.00 = 0.38$$

03-90

두 사건 A와 B에 대하여, $P(A) = 0.3$, $P(B) = 0.5$ 그리고 $P(A \cap B^c) = 0.2$일 때, 다음 확률을 구하라.

(1) $P(A \cap B)$ (2) $P(A \cup B)$ (3) $P(A^c \cap B^c)$

풀이 (1) $P(A \cap B) = P(A) - P(A \cap B^c) = 0.3 - 0.2 = 0.1$

(2) $P(A \cup B) = P(A) + P(B) - P(A \cap B) = 0.3 + 0.5 - 0.1 = 0.7$

(3) $P(A^c \cap B^c) = P\{(A \cup B)^c\} = 1 - P(A \cup B) = 1 - 0.7 = 0.3$

03-91

두 사건 A와 B에 대하여, $P(A \cup B) = 0.9$, $P(A) = 0.6$, $P(B) = 0.8$일 때,

(1) $P(A \cap B)$ (2) $P(A^c \cup B^c)$

풀이   (1) $P(A \cap B) = P(A) + P(B) - P(A \cup B) = 0.6 + 0.8 - 0.9 = 0.5$

         (2) $P(A^c \cup B^c) = P[(A \cap B)^c] = 1 - P(A \cap B) = 1 - 0.5 = 0.5$

03-92

$S = A \cup B$이고 $P(A) = 0.75$, $P(B) = 0.63$이라 할 때, $P(A^c \cup B^c)$를 구하라.

풀이 $S = A \cup B$이므로 $P(A \cup B) = P(S) = 1$이다. 따라서

$P(A^c \cup B^c) = 1 - P(A \cap B) = 1 - \{P(A) + P(B) - P(A \cup B)\} = 2 - 1.38 = 0.62$

03-93

$P(A) = P(B) = P(C) = \dfrac{1}{3}$, $P(A \cap B) = P(A \cap C) = P(B \cap C) = \dfrac{1}{9}$

$P(A \cap B \cap C) = \dfrac{1}{27}$이면, $P(A \cup B \cup C)$는 얼마인가?

풀이 $P(A \cup B \cup C) = P(A) + P(B) + P(C) - P(A \cap B)$

$$- P(B \cap C) - P(A \cap C) + P(A \cap B \cap C)$$

$$= 3 \times \frac{1}{3} - 3 \times \frac{1}{9} + \frac{1}{27} = \frac{19}{27}$$

03-94

두 사건 A와 B에 대하여, $P(A) = \dfrac{1}{4}$, $P(B) = \dfrac{1}{3}$ 그리고 $P(A \text{ 또는 } B) = \dfrac{1}{2}$일 때,

(1) 두 사건 A와 B가 서로 배반인가?

(2) $P(A \cap B)$는 얼마인가?

풀이 (1) A와 B가 서로 배반이라 하면 $A \cap B = \varnothing$ 이므로 $P(A \cup B) = P(A) + P(B)$이 어야 한다. 그러나 문제 조건에 의하여 $P(A \cup B) \neq P(A) + P(B)$이므로 A와 B가 서로 배반이 아니다.

(2) $P(A \cap B) = P(A) + P(B) - P(A \cup B) = \dfrac{1}{4} + \dfrac{1}{3} - \dfrac{1}{2} = \dfrac{1}{12}$

03-95

$P(A) = \dfrac{1}{4}$, $P(B) = \dfrac{1}{6}$, $P(C) = \dfrac{1}{3}$인 사건 A, B 그리고 C에 대하여 다음 각 경우에 따른 확률 $P(A \cup B \cup C)$를 구하라.

(1) A, B 그리고 C가 쌍마다 배반 사건일 때
(2) A, B 그리고 C가 독립 사건일 때

풀이 (1) A, B 그리고 C가 배반 사건이므로 $A \cap B \cap C = \varnothing$, $A \cap B = \varnothing$, $B \cap C = \varnothing$, $A \cap C = \varnothing$ 이고, 따라서 $P(A \cap B) = 0$, $P(B \cap C) = 0$, $P(A \cap C) = 0$, $P(A \cap B \cap C) = 0$이다. 그러므로

$$P(A \cup B \cup C) = P(A) + P(B) + P(C) = \dfrac{1}{4} + \dfrac{1}{6} + \dfrac{1}{3} = \dfrac{3}{4}$$

(2) A, B 그리고 C가 독립 사건이므로 $P(A \cap B) = P(A)P(B)$, $P(B \cap C) = P(B)P(C)$, $P(A \cap C) = P(A)P(C)$, $P(A \cap B \cap C) = P(A)P(B)P(C)$이다. 그러므로

$$P(A \cup B \cup C) = \dfrac{1}{4} + \dfrac{1}{6} + \dfrac{1}{3} - \left(\dfrac{1}{4} \times \dfrac{1}{6} + \dfrac{1}{4} \times \dfrac{1}{3} + \dfrac{1}{6} \times \dfrac{1}{3} \right)$$
$$+ \dfrac{1}{4} \times \dfrac{1}{6} \times \dfrac{1}{3} = \dfrac{7}{12}$$

03-96

주머니 안에 흰색 바둑돌이 3개 그리고 검은색 바둑돌이 5개 들어있다. 이 주머니에서 4개의 바둑돌을 임의로 꺼낼 때,
(1) 추출된 바둑돌 안에 흰색 바둑돌이 포함될 모든 경우를 구하라.
(2) (1)의 각 경우에 대한 확률을 구하라.

풀이 (1) 주머니 안에 흰색 바둑돌이 모두 3개 있으므로, 주머니에서 4개의 바둑돌을 꺼낼 때 추출된 흰색 바둑돌의 수는 0개, 1개, 2개 그리고 3개이다.

(2) 추출된 흰색 바둑돌의 개수를 A 라 하면, 추출된 흰색 바둑돌의 개수에 대한 확률은 각각 다음과 같다.

$$P(A=0) = \frac{\binom{3}{0}\binom{5}{4}}{\binom{8}{4}} = \frac{1}{14}, \ P(A=1) = \frac{\binom{3}{1}\binom{5}{3}}{\binom{8}{4}} = \frac{6}{14},$$

$$P(A=2) = \frac{\binom{3}{2}\binom{5}{2}}{\binom{8}{4}} = \frac{6}{14}, \ P(A=3) = \frac{\binom{3}{3}\binom{5}{1}}{\binom{8}{4}} = \frac{1}{14}$$

03-97

공정한 주사위를 독립적으로 반복해서 던지는 실험에서 2 또는 3의 눈이 나오면 주사위 던지기를 멈춘다고 한다.
(1) 처음 던진 후에 멈출 확률을 구하라.
(2) 5번 던진 후에 멈출 확률을 구하라.
(3) n 번 던진 후에 멈출 확률을 구하라.

풀이 (1) 공정한 주사위를 독립적으로 반복해서 던지는 실험에서 2 또는 3의 눈이 나올 확률은 $\frac{1}{3}$이므로 처음 주사위를 던져서 멈출 확률은 $\frac{1}{3}$이다.

(2) 5번 던진 후에 멈춘다면, 처음 4번은 2 또는 3의 눈이 나오지 않고 5번째에서 처음으로 2 또는 3의 눈이 나오는 경우이므로 $\left(\frac{2}{3}\right)^4 \frac{1}{3} = \frac{16}{243}$ 이다.

(3) 처음 $n-1$번 계속하여 2 또는 3의 눈이 나오지 않고 n 번째에서 처음으로 2 또는 3의 눈이 나오는 경우이므로 $\left(\frac{2}{3}\right)^{n-1} \frac{1}{3} = \frac{2^{n-1}}{3^n}$ 이다.

03-98

$P(A|B) > P(A)$이면 $P(B|A) > P(B)$임을 보여라.

풀이 조건부 확률의 정의와 주어진 조건에 의하여 $P(A|B) = \dfrac{P(A \cap B)}{P(B)} > P(A)$ 이다.

따라서 $P(A \cap B) > P(A)P(B)$ 이고, $P(B|A) = \dfrac{P(A \cap B)}{P(A)} > \dfrac{P(A)P(B)}{P(A)} = P(B)$

가 성립한다.

03-99

임의로 선출된 2,000명의 남학생과 여학생의 컴퓨터 메신저 사용시간을 조사한 결과 다음 표와 같은 결과를 얻었다. 다음 물음에 답하여라.

(1) 임의로 한 명을 선정할 때, 이 학생이 30분 이상 메신저를 할 확률

(2) 30분 미만으로 사용하는 사건과 1시간 이상 사용하는 사건은 배반인가? 그리고 남자인 사건과 1시간 이상 사용하는 사건은 배반인가?

(3) 여자인 사건과 30분에서 1시간 미만 사용하는 사건은 독립인가?

사용시간 성별	30분 미만	30분에서 1시간 미만	1시간 이상
남자	231	552	478
여자	205	188	346

풀이 (1) 30분 미만으로 메신저를 사용하는 학생은 436명이므로 30분 이상 사용할 확률은

$$1 - \frac{436}{2000} = \frac{1564}{2000} = \frac{391}{500}$$

이다.

(2) 30분 미만으로 사용하면서 동시에 1시간 이상 사용하는 학생은 없으므로 두 사건은 배반이다. 그러나 1시간 이상 사용하는 학생 중에는 남학생이 478명 있으므로 남자인 사건과 1시간 이상 사용하는 사건은 배반이 아니다.

(3) 여자가 선정되는 사건을 A, 30분에서 1시간 미만 사용하는 사건을 B라 하면,

$$P(A) = \frac{739}{2000}, \ P(B) = \frac{740}{2000}, \ P(A \cap B) = \frac{188}{2000}$$

이므로 $P(A \cap B) \neq P(A)P(B)$ 이고, 따라서 독립이 아니다.

03-100

지난해 결혼한 남녀 10쌍으로 구성된 20명 중에서 임의로 두 명을 선정할 때, 이 두 사람이 부부일 확률을 구하라.

풀이 처음에 임의로 한 여성이 선정될 확률은 $\frac{1}{2}$이다. 이제 한 여성이 선정되었다고 했을 때, 이 여성이 자신의 배우자와 만날 확률은 남은 19명 중에서 배우자를 선택해야 하므로 $\frac{10}{19}\times\frac{1}{10}=\frac{1}{19}$이다. 그러므로 처음에 여성이 선정되고, 그 여성이 배우자를 만날 확률은 $\frac{1}{2}\times\frac{1}{19}=\frac{1}{38}$이다. 같은 방법으로 처음에 남성이 선정되고, 그 남성이 배우자를 만날 확률도 역시 동일하므로 20명으로 구성된 10쌍 중에서 부부가 선정될 확률은 $\frac{1}{38}\times2=\frac{1}{19}$이다.

03-101

여자 4명과 남자 6명이 섞여 있는 그룹에서 두 명을 무작위로 차례대로 선출할 때,
(1) 두 명 모두 동성일 확률을 구하라.
(2) 여자 1명과 남자 1명이 선출될 확률을 구하라.

풀이 (1) 두 명의 선출된 사람이 동성인 사건은 두 명 모두 여자이거나 두 명 모두 남자인 경우이고, 이 두 사건은 서로 배반이다. 따라서 구하고자 하는 확률은 두 명 모두 여자일 확률과 두 명 모두 남자일 확률의 합이다. 한편 처음에 선출한 사람이 여자이고, 두 번째 선출한 사람이 역시 여자일 확률은 $\frac{4}{10}\times\frac{3}{9}=\frac{2}{15}$이다. 또한 처음에 선출한 사람이 남자이고, 두 번째 선출한 사람이 역시 남자일 확률은 $\frac{6}{10}\times\frac{5}{9}=\frac{1}{3}$이다. 그러므로 두 사람 모두 동성일 확률은 $\frac{2}{15}+\frac{1}{3}=\frac{7}{15}$이다.

(2) 여자와 남자가 각각 1명씩 선출될 사건은 처음에 여자가 선출되고 나중에 남자가 선출되는 경우와 반대로 처음에 남자가 선출되고 나중에 여자가 선출되는 두 사건의 합사건으로 표현할 수 있다. 처음에 여자가 선출되고 나중에 남자가 선출될 확률은 $\frac{4}{10}\times\frac{6}{9}=\frac{4}{15}$이고, 처음에 남자가 선출되고 나중에 여자가 선출될 확률은 $\frac{6}{10}\times\frac{4}{9}=\frac{4}{15}$이다. 따라서 구하고자 하는 확률은 $\frac{4}{15}+\frac{4}{15}=\frac{8}{15}$이다.

03-102

공정한 주사위를 5번 반복해서 던지는 게임을 한다.

(1) 5번 모두 짝수의 눈이 나올 확률을 구하라.

(2) 5번 모두 서로 다른 눈이 나올 확률을 구하라.

풀이 (1) 주사위를 던져서 짝수의 눈이 나올 확률은 $\frac{1}{2}$ 이고, 동일한 주사위를 반복해서 던지므로 매번 짝수의 눈이 나올 확률 역시 $\frac{1}{2}$ 이다. 따라서 구하고자 하는 확률은 $\left(\frac{1}{2}\right)^5 = \frac{1}{32}$ 이다.

(2) 처음에 1의 눈이 나올 확률은 $\frac{1}{6}$ 이고 두 번째 1이 아닌 눈이 나올 확률은 $\frac{5}{6}$ 그리고 세 번째 나온 눈이 처음 두 번에서 나온 눈이 아닐 확률은 $\frac{4}{6}$, 네 번째 눈이 처음 세 번에서 나온 눈이 아닐 확률은 $\frac{3}{6}$, 끝으로 다섯 번째 나온 눈이 처음 네 번에서 나온 눈이 아닐 확률은 $\frac{2}{6}$ 이다. 따라서 처음에 1이 눈이 나오고 다섯 번 모두 서로 다른 눈이 나올 확률은 $\frac{1}{6} \times \frac{5}{6} \times \frac{4}{6} \times \frac{3}{6} \times \frac{2}{6} = \frac{120}{6^5}$ 이다. 한편 처음에 나온 눈이 2, 3, 4, 5, 6의 경우에도 동일하므로 구하고자 하는 확률은 $\frac{120}{6^5} \times 6 = \frac{120}{6^4} = \frac{5}{54}$ 이다.

03-103

주사위를 두 번 던지는 통계실험에서 첫 번째 나온 눈이 홀수인 조건 아래서 두 번째 나온 눈이 짝수일 확률을 구하라.

풀이 첫 번째 나온 눈이 홀수인 사건을 A 그리고 두 번째 나온 눈이 짝수인 사건을 B 라 하면,

$$A = \begin{Bmatrix} (1,1)\,(1,2)\,(1,3)\,(1,4)\,(1,5)\,(1,6) \\ (3,1)\,(3,2)\,(3,3)\,(3,4)\,(3,5)\,(3,6) \\ (5,1)\,(5,2)\,(5,3)\,(5,4)\,(5,5)\,(5,6) \end{Bmatrix},$$

$$B = \begin{Bmatrix} (1,2)\,(2,2)\,(3,2)\,(4,2)\,(5,2)\,(6,2) \\ (1,4)\,(2,4)\,(3,4)\,(4,4)\,(5,4)\,(6,4) \\ (1,6)\,(2,6)\,(3,6)\,(4,6)\,(5,6)\,(6,6) \end{Bmatrix}$$

$$A \cap B = \begin{Bmatrix} (1,2) & (1,4) & (1,6) & (3,2) & (3,4) \\ (3,6) & (5,2) & (5,4) & (5,6) \end{Bmatrix}$$

그러므로

$$P(B|A) = \frac{P(A \cap B)}{P(A)} = \frac{9/36}{18/36} = \frac{1}{2}$$

이다.

03-104

다음 회로의 스위치가 작동할 확률은 각각 0.8이고 독립적으로 작동한다. 이때 각 회로에 대하여 A 와 B 두 지점에 전류가 흐를 확률을 구하라.

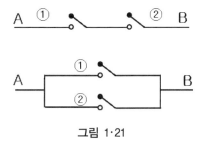

그림 1·21

풀이 (1) 1번 스위치와 2번 스위치 모두 연결되는 경우에 두 지점에 전류가 흐르게 되므로, 구하고자 하는 확률은 $0.8^2 = 0.64$ 이다.

(2) 1번 스위치 또는 2번 스위치 중 어느 하나가 연결되는 경우에 두 지점에 전류가 흐르게 되므로, 1번 스위치와 2번 스위치가 연결되는 사건을 각각 A, B라 하면 구하고자 하는 확률은 다음과 같다.

$$P(A \cup B) = P(A) + P(B) - P(A \cap B) = P(A) + P(B) - P(A)\,P(B)$$

$$= 0.8 + 0.8 - 0.8 \times 0.8 = 0.96$$

03-105

다음 회로의 각 스위치는 독립적으로 작동하며 1번 스위치가 ON이 될 확률은 0.95, 2번 스위치와 3번 스위치가 ON이 될 확률은 각각 0.94와 0.86이라고 한다. 이 회로에 대하여 A와 B 두 지점에 전류가 흐를 확률을 구하라.

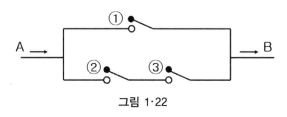

그림 1·22

풀이 1번 스위치가 작동하거나 2번과 3번 스위치가 모두 작동하는 경우에 두 지점에 전류가 흐르게 된다. 1번 스위치가 작동하는 사건을 A, 2번과 3번 스위치가 작동하는 사건을 각각 B, C라 하면 $P(A) = 0.95$, $P(B) = 0.94$, $P(C) = 0.86$이다. 한편 2번과 3번 스위치가 모두 작동할 확률은 스위치의 작동은 독립이므로 $P(B \cap C) = P(B)P(C) = 0.94 \times 0.86 = 0.8084$이다. 이제 2번과 3번 스위치기 모두 작동하는 사건을 D라 하면, 각 스위치의 작동이 독립이므로 두 사건 A와 D는 독립이다. 따라서 구하고자 하는 확률은 다음과 같다.

$$P(A \cup D) = P(A) + P(D) - P(A \cap D) = P(A) + P(D) - P(A)P(D)$$
$$= 0.95 + 0.8084 - 0.8084 \times 0.95 = 0.99042$$

03-106

위성 시스템은 두 개의 독립적인 백업용 컴퓨터(computer 2, computer 3)를 가진 컴퓨터(computer 1)에 의하여 조정된다. 정상적으로 computer 1은 시스템을 조정하지만, 이 컴퓨터가 고장나면 자동적으로 computer 2가 작동하고, computer 2가 고장나면 computer 3이 작동한다. 그리고 세 컴퓨터가 모두 고장나면, 위성 시스템은 멈춘다고 한다. 그리고 각 컴퓨터가 멈출 확률은 0.01이고, 이 컴퓨터들이 멈추는 것은 역시 독립적이다. 이때 각 컴퓨터가 작동할 확률을 구하라. 그리고 위성 시스템이 멈출 확률을 구하라.

풀이 컴퓨터 1, 2 그리고 컴퓨터 3이 작동하는 사건을 각각 A, B 그리고 C라 하면, 컴퓨터 1이 멈출 확률이 0.01이므로 컴퓨터 1이 작동할 확률은 $P(A) = 0.99$이다. 컴퓨터 2는 컴퓨터 1이 멈춘 조건 아래서 작동하므로

$$P(B) = P(A^c)P(B|A^c) = 0.01 \times 0.99 = 0.0099$$

이고, 또한 컴퓨터 3은 컴퓨터 1과 컴퓨터 2가 멈춘 조건 아래서 작동하므로

$$P(C) = P(A^c)P(B^c|A^c)P(C|A^c \cap B^c) = 0.01 \times 0.01 \times 0.99 = 0.000099$$

이다. 그리고 각 컴퓨터가 멈출 사건은 서로 독립이므로 위성 시스템이 멈출 확률은 다음과 같다.

$$P(위성\ 시스템이\ 멈춤) = P(A^c)P(B^c)P(C^c) = 0.01 \times 0.01 \times 0.01 = 10^{-6}$$

03-107

지금까지 어떤 제안을 받은 개개인의 대답이 "Yes"일 확률이 0.85 그리고 "No"일 확률이 0.15 이고, 개개인의 대답은 독립이라고 한다. 앞으로 네 명에게 동일한 제안을 할 경우에 다음 확률을 구하라.

(1) 네 명 모두 동일한 대답을 할 확률
(2) 처음 두 명은 "Yes", 나중 두 명은 "No"라고 대답할 확률
(3) 적어도 한 명이 "No"라고 대답할 확률
(4) 정확히 세 명이 "Yes"라고 대답할 확률

풀이 (1) 네 명 모두 "Yes"라고 대답할 확률은 그들의 대답이 독립이므로 0.85^4 이고 "No"라고 대답할 확률은 0.15^4 이다. 따라서 네 명 모두 동일한 대답을 할 확률은 $0.85^4 + 0.15^4 = 0.5225$ 이다.

(2) 처음 두 명이 "Yes"한 경우에 대하여 나중 두 명은 "No"라고 대답하므로 구하고자 하는 확률은 $0.85^2 \times 0.15^2 = 0.0163$ 이다.

(3) 적어도 한 명이 "No"라고 대답할 사건은 네 명 모두 "Yes"라고 대답할 사건의 여사건이므로 $1 - 0.85^4 = 0.478$ 이다.

(4) 세 명이 "Yes"라고 대답할 확률은 $0.85^3 \times 0.15 = 0.092$ 이고, 이러한 경우는 모두 4가지이므로 $0.092 \times 4 = 0.3685$ 이다.

03-108

두 사건 A 와 B 가 독립이면, A^c 과 B^c 도 독립임을 보여라.

> **풀이** $P(A^c \cap B^c) = P\left[(A \cup B)^c\right] = 1 - P(A \cup B) = 1 - P(A) - P(B) + P(A \cap B)$
> $$= 1 - P(A) - P(B) + P(A)\,P(B)$$
> $$= \{1 - P(A)\}\,\{1 - P(A)\} = P(A^c)\,P(B^c)$$

이므로 A^c 과 B^c 은 독립이다.

03-109

자동차 소유자의 보험 선호도에 대하여 보험계리인은 다음과 같은 결론을 얻었다.

(1) 자동차 소유자는 무자격 운전자 보험보다는 접촉사고 보험에 두 배정도 더 가입한다.

(2) 자동차 소유자가 어떤 보험에 가입하느냐 하는 것은 독립이다.

(3) 자동차 소유자가 무자격 운전자 보험과 접촉사고 보험에 모두 가입할 확률은 0.15 이다.

자동차 소유자가 두 보험에 모두 가입하지 않을 확률은 얼마인가?

> **풀이** A 와 B 를 각각 무자격 운전자와 접촉사고 보험에 가입하는 사건이라 하자. 그러면
> $P(B) = 2P(A),\ P(A \cap B) = 0.15$ 이고, 특히 A 와 B 가 독립이므로 $P(A)\,P(B)$
> $= 0.15$ 이다. 따라서 $P(A)\,P(B) = 2\,\{P(A)\}^2 = 0.15$; $P(A) = \sqrt{0.075} = 0.2739$,
>
> $$P(B) = 2\sqrt{0.075} = 0.5478$$
>
> 이다. 그러므로
>
> $$P(A^c \cap B^c) = P(A^c)\,P(B^c) = \{1 - P(A)\}\{1 - P(B)\}$$
> $$= (1 - 0.2739)\,(1 - 0.5478) = 0.3283$$
>
> 이다.

03-110

두 기계 A 와 B 에 의하여 컴퓨터 칩이 생산되며, 기계 A 의 불량률은 0.08 이고 기계 B 의 불량률은 0.05 라고 한다. 두 기계로부터 각각 하나의 컴퓨터 칩을 선정하였을 때, 다음 확률을 구하라.

(1) 두 개 모두 불량품일 확률

(2) 두 개 모두 양품일 확률

(3) 정확히 하나만 불량품일 확률

(4) (3)의 경우에 대하여, 이 불량품이 기계 A 에서 생산되었을 확률

풀이 (1) 기계 A에서 선정된 칩이 불량품이고 그 조건 아래서 기계 B에서 선정된 칩이 불량품이므로 두 컴퓨터 칩이 모두 불량품일 확률은 $0.08 \times 0.05 = 0.004$이다.

(2) 두 기계 A와 B에서 선정된 칩이 양품일 확률은 각각 0.92와 0.95이고, 선정된 칩 두 개 모두 양품일 확률은 $0.92 \times 0.95 = 0.874$이다.

(3) 정확히 하나만 불량품일 사건은 두 개 모두 양품이거나 불량품인 사건의 여사건이 므로 구하고자 하는 확률은 $1 - (0.004 + 0.874) = 0.122$이다.

(4) A 또는 B에서 불량품이 하나 나올 확률은 (3)에서 0.122이고, 이 조건 아래서 불량품이 A에서 나왔을 확률은 $\dfrac{0.076}{0.122} = 0.623$이다.

03-111

생산라인 공정은 서로 독립인 두 부분의 기계로 구성되어 있으며, 두 기계가 고장나면 그 즉시 교체된다고 한다. 기계 A와 B가 고장날 확률은 각각 17%와 12%이다. 이때 두 기계 가운데 적어도 한 기계가 고장날 확률을 구하라.

풀이 $P(A) = 0.17$, $P(B) = 0.12$이고, 두 기계의 고장은 서로 독립이므로

$$P(A \cap B) = P(A)\,P(B) = 0.17 \times 0.12 = 0.0204$$

이다. 따라서 구하고자 하는 확률은 다음과 같다.

$$P(A \cup B) = P(A) + P(B) - P(A \cap B) = 0.17 + 0.12 - 0.0204 = 0.2696$$

03-112

의학보고서에 따르면 전체 국민의 7.5%가 폐질환을 앓고 있으며, 그들 중 90%가 흡연자 라고 한다. 그리고 폐질환을 갖지 않은 사람 중에 25%가 흡연자라 한다.
(1) 임의로 선정한 사람이 흡연자일 확률을 구하라.
(2) 임의로 선정한 흡연자가 폐질환을 가질 확률을 구하라.

풀이 임의로 선정한 사람이 폐질환에 걸렸을 사건을 A, 흡연자일 사건을 B라 하면

$$P(A) = 0.075,\ P(A^c) = 0.925,\ P(B \mid A) = 0.90,\ P(B \mid A^c) = 0.25$$

이므로

(1) $P(B) = P(A)\,P(B\,|\,A) + P(A^c)\,P(B\,|\,A^c)$

$\qquad = 0.075 \times 0.90 + 0.925 \times 0.25 = 0.29875$

(2) $P(A\,|\,B) = \dfrac{P(A)\,P(B\,|\,A)}{P(B)} = \dfrac{0.075 \times 0.90}{0.29875} = 0.22594$

03-113

세 공장 A, B 그리고 C에서 각각 40%, 30%, 30%의 비율로 제품을 생산한다. 그리고 이 세 공장에서 불량품이 제조될 가능성은 각각 2%, 3%, 5%라 한다. 어떤 제품 하나를 임의로 선정했을 때,

(1) 이 제품이 불량품일 확률을 구하라.

(2) 임의로 선정된 제품이 불량품이었을 때, 이 제품이 A에서 만들어졌을 확률과 B에서 만들어졌을 확률을 구하라.

(3) 임의로 선정된 제품이 불량품이었을 때, 이 제품이 A 또는 B에서 만들어졌을 확률을 구하라.

풀이 $P(A) = 0.4$, $P(B) = 0.3$, $P(C) = 0.3$이고, 임의로 선정한 제품이 불량품일 사건을 D라 하면 $P(D\,|\,A) = 0.02$, $P(D\,|\,B) = 0.03$, $P(D\,|\,C) = 0.05$이므로

(1) $P(D) = P(A)\,P(D\,|\,A) + P(B)\,P(D\,|\,B) + P(C)\,P(D\,|\,C)$

$\qquad = 0.4 \times 0.02 + 0.3 \times 0.03 + 0.3 \times 0.05 = 0.032$

(2) 불량품이 A 공장에서 만들어졌을 확률 : $P(A\,|\,D) = \dfrac{0.4 \times 0.02}{0.032} = 0.25$

불량품이 B 공장에서 만들어졌을 확률 : $P(B\,|\,D) = \dfrac{0.3 \times 0.03}{0.032} = 0.28125$

(3) 불량품이 A 또는 B 공장에서 만들어졌을 확률 : 두 사건 A와 B는 배반이므로

$\qquad P(A \cup B\,|\,D) = P(A\,|\,D) + P(B\,|\,D) = 0.25 + 0.28125 = 0.53125$

03-114

지난 5년 동안 어떤 단체에 가입한 사람을 대상으로 건강 연구가 이루어져 왔다. 이 연구의 초기에 흡연의 정도에 따라 담배를 많이 피우는 사람과 적게 피우는 사람 그리고 전혀 담배를 피우지 않는 사람의 비율이 각각 20%, 30% 그리고 50%이었다. 5년의 연구 기간에, 담배를 적게 피우는 사람은 전혀 피우지 않는 사람의 두 배가 사망하였고 많이 피우

는 사람에 비하여 $\frac{1}{2}$만이 사망하였다는 결과를 얻었다. 이 연구의 대상인 회원을 임의로 선정하였을 때, 이 회원이 연구 기간 안에 사망하였다. 이 회원이 담배를 많이 피우는 사람 이었을 확률을 구하라.

풀이 H, L 그리고 N을 각각 담배를 많이 피우는 사람과 적게 피우는 사람 그리고 전혀 담배를 피우지 않는 사람이 선정될 사건이라고 하자. 그리고 이 기간에 사망했을 사건을 D라고 하자. 그러면

$$P(H) = 0.2, \ P(L) = 0.3, \ P(N) = 0.5,$$
$$P(D|L) = 2\,P(D|N), \quad P(D|L) = \frac{1}{2}\,P(D|H)$$

이다. 따라서 구하고자 하는 확률은 베이즈정리에 의하여 다음과 같다.

$$
\begin{aligned}
P(H|D) &= \frac{P(D|H)\,P(H)}{P(D|H)\,P(H) + P(D|L)\,P(L) + P(D|N)\,P(N)} \\
&= \frac{2P(D|L) \times 0.2}{2P(D|L) \times 0.2 + P(D|L) \times 0.3 + (1/2)P(D|L) \times 0.5} \\
&= \frac{0.4}{0.4 + 0.3 + 0.25} = 0.4211
\end{aligned}
$$

03-115

자동차 출고년도와 사고를 연구한 결과 다음 표를 얻었다.

출고년도	자동차의 비율	사고에 관련될 확률
2005	0.16	0.05
2006	0.18	0.02
2007	0.20	0.03
다른 년도	0.46	0.04

2005, 2006, 2007년 모델 중 하나인 자동차가 사고를 냈다고 한다. 이때 이 자동차가 2005 년도에 출고되었을 확률을 구하라.

풀이 2005, 2006, 2007년 모델 중 하나인 자동차가 사고를 낼 사건을 A라고 하자. 그러면 구하고자 하는 확률은 $P(2005|A)$이다. 한편 베이즈정리에 의하여

$P(2005|A)$

$$= \frac{P(A|2005)P(2005)}{P(A|2005)P(2005)+P(A|2006)P(2006)+P(A|2007)P(2007)}$$

$$= \frac{0.05 \times 0.16}{0.05 \times 0.16 + 0.02 \times 0.18 + 0.03 \times 0.20}$$

$$= 0.4545$$

03-116

어떤 보험계리인이 소속된 보험회사에 가입한 자동차보험 가입자를 상대로 3년간의 자동차보험에 대한 지급요구를 분석한 결과, 이 기간에 보험가입자가 n 개의 지급요구를 신청할 확률 p_n 에 대하여

$$p_{n+1} = \frac{1}{5} p_n, \quad n \geq 0\text{인 정수}$$

와 같은 단순화한 가정을 세웠다. 이러한 가정 아래, 보험가입자가 이 기간에 두 번 이상 신청할 확률을 구하라.

풀이 우선 확률 점화 수열로부터

$$p_n = \frac{1}{5}p_{n-1} = \frac{1}{5} \times \frac{1}{5} p_{n-2} = \frac{1}{5} \times \frac{1}{5} \times \frac{1}{5} p_{n-3} = \cdots = \left(\frac{1}{5}\right)^n p_0$$

을 얻는다. 한편 지급요구를 신청하는 모든 경우의 확률을 더하면 그 결과는 1이어야 하므로

$$1 = \sum_{n=0}^{\infty} p_n = \sum_{n=0}^{\infty} \left(\frac{1}{5}\right)^n p_0 = p_0 \frac{1}{1 - \frac{1}{5}} = \frac{5}{4} p_0$$

따라서 $p_0 = \frac{4}{5}$ 이다. 그러므로 지급요구 신청 건수를 N 이라 하면,

$$P(N \geq 2) = 1 - P(N \leq 1) = 1 - p_0 - p_1 = 1 - \frac{4}{5} - \frac{1}{5} \times \frac{4}{5} = \frac{1}{25} = 0.04$$

03-117

보험회사는 의료보험에 의한 보험금 지급요구에 따라 보험금을 지급한다. 이때 응급실 또는 수술실 비용을 포함하는 지급요구 건수는 전체 요구의 85% 이며, 응급실 비용을 포함하지 않는 지급 건수는 전체의 25% 라고 한다. 그리고 응급실과 수술실을 사용하는 것은 서로 독립이라고 한다. 이때 보험회사에 제출된 수술실 비용에 대한 보험금 지급요구 건수

가 차지하는 확률을 구하라.

풀이 응급실과 수술실 비용에 대한 사건을 각각 A와 B라고 하자. 그러면 응급실과 수술실을 사용하는 것은 서로 독립이므로

$$0.85 = P(A \cup B) = P(A) + P(B) - P(A \cap B)$$
$$= P(A) + P(B) - P(A)P(B)$$

이고, $0.25 = P(A^c) = 1 - P(A)$이므로 $P(A) = 0.75$이다. 그러므로 구하고자 하는 확률은 $0.85 = 0.75 + P(B) - 0.75P(B)$; $P(B) = 0.4$이다.

03-118

자동차 사고를 분석한 결과 4건 중 한 건의 비율로 보험청구가 있었다. 최근 일련의 독립적인 자동차 사고에 대하여, 처음 3건의 사고 중에서 한 건이 보험금을 청구할 확률을 구하라.

풀이 첫 번째 사고에서 보험청구가 있는 경우, 첫 번째 사고는 보험을 청구하지 않으나 두 번째 사고에서 보험금을 청구하는 경우 그리고 처음 두 번의 사고는 보험을 청구하지 않으나 세 번째 사고에서 보험을 청구하는 경우를 생각할 수 있으며, 또한 각 사고는 독립이므로, 구하고자 하는 확률은 다음과 같다.

$$P(\text{첫 번째 요구함}) + P(\text{첫 번째 요구없음, 두 번째 요구함})$$
$$+ P(\text{첫 번째 요구없음, 두 번째 요구없음, 세 번째요구함})$$
$$= P(\text{첫 번째 요구함}) + P(\text{첫 번째 요구없음})P(\text{두 번째 요구함})$$
$$+ P(\text{첫 번째 요구없음})P(\text{두 번째 요구없음})P(\text{세 번째 요구함})$$
$$= \frac{1}{4} + \frac{3}{4} \times \frac{1}{4} + \frac{3}{4} \times \frac{3}{4} \times \frac{1}{4} = \frac{37}{64}$$

03-119

보험회사는 여성이 병에 걸리는 세 종류의 건강위험 원인 A, B 그리고 C에 대한 비율을 연구하고 있다. 그리고 여성이 세 가지 원인 각각에 의하여 병에 걸릴 확률은 0.10이고, 이러한 원인 중 어느 두 가지 원인에 의한 확률은 각각 0.12이다. 한 여성이 A와 B를 가지

고 있다는 조건 아래서 이 여성이 세 가지 원인을 모두 갖고 있을 확률이 $\dfrac{1}{3}$ 이다. 이 여성이 위험 원인 A를 가지고 있지 않다는 조건 아래서, 세 가지 위험 원인을 모두 갖지 않을 확률을 구하라.

풀이 위험요소 A, B 그리고 C에 대한 벤다이어그램을 그리면 아래와 같다.

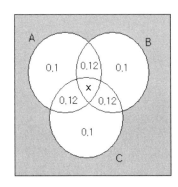

한편 A와 B에 대한 주어진 조건으로부터

$$\frac{1}{3}=P\left(A\cap B\cap C\,|A\cap B\right)=\frac{P\left(A\cap B\cap C\right)}{P\left(A\cap B\right)}=\frac{x}{x+0.12}$$

를 얻는다. 따라서

$$\frac{x}{x+0.12}=\frac{1}{3}\ \ \text{즉},\ x=0.06$$

그러므로 구하고자 하는 확률은

$$P\left[\left(A\cup B\cup C\right)^{c}|A^{c}\right]=\frac{P\left[\left(A\cup B\cup C\right)^{c}\right]}{P\left(A^{c}\right)}=\frac{1-P\left(A\cup B\cup C\right)}{1-P\left(A\right)}$$

$$=\frac{1-3\times0.10-3\times0.12-0.06}{1-0.10-2\times0.12-0.06}=\frac{0.28}{0.60}=0.467$$

이다.

03-120

어떤 보험회사의 생명보험 가입자 가운데 10%는 흡연가이고, 나머지는 비흡연가이다. 그리고 비흡연가가 올해 안에 사망할 확률은 0.01이고, 흡연가가 사망할 확률은 0.05라고 한다. 보험가입자가 사망했다고 할 때, 이 가입자가 흡연가일 확률을 구하라.

풀이 생명보험 가입자 가운데 흡연자가 선정될 사건을 S, 보험가입자가 사망할 사건을 D 라 하면, 문제 조건에 의하여

$$P(S) = 0.1, \quad P(S^c) = 0.9, \quad P(D|S) = 0.05, \quad P(D|S^c) = 0.01$$

이다.

$$P(S|D) = \frac{P(D|S)P(S)}{P(D|S)P(S) + P(D|S^c)P(S^c)}$$

$$= \frac{0.1 \times 0.05}{0.1 \times 0.05 + 0.9 \times 0.01} = 0.357$$

03-121

병원 응급실에 도착하면 환자들은 위독한 환자, 중환자, 안정적인 환자로 구분된다. 이 병원의 응급실에 들어온 환자에 대한 과거의 자료에 의하여 다음 6가지 경우로 분류되었다.

(a) 응급실 환자의 10% 는 위독한 환자이다.
(b) 응급실 환자의 30% 는 중환자이다.
(c) 응급실의 나머지 환자는 안정적인 환자이다.
(d) 위독한 환자의 40% 가 사망했다.
(e) 중환자의 10% 가 사망했다.
(f) 안정적인 환자의 1% 가 사망했다.

어떤 한 환자가 생존했다고 할 때, 이 환자가 응급실에 도착할 당시 중환자로 분류될 확률은 얼마인가?

풀이 위독한 환자, 중환자, 안정적인 환자를 각각 A, B 그리고 C라 하고, 환자가 생존할 사건을 S, 환자가 사망할 사건을 D라고 하자. 그러면

$$P(A) = 0.1, \ P(B) = 0.3, \ P(C) = 0.3, \ P(D|A) = 0.4,$$

$$P(D|B) = 0.1, \ P(D|C) = 0.01$$

이고, 따라서 베이즈정리에 의하여 구하고자 하는 확률은 다음과 같다.

$$P(B|S) = \frac{P(S|B)P(B)}{P(S|A)P(A) + P(S|B)P(B) + P(S|C)P(C)}$$

$$= \frac{0.9 \times 0.3}{0.6 \times 0.1 + 0.9 \times 0.3 + 0.99 \times 0.6} = 0.29$$

03-122

보험회사는 생명보험증권을 표준, 선호 그리고 최선호 등 세 가지로 구분하여 판매하고 있다. 이 회사의 보험계약자는 표준 50%, 선호 40% 그리고 최선호 10%로 구성되어 있으며, 각 보험증권 별로 가입자가 내년 안에 사망할 확률은 각각 표준 생명보험 0.010, 선호 생명보험 0.005 그리고 최선호 생명보험 0.001이라고 한다. 어느 보험가입자가 내년 안에 죽는다고 할 때, 그 사람이 최선호 생명보험에 가입했을 확률은 얼마인가?

풀이 표준, 선호 그리고 최선호 생명보험증권일 사건을 각각 S, F 그리고 U라 하고, 보험가입자가 사망할 사건을 D라고 하자. 그러면 구하고자 하는 확률은 다음과 같다.

$$P(U \mid D) = \frac{P(D \mid U)P(U)}{P(D \mid S)P(S) + P(D \mid F)P(F) + P(D \mid U)P(U)}$$

$$= \frac{0.001 \times 0.10}{0.01 \times 0.50 + 0.005 \times 0.40 + 0.001 \times 0.10}$$

$$= 0.0141$$

03-123

어느 병원에서 인플루엔자 백신의 $\frac{1}{5}$을 X 회사로부터 공급받고, 나머지는 다른 회사로부터 공급을 받는다. 한편 X 회사에서 제공되는 약병의 10%가 비효과적이고, 다른 회사 제품은 2%가 효과가 없다고 한다. 이 병원에서 임의로 30개의 약병을 선정하여, 약병 한 개가 비효과적으로 조사되었다. 이 약병이 X 회사에서 공급되었을 확률은 얼마인가?

풀이 백신이 X 회사로부터 제공되었을 사건을 A, 검사에 사용된 약병의 하나가 비효과적인 사건을 B라 하자. 그러면

$$P(A) = \frac{1}{5}, \quad P(B \mid A) = \binom{30}{1}(0.10)(0.90)^{29} = 0.141$$

$$P(A^c) = \frac{4}{5}, \quad P(B \mid A^c) = \binom{30}{1}(0.02)(0.98)^{29} = 0.334$$

따라서 베이즈정리에 의하여

$$P(A \mid B) = \frac{P(B \mid A)P(A)}{P(B \mid A)P(A) + P(B \mid A^c)P(A^c)}$$

$$= \frac{0.141 \times 0.2}{0.141 \times 0.2 + 0.334 \times 0.8}$$

$$= 0.096$$

03-124

어떤 질병의 증상이 나타나는 시기에 그 질병을 보유한 사람 중에서 95% 가 혈액검사에서 양성반응을 보였으며, 동일한 검사에서 질병을 보유하지 않은 사람 중에서 0.5% 가 양성 반응을 보였다고 한다. 그리고 전체 국민 중에서 질병을 보유한 사람이 1% 라고 한다. 한 사람이 양성반응을 보였다는 조건 아래서 그 질병을 보유할 확률을 구하라.

풀이 양성반응을 보인 사건을 Y, 질병을 보유할 사건을 D 라고 하자. 그러면

$$P(Y|D) = 0.95, \quad P(D) = 0.01, \quad P(D^c) = 0.99, \quad P(Y|D^c) = 0.005$$

이다. 따라서

$$P(D|Y) = \frac{P(Y|D)P(D)}{P(Y|D)P(D) + P(Y|D^c)P(D^c)}$$

$$= \frac{0.95 \times 0.01}{0.95 \times 0.01 + 0.005 \times 0.99} = 0.657$$

03-125

임의로 선정된 남자가 혈액순환에 문제를 가질 확률은 0.25 이다. 그리고 이러한 문제를 가진 남자는 그렇지 않은 남자에 비하여 2배 정도 흡연을 즐긴다. 어떤 흡연가가 임의로 선정되었다는 조건 아래서 이 남자가 혈액순환에 문제가 있을 확률을 구하라.

풀이 임의로 선정한 사람이 흡연가일 사건을 S 그리고 혈액순환에 문제가 있을 사건을 A 라고 하자. 그러면 조건에 의하여 $P(A) = 0.25$, $P(S|A) = 2P(S|A^c)$ 이다. 따라서 베이즈 정리에 의하여

$$P(A|S) = \frac{P(S|A)P(A)}{P(S|A)P(A) + P(S|A^c)P(A^c)}$$

$$= \frac{2P(S|A^c)P(A)}{2P(S|A^c)P(A) + P(S|A^c)P(A^c)}$$

$$= \frac{2P(A)}{2P(A) + P(A^c)} = \frac{2 \times 0.25}{2 \times 0.25 + 0.75} = \frac{2}{5}$$

03-126

보험계리인이 운전자의 연령에 따라 1년간 적어도 한 번 접촉사고를 유발하는 경향을 조사하여, 다음 표의 결과를 얻었다. 어떤 운전자가 지난해에 적어도 한 번 접촉사고 경험을 가졌다는 조건 아래서, 이 운전자의 연령이 20 ~ 30대일 확률을 구하라.

운전자 형태	전체 운전자에 대한 비율	적어도 1번 접촉사고를 낼 확률
10대	8%	0.15
20 ~ 30대	16%	0.08
40 ~ 50대	45%	0.04
60대 이상	31%	0.05

풀이 접촉사고의 사건을 C라 하고, 운전자의 연령이 10대, 20-30대, 40-50대와 60대 이상인 사건을 각각 T, Y 그리고 M과 S라고 하자.

$$P(Y|C)$$
$$= \frac{P(C|Y)P(Y)}{P(C|T)P(T)+P(C|Y)P(Y)+P(C|M)P(M)+P(C|S)P(S)}$$
$$= \frac{0.08 \times 0.16}{0.15 \times 0.08 + 0.08 \times 0.16 + 0.04 \times 0.45 + 0.05 \times 0.31}$$
$$= 0.22$$

03-127

자동차 보험회사는 16세 이상 모든 연령의 운전자에 대하여 보험 가입을 허용한다. 보험계리인이 이 회사의 보험에 가입한 운전자들에 대한 통계자료를 분석한 결과 다음을 얻었다. 이 보험회사에 가입한 운전자를 임의로 선정하였을 때, 이 운전자가 사고 경험이 있다고 한다. 이 사람의 나이가 16세 ~ 20세일 확률을 구하라.

운전자의 연령	사고율	보험 가입비율
16 ~ 20	0.06	0.08
21 ~ 30	0.03	0.15
31 ~ 65	0.02	0.49
66 ~ 99	0.04	0.28

풀이 선정된 운전자가 사고의 경험을 가질 사건을 A라 하고, 운전자의 연령을 16 ~ 20부

터 순서대로 B_1, B_2, B_3, B_4 라고 하자.

$P(B_1|A)$

$$= \frac{P(A|B_1)\,P(B_1)}{P(A|B_1)\,P(B_1)+P(A|B_2)\,P(B_2)+P(A|B_3)\,P(B_3)+P(A|B_4)\,P(B_4)}$$

$$= \frac{0.06\times0.08}{0.06\times0.08+0.03\times0.15+0.02\times0.49+0.04\times0.28}$$

$$= \frac{0.0048}{0.0303}=0.1584$$

확률변수

1, 2, 3, 4, 5, 6 중 어느 하나를 택하는 확률변수 X에 대하여, 확률함수를 $f(x)$라 한다. 이때 다음 중에서 $f(x)$가 확률함수인 것은 어느 것인가? 확률함수가 되지 않는다면, 그 이유를 말하여라.

X	1	2	3	4	5	6
$f(x)$	0.3	0.1	0.0	0.2	0.3	0.2

X	1	2	3	4	5	6
$f(x)$	0.3	0.1	-0.1	0.2	0.3	0.2

X	1	2	3	4	5	6
$f(x)$	0.3	0.1	0.1	0.2	0.1	0.2

풀이 (1) 확률변수 X가 취하는 값 1, 2, 3, 4, 5, 6에 대하여 확률함수가 모두 0보다 크거나 같지만, 그 합이 1.1이므로 $f(x)$는 확률함수가 아니다.

(2) 확률변수 X가 취하는 값 1, 2, 3, 4, 5, 6에 대하여 확률함수의 합이 1이지만, $f(3) = -0.1$이므로 $f(x)$는 확률함수가 아니다.

(3) 확률변수 X가 취하는 값 1, 2, 3, 4, 5, 6에 대하여 확률함수가 모두 0보다 크거나 같고, 그 합이 1이므로 $f(x)$는 확률함수이다.

04-02

확률변수 X의 상태공간 $\{1, 2, 3, 4, 5, 6\}$에 대하여, $P(X < 4) = 0.6$, $P(X > 4) = 0.3$ 이라 한다.

(1) $P(X = 4)$를 구하라.

(2) $P(X < 5)$를 구하라.

(3) $P(X > 3)$을 구하라.

풀이 (1) 확률변수 X가 취하는 값이 $1, 2, 3, 4, 5, 6$이므로 $P(X < 4) = P(X \leq 3) = 0.6$, $P(X > 4) = P(X \geq 5) = 0.3$이다. 따라서

$$\sum_{x=1}^{6} P(X = x) = P(X \leq 3) + P(X = 4) + P(X \geq 5)$$
$$= 0.6 + P(X = 4) + 0.3 = 1$$

이고, 따라서 $P(X = 4) = 0.1$이다.

(2) $P(X < 5) = P(X \leq 4) = P(X \leq 3) + P(X = 4) = 0.6 + 0.1 = 0.7$

(3) $P(X > 3) = P(X \geq 4) = P(X \geq 5) + P(X = 4) = 0.3 + 0.1 = 0.4$

04-03

양의 정수만을 취하는 확률변수 X의 확률함수 $f(x)$에 대하여, $f(x)$가 다음과 같이 정의 되는 어떤 양의 상수 k가 존재하는가? 존재하지 않으면, 그 이유를 말하여라.

(1) $f(x) = \dfrac{k}{x}$ (2) $f(x) = \dfrac{k}{x^2}$

풀이 (1) 확률변수 X에 대하여 $\displaystyle\sum_{x=1}^{\infty} f(x) = \sum_{x=1}^{\infty} \frac{k}{x} = k \sum_{x=1}^{\infty} \frac{1}{x}$이고, p-급수 판정법에 의하여 무한급수 $\displaystyle\sum_{x=1}^{\infty} \frac{1}{x}$은 발산한다. 따라서 모든 양의 정수를 취하는 X에 대하여 $f(x)$가 확률함수가 되는 양의 상수 k가 존재하지 않는다.

(2) 확률변수 X에 대하여 $\displaystyle\sum_{x=1}^{\infty} f(x) = \sum_{x=1}^{\infty} \frac{k}{x^2} = k \sum_{x=1}^{\infty} \frac{1}{x^2}$이고, p-급수 판정법에 의하여 무한급수 $\displaystyle\sum_{x=1}^{\infty} \frac{1}{x^2}$은 어떤 양수 M으로 수렴한다. 따라서 모든 양의 정수를 취하는 X에 대하여 $f(x)$가 확률함수가 되는 양의 상수 k가 존재하며, $k = \dfrac{1}{M}$ 이다. 실제로, Mathematica 프로그램에 의하여 합을 구하면 $\displaystyle\sum_{x=1}^{\infty} \frac{1}{x^2} = \frac{\pi^2}{6}$이고, 따

라서 $k = \dfrac{6}{\pi^2}$ 이다.

04-04

다음 표는 2002년도 서울지역의 월별 강수량을 나타낸다. 2002년도의 월을 확률변수 X 라할 때,

(단위 : mm)

월	1	2	3	4	5	6	7
강수량	112.7	0	22.2	65.7	130.1	20.5	210.3

(1) 비율에 의한 확률을 이용하여 X 의 확률분포를 구하라.

(2) 확률변수 X 에 대한 확률 히스토그램을 그리라.

(3) 2003년도 동기간에 $700\,\mathrm{mm}$ 의 강수량을 기록하였다면, 5월에서 7월 사이의 강수량은 어느 정도 될 것으로 예상할 수 있는가?

풀이 (1) 1월부터 7월까지 총 강수량이 561.5이므로 월별 강수량의 비율은 다음 표와 같다.

월	1	2	3	4	5	6	7
강수량	0.201	0	0.039	0.117	0.232	0.037	0.374

(2)

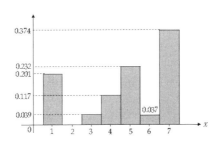

(3) 5월부터 7월까지 강수량의 비율은 0.643이므로 예상 강수량은 $450.1\,\mathrm{mm}$ 이다.

04-05

10원짜리 동전 5개와 100원짜리 동전 3개가 들어있는 주머니에서 동전 3개를 임의로 꺼낸다고 하자. 이때 임의로 추출된 동전 3개에 포함된 100원짜리 동전의 개수에 대한 확률함수와 분포함수를 구하라.

풀이 임의로 추출한 동전 3개에 포함된 100원짜리 동전의 개수를 X라 하면 X가 취할 수 있는 값은 $0, 1, 2, 3$ 뿐이다. 한편 $X = 0$인 사건은 3개의 동전 모두 10원짜리가 추출된 경우이므로 구하고자 하는 확률은

$$f(0) = P(X = 0) = \frac{\binom{5}{3}}{\binom{8}{3}} = \frac{\frac{5!}{3!2!}}{\frac{8!}{3!5!}} = \frac{10}{56}$$

이다. $X = 1$인 사건은 3개의 동전 중에서 100원짜리 동전이 1개, 10원짜리 동전이 2개 추출된 경우이므로 구하고자 하는 확률은

$$f(1) = P(X = 1) = \frac{\binom{5}{2}\binom{3}{1}}{\binom{8}{3}} = \frac{\frac{5!}{2!3!} \times \frac{3!}{1!2!}}{\frac{8!}{3!5!}} = \frac{30}{56}$$

이다. $X = 2$인 사건은 3개의 동전 중에서 100원짜리 동전이 2개, 10원짜리 동전이 1개 추출된 경우이므로 구하고자 하는 확률은

$$f(2) = P(X = 2) = \frac{\binom{5}{1}\binom{3}{2}}{\binom{8}{3}} = \frac{\frac{5!}{1!4!} \times \frac{3!}{2!1!}}{\frac{8!}{3!5!}} = \frac{15}{56}$$

이다. 끝으로 $X = 3$인 사건은 3개의 동전이 모두 100원짜리 동전인 경우이므로 구하고자 하는 확률은

$$f(3) = P(X = 3) = \frac{\binom{3}{3}}{\binom{8}{3}} = \frac{\frac{3!}{3!0!}}{\frac{8!}{3!5!}} = \frac{1}{56}$$

이다. 따라서 구하고자 하는 확률함수 $f(x)$는 다음 표와 같다.

X	0	1	2	3
$f(x)$	$\frac{10}{56}$	$\frac{30}{56}$	$\frac{15}{56}$	$\frac{1}{56}$

그러므로 분포함수는 다음과 같다.

$$F(x) = \begin{cases} 0 & , \ x < 0 \\ \dfrac{10}{56} & , \ 0 \leq x < 1 \\ \dfrac{40}{56} & , \ 1 \leq x < 2 \\ \dfrac{55}{56} & , \ 2 \leq x < 3 \\ 1 & , \ 3 \leq x \end{cases}$$

04-06

"1"의 눈이 나올 때까지 반복하여 주사위를 던지는 게임에 대하여, 주사위를 던진 횟수를 X라 한다.

(1) X의 확률질량함수 $f(x)$를 구하라.
(2) 처음부터 세 번 이내에 "1"의 눈이 나올 확률을 구하라.
(3) 적어도 다섯 번 이상 던져야 "1"의 눈이 나올 확률을 구하라.

풀이 (1) "1"의 눈이 나올 때까지 반복하여 주사위를 던진 횟수 X의 상태공간은 $S_X = \{1, 2, 3, 4, 5, \cdots \}$이다. 이때 $X = 1$은 처음 주사위를 던져서 "1"의 눈이 나오는 사건이고, 따라서 $P(X=1) = \dfrac{1}{6}$이다. 또한 $X = 2$는 처음에 "1"이 아닌 눈이 나오고 두 번째 "1"이 나오는 사건을 나타내므로 $P(X=2) = \dfrac{5}{6} \times \dfrac{1}{6} = \dfrac{5}{36}$ 이다. 또한 $X = 3$은 처음 두 번 계속하여 "1"이 아닌 눈이 나오고 세 번째 "1"이 나오는 사건을 나타내므로 $P(X=3) = \left(\dfrac{5}{6}\right)^2 \times \dfrac{1}{6} = \dfrac{25}{216}$ 이다. 같은 방법으로 $X = x$는 처음 $x - 1$번 계속하여 "1"이 아닌 눈이 나오고 x 번째 "1"이 나오는 사건을 나타내므로 $P(X=x) = \left(\dfrac{5}{6}\right)^{x-1} \times \dfrac{1}{6}$ 이다. 그러므로 확률변수 X의 확률질량함수는 다음과 같다.

$$f(x) = \begin{cases} \dfrac{1}{6} \times \left(\dfrac{5}{6}\right)^{x-1} & , \ x = 1, 2, 3, \cdots \\ 0 & , \ \text{다른 곳에서} \end{cases}$$

(2) 처음부터 세 번 이내에 "1"의 눈이 나올 확률은

$$P(X \leq 3) = P(X=1) + P(X=2) + P(X=3) = \dfrac{1}{6} + \dfrac{5}{36} + \dfrac{25}{216} = \dfrac{91}{216}$$

(3) 적어도 다섯 번 이상 던져야 "1"의 눈이 나오는 사건은 $X \geq 5$이고, 따라서 구하고자 하는 확률은 다음과 같다.

$$P(X \geq 5) = P(X=5) + P(X=6) + P(X=7) + \cdots$$

$$= \frac{5^4}{6^5} + \frac{5^5}{6^6} + \frac{5^6}{6^7} + \cdots = \frac{5^4}{6^5}\left\{1 + \frac{5}{6} + \left(\frac{5}{6}\right)^2 + \cdots\right\}$$

$$= \frac{5^4}{6^5} \times \frac{1}{1 - \dfrac{5}{6}} = \frac{625}{1296}$$

04-07

이산확률변수 X의 확률함수가 $f(x) = \dfrac{1}{4}$, $x = 1, 2, 3, 4$일 때,

(1) X의 확률히스토그램을 그리라.

(2) X의 분포함수 $F(x)$를 그리라.

(3) 컴퓨터 시뮬레이션을 이용하여 확률변수 X에 따르는 다음 데이터를 얻었다. 이 데이터에 대하여 관찰 횟수, 누적관찰 횟수, 상대비율에 의한 확률, 누적확률을 구하라.

```
3 4 1 3 3 4 1 2 3 3 2 2 4 1 1 2 4 4 1 3
1 2 4 3 2 1 1 3 4 3 2 1 3 2 3 4 1 4 2 4
3 4 4 1 1 2 2 2 1 2
```

(4) 실험에 의하여 얻은 데이터에 대한 상대도수, 누적상대도수 히스토그램과 X의 확률히스토그램, 분포함수를 비교하여 그림을 그리라.

풀이 (3)

	관찰 횟수	누적관찰 횟수	확률	누적확률
1	13	13	0.26	0.26
2	13	26	0.26	0.52
3	12	38	0.24	0.76
4	12	50	0.24	1.00

(1), (2), (4)

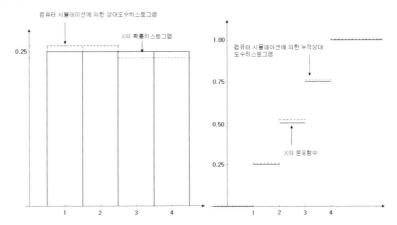

04-08

다섯 대의 복사기를 갖춘 사무실에서 어느 특정 시간 동안 사용되고 있는 복사기의 수 X 에 대한 확률표가 다음과 같다.

복사기 수	0	1	2	3	4	5
확률	0.13	0.22	0.31	0.20		0.04

(1) $P(X=4)$를 구하라.
(2) X의 분포함수를 구하라.
(3) 확률변수 X의 확률히스토그램을 작성하여라.
(4) 확률 $P(1 < X \leq 4)$을 구하라.

풀이 (1) $1 = P(X=1) + P(X=2) + P(X=3) + P(X=4) + P(X=5)$이므로

$$P(X=4) = 1 - (0.13 + 0.22 + 0.31 + 0.20 + 0.04) = 0.10$$

이다.

(2) $F(x) = P(X \leq x)$이고

$$x < 0 \text{이면 } P(X \leq x) = 0$$

$$0 \leq x < 1 \text{이면 } P(X \leq x) = 0.13$$

$$1 \leq x < 2 \text{이면 } P(X \leq x) = 0.13 + 0.22 = 0.35$$

$$2 \leq x < 3 \text{이면 } P(X \leq x) = 0.13 + 0.22 + 0.31 = 0.66$$

$$3 \leq x < 4 \text{이면 } P(X \leq x) = 0.13 + 0.22 + 0.31 + 0.20 = 0.86$$

$4 \leq x < 5$이면 $P(X \leq x) = 0.13 + 0.22 + 0.31 + 0.20 + 0.10 = 0.96$

$x \geq 5$이면 $P(X \leq x) = 1$

이므로, 분포함수는 다음과 같다.

$$F(x) = \begin{cases} 0 & , \ x < 0 \\ 0.13 & , \ 0 \leq x < 1 \\ 0.35 & , \ 1 \leq x < 2 \\ 0.66 & , \ 2 \leq x < 3 \\ 0.86 & , \ 3 \leq x < 4 \\ 0.96 & , \ 4 \leq x < 5 \\ 1.00 & , \ 5 \leq x \end{cases}$$

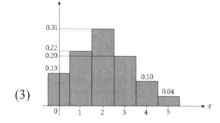

(3)

(4) $P(1 < X \leq 4) = F(4) - F(1) = 0.96 - 0.35 = 0.61$

04-09

두 사람이 주사위를 던져서 먼저 "1"의 눈이 나오면 이기는 게임을 한다. 그러면 먼저 던지는 경우와 나중에 던지는 경우, 어떤 사람이 더 유리한가?

풀이 두 사람이 번갈아 가면서 "1"의 눈이 나올 때까지 주사위를 던진 횟수를 X라 하면, X의 확률질량함수는 문제 04-06에서 구한 것과 같이

$$f(x) = \begin{cases} \left(\dfrac{5}{6}\right)^{x-1} \times \dfrac{1}{6}, & x = 1, 2, 3, \cdots \\ 0 & , \ \text{다른 곳에서} \end{cases}$$

이다. 한편 먼저 던져서 "1"의 눈이 나올 때까지 던진 횟수는 $A = \{1, 3, 5, \cdots\}$이고, 따라서 먼저 주사위를 던져서 "1"의 눈이 나올 확률은

$$P(X \in A) = f(1) + f(3) + f(5) + \cdots = \frac{1}{6} + \frac{1}{6}\left(\frac{5}{6}\right)^2 + \frac{1}{6}\left(\frac{5}{6}\right)^4 \cdots$$

$$= \frac{1}{6}\left\{1+\left(\frac{5}{6}\right)^2+\left(\frac{5}{6}\right)^4+\cdots\right\} = \frac{1}{6}\frac{1}{1-\left(\frac{5}{6}\right)^2} = \frac{6}{11}$$

이다. 그러므로 나중에 던져서 "1"의 눈이 나올 확률은 $P(X \in A^c) = \frac{5}{11}$ 이고, 따라서 먼저 주사위를 던지는 경우가 더 유리하다.

04-10

확률변수 X의 확률질량함수가 다음과 같을 때, X가 홀수일 확률을 구하라.

$$f(x) = \begin{cases} \dfrac{2}{3^x}, & x = 1,2,3,\cdots \\ 0, & \text{다른 곳에서} \end{cases}$$

풀이 홀수들의 집합을 $A = \{1, 3, 5, \cdots\}$이라 하면, 구하고자 하는 확률은

$$P(X \in A) = f(1) + f(3) + f(5) + \cdots = \frac{2}{3} + \frac{2}{3^3} + \frac{2}{3^5} + \cdots$$
$$= \frac{2}{3}\left(1 + \frac{1}{3^2} + \frac{1}{3^4} + \cdots\right)$$

이고, 괄호 안의 급수는 초항이 1이고 공비가 $\frac{1}{9}$인 무한등비급수이므로 구하고자 하는 확률은 다음과 같다.

$$P(X \in A) = \frac{2}{3} \times \frac{1}{1 - \dfrac{1}{9}} = \frac{3}{4}$$

04-11

복원추출에 의하여 52장의 카드가 들어있는 주머니에서 임의로 세 장의 카드를 꺼낼 때, 세 장의 카드 안에 포함된 하트의 수를 확률변수 X라 한다.
(1) X의 확률함수를 구하라.
(2) 분포함수를 구하라.

풀이 (1) 52장의 카드는 네 종류의 무늬에 각각 13장씩으로 구성되므로 하트가 나올 확률은 $\frac{1}{4}$이고, 다른 무늬가 나올 확률은 $\frac{3}{4}$이다. 한편 복원추출에 의하여 카드를

뽑으므로 매번 시행에서 각각의 확률은 $\dfrac{1}{4}$과 $\dfrac{3}{4}$으로 동일하다. 따라서 세 번 모두 하트가 나오지 않을 확률은

$$P(X=0) = \left(\dfrac{3}{4}\right)^3 = \dfrac{27}{64}$$

하트의 수가 하나인 경우는 처음에 또는 두 번째 또는 세 번째 카드가 하트인 경우이고, 각각의 경우에 대한 확률은 $\left(\dfrac{1}{4}\right)\left(\dfrac{3}{4}\right)^2 = \dfrac{9}{64}$이므로

$$P(X=1) = 3 \times \left(\dfrac{1}{4}\right)\left(\dfrac{3}{4}\right)^2 = \dfrac{27}{64}$$

하트의 수가 두 개인 경우는 처음에 또는 두 번째 또는 세 번째 카드만 하트가 아닌 경우이고, 각각의 경우에 대한 확률은 $\left(\dfrac{1}{4}\right)^2\left(\dfrac{3}{4}\right) = \dfrac{3}{64}$이므로

$$P(X=2) = 3 \times \left(\dfrac{1}{4}\right)^2\left(\dfrac{3}{4}\right) = \dfrac{9}{64}$$

하트의 수가 세 장인 경우의 확률은

$$P(X=3) = \left(\dfrac{1}{4}\right)^3 = \dfrac{1}{64}$$

이다. 그러므로 X의 확률함수와 분포함수는 다음과 같다.

$$f(x) = \begin{cases} \dfrac{27}{64}, & x=0 \\ \dfrac{27}{64}, & x=1 \\ \dfrac{9}{64}, & x=2 \\ \dfrac{1}{64}, & x=3 \end{cases}, \qquad F(x) = \begin{cases} 0, & x<0 \\ \dfrac{27}{64}, & 0 \le x < 1 \\ \dfrac{54}{64}, & 1 \le x < 2 \\ \dfrac{63}{64}, & 2 \le x < 3 \\ 1, & x \ge 3 \end{cases}$$

04-12

비복원추출에 의하여 52장의 카드가 들어있는 주머니에서 임의로 세 장의 카드를 꺼낼 때, 세 장의 카드 안에 포함된 하트의 수를 확률변수 X라 한다.

(1) X의 확률함수를 구하라.

(2) 분포함수를 구하라.

풀이 (1) ~ (2) 임의로 꺼낸 카드에 하트가 없는 경우는 처음부터 연속적으로 꺼낸 카드가 하트가 아닌 경우이므로

$$P(X=0) = \frac{39}{52} \times \frac{38}{51} \times \frac{37}{50} = \frac{703}{1700}$$

하트가 한 장 나오는 경우는 처음에 나오고 연속해서 안 나오는 경우, 두 번째 카드만 하트인 경우 그리고 세 번째 카드만 하트인 경우이다. 그러므로

$$P(X=1) = \frac{13}{52} \times \frac{39}{51} \times \frac{38}{50} + \frac{39}{52} \times \frac{13}{51} \times \frac{38}{50} + \frac{39}{52} \times \frac{38}{51} \times \frac{13}{50} = \frac{741}{1700}$$

하트가 두 장 나오는 경우는 처음에 안나오고 남은 두 번에서 하트가 나오는 경우, 두 번째 카드만 하트가 아닌 경우 그리고 세 번째 카드만 하트가 아닌 경우이다. 그러므로

$$P(X=2) = \frac{39}{52} \times \frac{13}{51} \times \frac{12}{50} + \frac{13}{52} \times \frac{39}{51} \times \frac{12}{50} + \frac{13}{52} \times \frac{12}{51} \times \frac{39}{50} = \frac{117}{850}$$

세 장의 카드가 모두 하트인 경우는

$$P(X=3) = \frac{13}{52} \times \frac{12}{51} \times \frac{11}{50} = \frac{11}{850}$$

그러므로 확률함수와 분포함수는 다음과 같다.

$$f(x) = \begin{cases} \dfrac{703}{1700} , & x = 0 \\ \dfrac{741}{1700} , & x = 1 \\ \dfrac{117}{850} , & x = 2 \\ \dfrac{11}{850} , & x = 3 \end{cases} , \qquad F(x) = \begin{cases} 0 , & x < 0 \\ \dfrac{703}{1700} , & 0 \le x < 1 \\ \dfrac{1444}{1700} , & 1 \le x < 2 \\ \dfrac{1678}{1700} , & 2 \le x < 3 \\ 1 , & x \ge 3 \end{cases}$$

04-13

자동차 판매원은 지난해의 경험에 의하면, 한 주 동안 판매한 자동차의 수와 판매한 주의 수가 다음 표와 같음을 알았다.

판매 대수	0	1	2	3	4	5	6
주의 수	7	14	15	10	3	2	1

이때 임의로 선정된 어떤 주에 대하여

(1) 자동차 판매 대수 X의 확률함수를 구하라.

(2) 정확히 3대를 팔았을 확률

(3) 적어도 3대를 팔았을 확률

(4) 5대보다 적게 팔았을 확률

(5) 3대 이상 5대보다 적게 팔았을 확률

풀이 (1) 자동차 판매 대수 X의 확률질량함수를 얻기 위하여 판매한 자동차 수에 대한 주의 수를 비율로 나타내면 다음 표와 같다.

판매 대수	0	1	2	3	4	5	6	계
주의 수	7	14	15	10	3	2	1	52
비율	0.135	0.269	0.289	0.192	0.058	0.038	0.019	1.00

따라서 X의 확률함수를 나타내는 확률표는 다음과 같다.

X	0	1	2	3	4	5	6	계
$P(X=x)$	0.135	0.269	0.289	0.192	0.058	0.038	0.019	1.00

(2) $P(X=3) = 0.192$

(3) $P(X \geq 3) = 1 - P(X \leq 2) = 1 - (0.135 + 0.269 + 0.289) = 0.307$

(4) $P(X < 5) = P(X \leq 4) = 1 - (0.038 + 0.019) = 0.943$

(5) $P(3 \leq X < 5) = P(3 \leq X \leq 4) = P(X=3) + P(X=4)$
$$= 0.192 + 0.058 = 0.250$$

04-14

주어진 구간에서 함수 $f(x)$가 확률밀도함수가 되도록 상수 k를 구하라.

(1) $f(x) = \dfrac{9}{8}x^2$, $A = [-2k, k]$

(2) $f(x) = \dfrac{1}{\sqrt{x}}$, $B = [1, k]$

풀이 (1) $\displaystyle\int_A f(x)\,dx = \int_{-2k}^{k} \frac{9}{8}x^2\,dx = \frac{27}{8}k^3 = 1$ 이므로 $k^3 = \dfrac{8}{27}$; $k = \dfrac{2}{3}$

(2) $\displaystyle\int_B f(x)\,dx = \int_{1}^{k} \frac{1}{\sqrt{x}}\,dx = 2\sqrt{k} - 2 = 1$ 이므로 $2\sqrt{k} - 2 = 1$; $k = \dfrac{9}{4}$

04-15

함수 $f(x) = \dfrac{k}{1+x^2}$ 이 모든 실수 범위에서 확률밀도함수가 되기 위한 상수 k 를 구하고,

확률 $P\left(\dfrac{1}{\sqrt{3}} \leq X \leq 1\right)$ 을 구하라.

풀이 함수 $f(x)$ 가 $-\infty < x < \infty$ 에서 확률밀도함수이므로

$$\int_{-\infty}^{\infty} f(x)dx = \int_{-\infty}^{\infty} \frac{k}{1+x^2}dx = k \lim_{a \to \infty} \left[\tan^{-1}x\right]_{-a}^{a}$$

$$= k \lim_{a \to \infty} \left(\tan^{-1}a - \tan^{-1}(-a)\right) = k\pi = 1$$

따라서 $k = \dfrac{1}{\pi}$ 이다. 또한

$$P\left(\frac{1}{\sqrt{3}} \leq X \leq 1\right) = \frac{1}{\pi}\int_{\frac{1}{\sqrt{3}}}^{1} \frac{1}{1+x^2}dx = \frac{1}{\pi}\left(\tan^{-1}1 - \tan^{-1}\frac{1}{\sqrt{3}}\right)$$

$$= \frac{1}{\pi}\left(\frac{\pi}{4} - \frac{\pi}{6}\right) = \frac{1}{12}$$

04-16

함수 $f(x) = \dfrac{k}{x^2}$ 가 구간 $1 < x < \infty$ 에서 확률밀도함수가 되기 위한 상수 k 를 구하라.

풀이 $\displaystyle\int_{1}^{\infty} \frac{k}{x^2}dx = k\left[-\frac{1}{x}\right]_{1}^{\infty} = k = 1$

04-17

확률변수 X 의 확률밀도함수가 다음과 같다.

$$f(x) = \begin{cases} \dfrac{4x^3}{k^4}, & 0 < x < k \\ 0, & \text{다른 곳에서} \end{cases}$$

$P(X > 1) = \dfrac{3}{4}$ 일 때, 상수 k 를 구하라.

풀이 $P(X>1) = \dfrac{3}{4}$ 이므로

$$P(X>1) = \int_1^k \frac{4x^3}{k^4}\,dx = \left[\frac{x^4}{k^4}\right]_1^k = 1 - \frac{1}{k^4} = \frac{3}{4}$$

이다. 그러므로 $\dfrac{1}{k^4} = \dfrac{1}{4}$; $k = \sqrt{2}$ 이다.

04-18

어느 대학의 농구선수가 농구 게임에서 참가시간의 횟수는 다음 그림과 같은 확률밀도함수를 갖는다. 이 선수가 게임에 참여하는 시간이 다음과 같을 때, 확률을 구하라.

(1) 35분 이상   (2) 25분 이하   (3) 15분에서 33분

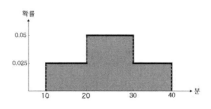

풀이 농구선수가 게임에 참가하는 시간을 X 라 하면, 확률밀도함수는 다음과 같다.

$$f(x) = \begin{cases} 0.025 \,, & 10 < x \le 20 \\ 0.050 \,, & 20 < x \le 30 \\ 0.025 \,, & 30 < x \le 40 \end{cases}$$

(1) $P(X \ge 35) = \displaystyle\int_{35}^{40} 0.025\,dx = \left[0.025x\right]_{35}^{40} = 1 - 0.875 = 0.125$

(2) $P(X \le 25) = \displaystyle\int_{10}^{25} f(x)\,dx = \int_{10}^{20} 0.025\,dx + \int_{20}^{25} 0.050\,dx$

$\qquad\qquad\quad = \left[0.025x\right]_{10}^{20} + \left[0.050x\right]_{20}^{25} = 0.25 + 0.25 = 0.50$

(3) $P(15 \le X \le 33) = \displaystyle\int_{15}^{33} f(x)\,dx$

$\qquad\qquad\qquad\quad = \displaystyle\int_{15}^{20} 0.025\,dx + \int_{20}^{30} 0.050\,dx + \int_{30}^{33} 0.025\,dx$

$\qquad\qquad\qquad\quad = \left[0.025x\right]_{15}^{20} + \left[0.050x\right]_{20}^{30} + \left[0.025x\right]_{30}^{33}$

$\qquad\qquad\qquad\quad = 0.125 + 0.5 + 0.075 = 0.70$

별해 면적을 이용하면 쉽게 계산할 수 있다(문제 07-16 풀이 참고).

04-19

확률밀도함수 $f(x) = \begin{cases} \dfrac{1}{10}, & 0 \le x \le 10 \\ 0, & \text{다른 곳에서} \end{cases}$ 에 대한 분포함수 $F(x)$를 구하고, 확률 $P(3 \le X \le 7)$을 구하라.

풀이 X의 분포함수는 임의의 실수 x에 대하여 $F(x) = \displaystyle\int_{-\infty}^{x} f(u)\,du$ 이므로

(i) $x < 0$이면

$$F(x) = \int_{-\infty}^{x} f(u)\,du = \int_{-\infty}^{x} 0\,du = 0$$

(ii) $0 \le x \le 10$이면

$$F(x) = \int_{-\infty}^{x} f(u)\,du = \int_{-\infty}^{0} 0\,du + \int_{0}^{x} \frac{1}{10}\,du = \frac{x}{10}$$

(iii) $x > 10$이면 $F(x) = 1$을 얻는다. 따라서 분포함수는

$$F(x) = \begin{cases} 0, & x < 0 \\ \dfrac{x}{10}, & 0 \le x \le 10 \\ 1, & x > 10 \end{cases}$$

이다. 또한 $P(3 \le X \le 7) = F(7) - F(3) = \dfrac{7}{10} - \dfrac{3}{10} = \dfrac{2}{5}$ 이다.

04-20

확률변수 X의 확률밀도함수가 다음과 같을 때, $P(X \le a) = \dfrac{1}{2}$인 상수 a를 구하라.

$$f(x) = \begin{cases} 2x, & 0 \le x < 1 \\ 0, & \text{다른 곳에서} \end{cases}$$

풀이 $P(X \le a) = \displaystyle\int_{0}^{a} 2x\,dx = \left[x^2\right]_{0}^{a} = a^2 = \dfrac{1}{2}$ 이므로 $a = \dfrac{\sqrt{2}}{2}$ 이다.

04-21

어느 제조업체에서 생산된 실린더의 반지름은 다음과 같은 확률밀도함수를 갖는다. 이 회사에서 생산된 실린더 하나를 택했을 때, 이 실린더의 반지름이 49.9와 50.1 사이일 확률을 구하라.

$$f(x) = \begin{cases} 1.5 - 6(x - 50.0)^2, & 49.5 \le x < 50.5 \\ 0 & , \ \text{다 른 곳에서} \end{cases}$$

풀이

$$\begin{aligned} P(49.9 \le X \le 50.1) &= \int_{49.9}^{50.1} \left\{ 1.5 - 6(x - 50.0)^2 \right\} dx \\ &= \left[1.5x - 2(x - 50.0)^3 \right]_{49.9}^{50.1} = 75.148 - 74.852 = 0.296 \end{aligned}$$

04-22

생명보험에 가입한 어떤 가입자는 의사로부터 평균 100일 정도 살 수 있다는 통보를 받았다. 그리고 이 환자가 사망할 때까지 걸리는 시간 X 는 다음과 같은 확률밀도함수를 갖는다.

$$f(x) = \begin{cases} \dfrac{1}{100} e^{\frac{x}{100}}, & x > 0 \\ 0 & , \ \text{다 른 곳에서} \end{cases}$$

(1) 이 환자가 150일 이내에 사망할 확률을 구하라.
(2) 이 환자가 200일 이상 생존할 확률을 구하라.

풀이 (1) X 의 분포함수는

$$F(x) = \int_0^x \frac{1}{100} e^{-\frac{u}{100}} du = \left[-e^{-\frac{u}{100}} \right]_0^x = 1 - e^{-0.01x} \ , \quad 0 \le x < \infty$$

따라서 환자가 150일 이내에 사망할 확률은

$$P(X < 150) = F(150) = 1 - e^{-1.5} = 1 - 0.2231 = 0.7769$$

(2) 환자가 200일 이상 생존할 확률은 다음과 같다.

$$P(X \ge 200) = 1 - P(X < 200) = 1 - F(200) = e^{-2} = 0.1353$$

04-23

확률변수 X의 확률밀도함수가 다음과 같을 때,

$$f(x) = \begin{cases} k|x-1|, & 0 \leq x < 2 \\ k|x-3|, & 2 \leq x \leq 4 \\ 0, & \text{다른 곳에서} \end{cases}$$

(1) 상수 k를 구하라.

(2) 확률밀도함수 $f(x)$의 그림을 그리라.

(3) 분포함수 $F(x)$를 구하라.

(4) $P(0.5 \leq X \leq 2.2)$를 구하라.

풀이 (1) 확률변수 X의 확률밀도함수는 $f(x) = \begin{cases} -k(x-1), & 0 \leq x < 1 \\ k(x-1), & 1 \leq x < 2 \\ -k(x-3), & 2 \leq x < 3 \\ k(x-3), & 3 \leq x \leq 4 \\ 0, & \text{다른 곳에서} \end{cases}$ 이다.

따라서

$$\int_0^4 f(x)dx = -k\int_0^1 (x-1)\,dx + k\int_1^2 (x-1)\,dx$$
$$- k\int_2^3 (x-3)\,dx + k\int_3^4 (x-3)\,dx$$
$$= k\left(\frac{1}{2} + \frac{1}{2} + \frac{1}{2} + \frac{1}{2}\right) = 2k = 1$$

그러므로 구하고자 하는 상수는 $k = \dfrac{1}{2}$이다.

(2)

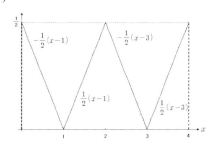

(3) $0 \leq x < 1$이면

$$F(x) = \int_0^x f(u)\,du = \int_0^x -\frac{1}{2}(x-1)\,dx = -\frac{x^2}{4} + \frac{x}{2}$$

$1 \leq x < 2$이면

$$F(x) = \int_0^x f(u)\,du = \int_0^1 -\frac{1}{2}(x-1)\,dx + \int_1^x \frac{1}{2}(x-1)\,dx$$

$$= \frac{x^2}{4} - \frac{x}{2} + \frac{1}{2}$$

$2 \le x < 3$이면

$$F(x) = \int_0^x f(u)\,du = \int_0^1 -\frac{1}{2}(x-1)\,dx + \int_1^2 \frac{1}{2}(x-1)\,dx$$

$$+ \int_2^x -\frac{1}{2}(x-3)\,dx = -\frac{x^2}{4} + \frac{3}{2}x - \frac{3}{2}$$

$3 \le x < 4$이면

$$F(x) = \int_0^x f(u)\,du = \int_0^1 -\frac{1}{2}(x-1)\,dx + \int_1^2 \frac{1}{2}(x-1)\,dx$$

$$+ \int_2^3 -\frac{1}{2}(x-3)\,dx + \int_3^x \frac{1}{2}(x-3)\,dx$$

$$= \frac{x^2}{4} - \frac{3}{2}x + 3$$

따라서 분포함수는 다음과 같다.

$$F(x) = \begin{cases} 0 & ,\ x < 0 \\ -\dfrac{x^2}{4} + \dfrac{x}{2} & ,\ 0 \le x < 1 \\ \dfrac{x^2}{4} - \dfrac{x}{2} + \dfrac{1}{2} & ,\ 1 \le x < 2 \\ -\dfrac{x^2}{4} + \dfrac{3}{2}x - \dfrac{3}{2} & ,\ 2 \le x < 3 \\ \dfrac{x^2}{4} - \dfrac{3}{2}x + 3 & ,\ 3 \le x < 4 \\ 1 & ,\ x \ge 4 \end{cases}$$

(4) $P(0.5 \le X \le 2.2) = F(2.2) - F(0.5)$

$$= \left(-\frac{2.2^2}{4} + \frac{3 \times 2.2}{2} - \frac{3}{2} \right) - \left(-\frac{0.5^2}{4} + \frac{0.5}{2} \right)$$

$$= 0.59 - 0.1875 = 0.4025$$

04-24

어떤 기계의 수명은 구간 $(0, 40)$에서 $(10 + x)^{-2}$에 비례하는 확률밀도함수 $f(x)$를 갖는 연속확률변수로 표현된다. 이때 이 기계의 수명이 6년 이하일 확률을 구하라.

풀이 기계의 수명을 X라 하면, 확률밀도함수는

$$f(x) = \frac{k}{(10+x)^2}, \quad 0 < x < 40$$

이다. 이제 상수 k를 먼저 구한다.

$$1 = \int_0^{40} \frac{k}{(10+x)^2} dx = \left[-\frac{k}{10+x} \right]_0^{40} = \frac{2k}{25}$$

따라서 $k = \frac{25}{2}$이고, 구하고자 하는 확률은 다음과 같다.

$$P(X < 6) = \int_0^6 \frac{25}{2(10+x)^2} dx = \left[-\frac{25}{2}\left(\frac{1}{10+x} \right) \right]_0^6 = \frac{15}{32} = 0.4688$$

04-25

어느 보험회사는 내년에 새로운 설비로 수리하기 위하여 지급하는 보증보험증권을 판매한다. 한편 경험에 따르면 증권 하나에 대한 수리비용 X는 구간 $[0, 2000]$ 안에 들어있으며, 가장 적은 비용에서 확률이 최대이고 수리비용이 2,000에 도달할 때까지 확률은 경사진 직선을 따라 감소한다.

(1) X의 확률밀도함수를 구하라.
(2) X의 분포함수를 구하라.
(3) $P(X > 1500)$을 구하라.
(4) X의 생존함수를 구하라.

풀이 (1) X의 확률밀도함수 $f(x)$는 $x = 0$에서 최대이고 $x = 2000$에서 최소이다. 따라서 $f(x)$는 아래 그림과 같이 구간 $[0, 2000]$에서 $f(0) = k$, $f(2000) = 0$을 만족하는 직선이다.

$$f(x) = k - \frac{k}{2000} x, \quad 0 \le x \le 2000$$

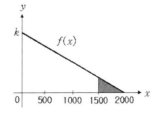

한편 구간 $[0, 2000]$에서 함수 $f(x)$는 확률밀도함수이므로 $f(x)$와 두 축으로 둘

러싸인 삼각형의 넓이는 1이어야 한다. 그러므로 $\dfrac{1}{2} \times 2000 \times k = 1$로부터 $k = 0.001$이고, 확률밀도함수 $f(x)$는 다음과 같다.

$$f(x) = \begin{cases} 0.001 - \dfrac{1}{2 \times 10^6} x , & 0 \le x \le 2000 \\ 0 & , \text{ 다른 곳에서} \end{cases}$$

(2) $F(x) = \displaystyle\int_0^x \left(0.001 - \dfrac{1}{2 \times 10^6} u \right) du = \dfrac{1}{1000} x - \dfrac{1}{4 \times 10^6} x^2$

(3) $P(X > 1500) = 1 - P(X < 1500) = 1 - F(1500)$
$= 1 - \left(\dfrac{1500}{1000} - \dfrac{1500^2}{4 \times 10^6} \right) = 1 - 0.9375 = 0.0625$

(4) $S(x) = 1 - F(x) = 1 - \dfrac{1}{1000} x + \dfrac{1}{4 \times 10^6} x^2$

04-26

전기회로의 가변저항 X는 다음과 같은 확률밀도함수를 갖는다.

$$f(x) = \begin{cases} k x^2 (1 - x^2) , & 1 \le x \le 2 \\ 0 & , \text{ 다른 곳에서} \end{cases}$$

(1) 상수 k를 구하라.
(2) 분포함수 $F(x)$를 구하라
(3) 이 전기저항이 1.05와 1.65 사이일 확률을 구하라.

풀이 (1) $f(x)$가 확률밀도함수가 되기 위하여

$$\int_1^2 k x^2 (1 - x^2) \, dx = -k \int_1^2 (x^4 - x^2) \, dx$$
$$= -k \left[\dfrac{1}{5} x^5 - \dfrac{1}{3} x^3 \right]_1^2 = -\dfrac{58}{15} k = 1$$

그러므로 $k = -\dfrac{15}{58}$이다.

(2) $F(x) = -\dfrac{15}{58} \displaystyle\int_1^x u^2 (1 - u^2) \, du = \dfrac{15}{58} \int_1^x (u^4 - u^2) \, du = \dfrac{15}{58} \left[\dfrac{1}{5} u^5 - \dfrac{1}{3} u^3 \right]_1^x$
$= \dfrac{3}{58} x^5 - \dfrac{5}{58} x^3 + \dfrac{1}{29} , \quad 1 \le x \le 2$

(3) $P(1.05 \le X \le 1.65) = F(1.05) - F(1.65) = 0.2798 - 0.0007 = 0.2791$

04-27

확률변수 X의 분포함수가 다음과 같다.

$$F(x) = \begin{cases} 0 & , \; x < 0 \\ A + Be^{-x}, & 0 \le x < \infty \end{cases}$$

(1) 상수 A와 B를 구하라.

(2) $P(2 \le X \le 5)$를 구하라.

(3) 확률밀도함수를 구하라.

풀이 (1) $F(x)$가 분포함수이므로 $\lim\limits_{x \to \infty} F(x) = 1$이고 $\lim\limits_{x \to -\infty} F(x) = 0$이어야 한다. 특히 상태공간이 $\{x : 0 \le x < \infty\}$이므로 $F(0) = 0$이다. 한편

$$\lim_{x \to \infty} F(x) = \lim_{x \to \infty} (A + Be^{-x}) = A = 1, \; F(0) = A + B = 0$$

이므로 $A = 1$, $B = -1$이다.

(2) $P(2 \le X \le 5) = F(5) - F(2) = (1 - e^{-5}) - (1 - e^{-2}) = \dfrac{e^3 - 1}{e^5}$

(3) $0 \le x < \infty$ 에서 $f(x) = \dfrac{d}{dx} F(x) = \dfrac{d}{dx}(1 - e^{-x}) = e^{-x}$이고, 다른 곳에서 $f(x) = 0$이다.

04-28

확률변수 X의 분포함수가 다음과 같다.

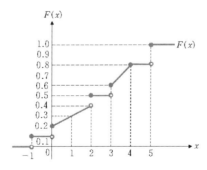

(1) $P(X = 0)$을 구하라.

(2) $P(0 < X \le 3)$을 구하라.

(3) $P(0 < X < 3)$을 구하라.

(4) $P(4 < X \le 5)$를 구하라.

(5) $P(X \ge 1)$을 구하라.

풀이 (1) $P(X=0)=F(0)-F(0-)=0.2-0.1=0.1$

(2) $P(0<X\leq 3)=F(3)-F(0)=0.6-0.2=0.4$

(3) $P(0<X<3)=F(3-)-F(0)=0.5-0.2=0.3$

(4) $P(4<X\leq 5)=F(5)-F(4)=1-0.8=0.2$

(5) $P(X\geq 1)=1-P(X<1)=1-F(1-)=1-0.3=0.7$

04-29

확률변수 X가 다음 분포함수를 갖는다.

$$F(x)=\begin{cases} 0 & ,\ x<1 \\ \dfrac{x^2-2x+2}{2} & ,\ 1\leq x<2 \\ 1 & ,\ x\geq 2 \end{cases}$$

이때 확률밀도함수 $f(x)$와 확률 $P(X=1)$, $P(X<1.5)$를 구하라.

풀이 우선 X의 확률밀도함수를 먼저 구한다. 분포함수는 $x=1$에서 $\dfrac{1}{2}$인 점프(도약) 불연속을 가지고 $x>1$에서 연속인 확률밀도함수 $f(x)=F'(x)$를 갖는다. 따라서 X의 확률밀도함수는 다음과 같다.

$$f(x)=\begin{cases} \dfrac{1}{2} & ,\ x=1 \\ x-1 & ,\ 1<x<2 \\ 0 & ,\ 다른\ 곳에서 \end{cases}$$

그러므로 $P(X=1)=0.5$이고,

$$P(X<1.5)=P(X=1)+P(1<X<1.5)$$
$$=0.5+\int_1^{1.5}(x-1)\,dx=0.5+0.125=0.625$$

04-30

포커게임에서 이길 확률이 $\dfrac{3}{5}$인 사람이 이기면 4만원을 받고 지면 5만원을 내놓는다고 할 때, 이 사람이 벌어들일 기대수입은 얼마인가?

풀이 확률변수 X를 게임에서 벌어들인 수입이라 하면, 이기면 4만원을 받고 지면 5만원의 손실이 생기므로 X가 취하는 값은 40,000과 $-50,000$이다. 또한 이길 확률은 $\dfrac{3}{5}$이므로 질 확률은 $\dfrac{2}{5}$이고, 따라서 이 게임에서 벌어들일 기대수입은

$$E(X) = 40000 \times \frac{3}{5} + (-50000) \times \frac{2}{5} = 4000 \,\text{원이다.}$$

04-31

사무실 안에 5대의 복사기가 설치되어 있다. 과거 가장 바쁜 시각인 오전 10시에 사용 중인 복사기 수를 확률변수 X라 할 때, X에 대한 확률이 다음 표와 같다.

복사기 수	0	1	2	3	4	5
확률	0.06	0.16	0.24	0.35	0.15	0.04

어느 특정한 날 오전 10시에 사용될 것으로 기대되는 복사기 수의 기댓값을 구하라.

풀이 $E(X) = 0 \times 0.06 + 1 \times 0.16 + 2 \times 0.24 + 3 \times 0.35 + 4 \times 0.15 + 5 \times 0.04 = 2.49$

04-32

1~6의 숫자가 적힌 카드가 들어있는 주머니에서 두 카드를 임의로 비복원추출할 때, 나온 카드의 수에 대한 차의 절댓값에 대한 기댓값을 구하라.

풀이 우선 표본공간을 먼저 구한다.

$$S = \begin{Bmatrix} (1,2)\ (1,3)\ (1,4)\ (1,5)\ (1,6) \\ (2,1)\ (2,3)\ (2,4)\ (2,5)\ (2,6) \\ (3,1)\ (3,2)\ (3,4)\ (3,5)\ (3,6) \\ (4,1)\ (4,2)\ (4,3)\ (4,5)\ (4,6) \\ (5,1)\ (5,2)\ (5,3)\ (5,4)\ (5,6) \\ (6,1)\ (6,2)\ (6,3)\ (6,4)\ (6,5) \end{Bmatrix}$$

두 수의 차의 절댓값을 X라 하면, 상태공간은 $S_X = \{1,\ 2,\ 3,\ 4,\ 5\}$이고, 확률표는 다음과 같다.

X	1	2	3	4	5
확률	$\dfrac{5}{15}$	$\dfrac{4}{15}$	$\dfrac{3}{15}$	$\dfrac{2}{15}$	$\dfrac{1}{15}$

그러므로 $\mu = E(X) = 1 \times \dfrac{5}{15} + 2 \times \dfrac{4}{15} + 3 \times \dfrac{3}{15} + 4 \times \dfrac{2}{15} + 5 \times \dfrac{1}{15} = \dfrac{35}{15} = \dfrac{7}{3}$ 이다.

04-33

다음 표는 남자 8명과 여자 8명의 연봉을 나타낸다. 남자 한 명과 여자 한 명을 임의로 선출하였을 때, 남자와 여자의 연봉의 합에 대한 평균은 얼마인가?

(단위 : 백만 원)

남자	35.5	27.4	28.3	41.1	25.8	36.6	27.8	38.2
여자	17.1	35.2	22.5	28.6	22.2	26.7	29.3	32.8

풀이 남자의 연봉을 X, 여자의 연봉을 Y라 하자. 그러면 X는 8명의 남자들의 연봉에서 동등한 기회를 가지고 어느 하나가 선출되므로

$$E(X) = \frac{1}{7}(35.5 + 27.4 + 28.3 + 41.1 + 25.8 + 36.6 + 27.8 + 38.2)$$
$$= \frac{260.7}{7} = 37.243$$

이다. 또한 Y는 8명의 여자들의 연봉에서 동등한 기회를 가지고 어느 하나가 선출되므로

$$E(Y) = \frac{1}{7}(17.1 + 35.2 + 22.5 + 28.6 + 22.2 + 26.7 + 29.3 + 32.8)2$$
$$= \frac{214.4}{7} = 30.629$$

이다. 그러므로 남자와 여자의 연봉의 합에 대한 평균은 다음과 같다.

$$E(X) + E(Y) = 37.243 + 30.629 = 67.872$$

04-34

같은 직장에 다니는 사내커플들이 있다. 여자의 연말 상여금이 평균 1,500,000원인 확률변수라고 할 때,

(1) 남자들의 연말 상여금이 여자들의 85%라고 하면, 남자들의 평균 상여금은 얼마인가?

(2) 남자들의 상여금이 여자들보다 500,000원이 더 많다면, 남자들의 평균 상여금은 얼마인가?

풀이 (1) 여자들의 상여금을 확률변수 X라 하면, 남자들의 상여금은 $0.85\,X$이므로

$$E(0.85\,X) = 0.85\,E(X) = 0.85 \times 1500000 = 1,275,000\,(원)$$

(2) 남자들의 상여금이 여자보다 500,000원 더 많으므로

$$E(X+500000) = E(X)+500000 = 1500000 + 500000 = 2,000,000\,(원)$$

04-35

확률변수 X의 확률함수가 다음 표와 같다.

X	1.0	1.5	2.0	2.5	3.0	3.5	4.0
$f(x)$	0.05	0.15	0.20	0.15	0.25	0.10	0.10

(1) X의 기댓값 $\mu = E(X)$와 분산 σ^2을 구하라.
(2) X에 대한 확률히스토그램을 그리고, μ의 위치를 지정하여라.
(3) X가 구간 $(\mu - \sigma,\ \mu + \sigma)$와 $(\mu - 2\sigma,\ \mu + 2\sigma)$ 안에 놓일 확률을 구하라.

풀이 (1) $\mu = E(X) = 1.0 \times 0.05 + 1.5 \times 0.15 + 2.0 \times 0.20 + 2.5 \times 0.15 + 3.0 \times 0.25$
$$+\, 3.5 \times 0.10 + 4.0 \times 0.10 = 2.55$$

$E(X^2) = 1.0^2 \times 0.05 + 1.5^2 \times 0.15 + 2.0^2 \times 0.20 + 2.5^2 \times 0.15 + 3.0^2 \times 0.25$
$$+\, 3.5^2 \times 0.10 + 4.0^2 \times 0.10 = 7.2$$

$$\sigma^2 = E(X^2) - [E(X)]^2 = 7.2 - 2.55^2 = 0.6975$$

(2)

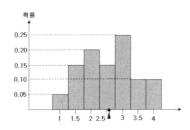

(3) $\sigma = \sqrt{0.6975} = 0.8352$이므로

$\mu - \sigma = 2.55 - 0.8352 = 1.7148,\quad \mu + \sigma = 2.55 + 0.8352 = 3.3852,$

$\mu - 2\sigma = 2.55 - 2 \times 0.8352 = 0.8796,\quad \mu + 2\sigma = 2.55 + 2 \times 0.8352 = 4.2204$

$P(\mu - \sigma < X < \mu + \sigma) = P(1.7148 < X < 3.3852)$
$$= P(2 \le X \le 3) = 0.60$$

$$P(\mu - 2\sigma < X < \mu + 2\sigma) = P(0.8796 < X < 4.2204)$$
$$= P(1 \leq X \leq 4) = 1.00$$

04-36

다음 표는 2005년 우리나라 인구주택총조사 결과 가구원 수별 가구 규모를 나타낸다.

(단위 : 천 가구)

가구원 수	1	2	3	4	5	6	7	계
가구 수	3,171	3,521	3,325	4,289	1,222	267	93	15,887

(1) 기댓값 $\mu = E(X)$와 σ^2을 구하라.

(2) X에 대한 확률히스토그램을 그리고, μ의 위치를 지정하여라.

(3) X가 구간 $(\mu - \sigma, \ \mu + \sigma)$와 $(\mu - 2\sigma, \ \mu + 2\sigma)$ 안에 놓일 최소 확률을 구하라.

풀이 우선 가구원 수에 대한 가구 수의 비율을 먼저 구한다.

가구원 수	1	2	3	4	5	6	7	계
가구 수	0.1996	0.2216	0.2093	0.2699	0.0769	0.0168	0.0059	15,887

(1) $E(X) = 1 \times 0.1996 + 2 \times 0.2216 + 3 \times 0.2093 + 4 \times 0.2699$
$$+ 5 \times 0.0769 + 6 \times 0.0168 + 7 \times 0.0059 = 2.8769$$

$E(X^2) = 1^2 \times 0.1996 + 2^2 \times 0.2216 + 3^2 \times 0.2093 + 4^2 \times 0.2699 + 5^2 \times 0.0769$
$$+ 6^2 \times 0.0168 + 7^2 \times 0.0059 = 10.1045$$

$$\sigma^2 = E(X^2) - [E(X)]^2 = 10.1045 - (2.8769)^2 = 1.8279$$

(2)

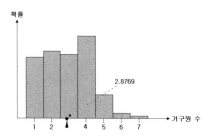

(3) $\sigma^2 = 1.8279$이므로 $\sigma = \sqrt{1.8279} = 1.3520$이고,

따라서

$$\mu - \sigma = 2.8769 - 1.3520 = 1.5249, \; \mu + \sigma = 2.8769 + 1.3520 = 4.2289$$

$$\mu - 2\sigma = 2.8769 - 2 \times 1.3520 = 0.1729,$$

$$\mu + 2\sigma = 2.8769 + 2 \times 1.3520 = 5.5809$$

이다. 그러므로

$$P(\mu - \sigma < X < \mu + \sigma) = P(1.5249 < X < 4.2289) = P(2 \le X \le 4)$$
$$= 0.7008$$

$$P(\mu - 2\sigma < X < \mu + 2\sigma) = P(0.1729 < X < 5.5809) = P(1 \le X \le 5)$$
$$= 0.9773$$

04-37

이산확률변수 X의 확률표가 다음과 같다.

X	0	1	2	3
$f(x)$	$\dfrac{1}{3}$	$\dfrac{1}{6}$	$\dfrac{1}{3}$	$\dfrac{1}{6}$

(1) X의 기댓값을 구하라.

(2) 분산의 정의 $Var(X) = E[(X - E(X))^2]$을 이용하여 분산을 구하라.

(3) 분산 공식 $Var(X) = E(X^2) - \{E(X)\}^2$을 이용하여 분산을 구하라.

풀이 (1) $E(X) = 0 \times \dfrac{1}{3} + 1 \times \dfrac{1}{6} + 2 \times \dfrac{1}{3} + 3 \times \dfrac{1}{6} = \dfrac{4}{3}$

(2) 우선 $X - E(X)$와 $\{X - E(X)\}^2$을 먼저 구한다.

$X - E(X)$	$-\dfrac{4}{3}$	$-\dfrac{1}{3}$	$\dfrac{1}{3}$	$\dfrac{5}{3}$
$\{X - E(X)\}^2$	$\dfrac{16}{9}$	$\dfrac{1}{9}$	$\dfrac{4}{9}$	$\dfrac{25}{9}$
$f(x)$	$\dfrac{1}{3}$	$\dfrac{1}{6}$	$\dfrac{1}{3}$	$\dfrac{1}{6}$

그러므로 구하고자 하는 분산은 다음과 같다.

$$Var(X) = E[\{X - E(X)\}^2]$$
$$= \dfrac{16}{9} \times \dfrac{1}{3} + \dfrac{1}{9} \times \dfrac{1}{6} + \dfrac{4}{9} \times \dfrac{1}{3} + \dfrac{25}{9} \times \dfrac{1}{6} = \dfrac{11}{9}$$

(3) $E(X^2) = 0^2 \times \dfrac{1}{3} + 1^2 \times \dfrac{1}{6} + 2^2 \times \dfrac{1}{3} + 3^2 \times \dfrac{1}{6} = 3$이므로 분산은 다음과 같다.

$$Var(X) = 3 - \left(\dfrac{4}{3}\right)^2 = \dfrac{11}{9}$$

04-38

이산확률변수 X의 확률함수가 다음과 같다.

$$f(x) = \dfrac{1}{n}, \quad x = 1, 2, 3, \cdots, n$$

(1) $n = 2$일 때, 기댓값 $E(X)$를 구하라.

(2) $n = 3$일 때, 기댓값 $E(X)$를 구하라.

(3) $n = 4$일 때, 기댓값 $E(X)$를 구하라.

(4) $n = k$일 때, 기댓값 $E(X)$를 유추하여라.

(5) $\displaystyle\sum_{i=1}^{k} i = \dfrac{k(k+1)}{2}$을 이용하여 (4)에서 얻은 결과를 확인하여라.

풀이 (1) $E(X) = \displaystyle\sum_{x=1}^{2} x f(x) = 1 \times \dfrac{1}{2} + 2 \times \dfrac{1}{2} = \dfrac{3}{2}$

(2) $E(X) = \displaystyle\sum_{x=1}^{3} x f(x) = 1 \times \dfrac{1}{3} + 2 \times \dfrac{1}{3} + 3 \times \dfrac{1}{3} = \dfrac{6}{3} = 2$

(3) $E(X) = \displaystyle\sum_{x=1}^{4} x f(x) = 1 \times \dfrac{1}{4} + 2 \times \dfrac{1}{4+} 3 \times \dfrac{1}{4} + 4 \times \dfrac{1}{4} = \dfrac{10}{4} = \dfrac{5}{2}$

(4) $n = 2$이면 $E(X) = \dfrac{3}{2} = \dfrac{2+1}{2}$, $n = 3$이면 $E(X) = 2 = \dfrac{4}{2} = \dfrac{3+1}{2}$ 그리고

$n = 4$이면 $E(X) = \dfrac{5}{2} = \dfrac{4+1}{2}$이므로 $n = k$일 때, 기댓값은 $E(X) = \dfrac{k+1}{2}$이다.

(5) $E(X) = \displaystyle\sum_{x=1}^{k} x f(x) = \dfrac{1}{k} \sum_{x=1}^{k} x = \dfrac{1}{k} \dfrac{k(k+1)}{2} = \dfrac{k+1}{2}$

04-39

문제 04-11에 대하여, X의 기댓값과 분산을 구하라.

풀이 X의 확률함수는 다음과 같다.

X	0	1	2	3
$f(x)$	$\dfrac{27}{64}$	$\dfrac{27}{64}$	$\dfrac{9}{64}$	$\dfrac{1}{64}$

$$E(X) = 0 \times \frac{27}{64} + 1 \times \frac{27}{64} + 2 \times \frac{9}{64} + 3 \times \frac{1}{64} = \frac{48}{64} = 0.75$$

$$E(X^2) = 0^2 \times \frac{27}{64} + 1^2 \times \frac{27}{64} + 2^2 \times \frac{9}{64} + 3^2 \times \frac{1}{64} = \frac{72}{64} = 1.125$$

$$\sigma^2 = E(X^2) - \{E(X)\}^2 = 1.125 - 0.75^2 = 0.5625$$

04-40

문제 04-05에 대한 기댓값과 분산을 구하라.

풀이 임의로 추출한 동전 3개에 포함된 100원짜리 동전의 개수를 X라 하면, 확률함수 $f(x)$는 다음 표와 같다.

X	0	1	2	3
$f(x)$	$\dfrac{10}{56}$	$\dfrac{30}{56}$	$\dfrac{15}{56}$	$\dfrac{1}{56}$

$$E(X) = 0 \times \frac{10}{56} + 1 \times \frac{30}{56} + 2 \times \frac{15}{56} + 3 \times \frac{1}{56} = \frac{63}{56} = 1.125$$

$$E(X^2) = 0^2 \times \frac{10}{56} + 1^2 \times \frac{30}{56} + 2^2 \times \frac{15}{56} + 3^2 \times \frac{1}{56} = \frac{99}{56} = 1.7679$$

$$\sigma^2 = E(X^2) - \{E(X)\}^2 = 1.7679 - 1.125^2 = 0.5023$$

04-41

문제 04-12에 대하여, X의 기댓값과 분산을 구하라.

풀이 X의 확률함수는 다음과 같다.

X	0	1	2	3
$f(x)$	$\dfrac{703}{1700}$	$\dfrac{741}{1700}$	$\dfrac{234}{1700}$	$\dfrac{22}{1700}$

$$E(X) = 0 \times \frac{703}{1700} + 1 \times \frac{741}{1700} + 2 \times \frac{234}{1700} + 3 \times \frac{22}{1700} = \frac{1231}{1700} = 0.7241$$

$$E(X^2) = 0^2 \times \frac{703}{1700} + 1^2 \times \frac{741}{1700} + 2^2 \times \frac{234}{1700} + 3^2 \times \frac{22}{1700} = \frac{1875}{1700} = 1.1029$$

$$\sigma^2 = E(X^2) - \{E(X)\}^2 = 1.1029 - 0.7241^2 = 0.5786$$

04-42

어떤 상수 c에 대하여, $P(X = c) = 1$이라 한다. 이때 X의 분산을 구하라.

풀이 $E(X) = c\,P(X = c) = c \times 1 = c$, $E(X^2) = c^2 P(X = c) = c^2 \times 1 = c^2$이므로

$Var(X) = E(X^2) - \{E(X)\}^2 = c^2 - c^2 = 0$이다.

04-43

문제 04-24에 대하여, 기계의 수명에 대한 기댓값을 구하라.

풀이 기계의 수명 X의 확률밀도함수는 $f(x) = \dfrac{25}{2} \dfrac{1}{(10+x)^2}$, $0 < x < 40$이므로, X의 기댓값은

$$E(X) = \int_0^{40} \frac{25}{2} \frac{x}{(10+x)^2}\,dx = \frac{25}{2}\left[\frac{10}{x+10} + \ln(x+10)\right]_0^{40}$$

$$= \frac{5}{2}(5\ln 50 - 5\ln 10 - 4) = 10.118$$

04-44

함수 $f(x) = \dfrac{k}{x^3}$, $1 < x < \infty$에 대하여,

(1) $f(x)$가 확률밀도함수가 되기 위한 상수 k를 구하라.

(2) $E(X)$를 구하라.

(3) X의 분산이 존재하지 않음을 보여라.

풀이 (1) $\displaystyle\int_1^\infty f(x)\,dx=\int_1^\infty \frac{k}{x^3}\,dx=\left[-\frac{k}{2}\frac{1}{x^2}\right]_1^\infty=\frac{k}{2}=1$이므로 $k=2$

(2) $\displaystyle E(X)=\int_1^\infty xf(x)\,dx=\int_1^\infty \frac{2}{x^2}\,dx=\left[-\frac{2}{x}\right]_1^\infty=2$

(3) $\displaystyle E(X^2)=\int_1^\infty x^2 f(x)\,dx=\int_1^\infty \frac{2}{x}\,dx=[2\ln x]_1^\infty=\infty$ 이므로 분산이 존재하지 않는다.

04-45

다음과 같은 확률밀도함수를 갖는 확률변수 X에 대한 사분위수를 구하라.

(1) $f(x)=\dfrac{1}{2},\quad -1<x<1$

(2) $f(x)=\dfrac{1+x}{2},\quad -1<x<1$

(3) $f(x)=2e^{-2(x-1)},\quad 1<x<\infty$

(4) $f(x)=\dfrac{e^{-x}}{(1+e^{-x})^2},\quad -\infty<x<\infty$

풀이 (1) 분포함수를 구하면, $F(x)=\displaystyle\int_{-1}^x \frac{1}{2}\,du=\frac{1}{2}(x+1)$이므로 사분위수는 각각 다음과 같다.

$$F(q_1)=\frac{1}{2}(q_1+1)=\frac{1}{4};\ q_1+1=\frac{1}{2};\ q_1=-\frac{1}{2}$$

$$F(q_2)=\frac{1}{2}(q_2+1)=\frac{1}{2};\ q_2+1=1;\ q_2=0$$

$$F(q_3)=\frac{1}{2}(q_3+1)=\frac{3}{4};\ q_3+1=\frac{3}{2};\ q_3=\frac{1}{2}$$

(2) 분포함수를 구하면, $F(x)=\displaystyle\int_{-1}^x \frac{1+u}{2}\,du=\frac{1}{4}(x+1)^2$이므로 사분위수는 각각 다음과 같다.

$$F(q_1)=\frac{1}{4}(q_1+1)^2=\frac{1}{4};\ (q_1+1)^2=1;\ q_1=0$$

$$F(q_2)=\frac{1}{4}(q_2+1)^2=\frac{1}{2};\ (q_2+1)^2=2;\ q_2=-1+\sqrt{2}$$

$$F(q_3)=\frac{1}{4}(q_3+1)^2=\frac{3}{4};\ (q_3+1)^2=3;\ q_3=-1+\sqrt{3}$$

(3) 분포함수를 구하면, $F(x) = \int_1^x 2e^{-2(u-1)} du = 1 - e^{-2(x-1)}$ 이므로 사분위수는 각각 다음과 같다.

$$F(q_1) = 1 - e^{-2(q_1-1)} = \frac{1}{4}; \quad -2(q_1-1) = \ln\frac{3}{4}; \quad q_1 = 1.14384$$

$$F(q_2) = 1 - e^{-2(q_2-1)} = \frac{1}{2}; \quad -2(q_2-1) = \ln\frac{1}{2}; \quad q_2 = 1.34657$$

$$F(q_3) = 1 - e^{-2(q_3-1)} = \frac{3}{4}; \quad -2(q_3-1) = \ln\frac{1}{4}; \quad q_3 = 1.69315$$

(4) 분포함수를 구하면, $F(x) = \int_{-\infty}^x \frac{e^{-u}}{(1+e^{-u})^2} du = \frac{e^x}{1+e^x}$ 이므로 사분위수는 각각 다음과 같다.

$$F(q_1) = \frac{e^{q_1}}{1+e^{q_1}} = \frac{1}{4}; \quad e^{q_1} = \frac{1}{3}; \quad q_1 = \ln\frac{1}{3}; \quad q_1 = -1.09861$$

$$F(q_2) = \frac{e^{q_2}}{1+e^{q_2}} = \frac{1}{2}; \quad e^{q_2} = 1; \quad q_2 = \ln 1; \quad q_2 = 0$$

$$F(q_3) = \frac{e^{q_3}}{1+e^{q_3}} = \frac{3}{4}; \quad c^{q_3} = 3; \quad q_3 = \ln 3; \quad q_3 = 1.09861$$

04-46

확률변수 X 의 분포함수가 $F(x) = \dfrac{x^2}{16}, \quad 0 \le x \le 4$ 일 때,

(1) 기댓값 $E(X)$ 과 분산 σ^2 을 구하라.
(2) 중앙값과 최빈값을 구하라.

풀이 (1) 우선 확률밀도함수 $f(x)$ 를 구하면, $0 \le x \le 4$ 에서

$$f(x) = \frac{d}{dx}F(x) = \frac{d}{dx}\left(\frac{x^2}{16}\right) = \frac{1}{8}x$$

이고, 다른 곳에서 $f(x) = 0$ 이다.

그러므로

$$E(X) = \int_0^4 x f(x) dx = \int_0^4 \frac{1}{8}x^2 dx = \left[\frac{1}{24}x^3\right]_0^4 = \frac{8}{3}$$

$$E(X^2) = \int_0^4 x^2 f(x) dx = \int_0^4 \frac{1}{8}x^3 dx = \left[\frac{1}{32}x^4\right]_0^4 = 8$$

따라서 $\sigma^2 = 8 - \left(\dfrac{8}{3}\right)^2 = \dfrac{8}{9}$ 이고 $\sigma = \sqrt{\dfrac{8}{9}} = \dfrac{2\sqrt{2}}{3}$

(2) $F(x_0) = \dfrac{x_0^2}{16} = \dfrac{1}{2}$ 이므로 $M_e = x_0 = 2\sqrt{2}$ 이고, $f(x) = \dfrac{x}{8}$, $0 \le x \le 4$ 이므로

$x = 4$에서 최댓값을 얻어서 $M_o = 4$이다.

04-47

확률밀도함수 $f(x) = k\,x$, $0 \le x \le 4$를 갖는 연속확률변수에 대하여

(1) 상수 k를 구하라.
(2) X의 분포함수를 구하라.
(3) 기댓값 $E(X)$과 표준편차 σ를 구하라.
(4) 중앙값을 구하라.

풀이 (1) $\displaystyle\int_0^4 f(x)\,dx = \int_0^4 k\,x\,dx = \left[k\,\dfrac{1}{2}x^2\right]_0^4 = 8k = 1$ 이므로 $k = \dfrac{1}{8}$

(2) $F(x) = \dfrac{1}{8}\displaystyle\int_0^x u\,du = \left[\dfrac{1}{16}u^2\right]_0^x = \dfrac{x^2}{16}$

(3) $E(X) = \displaystyle\int_0^4 x f(x)\,dx = \int_0^4 \dfrac{1}{8}x^2\,dx = \left[\dfrac{1}{24}x^3\right]_0^4 = \dfrac{64}{24} = \dfrac{8}{3}$,

$E(X^2) = \displaystyle\int_0^4 x^2 f(x)\,dx = \int_0^4 \dfrac{1}{8}x^3\,dx = \left[\dfrac{1}{32}x^4\right]_0^4 = \dfrac{256}{32} = 8$

따라서 $\sigma^2 = 8 - \left(\dfrac{8}{3}\right)^2 = \dfrac{8}{9}$ 이고 $\sigma = \sqrt{\dfrac{8}{9}} = \dfrac{2\sqrt{2}}{3}$

(4) $F(x_0) = \dfrac{x_0^2}{16} = \dfrac{1}{2}$ 이므로 $M_e = x_0 = 2\sqrt{2}$

04-48

확률밀도함수 $f(x) = k(x - 1.5)$, $2 \le x \le 3$을 갖는 연속확률변수에 대하여

(1) 상수 k를 구하라.
(2) 기댓값 $E(X)$와 분산 σ^2을 구하라.
(3) 분포함수 $F(x)$와 중앙값을 구하라.

풀이 (1) $\int_2^3 f(x)\,dx = \int_2^3 k(x-1.5)\,dx = \left[k\left(\frac{1}{2}x^2 - 1.5\,x \right) \right]_2^3 = k = 1$ 이므로 $k = 1$

(2) $E(X) = \int_2^3 x f(x)\,dx = \int_2^3 x(x-1.5)\,dx = \left[k\left(\frac{1}{3}x^3 - \frac{3}{4}x^2 \right) \right]_2^3 = \frac{31}{12}$

$E(X^2) = \int_2^3 x^2 f(x)\,dx = \int_2^3 x^2(x-1.5)\,dx = \left[k\left(\frac{1}{4}x^4 - \frac{1}{2}x^3 \right) \right]_2^3 = \frac{27}{4}$

따라서 $\sigma^2 = \frac{27}{4} - \left(\frac{31}{12} \right)^2 = \frac{11}{144}$

(3) $F(x) = \int_2^x f(u)\,du = \int_2^3 (u-1.5)\,du = \left[\frac{1}{2}u^2 - 1.5\,u \right]_2^x = \frac{1}{2}x^2 - \frac{3}{2}x + 1$ 이

고, 중앙값은 $F(x_0) = \frac{1}{2}x_0^2 - \frac{3}{2}x_0 + 1 = \frac{1}{2}$; $x_0^2 - 3x_0 + 1 = 0$; $M_e = x_0 = \frac{3 + \sqrt{5}}{2}$

04-49

문제 04-28에 대하여, 확률변수 X의 중앙값을 구하라.

풀이 $F(x_0) = 0.5$인 x_0이 중앙값이므로 분포함수의 그림으로부터 $2 \leq x < 3$인 모든 실수가 중앙값이다.

04-50

문제 04-18에 대하여, 농구선수가 게임에 참가하는 시간의 중앙값을 구하라.

풀이 농구선수가 게임에 참가하는 시간 X에 대한 확률밀도함수는

$$f(x) = \begin{cases} 0.025\,, & 10 < x \leq 20 \\ 0.050\,, & 20 < x \leq 30 \\ 0.025\,, & 30 < x \leq 40 \end{cases}$$

이다. 그러므로 분포함수 $F(x)$는 다음과 같다.

(i) $10 \leq x < 20$이면, $F(x) = \int_{10}^x 0.025\,du = 0.025\,x - 0.25$

(ii) $20 \leq x < 30$이면, $F(x) = \int_{10}^x f(u)\,du = 0.25 + \int_{20}^x 0.05\,du = 0.05\,x - 0.75$

(iii) $30 \le x < 40$이면, $F(x) = \int_{10}^{x} f(u)\,du = 0.25 + 0.5 + \int_{30}^{x} 0.025\,du = 0.025\,x$

　　이를 그림으로 나타내면 다음과 같다.

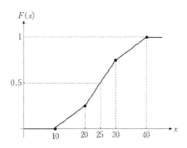

그러므로 중앙값은 $F(x_0) = 0.05\,x_0 - 0.75 = 0.5;\ x_0 = 25$, 즉 25분이다.

04-51

확률밀도함수 $f(x) = \dfrac{1}{\pi\,(1 + x^2)}$ 를 갖는 확률변수 X의 중앙값을 구하라.

풀이 확률변수 X의 분포함수를 먼저 구한다.

$$F(x) = \int_{-\infty}^{x} f(u)\,du = \int_{-\infty}^{x} \frac{1}{\pi\,(1 + u^2)}\,du = \left[\frac{1}{\pi} \lim_{a \to -\infty} \tan^{-1} u \right]_{a}^{x}$$

$$= \frac{1}{\pi}\left(\tan^{-1} x - \lim_{a \to -\infty} \tan^{-1} a \right) = \frac{1}{\pi}\left(\tan^{-1} x - \frac{\pi}{2} \right)$$

한편 $F(x_0) = 0.5$인 x_0이 중앙값이므로

$$F(x_0) = \frac{1}{\pi}\left(\tan^{-1} x_0 - \frac{\pi}{2} \right) = \frac{1}{2};\qquad \tan^{-1} x_0 = 0;\qquad M_e = x_0 = 0$$

04-52

연속확률변수 X의 분포함수가 다음과 같을 때, X의 기댓값과 분산을 구하라.

$$F(x) = \begin{cases} 0 & ,\ x \le 0 \\ x^2 & ,\ 0 < x \le \dfrac{1}{2} \\ \dfrac{1}{2}x & ,\ \dfrac{1}{2} < x < \le 1 \\ 1 & ,\ x > 1 \end{cases}$$

풀이 $\dfrac{d}{dx}F(x) = f(x)$를 이용하여 우선 확률밀도함수를 구하면

$$f(x) = \begin{cases} 2x\,, & 0 < x \le \dfrac{1}{2} \\[2mm] \dfrac{1}{2}\,, & \dfrac{1}{2} < x \le 1 \\[2mm] 0\,, & \text{다른 곳에서} \end{cases}$$

이다. 한편

$$\begin{aligned} \mu = E(X) &= \int_0^1 x f(x)\,dx = \int_0^{\frac{1}{2}} x f(x)\,dx + \int_{\frac{1}{2}}^1 x f(x)\,dx \\ &= \int_0^{\frac{1}{2}} 2x^2\,dx + \int_{\frac{1}{2}}^1 \frac{x}{2}\,dx = \left[\frac{2}{3}x^3\right]_0^{\frac{1}{2}} + \left[\frac{1}{4}x^2\right]_{\frac{1}{2}}^1 = \frac{1}{12} + \frac{3}{16} = \frac{13}{48} \end{aligned}$$

$$\begin{aligned} E(X^2) &= \int_0^1 x^2 f(x)\,dx = \int_0^{\frac{1}{2}} x^2 f(x)\,dx + \int_{\frac{1}{2}}^1 x^2 f(x)\,dx \\ &= \int_0^{\frac{1}{2}} 2x^3\,dx + \int_{\frac{1}{2}}^1 \frac{x^2}{2}\,dx = \left[\frac{1}{2}x^4\right]_0^{\frac{1}{2}} + \left[\frac{1}{6}x^3\right]_{\frac{1}{2}}^1 = \frac{1}{32} + \frac{7}{48} = \frac{17}{96} \end{aligned}$$

이고, 따라서 분산은 $Var(X) = E(X^2) - \{E(X)\}^2 = \dfrac{17}{96} - \left(\dfrac{13}{48}\right)^2 = \dfrac{239}{2304}$ 이다.

04-53

장거리 전화통화 시간 X는 다음과 같은 확률밀도함수를 갖는다.

$$f(x) = \frac{1}{10}\,e^{-\frac{x}{10}}, \quad x \ge 0$$

(1) X의 기댓값과 분산을 구하라.
(2) $P(\mu - \sigma \le X \le \mu + \sigma)$와 $P(\mu - 2\sigma \le X \le \mu + 2\sigma)$를 구하라.

풀이 (1) $\begin{aligned}[t] \mu = E(X) &= \int_0^\infty x f(x)\,dx = \int_0^\infty x\left(\frac{1}{10}\,e^{-\frac{x}{10}}\right)dx \\ &= \frac{1}{10}\int_0^\infty x\,e^{-\frac{x}{10}}\,dx = \left[-\frac{1}{10}(10x + 100)\,e^{-\frac{x}{10}}\right]_0^\infty \\ &= -\frac{1}{10} \times (-100) = 10 \end{aligned}$

$$\begin{aligned} E(X^2) &= \int_0^\infty x^2 f(x)\,dx = \int_0^\infty x^2\left(\frac{1}{10}\,e^{-\frac{x}{10}}\right)dx \\ &= \frac{1}{10}\int_0^\infty x^2\,e^{-\frac{x}{10}}\,dx = \left[-\frac{1}{10}(10x^2 + 200x + 2000)\,e^{-\frac{x}{10}}\right]_0^\infty \end{aligned}$$

$$=-\frac{1}{10} \times (-2000) = 200$$

$$Var(X) = E(X^2) - \{E(X)\}^2 = 200 - 10^2 = 100$$

(2) $Var(X) = 100$이므로 표준편차는 $\sigma = 10$이고, 따라서 $\mu - \sigma = 0$, $\mu + \sigma = 20$, $\mu - 2\sigma = -10$, $\mu + 2\sigma = 30$이다.

$$P(\mu - \sigma \leq X \leq \mu + \sigma) = P(0 \leq X \leq 20) = \int_0^{20} \frac{1}{10} e^{-\frac{x}{10}} dx$$

$$= \left[-e^{-\frac{x}{10}} \right]_0^{20} = 1 - e^{-2} \fallingdotseq 0.8647$$

$$P(\mu - 2\sigma \leq X \leq \mu + 2\sigma) = P(0 \leq X \leq 30) = \int_0^{30} \frac{1}{10} e^{-\frac{x}{10}} dx$$

$$= \left[-e^{-\frac{x}{10}} \right]_0^{30} = 1 - e^{-3} \fallingdotseq 0.9502$$

04-54

패스트푸드점에서 음식이 나오는 시간은 평균 63초 표준편차 6.5초 걸린다고 한다. 체비쇼프정리를 이용하여 음식이 나올 확률이 75%와 89% 이상일 시간 구간을 구하라.

풀이 $\mu = 63$, $\sigma = 6.5$이고, 체비쇼프정리에 의하여

$$P(\mu - 2\sigma \leq X \leq \mu + 2\sigma) \geq 1 - \frac{1}{2^2} = 0.75$$

$$P(\mu - 3\sigma \leq X \leq \mu + 3\sigma) \geq 1 - \frac{1}{3^2} = 0.89$$

이므로 $63 - 2 \times 6.5 = 50.0$, $63u + 2 \times 6.5 = 76.0$, $63 - 3 \times 6.5 = 43.5$, $63 + 3 \times 6.5 = 82.5$로부터 구하고자 하는 시간 구간은 각각 $(50.5, 76.0)$, $(43.5, 82.5)$이다.

04-55

확률변수 X의 분포함수가 다음과 같다.

$$F(x) = \begin{cases} 0 & , \ x < 0 \\ 1 - \sum_{n=0}^{4} \frac{e^{-x} x^n}{n!} & , \ x \geq 0 \end{cases}$$

이때 $x \geq 0$에서 X의 확률밀도함수 $f(x)$를 구하라.

풀이 분포함수가 $F(x) = 1 - e^{-x} \sum_{n=0}^{4} \dfrac{x^n}{n!}$

$$= 1 - e^{-x} \left(1 + x + \frac{x^2}{2} + \frac{x^3}{6} + \frac{x^4}{24} \right)$$

이므로 $x \geq 0$ 에서 X 의 확률밀도함수는 다음과 같다.

$$f(x) = \frac{d}{dx} F(x)$$

$$= e^{-x} \left(1 + x + \frac{x^2}{2} + \frac{x^3}{6} + \frac{x^4}{24} \right) - e^{-x} \left(1 + x + \frac{x^2}{2} + \frac{x^3}{6} \right)$$

$$= \frac{x^4 e^{-x}}{24}$$

04-56

보험회사의 월 보험금 지급액 X 는 연속인 양의 확률변수로 표현되며, X 의 확률밀도함수
는 $(1+x)^{-4}$ $(0 < x < \infty)$에 비례한다. 이때 $P(X \leq 0.5)$를 구하라.

풀이 확률변수 X 의 확률밀도함수가 $(1+x)^{-4}$ 에 비례하므로, 확률밀도함수는

$$f(x) = \frac{k}{(1+x)^4} , \quad 0 < x < \infty$$

이다. 상수 k 를 먼저 구하면,

$$\int_0^{\infty} f(x)\, dx = \int_0^{\infty} \frac{k}{(1+x)^4}\, dx = \left[-\frac{1}{3} \frac{k}{(1+x)^3} \right]_0^{\infty} = \frac{k}{3} = 1$$

이므로 $k = 3$ 이다. 따라서

$$P(X \leq 0.5) = \int_0^{0.5} \frac{3}{(1+x)^4}\, dx = \left[-\frac{1}{(1+x)^3} \right]_0^{0.5} = 0.7037$$

04-57

음이 아닌 확률변수 X 가 $x > 0$ 에서 위험률 함수 $h(x) = a + e^{2x}$ 을 갖는다. X 의 생존
함수 $S(x)$에 대하여 $S(0.4) = 0.5$일 때, 상수 a 를 결정하여라.

풀이 생존함수와 위험률 함수의 관계로부터

$$0.5 = S(0.4) = \exp\left\{ -\int_0^{0.4} \left(a + e^{2x} \right) dx \right\}$$

$$= \exp\left\{ \left[-\left(a\,x + 0.5\,e^{2x} \right) \right]_0^{0.4} \right\}$$

$$= \exp\left(-0.4\,a - 0.5e^{0.8} + 0.5 \right)$$

이므로, $\log 0.5 = -0.4\,a - 0.5e^{0.8} + 0.5$, 즉 $-0.4\,a - 0.5e^{0.8} + 0.5 = -0.693147$이 다. 따라서 $a = 0.2009$이다.

04-58

구간 $[0, \infty)$에서 위험률이 $h(x) = \dfrac{1}{\sqrt{x}}$ 인 확률변수 X의 생존함수, 분포함수 그리고 확률밀도함수를 구하라.

풀이 $\displaystyle\int_{-\infty}^{x} h(u)\,du = \int_0^x u^{-\frac{1}{2}}\,du = 2\,x^{\frac{1}{2}}$ 이므로, 생존함수는

$$S(x) = \exp\left\{ -\int_{-\infty}^{x} h(u)\,du \right\} = \exp\left(-2\,x^{\frac{1}{2}} \right), \quad x > 0$$

이다. 그러므로 분포함수는

$$F(x) = 1 - S(x) = 1 - \exp\left(-2\,x^{\frac{1}{2}} \right), \quad x > 0$$

확률밀도함수는 $x > 0$에 대하여

$$f(x) = \frac{d}{dx}F(x) = \frac{d}{dx}\left\{ 1 - \exp\left(-2\,x^{\frac{1}{2}} \right) \right\} = x^{-\frac{1}{2}}\exp\left(-2\,x^{\frac{1}{2}} \right)$$

이다.

04-59

확률변수 X의 분포함수가

$$F(x) = \begin{cases} 0 & , \ x \leq 0 \\ \dfrac{x^2}{4} & , \ 0 < x < 1 \\ 1 & , \ x \geq 1 \end{cases}$$

일 때, X의 확률밀도함수를 구하라.

풀이 $\displaystyle\lim_{x\to 1-} F(x) = \lim_{x\to 1-}\frac{x^2}{4} = \frac{1}{4},\;\; \lim_{x\to 1+} F(x) = 1$ 이므로 분포함수 $F(x)$ 는 $x = 1$ 에서

불연속이다. 특히 이 분포함수는 $x = 1$ 에서 크기 $\dfrac{3}{4}$ 인 점프(도약) 불연속을 갖는다.

그러므로 X 의 확률밀도함수는 다음과 같다.

$$f(x) = \begin{cases} \dfrac{x}{2}, & 0 < x < 1 \\ \dfrac{3}{4}, & x = 1 \\ 0, & \text{다른 곳에서} \end{cases}$$

04-60

확률밀도함수 $f(x)$ 가 다음 그림과 같이 이등변 삼각형으로 주어졌다.

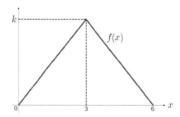

(1) 확률밀도함수 $f(x)$ 를 구하라.

(2) 분포함수 $F(x)$ 를 구하라.

(3) 분포함수를 이용하여 확률 $P(2 < X \le 5)$ 를 구하라.

풀이 (1) 확률밀도함수 $f(x)$ 와 x 축으로 둘러싸인 삼각형의 넓이가 1이므로

$$\frac{1}{2}\times 6\times k = 1; \qquad k = \frac{1}{3}$$

그러므로 구하고자 하는 확률밀도함수는 다음과 같다.

$$f(x) = \begin{cases} \dfrac{x}{9}, & 0 \le x < 3 \\ -\dfrac{x}{9}+\dfrac{2}{3}, & 3 \le x < 6 \\ 0, & \text{다른 곳에서} \end{cases}$$

(2) $x < 0$ 이면 $f(x) = 0$ 이므로 $F(x) = 0$ 이다. $0 \le x < 3$ 이면 $f(x) = \dfrac{x}{9}$ 이므로

$$F(x) = \int_0^x \frac{u}{9}\,du = \frac{x^2}{18}$$

$3 \leq x < 6$이면 $f(x) = -\dfrac{x}{9} + \dfrac{2}{3}$이므로

$$F(x) = \int_0^x f(u)\,du = \int_0^3 \frac{u}{9}\,du + \int_3^x \left(-\frac{u}{9} + \frac{2}{3}\right)du$$
$$= \frac{1}{2} + \left(-\frac{x^2}{18} + \frac{2}{3}x - \frac{3}{2}\right) = -\frac{x^2}{18} + \frac{2}{3}x - 1$$

한편 $x \geq 6$이면

$$F(x) = \int_0^x f(u)\,du = \int_0^3 \frac{u}{9}\,du + \int_3^6 \left(-\frac{u}{9} + \frac{2}{3}\right)du$$
$$= \frac{1}{2} + \frac{1}{2} = 1$$

이고, 따라서 구하고자 하는 분포함수는 다음과 같다.

$$F(x) = \begin{cases} 0 & , \ x < 0 \\ \dfrac{x^2}{18} & , \ 0 \leq x < 3 \\ -\dfrac{x^2}{18} + \dfrac{2}{3}x - 1 & , \ 3 \leq x < 6 \\ 1 & , \ x \geq 6 \end{cases}$$

(3) $P(2 < X \leq 5) = F(5) - F(2) = \dfrac{17}{18} - \dfrac{4}{18} = \dfrac{13}{18}$

04-61

확률변수 X가 $x > 0$에서 다음과 같은 확률밀도함수를 가질 때, X의 최빈값과 중앙값을 구하라.

(1) $f(x) = 3x^2 \exp(-x^3)$ (2) $f(x) = 4x(1+x^2)^{-3}$

풀이 (1) $f(x)$의 도함수를 구하여 $f'(x) = 0$을 만족하는 x를 구한다.

$$f'(x) = 3x(2 - 3x^3)\exp(-x^3); \quad x = \sqrt[3]{\frac{2}{3}}$$

따라서 이 점에서 $f(x)$의 극대 또는 극소를 알기 위하여 2계 도함수를 구하면

$$f''\left(\sqrt[3]{\frac{2}{3}}\right) = (27x^6 - 54x^3 + 6)\exp(-x^3)\Big|_{x = \sqrt[3]{\frac{2}{3}}} = -18e^{-\frac{2}{3}} < 0$$

이므로 $f(x)$는 $x = \sqrt[3]{\dfrac{2}{3}}$에서 최댓값을 가지므로 최빈값은 $x = \sqrt[3]{\dfrac{2}{3}} = 0.8736$

이다. 또한 확률변수 X의 분포함수는

$$F(x) = 1 - \exp(-x^3), \quad x > 0$$

이므로

$$0.5 = F(x_{me}) = 1 - \exp(-x_{me}^3); \ \exp(-x_{me}^3) = 0.5;$$

$$-x_{me}^3 = \ln(0.5) = -0.6931$$

따라서 중앙값은 $x_{me} = \sqrt[3]{0.6931} = 0.885$ 이다.

(2) 확률밀도함수의 도함수는

$$f'(x) = 4(1+x^2)^{-3} - 24x^2(1+x^2)^{-4} = 4(1+x^2)^{-4}(1-5x^2)$$

이다. 그리고 $x > 0$에서 $f'(x) = 0$을 만족하는 값은 $x = \dfrac{1}{\sqrt{5}}$ 이고, 2계 도함수 판정법에 의하여 $f(x)$는 이 점에서 극대이므로 최빈값은 $x_{mo} = \dfrac{1}{\sqrt{5}}$ 이다. 한편 X의 분포함수는

$$F(x) = 1 - \frac{1}{(1+x^2)^2}, \quad x > 0$$

따라서 중앙값은 $0.5 = F(x_{me}) = 1 - \dfrac{1}{(1+x_{me}^2)^2}$ 을 만족하므로 $x_{me} = \sqrt{\sqrt{2}-1}$ $= 0.6436$ 이다.

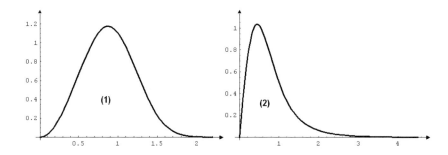

04-62

다음과 같은 확률밀도함수를 갖는 연속확률변수 X의 중앙값이 $\dfrac{1}{4}$ 이라 할 때, 상수 λ 를 구하라.

$$f(x) = \begin{cases} \lambda e^{-\lambda x}, & x > 0 \\ 0, & \text{다른 곳에서} \end{cases}$$

풀이 $\dfrac{1}{2} = P\left(X \le \dfrac{1}{4}\right) = \displaystyle\int_0^{\frac{1}{4}} \lambda e^{-\lambda x} dx = 1 - e^{-\frac{\lambda}{4}}$ 이므로 구하고자 하는 λ 는 다음과 같다.

$$e^{-\frac{\lambda}{4}} = \dfrac{1}{2}; \quad -\dfrac{\lambda}{4} = \ln\dfrac{1}{2} = -\ln 2; \quad \lambda = 4\ln 2 = 2.77$$

04-63

어떤 전기장치에서 하나의 부속품이 고장 날 때까지 걸리는 시간은 중앙값이 4시간이고, 어떤 양의 상수 λ 에 대하여 다음의 분포함수를 갖는다.

$$F(x) = 1 - e^{-\frac{x}{\lambda}}, \quad x > 0$$

이 부속품이 고장나지 않고 적어도 5시간 동안 작동할 확률을 구하라.

풀이 부속품이 고장 날 때까지 걸리는 시간을 확률변수 X 가 분포함수

$$F(x) = 1 - e^{-\frac{x}{\lambda}}, \quad x > 0$$

을 가지고, 이 분포에 대한 중앙값이 4이므로

$$\dfrac{1}{2} = F(4) = 1 - e^{-\frac{4}{\lambda}}; \quad e^{-\frac{4}{\lambda}} = \dfrac{1}{2}; \quad \lambda = \dfrac{4}{\ln 2}$$

즉, X 의 분포함수는

$$F(x) = 1 - e^{-\frac{x\ln 2}{4}}, \quad x > 0$$

이다. 따라서 구하고자 하는 확률은 다음과 같다.

$$P(X \ge 5) = 1 - F(5) = e^{-\frac{5\ln 2}{4}} = 2^{-\frac{5}{4}} = 0.42$$

04-64

확률변수 X 의 분포함수가 $F(x) = \dfrac{x^2}{16}$, $0 \le x \le 4$ 일 때, 중앙값과 최빈값을 구하라.

풀이 우선 중앙값을 먼저 구하면, $F(x_{me}) = \dfrac{x_{me}^2}{16} = \dfrac{1}{2}$ 이므로 $x_{me}^2 = 8$; $x_{me} = 2\sqrt{2}$ 이다. 또한 확률변수 X 의 확률밀도함수는 $f(x) = \dfrac{x}{8}$, $0 \le x \le 4$ 이므로 $x = 4$ 에서 최댓값을 갖는다. 따라서 X 의 최빈값은 $x_{mo} = 4$ 이다.

04-65

날씨와 관련하여 발생하는 보험회사의 연간 손실 X 는 다음 확률밀도함수를 갖는 확률변수로 나타난다.

$$f(x) = \begin{cases} \dfrac{2.5 \, (200)^{2.5}}{x^{3.5}} \,, & x > 200 \\ 0 & , \text{ 다른 곳에서} \end{cases}$$

(1) X 의 30 백분위수와 70 백분위수의 차이를 구하라.
(2) 사분위수 범위를 구하라.

풀이 (1) 우선 X 의 분포함수를 먼저 구하면, $x > 200$ 에 대하여

$$F(x) = \int_{200}^{x} \frac{2.5 \, (200)^{2.5}}{u^{3.5}} \, du = \left[-\left(\frac{200}{u} \right)^{2.5} \right]_{200}^{x} = 1 - \left(\frac{200}{x} \right)^{2.5}$$

이다. 이제 $100p$ 백분위수를 x_p 라 하면,

$$F(x_p) = 1 - \left(\frac{200}{x_p} \right)^{2.5} = \frac{p}{100}; \quad x_p = \frac{200}{(1 - 0.01p)^{0.4}}$$

이다. 따라서 30 백분위수와 70 백분위수의 차이는 다음과 같다.

$$x_{0.70} - x_{0.30} = \frac{200}{0.30^{0.4}} - \frac{200}{0.70^{0.4}} = 93.06$$

(2) 제1사분위수 Q_1 에 대하여 $P(X \le Q_1) = \dfrac{1}{4}$ 이므로

$$P(X \ge Q_1) = \int_{Q_1}^{\infty} \frac{2.5 \, (200)^{2.5}}{u^{3.5}} \, du = \left[-\left(\frac{200}{u} \right)^{2.5} \right]_{Q_1}^{\infty} = \left(\frac{200}{Q_1} \right)^{2.5} = \frac{3}{4},$$

즉 $Q_1 = 200 \left(\dfrac{4}{3} \right)^{0.4} = 224.4$ 이다.

또한 제3사분위수 Q_3 에 대하여 $P(X \le Q_3) = \dfrac{3}{4}$ 이므로

$$P(X \ge Q_3) = \int_{Q_3}^{\infty} \frac{2.5 \, (200)^{2.5}}{u^{3.5}} \, du = \left[-\left(\frac{200}{u} \right)^{2.5} \right]_{Q_3}^{\infty} = \left(\frac{200}{Q_3} \right)^{2.5} = \frac{1}{4},$$

즉 $Q_3 = 200 \times 4^{0.4} = 348.2$ 이다. 그러므로 사분위수범위는 다음과 같다.

$$\text{I.Q.R} = Q_3 - Q_1 = 348.2 - 224.4 = 123.8$$

04-66

구간 $\left(0, \dfrac{\ln 3}{2}\right)$ 에서 확률밀도함수 $f(x) = e^{2x}$ 에 대한 중앙값과 75-백분위수를 구하라. 그리고 이 분포에 대한 최빈값을 구하라.

풀이 확률변수 X의 분포함수를 먼저 구한다.

$$F(x) = \int_0^x e^{2u}\,du = \left[\frac{1}{2}e^{2u}\right]_0^x = \frac{1}{2}(e^{2x} - 1), \quad 0 \le x < \frac{\ln 3}{2}$$

따라서 중앙값과 75-백분위수는 각각 다음과 같다.

$$0.5 = F(x_{me}) = \frac{1}{2}(e^{2x_{me}} - 1); \quad e^{2x_{me}} = 2; \quad x_{me} = \frac{\ln 2}{2} = 0.3466$$

$$0.75 = F(x_{0.75}) = \frac{1}{2}(e^{2x_{0.75}} - 1); \quad e^{2x_{0.75}} = \frac{5}{2}; \quad x_{0.75} = \frac{\ln 2.5}{2} = 0.4581$$

한편, 밀도함수 $f(x) = e^{2x}$ 는 구간 $\left(0, \dfrac{\ln 3}{2}\right)$ 에서 증가하므로 $x = \dfrac{\ln 3}{2}$ 에서 $f(x)$는 최대이다. 따라서 최빈값은 $x = \dfrac{\ln 3}{2}$ 이다.

04-67

구간 $(0, \infty)$ 에서 확률밀도함수 $f(x) = x\,e^{-x}$ 에 대한 최빈값을 구하라.

풀이 구간 $(0, \infty)$ 에서 함수 $f(x) = x\,e^{-x}$ 가 최대인 x 를 구한다. 이를 위하여 우선 임계점을 먼저 구한다.

$$f'(x) = e^{-x} - x\,e^{-x} = (1 - x)\,e^{-x} = 0$$

따라서 임계점은 $x = 1$ 이고, 이 점에서 확률밀도함수 $f(x)$는 최대이다. 따라서 최빈값은 $x = 1$ 이다.

x	$\cdots$	1	$\cdots$
$f'(x)$	+	0	-
$f(x)$	↗	극대(최대)	↘

04-68

의료보험에 대한 손실 X는 다음과 같은 분포함수를 갖는다. 이때 이 분포의 최빈값을 구하라.

$$F(x) = \begin{cases} 0 & , \ x < 0 \\ \dfrac{1}{9}\left(2x^2 - \dfrac{x^3}{3}\right), & 0 \le x \le 3 \\ 1 & , \ x > 3 \end{cases}$$

풀이 X의 확률밀도함수는

$$f(x) = -\frac{1}{9}(x^2 - 4x) = -\frac{1}{9}(x^2 - 4x + 4 - 4) = -\frac{1}{9}(x-2)^2 + \frac{4}{9}$$

이므로 $x = 2$에서 $f(x)$는 최댓값을 갖는다. 따라서 최빈값은 $x_{mo} = 2$이다.

04-69

확률변수 X는 구간 $(0, \infty)$에서 $f(x) = 3e^{-4x}$이고, $P(X=0) = \dfrac{1}{4}$인 확률밀도함수를 갖는다. 이 분포에 대한 중앙값을 구하라.

풀이 $P(X=0) = \dfrac{1}{4} < \dfrac{1}{2}$이므로 중앙값은 구간 $(0, \infty)$ 안에 존재한다. 한편 중앙값 x_{me}에 대하여

$$0.5 = 1 - F(x_{me}) = \int_{x_{me}}^{\infty} 3e^{-4x}\, dx = 0.75\, e^{-4x_{me}}$$

이므로 $x_{me} = -0.25 \ln \dfrac{2}{3} = 0.1025$이다.

04-70

A 회사의 월 수익은 확률밀도함수 $f(x) = \dfrac{1}{x\sqrt{2\pi}}\, e^{-\frac{(\ln x - 1)^2}{2}}$, $x > 0$인 연속확률변수 X에 의하여 나타난다고 한다. 한편 B 회사의 월 수익은 A 회사의 두 배라 할 때, B 회사의 월 수익의 확률밀도함수를 구하라.

풀이 B 회사의 월 수익을 Y라 하면, $Y = 2X$이고, 따라서 $X = \dfrac{Y}{2}$; $\dfrac{dx}{dy} = \dfrac{1}{2}$이므로 Y의 확률밀도함수는 다음과 같다.

$$g\left(y\right) = f\left(\frac{y}{2}\right)\left|\frac{dx}{dy}\right| = \frac{1}{2}\frac{1}{(y/2)\sqrt{2\pi}}\,e^{-\frac{\{\ln\left(y/2\right) - 1\}^2}{2}}\,,\; y > 0$$

04-71

보험증권은 최대 보험 지급금으로 250천 원 까지 치과 비용으로 X를 보상하며, X의 확률밀도함수는

$$f(x) = \begin{cases} ke^{-0.004x}\,,\; x \geq 0 \\ 0 \qquad\quad,\; \text{다른 곳에서} \end{cases}$$

이다. 이 증권에 대한 보험 지급금의 중앙값과 최빈값을 구하라.

풀이 $f(x)$가 확률밀도함수이므로 $\displaystyle\int_0^\infty ke^{-0.004x}\,dx = \frac{k}{0.004} = 1$이고, 따라서 $k = 0.004$ 이다. 한편 보험회사가 지급해야 할 보상금을 Y라 하면, 최대 250천 원 까지는 치과 비용을 보험회사에서 지급하고, 치과 비용이 250천 원 을 초과하면 250천 원만 지급한다. 따라서 보험회사에서 지급하는 보험금은

$$Y = \begin{cases} x\quad\;,\; x \leq 250 \\ 250\,,\; x > 250 \end{cases}$$

이다. 한편 중앙값을 M이라 하면,

$$0.5 = \int_0^M 0.004e^{-0.004x}\,dx = 1 - e^{-0.004M}$$

즉, $e^{-0.004M} = 0.5$; $M = 250\ln 2 = 173.29$천 원 이다.

한편 확률밀도함수 $f(x)$는 $x \geq 0$에서 감소하므로 $x = 0$에서 최댓값 0.004를 갖고, 따라서 최빈값은 $x_{mo} = 0$이다.

04-72

보험회사는 구간 $(0, \infty)$에서 확률밀도함수 $f(x) = e^{-x}$을 갖는 확률손실 X에 대하여, $X < 1$이면 보험금을 지급하지 않고, $X \geq 1$이면 보험금 $X - 1$을 지급한다. 이때 보험회사의 보험 지급액에 대한 확률밀도함수를 구하라.

풀이 $f(x) = e^{-x}$이므로

$$P\left(X \leq\; x\right) = F(x) = \int_0^x e^{-u}\,du = 1 - e^{-x}$$

이다. 이제 보험회사가 지급해야 할 보험금을 Y라 하면, 다음과 같이 정의된다.

$$Y = \begin{cases} 0 & , \ X \leq 1 \\ X - 1 & , \ X > 1 \end{cases}$$

그러므로 $y = 0$이면 $P(Y = 0) = P(X \leq 1) = 1 - e^{-1}$이고, $y > 0$이면

$$F_Y(y) = P(Y \leq y) = P(X - 1 \leq y) = P(X \leq y + 1) = 1 - e^{-(y+1)}$$

이다. 따라서 $y > 0$에서 Y의 확률밀도함수는

$$f_Y(y) = \frac{d}{dy} \left\{ 1 - e^{-(y+1)} \right\} = e^{-(y+1)}$$

즉, Y의 확률밀도함수는

$$f_Y(y) = \begin{cases} 1 - e^{-1} & , \ y = 0 \\ e^{-(y+1)} & , \ y > 0 \end{cases}$$

이다.

04-73

A 회사의 월 소득은 확률밀도함수 $f(x)$인 연속확률변수로 나타나고, B 회사의 월 소득은 A 회사의 두 배라고 한다. B 회사의 월 소득을 나타내는 확률밀도함수를 구하라.

풀이 A 회사와 B 회사의 월 소득을 각각 X와 Y라고 하면, X의 확률밀도함수는 $f(x)$이다. 이제 $F(x)$를 X의 분포함수 그리고 Y의 확률밀도함수와 분포함수를 각각 $g(y)$와 $G(y)$라 하자. 그러면

$$G(y) = P(Y \leq y) = P(2X \leq y) = P\left(X \leq \frac{y}{2}\right) = F\left(\frac{y}{2}\right)$$

$$g(y) = \frac{d}{dy} G(y) = \frac{d}{dy} F\left(\frac{y}{2}\right) = \frac{1}{2} f\left(\frac{y}{2}\right)$$

04-74

제조 시스템의 작동이 멈출 때까지 걸리는 시간 T는 분포함수

$$F(t) = \begin{cases} 1 - \dfrac{4}{t^2} & , \ t > 2 \\ 0 & , \ \text{다른 곳에서} \end{cases}$$

를 갖는다. 그리고 이때 이 회사에 미치는 손실비용은 $Y = T^2$이라 한다. $y > 4$에 대하여 확률변수 Y의 확률밀도함수를 구하라.

풀이 Y의 분포함수를 $G(y)$라 하면, $y > 4$에 대하여

$$G(y) = P(Y \leq y) = P(T^2 \leq y) = P\left(T \leq \sqrt{y}\right) = F\left(\sqrt{y}\right) = 1 - \frac{4}{y}$$

이다. 따라서 Y의 확률밀도함수는

$$g(y) = \frac{d}{dy}G(y) = \frac{4}{y^2}, \ y > 4$$

이다.

04-75

연속확률변수 X는 확률밀도함수

$$f(x) = \begin{cases} 2x^{-2}, & x > 2 \\ 0 & , \text{ 다른 곳에서} \end{cases}$$

를 갖는다. 이때 $Y = \dfrac{1}{X-1}$의 확률밀도함수를 구하라.

풀이 $y = \dfrac{1}{x-1}$이라 하면, $x > 2$에 대하여 $0 < y < 1$이고, $x = 1 + \dfrac{1}{y}$이다. 그러므로
$\left| \dfrac{dx}{dy} \right| = \left| -\dfrac{1}{y^2} \right| = \dfrac{1}{y^2}$이고, 따라서 Y의 확률밀도함수는 다음과 같다.

$$g(y) = f\left(g^{-1}(y)\right)\left| \frac{dg^{-1}(y)}{dy} \right| = \frac{2}{\left(1+\dfrac{1}{y}\right)^2} \frac{1}{y^2} = \frac{2}{(y+1)^2}, \quad 0 < y < 1$$

04-76

보험 약관에 의하여 상수 $0 < C < 1$에 대하여 자기부담금 C인 확률손실 X를 지급한다.
이때 손실금액 X는 다음 확률밀도함수를 갖는 연속확률변수로 나타난다고 한다.

$$f(x) = \begin{cases} 2x, & 0 < x < 1 \\ 0 & , \text{ 다른 곳에서} \end{cases}$$

손실 X가 주어졌을 때, 보험회사가 지급한 보험금이 0.5보다 작을 확률이 0.64일 때, 자기
부담금 C를 구하라.

풀이 보험회사가 지급할 보험금을 Y라 하면, 자기부담금이 C이므로 확률변수 Y는 다음
과 같이 정의된다.

$$Y = \begin{cases} 0 & , \ 0 < X \leq C \\ X - C, & C < X < 1 \end{cases}$$

따라서 보험회사가 지급한 보험금이 0.5보다 작을 확률은

$$0.64 = P(Y < 0.5) = P(0 < X < 0.5 + C)$$

$$= \int_0^{0.5+C} 2x \, dx = \left[x^2 \right]_0^{0.5+C} = (0.5 + C)^2$$

그러므로 $(0.5 + C)^2 = 0.64$; $C = 0.8 - 0.5 = 0.3$이다.

04-77

투자금에 대한 연이율 X는 4%에서 8% 사이에서 일정한 분포를 갖는다. 초기 투자액 10,000천 원에 대한 1년 후의 원리금은 $Y = 10000e^X$(천 원)이라 할 때,

(1) Y의 분포함수를 구하라.

(2) Y의 확률밀도함수를 구하라.

풀이 (1) 연이율 X는 4%에서 8% 사이에서 일정한 분포를 가지므로 X의 확률밀도함수
는 다음과 같다.

$$f(x) = \begin{cases} 25, & 0.04 < x < 0.08 \\ 0, & \text{다른 곳에서} \end{cases}$$

그러므로 X의 분포함수는

$$F(x) = 25x, \quad 0.04 < x < 0.08$$

이다. 한편 $y = 10000e^x$이라 하면, $10000e^{0.04} < y < 10000e^{0.08}$이고, 따라서 Y
의 분포함수는 다음과 같다.

$$G(y) = P(Y \le y) = P(10000e^X \le y) = P\left(X \le \ln\frac{y}{10000} \right)$$

$$= 25 \int_{0.04}^{\ln(y/10000)} dx = 25\left(\ln\frac{y}{10000} - 0.04 \right)$$

(2) Y의 확률밀도함수는 다음과 같다.

$$g(y) = \frac{d}{dy} G(y) = 25 \frac{d}{dy}\left(\ln\frac{y}{10000} - 0.04 \right) = \frac{25}{y},$$

$$10000e^{0.04} < y < 10000e^{0.08}$$

04-78

밀도함수가 $f(x) = e^{-x}$, $x > 0$인 확률변수 X에 대하여, 보험회사는 어떤 장치의 수명을 $Y = 10X^{0.8}$으로 생각한다. 단, 수명의 기본단위는 1년이다.

(1) Y의 확률밀도함수를 구하라.

(2) 이 장치의 수명이 10년 이하일 확률을 구하라.

풀이 (1) X의 분포함수는

$$F(x) = \int_0^x e^{-u}\,du = 1 - e^{-x}, \quad x > 0$$

이다. 따라서 $Y = 10X^{0.8}$의 분포함수는

$$G(y) = P(Y \le y) = P(10X^{0.8} \le y) = P\left(X \le \left(\frac{y}{10}\right)^{5/4}\right)$$

$$= 1 - \exp\left\{-\left(\frac{y}{10}\right)^{5/4}\right\}$$

이다. 그러므로 Y의 확률밀도함수는 다음과 같다.

$$g(y) = \frac{d}{dy}G(y) = \frac{d}{dy}\left[1 - \exp\left\{-\left(\frac{y}{10}\right)^{5/4}\right\}\right]$$

$$= \frac{1}{8}\left(\frac{y}{10}\right)^{1/4}\exp\left\{-\left(\frac{y}{10}\right)^{5/4}\right\}, \quad y > 0$$

(2) $P(Y \le 10) = \displaystyle\int_0^{10} \frac{1}{8}\left(\frac{y}{10}\right)^{1/4}\exp\left\{-\left(\frac{y}{10}\right)^{5/4}\right\}dy$

$$= \left[-\exp\left\{-\left(\frac{y}{10}\right)^{5/4}\right\}\right]_0^{10} = 1 - e^{-1}$$

결합확률분포

공정한 주사위를 두 번 던지는 게임에서 X는 두 눈의 수 가운데 작은 수, Y는 두 눈의 수 가운데 큰 수를 나타내며, 두 눈의 수가 같으면 X와 Y는 주사위 눈의 수를 나타낸다고 한다.

(1) X와 Y의 결합확률함수를 구하라.
(2) X와 Y의 주변확률질량함수를 구하라.
(3) $P(X \leq 3, Y \leq 3)$을 구하라.

풀이 주사위를 두 번 던지는 게임에서 표본공간은 36개의 표본점으로 구성되며, $i, j =$ 1, 2, 3, 4, 5, 6에 대하여, 두 확률변수는 다음과 같이 정의된다.

$$X(i, j) = X(j, i) = i, \quad Y(i, j) = Y(j, i) = j, \quad i < j, \quad X(i, i) = Y(i, i) = i$$

한편 $P\{(i, j)\} = P\{(j, i)\} = \dfrac{1}{36}$, $P\{(i, i)\} = \dfrac{1}{36}$ 이므로 두 확률변수 X와 Y에 대한 다음 결합확률표를 얻는다.

X \ Y	1	2	3	4	5	6	$f_X(x)$
1	$\dfrac{1}{36}$	$\dfrac{2}{36}$	$\dfrac{2}{36}$	$\dfrac{2}{36}$	$\dfrac{2}{36}$	$\dfrac{2}{36}$	$\dfrac{11}{36}$
2	0	$\dfrac{1}{36}$	$\dfrac{2}{36}$	$\dfrac{2}{36}$	$\dfrac{2}{36}$	$\dfrac{2}{36}$	$\dfrac{9}{36}$
3	0	0	$\dfrac{1}{36}$	$\dfrac{2}{36}$	$\dfrac{2}{36}$	$\dfrac{2}{36}$	$\dfrac{7}{36}$
4	0	0	0	$\dfrac{1}{36}$	$\dfrac{2}{36}$	$\dfrac{2}{36}$	$\dfrac{5}{36}$
5	0	0	0	0	$\dfrac{1}{36}$	$\dfrac{2}{36}$	$\dfrac{3}{36}$
6	0	0	0	0	0	$\dfrac{1}{36}$	$\dfrac{1}{36}$
$f_Y(y)$	$\dfrac{1}{36}$	$\dfrac{3}{36}$	$\dfrac{5}{36}$	$\dfrac{7}{36}$	$\dfrac{9}{36}$	$\dfrac{11}{36}$	1

(1), (2) X와 Y의 결합확률함수와 주변확률질량함수는 다음과 같다.

$$f(x,y) = \begin{cases} \dfrac{1}{36}, & x=y=1,2,3,4,5,6 \\ \dfrac{1}{18}, & x<y, \begin{array}{l} x=1,2,3,4,5 \\ y=2,3,4,5,6 \end{array} \end{cases}, \quad f_X(x) = \begin{cases} \dfrac{11}{36}, & x=1 \\ \dfrac{9}{36}, & x=2 \\ \dfrac{7}{36}, & x=3 \\ \dfrac{5}{36}, & x=4 \\ \dfrac{3}{36}, & x=5 \\ \dfrac{1}{36}, & x=6 \\ 0, & \text{다른 곳에서} \end{cases},$$

$$f_Y(y) = \begin{cases} \dfrac{1}{36}, & y=1 \\ \dfrac{3}{36}, & y=2 \\ \dfrac{5}{36}, & y=3 \\ \dfrac{7}{36}, & y=4 \\ \dfrac{9}{36}, & y=5 \\ \dfrac{11}{36}, & y=6 \\ 0, & \text{다른 곳에서} \end{cases}$$

(3) 구하고자 하는 확률은 확률표의 색칠된 부분이므로 $P(X \leq 3,\ Y \leq 3) = \dfrac{9}{36} = \dfrac{1}{4}$ 이다.

05-02

공정한 주사위를 두 번 던지는 게임에서 X는 처음 던져서 나온 눈의 수, Y는 두 눈의 차에 대한 절댓값을 나타낸다고 한다.

(1) X와 Y의 결합확률표를 만들어라.

(2) X와 Y의 주변확률질량함수를 구하라.

(3) $E(Y),\ Var(Y)$를 구하라.

(4) $P(X \leq 3,\ Y \leq 3)$을 구하라.

풀이 (1) 주사위를 두 번 던지는 게임에서 표본공간은 36개의 표본점으로 구성되며, 두 확률변수는 다음과 같이 정의된다.

$$X(i,\ j) = i,\quad Y(i,\ j) = |i - j|,\quad i,\ j = 1,2,3,4,5,6$$

따라서 두 확률변수 X와 Y에 대한 다음 결합확률표를 얻는다.

X \ Y	0	1	2	3	4	5	$f_X(x)$
1	$\dfrac{1}{36}$	$\dfrac{1}{36}$	$\dfrac{1}{36}$	$\dfrac{1}{36}$	$\dfrac{1}{36}$	$\dfrac{1}{36}$	$\dfrac{1}{6}$
2	$\dfrac{1}{36}$	$\dfrac{2}{36}$	$\dfrac{1}{36}$	$\dfrac{1}{36}$	$\dfrac{1}{36}$	0	$\dfrac{1}{6}$
3	$\dfrac{1}{36}$	$\dfrac{2}{36}$	$\dfrac{2}{36}$	$\dfrac{1}{36}$	0	0	$\dfrac{1}{6}$
4	$\dfrac{1}{36}$	$\dfrac{2}{36}$	$\dfrac{2}{36}$	$\dfrac{1}{36}$	0	0	$\dfrac{1}{6}$
5	$\dfrac{1}{36}$	$\dfrac{2}{36}$	$\dfrac{1}{36}$	$\dfrac{1}{36}$	$\dfrac{1}{36}$	0	$\dfrac{1}{6}$
6	$\dfrac{1}{36}$	$\dfrac{1}{36}$	$\dfrac{1}{36}$	$\dfrac{1}{36}$	$\dfrac{1}{36}$	$\dfrac{1}{36}$	$\dfrac{1}{6}$
$f_Y(y)$	$\dfrac{6}{36}$	$\dfrac{10}{36}$	$\dfrac{8}{36}$	$\dfrac{6}{36}$	$\dfrac{4}{36}$	$\dfrac{2}{36}$	1

(2) X와 Y의 결합확률질량함수와 주변확률질량함수는 다음과 같다.

$$f_X(x) = \begin{cases} \dfrac{1}{6}, & x = 1,2,3,4,5,6, \\ 0, & \text{다른 곳에서} \end{cases} \qquad f_Y(y) = \begin{cases} \dfrac{6}{36}, & y = 0,3 \\ \dfrac{10}{36}, & y = 1 \\ \dfrac{8}{36}, & y = 2 \\ \dfrac{4}{36}, & y = 4 \\ \dfrac{2}{36}, & y = 5 \\ 0, & \text{다른 곳에서} \end{cases}$$

(3) $E(Y) = 0 \times \dfrac{6}{36} + 1 \times \dfrac{10}{36} + 2 \times \dfrac{8}{36} + 3 \times \dfrac{6}{36} + 4 \times \dfrac{4}{36} + 5 \times \dfrac{2}{36} = \dfrac{70}{36} = 1.944$

$E(Y^2) = 0 \times \dfrac{6}{36} + 1 \times \dfrac{10}{36} + 4 \times \dfrac{8}{36} + 9 \times \dfrac{6}{36} + 16 \times \dfrac{4}{36} + 25 \times \dfrac{2}{36}$

$= \dfrac{2170}{36} = 5.8334$

$Var(Y) = E(Y^2) - E(Y)^2 = 2.054$

(4) 구하고자 하는 확률은 확률표의 색칠된 부분이므로 $P(X \le 3, Y \le 3) = \dfrac{11}{36}$ 이다.

05-03

공정한 4면체를 두 번 던지는 게임에서 X는 처음 던져서 바닥에 놓인 수, Y는 두 번 던져서 바닥에 놓인 두 수의 합을 나타낸다고 한다.

(1) X와 Y의 결합확률표를 만들어라.
(2) X와 Y의 주변확률질량함수를 구하라.
(3) $P(X + Y \le 5)$를 구하라.

풀이 (1) 4면체를 두 번 던지는 게임에서 표본공간은 16개의 표본점으로 구성되며, 바닥에 놓인 두 수 (i, j)에 대하여 두 확률변수는 다음과 같이 정의된다.

$$X(i, j) = i, \quad Y(i, j) = i + j, \quad i, j = 1,2,3,4$$

따라서 두 확률변수 X와 Y에 대한 다음 결합확률표를 얻는다.

X \ Y	2	3	4	5	6	7	8	$f_X(x)$
1	$\frac{1}{16}$	$\frac{1}{16}$	$\frac{1}{16}$	$\frac{1}{16}$	0	0	0	$\frac{1}{4}$
2	0	$\frac{1}{16}$	$\frac{1}{16}$	$\frac{1}{16}$	$\frac{1}{16}$	0	0	$\frac{1}{4}$
3	0	0	$\frac{1}{16}$	$\frac{1}{16}$	$\frac{1}{16}$	$\frac{1}{16}$	0	$\frac{1}{4}$
4	0	0	0	$\frac{1}{16}$	$\frac{1}{16}$	$\frac{1}{16}$	$\frac{1}{16}$	$\frac{1}{4}$
$f_Y(y)$	$\frac{1}{16}$	$\frac{2}{16}$	$\frac{3}{16}$	$\frac{4}{16}$	$\frac{3}{16}$	$\frac{2}{16}$	$\frac{1}{16}$	1

(2) X와 Y의 결합확률질량함수와 주변확률질량함수는 다음과 같다.

$$f_X(x) = \begin{cases} \frac{1}{4}, & x = 1,2,3,4 \\ 0, & \text{다른 곳에서} \end{cases}, \qquad f_Y(y) = \begin{cases} \frac{1}{16}, & y = 2,8 \\ \frac{2}{16}, & y = 3,7 \\ \frac{3}{16}, & y = 4,6 \\ \frac{4}{16}, & y = 5 \\ 0, & \text{다른 곳에서} \end{cases}$$

(3) 구하고자 하는 확률은 확률표의 색칠된 부분이므로 $P(X+Y \le 5) = \frac{1}{4}$ 이다.

05-04

52장의 카드가 들어있는 주머니에서 비복원추출에 의하여 카드 두 장을 꺼낸다고 하자. 하트의 개수를 X, 스페이드의 개수를 Y라 할 때,

(1) X와 Y의 결합확률함수를 구하라.
(2) X와 Y의 주변확률함수를 구하라.
(3) X의 평균과 분산을 구하라.

풀이 52장의 카드 중에서 두 장의 카드를 뽑을 때, 하트와 스페이드가 나오는 경우는 각각 0, 1, 2뿐이므로 X와 Y의 상태공간은 $\{0, 1, 2\}$이다.

한편 사건 $[X= 0, Y= 0]$은 연속적으로 두 번 하트와 스페이드가 나오지 않는 경우이

고, 따라서 확률은 $P(X=0,\ Y=0)=\dfrac{26}{52}\times\dfrac{25}{51}=\dfrac{650}{2652}$이다. 사건 $[X=1,\ Y=0]$ 은 두 번 중에서 한 번은 하트가 나오고 다른 한 번은 하트와 스페이드가 아닌 카드가 나오는 경우이므로 $P(X=1,\ Y=0)=\dfrac{13}{52}\times\dfrac{26}{51}\times2=\dfrac{676}{2652}$이고, 사건 $[X=0,\ Y=1]$은 두 번 중에서 한 번은 스페이드가 나오고 다른 한 번은 하트와 스페이드가 아닌 카드가 나오는 경우이므로 $P(X=0,\ Y=1)=\dfrac{13}{52}\times\dfrac{26}{51}\times2=\dfrac{676}{2652}$이다. 또한 사건 $[X=1,\ Y=1]$은 처음에 하트가 나오고 나중에 스페이드가 나오는 경우 또는 처음에 스페이드가 나오고 나중에 하트가 나오는 경우이므로 $P(X=1,\ Y=1)=\dfrac{13}{52}\times\dfrac{13}{51}\times2=\dfrac{338}{2652}$이다.

같은 방법으로 사건 $[X=2,\ Y=0]$은 두 번 모두 하트가 나오는 경우이고 사건 $[X=0,\ Y=2]$는 두 번 모두 스페이드가 나오는 경우이므로 $P(X=2,\ Y=0)=\dfrac{13}{52}\times\dfrac{12}{51}=\dfrac{156}{2652}$, $P(X=0,\ Y=2)=\dfrac{13}{52}\times\dfrac{12}{51}=\dfrac{156}{2652}$이다. 그러나 $[X=2,\ Y=1]$, $[X=1,\ Y=2]$는 카드를 세 장 뽑은 결과를 나타내고 $[X=2,\ Y=2]$는 카드 네 장을 뽑은 결과를 나타내므로 이들에 대한 확률은 0이다.

(1) ~ (2) X와 Y의 결합확률함수와 주변확률함수는 다음 표와 같다.

X \ Y	0	1	2	$f_X(x)$
0	$\dfrac{650}{2652}$	$\dfrac{676}{2652}$	$\dfrac{156}{2652}$	$\dfrac{1482}{2652}$
1	$\dfrac{676}{2652}$	$\dfrac{338}{2652}$	0	$\dfrac{1014}{2652}$
2	$\dfrac{156}{2652}$	0	0	$\dfrac{156}{2652}$
$f_Y(y)$	$\dfrac{1482}{2652}$	$\dfrac{1014}{2652}$	$\dfrac{156}{2652}$	1

(3) $E(X)=0\times\dfrac{1482}{2652}+1\times\dfrac{1014}{2652}+2\times\dfrac{156}{2652}=\dfrac{1326}{2652}=0.5$

$E(X^2)=0^2\times\dfrac{1482}{2652}+1^2\times\dfrac{1014}{2652}+2^2\times\dfrac{156}{2652}=\dfrac{1638}{2652}=0.6176$

그러므로 기댓값은 $\mu=0.5$이고 분산은 $\sigma^2=E(X^2)-\{E(X)\}^2=0.6176-0.5^2=0.3676$이다.

05-05

문제 05-04에서 복원추출할 경우, (1) ~ (3)을 구하라.

풀이 복원추출에 의하여 52장의 카드 중에서 두 장의 카드를 뽑을 수 있는 모든 경우의 수는 $\binom{52}{2}$가지이다. 사건 $[X=0, Y=0]$은 연속적으로 두 번 하트와 스페이드가 나오지 않는 경우이고, 이러한 방법의 수는 $\binom{26}{2}\binom{13}{0}\binom{13}{0}$가지이다. 따라서 $P(X=0, Y=0)$ $= \dfrac{\binom{26}{2}\binom{13}{0}\binom{13}{0}}{\binom{52}{2}} = \dfrac{25}{102}$ 이다. 사건 $[X=1, Y=0]$와 $[X=0, Y=1]$에 대한 경우의 수는 $\binom{26}{1}\binom{13}{1}\binom{13}{0}$이므로 각각 $P(X=1, Y=0) = P(X=0, Y=1) = \dfrac{\binom{26}{1}\binom{13}{1}\binom{13}{0}}{\binom{52}{2}}$ $= \dfrac{26}{102}$ 이다. 사건 $[X=1, Y=1]$에 대한 경우의 수는 $\binom{26}{0}\binom{13}{1}\binom{13}{1}$이므로 $P(X=1, Y=1) = \dfrac{\binom{26}{0}\binom{13}{1}\binom{13}{1}}{\binom{52}{2}} = \dfrac{13}{102}$ 이다. 그리고 사건 $[X=0, Y=2]$와 $[X=2, Y=0]$ 인 방법의 수는 $\binom{26}{0}\binom{13}{2}\binom{13}{0}$이고, 따라서 $P(X=2, Y=0) = P(X=0, Y=2)$ $= \dfrac{\binom{26}{0}\binom{13}{2}\binom{13}{0}}{\binom{52}{2}} = \dfrac{6}{102}$ 이다.

(1) ~ (2) X와 Y의 결합확률함수와 주변확률함수는 다음 표와 같다.

X \ Y	0	1	2	$f_X(x)$
0	$\dfrac{25}{102}$	$\dfrac{26}{102}$	$\dfrac{6}{102}$	$\dfrac{57}{102}$
1	$\dfrac{26}{102}$	$\dfrac{13}{102}$	0	$\dfrac{39}{102}$
2	$\dfrac{6}{102}$	0	0	$\dfrac{6}{102}$
$f_Y(y)$	$\dfrac{57}{102}$	$\dfrac{39}{102}$	$\dfrac{6}{102}$	1

(3) $E(X) = 0 \times \dfrac{57}{102} + 1 \times \dfrac{9}{102} + 2 \times \dfrac{6}{102} = \dfrac{51}{102} = 0.5$

$$E(X^2) = 0^2 \times \frac{57}{102} + 1^2 \times \frac{39}{102} + 2^2 \times \frac{6}{102} = \frac{63}{102} = 0.6176$$

그러므로 기댓값은 $\mu = 0.5$이고 분산은 $\sigma^2 = E(X^2) - \{E(X)\}^2 = 0.6176 - 0.5^2 = 0.3676$이다.

05-06

확률변수 X와 Y가 다음 결합확률질량함수를 갖는다.

$$f(x, y) = \begin{cases} \dfrac{2x+y}{12}, & (x, y) = (0, 1), (0, 2), (1, 2), (1, 3) \\ 0, & \text{다른 곳에서} \end{cases}$$

(1) $P(X=1, Y=2)$과 $P(X \le 1, Y < 3)$을 구하라.
(2) $P(X=1 \,|\, Y=2)$를 구하라.
(3) 이산확률변수 X와 Y의 주변확률질량함수를 구하라.
(4) $Y=2$일 때, X의 조건부 확률질량함수를 구하라.

풀이 (1) $P(X=1, Y=2) = f(1, 2) = \dfrac{2 \times 1}{12} = \dfrac{1}{3} = 0.3333$이다. 또한 X와 Y의 상태공간에 대하여 $\{(x, y) | x \le 1, y < 3\} = \{(0,1), (0,2), (1,2)\}$이므로

$$\begin{aligned} P(X \le 1, Y < 3) &= P[(X, Y) \in \{(0,1), (0,2), (1,2)\}] \\ &= P(X=0, Y=1) + P(X=0, Y=2) + P(X=1, Y=2) \\ &= f(0,1) + f(0,2) + f(1,2) \\ &= \frac{2 \times 0 + 1}{12} + \frac{2 \times 0 + 2}{12} + \frac{2 \times 1 + 2}{12} = \frac{7}{12} = 0.5833 \end{aligned}$$

(2) $P(Y=2) = f(0,2) + f(1,2) = \dfrac{2 \times 0 + 2}{12} + \dfrac{2 \times 1 + 2}{12} = \dfrac{1}{2}$이고,

$P(X=1, Y=2) = f(1,2) = \dfrac{2 \times 1 + 2}{12} = \dfrac{1}{3}$이므로 구하고자 하는 확률은 다음과 같다.

$$P(X=1 \,|\, Y=2) = \frac{P(X=1, Y=2)}{P(Y=2)} = \frac{1/3}{1/2} = \frac{2}{3}$$

(3) $X=0$인 경우에 Y가 취할 수 있는 모든 값은 1과 2뿐이므로

$$f_X(0) = P(X=0) = f(0,1) + f(0,2) = \frac{2 \times 0 + 1}{12} + \frac{2 \times 0 + 2}{12} = \frac{1}{4}$$

$X = 1$인 경우에 Y가 취할 수 있는 모든 값은 2와 3뿐이므로

$$f_X(1) = P(X = 1) = f(1, 2) + f(1, 3) = \frac{2 \times 1 + 2}{12} + \frac{2 \times 1 + 3}{12} = \frac{3}{4}$$

따라서 X의 주변확률질량함수는

$$f_X(x) = \begin{cases} \dfrac{1}{4} , & x = 0 \\ \dfrac{3}{4} , & x = 1 \\ 0 , & \text{다른 곳에서} \end{cases}$$

이다. 같은 방법으로

$$f_Y(1) = f(0, 1) = \frac{2 \times 0 + 1}{12} = \frac{1}{12}$$

$$f_Y(2) = f(0, 2) + f(1, 2) = \frac{2 \times 0 + 2}{12} + \frac{2 \times 1 + 2}{12} = \frac{6}{12}$$

$$f_Y(3) = f(1, 3) = \frac{2 \times 1 + 3}{12} = \frac{5}{12}$$

따라서 Y의 주변확률질량함수는 $f_Y(y) = \begin{cases} \dfrac{1}{12} , & y = 1 \\ \dfrac{1}{2} , & y = 2 \\ \dfrac{5}{12} , & y = 3 \\ 0 , & \text{다른 곳에서} \end{cases}$ 이다.

(4) (3)에서 구한 Y의 주변확률질량함수를 이용하면, $Y = 2$일 때, X의 조건부 확률질량함수는 다음과 같다.

$$f(x \mid y = 2) = \frac{f(x, y)}{f_Y(2)} = \frac{(2x + 2)/12}{1/2} = \frac{x + 1}{3} , \quad x = 0, 1$$

05-07

X와 Y의 결합확률함수가 다음과 같을 때,

$$f(x, y) = \frac{x + y}{110} , \quad x = 1, 2, 3, 4, \ y = 1, 2, 3, 4, 5$$

(1) X와 Y의 주변확률함수를 구하라.

(2) $E(X)$, $E(Y)$를 구하라.

(3) $P(X < Y)$ (4) $P(Y = 2X)$

(5) $P(X + Y = 5)$ (6) $P(3 \le X + Y \le 5)$

풀이 (1) $f_X(x) = \displaystyle\sum_{y=1}^{5} \frac{x+y}{110} = \frac{x+3}{22}, \quad x = 1, 2, 3, 4,$

$\qquad f_Y(y) = \displaystyle\sum_{x=1}^{4} \frac{x+y}{110} = \frac{2y+5}{55}, \quad y = 1, 2, 3, 4, 5$

(2) $E(X) = \displaystyle\sum_{x=1}^{4} \frac{x(x+3)}{22} = \frac{30}{11}, \quad E(Y) = \displaystyle\sum_{y=1}^{5} \frac{y(2y+5)}{55} = \frac{37}{11}$

(3) $P(X < Y) = \displaystyle\sum_{y=2}^{5} f(1,y) + \sum_{y=3}^{5} f(2,y) + f(3,4) + f(3,5) + f(4,5) = \frac{6}{11}$

(4) $P(Y = 2X) = f(1,2) + f(2,4) = \dfrac{1+2}{110} + \dfrac{2+4}{110} = \dfrac{9}{110}$

(5) $P(X + Y = 5) = f(1,4) + f(2,3) + f(3,2) + f(4,1) = \dfrac{2}{11}$

(6) $P(3 \le X + Y \le 5) = f(1,2) + f(2,1) + f(1,3) + f(2,2)$

$\qquad\qquad\qquad\qquad + f(3,1) + P(X + Y = 5) = \dfrac{3}{11}$

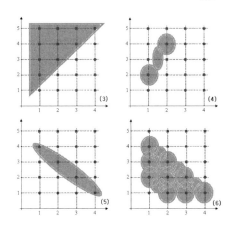

05-08

X와 Y의 결합확률함수가 다음과 같다.

$$f(x, y) = k\left(\frac{1}{3}\right)^{x-1}\left(\frac{1}{4}\right)^{y-1}, \quad x = 1, 2, 3, \cdots, \ y = 1, 2, 3, \cdots$$

(1) 상수 k를 구하라.

(2) X와 Y의 주변확률함수를 구하라.

(3) $P(X + Y = 4)$를 구하라.

풀이 (1) $\displaystyle\sum_{x=1}^{\infty}\sum_{y=1}^{\infty}f(x,y)=k\sum_{x=1}^{\infty}\sum_{y=1}^{\infty}\left(\frac{1}{3}\right)^{x-1}\left(\frac{1}{4}\right)^{y-1}$

$$=k\sum_{x=1}^{\infty}\left(\frac{1}{3}\right)^{x-1}\left\{\sum_{y=1}^{\infty}\left(\frac{1}{4}\right)^{y-1}\right\}=1$$

이 되는 상수 k를 구한다. 한편

$$\sum_{x=1}^{\infty}\left(\frac{1}{3}\right)^{x-1}=\frac{1}{1-(1/3)}=\frac{3}{2}, \qquad \sum_{y=1}^{\infty}\left(\frac{1}{4}\right)^{y-1}=\frac{1}{1-(1/4)}=\frac{4}{3}$$

이므로 $2k=1$; $k=\dfrac{1}{2}$ 이다.

(2) $f_X(x)=\dfrac{1}{2}\displaystyle\sum_{y=1}^{\infty}\left(\frac{1}{3}\right)^{x-1}\left(\frac{1}{4}\right)^{y-1}=\frac{1}{2}\left(\frac{1}{3}\right)^{x-1}\sum_{y=1}^{\infty}\left(\frac{1}{4}\right)^{y-1}$

$$=\frac{1}{2}\left(\frac{1}{3}\right)^{x-1}\times\frac{4}{3}=\frac{2}{3}\left(\frac{1}{3}\right)^{x-1}, \qquad x=1,2,3,\cdots,$$

$f_Y(y)=\dfrac{1}{2}\displaystyle\sum_{x=1}^{\infty}\left(\frac{1}{3}\right)^{x-1}\left(\frac{1}{4}\right)^{y-1}=\frac{1}{2}\left(\frac{1}{4}\right)^{y-1}\sum_{y=1}^{\infty}\left(\frac{1}{3}\right)^{x-1}$

$$=\frac{1}{2}\left(\frac{1}{4}\right)^{y-1}\times\frac{3}{2}=\frac{3}{4}\left(\frac{1}{4}\right)^{y-1}, \qquad y=1,2,3,\cdots$$

(3) $P(X+Y=4)=f(1,3)+f(2,2)+f(3,1)=\dfrac{25}{288}$

05-09

$\{0,1,2,\cdots,9\}$ 에서 비복원추출에 의하여 100단위의 오름차순 숫자(예: 234)를 만들 때, 가장 작은 자릿수를 X, 가장 큰 자릿수를 Y 라 한다.

(1) X와 Y의 결합확률함수를 구하라.
(2) $Z=Y-X$의 확률함수를 구하라.
(3) $P(Z\le 5)$를 구하라.

풀이 (1) 비복원추출에 의하여 세 자릿수를 추출하므로 세 자릿수는 서로 달라야 한다. 따라서 최소 자릿수 x와 최대 자릿수 y가 취할 수 있는 경우는 다음 그림과 같이 $1\le x\le 7$, $x+2\le y$, $y\le 9$이어야 한다. 이때 0 ~ 9 사이의 숫자로 100단위의 오름차순 숫자를 만드는 방법의 수는 $\displaystyle\sum_{i=2}^{8}{}_iC_2=84$이다. 한편 예를 들어, 최소 자릿수 3과 최대 자릿수 6인 경우, 즉 $x = 3$, $y = 6$이 되는 경우의 숫자 집합은 $\{3, 4, 6\}$과 $\{3, 5, 6\}$뿐이며, 따라서 $6 - 3 - 1 = 2$가지가 있다. 또한 $x = 3$, $y = 7$이 되는 경우의 숫자 집합은 $\{3, 4, 7\}$, $\{3, 5, 7\}$ 그리고 $\{3, 6, 7\}$뿐으로 $7 - 3 - 1 = 3$가지이다. 일반적으로 최소 자릿수 x와 최대 자릿수 y인 숫자 집합의 개수는 $y - x - 1$개 있다. 따라서 최소 자릿수 x와 최대 자릿수 y일 확률 즉, X와 Y의 결합확률함수는 다음과 같다.

$$f(x, y) = P(X = x, Y = y) = \frac{y - x - 1}{84}, \quad 1 \le x \le 7, \ x + 2 \le y, \ y \le 9$$

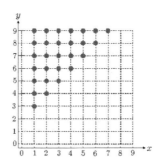

(2) 확률변수 $Z = Y - X$가 취할 수 있는 값은 위의 그림에서 보듯이 명백히 $2, 3, \cdots, 8$이다. 또한 $Z = z$인 경우의 수, 예를 들어 $Z = 2$인 경우는 $(1,3)$, $(2,4)$, $(3,5)$, $(4,6)$, $(5,7)$, $(6,8)$, $(7,9)$ 등이며, $9 - 2 = 7$가지이다. 이와 같이 일반적으로 $Z = z$인 경우의 수는 $10 - z$가지 있다. 한편 각각의 경우에 대하여 z는 최소 자릿수와 최대 자릿수의 쌍 즉, (x, y)로부터 나와야 하며, 이와 같은 최소 자릿수와 최대 자릿수의 쌍에 대한 확률은 $\frac{y - x - 1}{84} = \frac{z - 1}{84}$이다. 따라서 $Z = z$일 확률 즉, Z의 확률함수는 다음과 같다.

$$f_Z(z) = P(Z = z) = \frac{(9 - z)(z - 1)}{84}, \quad z = 2, 3, \cdots, 8$$

(3) $P(Z \le 5) = \displaystyle\sum_{z = 2}^{5} \frac{(9 - z)(z - 1)}{84} = \frac{25}{42}$이다.

05-10

매일 인접한 두 도시 A와 B의 교통사고 발생 시간을 조사한 결과, 두 도시의 교통사고 발생 시간을 각각 X와 Y라 할 때, 다음 결합확률밀도함수를 갖는다.

$$f(x,y) = \begin{cases} e^{-x-y} , & x > 0, \ y > 0 \\ 0 & , \ \text{다른 곳에서} \end{cases}$$

(1) $f(x,y)$가 결합확률밀도함수인 것을 보여라.
(2) 두 도시의 교통사고 발생 시간이 각각 1과 2를 초과할 확률을 구하라.

풀이 (1) X와 Y의 상태공간 $x > 0, \ y > 0$에 대하여 $f(x,y) > 0$이고,

$$\int_{-\infty}^{\infty} \int_{-\infty}^{\infty} f(x,y) \, dx = \int_{0}^{\infty} \int_{0}^{\infty} e^{-x-y} \, dx \, dy$$

$$= \int_{0}^{\infty} e^{-y} \left(\int_{0}^{\infty} e^{-x} \, dx \right) dy$$

$$= \int_{-\infty}^{\infty} e^{-y} \left(\left[-e^{-x} \right]_{0}^{\infty} \right) dy$$

$$= \int_{-\infty}^{\infty} e^{-y} \, dy = \left[-e^{-y} \right]_{0}^{\infty} = 1$$

이므로 $f(x,y)$가 결합확률밀도함수이다.

(2) $P(X > 1, Y > 2) = \int_{2}^{\infty} \int_{1}^{\infty} e^{-x-y} \, dx \, dy = \int_{2}^{\infty} e^{-y} \left(\int_{1}^{\infty} e^{-x} \, dx \right) dy$

$$= \int_{2}^{\infty} e^{-y} \left(\left[-e^{-x} \right]_{1}^{\infty} \right) dy = e^{-1} \int_{2}^{\infty} e^{-y} \, dy$$

$$= e^{-1} \left(\left[-e^{-y} \right]_{2}^{\infty} \right) = e^{-3} = 0.6498$$

05-11

연속확률변수 X와 Y의 결합확률밀도함수가

$$f(x,y) = \begin{cases} e^{-(x+y)} , & 0 \le x < \infty, \ 0 \le y < \infty \\ 0 & , \ \text{다른 곳에서} \end{cases}$$

일 때, X와 Y의 주변확률밀도함수를 구하라.

풀이 확률변수 X와 Y의 주변확률밀도함수는 각각 다음과 같다.

$$f_X(x) = \int_{-\infty}^{\infty} f(x,y)\,dy = \int_0^{\infty} e^{-x} e^{-y}\,dy$$

$$= e^{-x} \lim_{a \to \infty} \left[-e^{-y} \right]_0^a = e^{-x}, \quad 0 \le x < \infty$$

$$f_Y(y) = \int_{-\infty}^{\infty} f(x,y)\,dx = \int_0^{\infty} e^{-x} e^{-y}\,dx$$

$$= e^{-y} \lim_{b \to \infty} \left[-e^{-x} \right]_0^b = e^{-y}, \quad 0 \le y < \infty$$

05-12

연속확률변수 X와 Y의 결합확률밀도함수가 다음과 같다.

$$f(x,y) = \begin{cases} kxy, & 0 \le x \le y \le 1 \\ 0, & \text{다른 곳에서} \end{cases}$$

(1) 상수 k를 구하라.
(2) 두 확률변수 X와 Y의 주변확률밀도함수를 구하라.

풀이 (1) 상태공간은 $S = \{(x,y) : 0 \le x \le y \le 1\}$이고, 이 영역은 다음 그림과 같다.

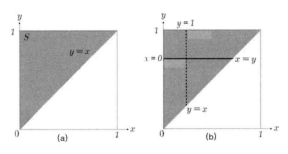

그러면 결합확률의 총합이 1이어야 하므로 이 영역 S에서 $f(x,y)$를 중적분하면 1이다.

$$\iint_S f(x,y)\,dy\,dx = k \int_0^1 \int_x^1 xy\,dy\,dx = k \int_0^1 x \left(\left[\frac{1}{2} y^2 \right]_{y=x}^1 \right) dy\,dx$$

$$= k \int_0^1 x(1-x^2)\,dx = \frac{k}{2} \left(\frac{1}{2} - \frac{1}{4} \right) = \frac{k}{8} = 1$$

그러므로 구하고자 하는 상수는 $k = 8$이다.

(2) 확률변수 X와 Y의 주변확률밀도함수는 위의 그림에서와 같이 각각 다음과 같다.

$$f_X(x) = \int_{-\infty}^{\infty} f(x,y)\,dy = 8\int_x^1 x\,y\,dy$$

$$= 4x\left(\left[y^2\right]_{y=x}^1\right) = 4x\left(1 - x^2\right), \quad 0 \le x \le 1$$

$$f_Y(y) = \int_{-\infty}^{\infty} f(x,y)\,dx = 8\int_0^y x\,y\,dx$$

$$= 4y\left(\left[x^2\right]_{x=0}^y\right) = 4y^3, \quad 0 \le y \le 1$$

05-13

연속확률변수 X와 Y의 결합확률밀도함수가 다음과 같다.

$$f(x,\,y) = 2e^{-x-y}, \quad 0 \le x < y < \infty$$

(1) X와 Y의 주변확률밀도함수를 구하라.
(2) X와 Y의 주변분포함수를 구하라.
(3) 확률 $P\left(1 \le X \le 2,\,1 \le Y \le 2\right)$를 구하라.

풀이 (1) $f_X(x) = \int_x^{\infty} 2\,e^{-x-y}\,dy = 2e^{-x}\left[-e^{-y}\right]_{y=x}^{\infty} = 2e^{-2x}, \qquad 0 < x < \infty$

$f_Y(y) = \int_0^y 2\,e^{-x-y}\,dx = 2e^{-y}\left[-e^{-x}\right]_{x=0}^y = 2e^{-y}\left(1 - e^{-y}\right), \qquad 0 < y < \infty$

(2) X와 Y의 주변분포함수를 구하면,

$$F_X(x) = \int_0^x 2e^{-2u}\,du = 1 - e^{-2x}, \; 0 < x < \infty$$

$$F_Y(y) = \int_0^y 2e^{-v}(1 - e^{-v})\,dv = (1 - e^{-y})^2, \; 0 < y < \infty$$

(3) 구하고자 하는 확률은 영역 A에서 중적분하여 얻는다.

$$P\left(1 \le X \le 2,\,1 \le Y \le 2\right) = \int_1^2 \int_x^2 2e^{-x-y}\,dy\,dx$$

$$= \int_1^2 2e^{-2x}\left(1 - e^{x-2}\right)dx = \frac{(-1+e)^2}{e^4}$$

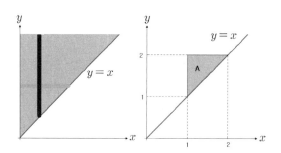

05-14

연속확률변수 X 와 Y 의 결합확률밀도함수가 다음과 같다.

$$f(x, y) = \frac{3}{16} \ , \quad x^2 \leq y \leq 4, \ 0 \leq x \leq 2$$

(1) X 와 Y 의 주변확률밀도함수를 구하라.

(2) $P(1 \leq X \leq \sqrt{2}, 1 \leq Y \leq 2)$ 를 구하라.

(3) $P(2X > Y)$ 를 구하라.

풀이 (1) 두 확률변수의 주변확률밀도함수는 각각 다음과 같다.

$$f_X(x) = \int_{x^2}^{4} \frac{3}{16} \, dy = \frac{3}{16}(4 - x^2), \quad 0 \leq x \leq 2,$$
$$f_Y(y) = \int_{0}^{\sqrt{y}} \frac{3}{16} \, dx = \frac{3}{16} \sqrt{y}, \quad 0 \leq y \leq 4$$

(2) 구하고자 하는 확률은 영역 A에서 중적분하여 얻는다.

$$P(1 \leq X \leq \sqrt{2}, 1 \leq Y \leq 2) = \int_{1}^{\sqrt{2}} \int_{x^2}^{2} \frac{3}{16} \, dy \, dx = \frac{4\sqrt{2} - 5}{16}$$

(3) 구하고자 하는 확률은 영역 B에서 중적분하여 얻는다.

$$P(2X > Y) = \int_{0}^{2} \int_{x^2}^{2x} \frac{3}{16} \, dy \, dx = \frac{1}{8}$$

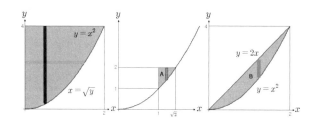

05-15

연속확률변수 X와 Y의 결합확률밀도함수가 $f(x, y) = \dfrac{x+y}{8}$, $0 \leq x \leq 2$, $0 \leq y \leq 2$ 일 때, 다음 확률을 구하라.

(1) $P(X \leq Y)$ (2) $P(X \geq 2Y)$

(3) $P(Y \geq X^2)$ (4) $P(X^2 + Y^2 \leq 4)$

풀이 (1) $P(X \leq Y) = \displaystyle\int_0^2 \int_x^2 \dfrac{x+y}{8}\,dy\,dx = \dfrac{1}{2}$

(2) $P(X \geq 2Y) \equiv \displaystyle\int_0^2 \int_0^{\frac{x}{2}} \dfrac{x+y}{8}\,dy\,dx = \dfrac{5}{24}$

(3) $P(Y \geq X^2) \equiv \displaystyle\int_0^{\sqrt{2}} \int_{x^2}^2 \dfrac{x+y}{8}\,dy\,dx = \dfrac{5+8\sqrt{2}}{40}$

(4) $P(X^2 + Y^2 \leq 4) = \displaystyle\int_0^2 \int_0^{\sqrt{4-x^2}} \dfrac{x+y}{8}\,dy\,dx = \dfrac{2}{3}$

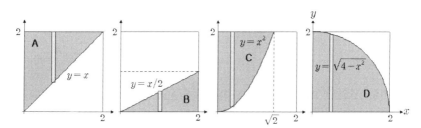

05-16

연속확률변수 X와 Y의 결합확률밀도함수가 $f(x, y) = k(x-1)y^2$, $1 \leq x \leq 3$, $1 \leq y \leq 4$일 때, 다음을 구하라.

(1) 상수 k (2) X와 Y의 확률밀도함수

(3) $P\left(1 \leq X \leq 2, \dfrac{1}{2} \leq Y \leq 2\right)$ (4) $P(X \leq Y \leq 2X)$

풀이 (1) $\displaystyle\int_1^3 \int_1^4 k(x-1)y^2\,dy\,dx = 42k = 1$이므로 $k = \dfrac{1}{42}$ 이다.

(2) $f_X(x) = \displaystyle\int_1^4 \dfrac{1}{42}(x-1)y^2\,dy = \dfrac{1}{2}(x-1)$, $1 \leq x \leq 3$,

$$f_Y(y) = \int_1^3 \frac{1}{42}(x-1)y^2\,dx = \frac{1}{21}y^2, \quad 1 \le y \le 4$$

(3) $P\left(1 \le X \le 2, \frac{1}{2} \le Y \le 2\right) = \int_1^2 \int_{1/2}^2 \frac{1}{42}(x-1)y^2\,dy\,dx = \frac{1}{32}$

(4) $P(X \le Y \le 2X) = \int_0^2 \int_x^{2x} \frac{1}{42}(x-1)y^2\,dy\,dx$

$$+ \int_2^3 \int_x^4 \frac{1}{42}(x-1)y^2\,dy\,dx$$

$$= \frac{2}{15} + \frac{467}{840} = \frac{193}{280}$$

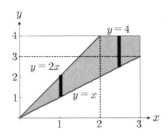

05-17

두 확률변수 X와 Y의 결합확률밀도함수가 다음과 같다.

$$f(x,y) = \begin{cases} \dfrac{3}{2}y^2, & 0 \le x \le 2,\, 0 \le y \le 1 \\ 0, & \text{다른 곳에서} \end{cases}$$

(1) X와 Y의 주변확률밀도함수를 구하라.

(2) X와 Y는 독립인가?

(3) $P(X < 1)$와 $P\left(Y \ge \dfrac{1}{2}\right)$을 구하라.

(4) 사건 $\{X < 1\}$과 $\left\{Y \ge \dfrac{1}{2}\right\}$은 독립인가?

풀이 (1) $f_X(x) = \int_0^1 f(x,y)\,dy = \int_0^1 \frac{3}{2}y^2\,dy = \frac{1}{2}, \quad 0 \le x \le 2$

$$f_Y(y) = \int_0^2 f(x,y)\,dx = \int_0^1 \frac{3}{2}y^2\,dx = 3y^2, \quad 0 \le y \le 1$$

(2) 모든 $0 \le x \le 2$, $0 \le y \le 1$에 대하여 $f(x,y) = f_X(x)f_Y(y)$이므로 독립이다.

(3) $P(X < 1) = \displaystyle\int_0^1 f_X(x)\,dx = \int_0^1 \frac{1}{2}\,dx = \frac{1}{2}$,

$P\left(Y \geq \frac{1}{2}\right) = \displaystyle\int_{\frac{1}{2}}^1 f_Y(y)\,dy = \int_{\frac{1}{2}}^1 3y^2\,dy = \frac{7}{8}$

(4) $P\left(X < 1,\ Y \geq \frac{1}{2}\right) = \displaystyle\int_0^1 \int_{\frac{1}{2}}^1 f(x,y)\,dy\,dx = \int_0^1 \int_{\frac{1}{2}}^1 \frac{3}{2}y^2\,dy\,dx = \frac{7}{16}$ 이고,

(3)에서 구한 값을 적용하면 $P\left(X < 1,\ Y \geq \frac{1}{2}\right) = P(X < 1)\,P\left(Y \geq \frac{1}{2}\right)$ 이므로, 두 사건은 독립이다.

05-18

두 확률변수 X와 Y가 결합확률밀도함수

$$f(x,y) = \begin{cases} 24\,x\,y, & 0 < y < 1-x,\ 0 < x < 1 \\ 0, & \text{다른 곳에서} \end{cases}$$

을 갖는다고 할 때, 다음을 구하라.

(1) X와 Y의 주변확률밀도함수

(2) $P(X > Y)$ (3) $P\left(Y < X \mid X = \frac{1}{3}\right)$

풀이 (1) $f_X(x) = \displaystyle\int_0^{1-x} 24x\,y\,dy = \left[12xy^2\right]_{y=0}^{1-x} = 12x(1-x)^2,\quad 0 < x < 1$

$f_Y(y) = \displaystyle\int_0^{1-y} 24x\,y\,dx = \left[12x^2 y\right]_{x=0}^{1-y} = 12y(1-y)^2,\quad 0 < y < 1$

(2) 상태공간 안에서 $X > Y$인 영역은 그림의 A와 같으며, 영역 A는 $x = \frac{1}{2}$에 의하여 구분된다. 그러므로 구하고자 하는 확률은 다음과 같다.

$$P(X > Y) = \int_0^{\frac{1}{2}} \int_0^x 24x\,y\,dy\,dx + \int_{\frac{1}{2}}^1 \int_0^{1-x} 24x\,y\,dy\,dx = \frac{3}{16} + \frac{5}{16} = \frac{1}{2}$$

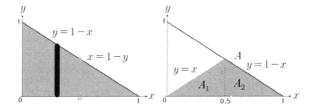

(3) (1)에 의해 $f_X\left(\dfrac{1}{3}\right)=\dfrac{16}{9}$ 이므로 $X=\dfrac{1}{3}$일 때, Y의 조건부 확률밀도함수는

$$f\left(y\,\Big|\,x=\frac{1}{3}\right)=\frac{f\left(\frac{1}{3},\,y\right)}{f_X\left(\frac{1}{3}\right)}=\frac{8y}{\frac{16}{9}}=\frac{9}{2}y\;,\qquad 0<y<\frac{2}{3}$$

이다. 따라서 구하고자 하는 확률은 다음과 같다.

$$P\left(Y<X\,\Big|\,X=\frac{1}{3}\right)=\int_0^{\frac{1}{3}}\frac{9}{2}y\,dy=\left[\frac{9}{4}y^2\right]_0^{\frac{1}{3}}=\frac{1}{4}$$

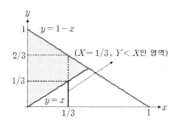

05-19

두 확률변수 X와 Y가 결합확률밀도함수 $f(x,y)=1$, $0<x<1$, $0<y<1$을 갖는다고 할 때, 다음을 구하라.

(1) X와 Y의 결합분포함수

(2) $P\left(X\ge\dfrac{1}{2},\,X\ge Y\right)$ 　　(3) $P(X^2+Y^2\le 1)$

(4) $P\left(|X-Y|\le\dfrac{1}{2}\right)$ 　　(5) $P(X+Y\ge 1,\,X^2+Y^2\le 1)$

풀이 (1) $F(x,y)=\displaystyle\int_0^x\int_0^y 1\,dv\,du=xy$, $0<x<1$, $0<y<1$

(2) $P\left(X\ge\dfrac{1}{2},\,X\ge Y\right)=\displaystyle\int_{\frac{1}{2}}^1\int_0^x 1\,dy\,dx=\dfrac{3}{8}$

(3) $P(X^2+Y^2\le 1)=\displaystyle\int_0^1\int_0^{\sqrt{1-x^2}}1\,dy\,dx=\dfrac{\pi}{4}$

(4) $P\left(|X-Y|\le\dfrac{1}{2}\right)=\displaystyle\int_0^{\frac{1}{2}}\int_0^{x+\frac{1}{2}}1\,dy\,dx+\int_{\frac{1}{2}}^1\int_{x-\frac{1}{2}}^1 1\,dy\,dx=\dfrac{3}{4}$

(5) $P(X+Y \geq 1, X^2+Y^2 \leq 1) = \int_0^1 \int_{1-x}^{\sqrt{1-x^2}} 1 \, dy \, dx = \dfrac{\pi-2}{4}$

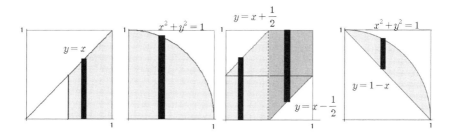

05-20

두 확률변수 X와 Y가 영역 $S = \{(x, y) : 0 < x < 4,\ 0 < y < 8,\ x < y\}$에서 결합확률밀도함수 $f(x, y) = k$를 가질 때, 다음을 구하라.

(1) 상수 k (2) X와 Y의 주변확률밀도함수

(3) $P(X < 2)$ (4) $P(Y > 1)$

(5) $P(2X > Y)$ (6) $P(2X < Y < 4X)$

풀이 (1) $\displaystyle\int_0^4 \int_x^8 k \, dy \, dx = 24k = 1$ 이므로 $k = \dfrac{1}{24}$ 이다.

(2) $f_X(x) = \displaystyle\int_x^8 \dfrac{1}{24} \, dy = \dfrac{8-x}{24},\quad 0 < x < 4$

한편 $0 < y < 4$와 $4 < y < 8$에서 x의 적분영역이 분리되므로 두 영역에서 Y의 밀도함수를 구하면, 다음과 같다.

$$f_Y(y) = \int_0^y \dfrac{1}{24} \, dy = \dfrac{y}{24},\quad 0 < y < 4,$$

$$f_Y(y) = \int_0^4 \dfrac{1}{24} \, dy = \dfrac{1}{6},\quad 4 < y < 8$$

그러므로 구하고자 하는 Y의 주변확률밀도함수는 다음과 같다.

$$f_Y(y) = \begin{cases} \dfrac{y}{24}, & 0 < y < 4 \\ \dfrac{1}{6}, & 4 < y < 8 \\ 0, & \text{다른 곳에서} \end{cases}$$

(3) $P(X < 2) = \displaystyle\int_0^2 \dfrac{8-x}{24} \, dx = \dfrac{7}{12}$

(4) $P(Y > 1) = \int_1^4 \frac{y}{24}\,dy + \int_4^8 \frac{1}{6}\,dy = \frac{47}{48}$

(5) $P(2X > Y) = \int_0^{\frac{1}{2}} \int_x^{2x} \frac{1}{24}\,dy\,dx = \frac{1}{3}$

(6) $P(2X < Y < 4X) = \int_0^2 \int_{2x}^{4x} \frac{1}{24}\,dy\,dx + \int_2^4 \int_{2x}^8 \frac{1}{24}\,dy\,dx = \frac{1}{6} + \frac{1}{6} = \frac{1}{3}$

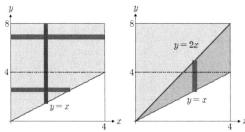

05-21

두 확률변수 X와 Y가 $S = \{(x, y) : 0 < x < y < 2\}$에서 결합확률밀도함수 $f(x, y) = k$를 가질 때, 다음을 구하라.

(1) 상수 k
(2) X와 Y의 주변확률밀도함수
(3) $P(2X > Y)$
(4) $P(2X < Y < 4X)$

풀이 (1) $\int_0^2 \int_x^2 k\,dy\,dx = 2k = 1$이므로 $k = \frac{1}{2}$이다.

(2) $f_X(x) = \int_0^x \frac{1}{2}\,dy = \frac{x}{2}$, $0 < x < 2$, $f_Y(y) = \int_0^y \frac{1}{2}\,dy = \frac{y}{2}$, $0 < y < 2$

(3) $P(2X > Y) = \int_0^1 \int_x^{2x} \frac{1}{2}\,dy\,dx + \int_1^2 \int_x^2 \frac{1}{2}\,dy\,dx = \frac{1}{4} + \frac{1}{4} = \frac{1}{2}$

$P(2X < Y < 4X) = \int_0^{\frac{1}{2}} \int_{2x}^{4x} \frac{1}{2}\,dy\,dx + \int_{\frac{1}{2}}^1 \int_{2x}^2 \frac{1}{2}\,dy\,dx = \frac{1}{8} + \frac{1}{8} = \frac{1}{4}$

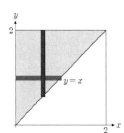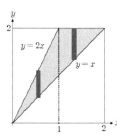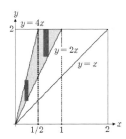

05-22

두 확률변수 X와 Y가 $S=\{(x,y): 0<|y|<x<2\}$에서 결합확률밀도함수 $f(x,y)=k$를 가질 때, 다음을 구하라.

(1) 상수 k

(2) X와 Y의 주변확률밀도함수

(3) $P(1<X<2)$

풀이 (1) $\displaystyle\int_0^2\int_{-x}^x k\,dy\,dx=4k=1$이므로 $k=\dfrac{1}{4}$이다.

(2) $f_X(x)=\displaystyle\int_{-x}^x \dfrac{1}{4}\,dy=\dfrac{x}{2}$, $\quad 0<x<2$,

그림에서와 같이 Y의 밀도함수는 $-2<y<0$, $0<y<2$에 의하여 분할된다.

(a) $-2<y<0$인 경우 ; $f_Y(y)=\displaystyle\int_{-y}^2 \dfrac{1}{2}\,dx=1+y$, $\quad -2<y<0$

(b) $0<y<2$인 경우 ; $f_Y(y)=\displaystyle\int_y^2 \dfrac{1}{2}\,dx=1-y$, $\quad 0<y<2$

따라서 Y의 주변확률밀도함수는 다음과 같다.

$$f_Y(y)=\begin{cases}1+y, & -2<y<0 \\ 1-y, & 0<y<2\end{cases}$$

(3) $P(1<X<2)=\displaystyle\int_1^2\int_{-x}^x \dfrac{1}{4}\,dy\,dx=\dfrac{3}{4}$

또는 $P(1<X<2)=\displaystyle\int_1^2 \dfrac{x}{2}\,dx=\dfrac{3}{4}$

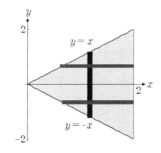
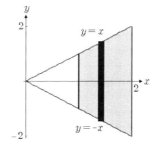

05-23

두 확률변수 X와 Y의 결합확률밀도함수가 $f(x, y) = 3e^{-x-3y}$, $x > 0$, $y > 0$일 때,

(1) 결합분포함수 $F(x, y)$를 구하라.

(2) X와 Y의 주변확률밀도함수를 구하라.

(3) $P(X < Y)$를 구하라.

풀이 (1) $F(x, y) = \displaystyle\int_0^x \int_0^y 3e^{-u-3v} \, dv \, du = (1 - e^{-x})(1 - e^{-3y})$, $x > 0$, $y > 0$이다.

(2) $f_X(x) = \displaystyle\int_0^\infty 3e^{-x-3y} \, dy = e^{-x}$, $0 < x < \infty$,

$f_Y(y) = \displaystyle\int_0^\infty 3e^{-x-3y} \, dx = 3e^{-3y}$, $0 < y < \infty$

(3) $P(X < Y) = \displaystyle\int_0^\infty \int_x^\infty 3e^{-x-3y} \, dy \, dx = \int_0^\infty e^{-4x} \, dx = \frac{1}{4}$

05-24

X와 Y의 결합확률밀도함수가 다음과 같다.

$$f(x, y) = \begin{cases} k(e^{x+y} + e^{2x-y}), & 1 \le x \le 2, \, 0 \le y \le 3 \\ 0, & \text{다른 곳에서} \end{cases}$$

(1) 상수 k를 구하라.

(2) $P(1 \le X \le 2, \, 1 \le Y \le 2)$를 구하라.

(3) X와 Y의 주변확률밀도함수를 구하라.

풀이 (1) $\displaystyle\iint_S f(x, y) \, dy \, dx = k \int_1^2 \int_0^3 (e^{x+y} + e^{2x-y}) \, dy \, dx$

$$= \frac{1 + e^2 - 3e^3 - e^5 + 2e^6}{2e} k = 1$$

로부터

$$k = \frac{2e}{1 + e^2 - 3e^3 - e^5 + 2e^6}$$

이다.

(2) $P(1 \le X \le 2, \, 1 \le Y \le 2) = k \displaystyle\int_1^2 \int_1^2 (e^{x+y} + e^{2x-y}) \, dy \, dx$

$$= \frac{e}{e^2 + e + 1} \fallingdotseq 0.2447$$

(3) X와 Y의 주변확률밀도함수는 각각 다음과 같다.

$$f_X(x) = k \int_0^3 (e^{x+y} + e^{2x-y}) \, dy = \frac{2e^{x-2}(e^3 + e^x)}{(e-1)(2e^2 + e + 1)}, \quad 1 \leq x \leq 2$$

$$f_Y(y) = k \int_1^2 (e^{x+y} + e^{2x-y}) \, dx = \frac{e^{2-y}(e + e^2 + 2e^{2y})}{-1 - e - 2e^2 + e^3 + e^4 + 2e^5}, \quad 0 \leq y \leq 3$$

05-25

20세에서 29세 사이의 청년들에게 혈액 속의 칼슘의 양 X는 dL 당 8.5에서 $10.5\,\mathrm{mg}$ 그리고 콜레스테롤의 양 Y는 dL당 120에서 $240\,\mathrm{mg}$ 들어있다는 의학보고서가 있다. 이 연령대에 있는 청년들에 대하여 X와 Y는 균등분포를 따른다고 한다.

(1) X와 Y의 결합확률밀도함수를 구하라.
(2) X와 Y의 주변확률밀도함수를 구하라.

풀이 (1) $8.5 \leq x \leq 10.5$, $120 \leq y \leq 240$에서 X와 Y가 균등분포를 따르므로 결합확률밀도함수는

$$f(x, y) = k, \quad 8.5 \leq x \leq 10.5, \; 120 \leq y \leq 240$$

이다. 따라서

$$\int_{8.5}^{10.5} \int_{120}^{240} f(x, y) \, dy \, dx = \int_{8.5}^{10.5} \int_{120}^{240} k \, dy \, dx = 240 \, k = 1$$

그러므로 $f(x,y) = \dfrac{1}{240}$, $\quad 8.5 \leq x \leq 10.5$, $120 \leq y \leq 240$이다.

(2) $f_X(x) = \displaystyle\int_{120}^{240} \frac{1}{240} \, dy = 2, \quad 8.5 \leq x \leq 10.5$

$\quad f_Y(y) = \displaystyle\int_{8.5}^{10.5} \frac{1}{240} \, dx = 120, \quad 120 \leq y \leq 240$

05-26

X와 Y의 결합확률밀도함수는 네 점 $(0, 1)$, $(1, 0)$, $(0, -1)$, $(-1, 0)$을 꼭짓점으로 갖는 영역 D에서 $f(x, y) = k$, $(x, y) \in D$로 주어진다.

(1) 상수 k를 구하라.
(2) X와 Y의 주변확률밀도함수를 구하라.
(3) X와 Y의 기댓값과 분산을 구하라.

풀이 (1) X와 Y의 상태공간 S는 그림과 같이

$$S_1 = \{(x, y) : -x + 1 \leq y \leq x + 1, \ -1 \leq x \leq 0\},$$

$$S_2 = \{(x, y) : x - 1 \leq y \leq -x + 1, \ 0 \leq x \leq 1\}$$

이라 할 때, $S = S_1 \cup S_2$ 이다.

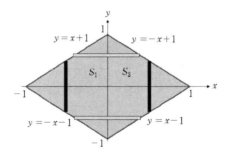

$$\iint_S f(x, y)\, dy\, dx = \iint_{S_1} k\, dy\, dx + \iint_{S_2} k\, dy\, dx = 1$$

이고, 따라서

$$\int_{-1}^0 \int_{-x-1}^{x+1} k\, dy\, dx + \int_0^1 \int_{x-1}^{-x+1} k\, dy\, dx = 2k = 1; \ k = \frac{1}{2}$$

(2) X와 Y의 주변확률밀도함수는 각각 다음과 같다.

$$f_X(x) = \begin{cases} \displaystyle\int_{-x-1}^{x+1} \frac{1}{2} dy, & -1 \leq x \leq 0 \\ \displaystyle\int_{x-1}^{-x+1} \frac{1}{2} dy, & 0 < x \leq 1 \end{cases} = \begin{cases} 1 + x, & -1 \leq x \leq 0 \\ 1 - x, & 0 < x \leq 1 \end{cases}$$

$$f_Y(y) = \begin{cases} \displaystyle\int_{-y-1}^{y+1} \frac{1}{2}\,dx \ , & -1 \le y \le 0 \\ \displaystyle\int_{y-1}^{-y+1} \frac{1}{2}\,dx \ , & 0 < y \le 1 \end{cases} = \begin{cases} 1+y \ , & -1 \le y \le 0 \\ 1-y \ , & 0 < y \le 1 \end{cases}$$

(3) (2)에 의하여 X와 Y가 동일한 분포를 따르므로

$$E(X) = E(Y) = \int_{-1}^{1} x f_X(x)\,dx = \int_{-1}^{0} x\,(1+x)\,dx + \int_{0}^{1} x\,(1-x)\,dx$$

$$= -\frac{1}{6} + \frac{1}{6} = 0$$

$$E(X^2) = E(Y^2) = \int_{-1}^{1} x^2 f_X(x)\,dx = \int_{-1}^{0} x^2\,(1+x)\,dx + \int_{0}^{1} x^2\,(1-x)\,dx$$

$$= \frac{1}{12} + \frac{1}{12} = \frac{1}{6}$$

그러므로 X와 Y의 분산은 $Var(X) = Var(Y) = E(X^2) = E(Y^2) = \dfrac{1}{6}$ 이다.

05-27

어떤 기계장치는 두 부품 중 어느 하나가 고장 날 때까지 작동한다. 그리고 두 부품의 수명(단위: 시간)에 대한 결합확률밀도함수는 다음과 같다.

$$f(x,\,y) = \begin{cases} \dfrac{x+y}{27} \ , & 0 < x < 3,\, 0 < y < 3 \\ 0 & , \ \text{다른 곳에서} \end{cases}$$

이 장치가 1시간 안에 작동이 멈출 확률을 구하라.

풀이 이 장치가 1시간 안에 멈출 사건은 아래 그림과 같다.

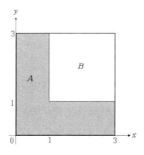

따라서 구하고자 하는 확률은

$$P(A) = 1 - P(B) = 1 - \int_1^3 \int_1^3 \frac{x+y}{27} \, dx \, dy = 1 - \frac{32}{54} = 0.4074$$

05-28

보험회사는 대단히 많은 운전자를 가입자로 보유하고 있다. 자동차 충돌에 의한 보험회사의 손실을 확률변수 X 라 하고, 책임보험에 의한 손실을 Y 라고 하자. 그러면 두 확률변수의 결합확률밀도함수는 다음과 같다고 한다.

$$f(x) = \begin{cases} \dfrac{2x+2-y}{4}, & 0 < x < 1, \, 0 < y < 2 \\ 0, & \text{다른 곳에서} \end{cases}$$

두 손실의 총액이 적어도 1일 확률을 구하라.

풀이 구하고자 하는 확률은 $P(X+Y \geq 1)$ 이고, 결합확률밀도함수의 정의역에서 $x+y \geq 1$ 인 영역은 다음 그림의 A 부분이다. 따라서

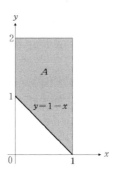

$$P(X+Y \geq 1) = 1 - P(X+Y < 1) = 1 - \int_0^1 \int_0^{1-x} \frac{2x+2-y}{4} \, dy \, dx$$

$$= 1 - \frac{7}{24} = \frac{17}{24} = 0.7083$$

05-29

어떤 기계장치는 두 개의 대단위 구성요소로 이루어져 있으며, 이 두 요소 중에서 어느 하나가 고장이 나면 이 기계장치는 자동으로 멈춘다. 그리고 두 구성요소의 수명에 대한 결합분포는 $f(x, y) = 1$, $0 < x, y < 1$ 이라 한다. 단, 측정 단위는 시간이다. 이때, 처음 30분 동안 사용 중에 이 기계장치가 멈추게 될 확률은 얼마인가?

풀이 기계장치가 처음 30분 동안에 때때로 멈추게 되는 x, y의 영역을 구하면 다음 그림과 같다.

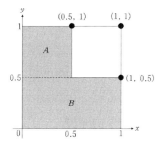

따라서 구하고자 하는 확률은

$$P\left\{\left(X \le \frac{1}{2}\right) \cup \left(Y \le \frac{1}{2}\right)\right\} = \int_0^1 \int_0^{0.5} dx\,dy + \int_0^{0.5} \int_{0.5}^1 dx\,dy$$

$$= 0.5 + 0.25 = 0.75$$

05-30

두 지역에서 지난 1년간 측정된 강우량을 각각 X와 Y라 할 때, 다음과 같은 결합확률밀도함수를 갖는다고 한다.

$$f(x, y) = 4xy, \ 0 \le x \le 1, \ 0 \le y \le 1$$

이때 확률 $P(X + Y \le 1)$을 구하라.

풀이 구하고자 하는 확률은 다음과 같다.

$$P(X + Y \le 1) = \int_0^1 \int_0^{1-x} 4xy\,dy\,dx = \frac{1}{6}$$

05-31

자동차 보험회사는 보험금을 유리창 파손과 다른 부위의 파손에 의한 손실로 분리한다. 유리창 파손에 의한 손실을 X 그리고 다른 부위의 파손에 의한 손실을 Y라 하면, 다음 결합확률밀도함수를 갖는다. 단위는 1백만 원이다.

$$f(x, y) = \begin{cases} \dfrac{1}{1875}(30 - x - y), & 0 < x < 5, 0 < y < 25 \\ 0 & , \ 다른 \ 곳에서 \end{cases}$$

(1) X와 Y의 결합분포함수를 구하라.

(2) X와 Y의 주변확률밀도함수를 구하라.

(3) $P(2 < X \leq 4,\ 20 < Y \leq 25)$를 구하라.

(4) $P(2X \geq Y)$를 구하라.

풀이 (1) $0 \leq x < 5,\ 0 \leq y < 25$에 대하여

$$F(x,y) = P(X \leq x,\ Y \leq y) = \int_{-\infty}^{x} \int_{-\infty}^{y} f(u,v)\,dv\,du$$

$$= \int_{0}^{x} \int_{0}^{y} \frac{1}{1875}(30 - u - v)\,dv\,du$$

$$= \frac{1}{1875} \int_{0}^{x} \frac{1}{2} y(60 - 2u - y)\,du = \frac{1}{3750} x\,y\,(60 - x - y)$$

(2) X의 주변확률밀도함수

$$f_X(x) = \int_{0}^{25} \frac{1}{1875}(30 - x - y)\,dy = \frac{1}{150}(35 - 2x), \quad 0 < x < 5$$

Y의 주변확률밀도함수

$$f_Y(y) = \int_{0}^{5} \frac{1}{1875}(30 - x - y)\,dx = \frac{1}{750}(55 - 2y), \quad 0 < y < 25$$

(3) $P(2 < X \leq 4,\ 20 < Y \leq 25) = \int_{2}^{4} \int_{20}^{25} \frac{1}{1875}(30 - x - y)\,dy\,dx$

$$= \int_{2}^{4} \left(\frac{1}{50} - \frac{1}{375} x \right) dx = \frac{3}{125} = 0.024$$

(4) $P(2X \geq Y) = \int_{0}^{5} \int_{0}^{2x} \frac{1}{1875}(30 - x - y)\,dy\,dx$

$$= \frac{4}{1875} \int_{0}^{5} (15x - x^2)\,dx = \frac{14}{45} = 0.3111$$

05-32

매일 인접한 두 도시 A와 B의 교통사고 발생 시간을 조사한 결과, 두 도시의 교통사고 발생 시간을 각각 X와 Y라 할 때, 다음 결합확률밀도함수를 갖는다고 한다.

$$f(x,y) = \begin{cases} 1.2e^{-(x + 1.2y)}, & x > 0,\ y > 0 \\ 0 & ,\ \text{다른 곳에서} \end{cases}$$

(1) X와 Y의 주변확률밀도함수를 구하라.

(2) X와 Y가 독립인가?

(3) A와 B 도시의 교통사고 발생 시간이 각각 0.5와 1.5를 초과할 확률을 구하라.

풀이 (1) X와 Y의 상태공간 $f(x, y) > 0$이고,

$$f_X(x) = \int_{-\infty}^{\infty} f(x, y) \, dy = \int_0^{\infty} 1.2 e^{-(x+1.2y)} \, dy$$
$$= e^{-x} \int_0^{\infty} 1.2 e^{-1.2y} \, dy = e^{-x} \left(\left[-e^{-1.2y} \right]_{y=0}^{\infty} \right)$$
$$= e^{-x}, \quad x > 0$$

$$f_Y(y) = \int_{-\infty}^{\infty} f(x, y) \, dx = \int_0^{\infty} 1.2 e^{-(x+1.2y)} \, dx$$
$$= 1.2 e^{-1.2y} \int_0^{\infty} e^{-x} \, dx = 1.2 e^{-1.2y} \left(\left[-e^{-x} \right]_{x=0}^{\infty} \right)$$
$$= 1.2 e^{-1.2y}, \quad y > 0$$

(2) 모든 $x > 0$, $y > 0$에 대하여 $f(x, y) = 1.2 e^{-(x+1.2y)} = f_X(x) f_Y(y)$이므로 X와 Y는 독립이다.

(3) $P(X > 0.5, Y > 1.5) = P(X > 0.5) P(Y > 1.5)$
$$= \left(1 - F_X(0.5) \right) \left(1 - F_Y(1.5) \right)$$

이고

$$F_X(x) = \int_0^x e^{-u} \, du = \left[-e^{-u} \right]_0^x = 1 - e^{-x}, \quad x > 0$$
$$F_Y(y) = \int_0^y 1.2 e^{-1.2v} \, dv = \left[-e^{-1.2v} \right]_0^y = 1 - e^{-1.2y}, \quad y > 0$$

이므로 구하고자 하는 확률은 다음과 같다.

$$P(X > 0.5, Y > 1.5) = \left(1 - F_X(0.5) \right) \left(1 - F_Y(1.5) \right)$$
$$= e^{-0.5} \times e^{-1.8} = e^{-2.3} = 0.1003$$

05-33

연속확률변수 X와 Y의 결합확률밀도함수가 다음과 같다.

$$f(x, y) = \frac{1}{12}, \quad 0 < x < 4, \ 0 < y < 3$$

(1) X와 Y의 주변확률밀도함수를 구하라.

(2) X와 Y의 독립성을 조사하라.

(3) 확률 $P(2 < X \le 3,\, 1 < Y \le 2)$를 구하라.

(4) 확률 $P(1 < Y \le 2 \,|\, 2 < X \le 3)$를 구하라.

풀이 (1) X와 Y의 주변확률밀도함수를 구하면, 각각 다음과 같다.

$$f_X(x) = \int_0^3 \frac{1}{12}\, dy = \left[\frac{y}{12}\right]_0^3 = \frac{1}{4},\ 0 < x < 4,$$

$$f_Y(y) = \int_0^4 \frac{1}{12}\, dx = \left[\frac{x}{12}\right]_0^4 = \frac{1}{3},\ 0 < y < 3$$

(2) $f(x,\, y) = \dfrac{1}{12} = f_X(x) f_Y(y)$이고, X와 Y는 독립이다.

(3) X와 Y가 독립이므로

$$P(2 < X \le 3,\, 1 < Y \le 2) = P(2 < X \le 3)\, P(1 < Y \le 2)$$

이고,

$$P(2 < X \le 3) = \int_2^3 \frac{1}{4}\, dx = \frac{1}{4}(3 - 2) = \frac{1}{4};$$

$$P(1 < Y \le 2) = \int_1^2 \frac{1}{3}\, dx = \frac{1}{3}(2 - 1) = \frac{1}{3}$$

이다. 그러므로 구하고자 하는 확률은 다음과 같다.

$$P(2 < X \le 3,\, 1 < Y \le 2) = P(2 < X \le 3)\, P(1 < Y \le 2) = \frac{1}{4} \times \frac{1}{3} = \frac{1}{12}$$

(4) $P(1 < Y \le 2 \,|\, 2 < X \le 3) = \dfrac{P(2 < X \le 3,\, 1 < Y \le 2)}{P(2 < X \le 3)} = \dfrac{1/12}{1/4} = \dfrac{1}{3}$

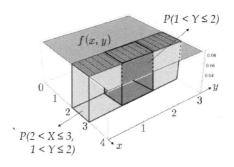

05-34

연속확률변수 X와 Y의 결합분포함수가 다음과 같다.

$$F(x, y) = (1 - e^{-2x})(1 - e^{-3y}) \ , \quad 0 < x < \infty, \ 0 < y < \infty$$

(1) X와 Y의 결합확률밀도함수를 구하라.
(2) X와 Y의 주변분포함수를 구하라.
(3) X와 Y의 주변확률밀도함수를 구하라.
(4) X와 Y의 독립성을 조사하라.
(5) 확률 $P(1 < X \le 2, 0 < Y \le 1)$을 구하라.

풀이 (1) X와 Y의 결합확률밀도함수는 다음과 같다.

$$f(x,y) = \frac{\partial^2}{\partial x \partial y} F(x,y) = \frac{\partial^2}{\partial x \partial y}(1 - e^{-2x})(1 - e^{-3y})$$

$$= (2e^{-2x})(3e^{-3y}) = 6e^{-(2x+3y)}, \quad 0 < x < \infty, \quad 0 < y < \infty$$

(2) X의 주변분포함수를 구하면,

$$F_X(x) = \lim_{y \to \infty} F(x,y) = \lim_{y \to \infty} (1 - e^{-2x})(1 - e^{-3y}) = 1 - e^{-2x}, \quad 0 < x < \infty$$

이다. 같은 방법으로 Y의 주변분포함수는 다음과 같다.

$$F_Y(y) = \lim_{x \to \infty} F(x, y) = \lim_{x \to \infty} (1 - e^{-2x})(1 - e^{-3y}) = 1 - e^{-3y}, \quad 0 < y < \infty$$

(3) 그러므로 X와 Y의 주변확률밀도함수는 각각 다음과 같다.

$$f_X(x) = \frac{d}{dx} F_X(x) = \frac{d}{dx}(1 - e^{-2x}) = 2e^{-2x}, \quad 0 < x < \infty$$

$$f_Y(y) = \frac{d}{dy} F_Y(y) = \frac{d}{dy}(1 - e^{-3y}) = 3e^{-3y}, \quad 0 < y < \infty$$

(4) 모든 $0 < x < \infty$, $0 < y < \infty$ 에 대하여

$$F(x, y) = (1 - e^{-2x})(1 - e^{-3y}) = F_X(x)\,F_Y(y)$$

이므로 X와 Y는 독립이다.

(5) X와 Y는 독립이므로

$$P(1 < X \le 2, 0 < Y \le 1) = P(1 < X \le 2)\,P(0 < Y \le 1)$$

이고,

$$P(1 < X \le 2) = F_X(2) - F_X(1) = \left(1 - e^{-4}\right) - \left(1 - e^{-2}\right)$$

$$= e^{-2} - e^{-4} = 0.1170$$

$$P(0 < Y \le 1) = F_Y(1) - F_Y(0) = \left(1 - e^{-3}\right) - \left(1 - e^{0}\right)$$

$$= 1 - e^{-3} = 0.9502$$

이다. 그러므로 구하고자 하는 확률은 다음과 같다.

$$P(1 < X \le 2, \, 0 < Y \le 1) = 0.1170 \times 0.9502 = 0.11112$$

별해 $P(1 < X \le 2, \, 0 < Y \le 1) = F(2, 1) - F(2, 0) - F(1, 1) + F(1, 0)$

$$= (1 - e^{-4})(1 - e^{-3}) - (1 - e^{-4})(1 - e^{0})$$

$$- (1 - e^{-2})(1 - e^{-3}) + (1 - e^{-4})(1 - e^{0})$$

$$= 0.9817 \times 0.9502 - 0.8647 \times 0.9502 = 0.1112$$

05-35

연속확률변수 X와 Y가 다음의 결합확률밀도함수를 갖는다.

$$f(x, y) = \begin{cases} 15y \, , & x^2 \le y \le x \\ 0 \, , & \text{다른 곳에서} \end{cases}$$

(1) X의 주변확률밀도함수 $f_X(x)$를 구하라.

(2) $X = 0.5$일 때, Y의 조건부 확률밀도함수를 구하라.

(3) (2)의 조건 아래서 $0.3 \le Y \le 0.4$일 조건부 확률을 구하라.

(4) Y의 주변확률밀도함수 $f_Y(y)$를 구하라.

풀이 (1) X와 Y가 취하는 영역은 다음 그림과 같다. 그러므로 X의 주변확률밀도함수는

$$f_X(x) = \int_{x^2}^{x} 15y \, dy = \left[\frac{15}{2} y^2 \right]_{x^2}^{x} = \frac{15}{2} x^2 (1 - x^2), \ 0 < x < 1$$

이다.

(2) $f(y \,|\, x = 0.5) = \dfrac{f(0.5, \, y)}{f_X(0.5)} = \dfrac{15y}{45/32} = \dfrac{32}{3} y, \quad \dfrac{1}{4} < y < \dfrac{1}{2}$

(3) $P(0.3 \le Y \le 0.4 \,|\, X = 0.5) = \displaystyle\int_{0.3}^{0.4} f(y \,|\, x = 0.5) \, dy = \int_{0.3}^{0.4} \dfrac{32}{3} y \, dy = 0.3733$

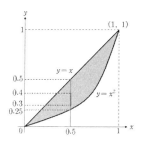

(4) X와 Y가 취하는 영역은 (3)번의 그림과 같으므로 Y의 주변확률밀도함수는

$$f_Y(y) = \int_y^{\sqrt{y}} 15\,y\,dx = \left[15\,x\,y\right]_y^{\sqrt{y}} \quad, \ 0 < y < 1$$

$$= 15\,y\,(\sqrt{y} - y) = 15\,y^{\frac{3}{2}}\left(1 - y^{\frac{1}{2}}\right)$$

이다.

05-36

연속확률변수 X와 Y의 결합확률밀도함수가 다음과 같다.

$$f(x,\,y) = \begin{cases} \dfrac{1}{2} \ , \ 0 < x < y < 1 \\ 0 \ , \ 다른 \ 곳에서 \end{cases}$$

(1) X와 Y의 주변확률밀도함수를 구하라.
(2) $X = 0.2$일 때, Y의 조건부 확률밀도함수를 구하라.
(3) $X = 0.2$일 때, $1 \le Y \le 1.5$일 조건부 확률을 구하라.

풀이 (1) 확률변수 X와 Y의 주변확률밀도함수는 각각 다음과 같다.

$$f_X(x) = \int_x^2 \frac{1}{2}\,dy = \frac{2-x}{2}, \quad 0 < x < 2 \ ;$$

$$f_Y(y) = \int_0^y \frac{1}{2}\,dx = \frac{y}{2}, \quad 0 < y < 2$$

(2) $f(y\,|\,x = 0.2) = \dfrac{f(0.2,\,y)}{f_X(0.2)} = \dfrac{3}{4}, \quad 0.2 < y < 2$

(3) $P(1 \le Y \le 1.5\,|\,X = 0.2) = \displaystyle\int_1^{1.5} f(y\,|\,x = 0.2)\,dy = \int_1^{1.5} \frac{3}{4}\,dy = \frac{3}{8}$

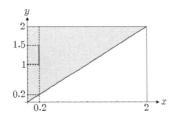

05-37

확률변수 X와 Y의 결합확률질량함수가

$$f(x,\,y) = \begin{cases} \dfrac{1}{4}\,, & (x,y) = (0,0),(0,1),(1,0),(1,1) \\ 0\,, & \text{다른 곳에서} \end{cases}$$

일 때, X와 Y의 독립성을 확인하여라.

풀이 X와 Y 각각의 주변분포를 먼저 구한다. 우선 $(x,\,y)$가 취하는 값은 $(0,0),(0,1)$, $(1,0),(1,1)$이고, 따라서 $x=0$인 경우는 $(x,y)=(0,0),(0,1)$뿐이므로 $f_X(0) = \dfrac{1}{4}+\dfrac{1}{4}=\dfrac{1}{2}$이다. 또한 $x=1$인 경우는 $(x,y)=(1,0),(1,1)$이므로 $f_X(1) = \dfrac{1}{4}+\dfrac{1}{4}=\dfrac{1}{2}$, 즉, X의 주변확률질량함수는

$$f_X(x) = \begin{cases} \dfrac{1}{2}\,, & x=0,1 \\ 0\,, & \text{다른 곳에서} \end{cases}$$

이다. 같은 방법으로 Y의 주변확률질량함수는

$$f_Y(y) = \begin{cases} \dfrac{1}{2}\,, & y=0,1 \\ 0\,, & \text{다른 곳에서} \end{cases}$$

이다. 그러므로 모든 $(x,\,y)=(0,0),(0,1),(1,0),(1,1)$에 대하여

$$f(x,y) = \dfrac{1}{4} = f_X(x)\times f_Y(y) = \dfrac{1}{2}\times\dfrac{1}{2}$$

이 성립한다. 따라서 확률변수 X와 Y는 독립이다.

05-38

확률변수 X와 Y의 결합분포함수가 다음과 같다.

X＼Y	0	1	2	3
0	0.01	0.05	0.04	0.01
1	0.10	0.05	0.05	0.30
2	0.04	0.15	0.10	0.10

(1) X와 Y의 주변확률질량함수를 구하라.

(2) $Y = 1$일 때, X의 조건부 확률질량함수를 구하라.

(3) X와 Y가 독립인지 확인하여라.

풀이 (1) X와 Y의 다음 결합확률표로부터

X＼Y	0	1	2	3	f_X
0	0.01	0.05	0.04	0.01	0.11
1	0.10	0.05	0.05	0.30	0.50
2	0.04	0.15	0.10	0.10	0.39
f_Y	0.15	0.25	0.19	0.41	1.00

주변확률질량함수는 각각 다음과 같다.

$$f_X(x) = \begin{cases} 0.11, & x = 0 \\ 0.50, & x = 1 \\ 0.39, & x = 2 \\ 0, & \text{다른 곳에서} \end{cases} \quad ; \quad f_Y(y) = \begin{cases} 0.15, & y = 0 \\ 0.25, & y = 1 \\ 0.19, & y = 2 \\ 0.41, & y = 3 \\ 0, & \text{다른 곳에서} \end{cases}$$

(2) $Y = 1$이 주어졌을 때 X의 조건부 확률질량함수는 정의에 의하여

$$f(x \mid 1) = \frac{f(x, 1)}{f_Y(1)} = \frac{f(x, 1)}{0.25}, \qquad x = 0, 1, 2$$

이다. 그러므로 $x = 0, 1, 2$ 각각에 대하여

$$f(0 \mid 1) = \frac{0.05}{0.25} = 0.2 \;, \;\; f(1 \mid 1) = \frac{0.05}{0.25} = 0.2 \;, \;\; f(2 \mid 1) = \frac{0.15}{0.25} = 0.6$$

이다. 다시 말해서, X의 조건부 확률질량함수는 다음과 같다.

$$f(x\,|\,1)=\begin{cases}0.2\;, & x=0,1 \\ 0.6\;, & x=2 \\ 0\quad, & \text{다른 곳에서}\end{cases}$$

(3) $f_X(0)=0.11\neq f(0\,|\,1)=0.2$이므로 X와 Y는 독립이 아니다.

05-39

X와 Y의 결합확률밀도함수가 $f(x,y)=\dfrac{21}{4}x^2y,\; x^2\leq y\leq 1$일 때, 다음을 구하라.

(1) $X=x$일 때, Y의 조건부 확률밀도함수

(2) $X=\dfrac{1}{2}$일 때, $\dfrac{1}{3}\leq Y\leq\dfrac{2}{3}$일 조건부 확률

풀이 (1) $-1\leq x\leq 1$에 대하여 $x^2\leq y\leq 1$이므로 X의 주변확률밀도함수는 다음과 같다.

$$f_X(x)=\int_{x^2}^1 \frac{21}{4}x^2y\,dy=\frac{21}{8}x^2(1-x^4),\quad -1\leq x\leq 1$$

(2) (1)에 의하여 $f_X\!\left(\dfrac{1}{2}\right)=\dfrac{21}{8}x^2(1-x^4)\bigg|_{x=\frac{1}{2}}=\dfrac{315}{512}$이고, 따라서 $X=\dfrac{1}{2}$일 때, Y의 조건부 확률밀도함수는 다음과 같다.

$$f(y\,|\,x)=\frac{f\!\left(\dfrac{1}{2},y\right)}{f_X\!\left(\dfrac{1}{2}\right)}=\frac{\dfrac{21}{4}\left(\dfrac{1}{2}\right)^2 y}{\dfrac{315}{512}}=\frac{32}{15}y,\qquad \frac{1}{4}\leq y\leq 1$$

따라서 구하고자 하는 조건부 확률은 $P\!\left(\dfrac{1}{3}\leq Y\leq\dfrac{2}{3}\,\bigg|\,X=\dfrac{1}{2}\right)=\displaystyle\int_{\frac{1}{3}}^{\frac{2}{3}}\frac{32}{15}y\,dy=\dfrac{16}{45}$이다.

05-40

X와 Y의 결합확률밀도함수가 다음과 같다.

$$f(x,y)=\begin{cases}k(e^{x+y}+e^{x-y}), & 0\leq x\leq 2,\,0\leq y\leq 2 \\ 0 & ,\;\text{다른 곳에서}\end{cases}$$

(1) 상수 k를 구하라.

(2) $P(1\leq X\leq 2,\,1\leq Y\leq 2)$를 구하라.

(3) X와 Y의 주변확률밀도함수를 구하라.

(4) X와 Y는 독립인가?

풀이 (1) $k \int_0^2 \int_0^2 (e^{x+y} + e^{x-y}) \, dy \, dx = \dfrac{(e^2-1)^2(e^2+1)}{e^2} k = 1$ 로부터

$$k = \dfrac{e^2}{(e^2-1)^2(e^2+1)}$$

이다.

(2) $P(1 \le X \le 2,\ 1 \le Y \le 2) = k \int_1^2 \int_1^2 (e^{x+y} + e^{x-y}) \, dy \, dx$

$$= \dfrac{e(e^2-e+1)}{e^3+e^2+e+1} \fallingdotseq 0.4942$$

(3) X와 Y의 주변확률밀도함수는 각각 다음과 같다.

$$f_X(x) = k \int_0^2 (e^{x+y} + e^{x-y}) \, dy = \dfrac{e^x}{e^2-1}, \quad 1 \le x \le 2$$

$$f_Y(y) = k \int_0^2 (e^{x+y} + e^{x-y}) \, dx = \dfrac{e^2}{e^4-1}(e^y + e^{-y})$$

$$\left(\text{또는 } = \dfrac{2e^2}{e^4-1} \cosh y \right), \quad 0 \le y \le 2$$

(4) 모든 $1 \le x \le 2,\ 0 \le y \le 2$에 대하여

$$f_X(x) f_Y(y) = \dfrac{e^x}{e^2-1} \times \dfrac{e^2}{e^4-1}(e^y + e^{-y})$$

$$= \dfrac{e^2}{(e^2-1)^2(e^2+1)}(e^{x+y} + e^{x-y}) = f(x,y)$$

이므로 X와 Y는 독립이다.

05-41

어떤 기계의 두 부품의 수명은 다음의 결합확률밀도함수를 갖는다.

$$f(x,y) = \begin{cases} \dfrac{6}{125000}(50 - x - y), & 0 < x < 50 - y < 50 \\ 0 & , \text{다른 곳에서} \end{cases}$$

(1) X와 Y의 주변확률밀도함수를 구하라.

(2) X와 Y는 독립인가?

(3) $X = 20$일 때, Y의 조건부 확률밀도함수를 구하라.

(4) $X = 20$일 때, $Y \leq 20$인 조건부 확률을 구하라.

(5) 이 두 부품 모두 현재로부터 20개월 이상 작동할 확률을 구하라. 단, 단위는 월이다.

풀이 (1) X와 Y의 주변확률밀도함수는 각각 다음과 같다.

$$f_X(x) = \int_0^{50-x} \frac{6}{125000}(50-x-y)\,dy = \frac{3}{125000}x^2 - \frac{3}{1250}x + \frac{3}{50}, \quad 0 \leq x \leq 50$$

$$f_Y(y) = \int_0^{50-y} \frac{6}{125000}(50-x-y)\,dx = \frac{3}{125000}y^2 - \frac{3}{1250}y + \frac{3}{50}, \quad 0 \leq y \leq 50$$

(2) 모든 $0 \leq x \leq 50$, $0 \leq y \leq 50$에 대하여 $f(x, y) \neq f_X(x)f_Y(y)$이므로 X와 Y는 독립이 아니다.

(3) $f_X(20) = \left. \frac{3}{125000}x^2 - \frac{3}{1250}x + \frac{3}{50} \right|_{x=20} = \frac{27}{1250}$이므로 Y의 조건부 확률밀도함수는 다음과 같다.

$$f(y \,|\, x = 20) = \frac{f(20, y)}{f_X(20)} = \frac{6(50-20-y)/125000}{27/1250} = \frac{30-y}{450}, \quad 0 \leq y \leq 30$$

(4) $P(Y \leq 20 \,|\, X = 20) = \int_0^{20} \frac{30-y}{450}\,dy = \frac{8}{9}$

(5) X와 Y를 각각 두 부품의 수명이라 하면, 결합확률밀도함수의 정의역 내에서 $X > 20$이고 $Y > 20$인 영역은 아래 오른쪽 그림과 같다. 따라서 구하고자 하는 확률은 다음과 같다.

$$\frac{6}{125000} \int_{20}^{30} \int_{20}^{50-x} (50-x-y)\,dy\,dx = \frac{7}{25}$$

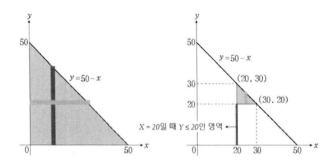

05-42

어떤 상업용 건물에 대하여 화재에 의한 손실은 다음 확률밀도함수를 갖는다.

$$f(x,\,y) = \begin{cases} \dfrac{1}{9}\,, & (x,\,y) = (0,0),\,(0,2),\,(1,0),\,(1,2),\,(2,1) \\[2mm] \dfrac{2}{9}\,, & (x,\,y) = (0,1),\,(2,0) \\[2mm] 0\,, & \text{다른 곳에서} \end{cases}$$

(1) X와 Y의 주변확률질량함수를 구하라.
(2) X와 Y는 독립인가?
(3) $X \le 1$일 때, Y의 조건부 확률질량함수를 구하라.

풀이 (1) X와 Y의 결합확률표를 구하면 다음과 같다.

X \ Y	0	1	2	$f_X(x)$
0	$\dfrac{1}{9}$	$\dfrac{2}{9}$	$\dfrac{1}{9}$	$\dfrac{4}{9}$
1	$\dfrac{1}{9}$	0	$\dfrac{1}{9}$	$\dfrac{2}{9}$
2	$\dfrac{2}{9}$	$\dfrac{1}{9}$	0	$\dfrac{3}{9}$
$f_Y(y)$	$\dfrac{4}{9}$	$\dfrac{3}{9}$	$\dfrac{2}{9}$	1

$$f_X(x) = \begin{cases} \dfrac{4}{9}\,, & x=0 \\[2mm] \dfrac{2}{9}\,, & x=1 \\[2mm] \dfrac{3}{9}\,, & x=2 \\[2mm] 0\,, & \text{다른 곳에서} \end{cases} \quad , \quad f_Y(y) = \begin{cases} \dfrac{4}{9}\,, & y=0 \\[2mm] \dfrac{3}{9}\,, & y=1 \\[2mm] \dfrac{2}{9}\,, & y=2 \\[2mm] 0\,, & \text{다른 곳에서} \end{cases}$$

(2) $f(2,\,2) = 0 \ne f_X(2)f_Y(2) = \dfrac{3}{9} \times \dfrac{2}{9} = \dfrac{2}{27}$ 이므로 X와 Y는 독립이 아니다.

(3) $P(X \le 1) = f_X(0) + f_X(1) = \dfrac{4}{9} + \dfrac{2}{9} = \dfrac{2}{3}$ 이므로

$$P(Y=0 | X \le 1) = \frac{P(X \le 1,\, Y=0)}{P(X \le 1)} = \frac{f(0,0) + f(1,0)}{2/3}$$
$$= \frac{(1/9) + (1/9)}{2/3} = \frac{1}{3}$$

$$P(Y=1 \mid X \leq 1) = \frac{P(X \leq 1,\ Y=1)}{P(X \leq 1)} = \frac{f(0,1)+f(1,1)}{2/3}$$

$$= \frac{(2/9)}{2/3} = \frac{1}{3}$$

$$P(Y=2 \mid X \leq 1) = \frac{P(X \leq 1,\ Y=2)}{P(X \leq 1)} = \frac{f(0,2)+f(1,2)}{2/3}$$

$$= \frac{(1/9)+(1/9)}{2/3} = \frac{1}{3}$$

이고, 따라서 구하고자 하는 조건부 확률질량함수는 다음과 같다.

$$f_{Y \mid X \leq 20}(y) = \begin{cases} \dfrac{1}{3}, & y = 0,\ 2,\ 3 \\ 0, & \text{다른 곳에서} \end{cases}$$

05-43

X와 Y의 결합확률밀도함수가 다음과 같다.

$$f(x,y) = \begin{cases} k(x^2-2)y, & 1 \leq x \leq 4,\ 0 \leq y \leq 4 \\ 0, & \text{다른 곳에서} \end{cases}$$

(1) 상수 k를 구하라.
(2) X와 Y의 주변확률밀도함수를 구하라.
(3) X와 Y는 독립인가?
(4) $Y=3$일 때, X의 조건부 확률밀도함수를 구하라.

풀이 (1) $\displaystyle\int_1^4 \int_0^4 f(x,y)\,dy\,dx = \int_1^4 \int_0^4 k(x^2-2)y\,dy\,dx = 120k = 1$이므로 $k = \dfrac{1}{120}$

이다.

(2) $f_X(x) = \displaystyle\int_0^4 \frac{1}{120}(x^2-2)y\,dy = \frac{1}{15}(x^2-2), \quad 1 \leq x \leq 4$

$f_Y(y) = \displaystyle\int_1^4 \frac{1}{120}(x^2-2)y\,dx = \frac{y}{8}, \quad 0 \leq y \leq 4$

(3) 모든 $1 \leq x \leq 4,\ 0 \leq y \leq 4$에 대하여

$$f_X(x)f_Y(y) = \frac{1}{15}(x^2-2) \times \frac{y}{8} = \frac{1}{120}(x^2-2)y = f(x,y)$$

이므로 X와 Y는 독립이다.

05-44

두 확률변수 X와 Y의 결합확률밀도함수가 다음과 같다.

$$f(x, y) = \begin{cases} k e^{x+y}, & 0 < x < 1, 0 < y < 1 \\ 0, & \text{다른 곳에서} \end{cases}$$

(1) 상수 k를 구하라.

(2) X와 Y의 주변확률밀도함수를 구하라.

(3) X와 Y는 i.i.d.(독립 항등분포, independent, identically distributed) 확률변수인가?

(4) $P(0.2 \leq X \leq 0.8, 0.2 \leq Y \leq 0.8)$을 구하라.

(5) $Y = \dfrac{1}{2}$일 때, X의 조건부 확률밀도함수를 구하라.

풀이 (1) $\displaystyle\int_0^1 \int_0^1 f(x, y)\, dy\, dx = \int_0^1 \int_0^1 k e^{x+y}\, dy\, dx = k(e-1)^2 = 1$이므로

$$k = \frac{1}{(e-1)^2}$$

이다.

(2) X와 Y의 주변확률밀도함수는 각각 다음과 같다.

$$f_X(x) = \int_0^1 \frac{1}{(e-1)^2} e^{x+y}\, dy = \frac{e^x}{e-1}, \quad 0 < x < 1$$
$$f_Y(y) = \int_0^1 \frac{1}{(e-1)^2} e^{x+y}\, dx = \frac{e^y}{e-1}, \quad 0 < y < 1$$

(3) $f_X(x) f_Y(y) = \dfrac{e^{x+y}}{(e-1)^2} = f(x, y)$, $0 < x < 1$, $0 < y < 1$이므로 독립이다. 또한 모든 $0 < x < 1$에 대하여 $f_X(x) = f_Y(x) = \dfrac{e^x}{e-1}$이므로 항등분포를 따른다. 따라서 X와 Y는 i.i.d. 확률변수이다.

(4) X와 Y는 i.i.d. 확률변수이므로

$$P(0.2 \leq X \leq 0.8, 0.2 \leq Y \leq 0.8) = P(0.2 \leq X \leq 0.8) P(0.2 \leq Y \leq 0.8)$$
$$= \{P(0.2 \leq X \leq 0.8)\}^2$$

이고, $P(0.2 \leq X \leq 0.8) = \displaystyle\int_{0.2}^{0.8} \frac{e^x}{e-1}\, dx = \frac{e^{0.8} - e^{0.2}}{e-1} = 0.5844$이므로 구하고자 하는 확률은 다음과 같다.

$$P(0.2 \leq X \leq 0.8, 0.2 \leq Y \leq 0.8) = (0.5844)^2 = 0.3415$$

(5) $f_Y\left(\dfrac{1}{2}\right)=\dfrac{e^{\frac{1}{2}}}{e-1}$ 이므로 X의 조건부 확률밀도함수는 다음과 같다.

$$f\left(x\,\middle|\,y=\dfrac{1}{2}\right)=\dfrac{f\left(x,\dfrac{1}{2}\right)}{f_Y\left(\dfrac{1}{2}\right)}=\dfrac{e^{x+\frac{1}{2}}/(e-1)^2}{e^{\frac{1}{2}}/(e-1)}=\dfrac{e^x}{e-1}\ ,\quad 0<x<1$$

05-45

문제 05-03에 대하여 $Y=5$일 때, X의 조건부 확률질량함수를 구하라.

풀이 X와 Y의 결합확률표는 다음과 같다.

X \ Y	2	3	4	5	6	7	8	$f_X(x)$
1	$\dfrac{1}{16}$	$\dfrac{1}{16}$	$\dfrac{1}{16}$	$\dfrac{1}{16}$	0	0	0	$\dfrac{1}{4}$
2	0	$\dfrac{1}{16}$	$\dfrac{1}{16}$	$\dfrac{1}{16}$	$\dfrac{1}{16}$	0	0	$\dfrac{1}{4}$
3	0	0	$\dfrac{1}{16}$	$\dfrac{1}{16}$	$\dfrac{1}{16}$	$\dfrac{1}{16}$	0	$\dfrac{1}{4}$
4	0	0	0	$\dfrac{1}{16}$	$\dfrac{1}{16}$	$\dfrac{1}{16}$	$\dfrac{1}{16}$	$\dfrac{1}{4}$
$f_Y(y)$	$\dfrac{1}{16}$	$\dfrac{2}{16}$	$\dfrac{3}{16}$	$\dfrac{4}{16}$	$\dfrac{3}{16}$	$\dfrac{2}{16}$	$\dfrac{1}{16}$	1

그러면 $f_Y(5)=\dfrac{1}{4}$이고, 따라서 조건부 확률은 다음과 같다.

$$f(1|y=5)=\dfrac{f(1,5)}{f_Y(5)}=\dfrac{1/16}{1/4}=\dfrac{1}{4}\ ,\quad f(2|y=5)=\dfrac{f(2,5)}{f_Y(5)}=\dfrac{1/16}{1/4}=\dfrac{1}{4}$$

$$f(3|y=5)=\dfrac{f(3,5)}{f_Y(5)}=\dfrac{1/16}{1/4}=\dfrac{1}{4}\ ,\quad f(4|y=5)=\dfrac{f(4,5)}{f_Y(5)}=\dfrac{1/16}{1/4}=\dfrac{1}{4}$$

$Y=5$일 때, X의 조건부 확률질량함수는 $f(x|y=5)=\begin{cases}\dfrac{1}{4}\ ,\ x=1,2,3,4\\ 0\ ,\ \text{다른 곳에서}\end{cases}$ 이다.

05-46

문제 05-07에 대하여

(1) X와 Y의 독립성을 조사하라.

(2) $P(X \leq 2 \,|\, X + Y = 5)$를 구하라.

풀이 (1) X와 Y의 주변확률질량함수는 각각

$$f_X(x) = \frac{x+3}{22}, \quad x = 1, 2, 3, 4; \quad f_Y(y) = \frac{2y+5}{55}, \quad y = 1, 2, 3, 4, 5$$

이므로 $x = 1, 2, 3, 4$, $y = 1, 2, 3, 4, 5$에 대하여

$$f_X(x) f_Y(y) = \frac{x+3}{22} \times \frac{2y+5}{55} \neq f(x, y) = \frac{x+y}{110}$$

이다. 따라서 X와 Y는 독립이 아니다.

(2) $X + Y = 5$인 조건 아래서 $X \leq 2$인 경우는 $\{X = 2, \ Y = 3\}$와 $\{X = 1, \ Y = 4\}$ 뿐이므로

$$P(X \leq 2 \,|\, X + Y = 5) = \frac{P(X \leq 2, \ X + Y = 5)}{P(X + Y = 5)}$$

$$= \frac{f(1, 4) + f(2, 3)}{2/11} = \frac{1/11}{2/11} = \frac{1}{2}$$

이다.

05-47

문제 05-08에 대하여

(1) X와 Y의 독립성을 조사하라.

(2) $P(1 \leq X \leq 3, \ 2 \leq Y \leq 5)$를 구하라.

풀이 (1) X와 Y의 주변확률질량함수는 각각

$$f_X(x) = \frac{2}{3} \left(\frac{1}{3} \right)^{x-1}, \quad x = 1, 2, 3, \cdots \ ;$$

$$f_Y(y) = \frac{3}{4} \left(\frac{1}{4} \right)^{y-1}, \quad y = 1, 2, 3, \cdots$$

이므로 모든 $x = 1, 2, 3, \cdots$, $y = 1, 2, 3, \cdots$에 대하여

$$f_X(x)f_Y(y) = \frac{1}{2}\left(\frac{1}{3}\right)^{x-1}\left(\frac{1}{4}\right)^{y-1} = f(x, y)$$

이다. 따라서 X와 Y는 독립이다.

(2) X와 Y가 독립이므로 구하고자 하는 확률은

$$P(1 \le X \le 3, 2 \le Y \le 5) = P(1 \le X \le 3)P(2 \le Y \le 5)$$

$$= \left\{\frac{2}{3}\sum_{x=1}^{3}\left(\frac{1}{3}\right)^{x-1}\right\}\left\{\frac{3}{4}\sum_{y=2}^{5}\left(\frac{1}{4}\right)^{y-1}\right\}$$

$$= \frac{26}{27} \times \frac{255}{1024} = \frac{1105}{4608}$$

05-48

문제 05-12에 대하여

(1) X와 Y의 독립성을 조사하라.

(2) $P\left(\frac{1}{5} \le X < \frac{2}{5} \mid Y = \frac{3}{5}\right)$을 구하리.

풀이 (1) 확률변수 X와 Y의 주변확률밀도함수는 각각 다음과 같다.

$$f_X(x) = 4x(1-x^2), \quad 0 \le x \le 1; \quad f_Y(y) = 4y^3, \quad 0 \le y \le 1$$

그러므로 $f(x, y) = 8xy \ne f_X(x)f_Y(y) = 16x(1-x^2)y^3$, $0 \le x \le 1$, $0 \le y \le 1$이고, 따라서 X와 Y는 독립이 아니다.

(2) $f_Y\left(\frac{3}{5}\right) = 4\left(\frac{3}{5}\right)^3 = \frac{108}{125}$이므로 $Y = \frac{3}{5}$일 때, X의 조건부 확률밀도함수는

$$f\left(x \mid y = \frac{3}{5}\right) = \frac{f\left(x, \frac{3}{5}\right)}{f_Y\left(\frac{3}{5}\right)} = \frac{\frac{24x}{5}}{\frac{108}{125}} = \frac{50}{9}x, \ 0 \le x \le \frac{3}{5}$$

이다. 그러므로 구하고자 하는 확률은 다음과 같다.

$$P\left(\frac{1}{5} \le X \le \frac{2}{5} \mid Y = \frac{3}{5}\right) = \int_{\frac{1}{5}}^{\frac{2}{5}} \frac{50}{9}x \, dx = \frac{1}{3}$$

05-49

문제 05-13에 대하여, $P(1 \leq Y \leq 2 \mid 1 \leq X \leq 2)$를 구하라.

풀이 X의 주변확률밀도함수는 $f_X(x) = 2e^{-2x}$, $x > 0$이므로

$$P(1 \leq X \leq 2) = \int_1^2 2e^{-2x}\, dx = \frac{e^2 - 1}{e^4}$$

이고,

$$P(1 \leq X \leq 2, 1 \leq Y \leq 2) = \frac{(-1+e)^2}{e^4}$$

이므로 구하고자 하는 확률은 다음과 같다.

$$P(1 \leq Y \leq 2 \mid 1 \leq X \leq 2) = \frac{P(1 \leq X \leq 2, 1 \leq Y \leq 2)}{P(1 \leq X \leq 2)}$$

$$= \frac{\dfrac{(-1+e)^2}{e^4}}{\dfrac{e^2 - 1}{e^4}} = \frac{e-1}{e+1} = 0.4621$$

05-50

확률변수 X와 Y가 다음 결합확률질량함수를 갖는다.

$$f(x, y) = \begin{cases} \dfrac{2x+y}{12}, & (x, y) = (0, 1),\, (0, 2),\, (1, 2),\, (1, 3) \\ 0, & \text{다른 곳에서} \end{cases}$$

(1) X와 Y의 공분산을 구하라.
(2) X와 Y의 상관계수를 구하라.

풀이 (1) X와 Y의 주변확률질량함수는 문제 05-06에서 구한 바 있으며, 다음과 같다.

$$f_X(x) = \begin{cases} \dfrac{1}{4}, & x = 0 \\ \dfrac{3}{4}, & x = 1 \\ 0, & \text{다른 곳에서} \end{cases} \quad ; \quad f_Y(y) = \begin{cases} \dfrac{1}{12}, & y = 1 \\ \dfrac{1}{2}, & y = 2 \\ \dfrac{5}{12}, & y = 3 \\ 0, & \text{다른 곳에서} \end{cases}$$

따라서 X와 Y의 기댓값은 각각

$$E(X) = 0 \times \frac{1}{4} + 1 \times \frac{3}{4} = \frac{3}{4}; \quad E(Y) = 1 \times \frac{1}{12} + 2 \times \frac{1}{2} + 3 \times \frac{5}{12} = \frac{7}{3}$$

이다. 한편 XY의 기댓값은

$$E(XY) = 0 \times 1 \times \frac{1}{12} + 0 \times 2 \times \frac{2}{12} + 1 \times 2 \times \frac{4}{12} + 1 \times 3 \times \frac{5}{12} = \frac{23}{12}$$

이다. 그러므로 $Cov(X, Y) = E(XY) - E(X)E(Y) = \frac{23}{12} - \frac{3}{4} \times \frac{7}{3} = \frac{1}{6}$ 이다.

(2) $E(X^2) = 0^2 \times \frac{1}{4} + 1^2 \times \frac{3}{4} = \frac{3}{4}; \quad E(Y^2) = 1^2 \times \frac{1}{12} + 2^2 \times \frac{1}{2} + 3^3 \times \frac{5}{12} = \frac{35}{6}$

이므로 X와 Y의 분산과 표준편차는 다음과 같다.

$$\sigma_X^2 = \frac{3}{4} - \left(\frac{3}{4}\right)^2 = \frac{3}{16}; \qquad \sigma_Y^2 = \frac{35}{6} - \left(\frac{7}{3}\right)^2 = \frac{7}{18};$$

$$\sigma_X = \frac{\sqrt{3}}{4}; \qquad \sigma_Y = \frac{\sqrt{14}}{6}$$

따라서 상관계수는 $\rho = \dfrac{\frac{1}{6}}{\frac{\sqrt{3}}{4} \times \frac{\sqrt{14}}{6}} = \dfrac{2\sqrt{42}}{21} = 0.6172$ 이다.

05-51

확률변수 X와 Y가 다음 결합확률질량함수를 갖는다.

$$f(x, y) = \begin{cases} \dfrac{1}{3}, & (x, y) = (0, 1), (1, 0), (2, 1) \\ 0, & \text{다른 곳에서} \end{cases}$$

(1) X와 Y의 독립성을 조사하라.
(2) X와 Y의 공분산을 구하라.

풀이 (1) X와 Y의 주변확률질량함수는 다음과 같다.

$$f_X(x) = \begin{cases} \dfrac{1}{3}, & x = 0, 1, 2 \\ 0, & \text{다른 곳에서} \end{cases}; \qquad f_Y(y) = \begin{cases} \dfrac{1}{3}, & y = 0 \\ \dfrac{2}{3}, & y = 1 \\ 0, & \text{다른 곳에서} \end{cases}$$

따라서 $f_X(0)f_Y(0) = \dfrac{1}{9} \neq f(0, 0) = \dfrac{1}{3}$ 이므로 X와 Y는 독립이 아니다.

(2) X와 Y의 기댓값은 각각 $E(X) = 0 \times \dfrac{1}{3} + 1 \times \dfrac{1}{3} + 2 \times \dfrac{1}{3} = 1$;

$E(Y) = 0 \times \dfrac{1}{3} + 1 \times \dfrac{2}{3} = \dfrac{2}{3}$ 이다. 한편 XY의 기댓값은

$E(XY) = 0 \times 1 \times \dfrac{1}{3} + 1 \times 0 \times \dfrac{1}{3} + 2 \times 1 \times \dfrac{1}{3} = \dfrac{2}{3}$ 이다. 그러므로 공분산은 다음과 같다.

$$Cov(X, Y) = E(XY) - E(X)E(Y) = \dfrac{2}{3} - 1 \times \dfrac{2}{3} = 0$$

05-52

확률변수 X와 Y가 다음 결합확률질량함수를 갖는다.

$$f(x, y) = \begin{cases} \dfrac{3}{10}, & (x, y) = (0, 0), (1, 2) \\ \dfrac{1}{5}, & (x, y) = (0, 1), (1, 1) \\ 0, & \text{다른 곳에서} \end{cases}$$

(1) X와 Y의 주변확률질량함수를 구하라.
(2) X와 Y의 독립성을 조사하라.
(3) X와 Y의 평균과 표준편차를 구하라.
(4) X와 Y의 공분산을 구하라.
(5) X와 Y의 상관계수를 구하라.

풀이 (1) X와 Y의 주변확률질량함수는 다음과 같다.

$$f_X(0) = f(0, 0) + f(0, 1) = \dfrac{3}{10} + \dfrac{1}{5} = \dfrac{1}{2};$$
$$f_X(1) = f(1, 1) + f(1, 2) = \dfrac{3}{10} + \dfrac{1}{5} = \dfrac{1}{2}$$

이므로 X의 주변확률질량함수는 $f_X(x) = \begin{cases} \dfrac{1}{2}, & x = 0, 1 \\ 0, & \text{다른 곳에서} \end{cases}$ 이다. 또한

$$f_Y(0) = f(0, 0) = \dfrac{3}{10}; \quad f_Y(1) = f(0, 1) + f(1, 1) = \dfrac{1}{5} + \dfrac{1}{5} = \dfrac{2}{5};$$
$$f_Y(2) = f(1, 2) = \dfrac{3}{10}$$

이므로 Y의 주변확률질량함수는 $f_Y(y) = \begin{cases} \dfrac{3}{10}, & y = 0, 2 \\ \dfrac{2}{5}, & y = 1 \\ 0, & \text{다른 곳에서} \end{cases}$ 이다.

(2) $f_X(0)f_Y(0) = \dfrac{3}{20} \neq f(0, 0) = \dfrac{3}{10}$ 이므로 X와 Y는 독립이 아니다.

(3) X와 Y의 기댓값은 각각

$$\mu_X = E(X) = 0 \times \frac{1}{2} + 1 \times \frac{1}{2} = \frac{1}{2};$$

$$\mu_Y = E(Y) = 0 \times \frac{3}{10} + 1 \times \frac{2}{5} + 2 \times \frac{3}{10} = 1$$

$$E(X^2) = 0^2 \times \frac{1}{2} + 1^2 \times \frac{1}{2} = \frac{1}{2};$$

$$E(Y^2) = 0^2 \times \frac{3}{10} + 1^2 \times \frac{2}{5} + 2^2 \times \frac{3}{10} = \frac{8}{5}$$

이다. 그러므로 $\sigma_X^2 = \dfrac{1}{2} - \left(\dfrac{1}{2}\right)^2 = \dfrac{1}{4}$; $\sigma_Y^2 = \dfrac{8}{5} - 1^2 = \dfrac{3}{5}$; $\sigma_X = \dfrac{1}{2}$; $\sigma_Y = \dfrac{\sqrt{15}}{5}$ 이다.

(4) XY의 기댓값은 $E(XY) = 1 \times 2 \times \dfrac{3}{10} + 1 \times 1 \times \dfrac{1}{5} = \dfrac{4}{5}$ 이다. 그러므로 공분산은 다음과 같다.

$$Cov(X, Y) = E(XY) - E(X)E(Y) = \frac{4}{5} - \frac{1}{2} \times 1 = \frac{3}{10}$$

(5) X와 Y의 상관계수는 $\rho = \dfrac{Cov(X, Y)}{\sigma_X \sigma_Y} = \dfrac{\dfrac{3}{10}}{\dfrac{1}{2} \times \dfrac{\sqrt{15}}{5}} = \dfrac{\sqrt{15}}{5} = 0.7746$ 이다.

05-53

연속확률변수 X와 Y의 결합확률밀도함수가 다음과 같다.

$$f(x, y) = \frac{3}{16}, \quad x^2 \leq y \leq 4, \quad 0 \leq x \leq 2$$

(1) X와 Y의 평균과 표준편차를 구하라.
(2) X와 Y의 공분산을 구하라.
(3) X와 Y의 상관계수를 구하라.

풀이 (1) 문제 05-14에서 두 확률변수의 주변확률밀도함수를 다음과 같이 구하였다.

$$f_X(x) = \frac{3}{16}(4 - x^2), \quad 0 \le x \le 2; \qquad f_Y(y) = \frac{3}{16}\sqrt{y}, \quad 0 \le y \le 4$$

따라서 X와 Y의 기댓값은 각각

$$\mu_X = E(X) = \int_0^2 \frac{3}{16} x\,(4 - x^2)\,dx = \frac{3}{4};$$

$$\mu_Y = E(Y) = \int_0^4 \frac{3}{16} y\,\sqrt{y}\,dy = \frac{12}{5}$$

$$E(X^2) = \int_0^2 \frac{3}{16} x^2\,(4 - x^2)\,dx = \frac{4}{5};$$

$$E(Y^2) = \int_0^4 \frac{3}{16} y^2\,\sqrt{y}\,dy = \frac{48}{7}$$

이다. 그러므로 X와 Y의 표준편차는 다음과 같다.

$$\sigma_X^2 = \frac{4}{5} - \left(\frac{3}{4}\right)^2 = \frac{19}{80}; \quad \sigma_Y^2 = \frac{48}{7} - \left(\frac{12}{5}\right)^2 = \frac{192}{175};$$

$$\sigma_X = \frac{\sqrt{95}}{20}; \qquad\qquad \sigma_Y = \frac{8\sqrt{21}}{35}$$

(2) XY의 기댓값은 $E(XY) = \int_0^2 \int_{x^2}^4 \frac{3}{16} x\,y\,dy\,dx = 2$이므로 공분산은 다음과 같다.

$$Cov(X, Y) = E(XY) - E(X)E(Y) = 2 - \frac{3}{4} \times \frac{12}{5} = \frac{1}{5}$$

(3) X와 Y의 상관계수는

$$\rho = \frac{Cov(X, Y)}{\sigma_X \sigma_Y} = \frac{\dfrac{1}{5}}{\dfrac{\sqrt{95}}{20} \times \dfrac{8\sqrt{21}}{35}} = \frac{\sqrt{1995}}{114} = 0.3918$$

이다.

05-54

$E(X) = 3$, $E(Y) = 2$, $E(X^2) = 13$, $E(Y^2) = 7$ 그리고 $E(XY) = 3$이라 할 때,

(1) 공분산 $Cov(X, Y)$를 구하라.

(2) 공분산 $Cov(X - Y, X + Y)$를 구하라.

(3) X와 Y의 상관계수를 구하라.

풀이 (1) $Cov(X, Y) = E(XY) - E(X)E(Y) = 3 - 3 \times 2 = -2$

(2) $Cov(X - Y, X + Y) = E(X^2 - Y^2) - \{E(X) - E(Y)\}\{E(X) + E(Y)\}$

$= E(X^2) - E(Y^2) - [\{E(X)\}^2 - \{E(Y)\}^2] = (13 - 7) - (9 - 4) = 1$

(3) X와 Y의 분산이 $\sigma_X^2 = E(X^2) - \{E(X)\}^2 = 13 - 9 = 4$;

$\sigma_Y^2 = E(Y^2) - \{E(Y)\}^2 = 7 - 4 = 3$이므로 표준편차는 각각 $\sigma_X = 2$, $\sigma_Y = \sqrt{3}$

이다. 따라서 상관계수는 $\rho = \dfrac{Cov(X, Y)}{\sigma_X \sigma_Y} = \dfrac{1}{2\sqrt{3}} = 0.2887$이다.

05-55

문제 05-26에 주어진 X와 Y의 결합분포에 대하여

(1) $E(XY)$를 구하라.

(2) $Cov(X, Y)$를 구하라.

풀이 (1) $E(XY) = \displaystyle\int_{-1}^{0}\int_{-x-1}^{x+1}\frac{1}{2}xy\,dy\,dx + \int_{0}^{1}\int_{x-1}^{-x+1}\frac{1}{2}xy\,dy\,dx = 0$

(2) 문제 05-26에서 X와 Y의 평균과 분산을 각각 다음과 같이 구하였다.

$$\mu_X = \mu_Y = 0; \quad \sigma_X^2 = \sigma_Y^2 = \frac{1}{6}; \quad \sigma_X = \sigma_Y = \frac{1}{\sqrt{6}}$$

그러므로 공분산은 $Cov(X, Y) = E(XY) - E(X)E(Y) = E(XY) = 0$이다.

05-56

두 확률변수 X와 Y의 결합확률밀도함수가 다음과 같다.

$$f(x, y) = \begin{cases} x + y, & 0 < x < 1, 0 < y < 1 \\ 0, & \text{다른 곳에서} \end{cases}$$

(1) X와 Y의 공분산을 구하라.

(2) X와 Y의 상관계수를 구하고, 상관관계를 확인하여라.

(3) 기댓값 $E(X - 2Y)$, $Var(X - 2Y)$를 구하라.

풀이 X와 Y의 주변확률밀도함수 $f_X(x)$와 $f_Y(y)$를 먼저 구한다.

$$f_X(x) = \int_0^1 (x + y)\,dy = x + \frac{1}{2}, \ 0 < x < 1;$$

$$f_Y(y) = \int_0^1 (x+y)\,dx = y + \frac{1}{2},\ 0 < y < 1$$

(1) X와 Y의 기댓값과 XY의 기댓값은

$$E(XY) = \int_0^1 \int_0^1 xy(x+y)\,dx\,dy = \frac{1}{3},$$

$$E(X) = \int_0^1 x\left(x + \frac{1}{2}\right)dx = \frac{7}{12},$$

$$E(Y) = \int_0^1 y\left(y + \frac{1}{2}\right)dy = \frac{7}{12}$$

이므로 공분산은 $Cov(X,\ Y) = E(XY) - E(X)E(Y) = -\dfrac{1}{144}$ 이다.

(2) X와 Y의 분산은 $E(X^2) = \displaystyle\int_0^1 x^2\left(x + \frac{1}{2}\right)dx = \frac{5}{12}$;

$$E(Y^2) = \int_0^1 y^2\left(y + \frac{1}{2}\right)dy = \frac{5}{12}$$

이므로

$$Var(X) = E(X^2) - E(X)^2 = \frac{5}{12} - \frac{49}{144} = \frac{11}{144};$$

$$Var(Y) = E(Y^2) - E(Y)^2 = \frac{5}{12} - \frac{49}{144} = \frac{11}{144}$$

이다. 즉 $\sigma_X = \sigma_Y = \dfrac{\sqrt{11}}{12}$ 이고, 상관계수는

$$\rho = \frac{Cov(X,\ Y)}{\sigma_X \sigma_Y} = \frac{-\dfrac{1}{144}}{\dfrac{\sqrt{11}}{12} \times \dfrac{\sqrt{11}}{12}} = -\frac{1}{11}$$

이다.

따라서 X와 Y는 음의 상관관계를 갖는다.

(3) $E(X - 2Y) = E(X) - 2E(Y) = -\dfrac{7}{12}$;

$$Var(X - 2Y) = Var(X) + 4\,Var(Y) - 4\,Cov(X,\ Y) = \frac{59}{144}$$

05-57

다음 결합확률질량함수

$$f(x,y) = \begin{cases} \dfrac{2^{x+1-y}}{9} , & (x,y) = (1,1), (1,2), (2,1), (2,2) \\ 0 , & \text{다른 곳에서} \end{cases}$$

를 갖는 이산확률변수 X와 Y의 주변확률질량함수를 구하라.

풀이

$$f_X(1) = f(1,1) + f(1,2) = \frac{2^{1+1-1}}{9} + \frac{2^{1+1-2}}{9} = \frac{1}{3}$$

$$f_X(2) = f(2,1) + f(2,2) = \frac{2^{2+1-1}}{9} + \frac{2^{2+1-2}}{9} = \frac{2}{3}$$

$$f_Y(1) = f(1,1) + f(2,1) = \frac{2^{1+1-1}}{9} + \frac{2^{2+1-1}}{9} = \frac{2}{3}$$

$$f_Y(2) = f(1,2) + f(2,2) = \frac{2^{1+1-2}}{9} + \frac{2^{2+1-2}}{9} = \frac{1}{3}$$

따라서 X와 Y의 주변확률질량함수는 다음과 같다.

$$f_X(x) = \begin{cases} \dfrac{1}{3} , & x = 1 \\ \dfrac{2}{3} , & x = 2 \\ 0 , & \text{다른 곳에서} \end{cases} \qquad , \qquad f_Y(y) = \begin{cases} \dfrac{2}{3} , & y = 1 \\ \dfrac{1}{3} , & y = 2 \\ 0 , & \text{다른 곳에서} \end{cases}$$

05-58

연속확률변수 X와 Y의 분포함수가 다음과 같다.

$$F(x,y) = \frac{1}{250}(20xy - x^2y - xy^2), \ 0 < x < 5, \ 0 < y < 5$$

(1) X와 Y의 결합확률밀도함수를 구하라.

(2) X의 주변분포함수를 구하라.

(3) X의 주변확률밀도함수를 구하라.

(4) $P(X > 2)$를 구하라.

풀이 (1) X와 Y의 결합확률밀도함수 $f(x,y)$는 $0 < x < 5, \ 0 < y < 5$에서 다음과 같다.

$$f(x, y) = \frac{\partial^2}{\partial x \partial y} F(x, y) = \frac{1}{250} \frac{\partial^2}{\partial x \partial y}(20xy - x^2 y - xy^2)$$

$$= \frac{1}{250} \frac{\partial}{\partial x}(20x - x^2 - 2xy) = \frac{1}{250}(20 - 2x - 2y)$$

(2) $F_X(x) = F(x, \infty) = F(x, 5) = \frac{1}{250}(75x - 5x^2), \ 0 < x < 5$

(3) $f_X(x) = \frac{d}{dx} F_X(x) = \frac{1}{250} \frac{d}{dx}(75x - 5x^2) = \frac{1}{250}(75 - 10x), 0 < x < 5$

(4) $P(X > 2) = 1 - P(X \le 2) = 1 - F_X(2) = 1 - \frac{130}{250} = \frac{12}{25}$

05-59

어떤 기계장치는 두 개의 스위치로 이루어져 있으며, 두 스위치 모두 고장이 날 때 이 기계장치는 자동으로 멈춘다. 그리고 두 구성요소의 수명에 대한 결합확률밀도함수는 다음과 같다.

$$f(x, y) = \begin{cases} \dfrac{x+y}{8}, & 0 < x < 2, 0 < y < 2 \\ 0, & \text{다른 곳에서} \end{cases}$$

(1) 기계장치가 처음 30분 안에 멈추게 될 확률은 얼마인가?
(2) X와 Y의 주변확률밀도함수를 구하라.
(3) X와 Y의 독립성을 조사하라.
(4) $Y = \dfrac{1}{2}$일 때, $X < \dfrac{1}{2}$일 조건부 확률을 구하라.

풀이 (1) 기계장치가 처음 30분 동안에 멈추게 되는 x, y의 영역을 구하면 다음 그림과 같다.

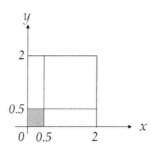

따라서 구하고자 하는 확률은 다음과 같다.

$$P(X \le 0.5, \ Y \le 0.5) = \int_0^{0.5} \int_0^{0.5} \frac{x+y}{8} \, dx \, dy = \int_0^{0.5} \frac{1+4y}{64} \, dy = \frac{1}{8}$$

(2) X와 Y의 주변확률밀도함수는 각각 다음과 같다.

$$f_X(x) = \int_{-\infty}^{\infty} f(x,y) \, dy = \int_0^2 \frac{x+y}{8} \, dy = \frac{1}{4}(1+x), \ 0 < x < 2$$

$$f_Y(y) = \int_{-\infty}^{\infty} f(x,y) \, dx = \int_0^2 \frac{x+y}{8} \, dx = \frac{1}{4}(1+y), \ 0 < y < 2$$

(3) $0 < x < 2$, $0 < y < 2$에 대하여 $f(x,y) \ne f_X(x) f_Y(y)$이므로 X와 Y는 독립이 아니다.

(4) $Y = 1$일 때, X의 조건부 확률밀도함수는 다음과 같다.

$$f\left(x \,\Big|\, y = \frac{1}{2}\right) = \frac{f\left(x, \frac{1}{2}\right)}{f_Y\left(\frac{1}{2}\right)} = \frac{1}{6}(2x+1), \ 0 < x < 2$$

따라서 구하고자 하는 확률은 다음과 같다.

$$P\left(X < \frac{1}{2} \,\Big|\, Y = \frac{1}{2}\right) = \frac{1}{6} \int_0^{\frac{1}{2}} (2x+1) \, dx = \frac{1}{8}$$

05-60

보험회사는 농장보험증권에 가입한 피보험자를 대상으로 토네이도로 인한 손실을 조사 중이다. 가옥에 대한 손실액을 X, 농장을 비롯한 나머지 재산에 대한 손실액을 Y로 나타낸다고 하자. 이때, X와 Y는 다음과 같은 결합확률밀도함수를 갖는다.

$$f(x,y) = \begin{cases} 6(1-x-y), & x > 0, \ y > 0, \ x+y < 1 \\ 0 & , \ \text{다른 곳에서} \end{cases}$$

(1) X와 Y의 주변확률밀도함수를 구하라.
(2) X와 Y의 독립성을 조사하라.
(3) 가옥에 대한 손실액을 $\frac{1}{2}$이라고 할 때, 나머지 재산에 대한 손실액이 $\frac{1}{3}$ 이하일 확률을 구하라.
(4) 가옥에 대한 손실의 비중이 0.2이하일 확률을 구하라.

풀이 두 확률변수 X와 Y의 영역은 다음 그림과 같다.

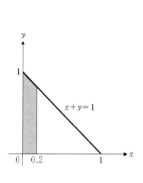 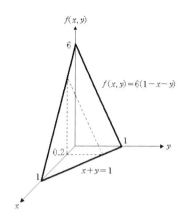

(1) X와 Y의 주변확률밀도함수는 각각 다음과 같다.

$$f_X(x) = \int_{-\infty}^{\infty} f(x, y)\,dy = \int_0^{1-x} 6(1-x-y)\,dy = 3(1-x)^2, \ 0 < x < 1$$

$$f_Y(y) = \int_{-\infty}^{\infty} f(x, y)\,dx = \int_0^{1-y} 6(1-x-y)\,dx = 3(1-y)^2, \ 0 < y < 1$$

(2) $0 < x < 1$, $0 < y < 1$에 대하여 $f(x, y) \neq f_X(x)f_Y(y)$이므로 X와 Y는 독립이 아니다.

(3) $X = \dfrac{1}{2}$일 때, Y의 조건부 확률밀도함수는 다음과 같다.

$$f\left(y \,\middle|\, x = \frac{1}{2}\right) = \frac{f\left(\dfrac{1}{2}, y\right)}{f_X\left(\dfrac{1}{2}\right)} = \frac{6(1-0.5-y)}{3(1-0.5)^2} = 4(1-2y), \ 0 < y < \frac{1}{2}$$

따라서 구하고자 하는 확률은 다음과 같다.

$$P\left(Y < \frac{1}{3} \,\middle|\, X = \frac{1}{2}\right) = \int_0^{\frac{1}{3}} f\left(y \,\middle|\, x = \frac{1}{2}\right) dy$$

$$= \int_0^{\frac{1}{3}} 4(1-2y)\,dy = \left[4(y - y^2)\right]_0^{\frac{1}{3}} = \frac{8}{9}$$

(4) $X < 0.2$일 확률 즉, 좌측 그림의 음영부분에 대한 우측 그림의 입체에 대한 부피는 다음과 같다.

$$P(X < 0.2) = \int_0^{0.2} \int_0^{1-x} 6(1-x-y)\,dy\,dx$$

$$= 6\int_0^{0.2} \left[y - xy - \frac{1}{2}y^2\right]_0^{1-x} dx$$

$$= 6 \times \frac{1}{2} \int_0^{0.2} (1-x)^2 \, dx = 1 - 0.8^3 = 0.488$$

05-61

두 확률변수 X와 Y의 결합확률밀도함수가

$$f(x, y) = \begin{cases} xy, & 0 < x < 2, \, 0 < y < 1 \\ 0, & \text{다른 곳에서} \end{cases}$$

과 같을 때, 다음 확률을 구하라.

(1) $P\left(\dfrac{X}{4} \le Y \le \dfrac{X}{2}\right)$　　　　　　(2) $P\left(\dfrac{X}{4} \le Y \le X\right)$

풀이 (1) 구하고자 하는 확률에 대한 X와 Y의 영역은 다음 그림과 같다.

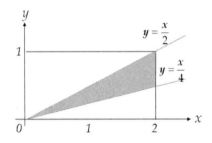

따라서 구하고자 하는 확률은 다음과 같다.

$$P\left(\frac{X}{4} \le Y \le \frac{X}{2}\right) = \int_0^2 \int_{\frac{x}{4}}^{\frac{x}{2}} xy \, dy \, dx = \int_0^2 \frac{2}{32} x^3 \, dx = \frac{3}{8}$$

(2) 구하고자 하는 확률에 대한 X와 Y의 영역은 다음 그림과 같다.

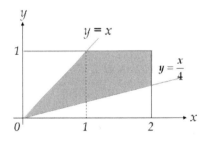

따라서 구하고자 하는 확률은 다음과 같다.

$$P\left(\frac{X}{4}\leq Y\leq X\right)=\int_0^1\int_{\frac{x}{4}}^x xy\,dy\,dx+\int_1^2\int_{\frac{x}{4}}^1 xy\,dy\,dx$$

$$=\int_0^1\frac{15}{32}x^3\,dx+\int_1^2\left(\frac{1}{2}x-\frac{1}{32}x^3\right)dx$$

$$=\frac{15}{128}+\frac{81}{128}=\frac{96}{128}$$

05-62

인접한 두 도시 A 와 B 에서 매일 일어난 교통사고 건수를 조사한 결과, 두 도시의 교통사고 건수를 각각 X 와 Y 라 할 때, 다음 결합확률질량함수를 갖는다.

$$f(x,y)=\frac{2^x\,3^y}{(x!)(y!)}e^{-5}\ ,\quad x=0,1,2,\cdots,\ y=0,1,2,\cdots$$

(1) $f(x,y)$ 가 결합확률질량함수인 것을 보여라.

(2) 두 도시의 교통사고 건수가 각각 1과 2일 확률을 구하라.

(3) 두 도시의 교통사고 건수가 각각 1을 초과하지 못할 확률을 구하라.

풀이 (1) X 와 Y 의 서포트 $x=0,1,2,\cdots,\ y=0,1,2,\cdots$ 에 대하여 $f(x,y)>0$ 이고,

$$\sum_{x=0}^{\infty}\sum_{y=0}^{\infty}f(x,y)=\sum_{x=0}^{\infty}\sum_{y=0}^{\infty}\frac{2^x\,3^y}{x!\,y!}e^{-5}=\left(\sum_{x=0}^{\infty}\frac{2^x}{x!}\right)e^{-5}\left(\sum_{y=0}^{\infty}\frac{3^y}{y!}\right)$$

$$=e^2e^{-5}e^3=1$$

이므로 $f(x,y)$ 가 결합확률질량함수이다.

(2) $P(X=1,Y=2)=f(1,2)=\dfrac{2^1\,3^2}{(1!)(2!)}e^{-5}=0.0606$

(3) $P(X\leq 1,Y\leq 1)=f(0,0)+f(0,1)+f(1,0)+f(1,1)$

$$=\left(\frac{2^0\,3^0}{0!\,0!}+\frac{2^0\,3^1}{0!\,1!}+\frac{2^1\,3^0}{1!\,0!}+\frac{2^1\,3^1}{1!\,1!}\right)e^{-5}$$

$$=12\times0.0067=0.0809$$

05-63

어느 가정은 동일한 보험회사에서 자기부담금이 1인 보험증권과 자기부담금이 2인 보험증권을 구입하였으며, 두 증권에 대한 손실은 각각 0과 10 사이에서 일정하다고 한다. 이 가정은 각 증권에 대하여 정확히 손실 1을 경험하였다. 이때, 이 가정에 지급된 총 보험금이 5를 넘지 않을 확률을 구하라.

풀이 X와 Y를 각각 자기부담금이 1인 보험증권과 자기부담금이 2인 보험증권에 의한 손실이라고 하자. 그러면 이 가정에 지급된 총 보험금이 5를 넘지 않으며, 자기부담금이 각각 1과 2이므로 X와 Y의 영역은 다음 그림과 같다.

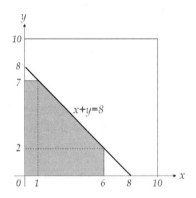

따라서 구하고자 하는 확률은 다음과 같다.

$$P = \int_0^1 \int_0^7 \frac{1}{100} dy\,dx + \int_1^6 \int_0^{8-x} \frac{1}{100} dy\,dx$$

$$= \frac{7}{100} + \frac{1}{100} \int_1^6 (8-x)\,dx = \frac{7}{100} + \frac{9}{40} = \frac{59}{200} = 0.295$$

05-64

자동차 사고가 일어난 시점에서 보험회사에 보험금의 지급 청구가 보고될 때까지 걸리는 시간을 X, 보험금 청구가 보고된 이후로 보험금이 지급될 때까지 걸리는 시간을 Y라 하자. 이때 X와 Y의 결합확률밀도함수 $f(x,y)$는 영역 $0 < x < 6, 0 < y < 6,\ x+y < 10$에서 일정하다고 한다.

(1) 결합확률밀도함수 $f(x,y)$를 구하라.
(2) 확률 $P(|X-Y| \leq 2)$를 구하라.

풀이 X와 Y의 영역은 다음 그림과 같으며, 이 영역의 넓이는

$$S = 6^2 - \frac{1}{2}(6-4)^2 = 34$$

이다. 그리고 $f(x,y)$가 이 영역에서 일정하므로 $f(x,y) = \frac{1}{34}$ 이다.

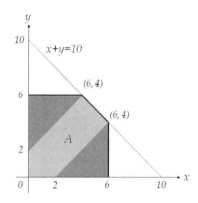

따라서 구하고자 하는 확률은 $P(|X-Y| \leq 2) = 1 - \frac{16}{34} = \frac{18}{34} = \frac{9}{17}$ 이다.

05-65

두 보험회사가 어떤 대기업의 보험증권에 대하여 입찰에 참여한다. 입찰가는 2,000과 2,200 사이이며, 이 기업은 입찰가가 20이상 차이 난다면 낮은 입찰가를 선정하기로 결정하였다. 그렇지 않다면, 이 기업은 두 입찰가를 좀 더 고려할 것이다. 두 입찰가는 서로 독립이고, 2,000과 2,200 사이에서 동일한 밀도함수

$$f(x) = \frac{1}{200}, \quad 2000 < x < 2200$$

을 갖는다. 이때, 이 회사가 입찰가를 좀 더 고려할 확률을 구하라.

풀이 두 보험회사의 입찰가를 X와 Y라 하자. 그러면 다음 그림은 X와 Y가 2000과 2200 사이에서 20보다 작은 차이가 나는 영역을 나타낸다.

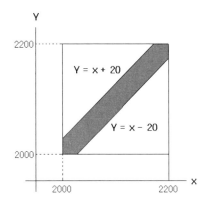

한편 X와 Y가

$$f(x,y) = f_X(x)\,f_Y(y) = \frac{1}{200^2}, \quad 2000 < x < 2200,\ 2000 < y < 2200$$

인 결합확률밀도함수를 가지므로

$$P(|X - Y| < 20) = \int_{2020}^{2180} \int_{x-20}^{x+20} \frac{1}{200^2}\, dy\, dx$$

$$+ 2\int_{2000}^{2020} \int_{2000}^{x+20} \frac{1}{200^2}\, dy\, dx$$

$$= \frac{16}{100} + \frac{3}{100} = 0.19$$

또는

$$P(|X - Y| < 20) = \frac{\text{색칠 부분}}{200^2} = \frac{200^2 - 2 \times \frac{1}{2} \times 180^2}{40000} = 0.19$$

05-66

어떤 상업용 건물에 대하여 화재에 의한 손실은 밀도함수

$$f(x) = \begin{cases} 0.005\,(20 - x), & 0 < x < 20 \\ 0 & , \text{ 다른 곳에서} \end{cases}$$

를 갖는 확률변수 X로 표현된다. 화재로 인한 손실이 8을 초과했다는 조건 아래서, 이 손실이 16을 초과할 확률을 구하라.

풀이 $0 < x < 20$ 에서

$$P(X > x) = \int_x^{20} 0.005(20 - u)\,du = 0.005\left(200 - 20x + \frac{1}{2}x^2\right)$$

이므로

$$P(X > 16\,|\,X > 8) = \frac{P(X > 16)}{P(X > 8)} = \frac{200 - 20 \times 16 + 0.5 \times 16^2}{200 - 20 \times 8 + 0.5 \times 8^2} = \frac{8}{72} = \frac{1}{9}$$

05-67

화재보험 회사에 화재 발생에 대한 보고서가 신고되면, 이 회사는 화재로 손실을 입은 보험가입자에게 지급해야 할 최초 가지급 보험금 X를 결정한다. 그리고 화재로 인한 사태가 완전히 수습되면, 보험가입자에게 추가 보험금 Y를 지급한다. 이때 보험회사에서 지급되는 보험금 X와 Y는 다음과 같은 결합확률밀도함수를 갖는다.

$$f(x,y) = \frac{2}{(x-1)x^2}\,y^{-\frac{2x-1}{x-1}}, \quad x > 1,\ y > 1$$

이 보험회사로부터 최초에 추정된 보험금이 2라 할 때, 수습 후에 지급할 보험금이 1과 3 사이일 확률을 구하라.

풀이 $X = 2$인 조건 아래서, 구하고자 하는 확률은

$$P(1 < Y < 3\,|\,X = 2) = \frac{\displaystyle\int_1^3 f(2,y)\,dy}{f_X(2)}$$

이다. 한편 $f(2,y) = \dfrac{1}{2y^3}$, $y > 1$이므로

$$f_X(2) = \int_1^\infty \frac{1}{2y^3}\,dy = \frac{1}{4}, \quad \int_1^3 f(2,y)\,dy = \int_1^3 \frac{1}{2y^3}\,dy = \frac{2}{9}$$

이다. 따라서 $P(1 < Y < 3\,|\,X = 2) = \dfrac{\dfrac{2}{9}}{\dfrac{1}{4}} = \dfrac{8}{9}$이다.

05-68

상해보험의 매월 지급요구 건수는 확률질량함수

$$P(N=n) = \frac{1}{(n+1)(n+2)}, \quad n \geq 0$$

을 갖는 확률변수 N으로 정의된다. 특정한 어느 달에 많아야 4건의 지급요구가 있었다는 조건 아래서, 적어도 한 건의 지급요구가 있을 확률은 구하라.

풀이 $P(N \geq 1 | N \leq 4) = \dfrac{P(1 \leq N \leq 4)}{P(N \leq 4)}$

$$= \frac{\dfrac{1}{6} + \dfrac{1}{12} + \dfrac{1}{20} + \dfrac{1}{30}}{\dfrac{1}{2} + \dfrac{1}{6} + \dfrac{1}{12} + \dfrac{1}{20} + \dfrac{1}{30}} = \frac{2}{5}$$

05-69

자동차 보험증권은 자동차 보험가입자가 사고에 대한 책임이 있는 경우에, 가입자와 상대방 운전자의 자동차 모두에 대한 손실을 보상하도록 계약되어 있다. 보험가입자의 차에 대한 지급금 X는

$$f_X(x) = 1, \quad 0 < x < 1$$

인 분포를 따른다고 한다. 한편 $X = x$일 때, 상대방 자동차의 손상에 대한 지급금 Y는 $x < y < x+1$에서 조건부 확률밀도함수 1을 갖는다. 이 보험가입자가 사고를 냈다면, 상대방 자동차의 손상에 대한 지급금이 0.5보다 클 확률을 구하라.

풀이 두 확률변수 X와 Y가 취하는 영역은 다음 그림의 빗금친 영역과 같다.

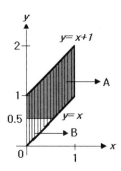

한편 X 의 주변확률밀도함수와 Y 의 조건부 확률밀도함수가 각각

$$f_X(x) = 1, \quad 0 < x < 1$$

$$f(y|x) = 1, \quad x < y < x+1$$

이므로 X 와 Y 의 결합확률밀도함수는

$$f(x,y) = f(y|x)f_X(x) = \begin{cases} 1, & x < y < x+1, 0 < x < 1 \\ 0, & \text{다른 곳에서} \end{cases}$$

이다. 따라서 구하고자 하는 확률 $P(A)$ 는

$$P(Y > 0.5) = 1 - P(Y \le 0.5) = 1 - \int_0^{0.5} \int_x^{0.5} 1 \, dy \, dx$$

$$= 1 - \int_0^{0.5} \left(\frac{1}{2} - x \right) dx = \frac{7}{8}$$

05-70

어떤 보험회사는 많은 가정과 가계보험을 계약한다. 임의로 선정된 가정의 보험 계약금은 다음의 확률밀도함수에 따라 분포를 이룬다고 한다.

$$f(x) = \begin{cases} 3x^{-4}, & x > 1 \\ 0, & \text{다른 곳에서} \end{cases}$$

임의로 선정된 가정이 계약금이 적어도 1.5이상인 보험에 가입했다는 조건 아래서, 이 가정이 2이하로 보험에 가입했을 확률을 구하라. 단위는 $1,000$천 원 이다.

풀이 우선 보험 계약금 X 의 분포함수를 구한다.

$$F(x) = \int_1^x 3t^{-4} dt = 1 - x^{-3}, \; x > 1$$

한편 구하고자 하는 확률은

$$P(X \le 2 | X > 1.5) = \frac{P(1.5 < X \le 2)}{P(X > 1.5)} = \frac{F(2) - F(1.5)}{1 - F(1.5)}$$

$$= \frac{1.5^{-3} - 2^{-3}}{1.5^{-3}} = 1 - \left(\frac{3}{4} \right)^3 = 0.578$$

05-71

인접한 두 도시 A 와 B 에서 매일 발생하는 교통사고의 발생 시간을 조사한 결과, 두 도시의 교통사고 발생 시간은 독립이고 다음과 같은 동일한 분포를 따른다는 사실을 확인하였다.

$$f(x) = e^{-x}, \quad x > 0$$

(1) X 와 Y 의 분포함수를 구하라.
(2) 두 도시의 교통사고 발생 시간이 모두 1미만일 확률을 구하라.

풀이 (1) X 의 분포함수는 다음과 같다.

$$F_X(x) = \int_{-\infty}^{x} f(u)\,du = \int_0^x e^{-u}\,du = 1 - e^{-x}, \ x > 0$$

한편 X 와 Y 가 동일한 분포를 이루므로 Y 의 분포함수도 다음과 같다.

$$F_Y(x) = 1 - e^{-y}, \ y > 0$$

(2) X 와 Y 가 독립이므로 구하고자 하는 확률은 다음과 같다.

$$P(X < 1, Y < 1) = P(X < 1)\,P(Y < 1) = F_X(1)F_Y(1)$$
$$= (1 - e^{-1})(1 - e^{-1}) = (1 - e^{-1})^2 = 0.6321^2 = 0.3996$$

05-72

어느 회사는 근로자에게 기초생활 보험증권뿐만 아니라 보조생활 보험증권을 제공하고 있다. 보조생활 보험증권을 구매하기 위하여 근로자는 먼저 기초생활 보험증권을 구입해야만 한다. X 를 기초생활 보험증권을 구매한 근로자의 비율이라 하고, Y 를 보조생활 보험증권을 구매한 근로자의 비율이라 하면, X 와 Y 의 결합확률밀도함수는

$$f(x,y) = 2(x + y)$$

이다. 이때 기초생활 보험증권을 구입한 근로자의 비율이 10% 라는 조건 아래서, 보조생활 보험증권에 가입한 근로자의 비율이 5% 미만일 확률은 얼마인가?

풀이 확률변수 X 와 Y 는 전체 근로자에 대한 보험증권을 구매한 근로자의 비율이므로 $0 < x < 1$, $0 < y < 1$ 이고, 또한 보조생활 보험증권을 구매하기 위해서는 먼저 기초생활 보험증권을 사야만 하므로 $y < x$ 이다. 따라서 두 확률변수 X 와 Y 가 취하는 범위 $0 < y < x < 1$ 에서 결합확률밀도함수는 $f(x,y) = 2(x + y)$ 이다. 한편 X

의 주변확률밀도함수는

$$f_X(x) = \int_{-\infty}^{\infty} f(x,y)\,dy = \int_{0}^{x} 2(x+y)\,dy = 3x^2, \quad 0 < x < 1$$

이고, X에 대한 조건부 확률밀도함수는

$$f(y\,|\,x) = \frac{f(x,y)}{f_X(x)} = \frac{2(x+y)}{3x^2}, \quad 0 < y < x$$

이다. 이때 $X = 0.1$인 조건 아래서 $Y < 0.05$일 확률은 다음과 같다.

$$P(Y < 0.05\,|\,X = 0.1) = \int_{0}^{0.05} f(y\,|\,0.1)\,dy$$

$$= \frac{2}{3} \int_{0}^{0.05} \frac{0.1 + y}{0.01}\,dy = \frac{5}{12} = 0.4167$$

05-73

단체 보험증권은 소규모 회사 직원의 의료보험 지급요구를 포함한다. 1년간 이루어진 보험금 지급요구액 Y는 밀도함수

$$f(x) = k(1-x)^4, \quad 0 < x < 1$$

인 확률변수 X에 대하여, $Y = 100,000X$로 정의된다. 이때, Y가 $10,000$천 원을 초과했다는 조건 아래서, Y가 $40,000$천 원 이상일 조건부 확률을 구하라.

풀이 우선 상수 k를 먼저 결정한다.

$$\int_{-\infty}^{\infty} f(x)\,dx = k \int_{0}^{1} (1-x)^4\,dx = \frac{k}{5} = 1; \quad k = 5$$

한편 Y가 $10,000$천 원과 $40,000$천 원을 초과할 확률은 각각

$$P(Y > 10000) = P(100000X > 10000) = P(X > 0.1)$$

$$= 5 \int_{0.1}^{1} (1-x)^4\,dx = 0.9^5 = 0.59$$

$$P(Y > 40000) = P(100000X > 40000) = P(X > 0.4)$$

$$= 5 \int_{0.4}^{1} (1-x)^4\,dx = 0.6^5 = 0.078$$

이다. 그러므로 구하고자 하는 확률은

$$P(Y > 40000 \,|\, Y > 10000) = \frac{P(Y > 40000,\, Y > 10000)}{P(Y > 10000)} = \frac{P(Y > 40000)}{P(Y > 10000)}$$

$$= \frac{0.078}{0.59} = 0.132$$

05-74

보험증권은 확률밀도함수

$$f(x) = \begin{cases} \dfrac{3}{8}x^2 \,, & 0 \le x \le 2 \\ 0 & , \text{ 다른 곳에서} \end{cases}$$

를 갖는 손실 X를 보상하도록 되어있다. 그리고 보험금 지급액 $x\,(0 \le x \le 2)$를 처리하는 시간은 구간 $(x,\, 2x)$에서 $\dfrac{1}{x}$인 분포를 따른다고 한다. 이러한 증권에 의하여 무작위로 선정된 보험금이 지급되는데 소요되는 시간이 3시간 이상일 확률을 구하라.

풀이 손실 X에 대하여 이 손실을 처리하는데 요구되는 시간을 T라고 하자. 그러면 X와 T의 결합확률밀도함수는

$$f(x,t) = \begin{cases} \dfrac{3}{8}x^2 \times \dfrac{1}{x} = \dfrac{3}{8}x \,, & x < t < 2x,\, 0 \le x \le 2 \\ 0 & , \text{ 다른 곳에서} \end{cases}$$

이다. 따라서 구하고자 하는 확률은

$$P(T \ge 3) = \int_3^4 \int_{\frac{t}{2}}^2 \frac{3}{8}x \, dx \, dt = \int_3^4 \left(\frac{12}{16} - \frac{3}{64}t^2 \right) dt = \frac{11}{64} = 0.17$$

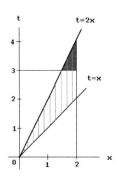

05-75

어느 특정한 일주일 사이에 접수된 보험금 지급요구 건수 N 은 다른 일주일 사이에 접수된 지급요구 건수와 독립적으로 다음과 같은 확률분포를 갖는 것으로 보험회사는 결정하였다.

$$P(N=n) = \frac{1}{2^{n+1}}, \quad n \geq 0$$

이때 어떤 두 주 동안에 돌아온 보험금 지급요구 건수가 정확히 7번일 확률을 구하라.

풀이 처음 일주일과 다음 일주일 사이에 접수된 보험금 지급요구 건수를 각각 N_1 과 N_2 라고 하자. 그러면 이 두 확률변수는 독립이고, 구하고자 하는 확률은 다음과 같다.

$$\begin{aligned} P(N_1+N_2=7) &= \sum_{n=0}^{7} P(N_1=n, N_2=7-n) \\ &= \sum_{n=0}^{7} P(N_1=n)P(N_2=7-n) \\ &= \sum_{n=0}^{7} \left(\frac{1}{2^{n+1}}\right)\left(\frac{1}{2^{8-n}}\right) = \sum_{n=0}^{7} \frac{1}{2^9} = \frac{8}{2^9} = \frac{1}{64} \end{aligned}$$

05-76

베스트 운전자로부터 첫 번째 보험금 지급 청구가 들어올 때까지 걸리는 시간(단위: 년) X 와 난폭한 운전자로부터 첫 번째 보험금 지급 청구가 들어올 때까지 걸리는 시간 Y 는 독립이고, 각각 다음과 같은 확률밀도함수를 갖는다.

$$f(x) = \frac{1}{6}e^{-\frac{x}{6}}, \ x > 0, \quad g(y) = \frac{1}{3}e^{-\frac{y}{3}}, \ y > 0$$

이때 베스트 운전자와 난폭 운전자로부터 보험금 지급 청구가 각각 3년과 2년 안에 이루어질 확률을 구하라.

풀이 X 와 Y 가 독립이고, 각각 다음의 확률밀도함수를 가지므로

$$f(x) = \frac{1}{6}e^{-\frac{x}{6}}, \ x > 0, \quad g(y) = \frac{1}{3}e^{-\frac{y}{3}}, \ y > 0$$

X 와 Y 의 분포함수는

$$F(x) = 1 - e^{-\frac{x}{6}}, \ x > 0, \quad G(y) = 1 - e^{-\frac{y}{3}}, \ y > 0$$

이다. 그러므로 구하고자 하는 확률은 다음과 같다.

$$P(X \le 3, Y \le 2) = P(X \le 3)P(Y \le 2) = F(3)\,G(2)$$

$$= \left(1 - e^{-\frac{1}{2}}\right)\left(1 - e^{-\frac{2}{3}}\right) = 0.19146$$

05-77

확률변수 $X = x$가 주어졌을 때, 확률변수 Y는 구간 $[0, x]$에서 균등한 분포를 이루고, X의 주변확률밀도함수는 $f_X(x) = 2x, 0 < x < 1$이라고 한다. 확률변수 $Y = y$가 주어졌을 때, 확률변수 X의 조건부 확률밀도함수를 구하라.

풀이 우선 확률변수 $X = x$가 주어졌을 때, 확률변수 Y는 구간 $[0, x]$에서 균등분포를 따르므로 (X, Y)의 영역은 $0 < y < x < 1$이고, Y의 조건부 확률밀도함수는

$$f(y|x) = \frac{1}{x}, 0 < y < x$$

이다. 따라서 X와 Y의 결합확률밀도함수는

$$f(x, y) = f_X(x)f(y|x) = 2, 0 < y < x < 1$$

이다. 그러므로 Y의 확률밀도함수는

$$f_Y(y) = \int_y^1 f(x, y)\,dx = \int_y^1 2\,dx = 2(1-y), 0 < y < 1$$

이고, 따라서 $Y = y$일 때, 확률변수 X의 조건부 확률밀도함수는 다음과 같다.

$$f(x|y) = \frac{f(x, y)}{f_Y(y)} = \frac{2}{2(1-y)} = \frac{1}{1-y}, \ y < x < 1$$

05-78

국가의 새로운 의료정책은 내년도 근로자에게 치과와 내과 중 어느 하나를 지원할 것으로 알려졌다. 한 보험계리사는 치과에 대한 옵션을 선택할 비율 X와 내과를 선택할 비율 Y 사이에 다음과 같은 결합확률밀도함수를 사용할 계획이다. $X = 0.75$일 때, Y의 조건부 확률밀도함수를 구하라.

$$f(x, y) = \begin{cases} 0.50, & 0 < x < 0.5, \ 0 < y < 0.5 \\ 1.25, & 0 < x < 0.5, \ 0.5 < y < 1 \\ 1.50, & 0.5 < x < 1, \ 0 < y < 0.5 \\ 0.75, & 0.5 < x < 1, \ 0.5 < y < 1 \end{cases}$$

풀이 우선 확률변수 X의 확률밀도함수를 먼저 구한다. $0 < x < 0.5$이면

$$f_X(x) = \int_{-\infty}^{\infty} f(x, y)\, dy = \int_0^1 f(x, y)\, dy$$

$$= \int_0^{0.5} 0.50\, dy + \int_{0.5}^1 1.25\, dy = \frac{7}{8}$$

$0.5 < x < 1$이면

$$f_X(x) = \int_{-\infty}^{\infty} f(x, y)\, dy = \int_0^1 f(x, y)\, dy$$

$$= \int_0^{0.5} 1.50\, dy + \int_{0.5}^1 0.75\, dy = \frac{9}{8}$$

이므로 X의 확률밀도함수는 다음과 같다.

$$f_X(x) = \begin{cases} \dfrac{7}{8}, & 0 < x < 0.5 \\[2mm] \dfrac{9}{8}, & 0.5 < x < 1 \end{cases}$$

따라서 $X = 0.75$일 때, Y의 조건부 확률밀도함수는 다음과 같다.

$$f(y\,|\,x = 0.75) = \frac{f(0.75, y)}{f_X(0.75)} = \begin{cases} \dfrac{1.5}{1.125}, & 0 < y < 0.5 \\[2mm] \dfrac{0.75}{1.125}, & 0.5 < y < 1 \end{cases} = \begin{cases} \dfrac{4}{3}, & 0 < y < 0.5 \\[2mm] \dfrac{2}{3}, & 0.5 < y < 1 \end{cases}$$

05-79

독립인 두 확률변수 X와 Y의 확률질량함수가 각각 다음과 같다.

$$f_X(x) = \binom{n}{x} p^x (1-p)^{n-x}, \quad x = 0, 1, 2, \cdots, n$$

$$f_Y(y) = \binom{m}{y} p^y (1-p)^{m-y}, \quad y = 0, 1, 2, \cdots, m$$

이때 $Z = X + Y$의 확률질량함수를 구하라.

풀이 $x = 0, 1, 2, \cdots, n,\ y = 0, 1, 2, \cdots, m$이므로 $z = 0, 1, 2, \cdots, n+m$이고, 전확률공식을 이용하면 Z의 확률질량함수는 다음과 같다.

$$f_Z(z) = P(Z = z) = P(X + Y = z) = \sum_{x=0}^n P(X = x,\ Y = z - x)$$

이때, 두 확률변수 X와 Y가 독립이므로 위의 확률은 다음과 같다.

$$f_Z(z) = \sum_{x=0}^{n} P(X=x, \ Y=z-x) = \sum_{x=0}^{n} P(X=x) P(Y=z-x)$$

$$= \sum_{x=0}^{n} \binom{n}{x} p^x (1-p)^{n-x} \binom{m}{y} p^y (1-p)^{m-y}$$

$$= \sum_{x=0}^{n} \binom{n}{x} \binom{m}{y} p^z (1-p)^{(n+m)-z}$$

$$= \binom{n+m}{z} p^z (1-p)^{(n+m)-z}, \quad z=0, 1, 2, \cdots, n+m$$

05-80

두 개의 주요부품으로 이루어진 어떤 기계장치는 두 부품이 모두 고장날 때에 한하여 멈춘다고 한다. 그리고 두 부품의 수명 X와 Y는 독립이고 동일한 확률밀도함수 $f(x) = e^{-x}$, $x > 0$을 갖는다. 한편 기계가 멈출 때까지 기계를 작동시키는 비용은 $Z = 2X + Y$라 할 때, Z의 확률밀도함수를 구하라.

풀이 X와 Y가 독립이므로 결합확률밀도함수는 $f(x, y) = e^{-(x+y)}$, $x, y > 0$이다.

$z = 2x + y$, $u = x$라 하면, $0 < u < \dfrac{z}{2}$이고 역변환 $x = u$, $y = z - 2u$를 얻는다.

따라서 Jacobian(야코비안)

$$J = \frac{\partial(x,y)}{\partial(u,z)} = \begin{vmatrix} \dfrac{\partial x}{\partial u} & \dfrac{\partial x}{\partial z} \\ \dfrac{\partial y}{\partial u} & \dfrac{\partial y}{\partial z} \end{vmatrix} = \begin{vmatrix} 1 & 0 \\ -2 & 1 \end{vmatrix} = 1, \ |J| = 1$$

이므로 U와 Z의 결합확률밀도함수는

$$g(u, z) = f(u, z-2u) |J| = e^{-(z-u)}, \quad 0 < u < \frac{z}{2}$$

이다. 그러므로 Z의 확률밀도함수는 다음과 같다.

$$g_Z(z) = \int_0^{\frac{z}{2}} e^{-(z-u)} du = e^{-\frac{z}{2}} - e^{-z}, \quad z > 0$$

05-81

X와 Y의 결합확률밀도함수가 $f(x,y) = e^{-(x+y)}$, $x, y > 0$일 때,

(1) $U = X + Y$의 확률밀도함수를 구하라.

(2) $U = X + Y$의 분포함수를 구하라.

(3) $U = X + Y$의 확률분포에 대한 근사 중앙값을 구하라. 단, $e^{-u} \fallingdotseq 1 + u + \dfrac{u^2}{2}$이다.

(4) 확률 $P(U \le 3)$을 구하라.

풀이 (1) X와 Y의 확률밀도함수를 구하면, 각각 다음과 같다.

$$f_X(x) = e^{-x}, \quad x > 0, \quad f_Y(y) = e^{-y}, \quad y > 0$$

따라서 U의 확률밀도함수는 $u > 0$에 대하여

$$f_U(u) = \int_0^u f_X(u-y) f_Y(y) \, dy$$

$$= \int_0^u e^{-(u-y)} e^{-y} \, dy$$

$$= e^{-u} \int_0^u 1 \, dy = u e^{-u}$$

(2) U의 분포함수는 $u \ge 0$에 대하여

$$F_U(u) = \int_{-\infty}^u f_U(v) \, dv = \int_0^u v e^{-v} \, dv$$

$$= \left[-(1+v)e^{-v} \right]_0^u = 1 - (1+u)e^{-u}$$

(3) 확률변수 U의 중앙값은 $0.5 = F_U(u)$를 만족하는 $u = u_{me}$ 이다. 따라서

$$F_U(u) = 1 - (1+u)e^{-u} = 0.5$$

을 만족하는 $u = u_{me}$ 를 구한다. 그러면

$$(1+u)e^{-u} = 0.5; \ 2(1+u) = e^u \fallingdotseq 1 + u + \dfrac{u^2}{2}$$

따라서 $u^2 - 2u - 2 = 0$에 대한 양의 해를 구하면, $u = u_{me} = 1 + \sqrt{3} = 2.732$이다.

(4) $P(U \le 3) = F_U(3) = 1 - 4e^{-3} = 0.8009$이다.

05-82

중소도시 지역에서 폭풍, 화재 그리고 도난으로 인한 연간 손실을 각각 X, Y 그리고 Z 라 하면, 다음과 같은 확률밀도함수를 갖는다.

$$f_X(x) = e^{-x}, \quad f_Y(y) = \frac{1}{1.5}\, e^{-\frac{y}{1.5}}, \quad f_Z(z) = \frac{1}{2.4}\, e^{-\frac{z}{2.4}}, \quad x,\, y,\, z > 0$$

이들 손실의 최대 금액 X, Y 그리고 Z의 분포함수를 먼저 구하면, $x,\, y,\, z > 0$에 대하여

$$F_X(x) = \int_0^x e^{-s}\, ds = 1 - e^{-x}$$

$$F_Y(y) = \int_0^y \frac{1}{1.5} e^{-\frac{s}{1.5}}\, ds = 1 - e^{-\frac{y}{1.5}}$$

$$F_Z(z) = \int_0^z \frac{1}{2.4} e^{-\frac{s}{2.4}}\, ds = 1 - e^{-\frac{z}{2.4}}$$

폭풍, 화재 그리고 도난에 의한 연간 손실의 최대를 $U = \max(X,\, Y,\, Z)$라 하면,

$$P(U \geq 3) = 1 - P(U \leq 3) = 1 - P(X \leq 3,\, Y \leq 3,\, Z \leq 3)$$

$$= 1 - P(X \leq 3)P(Y \leq 3)P(Z \leq 3)$$

$$= 1 - (1 - e^{-3})\left(1 - e^{-\frac{3}{1.5}}\right)\left(1 - e^{-\frac{3}{2.4}}\right)$$

$$= 0.41378$$

한편 연간 손실의 최소를 $V = \min(X,\, Y,\, Z)$라 하면,

$$P(V \leq 1) = 1 - P(V > 1) = 1 - P(X > 1,\, Y > 1,\, Z > 1)$$

$$= 1 - P(X > 1)\, P(Y > 1)\, P(Z > 1)$$

$$= 1 - (e^{-1})\left(e^{-\frac{1}{1.5}}\right)\left(e^{-\frac{1}{2.4}}\right)$$

$$= 0.87549$$

05-83

회사는 4개의 소유물에 대한 매매 입찰에서 최고가를 수락할 것을 동의한다. 그리고 4개의 매물은 다음과 같은 분포함수를 가지는 독립확률변수라 한다.

$$F(x) = \frac{1}{2}(1 + \sin \pi x), \quad \frac{3}{2} \leq x \leq \frac{5}{2}$$

(1) 수락된 매물의 분포함수와 확률밀도함수를 구하라.

(2) 수락된 매물가액의 기댓값을 구하라.

(3) 최고 입찰가액이 2를 넘지 않을 확률을 구하라.

풀이 (1) 이 회사에서 팔고자 하는 각각의 매물가액 X_1, X_2, X_3, X_4 를 독립이고 동일한 분포함수 $F(x)$ 를 가지는 확률변수라고 하자. 그리고 수락된 매물가액을 Y 라 하면, $Y = \max(X_1, X_2, X_3, X_4)$ 이고 Y 의 분포함수 $G(y)$ 는 다음과 같다.

$$G(y) = P(Y \leq y)$$
$$= P(X_1 \leq y, X_2 \leq y, X_3 \leq y, X_4 \leq y)$$
$$= P(X_1 \leq y)P(X_2 \leq y)P(X_3 \leq y)P(X_4 \leq y)$$
$$= F(x)^4$$
$$= \frac{1}{16}(1 + \sin \pi y)^4, \quad \frac{3}{2} \leq y \leq \frac{5}{2}$$

따라서 Y 의 밀도함수 $g(y)$ 는

$$g(y) = \frac{d}{dy}G(y) = \frac{\pi}{4}(1 + \sin \pi y)^3 \cos \pi y, \quad \frac{3}{2} \leq y \leq \frac{5}{2}$$

이다.

(2) Y 의 기댓값은

$$E(Y) = \frac{\pi}{4} \int_{\frac{3}{2}}^{\frac{5}{2}} (1 + \sin \pi y)^3 \, y \cos \pi y \, dy$$

이다.

(3) $P(Y \leq 2) = \int_{1.5}^{2} \frac{\pi}{4}(1 + \sin \pi y)^3 \cos \pi y \, dy = \int_{-1}^{0} \frac{1}{4}(1 + u)^3 \, du = \frac{1}{16}$ 이다.

05-84

어느 보험회사에 지난 1년간 보험에 가입한 가입자 중에서 임의로 추출하여, 보험금 지급 횟수와 그에 대한 보험가입자 수에 대한 다음 표본을 얻었다고 하자. 이 보험회사에서 1인 당 연평균 몇 건의 보험금을 지급하였는지 구하라.

보험금 지급 건수	가입자 수
0	18,253
1	2,055
2	984
3	36
4	9
5	3
합　계	21,340

풀이 보험금 지급 건수에 대한 가입자 수의 상대도수를 다음과 같이 먼저 구한다.

보험금 지급 건수	가입자 수	가입자 수의 상대도수
0	18,253	0.8553
1	2,055	0.0963
2	984	0.0462
3	36	0.0017
4	9	0.0004
5	3	0.0001
합　계	21,340	1.0000

따라서 1인당 연평균 보험금 지급 횟수를 구하면

$$\frac{\text{전체 지급건수}}{21340} = \frac{0 \times 18253 + 1 \times 2055 + 2 \times 984 + 3 \times 36 + 4 \times 9 + 5 \times 3}{21340}$$

$$= 0 \times \frac{18253}{21340} + 1 \times \frac{2055}{21340} + 2 \times \frac{984}{21340} + 3 \times \frac{36}{21340}$$

$$+ 4 \times \frac{9}{21340} + 5 \times \frac{3}{21340}$$

$$= 0 \times 0.8553 + 1 \times 0.0963 + 2 \times 0.0462 + 3 \times 0.0017$$

$$+ 4 \times 0.0004 + 5 \times 0.0001$$

$$= 0.1959$$

이다.

05-85

입원 기간 최초 3일간은 매일 100천 원을 지급하고, 그 이후로는 매일 50천 원을 지급하는 보험 약관에 대하여, 입원한 날짜 수 X는 다음과 같은 확률질량함수를 갖는다. 이때, 이 보험에 가입한 사람에게 지급될 평균 보험금을 구하라.

$$f(x) = \begin{cases} \dfrac{6-x}{15}, & x = 1, 2, 3, 4, 5 \\ 0 & , \text{ 다른 곳에서} \end{cases}$$

풀이 지급된 보험금을 Y라 하면,

$$Y = \begin{cases} 100x & , \ x = 1, 2, 3 \\ 300 + 50(x-3), & x = 4, 5 \end{cases}$$

이고, 따라서 지급된 평균 보험금은 다음과 같다.

$$E(Y) = \sum_{x=1}^{5} y f(x) = \sum_{x=1}^{3} 100x \frac{6-x}{15} + \sum_{x=4}^{5} (150 + 50x) \frac{6-x}{15}$$

$$= \frac{1}{15}(100 \times 5 + 200 \times 4 + 300 \times 3 + 350 \times 2 + 400 \times 1)$$

$$= 220(\text{천 원})$$

05-86

보험회사는 면책금액 2인 1년 기간의 자동차 보험증권을 판매한다. 이때 피보험자가 손해를 입을 확률은 0.05이고, 이 경우에 손실금액 N의 확률은 $\dfrac{k}{N}$($N = 1, 2, 3, 4, 5$, k는 상수)이다. 이때 순보험료를 구하라.

풀이 우선 상수 k를 구하면 $\displaystyle\sum_{x=1}^{5} f(x) = k \sum_{x=1}^{5} \frac{1}{x} = \frac{137}{60}k = 1$이므로 $k = \dfrac{60}{137}$이다. 한편 피보험자가 손해를 입을 확률은 0.05이므로 손실금액 N의 확률질량함수는 다음과 같다.

$$f(n) = P(N=n) = P(N=n|\text{손실을 입는 경우})P(\text{손실을 입는 경우})$$

$$= \frac{60}{137n} \times 0.05 = \frac{3}{137n}, \ n = 1, 2, \cdots, 5$$

한편 면책금액이 2이므로 순보험료는

$$X = \begin{cases} 0 & , \ N \le 2 \\ N-2 & , \ N > 2 \end{cases}$$

에 대하여 $E(X)$ 이다. 그러므로 순보험료는

$$E(X) = \sum_{n=3}^{5} (n-2) \frac{3}{137n}$$

$$= 1 \times \frac{1}{137} + 2 \times \frac{3}{137 \times 4} + 3 \times \frac{3}{137 \times 5} = 0.0314$$

05-87

연속확률변수 X 가 다음의 밀도함수를 가질 때, X 의 기댓값을 구하라.

$$f(x) = \begin{cases} \dfrac{|x|}{10} , & -2 \le x \le 4 \\ 0 & , \ \text{다른 곳에서} \end{cases}$$

풀이

$$E(X) = \int_{-2}^{0} x \frac{|x|}{10} dx + \int_{0}^{4} x \cdot \frac{|x|}{10} dx$$

$$= \int_{-2}^{0} \left(-\frac{x^2}{10} \right) dx + \int_{0}^{4} \frac{x^2}{10} dx$$

$$= -\frac{8}{30} + \frac{64}{30} = \frac{28}{15}$$

05-88

보험회사는 32가지의 서로 독립적인 위험요소에 대한 보험증권을 판매하였으며, 각 요소별로 보험청구가 들어올 확률은 $\dfrac{1}{5}$ 이라 한다. 그리고 보험청구가 들어올 때, 지급되는 보험금은 다음 확률밀도함수를 갖는다. 이때 지급된 전체 보험금의 평균은 얼마인가?

$$f(x) = \begin{cases} 2(1-x) , & 0 < x < 1 \\ 0 & , \ \text{다른 곳에서} \end{cases}$$

풀이 각각의 위험요소에 대하여 지급한 보험금의 평균은 다음과 같다.

$$E(X) = \int_{0}^{1} 2x(1-x) dx = \int_{0}^{1} (2x - 2x^2) dx = 1 - \frac{2}{3} = \frac{1}{3}$$

따라서 지급된 전체 보험금의 평균은 $32 \times \dfrac{1}{5} \times \dfrac{1}{3} = \dfrac{32}{15} = 2.13$ 이다.

05-89

지진 활동을 연속적으로 측정과 기록하는 장치가 외딴곳에 놓여있다. 이 장치가 고장 날 때까지 걸리는 시간 X는 확률밀도함수

$$f(x) = \frac{1}{3}e^{-\frac{x}{3}}, \ x > 0$$

를 갖는다. 처음 2년간은 이 장치를 관리하지 않는다 할 때, 이 장치의 고장이 발견된 시간은 $Y = \max\{X, 2\}$이다. 이 장치가 발견될 평균시간을 구하라.

풀이 Y의 기댓값은

$$
\begin{aligned}
E(Y) &= \int_0^\infty yf(x)\,dx \\
&= \int_0^2 2 \times \frac{1}{3}e^{-\frac{x}{3}}\,dx + \int_2^\infty \frac{x}{3}e^{-\frac{x}{3}}\,dx \\
&= \left[-2e^{-\frac{x}{3}} \right]_0^2 + \left[-(x+3)e^{-\frac{x}{3}} \right]_2^\infty \\
&= 2 + 3e^{-\frac{2}{3}} = 3.54
\end{aligned}
$$

이다.

05-90

보험에 가입한 각 가정에 대하여 태풍으로 인한 손해 청구액(X)은 독립적이고 동일한 확률밀도함수

$$f(x) = \begin{cases} \dfrac{3}{x^4}, & x > 1 \\ 0, & \text{다른 곳에서} \end{cases}$$

을 갖는다. 여기서 x는 백만 원 단위의 보험청구액이며, 세 건의 보험청구가 있었다고 하자. 이때 세 건의 청구 중에서 가장 많은 청구액의 기댓값을 구하라.

풀이 X의 분포함수를 먼저 구한다.

$$F(x) = \int_1^x \frac{3}{t^4}\,dt = 1 - \frac{1}{x^3}, \ x > 1$$

이제 X_1, X_2 그리고 X_3을 위의 분포함수를 가지는 세 건의 보험청구액이라고 하

고, Y를 이들 중에서 가장 많은 청구액이라 하자. 그러면 Y의 분포함수는 다음
과 같다.

$$G(y) = P(Y \leq y) = P(X_1 \leq y)P(X_2 \leq y)P(X_3 \leq y)$$

$$= \left(1 - \frac{1}{y^3}\right)^3, \quad y > 1$$

따라서 Y의 확률밀도함수는

$$g(y) = G'(y) = \frac{9}{y^4}\left(1 - \frac{1}{y^3}\right)^2, \quad y > 1$$

이다. 그러므로 구하고자 하는 기댓값은

$$E(Y) = \int_{-\infty}^{\infty} y\,g(y)\,dy = \int_{1}^{\infty} \frac{9}{y^3}\left(1 - \frac{1}{y^3}\right)^2 dy = 2.025(백만 원)$$

05-91

강풍으로 인한 손해에 대하여 보험에 가입한 가정의 보험청구액은 독립이고 확률밀도함수
는 모두 동일하게 $f(x) = \begin{cases} \dfrac{3}{x^4}, & x > 1 \\ 0, & 다른 곳에서 \end{cases}$ 이라고 한다. 이제 3건의 보험금 청구가
들어왔다고 할 때, 가장 적은 청구액에 대한 확률밀도함수를 구하라.

풀이 우선 보험금 청구액 X의 분포함수를 구한다.

$$F(x) = \int_{1}^{x} \frac{3}{u^4}\,du = \left[-\frac{1}{u^3}\right]_{1}^{x} = 1 - \frac{1}{x^3}, \; x > 1$$

이제 X_1, X_2, X_3을 각각 위의 분포함수를 갖는 보험금 청구액이라 하자. 이때 Y를
가장 적은 청구액이라 하면, Y의 분포함수는 다음과 같다.

$$F(y) = P(Y \leq y) = 1 - P(Y > y) = 1 - P(X_1 > y)P(X_2 > y)P(X_3 > y)$$

$$= 1 - [1 - F(y)]^3 = 1 - \left[1 - \left(1 - \frac{1}{y^3}\right)\right]^3 = 1 - \frac{1}{y^9}, \quad y > 1$$

따라서 Y의 확률밀도함수는 다음과 같다.

$$f(y) = \frac{9}{y^{10}}, \quad y > 1$$

05-92

보험회사의 월 보험금 지급요구액은 연속이고 양의 확률변수 X에 의하여 표현되며, 이때 확률밀도함수는 $(1+x)^{-4}$, $0 < x < \infty$에 비례한다. 이 회사의 월평균 지급요구액을 구하라. (참고: [04. 확률변수]의 문제 04-56)

풀이 확률변수 X의 밀도함수가 $(1+x)^{-4}$에 비례하므로, 확률밀도함수는

$$f(x) = \frac{k}{(1+x)^4}, \quad 0 < x < \infty$$

이고, 따라서 상수 k를 먼저 구한다.

$$\int_0^\infty f(x)\,dx = \int_0^\infty \frac{k}{(1+x)^4}\,dx = \frac{k}{3} = 1$$

이므로 $k = 3$이다. 그러면 X의 기댓값은

$$E(X) = \int_0^\infty \frac{3x}{(1+x)^4}\,dx$$

이고, $1+x = u$라 하면 $dx = du$이므로

$$E(X) = \int_1^\infty \frac{3(u-1)}{u^4}\,dx = 3\left[\frac{u^{-2}}{-2} - \frac{u^{-3}}{-3}\right]_1^\infty = \frac{1}{2}$$

05-93

어떤 기계의 수명은 구간 $(0, 40)$에서 $(10+x)^{-2}$에 비례하는 확률밀도함수 $f(x)$를 갖는 연속확률변수로 표현된다. 이때 이 기계의 평균수명과 중앙값을 구하라. (참고: [04. 확률변수]의 문제 04-24)

풀이 기계의 수명을 X라 하면, 확률밀도함수는

$$f(x) = \frac{k}{(10+x)^2}, \quad 0 < x < 40$$

이다. 이제 상수 k를 먼저 구한다.

$$1 = \int_0^{40} \frac{k}{(10+x)^2}\,dx = -\left[\frac{k}{10+x}\right]_0^{40} = \frac{2k}{25}$$

따라서 $k = \dfrac{25}{2}$ 이고, 따라서 X 의 확률밀도함수는

$$f(x) = \frac{25}{2} \frac{1}{(10+x)^2}, \quad 0 < x < 40$$

평균 수명은

$$E(X) = \int_0^{40} \frac{25x}{2(10+x)^2} dx = \frac{5}{2}(-4 + 5\ln 5) = 10.118$$

이다. 중앙값을 x_{me} 이라 하면,

$$\frac{25}{2} \int_0^{x_{me}} \frac{1}{(10+x)^2} dx = \frac{25}{2}\left(\frac{1}{10} - \frac{1}{10 + x_{me}}\right) = \frac{1}{2}$$

$$\frac{x_{me}}{10 + x_{me}} = \frac{2}{5}; \quad x_{me} = 6.67$$

05-94

확률변수 X 의 확률밀도함수가 다음과 같을 때, 기댓값 $E(X)$ 를 구하라.

$$f(x) = \begin{cases} 1.4e^{-2x} + 0.9e^{-3x}, & x > 0 \\ 0, & \text{다른 곳에서} \end{cases}$$

풀이 $E(X) = \displaystyle\int_0^{\infty} x(1.4e^{-2x} + 0.9e^{-3x})\, dx$

$$= \left[-(0.35 + 0.7x)e^{-2x} - (0.1 + 0.3x)e_1^{-3x}\right]_0^{\infty} = 0.45$$

05-95

단체 보험증권에 대하여 보험회사는 올해 소기업의 종업원에 의하여 초래된 1백만 달러 한도 내에서 의료 청구서의 100%를 지급하기로 동의하였다. 그리고 전체 청구금액 X(백만 달러)는 확률밀도함수

$$f(x) = \frac{x(4-x)}{9}, \quad 0 < x < 3$$

을 갖는다. 이 보험회사가 판매한 증권에 대하여 지급할 것으로 기대되는 총액을 구하라.

풀이 보험회사가 지급할 보험금 총액을 Y 라 하면,

$$Y = \begin{cases} X, & 0 < X < 1 \\ 1, & 1 \le X < 3 \end{cases}$$

이고, 따라서 Y의 기댓값은

$$E(Y) = \int_0^1 \frac{1}{9} x^2 (4 - x) \, dx + \int_1^3 \frac{1}{9} x (4 - x) \, dx$$

$$= \frac{1}{9} \left[\frac{4}{3} x^3 - \frac{1}{4} x^4 \right]_0^1 + \frac{1}{9} \left[2 x^2 - \frac{1}{3} x^3 \right]_1^3$$

$$= \frac{13}{108} + \frac{22}{27} = 0.935$$

05-96

자동차보험 지급액은 다음 확률밀도함수를 갖는 확률변수로 모형화되며, 자기부담금이 없다면 이 회사는 100건의 청구를 지급할 것으로 예상한다.

$$f(x) = x e^{-x}, \quad x > 0 \, (\text{단위는 } 1000\text{천 원})$$

이 회사가 1,000천 원의 자기부담금을 도입하기로 결정한다면, 이 회사는 평균 몇 건의 지급요구에 대하여 지급해야 하는가?

풀이 X를 자동차보험 지급금액을 나타내는 확률변수라 하면, 자기부담금을 초과할 확률은

$$P(X > 1) = \int_1^\infty x e^{-x} \, dx = 2 e^{-1} = 0.736$$

이다. 따라서 이 회사가 예상하는 지급요구 건수는 $100 \times 0.736 = 73.6$건이다.

05-97

전기장치에 대한 보험증권은 처음 1년 동안 이 장치가 고장이 나면 4,000천 원의 자기부담금을 지급하도록 되어 있다. 이 자기부담금은 0원이 될 때까지 매년 1,000천 원씩 감소한다. 이 장치가 어떤 지정된 연도의 초기에 고장이 나지 않았다면, 그 해에 고장날 확률은 0.4라고 한다. 이 증권에 대한 기대 자기부담금을 구하라.

풀이 이 전기장치의 고장 년도와 자기부담금을 각각 확률변수 X와 Y라고 하자. 그러면 X의 확률질량함수는

$$f(x) = 0.6^{x-1} \times 0.4, \quad x = 1, 2, 3, \cdots$$

이다. 그리고 확률변수 Y는 다음과 같이 정의된다.

$$Y = \begin{cases} 1000(5-x), & x = 1, 2, 3, 4 \\ 0, & x > 4 \end{cases}$$

따라서 Y의 기댓값은

$$E(Y) = 4000 \times 0.4 + 3000 \times 0.6 \times 0.4 + 2000 \times 0.6^2 \times 0.4 + 1000 \times 0.6^3 \times 0.4$$

$$= 2694 (천 원)$$

이다.

05-98

보험회사는 보상한도액이 10인 보험증권을 판매하였으며, 이 보험증권 소지자의 손실 X의 확률밀도함수는

$$f(x) = \begin{cases} \dfrac{2}{x^3}, & x > 1 \\ 0, & 다른 곳에서 \end{cases}$$

이다. 이러한 보험증권에 대하여 지급된 보험금의 평균을 구하라.

풀이 보험증권 소지자에게 지급된 보험금을 Y라 하면,

$$Y = \begin{cases} x, & 1 < x < 10 \\ 10, & x \geq 10 \end{cases}$$

이다. 그러므로 Y의 평균은 다음과 같다.

$$E(Y) = \int_1^\infty y f(x)\,dx = \int_1^{10} x \times \frac{2}{x^3}\,dx + \int_{10}^\infty 10 \times \frac{2}{x^3}\,dx$$

$$= \left[-\frac{2}{y}\right]_1^{10} - \left[\frac{10}{y^2}\right]_{10}^\infty = \left(2 - \frac{2}{10}\right) + \frac{1}{10} = \frac{19}{10}$$

05-99

제조업자의 연간 손실액의 확률밀도함수가

$$f(x) = \begin{cases} \dfrac{2.5 \times 0.6^{2.5}}{x^{3.5}}, & x > 0.6 \\ 0, & \text{다른 곳에서} \end{cases}$$

이라고 한다. 손실을 만회하기 위하여 이 제조업자는 공제액이 2인 보험증권을 구입하였다. 이때 보험회사로부터 지급되지 않는 제조업자의 연간 손실액의 평균을 구하라.

풀이 제조업자의 손실액을 Y라 하면,

$$Y = \begin{cases} x, & 0.6 < x \le 2 \\ 2, & x > 2 \end{cases}$$

이다. 그러므로 Y의 평균은 다음과 같다.

$$E(Y) = \int_{0.6}^{\infty} y f(x) \, dx = \int_{0.6}^{2} x \times \frac{2.5 \times 0.6^{2.5}}{x^{3.5}} \, dx + \int_{2}^{\infty} 2 \times \frac{2.5 \times 0.6^{2.5}}{x^{3.5}} \, dx$$

$$= \left[-\frac{2.5 \times 0.6^{2.5}}{1.5 x^{1.5}} \right]_{0.6}^{2} + \left[-\frac{2 \times 0.6^{2.5}}{x^{2.5}} \right]_{2}^{\infty} = 0.9343$$

05-100

자동차 보험회사는 면책금액 $1,000$천 원인 증권으로 연간 $15,000$천 원 가치의 자동차를 보증한다. 보험에 가입한 기간에 부분적인 손해를 입을 확률이 0.04이고 자동차가 완전하게 손해를 입을 확률이 0.02라고 한다. 자동차가 부분적인 손해를 입었을 때, 손해액 X (단위 : $1,000$천 원)는 다음 확률밀도함수를 갖는다고 할 때, 보험회사로부터 기대되는 보험금을 구하라.

$$f(x) = \begin{cases} 0.5003 e^{-\frac{x}{2}}, & 0 < x < 15 \\ 0, & \text{다른 곳에서} \end{cases}$$

풀이 Y를 보험회사로부터 지급되는 보험금이라고 하자. 그러면

$$Y = \begin{cases} 0, & \text{확률 } 0.94 \\ \max\{0, x-1\}, & \text{확률 } 0.04 \\ 14, & \text{확률 } 0.02 \end{cases}$$

이므로 Y의 평균은 다음과 같다.

$$E(Y) = 0.94 \times 0 + 0.04 \times 0.5003 \times \int_1^{15}(x-1)e^{-\frac{x}{2}}dx + 0.02 \times 14$$

$$= 0.020012\left[-2(1+x)e^{-\frac{x}{2}}\right]_1^{15} + 0.28$$

$$= 0.020012\left(4e^{-\frac{1}{2}} - 32e^{-\frac{15}{2}}\right) + 0.28 = 0.3282$$

보험회사로부터 기대되는 보험금은 328.2천 원이다.

05-101

자동차보험 증권에 대한 보험금 지급요구 건수에 대한 확률분포가 아래 표와 같다고 하자.

요구 건수	20	30	40	50	60	70	80
확률	0.15	0.10	0.05	0.20	0.10	0.10	0.30

지급요구 건수가 평균으로부터 1표준편차 즉, $\mu \pm \sigma$ 안에 있을 확률을 구하라.

풀이 X를 지급요구 건수라 하면,

$$E(X) = 20 \times 0.15 + 30 \times 0.10 + \cdots + 80 \times 0.3 = 55$$

$$E(X^2) = 20^2 \times 0.15 + 30^2 \times 0.10 + \cdots + 80^2 \times 0.3 = 3500$$

이므로 분산과 표준편차는 각각

$$\sigma^2 = Var(X) = 3500 - 55^2 = 475, \quad \sigma = \sqrt{475} = 21.79$$

이다. 그러므로 $\mu \pm \sigma = 55 \pm 21.79 = 33.21, \ 76.79$ 즉, $[33.21, \ 76.79]$ 안에 지급 건수가 놓일 확률은 $0.05 + 0.20 + 0.10 + 0.10 = 0.45$ 이다.

05-102

주식거래 분석가는 지난 한 해 동안 두 회사의 일일 판매 총액을 기록해 왔으며, 그 결과에 대한 히스토그램은 아래와 같다.
이 주식 분석가는 A회사의 100 이상의 일일 판매 총액은 B회사의 일일 판매 총액을 100이하로 떨어뜨렸고, 역시 그 반대의 현상이 항상 나타났다는 것을 알려 주었다. 이제 어느 날 A회사와 B회사에서 판매된 총액을 각각 X와 Y라고 하자. 각 회사에서의 일일 판매 총액은 독립이고 동일한 분포를 따른다고 하면, 다음 중 옳은 것은?

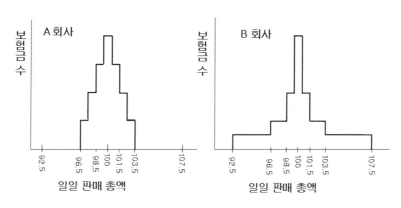

(A) $Var(X) > Var(Y), \quad Var(X+Y) > Var(X) + Var(Y)$

(B) $Var(X) > Var(Y), \quad Var(X+Y) < Var(X) + Var(Y)$

(C) $Var(X) > Var(Y), \quad Var(X+Y) = Var(X) + Var(Y)$

(D) $Var(X) < Var(Y), \quad Var(X+Y) > Var(X) + Var(Y)$

(E) $Var(X) < Var(Y), \quad Var(X+Y) < Var(X) + Var(Y)$

풀이 A회사의 히스토그램이 B회사의 히스토그램 보다 중심의 위치 100을 중심으로 흩어진 정도가 좁으므로 $Var(X) < Var(Y)$이다. 한편 A회사의 판매 총액의 증가는 B회사의 판매 총액의 감소를 가져오고, 그 반대 현상이 역시 나타나므로 $Cov(X, Y) < 0$이다. 따라서 $Var(X+Y) = Var(X) + Var(Y) + 2Cov(X, Y)$로부터

$$Var(X+Y) < Var(X) + Var(Y)$$이다.

05-103

다음과 같은 보험금 손실 분포를 갖는 보험회사는 손실이 2 이하이면 보험금을 지급하지 않고, 그 이상이면 손실액보다 2만큼 작은 보험금을 지급한다. 그러나 최대 지급 보험금은 4라고 할 때, 지급 보험금의 분산을 구하라.

손실액	0	1	2	3	4	5	6	7	8	9
확률	0.500	0.100	0.100	0.100	0.050	0.050	0.050	0.025	0.020	0.005

풀이 보험금 손실을 X, 보험회사의 보험 지급금액을 Y라 하면

$$P(Y=0) = P(X \leq 2) = 0.7, \quad P(Y=1) = P(X=3) = 0.1$$

$$P(Y=2) = P(X=4) = 0.05, \quad P(Y=3) = P(X=5) = 0.05$$
$$P(Y=4) = P(X \geq 6) = 0.1$$

그러므로

$$E(Y) = 0 \times 0.7 + 1 \times 0.1 + 2 \times 0.05 + 3 \times 0.05 + 4 \times 0.1 = 0.75$$
$$E(Y^2) = 0 \times 0.7 + 1 \times 0.1 + 4 \times 0.05 + 9 \times 0.05 + 16 \times 0.1 = 2.35$$

이고 분산은

$$\sigma^2 = E(Y^2) - E^2(Y) = 2.35 - (0.75)^2 = 1.7875$$

05-104

관광버스 운전기사는 20명의 관광객을 수용할 수 있는 버스를 보유하고 있다. 이 기사는 여행객이 관광을 취소할 수도 있다는 것을 알고 21장의 버스표를 판매하였다. 개개인의 여행객이 관광을 취소할 확률은 0.02이고 이들은 독립이라고 한다. 관광비용은 50천 원이며, 관광을 취소할 경우 반환되지 않는다. 만일 여행객이 나왔을 때 버스에 빈 좌석이 없다면, 버스 기사는 그 여행객에게 관광비용과 위약금을 합쳐서 100천 원을 지급해야 한다. 버스 기사의 평균수입은 얼마인가?

풀이 버스 기사는 그간 판매한 21장의 버스표에 대하여 $50 \times 21 = 1050$천 원을 벌 수 있다. 그러나 21장의 버스표 소지자가 모두 나타난다면, 한 여행객에게 100천 원을 지급해야 한다. 여행객들은 나타나거나 다른 사람과 독립적으로 나타나지 않을 수 있으므로 21명의 여행객이 모두 나타날 확률은 $(1-0.02)^{21} = 0.65$이고, 따라서 관광버스 운전기사의 평균수입은 $1050 - 100 \times 0.65 = 985$(천 원)이다.

05-105

이산확률변수 X와 Y의 결합확률질량함수가 다음과 같을 때, $E\left(\dfrac{X}{Y}\right)$를 구하라.

$$f(x, y) = \begin{cases} \dfrac{2^{x+1-y}}{9}, & x=1, 2, \ y=1, 2 \\ 0, & \text{다른 곳에서} \end{cases}$$

풀이 $x=1, 2, \ y=1, 2$이므로 $E\left(\dfrac{X}{Y}\right)$는 다음과 같다.

$$E\left(\frac{X}{Y}\right) = \frac{1}{1}f(1,1) + \frac{1}{2}f(1,2) + \frac{2}{1}f(2,1) + \frac{2}{2}f(2,2)$$

$$= 1 \times \frac{2}{9} + \frac{1}{2} \times \frac{1}{9} + 2 \times \frac{4}{9} + 1 \times \frac{2}{9} = \frac{25}{18}$$

05-106

자동차 소유주는 손해에 대비하여 자기부담금 250인 보험에 가입한다. 자동차에 손해를 입는 사고를 당했을 때, 수리비는 구간 $(0, 1500)$에서 균등분포를 따른다고 한다. 자동차에 손해를 입는 사고를 당했을 때, 지급된 보험금의 표준편차를 구하라.

풀이 X와 Y를 각각 사고를 당했을 때, 수리비와 지급된 보험금이라 하자. 그러면

$$Y = \begin{cases} 0 &, \ X \le 250 \\ X - 250, & X > 250 \end{cases}$$

이므로

$$E(Y) = \int_{250}^{1500} \frac{1}{1500}(x-250)\,dx = \left[\frac{1}{3000}(x-250)^2\right]_{250}^{1500} = \frac{1250^2}{3000} = 521$$

$$E(Y^2) = \int_{250}^{1500} \frac{1}{1500}(x-250)^2\,dx = \left[\frac{1}{4500}(x-250)^3\right]_{250}^{1500} = \frac{1250^3}{4500} = 434028$$

따라서 분산은 $\sigma_Y^2 = E(Y^2) - E(Y)^2 = 434028 - 521^2 = 162587$이고, 따라서 표준편차는 $\sigma_Y = \sqrt{162587} = 403.22$이다.

05-107

어떤 기계에 대한 보증은 이 기계가 4년 이전에 처음으로 고장 나는 시점에서 교체하거나 4년 이후에 고장나는 경우에 4년까지이며, 이 장치의 수명 X의 확률밀도함수는 $f(x) = \frac{1}{5}$, $0 < x < 5$이다. 교체 시점에서 이 장치의 보증기간 Y의 분산을 구하라.

풀이 $Y = \begin{cases} X, & 0 \le X \le 4 \\ 4, & 4 < X \le 5 \end{cases}$ 이므로

$$E(Y) = \int_{-\infty}^{\infty} yf(x)\,dx = \int_0^4 \frac{x}{5}\,dx + \int_4^5 \frac{4}{5}\,dx = \frac{12}{5}$$

$$E(Y^2) = \int_0^4 \frac{x^2}{5}\,dx + \int_4^5 \frac{16}{5}\,dx = \frac{112}{15}$$

따라서 분산은 $\sigma_Y^2 = E(Y^2) - E(Y)^2 = \dfrac{112}{15} - \left(\dfrac{12}{5}\right)^2 = \dfrac{128}{75} = 1.71$ 이다.

05-108

어떤 특별한 위험에 대한 보험금의 확률분포가 $f(x) = 0.001e^{-0.001x}$, $x \geq 0$ 일 때, 평균 보험금과 이 보험금의 분산을 구하라.

풀이

$$E(X) = \int_0^\infty x f(x)\,dx = \int_0^\infty 0.001\, x\, e^{-0.001x}\,dx = 1000$$

$$E(X^2) = \int_0^\infty x^2 f(x)\,dx = \int_0^\infty 0.001\, x^2\, e^{-0.001x}\,dx = 2000000$$

따라서 분산은 $\sigma^2 = E(X^2) - E^2(X) = 2000000 - (1000)^2 = 10^6$ 이다.

05-109

확률변수 X의 확률밀도함수가 다음과 같을 때, X의 분산이 2가 되기 위한 상수 k를 구하라.

$$f(x) = \begin{cases} \dfrac{2x}{k^2}, & 0 \leq x \leq k \\ 0, & \text{다른 곳에서} \end{cases}$$

풀이 $E(X) = \displaystyle\int_0^k \dfrac{2x^2}{k^2}\,dx = \dfrac{2}{3}k$, $E(X^2) = \displaystyle\int_0^k \dfrac{2x^3}{k^2}\,dx = \dfrac{1}{2}k^2$ 이므로

분산은 $\sigma^2 = E(X^2) - E^2(X) = \dfrac{1}{2}k^2 - \left(\dfrac{2}{3}k\right)^2 = \dfrac{k^2}{18} = 2$ 이다. 따라서 $k = 6$ 이다.

05-110

다음 분포함수를 갖는 확률변수 X의 분산을 구하라.

$$F(x) = \begin{cases} 0, & x < 1 \\ \dfrac{x^2 - 2x + 2}{2}, & 1 \leq x < 2 \\ 1, & x \geq 2 \end{cases}$$

풀이 우선 X의 확률밀도함수를 먼저 구한다. 분포함수는 $x = 1$에서 $\dfrac{1}{2}$인 도약 불연속을 가지고 $x > 1$에서 연속인 밀도함수 $f(x) = F'(x)$를 갖는다. 따라서 X의 확률밀도함수는 다음과 같다. (참고: [04. 확률변수]의 문제 04-29)

$$f(x) = \begin{cases} \dfrac{1}{2} & , \ x = 1 \\ x - 1 \ , & 1 < x < 2 \\ 0 & , \ \text{다른 곳에서} \end{cases}$$

그러므로 X의 평균과 분산은 각각 다음과 같다.

$$E(X) = 1 \times \frac{1}{2} + \int_1^2 x(x-1)\,dx = \left[\frac{1}{2} + \left(\frac{1}{3}x^3 - \frac{1}{2}x^2 \right) \right]_1^2 = \frac{4}{3}$$

$$E(X^2) = 1^2 \times \frac{1}{2} + \int_1^2 x^2(x-1)\,dx = \left[\frac{1}{2} + \left(\frac{1}{4}x^4 - \frac{1}{3}x^3 \right) \right]_1^2 = \frac{23}{12}$$

$$Var(X) = E(X^2) - E^2(X) = \frac{23}{12} - \left(\frac{4}{3} \right)^2 = \frac{5}{36}$$

05-111

확률변수 X는 보험에 가입한 자동차가 사고를 당했을 당시의 수명, 확률변수 Y는 사고 당시 소유주가 보험에 가입한 기간을 나타내며, 다음의 결합확률밀도함수를 갖는다. 사고 당시에 보험에 가입한 자동차의 평균 수명을 구하라.

$$f(x, y) = \begin{cases} \dfrac{1}{64}(10 - xy^2), & 2 \le x \le 10, \ 0 \le y \le 1 \\ 0 & , \ \text{다른 곳에서} \end{cases}$$

풀이 X의 주변확률밀도함수를 먼저 구하면 다음과 같다.

$$f_X(x) = \int_0^1 \frac{1}{64}(10 - xy^2)\,dy = \left[\frac{1}{64}\left(10y - \frac{xy^3}{3} \right) \right]_0^1 = \frac{1}{64}\left(10 - \frac{x}{3} \right), \ 2 \le x \le 10$$

따라서 자동차의 평균 수명은 다음과 같다.

$$E(X) = \int_2^{10} \frac{x}{64}\left(10 - \frac{x}{3} \right)dx = \left[\frac{1}{64}\left(5x^2 - \frac{x^3}{9} \right) \right]_2^{10} = 5.778$$

05-112

연속확률변수 X와 Y의 결합확률밀도함수가 다음과 같다. 이때, X의 분산을 구하라.

$$f(x, y) = \begin{cases} 1, & 0 < y < 1 - |x|, \ -1 \le x \le 1 \\ 0, & \text{다른 곳에서} \end{cases}$$

풀이 X의 주변확률밀도함수를 먼저 구하면 다음과 같다.

$$-1 \le x < 0 \text{인 경우;} \quad f_X(x) = \int_0^{1+x} f(x, y) \, dy = \int_0^{1+x} 1 \, dy = 1 + x$$

$$0 \le x \le 1 \text{인 경우;} \quad f_X(x) = \int_0^{1-x} f(x, y) \, dy = \int_0^{1-x} 1 \, dy = 1 - x$$

즉, X의 주변확률밀도함수 $f_X(x) = \begin{cases} 1 + x, & -1 < x < 0 \\ 1 - x, & 0 \le x < 1 \\ 0, & \text{다른 곳에서} \end{cases}$ 이다.

따라서

$$E(X) = \int_{-1}^0 x(1+x) \, dx + \int_0^1 x(1-x) \, dx = 0$$

$$E(X^2) = \int_{-1}^0 x^2(1+x) \, dx + \int_0^1 x^2(1-x) \, dx = \frac{1}{6}$$

$$Var(X) = E(X^2) - E^2(X) = \frac{1}{6}$$

이다.

05-113

어떤 전기장치는 두 개의 회로로 구성되어 있다. 두 번째 회로는 첫 번째 회로의 저장 장치이고, 따라서 두 번째 회로는 첫 번째 회로가 멈춘 후에만 작동한다. 그리고 이 장치는 두 번째 회로가 고장날 때에만 멈추게 된다. X와 Y는 각각 첫 번째와 두 번째 회로가 멈출 때의 시간으로, 결합확률밀도함수

$$f(x, y) = \begin{cases} 6e^{-x-2y}, & 0 < x < y < \infty \\ 0, & \text{다른 곳에서} \end{cases}$$

를 갖는다. 이 전기장치가 멈출 기대시간을 구하라.

풀이 Y의 주변확률밀도함수는

$$f_Y(y) = \int_0^y 6e^{-x-2y}\,dx = 6\left(e^{-2y} - e^{-3y}\right), \quad 0 < y < \infty$$

이다. 따라서 전기장치가 멈출 기대시간은 다음과 같다.

$$E(Y) = \int_0^\infty 6y\left(e^{-2y} - e^{-3y}\right)dy = \frac{5}{6} = 0.83$$

05-114

독립인 확률변수 X와 Y의 분산이 $Var(X)=1$, $Var(Y)=2$일 때, $Z=3X-Y-5$ 의 분산을 구하라.

풀이 X와 Y가 독립이므로

$$Var(Z) = Var(3X-Y-5) = 9\,Var(X) + Var(Y) = 9 + 2 = 11$$

이다.

05-115

자동차 판매 대리점은 고급 승용차를 하루에 0, 1대 또는 2대를 팔고 있다. 또한 자동차를 판매할 때, 판매상은 손님이 추가로 자동차에 대한 선택사항을 사도록 권장한다. 어느 날 팔린 고급 승용차의 수를 X라 하고, 추가된 선택사항의 수를 Y라 하자. 그러면 X와 Y 의 결합확률은 다음 표와 같다.

X \ Y	0	1	2
0	$\frac{1}{6}$	0	0
1	$\frac{1}{12}$	$\frac{1}{6}$	0
2	$\frac{1}{12}$	$\frac{1}{3}$	$\frac{1}{6}$

X의 분산을 구하라.

풀이 X의 주변확률질량함수를 구하면 다음 표와 같다.

X	0	1	2
$P(X=x)$	$\dfrac{2}{12}$	$\dfrac{3}{12}$	$\dfrac{7}{12}$

따라서

$$E(X) = 0 \times \frac{2}{12} + 1 \times \frac{3}{12} + 2 \times \frac{7}{12} = \frac{17}{12}$$

$$E(X^2) = 0^2 \times \frac{2}{12} + 1^2 \times \frac{3}{12} + 2^2 \times \frac{7}{12} = \frac{31}{12}$$

이고, 분산은 다음과 같다.

$$Var(X) = E(X^2) - E^2(X) = \frac{31}{12} - \left(\frac{17}{12}\right)^2 = \frac{83}{144} = 0.576$$

05-116

자동차 사고 시각과 보험회사에 보험금 지급을 요구한 시각 사이의 간격을 T_1 이라 하고, 보험금 지급을 요구한 때로부터 보험금이 지급된 시각까지의 간격을 T_2 라고 하자. 그리고 확률변수의 결합확률밀도함수 $f(t_1, t_2)$ 는 영역 $0 < t_1 < 6$, $0 < t_2 < 6$, $t_1 + t_2 < 10$에서 일정하고, 다른 곳에서 0이라고 하자. 이때, 자동차 사고로부터 보험금이 지급될 때까지 걸리는 시간에 대한 기댓값 $E(T_1 + T_2)$를 구하라.

풀이 결합확률밀도함수 $f(t_1, t_2)$의 정의역은 다음 그림의 색 칠된 부분 A와 같으며, 이 부분의 넓이는 34이다. 따라서

$$f(t_1, t_2) = \begin{cases} \dfrac{1}{34} , (x, y) \in A \\ 0 \quad , \text{다른 곳에서} \end{cases}$$

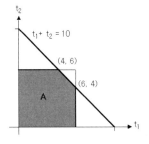

이다. 따라서

$$\begin{aligned} E(T_1 + T_2) &= E(T_1) + E(T_2) = 2E(T_1) \\ &= 2\left(\int_0^4 \int_0^6 \frac{t_1}{34} dt_2 dt_1 + \int_4^6 \int_0^{10-t_1} \frac{t_1}{34} dt_2 dt_1\right) \\ &= \frac{292}{51} = 5.725 \end{aligned}$$

또는

$$E(T_1 + T_2) = \int_0^4 \int_0^6 \frac{t_1 + t_2}{34} dt_2 dt_1 + \int_4^6 \int_0^{10-t_1} \frac{t_1 + t_2}{34} dt_2 dt_1$$

$$= \frac{292}{51} = 5.725$$

05-117

온타리오주의 한 마을에서 연간 자동차를 유지·보수하는데 필요한 순수비용이 평균 200달러이고 분산이 $260(달러)^2$이라는 연구 결과가 있다. 자동차의 유지 및 보수에 필요한 모든 항목에서 20%의 세금이 부여된다면, 연간 유지 및 보수에 대한 비용의 분산은 얼마인가?

풀이 X와 Y를 각각 세금 20%가 부여되기 전과 후의 자동차 유지 및 보수비용이라고 하자. 그러면 $Y = 1.2X$이고, 따라서 세금이 부여된 후의 비용에 대한 분산은

$$Var(Y) = Var(1.2X) = 1.2^2 Var(X) = 1.44 \times 260 = 374.4 (달러)^2$$

이다.

05-118

두 확률변수 X와 Y는 5년 주기 말에 두 주식의 가격을 나타내며, 또한 X는 구간 $(0, 12)$에서 균등분포를 따른다고 하자. 한편 $X = x$일 때, Y는 $(0, x)$에서 균등분포를 따른다고 할 때, 공분산 $Cov(X, Y)$를 구하라.

풀이 문제 조건에 의하여, X의 확률밀도함수는

$$f_X(x) = \frac{1}{12}, \quad 0 < x < 12$$

이고, $X = x$가 주어질 때 Y의 조건부 확률밀도함수는

$$f_{Y|X}(y|x) = \frac{1}{x}, \quad 0 < y < x$$

이다. 따라서 X와 Y의 결합확률밀도함수는

$$f(x,y) = f_X(x) f_{Y|X}(y|x) = \frac{1}{12x}, \quad 0 < y < x, 0 < x < 12$$

이다. 그러므로

$$E(X) = \int_0^{12} x\, f_X(x)\, dx = \int_0^{12} \frac{x}{12}\, dx = 6$$

$$E(Y) = \int_0^{12} \int_0^x y\, f(x,y)\, dy\, dx = \int_0^{12} \int_0^x \frac{y}{12x}\, dy\, dx = \frac{144}{48} = 3$$

$$E(XY) = \int_0^{12} \int_0^x x\, y\, f(x,y)\, dy\, dx = \int_0^{12} \int_0^x \frac{x\, y}{12x}\, dy\, dx = \frac{1728}{72} = 24$$

이고, 공분산은

$$Cov(X,Y) = E(XY) - E(X)E(Y) = 24 - 18 = 6$$

이다.

05-119

어떤 상수 k에 대하여 결합확률밀도함수가

$$f(x,y) = \begin{cases} kx, & 0 < x < 1,\, 0 < y < 1 \\ 0, & \text{다른 곳에서} \end{cases}$$

일 때, X와 Y의 공분산 $Cov(X,Y)$를 구하라.

풀이 우선 상수 k를 먼저 구한다. 함수 $f(x,y)$가 결합확률밀도함수이므로

$$1 = \int_0^1 \int_0^1 f(x,y)\, dx\, dy = \int_0^1 \int_0^1 kx\, dx\, dy = \frac{k}{2}$$

따라서 $k = 2$이다. 그러므로

$$E(X) = \int_0^1 \int_0^1 2x^2\, dx\, dy = \frac{2}{3}, \quad E(Y) = \int_0^1 \int_0^1 2xy\, dx\, dy = \frac{1}{2}$$

$$E(XY) = \int_0^1 \int_0^1 2x^2 y\, dx\, dy = \frac{1}{3},$$

$$Cov(X,Y) = E(XY) - E(X)E(Y) = \frac{1}{3} - \frac{2}{3} \times \frac{1}{2} = 0$$

05-120

확률변수 X와 Y가 결합확률밀도함수

$$f(x, y) = \begin{cases} \dfrac{8}{3}xy , & 0 \le x \le 1,\ x \le y \le 2x \\ 0 & , \ 다른\ 곳에서 \end{cases}$$

를 갖는다. X와 Y의 공분산을 구하라

풀이 확률변수 X와 Y가 취하는 영역은 다음 그림과 같다.

따라서

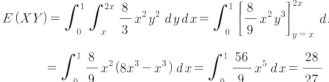

$$E(X) = \int_0^1 \int_x^{2x} \frac{8}{3}x^2 y\, dy\, dx = \int_0^1 \left[\frac{4}{3}x^2 y^2\right]_{y=x}^{2x} dx$$
$$= \int_0^1 \frac{4}{3}x^2(4x^2 - x^2)\, dx = \int_0^1 4x^4\, dx = \frac{4}{5}$$

$$E(Y) = \int_0^1 \int_x^{2x} \frac{8}{3}xy^2\, dy\, dx = \int_0^1 \left[\frac{8}{9}xy^3\right]_{y=x}^{2x} dx$$
$$= \int_0^1 \frac{8}{9}x(8x^3 - x^3)\, dx = \int_0^1 \frac{56}{9}x^4\, dx = \frac{56}{45}$$

$$E(XY) = \int_0^1 \int_x^{2x} \frac{8}{3}x^2 y^2\, dy\, dx = \int_0^1 \left[\frac{8}{9}x^2 y^3\right]_{y=x}^{2x} dx$$
$$= \int_0^1 \frac{8}{9}x^2(8x^3 - x^3)\, dx = \int_0^1 \frac{56}{9}x^5\, dx = \frac{28}{27}$$

이므로 공분산은

$$Cov(X, Y) = E(XY) - E(X)E(Y)$$
$$= \frac{28}{27} - \frac{4}{5} \times \frac{56}{45} = 1.0370 - 0.9956 = 0.0414$$

이다.

05-121

한 사람 당 보험료가 500천 원이고 사망보험금이 $10,000$천 원인 두 생명보험증권이 부부를 상대로 판매되었으며, 이 보험증권은 10년 후 만기가 된다. 아내와 남편이 적어도 10

년간 생존할 확률은 각각 0.025와 0.01이고 부부가 모두 10년간 생존할 확률은 0.96이다. 남편이 적어도 10년간 생존했다는 조건 아래서, 판매한 증권에 대한 평균 이익금을 구하라.

풀이 아내가 10년간 생존하는 사건을 X, 남편이 10년간 생존하는 사건을 Y라 하자. 그리고 A를 지급된 보험금, B를 판매한 증권에 대한 이익금이라 하자. 그러면 남편이 10년간 생존할 확률은

$$P(Y) = P(X \cap Y) + P(X^c \cap Y) = 0.96 + 0.01 = 0.97$$

이다. 따라서 남편이 10년간 생존한다는 조건 아래서

$$P(X \mid Y) = \frac{P(X \cap Y)}{P(Y)} = \frac{0.96}{0.97} = 0.9897$$

$$P(X^c \mid Y) = \frac{P(X^c \cap Y)}{P(Y)} = \frac{0.01}{0.97} = 0.0103$$

이다. 그러므로 10년 만기 후에 지급된 보험금의 평균은

$$E(A) = 0 \times P(X \mid Y) + 10000 \times P(X^c \mid Y) = 10000 \times 0.0103 = 103 (천\ 원)$$

이다. 따라서 남편이 적어도 10년간 생존했다는 조건 아래서, 판매한 증권에 대한 평균 이익금은

$$E(B) = E(1000 - A) = 1000 - E(A) = 1000 - 103 = 897 (천\ 원)$$

이다.

05-122

이산확률변수 X와 Y의 결합확률질량함수가 다음과 같을 때, $E(Y \mid X = 1)$을 구하라.

$$f(x, y) = \begin{cases} \dfrac{(x+1)(y+2)}{54}, & x = 0,\ 1,\ 2,\ y = 0,\ 1,\ 2 \\ 0 & ,\ 다른\ 곳에서 \end{cases}$$

풀이 확률변수 X의 주변확률질량함수를 $f_X(x)$라 하면,

$$f_X(0) = P(X = 0,\ Y = 0) + P(X = 0,\ Y = 1) + P(X = 0,\ Y = 2) = \frac{1}{6}$$

$$f_X(1) = P(X = 1,\ Y = 0) + P(X = 1,\ Y = 1) + P(X = 1,\ Y = 2) = \frac{2}{6}$$

$$f_X(2) = P(X = 2,\ Y = 0) + P(X = 2,\ Y = 1) + P(X = 2,\ Y = 2) = \frac{3}{6}$$

이고, 따라서 $X=1$에 대한 Y의 조건부 확률질량함수는

$$f(y\,|x) = \frac{f(1,y)}{f_X(1)} = \begin{cases} \dfrac{4/54}{18/54} = \dfrac{2}{9}\,, & y=0 \\[2mm] \dfrac{6/54}{18/54} = \dfrac{3}{9}\,, & y=1 \\[2mm] \dfrac{8/54}{18/54} = \dfrac{4}{9}\,, & y=2 \end{cases}$$

이다. 따라서

$$E(Y|X=1) = 0\times\frac{2}{9} + 1\times\frac{3}{9} + 2\times\frac{4}{9} = \frac{11}{9}$$

이다.

05-123

어느 주어진 해의 말에 두 회사의 주식가격은 다음과 같은 결합확률밀도함수를 가지는 확률변수 X와 Y로 평가된다.

$$f(x,y) = \begin{cases} 2x\,, & 0 < x < 1,\ x < y < x+1 \\ 0\,, & \text{다른 곳에서} \end{cases}$$

$X = x$일 때, Y의 조건부 분산을 구하라.

풀이 확률변수 X의 주변확률밀도함수를 $f_X(x)$라 하면,

$$f_X(x) = \int_x^{x+1} 2x\,dy = 2x\,,\quad 0 < x < 1$$

이고, Y의 조건부 확률밀도함수는

$$f(y|x) = \frac{f(x,y)}{f_X(x)} = 1,\ x < y < x+1$$

이다. 따라서 조건부 분산은 다음과 같다.

$$E(Y|X) = \int_x^{1+x} y\,f(y|x)\,dy = \int_x^{1+x} y\,dy = x + \frac{1}{2}$$

$$E(Y^2|X) = \int_x^{1+x} y^2\,f(y|x)\,dy = \int_x^{1+x} y^2\,dy = x^2 + x + \frac{1}{3}$$

$$Var(Y|X) = E(Y^2|X) - E^2(Y|X) = x^2 + x + \frac{1}{3} - \left(x+\frac{1}{2}\right)^2 = \frac{1}{12}$$

05-124

두 지역 P와 Q에 토네이도가 발생한 횟수는 다음 표와 같은 결합분포를 이룬다. P 지역에 토네이도가 발생하지 않았다는 조건 아래서, Q 지역에 찾아온 토네이도의 횟수에 대한 조건부 분산을 구하라.

		Q 지역의 횟수			
		0	1	2	3
P 지역의 횟수	0	0.12	0.06	0.05	0.02
	1	0.13	0.15	0.12	0.03
	2	0.05	0.15	0.10	0.02

풀이 두 지역 P와 Q에 토네이도가 발생한 횟수를 각각 N_P와 N_Q라고 하자. 그러면

$$P(N_P = 0) = 0.12 + 0.06 + 0.05 + 0.02 = 0.25$$

이다. 따라서 $N_P = 0$일 때, N_Q의 확률분포를 구하면

$$P(N_Q = 0 | N_P = 0) = \frac{0.12}{0.25} = 0.48, \quad P(N_Q = 1 | N_P = 0) = \frac{0.06}{0.25} = 0.24$$

$$P(N_Q = 2 | N_P = 0) = \frac{0.05}{0.25} = 0.20, \quad P(N_Q = 3 | N_P = 0) = \frac{0.02}{0.25} = 0.08$$

즉, 다음 표와 같다.

$N_P = 0$일 때, Q 지역의 횟수			
0	1	2	3
0.48	0.24	0.20	0.08

그러므로

$$E(N_Q | N_P = 0) = 0 \times 0.48 + 1 \times 0.24 + 2 \times 0.20 + 3 \times 0.08 = 0.88$$

$$E(N_Q^2 | N_P = 0) = 0^2 \times 0.48 + 1^2 \times 0.24 + 2^2 \times 0.20 + 3^2 \times 0.08 = 1.76$$

이고, $N_P = 0$일 때, Q 지역에 발생한 토네이도의 분산은 다음과 같다.

$$Var(N_Q | N_P = 0) = E(N_Q^2 | N_P = 0) - E^2(N_Q | N_P = 0) = 1.76 - 0.88^2 = 0.9856$$

05-125

어떤 질병의 보유에 대한 진단검사는 질병 보유 1과 질병 미보유 0이라는 두 가지 가능한 결과를 갖는다. 이제 X와 Y를 각각 환자의 질병 보유 상태와 진단검사 결과라고 하자. 이때 두 확률변수의 결합확률은 다음과 같다.

$$P(X=0, Y=0) = 0.800, \quad P(X=1, Y=0) = 0.050$$
$$P(X=0, Y=1) = 0.025, \quad P(X=1, Y=1) = 0.125$$

$Var(Y|X=1)$을 구하라.

풀이 $X=1$인 조건에서 Y의 조건부 확률분포는 다음과 같다.

$$P(Y=0|X=1) = \frac{P(X=1, Y=0)}{P(X=1)} = \frac{0.050}{0.175} = 0.286$$
$$P(Y=1|X=1) = \frac{P(X=1, Y=1)}{P(X=1)} = \frac{0.125}{0.175} = 0.714$$

따라서

$$E(Y|X=1) = 0 \times P(Y=0|X=1) + 1 \times P(Y=1|X=1)$$
$$= 1 \times 0.714 = 0.714$$
$$E(Y^2|X=1) = 0^2 \times P(Y=0|X=1) + 1^2 \times P(Y=1|X=1) = 0.714$$

이므로 조건부 분산은 다음과 같다.

$$Var(Y|X=1) = E(Y^2|X=1) - E^2(Y|X=1) = 0.714 - 0.714^2 = 0.204$$

05-126

다음 표는 화재사고로 인한 보관창고에 대한 손실액의 분포이다.

손실액	0	500	1,000	10,000	50,000	100,000
확률	0.900	0.060	0.030	0.008	0.001	0.001

손실액이 0보다 크다는 조건 아래서, 이 손실에 대한 기댓값을 구하라.

풀이   손실액이 0보다 크다는 조건 아래서 각 손실액에 대한 확률질량함수는 다음 표와 같다.

X	500	1000	10000	50000	100000
$P(X=x\,|\,X>0)$	0.60	0.30	0.08	0.01	0.01

따라서 구하고자 하는 기댓값은

$$E(X=x\,|\,X>0) = 500 \times 0.6 + 1000 \times 0.3 + 10000 \times 0.08$$
$$+ 50000 \times 0.01 + 100000 \times 0.01 = 2900$$

05-127

한 해 동안 보험에 가입한 증권에 대하여 다음 표와 같은 표본을 얻었다고 하자. 그리고 개개인의 보험금 지급요구액의 확률밀도함수가 $f(x) = 0.001e^{-0.001x}$, $x \geq 0$ 이라고 하자.
(1) 이 보험회사가 1년간 100개의 증권에 대하여 지급해야 할 평균 지급액을 구하라.
(2) 100개의 증권에 대한 지급액의 표준편차를 구하라.

보험료 지급건수	0	1	2	3	4	5	계
1년간 계약자 수	18,253	2,055	984	36	9	3	21,340

풀이 (1) 하나의 증권으로부터 요구되는 보험금(X)의 평균금액은

$$E(X) = \int_0^\infty 0.001\,x\,e^{-0.001x}\,dx = \left[xe^{-0.001x} - 1000e^{-0.001x} \right]_0^\infty$$
$$= 1000$$

이다. 한편 개개의 증권이 보험금 지급을 요구할 사건은 서로 독립이므로 보험금 지급 건수(Y) $1, 2, 3, 4, 5$ 에 대한 보험금의 평균 요구금액($E[X\,|\,Y=y]$)은 $1000, 2000, 3000, 4000, 5000$이다. 한편 각각의 요구 건수에 대한 확률이 $0.0963, 0.0461, 0.0017, 0.0004, 0.0002$이므로 요구되는 보험금의 평균은 다음과 같다.

$$E(X) = \sum_y E(X\,|\,Y=y)\,f_Y(y)$$
$$= 1000 \times 0.0963 + 2000 \times 0.0461 + 3000 \times 0.0017$$
$$+ 4000 \times 0.0004 + 5000 \times 0.0002$$
$$= 196.2$$

(2) 보험금 지급 건수에 대한 평균과 분산은 $\mu = 0.1962$, $\sigma^2 = 0.2689$ 이다. 그리고 보험금 지급요구액의 분산이

$$Var(X) = \int_0^\infty x^2 f(x)\,dx - E(X)^2 = 1000000$$

이므로 특정 보험금 지급 건수(Y)에 대한 지급액의 평균과 분산은 각각

$$E(X\mid Y) = 1000\,Y, \quad Var(X\mid Y) = 1000000\,Y$$

이므로 한 증권에 대한 보험금 지급액의 분산은

$$Var(X) = E_Y[Var(X\mid Y)] + Var_Y[E(X\mid Y)]$$
$$= E_Y(1000000\,Y) + Var_Y(1000\,Y)$$
$$= 1000000 \times 0.1962 + 1000000 \times 0.2689 = 462900$$

이다. 따라서 100개의 증권에 대하여 지급이 요구되는 보험금의 분산은 $46,290,000$ 이고, 표준편차는 $\sqrt{46,290,000} = 6803.675$ 이다.

05-128

1년에 많아야 한 번 보험금을 신청할 수 있는 보험증권에 대하여, 보험금 청구가 들어올 확률이 0.07이라고 한다. 그리고 보험계약에 따르면 보험금 청구액은 500천 원, 1,000천 원 그리고 2,000천 원 중에서 신청될 수 있으며, 각 청구액에 대한 확률은 0.6, 0.3 그리고 0.1이다.

(1) 무작위로 선정된 피보험자에게 지급될 평균 보험금액을 구하라.
(2) 이 피보험자에게 지급될 보험금의 표준편차를 구하라.

풀이 (1) 지급될 보험금액을 X라 하고, 피보험자에 의하여 신청된 보험금 지급요구 건수를 Y라 하자. 그러면 보험금 지급요청은 많아야 한 번이므로 다음과 같은 Y의 확률분포를 얻는다.

Y	0	1
$f_Y(y)$	0.93	0.07

보험금 청구가 있다면 그 청구액은 500천 원, 1,000천 원 그리고 2,000천 원 중에서 신청될 수 있으며, 각 경우의 확률은 0.6, 0.3 그리고 0.1이므로 평균 지급금은

$$500 \times 0.6 + 1000 \times 0.3 + 2000 \times 0.1 = 800(천 원)$$

이고, 보험금 지급요청이 없는 경우에 보험회사가 지급할 보험금은 0원이므로

$$E(X \mid Y = 1) = 800천 원, \quad E(X \mid Y = 0) = 0원$$

따라서 보험금 지급요청에 따른 평균 지급금액과 그에 대응하는 확률은

$E(X \mid Y)$	0	800
$f_Y(y)$	0.93	0.07

이고,

$$E(X) = E[E(X \mid Y)] = E(X \mid Y = 0)f_Y(0) + E(X \mid Y = 1)f_Y(1)$$
$$= 0 \times 0.93 + 800 \times 0.07 = 56(천 원)$$

이다.

(2) 지급될 보험금액 X의 분산을 알기 위하여, $Var[E(X \mid Y)]$와 $E[Var(X \mid Y)]$를 각각 구한다. 우선 $E(X \mid Y)$의 확률분포로부터 $E[E(X \mid Y)] = 56천 원$이므로

$$Var[E(X \mid Y)] = (0 - 56)^2 \times 0.93 + (800 - 56)^2 \times 0.07 = 41664(천 원)^2$$

이다. 한편 보험금 지급요청이 없는 경우에 지급된 보험금은 상수 0이므로

$$Var(X \mid Y = 0) = 0$$

이고, 한 번 지급요청이 있는 경우

$$Var(X \mid Y = 1) = (500 - 800)^2 \times 0.6 + (1000 - 800)^2 \times 0.3$$
$$+ (2000 - 800)^2 \times 0.1$$
$$= 210000(천 원)^2$$

이고, 각 경우의 확률은 0.93, 0.07이므로

$$E[Var(X \mid Y)] = 0 \times 0.93 + 210000 \times 0.07 = 14700(천 원)$$

이다. 따라서 보험회사가 지급할 보험금의 분산은

$$Var(X) = E[Var(X \mid Y)] + Var[E(X \mid Y)]$$
$$= 14700 + 41664 = 56364(천 원)^2$$

이므로 표준편차는 $\sigma = \sqrt{56364} = 237.411(천 원)$이다.

05-129

확률변수 X와 Y의 결합확률밀도함수가 다음과 같다.

$$f(x, y) = \begin{cases} 6(1-x-y), & x > 0, 0 < y < 1-x \\ 0 & , \text{다른 곳에서} \end{cases}$$

이때 조건부 기댓값 $E(X|Y)$를 구하라.

풀이 확률변수 X와 Y의 서포트는 다음 그림과 같으며, 이 영역에서 우선 $Y=y$에 대한 조건부 확률밀도함수 $f_{X|Y}(x|y)$를 먼저 구한

다. Y의 주변확률밀도함수가

$$f_Y(y) = \int_0^{1-y} 6(1-x-y)\,dx = 3(1-y)^2,$$
$$0 < y < 1$$

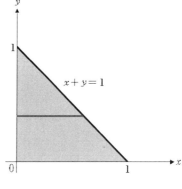

이므로, $Y=y$일 때 X의 조건부 확률밀도함수

$$f_{X|Y}(x|y) = \frac{f(x,y)}{f_Y(y)} = \frac{2(1-x-y)}{(1-y)^2},$$
$$0 < x < 1-y$$

를 얻는다. 따라서 조건부 기댓값 $E(X|Y=y)$는

$$E(X|Y=y) = \int_0^{1-y} x\, f_{X|Y}(x|y)\,dx$$

$$= \int_0^{1-y} \frac{2x(1-x-y)}{(1-y)^2}\,dx = \frac{1}{3}(1-y)$$

이다.

05-130

임의로 지정된 해의 말에 두 회사의 주가는 다음과 같은 결합확률밀도함수를 갖는 확률변수 X와 Y에 의하여 모형화된다고 한다.

$$f(x, y) = \begin{cases} 2x, & 0 < x < 1, x < y < x+1 \\ 0 & , \text{다른 곳에서} \end{cases}$$

이때 조건부 분산 $Var(Y|X)$를 구하라.

풀이 확률변수 X와 Y의 서포트는 다음 그림과 같으며, 이 영역에서 우선 $X=x$에 대한 조건부 확률밀도함수 $f_{Y|X}(y|x)$를 먼저 구한다. X의 주변확률 밀도함수가

$$f_X(x) = \int_x^{x+1} 2x\, dy = 2x, \quad 0 < x < 1$$

이므로, $X=x$일 때 Y의 조건부 확률밀도함수

$$f_{Y|X}(y|x) = \frac{f(x,y)}{f_X(x)} = 1, \quad x < y < x+1$$

을 얻는다. 따라서 조건부 기댓값 $E(Y|X)$는

$$E(Y|X) = \int_x^{x+1} y\, f_{Y|X}(y|x)\, dy = \int_x^{x+1} y\, dy = \left[\frac{1}{2}y^2\right]_x^{x+1}$$

$$= x + \frac{1}{2}$$

$$E(Y^2|X) = \int_x^{x+1} y^2\, f_{Y|X}(y|x)\, dy = \int_x^{x+1} y^2\, dy = \left[\frac{1}{3}y^3\right]_x^{x+1}$$

$$= x^2 + x + \frac{1}{3}$$

이다. 따라서 조건부 분산 $Var(Y|X)$은 다음과 같다.

$$Var(Y|X) = E(Y^2|X) - \{E(Y|X)\}^2 = \left(x^2 + x + \frac{1}{3}\right) - \left(x + \frac{1}{2}\right)^2 = \frac{1}{12}$$

05-131

문제 05-78에서 $X=0.75$일 때, Y의 조건부 분산 $Var(Y|X=0.75)$를 구하라.

풀이 먼저 $E(Y^2|X=0.75)$와 $E(Y|X=0.75)$를 구한다.

$$E(Y^2|X=0.75) = \int_o^{0.5} y^2\frac{4}{3}dy + \int_{0.5}^1 y^2\frac{2}{3}dy = \frac{1}{4}$$

$$E(Y|X=0.75) = \int_0^{0.5} y\frac{4}{3}dy + \int_{0.5}^1 y\frac{2}{3}dy = \frac{5}{12}$$

따라서

$$Var(Y|X=0.75) = E(Y^2|X=0.75) - \{E(Y|X=0.75)\}^2$$

$$= \frac{1}{4} - \left(\frac{5}{12}\right)^2 = \frac{11}{144} = 0.076$$

이다.

05-132

작업장에서 활동 정도에 의하여 결정되는 확률변수 Y 는 $[0, 3]$ 에서 일정한 확률밀도함수 를 갖는다고 할 때, 어느 날 작업장에서 발생한 상해사고 건수 X는 확률질량함수

$$f(x) = \frac{Y^x}{x!} e^{-Y}, \ x = 0, 1, 2, \cdots$$

으로 나타난다. 이때 $Var(X)$를 구하라.

풀이 $Y = y$ 일 때, 확률변수 X 의 조건부 확률질량함수는

$$f(x|y) = \frac{y^x}{x!} e^{-y}, \ x = 0, 1, 2, \cdots$$

이고, X 의 평균은 다음과 같다.

$$E(X|Y) = \sum_{x=0}^{\infty} x\, f(x) = \sum_{x=0}^{\infty} x \frac{y^x}{x!} e^{-y} = y \sum_{x=1}^{\infty} \frac{y^{x-1}}{(x-1)!} e^{-y}$$

이제 $x - 1 = t$ 라 하면,

$$E(X|Y) = y \sum_{t=0}^{\infty} \frac{y^t}{t!} e^{-y} = y \ \text{(Taylor Series 이용하여 증명)}$$

또한 동일한 방법으로 $E[X(X-1)|Y] = y^2$ 이고, 따라서 분산은

$$Var(X|Y) = E[X(X-1)|Y] + E(X|Y) - \{E(X|Y)\}^2 = y^2 + y - y^2 = y$$

이다([06. 이산확률분포]의 문제 06-68 풀이 참고). 따라서

$$Var(X) = E[Var(X|Y)] + Var[E(X|Y)] = E(Y) + Var(Y)$$

이므로 Y 의 평균과 분산을 구하면 된다. 한편 확률변수 Y 는 $[0, 3]$ 에서 일정한 확 률밀도함수를 가지므로 Y 의 확률밀도함수는

$$f_Y(y) = \frac{1}{3}, \quad 0 < y < 3$$

이고, 따라서 Y 의 평균은

$$E(Y) = \int_0^3 y f_Y(y)\, dy = \int_0^3 \frac{1}{3} y\, dy = \frac{3}{2}$$

이고

$$E(Y^2) = \int_0^3 y^2 f_Y(y)\, dy = \int_0^3 \frac{1}{3} y^2\, dy = 3$$

이므로 $Var(Y) = E(Y^2) - E(Y)^2 = 3 - \dfrac{9}{4} = \dfrac{3}{4}$ 이다. 따라서 X의 분산은 다음과 같다.

$$Var(X) = E(Y) + Var(Y) = \frac{3}{2} + \frac{3}{4} = \frac{9}{4}$$

05-133

어떤 사고에 대한 보험금 지급요구액은 적률생성함수가

$$M_X(t) = \frac{1}{(1 - 2500t)^4}$$

인 확률변수 X라고 보험계리인이 주장한다. 이러한 사고에 대한 지급요구액의 표준편차를 구하라.

풀이 $M_X^{'}(t) = \dfrac{10000}{(1 - 2500t)^5}$, $M_X^{''}(t) = \dfrac{125000000}{(1 - 2500t)^6}$ 이므로

$$E(X) = M_X^{'}(0) = 10000, \;\; E(X^2) = M_X^{''}(0) = 125000000$$

이다. 따라서 X의 분산과 표준편차는 각각 다음과 같다.

$$Var(X) = E(X^2) - E^2(X) = 125000000 - 10000^2 = 25000000$$

$$\sigma = \sqrt{Var(X)} = \sqrt{25000000} = 5000$$

05-134

확률변수 X가 다음 적률생성함수를 가질 때, 3년 후 장비의 가격은 $100(0.5)^X$으로 나타난다고 한다. 이때 3년 후 장비의 평균가를 구하라.

$$M_X(t) = \frac{1}{1 - 2t}, \quad t < \frac{1}{2}$$

풀이 $Y = 100(0.5)^X$이라 하면, Y의 평균은 다음과 같다.

$$E(Y) = E[100(0.5)^X] = 100E[(0.5)^X] = 100E[e^{(\ln 0.5)X}]$$

$$= 100 M_X(\ln 0.5) = \frac{100}{1 - 2\ln 0.5} = 41.9$$

05-135

X의 적률생성함수가 $M_X(t) = \left(\dfrac{2 + e^t}{3}\right)^9$ 일 때, X의 평균과 분산을 구하라.

풀이 $M_X^{'}(t) = \left(\dfrac{1}{3}\right)^9 (9)(2 + e^t)^8 \, e^t$ 이므로 $\mu = M_X^{'}(0) = 3$ 이고

$$M_X^{''}(t) = \left(\frac{1}{3}\right)^9 \times 9 \times (2 + e^t)^7 \, e^t \,(2 + 9e^t), \quad M_X^{''}(0) = 11$$

이므로 분산은 다음과 같다.

$$\sigma^2 = M_X^{''}(0) - \left\{M_X^{'}(0)\right\}^2 = 11 - 9 = 2$$

05-136

i.i.d 확률변수 X와 Y에 대하여 $S = X + Y$의 적률생성함수가

$$M_S(t) = 0.09 e^{-2t} + 0.24 e^{-t} + 0.34 + 0.24 e^t + 0.09 e^{2t}, \quad -\infty < x < \infty$$

일 때, $P(X \leq 0)$을 구하라.

풀이 X와 Y가 i.i.d 확률변수이므로 X의 적률생성함수를 $M_X(t)$라 하면, $S = X + Y$의 적률생성함수는 $M_X^2(t)$가 된다. 한편 $-\infty < x < \infty$ 에서

$$M_S(t) = 0.09 e^{-2t} + 0.24 e^{-t} + 0.34 + 0.24 e^t + 0.09 e^{2t}$$

$$= (0.3 e^{-t} + 0.4 + 0.3 e^t)^2 = M_X^2(t)$$

이므로 $M_X(t) = 0.3 e^{-t} + 0.4 + 0.3 e^t$ 이고, X의 확률질량함수는

$$f(x) = \begin{cases} 0.3, & x = -1,\, 1 \\ 0.4, & x = 0 \\ 0, & \text{다른 곳에서} \end{cases}$$

이다. 따라서 $P(X \leq 0) = f(-1) + f(0) = 0.3 + 0.4 = 0.7$ 이다.

05-137

서로 독립인 두 확률변수 X와 Y의 확률질량함수가 각각

$$f_X(x) = \binom{n}{x} p^x (1-p)^{n-x}, \ x = 0, 1, 2, \cdots, n$$

$$f_Y(y) = \binom{m}{y} p^y (1-p)^{n-y}, \ y = 0, 1, 2, \cdots, m$$

일 때, $S = X + Y$의 확률질량함수를 구하라.

풀이 X와 Y의 적률생성함수는 각각 다음과 같다.

$$M_X(t) = (1-p+pe^t)^n, \ M_Y(t) = (1-p+pe^t)^m, \ -\infty < t < \infty$$

그러므로 $S = X + Y$의 적률생성함수는 $-\infty < t < \infty$에서

$$M_S(t) = M_X(t) M_Y(t)$$

$$= (1-p+pe^t)^n (1-p+pe^t)^m = (1-p+pe^t)^{n+m}$$

이다. 따라서 S의 확률질량함수는

$$f_S(x) = \binom{n+m}{x} p^x (1-p)^{n-x}, \ x = 0, 1, 2, \cdots, n+m$$

이다.

05-138

보험회사가 세 도시 J, K 그리고 L에 있는 가정과 보험을 체결하였으며, 이 도시들은 충분히 멀리 떨어져 있어 각 도시에서 발생하는 손실은 독립이라고 가정한다. 한편 이 도시들의 손실분포에 대한 적률생성함수가 각각 다음과 같다고 하자.

$$M_J(t) = (1-2t)^{-3}, \ M_K(t) = (1-2t)^{-2.5}, \ M_J(t) = (1-2t)^{-4.5}$$

세 도시에서 발생하는 손실의 합을 X라 할 때, 기댓값 $E(X^3)$을 구하라.

풀이 세 도시 J, K 그리고 L에서 발생하는 손실을 각각 X_J, X_K, X_L이라 하자. 그러면 $X = X_J + X_K + X_L$이고, X_J, X_K, X_L이 독립이므로 확률변수 X의 적률생성함수는

$$M(t) = E(e^{tX}) = E\left[e^{t(X_J + X_K + X_L)}\right]$$

$$= E\left[e^{tX_J}\right] E\left[e^{tX_K}\right] E\left[e^{tX_L}\right]$$

$$= M_J(t)\, M_K(t)\, M_J(t)$$

$$= (1-2t)^{-3}(1-2t)^{-2.5}(1-2t)^{-4.5} = (1-2t)^{-10}$$

이다.

$$M'(t) = 20(1-2t)^{-11},\ \ M''(t) = 440(1-2t)^{-12},$$

$$M'''(t) = 10560(1-2t)^{-13}$$

따라서 X의 3차 적률은 다음과 같다.

$$E(X^3) = M'''(0) = 10560(1-2t)^{-13}\big|_{t=0} = 10560$$

05-139

X_1, X_2, X_3은 확률질량함수

$$f(x) = \begin{cases} \dfrac{1}{3}, & x=0 \\ \dfrac{2}{3}, & x=1 \\ 0, & \text{다른 곳에서} \end{cases}$$

로부터 얻은 확률표본이라 하자. $Y = X_1 X_2 X_3$의 적률생성함수 $M_Y(t)$를 구하라.

풀이 $Y = X_1 X_2 X_3$의 확률질량함수 $g(y)$를 먼저 구한다. 우선 X_1, X_2, X_3 중 적어도 하나가 0이면 $Y=0$이고, $X_1=1, X_2=1, X_3=1$인 경우에 한하여 $Y=1$이다. 따라서

$$P(Y=1) = P(X_1=1, X_2=1, X_3=1) = P(X_1=1)P(X_2=1)P(X_3=1)$$

$$= \frac{2}{3} \times \frac{2}{3} \times \frac{2}{3} = \frac{8}{27}$$

$$P(Y=0) = 1 - P(Y=1) = 1 - \frac{8}{27} = \frac{19}{27}$$

이므로

$$g(y) = \begin{cases} \dfrac{19}{27}, & y=0 \\ \dfrac{8}{27}, & y=1 \\ 0, & \text{다른 곳에서} \end{cases}$$

이다. 그러므로

$$M_Y(t) = E(e^{t\,Y}) = \frac{19}{27} + \frac{8}{27}e^t$$

05-140

확률변수 N의 확률질량함수가 $P(N=n) = p(1-p)^n$, $n = 0,1,2,\cdots$ 와 독립인 X_i, $i = 1,2,\cdots,k$ 의 확률밀도함수 $f(x) = e^{-x}$, $x > 0$에 대하여 $S = X_1 + X_2 + \cdots + X_N$ 의 적률생성함수와 평균 그리고 분산을 구하라.

풀이 N의 적률생성함수는

$$M_N(t) = \sum_{n=0}^{\infty} e^{nt}\, p\, q^n = \sum_{n=0}^{\infty} p\,(qe^t)^n = \frac{p}{1-qe^t} \quad (\text{단}, \ p+q=1)$$

이고, X의 적률생성함수는

$$M_X(t) = \frac{1}{1-t} \ , \quad t < 1$$

이다. 그러므로

$$M_N'(0) = \frac{1-p}{p}, \quad M_N''(0) = \frac{p\,q + 2\,q^2}{p^2}, \quad M_X'(0) = 1, \quad M_X''(0) = 2$$

을 얻는다. 따라서

$$E(N) = \frac{1-p}{p}, \ \ Var(N) = \frac{1-p}{p^2}, \ \ E(X) = 1, \ Var(X) = 1$$

이다. 그러면 S의 평균과 분산은 각각

$$E(S) = \mu\, E(N) = \frac{1-p}{p}, \quad Var(S) = \frac{1-p^2}{p^2}$$

이다. 한편

$$\exp\left[\log M_X(t)\right] = M_X(t) = \frac{1}{1-t}$$

이므로

$$M_S(t) = M_N(\log M_X(t)) = \frac{p}{1 - \dfrac{q}{1-t}} = \frac{p(1-t)}{p-t} \ , \quad t < 1$$

이다.

05-141

독립확률변수 X와 Y가 동일한 적률생성함수 $M(t) = e^{\frac{t^2}{2}}$ 을 갖는다. $W = X + Y$, $Z = Y - X$라 할 때, 확률변수 W와 Z의 결합적률생성함수를 구하라.

풀이 W와 Z의 결합적률생성함수 $M(t_1, t_2)$는 다음과 같다.

$$M(t_1, t_2) = E[\exp(t_1 W + t_2 Z)] = E\left[\exp\{t_1(X + Y) + t_2(Y - X)\}\right]$$

$$= E\left[\exp\{(t_1 - t_2)X + (t_1 + t_2)Y\}\right]$$

$$= E\left[\exp\{(t_1 - t_2)X\}\right] E\left[\exp\{(t_1 + t_2)Y\}\right]$$

$$= \exp\left\{\frac{(t_1 - t_2)^2}{2}\right\} \exp\left\{\frac{(t_1 + t_2)^2}{2}\right\} = \exp\left(t_1^2 + t_2^2\right)$$

05-142

확률변수 X와 Y의 결합확률밀도함수가

$$f(x, y) = \begin{cases} 6e^{-2x - 3y}, & 0 < x < \infty,\ 0 < y < \infty \\ 0 & ,\ \text{다른 곳에서} \end{cases}$$

일 때,

(1) 결합적률생성함수 $M(t_1, t_2)$를 구하라.

(2) $E(X)$, $E(Y)$ 그리고 $Cov(X, Y)$를 구하라.

풀이 (1) $M(t_1, t_2) = E\left(e^{t_1 X + t_2 Y}\right)$

$$= \int_0^\infty \int_0^\infty 6e^{t_1 x + t_2 y}\, e^{-2x - 3y}\, dy\, dx$$

$$= \int_0^\infty \int_0^\infty 6e^{-(2 - t_1)x}\, e^{-(3 - t_2)y}\, dy\, dx$$

$$= \left(\int_0^\infty 2e^{-(2 - t_1)x}\, dx\right)\left(\int_0^\infty 3e^{-(3 - t_2)y}\, dy\right)$$

$$= \frac{2}{2 - t_1} \times \frac{3}{3 - t_2}\ ,\ \ t_1 < 2,\ t_2 < 3$$

(2) $E(X) = \dfrac{\partial M(t_1,\, t_2)}{\partial t_1}\bigg|_{t_1\,=\,t_2\,=\,0} = \dfrac{3}{3-t_2}\left(\dfrac{d}{dt_1}\dfrac{1}{2-t_1}\right)\bigg|_{t_1\,=\,t_2\,=\,0} = \dfrac{1}{2}$

$E(Y) = \dfrac{\partial M(t_1,\, t_2)}{\partial t_2}\bigg|_{t_1\,=\,t_2\,=\,0} = \dfrac{2}{2-t_1}\left(\dfrac{d}{dt_2}\dfrac{1}{3-t_2}\right)\bigg|_{t_1\,=\,t_2\,=\,0} = \dfrac{1}{3}$

$E(XY) = \dfrac{\partial M(t_1,\, t_2)}{\partial t_1\,\partial t_2}\bigg|_{t_1\,=\,t_2\,=\,0} = \left(\dfrac{d}{dt_1}\dfrac{2}{2-t_1}\right)\left(\dfrac{d}{dt_2}\dfrac{3}{3-t_2}\right)\bigg|_{t_1\,=\,t_2\,=\,0} = \dfrac{1}{6}$

그러므로 $Cov\,(X,\, Y) = E\,(XY) - E\,(X)\,E\,(Y) = 0$이다.

06-01

다음 확률변수가 이산확률변수인지 결정하라.

(1) X는 500원짜리 동전 5개와 100원짜리 동전 3개가 들어있는 주머니에서 임의로 꺼낸 동전 3개에 포함된 100원짜리 동전의 수이다.

(2) X는 52장의 카드에서 비복원추출로 5장을 뽑을 때, 뽑은 카드 안에 있는 그림 카드의 수이다.

(3) X는 52장의 카드에서 복원추출로 5장을 뽑을 때, 뽑은 카드 안에 있는 그림 카드의 수이다.

(4) X는 게임 프로그램을 완성할 때까지 걸린 시간이다.

풀이 (1) 동전 3개 안에 포함된 100원짜리 동전의 수는 0, 1, 2, 3이므로 X는 이산확률변수이다.

(2) 5장의 카드 안에 들어있는 그림 카드의 수는 0, 1, 2, 3, 4, 5이므로 X는 이산확률변수이다.

(3) 5장의 카드 안에 들어있는 그림 카드의 수는 0, 1, 2, 3, 4, 5이므로 X는 이산확률변수이다.

(4) 게임 프로그램을 언제 완성할 수 있는지 모르므로 완성할 때까지 걸리는 시간은 구간 $[0, \infty)$이고, 따라서 X는 이산확률변수가 아니다.

06-02

500원짜리 동전 5개와 100원짜리 동전 3개가 들어있는 주머니에서 임의로 꺼낸 동전 3개에 포함된 100원짜리 동전의 개수를 확률변수 X라 한다. X의 확률분포를 확률표와 확률함수로 나타내라.

풀이 동전 8개 중에서 3개를 꺼내는 경우의 수는 $\binom{8}{3} = 56$이고 X가 가질 수 있는 값은 0, 1, 2, 3이다. $X = 0$은 500원짜리 5개 중에서 3개 모두 나오는 경우이므로 그 경우의 수는 $\binom{5}{3} = 10$, $X = 1$은 500원짜리 5개 중에서 2개, 100원짜리 동전 3개 중에서 1개가 나오는 경우이므로 그 경우의 수는 $\binom{5}{2}\binom{3}{1} = 30$, $X = 2$은 500원짜리 5개 중에서 1개, 100원짜리 동전 3개 중에서 2개가 나오는 경우이므로 그 경우의 수는 $\binom{5}{1}\binom{3}{2} = 15$, $X = 3$은 100원짜리 3개 중에서 3개 모두 경우이므로 그 경우의 수는 $\binom{3}{3} = 1$이다. 그러므로 X의 확률표는 다음과 같다.

x	0	1	2	3
$f(x)$	$\dfrac{10}{56}$	$\dfrac{30}{56}$	$\dfrac{15}{56}$	$\dfrac{1}{56}$

따라서 X의 확률함수는 다음과 같다.

$$f(x) = \begin{cases} \dfrac{10}{56}, & x = 0 \\ \dfrac{30}{56}, & x = 1 \\ \dfrac{15}{56}, & x = 2 \\ \dfrac{1}{56}, & x = 3 \end{cases} \quad \text{또는} \quad f(x) = \frac{\binom{3}{x}\binom{5}{5-x}}{\binom{8}{3}}, \ x = 0, 1, 2, 3$$

06-03

이산확률변수 X가 가질 수 있는 값은 $0, 1, 2, 3$뿐이고 $P(X=0) = 0.15$, $P(X=1) = 0.24$이다. 이때 확률 $P(X \geq 2)$를 구하라.

풀이 $\displaystyle\sum_{\text{모든 } x} f(x) = 1$이므로 $f(0) + f(1) + f(2) + f(3) = 1$이다. 또한 $f(0) = P(X=0)$

$= 0.15$, $f(1) = P(X = 1) = 0.24$이므로 $f(2) + f(3) = 1 - 0.15 - 0.24 = 0.61$이다. 그러므로 구하고자 하는 확률은 $P(X \geq 2) = f(2) + f(3) = 0.61$이다.

06-04

동전을 두 번 던져서 앞면이 나온 횟수를 확률변수 X라 할 때, X의 기댓값을 구하라.

풀이 X가 취할 수 있는 값은 0, 1, 2이고, 표본공간은 $S = \{HH,\ HT,\ TH,\ TT\}$이므로 다음 확률을 얻는다.

$$P(X = 0) = P(\{TT\}) = \frac{1}{4},\ \ P(X = 1) = P(\{HT,\ TH\}) = \frac{2}{4},$$

$$P(X = 2) = P(\{HH\}) = \frac{1}{4}$$

따라서 X의 기댓값은 다음과 같다.

$$E(X) = \sum_{x \in S_X} x f(x) = 0 \times f(0) + 1 \times f(1) + 2 \times f(2) = 0 + \frac{2}{4} + 2 \times \frac{1}{4} = 1$$

06-05

10명의 남자와 15명의 여자 중에서 임의로 두 명을 선정한다고 하자. X를 선정된 남자의 수, Y를 선정된 여자의 수라 할 때, $E(X + Y)$를 구하라.

풀이 전체 25명 중에서 2명을 선정하는 방법의 수는 $\binom{25}{2} = 300$이고 X가 취하는 값 0, 1, 2에 대한 각각의 확률함숫값은 다음과 같다.

$$f(0) = \frac{\binom{10}{0}\binom{15}{2}}{300} = \frac{105}{300},\ f(1) = \frac{\binom{10}{1}\binom{15}{1}}{300} = \frac{150}{300},\ f(2) = \frac{\binom{10}{2}\binom{15}{0}}{300} = \frac{45}{300}$$

따라서 X의 기댓값은 $E(X) = 0 \times \frac{105}{300} + 1 \times \frac{150}{300} + 2 \times \frac{45}{300} = \frac{24}{30} = \frac{4}{5}$이다.

Y가 취하는 값 0, 1, 2에 대한 각각의 확률함숫값은 다음과 같다.

$$f(0) = \frac{\binom{10}{2}\binom{15}{0}}{300} = \frac{45}{300},\ f(1) = \frac{\binom{10}{1}\binom{15}{1}}{300} = \frac{150}{300},\ f(2) = \frac{\binom{10}{0}\binom{15}{2}}{300} = \frac{105}{300}$$

따라서 X의 기댓값은 $E(X) = 0 \times \dfrac{45}{300} + 1 \times \dfrac{150}{300} + 2 \times \dfrac{105}{300} = \dfrac{24}{30} = \dfrac{6}{5}$ 이다. 따라서 $E(X+Y)$는 다음과 같다.

$$E(X+Y) = E(X) + E(Y) = \frac{4}{5} + \frac{6}{5} = 2$$

06-06

문제 06-04의 이산확률변수 X에 대한 분산과 표준편차를 구하라.

풀이 $\mu = E(X) = 1$ 이고, X^2의 기댓값은 다음과 같다.

$$E(X^2) = \sum_{\text{모든 } x} x^2 f(x) = 0^2 \times f(0) + 1^2 \times f(1) + 2^2 \times f(2) = \frac{1}{2} + 1 = \frac{3}{2}$$

따라서 X의 분산과 표준편차는 각각 다음과 같다.

$$Var(X) = E(X^2) - \mu^2 = \frac{3}{2} - 1 = \frac{1}{2}, \ \sigma = \sqrt{0.5} \approx 0.7071$$

06-07

(1) 확률변수 X를 주사위를 한번 던져서 나오는 눈의 수라 할 때, 확률변수 $2X^2 + 3X$의 기댓값과 분산을 구하라.

(2) 자산을 주식과 펀드에 $3 : 7$로 투자할 때, 기대수익률이 각각 $15\%, 12\%$ 이고, 표준편차(위험도)가 각각 $30\%, 20\%$ 이며 상관계수가 0.8 이다. 투자기대수익률과 위험도(표준편차)를 구하라.

풀이 (1) $E(2X^2 + 3X) = 2E(X^2) + 3E(X) = 2 \times \dfrac{91}{6} + 3 \times \dfrac{21}{6} = 40\dfrac{5}{6} \approx 40.83$

$$\begin{aligned}
Var(2X^2 + 3X) &= Var(2X^2) + Var(3X) + 2\,Cov(2X^2, 3X) \\
&= 4\,Var(X^2) + 9\,Var(X) + 2\{6E(X^3) - 2E(X^2) \times 3E(X)\} \\
&= 4\left\{\frac{2275}{6} - \left(\frac{91}{6}\right)^2\right\} + 9 \times \frac{35}{12} + 12\left(\frac{441}{6} - \frac{91}{6} \times \frac{21}{6}\right) \\
&= \frac{31241}{36} \approx 867.81
\end{aligned}$$

이 계산에서 필요한 값들은 다음과 같이 구한다.

$$E(X) = \sum_{\text{모든 } x} x f(x) = \frac{1}{6}(1 + 2 + 3 + 4 + 5 + 6) = \frac{21}{6}$$

$$E(X^2) = \sum_{\text{모든 } x} x^2 f(x) = \frac{1}{6}(1^2 + 2^2 + 3^3 + 4^2 + 5^2 + 6^2) = \frac{91}{6}$$

$$Var(X) = E(X^2) - \{E(X)\}^2 = \frac{91}{6} - \left(\frac{21}{6}\right)^2 = \frac{35}{12}$$

$$E(X^4) = \frac{1}{6}(1^4 + 2^4 + 3^4 + 4^4 + 5^4 + 6^4) = \frac{1}{6}(1 + 16 + 81 + 256 + 625 + 1296)$$

$$= \frac{2275}{6}$$

$$E(X^3) = \frac{1}{6}(1^3 + 2^3 + 3^3 + 4^3 + 5^3 + 6^3) = \frac{1}{6}(1 + 8 + 27 + 64 + 125 + 216)$$

$$= \frac{441}{6}$$

$$Var(X^2) = E(X^4) - \{E(X^2)\}^2 = \frac{2275}{9} - \left(\frac{91}{6}\right)^2$$

(2) X와 Y를 각각 주식과 펀드의 수익률이라 하자. $Cov(X, Y) = \rho_{XY}\sigma_X\sigma_Y$임을 상기하자.

투자의 기대 수익률:

$$E(0.3X + 0.7Y) = 0.3E(X) + 0.7E(Y)$$

$$= 0.3 \times 0.15 + 0.7 \times 0.12 = 0.129(= 12.9\%)$$

위험도: $\sigma = \sqrt{Var(0.3X + 0.7Y)}$

$$= \sqrt{0.3^2 Var(X) + 0.7^2 Var(Y) + 2 \times 0.3 \times 0.7 \times Cov(X, Y)}$$

$$= \sqrt{0.3^2 \times 0.3^2 + 0.7^2 \times 0.2^2 + 0.42 \times 0.048}$$

$$= \sqrt{0.04786} = 0.2188(= 21.88\%)$$

06-08

공정한 주사위를 세 번 던지는 실험에서 1의 눈이 나온 횟수에 관심을 가질 때, 이러한 주사위 던지기는 이항실험인지 아닌지 결정하라.

풀이 (1) 주사위를 3번 반복해서 던지므로, 여기서 시행은 주사위 던지기이고, $n = 3$이다.

(2) 각 시행의 결과는 1의 눈이 나오는 경우(성공)와 그렇지 않은 경우로 구성된다.

(3) 매번 동일한 주사위를 던진다면, 1의 눈이 나올 확률은 $\frac{1}{6}$이다.

(4) 처음에 1의 눈이 나오더라도 두 번째와 세 번째 1의 눈이 나올 확률은 각각 $\frac{1}{6}$이

고, 처음에 1의 눈이 나오지 않더라도 두 번째와 세 번째 1의 눈이 나올 확률은
각각 $\frac{1}{6}$ 이므로 각 시행은 독립이다.

(5) 1의 눈이 두 번 나온 횟수, 즉 성공의 횟수에 관심을 갖는다.

그러므로 주사위 던지는 이항실험이다.

06-09

매회 성공률이 0.3인 베르누이 시행을 독립적으로 4번 반복할 때, 다음을 구하라.

(1) 성공한 횟수에 대한 확률질량함수

(2) 꼭 2번 성공할 확률

(3) 적어도 1번 성공할 확률

풀이 (1) $f(x) = \binom{4}{x}(0.3)^x(0.7)^{4-x}, \ x = 0, 1, 2, 3, 4$

(2) $f(2) = \binom{4}{2}(0.3)^2(0.7)^2 = 0.2646$

(3) $f(0) = \binom{4}{0}(0.3)^0(0.7)^4 = 0.2401$ 이므로 $P(X \geq 1) = 1 - f(0) = 1 - 0.2401$
$= 0.7599$ 이다.

06-10

관광공사의 통계자료에 의하면 2013년 출국자 수가 1,485만 명으로 우리나라 인구의 약 30%가 출국하였다. 무작위로 10명을 선정했을 때, 다음 확률을 구하라.

(1) 2013년에 출국 경험이 있는 사람이 4명 이하일 확률

(2) 2013년에 출국 경험이 있는 사람이 정확히 3명일 확률

(3) 2013년에 출국 경험이 있는 사람이 적어도 5명일 확률

풀이 출국 경험자 수를 X라 하면, 구하고자 하는 확률은 다음과 같다.

(1) $P(X \leq 4) = 0.8497$

(2) $P(X = 3) = P(X \leq 3) - P(X \leq 2) = 0.6496 - 0.3828 = 0.2668$

(3) $P(X \geq 5) = 1 - P(X \leq 4) = 1 - 0.8497 = 0.1503$

06-11

어느 가전제품 회사는 A와 B 두 공장에서 TV를 생산하고 있으며, 불량률은 동일하게 5% 라고 한다. A와 B 두 공장에서 각각 5대씩 생산된 제품을 대리점에 내놓았을 때, 불량품이 꼭 하나 있을 확률과 적어도 하나 있을 확률을 구하라(이때 두 공장에서 생산된 TV의 불량률은 서로 독립이라고 한다).

풀이 A 공장과 B 공장에서 생산된 불량품인 TV의 수를 각각 X와 Y라고 하면, $X \sim B(5, 0.05)$, $Y \sim B(5, 0.05)$이고 X와 Y가 독립이므로 $X+Y \sim B(10, 0.05)$이다. 따라서 불량품이 꼭 하나 있을 확률은

$$P(X+Y=1) = P(X+Y \leq 1) - P(X+Y=0) = 0.9139 - 0.5987 = 0.3152$$

이고, 또한 적어도 하나 불량품이 있을 확률은 다음과 같다.

$$P(X+Y \geq 1) = 1 - P(X+Y=0) = 1 - 0.5987 = 0.4013$$

06-12

문제 06-11에서 대리점에 내놓은 10대의 TV에 포함된 불량품 수에 대한 평균과 표준편차를 구하라.

풀이 $X+Y \sim B(10, 0.05)$이므로 평균과 분산 그리고 표준편차는 각각 다음과 같다.

$$\mu = 10 \times 0.05 = 0.5, \sigma^2 = 10 \times 0.05 \times 0.95 = 0.475, \ \sigma = \sqrt{0.475} \approx 0.6892$$

06-13

어느 상점에 시간당 평균 4명의 손님이 찾아온다. 이때 9시부터 9시 30분 사이에 꼭 1명의 손님이 찾아올 확률과 10시부터 12시까지 손님이 5명 이상 찾아올 확률을 구하라(단, 상점을 찾아오는 손님의 수는 푸아송분포를 따른다).

풀이 1시간에 평균 4명의 손님이 찾아오므로 30분 사이에 평균 2명의 손님이 찾아온다. 따라서 9시부터 9시 30분 사이에 꼭 1명의 손님이 찾아올 확률은 다음과 같다.

$$P(X=1) = P(X \leq 1) - P(X=0) = 0.406 - 0.135 = 0.271$$

또한 2시간 사이에 평균 8명이 찾아오므로 10시부터 12시까지 손님이 5명 이상 찾아

올 확률은 다음과 같다.

$$P(X \geq 5) = 1 - P(X \leq 4) = 1 - 0.100 = 0.900$$

06-14

문제 06-10에서 무작위로 30명을 선정했을 때, 푸아송분포에 의해 다음 근사확률을 구하라.

(1) 2013년에 출국 경험이 있는 사람이 4명 이하일 확률

(2) 2013년에 출국 경험이 있는 사람이 정확히 3명일 확률

(3) 2013년에 출국 경험이 있는 사람이 적어도 5명일 확률

풀이 출국 경험자 수를 X라 하면, $X \sim B(30, 0.3)$이므로 $X \approx P(9)$이므로 구하고자 하는 근사확률은 다음과 같다.

(1) $P(X \leq 4) = 0.055$

(2) $P(X = 3) = P(X \leq 3) - P(X \leq 2) = 0.0.021 - 0.06 = 0.015$

(3) $P(X \geq 5) = 1 - P(X \leq 4) = 1 - 0.055 = 0.945$

06-15

룰렛게임에서, 던진 공이 들어간 홈의 숫자를 X라 할 때 다음을 구하라(단, 0과 00은 제외한다).

(1) X의 확률질량함수

(2) X의 평균과 분산, 표준편차

(3) 30 이상의 숫자가 선택될 확률

풀이 룰렛게임에서 0, 00을 제외한 $1 \sim 36$의 숫자가 적혀있으므로 던진 공이 홈에 들어간 숫자를 X라 하면, $X \sim DU(36)$이고 다음을 얻는다.

(1) $f(x) = \dfrac{1}{36}$, $x = 1, 2, \cdots, 36$

(2) $\mu = E(X) = \dfrac{36+1}{2} = 18.5$, $\sigma^2 = \dfrac{36^2 - 1}{12} = 107.91$, $\sigma = \sqrt{107.91} \approx 10.39$

(3) 30 이상의 숫자가 7개이므로 구하고자 하는 확률은 다음과 같다.

$$P(X \geq 30) = f(30) + f(31) + \cdots + f(36) = \frac{7}{36} = 0.1944$$

06-16

(1) 확률변수 X의 상태공간이 $S_X = \{x_1, x_2, \cdots, x_n\}$(이때 $x_k - x_{k-1} = d = $ 상수, $k = 2,$
$\cdots, n$)이고 $X \sim DU(n)$을 따를 때, 다음을 구하라.

(가) X의 확률질량함수 (나) X의 평균과 분산

(2) $\{5, 15, 25, 35, 45, 55\}$에서 $X \sim DU(6)$을 따를 때, X의 확률질량함수, 평균과 분산
을 구하라.

풀이 (1) (가) $f(x) = \dfrac{1}{n} = \dfrac{1}{(x_n - x_1 + d)/d}$,

$$x = x_1, x_2, \cdots, x_n, \ (x_k - x_{k-1} = d, \ k = 2, \cdots, n)$$

(나) $x_k = x_1 + (k-1)d$이므로

$$\mu = E(x) = \frac{1}{n}\sum_{k=1}^{n} x_k = \frac{1}{n}\sum_{k=1}^{n}\{x_1 + (k-1)d\} = \frac{1}{n}\left\{\sum_{k=1}^{n} x_1 + d\left(\sum_{k=1}^{n} k - \sum_{k=1}^{n} 1\right)\right\}$$

$$= \frac{1}{n}\left\{nx_1 + d\left(\frac{n(n+1)}{2} - n\right)\right\} = \frac{2x_1 + (n-1)d}{2} = \frac{x_1 + x_n}{2}$$

$$\sigma^2 = Var(X) = \frac{1}{n}\sum_{k=1}^{n}(x_k - \mu)^2 = \frac{1}{n}\sum_{k=1}^{n}\left\{x_1 + (k-1)d - \frac{2x_1 + (n-1)d}{2}\right\}^2$$

$$= \frac{1}{n}\sum_{k=1}^{n}\left\{\frac{2k - (n+1)}{2}d\right\}^2 = \frac{d^2}{4n}\left\{4\sum_{k=1}^{n} k^2 - 4(n+1)\sum_{k=1}^{n} k + \sum_{k=1}^{n}(n+1)^2\right\}$$

$$= \frac{d^2}{4n}\left\{4 \times \frac{n(n+1)(2n+1)}{6} - 4(n+1) \times \frac{n(n+1)}{2} + n(n+1)^2\right\}$$

$$= \frac{(n+1)d^2}{4} \times \frac{n-1}{3} = \frac{n^2 - 1}{12}d^2 = \frac{(n^2 - 1)}{12}\left(\frac{x_n - x_1}{n-1}\right)^2$$

$$= \frac{(x_n - x_1)^2}{12}\left(\frac{n+1}{n-1}\right)$$

(2) $X \sim DU(6)$을 따르고 $d = 10$이므로, (1) (가)의 풀이에 의하여 확률질량함수는

$f(x) = \dfrac{1}{n} = \dfrac{1}{6}$, 기댓값(평균)은 $\mu = \dfrac{x_1 + x_n}{2} = \dfrac{5 + 55}{2} = 30$, $Var(X) = \dfrac{n^2 - 1}{12}$

$\times d^2 = \dfrac{6^2 - 1}{12} \times 10^2 = \dfrac{875}{3}$ 이다.

06-17

2009년 질병관리본부의 조사에 따르면 노숙인들이 폐결핵에 걸릴 확률은 5.8% 이다. 이 자료에 기초하여 노숙인들을 대상으로 건강검진을 무료로 실시할 때, 폐결핵 양성반응을 보인 사람이 처음으로 발견될 때까지 검사를 받은 노숙인 수를 X라 하자. 물음에 답하라.

(1) X의 확률질량함수를 구하라.

(2) 평균 몇 번째 노숙인에게서 처음으로 양성반응이 나타나는지 구하라.

풀이 (1) 노숙인들이 폐결핵에 걸릴 확률은 5.8% 이므로 이들의 건강검진에서 최초로 양성 반응을 보일 때까지 검진을 받은 노숙자의 수를 X라 하면, $X \sim G(0.058)$ 이고, X의 확률질량함수는 다음과 같다.

$$f(x) = 0.058 \times 0.942^{x-1}, \ x = 1, 2, 3, \cdots$$

(2) $\mu = \dfrac{1}{0.058} = 17.24$ 이므로 평균 18번째 노숙인에게서 처음으로 양성반응을 보인다.

06-18

빨간 공 4개와 파란 공 5개가 들어있는 주머니에서 공 4개를 꺼낼 때, 꺼낸 공 4개 중에 포함된 빨간 공의 수를 X라 하자. 다음을 구하라.

(1) X의 확률질량함수를 구하라.

(2) 평균과 분산을 구하라.

(3) 빨간 공 3개와 파란 공 1개가 나올 확률을 구하라.

풀이 (1) $X \sim H(9, 4, 4)$ 이므로 빨간 공의 수를 X라 하면, 확률질량함수는 다음과 같다.

$$f(x) = \frac{\binom{4}{x}\binom{5}{4-x}}{\binom{9}{4}}, \ x = 0, 1, 2, 3, 4$$

(2) $\mu = 4 \times \dfrac{4}{9} = \dfrac{16}{9}$, $\sigma^2 = 4 \times \dfrac{4}{9}\left(1 - \dfrac{4}{9}\right)\left(\dfrac{9-4}{9-1}\right) = \dfrac{50}{81} \approx 0.6173$

(3) $P(X = 3) = f(3) = \dfrac{\binom{4}{3}\binom{5}{1}}{\binom{9}{4}} = \dfrac{10}{63}$

06-19

200개의 상품 중 20개가 불량이라 한다. 이 중 20개를 무작위로 선정했을 때, 2개가 불량품일 근사확률을 구하라.

풀이 20개의 포함된 불량품의 수를 X라 하면, $X \sim H(200, 20, 20)$이다. 이때 200개의 상품에 대한 불량률은 $p = \dfrac{20}{200} = 0.1$이고, 따라서 $X \approx B(20, 0.1)$이다. 누적이항확률표에 의하여 근사확률을 구하면 $P(X = 2) \approx P(X \le 2) - P(X \le 1) = 0.6769 - 0.3917 = 0.2852$이다.

06-20

이산확률변수 X의 확률분포가 다음과 같다. 물음에 답하라.

x	-2	-1	0	1	2
$f(x)$	0.15	0.25		0.25	0.30

(1) $P(X = 0)$을 구하라.
(2) 평균 μ와 분산 σ^2을 구하라.

풀이 (1) $\sum f(x) = 1$이므로 $P(X = 0) = f(0) = 1 - (0.15 + 0.25 + 0.25 + 0.30) = 0.05$

(2) $\mu = \sum x f(x) = (-2) \times 0.15 + (-1) \times 0.25 + 0 \times 0.05 + 1 \times 0.25 + 2 \times 0.30$
$= 0.3$

$E(X^2) = (-2)^2 \times 0.15 + (-1)^2 \times 0.25 + 0^2 \times 0.05 + 1^2 \times 0.25 + 2^2 \times 0.30 = 2.3$

$\sigma^2 = E(X^2) - \mu^2 = 2.3 - 0.3^2 = 2.21$

06-21

$X \sim B(8, 0.45)$에 대하여 다음을 구하라.

(1) $P(X = 4)$

(2) $P(X \ne 3)$

(3) $P(X \le 5)$

(4) $P(X \ge 6)$

(5) 평균 μ

(6) 분산 σ^2

(7) $P(\mu - \sigma \le X \le \mu + \sigma)$

(8) $P(\mu - 2\sigma \le X \le \mu + 2\sigma)$

풀이 이항확률표로부터

(1) $P(X=4) = P(X \leq 4) - P(X \leq 3) = 0.7396 - 0.4770 = 0.2626$

(2) $P(X=3) = P(X \leq 3) - P(X \leq 2) = 0.4770 - 0.2201 = 0.2569$ 이고, 따라서
$P(X \neq 3) = 1 - P(X = 3) = 1 - 0.2569 = 0.7431$

(3) $P(X \leq 5) = 0.9115$

(4) $P(X \geq 6) = 1 - P(X \leq 5) = 1 - 0.9115 = 0.0885$

(5) $\mu = 8 \times 0.45 = 3.6$

(6) $\sigma^2 = 8 \times 0.45 \times 0.55 \approx 1.98$

(7) $\sigma^2 = 1.98$이므로 $\sigma = \sqrt{1.98} \approx 1.407$이고, 따라서

$$P(\mu - \sigma \leq X \leq \mu + \sigma) = P(3.6 - 1.407 \leq X \leq 3.6 + 1.407)$$
$$= P(2.193 \leq X \leq 5.007)$$
$$= P(X \leq 5) - P(X \leq 2) = 0.9115 - 0.2201 = 0.6914$$

(8) $P(\mu - 2\sigma \leq X \leq \mu + 2\sigma) = P(0.786 \leq X \leq 6.414)$
$$= P(X \leq 6) - P(X = 0) = 0.9819 - 0.0084 = 0.9735$$

06-22

$X \sim P(5)$에 대하여, 다음 확률을 구하라.

(1) $P(X=3)$ (2) $P(X \leq 4)$

(3) $P(X \geq 10)$ (4) $P(4 \leq X \leq 8)$

풀이 (1) $P(X=3) = P(X \leq 3) - P(X \leq 2) = 0.265 - 0.125 = 0.140$

(2) $P(X \leq 4) = 0.440$

(3) $P(X \geq 10) = 1 - P(X \leq 9) = 1 - 0.968 = 0.032$

(4) $P(4 \leq X \leq 8) = P(X \leq 8) - P(X \leq 3) = 0.932 - 0.265 = 0.667$

06-23

모수가 $N = 10$, $r = 6$, $n = 5$인 초기하분포에 대하여 다음 확률을 구하라.

(1) $P(X=3)$ (2) $P(X=4)$

(3) $P(X \leq 4)$ (4) $P(X > 3)$

풀이 $N = 10$, $r = 6$, $n = 5$이므로 X의 확률질량함수는 다음과 같다.

$$f(x) = \frac{\binom{6}{x}\binom{4}{5-x}}{\binom{10}{5}} \ , \quad x = 0, 1, 2, 3, 4, 5$$

(1) $P(X = 3) = f(3) = \dfrac{\binom{6}{3}\binom{4}{2}}{\binom{10}{5}} = \dfrac{10}{21} \approx 0.4762$

(2) $P(X = 4) = f(4) = \dfrac{\binom{6}{4}\binom{4}{1}}{\binom{10}{5}} = \dfrac{5}{21} \approx 0.2381$

(3) $P(X \le 4) = 1 - P(X = 5) = 1 - f(5) = 1 - \dfrac{\binom{6}{5}\binom{4}{0}}{\binom{10}{5}} = 1 - \dfrac{1}{42} \approx 0.9762$

(1) $P(X > 3) = P(X \ge 4) = f(4) + f(5) = \dfrac{\binom{6}{4}\binom{4}{1}}{\binom{10}{5}} + \dfrac{\binom{6}{5}\binom{4}{0}}{\binom{10}{5}} = \dfrac{10}{42} + \dfrac{1}{42} \approx 0.262$

06-24

$X \sim G(0.6)$에 대하여, 다음 확률을 구하라.

(1) $P(X = 3)$ (2) $P(X \le 4)$

(3) $P(X \ge 10)$ (4) $P(4 \le X \le 8)$

풀이 $X \sim G(0.6)$이므로 X의 확률질량함수는 $f(x) = 0.6 \times 0.4^{x-1}$, $x = 1, 2, 3, \cdots$ 이다.

(1) $P(X = 3) = f(3) = 0.6 \times 0.4^2 = 0.096$

(2) $P(X \le 4) = \displaystyle\sum_{x=1}^{4} f(x) = \sum_{x=1}^{4} 0.6 \times 0.4^{x-1} = 0.9744$

(3) $P(X \ge 10) = \displaystyle\sum_{x=10}^{\infty} f(x) = 0.6 \sum_{x=10}^{\infty} 0.4^{x-1} = 0.6 \times \dfrac{0.4^9}{1 - 0.4} \approx 0.00026$

(4) $P(4 \le X \le 8) = \displaystyle\sum_{x=4}^{8} f(x) = \sum_{x=4}^{8} 0.6 \times 0.4^{x-1} = 0.0633$

06-25

미국에서는 신차에 대한 안전도 검사를 마친 자동차는 1-스타에서 5-스타까지 순위를 부여
하여, 그 결과를 미국 도로교통안전국(NHTSA)에 보내게 되어 있다. 새로 개발한 신차 100
대의 안전도를 검사한 결과가 다음 표와 같다. 안전도 검사를 받은 신차 중에서 무작위로
한 대를 선정하였을 때, 이 자동차의 등급을 나타내는 수를 확률변수 X라 하자. 물음에 답
하라.

등급(스타)	1	2	3	4	5
자동차 수	6	11	18	49	16

(1) X의 확률분포를 구하라.
(2) $P(X \geq 3)$을 구하라.
(3) 평균 등급과 X의 분산을 구하라.

풀이 (1) 상대도수에 의한 확률을 적용하면 X의 확률분포는 다음과 같다.

x	1	2	3	4	5
$f(x)$	0.06	0.11	0.18	0.49	0.16

(2) $P(X \geq 3) = 1 - f(1) - f(2) = 1 - (0.06 + 0.11) = 0.83$

(3) $\mu = 1 \times 0.06 + 2 \times 0.11 + 3 \times 0.18 + 4 \times 0.49 + 5 \times 0.16 = 3.58$(등급)

$\sigma^2 = 1^2 \times 0.06 + 2^2 \times 0.11 + 3^2 \times 0.18 + 4^2 \times 0.49 + 5^2 \times 0.16 - 3.58^2$

$= 1.1436$(등급)^2

06-26

㈜ 금국의 내일 주가가 $12{,}000$원, $14{,}000$원, $15{,}000$원으로 예상될 확률이 각각
0.5, 0.4, 0.1이다.

(1) 내일 주가의 기댓값과 분산을 구하라.
(2) 오늘의 주가가 $13{,}000$원이다. 오늘 대비 내일의 주가상승폭과 주가상승률의 기댓값과
분산을 구하라.
(3) 내일의 예상 주가 중 실제 주가에 가장 근접한 주가를 맞히면 $30{,}000$원을 받고, 맞히
지 못하면 $13{,}000$원을 내야 하는 내기를 한다. 상금액의 기댓값과 표준편차를 구하라.

풀이 (1) $E(X) = 12{,}000 \times 0.5 + 14{,}000 \times 0.4 + 15{,}000 \times 0.1 = 13{,}100$(원)

$$\sigma^2(X) = 12^2 \times 10^6 \times 0.5 + 14^2 \times 10^6 \times 0.4 + 15^2 \times 10^6 \times 0.1 - (13.1 \times 10^3)^2$$
$$= 1{,}290{,}000(\text{원}^2)$$

(2) X를 내일의 주가라 하면, (1)에 의해 $E(X) = 13{,}100, \sigma^2(X) = 1{,}290{,}000$이다. 주가상승폭은 $X - 13{,}000$이고, 주가상승률은 $\dfrac{X - 13{,}000}{13{,}000}$이다. 따라서 주가상승폭과 주가상승률의 기댓값과 분산은 다음과 같다.

$$E(X - 13{,}000) = E(X) - 13{,}000 = 100,$$

$$\sigma^2(X - 13{,}000) = \sigma^2(X) = 1{,}290{,}000$$

$$E\left(\frac{X - 13{,}000}{13{,}000}\right) = \frac{E(X) - 13{,}000}{13{,}000} = \frac{100}{13{,}000} \approx 0.0077$$

$$\sigma^2\left(\frac{x - 13{,}000}{13{,}000}\right) = \frac{\sigma^2(X)}{13{,}000^2} = \frac{129 \times 10^4}{169 \times 10^6} = \frac{129}{16900} \approx 0.0076$$

(3) 확률변수 $Y(\text{원})$을 상금액이라 하자.

$$Y = \begin{cases} 30000, & \text{맞힐 때} \\ -13000, & \text{맞히지 못할 때} \end{cases}$$

이고, 맞힐 때와 맞히지 못할 때의 확률은 각각 $\dfrac{1}{3}$과 $\dfrac{2}{3}$이다. 따라서 다음을 얻는다.

$$E(Y) = \frac{1}{3} \times 30{,}000 - \frac{2}{3} \times 13{,}000 = \frac{4{,}000}{3}(\text{원})$$

$$\sigma^2(Y) = (3 \times 10^4)^2 \times \frac{1}{3} + (-1.3 \times 10^4)^2 \times \frac{2}{3} - \left(\frac{4}{3} \times 10^3\right)^2 = 41.09 \times 10^7 (\text{원}^2)$$

$$\sigma(Y) = \sqrt{\sigma^2} = 20{,}270(\text{원})$$

06-27

단거리 홀에서 다른 선수들보다 월등히 게임을 잘하는 어느 프로 골퍼가 있다. 과거 경험에 비추어, 3홀, 4홀 그리고 5홀에서 샷의 수는 다음 표와 같은 확률분포를 갖는다. 이 골퍼의 각 홀에 대한 기대점수를 구하라.

파 3홀		파 4홀		파 5홀	
x	$f(x)$	x	$f(x)$	x	$f(x)$
2	0.11	3	0.15	4	0.06
3	0.78	4	0.78	5	0.78
4	0.07	5	0.04	6	0.10
5	0.04	6	0.03	7	0.06

풀이 파 3홀 : $2 \times 0.11 + 3 \times 0.78 + 4 \times 0.07 + 5 \times 0.04 = 3.04$

파 4홀 : $3 \times 0.15 + 4 \times 0.78 + 5 \times 0.04 + 6 \times 0.03 = 3.95$

파 5홀 : $4 \times 0.06 + 5 \times 0.78 + 6 \times 0.10 + 7 \times 0.06 = 5.16$

06-28

지방의 어느 중소도시에서 5% 의 시민이 특이한 질병에 걸렸다고 한다. 이들 중 임의로 5명을 선정하였을 때, 이 질병에 걸린 사람이 2명 이하일 확률을 구하라.

풀이 5명의 선정된 사람 중에서 질병에 걸린 사람 수를 X 라 하면, $X \sim B(5, 0.05)$ 이고, 따라서 구하고자 하는 확률은 $P(X \leq 2) = 0.9988$ 이다.

06-29

한 포털 사이트에서 2014년 6월 15일부터 일주일 동안 초등학생이 늦은 시간까지 학원에 다니는 것에 대하여 찬반 조사를 한 결과 32% 가 반대 의견을 표시했디. 이 조사에 응한 20명 중 반대 의견을 표시한 사람 수를 확률변수 X 라 할 때, 다음을 구하라.
(1) X 의 확률질량함수
(2) 2명 이상이 반대 의견을 표시했을 확률
(3) 반대 의견을 제시한 사람 수의 평균

풀이 (1) $X \sim B(20, 0.32)$ 이므로 확률질량함수는 다음과 같다.

$$f(x) = \binom{20}{x}(0.32)^x (0.68)^{20-x}, \ x = 0, 1, 2, \cdots, 20$$

(2) $f(0) = \binom{20}{0} \times 0.32^0 \times 0.68^{20} = 0.0004, \ f(1) = \binom{20}{1} \times 0.32^1 \times 0.68^{19} = 0.0042$ 이

므로 구하고자 하는 확률은 다음과 같다.

$$P(X \geq 2) = 1 - f(0) - f(1) = 1 - (0.0004 + 0.0042) = 0.9954$$

(3) $\mu = 20 \times 0.32 = 6.4$ 이므로 약 6명이다.

06-30

1997년에 민주주의와 비민주주의 국가의 뉴스 통제 정도를 연구한 결과가 Journal of Peace Research에 발표되었다. 이 결과에 따르면 민주주의 국가의 80%는 언론의 자유를 허용한 반면에 비민주주의 국가는 10%만이 허용한 것으로 조사되었다. 물음에 답하라.

(1) 민주주의를 이념으로 갖는 50개 국가를 임의로 선정했을 때, 평균 몇 곳의 국가가 언론의 자유를 허용하는지 구하라.

(2) 비민주주의를 이념으로 갖는 50개 국가를 임의로 선정했을 때, 평균 몇 곳의 국가가 언론의 자유를 허용하는지 구하라.

(3) 비민주주의를 이념으로 갖는 50개 국가 중 언론의 자유를 허용하는 국가가 세 곳 이상일 근사확률을 구하라.

풀이 (1) 민주주의 국가 중에서 언론의 자유를 허용하는 국가 수를 X라 하면, $X \sim B(50, 0.8)$이므로 평균은 $50 \times 0.8 = 40$개 국가이다.

(2) 비민주주의 국가 중에서 언론의 자유를 허용하는 국가 수를 X라 하면, $X \sim B(50, 0.1)$이므로 평균은 $50 \times 0.1 = 5$개 국가이다.

(3) $B(50, 0.1) \approx P(5)$이므로 $P(X \geq 3) = 1 - P(X \leq 2) \approx 1 - 0.125 = 0.875$이다.

06-31

회사의 보안시스템은 95%의 신뢰성을 갖도록 고안되어야 한다. 이 보안시스템을 갖춘 10개의 회사를 상대로 도난 시험을 실시하였다. 다음 확률을 구하라.

(1) 6개 이상의 회사에서 알람이 울릴 확률

(2) 9개 이하의 회사에서 알람이 울릴 확률

풀이 (1) 알람이 울리지 않은 회사 수를 X라 하면, $X \sim B(10, 0.05)$이므로 구하고자 하는 확률은 $P(X \leq 4) = 0.9999$이다.

(2) $P(X \geq 1) = 1 - P(X = 0) = 1 - 0.5987 = 0.4013$

06-32

미국 보험계리사 협회에서 작성한 1979 ~ 1981년 미국 국민생명 표에는 57세 이상의 사람이 1년 안에 사망할 확률은 0.01059라고 보고하였다. 57세에 다다른 10명의 보험가입자를 보유하고 있는 보험회사에 대하여 다음을 구하라.

(1) 보험가입자 10명이 내년에 모두 생존할 확률
(2) 내년에 보험가입자 10명 가운데 8명 이상 생존할 확률
(3) 이 보험증권을 보유한 10,000명의 가입자 중 내년까지 생존할 것으로 기대되는 인원수

풀이 (1) 내년까지 생존한 보험가입자의 수를 X라 하면, 사망률이 0.01059이므로 생존율 $p = 1 - 0.01059 = 0.98941$이고, 따라서 $X \sim B(10, 0.98941)$이다. 그러므로 보험가입자 10명이 내년에 모두 생존할 확률은 다음과 같다.

$$P(X = 10) = \binom{10}{10} \times 0.98941^{10} = 0.8990$$

(2) $P(X \geq 8) = P(X = 8) + P(X = 9) + P(X = 10)$

$$= \binom{10}{8} \times 0.98941^8 \times 0.01059^2 + \binom{10}{9} \times 0.98941^9 \times 0.01059$$

$$+ \binom{10}{10} \times 0.98941^{10}$$

$$= 0.0046 + 0.0962 + 0.8990 = 0.9998$$

(3) $E(X) = 10 \times 0.98941 = 9.8941$, 즉 10명당 9.8941명이 생존하므로, 10,000명 중에서 평균 9,894명이 생존할 것이다.

06-33

어떤 자동차 보험회사가 자사 보험 가입 운전자의 성향이 연간 0.6의 확률을 가지고 추돌사고를 일으킨다는 정보를 가지고 있다. 이 보험회사의 자동차보험에 가입한 10명의 피보험자를 무작위로 선정할 경우, 다음을 구하라.

(1) 추돌사고를 일으킨 피보험자 수에 대한 확률질량함수
(2) 추돌사고를 일으킨 피보험자 수의 평균과 분산
(3) 꼭 두 명의 피보험자가 사고를 낼 확률
(4) 적어도 4명의 피보험자가 사고를 낼 확률

풀이 (1) 각 피보험자가 사고를 낼 가능성은 0.6이므로 10명 중에서 사고를 낸 피보험자 수를 확률변수 X라 하면 $X \sim B(10, 0.6)$인 이항분포를 따른다. 따라서 X의 확률질량함수는 다음과 같다.

$$f(x) = \binom{10}{x} (0.6)^x (0.4)^{10-x}, \ x = 0, 1, 2, \cdots, 10$$

(2) $X \sim B(10, 0.6)$이므로 평균과 분산은 각각 다음과 같다.

$$\mu = 10 \times 0.6 = 6, \quad \sigma^2 = 10 \times 0.6 \times 0.4 = 2.4$$

(3) 이항확률표에 의하여 $Y \sim B(10, 0.4)$를 이용하면

$$P(Y = 8) = P(Y \leq 8) - P(Y \leq 7) = 0.9983 - 0.9877 = 0.0106$$

(4) $P(Y \leq 6) = 0.9452$

06-34

좌석이 30석인, 어느 작은 비행기에 승객이 나타나지 않을 확률은 다른 승객에 독립적으로 0.1이라 한다. 그리고 이 항공사는 32석의 티켓을 판매하였다. 이때 비행기에 탑승하기 위하여 나타난 승객이 가용 좌석보다 더 많을 확률을 구하라.

풀이 비행기에 탑승하기 위하여 나타난 승객 수를 X라 하면, 공항에 나타나지 않을 확률이 0.1이므로 $X \sim B(32, 0.9)$이다. 또한 가용 좌석이 모두 30개이므로 그 이상의 승객이 나타날 확률은 다음과 같다.

$$P(X \geq 31) = P(X = 31) + P(X = 32)$$
$$= \binom{32}{31} \times 0.9^{31} \times 0.1 + \binom{32}{32} \times 0.9^{32} = 0.1221 + 0.0343 = 0.1564$$

06-35

인간의 특성인 피부색, 눈동자 색, 머리카락의 색깔이나 왼손·오른손잡이 등은 한 쌍의 유전자에 의하여 결정된다. 이때 우성인자를 d 그리고 열성인자를 r이라 하면, (d,d)를 순수우성, (r,r)을 순수열성 그리고 (d,r) 또는 (r,d)를 혼성이라고 한다. 두 남녀가 결혼하면 그 자녀는 각각의 부모로부터 어느 한 유전인자를 물려받게 되며, 이 유전인자는 두 종류의 유전인자 중 동등한 기회로 대물림된다. 물음에 답하라.

(1) 혼성 유전인자를 가지고 있는 두 부모의 자녀가 순수열성일 확률을 구하라
(2) 혼성 유전인자를 가진 부모에게 5명의 자녀가 있을 때, 5명 중 어느 한 명만이 순수열성일 확률을 구하라.
(3) 평균 순수열성인 자녀 수를 구하라.

풀이 (1) 자녀가 순수열성일 가능성은 서로 독립적인 두 부모로부터 각각 열성인자를 물려

받는 경우뿐이고, 각각의 확률은 $\frac{1}{2}$ 이므로 $\frac{1}{2} \times \frac{1}{2} = \frac{1}{4} = 0.25$ 이다.

(2) 5명의 자녀 중에서 순수열성인 자녀의 수를 X 라 하면, $X \sim B(5, 0.25)$ 이다. 따라서 정확히 한 명만 순수열성일 확률은 다음과 같다.

$$P(X = 1) = P(X \leq 1) - P(X = 0) = 0.6328 - 0.2373 = 0.3955$$

(3) $\mu = 5 \times 0.25 = 1.25$

06-36

치명적인 자동차 사고의 55% 가 음주운전에 의한 것이라는 보고가 있다. 앞으로 5건의 치명적인 자동차 사고가 날 때, 다음 확률을 구하라.

(1) 다섯 번 모두 음주운전에 의하여 사고가 날 확률

(2) 꼭 3번 음주운전에 의하여 사고가 날 확률

(3) 적어도 1번 음주운전에 의하여 사고가 날 확률

풀이 X = 음주운전에 의하여 시고가 발생한 횟수

(1) $X \sim B(5, 0.55)$ 이므로 $P(X = 5) = 0.55^5 = 0.0503$

(2) $P(X = 3) = {}_5 C_3 \, 0.55^3 \, 0.45^2 = 0.3369$

(3) $P(X \geq 1) = 1 - P(X = 0) = 1 - {}_5 C_0 \times 0.55^0 \times 0.45^5$
$$= 1 - 0.0185 = 0.9815$$

06-37

보험가입자들은 연간 평균 0.3의 비율로 보험금을 신청하며, 신청 건수는 푸아송분포를 따른다고 한다. 물음에 답하라.

(1) 보험가입자들이 1년에 적어도 2건 이상 보험금을 청구할 확률을 구하라.

(2) 각 보험 신청금액이 일률적으로 1,000만 원이라 할 때, 연간 피보험자에게 지급해야 할 평균 보험금을 구하라.

(3) 보험증권을 소지한 사람이 500명이라 할 때, 연평균 보험금을 신청할 보험가입자 수를 구하라(단, 각 보험가입자는 서로 독립적으로 보험금을 신청한다).

풀이 (1) 보험증권을 소지한 사람들이 보험금을 청구한 횟수를 X 라 하면, $X \sim P(0.3)$ 이다.
$$P(X \geq 2) = 1 - P(X \leq 1) = 1 - f(0) - f(1)$$

$$= 1 - \frac{0.3^0 \times e^{-0.3}}{0!} - \frac{0.3^1 \times e^{-0.3}}{1!}$$

$$= 1 - (0.741 + 0.222) = 0.037$$

(2) 보험회사는 보험증권당 일률적으로 1,000만 원의 보험금을 지급하므로, 보험회사 가 지급해야 할 보험금 총액은 $Y = 1000X$이다. 따라서 다음을 얻는다.

$$E(Y) = E(1000X) = 1000\,E(X) = 1000 \times 0.3 = 300\,(\text{만 원})$$

(3) 보험증권을 소지한 사람 한 명이 연간 보험금을 청구할 평균횟수는 0.3건이고, 500명의 피보험자는 서로 독립이므로 다음을 얻는다.

$$E(500X) = 500\,E(X) = 500 \times 0.3 = 150\,(\text{명})$$

06-38

어느 보험회사의 접수센터에 매일 접수되는 지급요구 건수는 푸아송분포를 따른다. 접수센 터는 월요일에는 두 건의 지급요구가 접수되지만 다른 요일에는 하루에 한 건이 접수되는 것으로 기대하며, 서로 다른 요일에 접수되는 건수는 서로 독립이라 한다. 월요일부터 금 요일 사이에 적어도 두 건의 지급요구가 접수될 확률을 구하라.

풀이 월요일에 2건 그리고 화요일부터 금요일까지는 각각 1건씩 접수될 것으로 기대하므 로 월요일부터 금요일까지 평균 $2 + 1 + 1 + 1 + 1 = 6$건이 접수된다. 따라서 월요일 부터 금요일까지 접수된 건수는 $X \sim P(6)$이다. 그러므로 월요일부터 금요일 사이에 적어도 두 건의 지급요구가 접수될 확률은 다음과 같다.

$$P(X \geq 2) = 1 - P(X \leq 1) = 1 - 0.017 = 0.983$$

06-39

어느 야구팀이 4월 1일에 개막 경기를 하기로 계획되어 있다. 만일 이날 비가 오면, 경기는 연기되어 비가 오지 않는 다음 날 열린다. 이 야구팀은 비가 올 것에 대비하여 보험에 가 입하였으며, 보험회사는 개막전이 연기될 때 매일(최대 2일까지) 1,000천 원을 지급하도 록 계약을 체결하였다. 그리고 보험회사는 4월 1일 시작하여 연속적으로 비가 오는 날의 수가 평균 0.6인 푸아송분포를 따른다고 결정하였다. 보험회사가 지급해야 할 보험금의 표준편차를 구하라.

풀이 연속적으로 비가 오는 날의 수를 확률변수 X라 하면, X는 평균 0.6인 푸아송분포를 이루므로 확률함수는 다음과 같다.

$$f(x) = \frac{0.6^x \times e^{-0.6}}{x!}, \quad x = 0, 1, 2, \cdots$$

한편 보험회사가 지급해야 할 보험금을 확률변수 Y(천 원)이라 하면,

$$Y = \begin{cases} 1000X, & x < 2 \\ 2000, & x \geq 2 \end{cases}$$

으로 정의된다. 즉,

$$X = 0 \Leftrightarrow Y = 0, \ X = 1 \Leftrightarrow Y = 1,000, \ X \geq 2 \Leftrightarrow Y = 2,000$$

이다. 그러므로 Y의 기댓값과 분산은 각각 다음과 같다.

$$E(Y) = 0 \times P(X = 0) + 1,000 \times P(X = 1) + 2,000 \times P(X \geq 2)$$

$$= 1,000(0.878 - 0.549) + 2,000(1 - 0.878) = 573(\text{천 원})$$

$$E(Y^2) = 0^2 \times P(X = 0) + 1,000^2 \times P(X = 1) + 2,000^2 \times P(X \geq 2)$$

$$= 1,000^2 \times 0.329 + 2,000^2 \times 0.122 = 817,000$$

$$Var(Y) = E(Y^2) - \{E(Y)\}^2 = 817,000 - 573^2 = 488,671(\text{천 원})^2$$

따라서 표준편차는 $\sigma_Y = \sqrt{Var(Y)} = \sqrt{48,8671} \approx 699.05$(천 원)이다.

06-40

건강한 사람에게는 $1\,mm^3$당 평균 6,000개의 백혈구가 있다. 어느 병원에 입원한 환자의 백혈구 결핍을 알아보기 위하여 $0.001\,mm^3$의 혈액을 채취하여 백혈구의 수 X를 조사하였다. 이때 백혈구의 수는 푸아송분포를 따른다고 한다. 물음에 답하라.
(1) 건강한 사람의 평균 백혈구 수를 구하라.
(2) 건강한 사람에 비하여 이 환자에게 기껏해야 두 개의 백혈구가 관찰될 확률을 구하라.

풀이 (1) $0.001\,mm^3$의 혈액을 채취하여 백혈구의 수를 X라 하면, $1\,mm^3$당 평균 6,000개의 백혈구가 있으므로 $0.001\,mm^3$의 혈액 안에 평균 6개의 백혈구가 있다.

(2) 이 환자의 백혈구가 $0.001\,mm^3$의 혈액 안에서 기껏해야 2개가 관찰되었다면 평균에 미치지 못하므로 백혈구 결핍증에 걸렸다고 할 수 있으며, $X \sim P(6)$이므로 $P(X \leq 2) = 0.062$이다.

06-41

지질학자들은 지르콘의 표면에 있는 우라늄의 분열 흔적의 수를 가지고 지르콘의 연대를 측정한다. 특정한 지르콘은 $1\,\mathrm{cm}^2$당 평균 4개의 흔적을 가지고 있다. 이 지르콘 $2\,\mathrm{cm}^2$에 많아야 3개의 흔적을 가질 확률을 구하라(단, 이 분열 흔적의 수는 푸아송분포를 따른다고 한다).

풀이 $1\,\mathrm{cm}^2$당 평균 4개의 흔적을 가지고 있으므로 $2\,\mathrm{cm}^2$에 평균 8개의 흔적을 가지고 있으며, 분열 흔적의 수는 $X \sim P(8)$이다. 그러므로 $2\,\mathrm{cm}^2$에 많아야 3개의 흔적을 가질 확률은 $P(X \leq 3) = 0.042\left(= \dfrac{10^0}{0!}e^{-8} + \dfrac{10^1}{1!}e^{-8} + \dfrac{10^2}{2!}e^{-8} + \dfrac{10^3}{3!}e^{-8}\right)$이다.

06-42

숫자 1에서 100까지 적힌 카드가 들어있는 주머니에서 임의로 한 장을 꺼내어 나온 숫자를 확률변수 X라고 할 때, 다음 물음에 답하라.

(1) X의 확률질량함수를 구하라.
(2) X의 평균과 분산 그리고 표준편차를 구하라.

풀이 (1) $f(x) = \dfrac{1}{100}, \ x = 1, 2, \cdots, 100$

(2) $\mu = \dfrac{100+1}{2} = \dfrac{101}{2} = 50.5, \quad \sigma^2 = \dfrac{100^2-1}{12} = \dfrac{9999}{12} = 833.25,$
$\sigma = \sqrt{833.25} = 28.866$

06-43

지중해의 넙치에서 발견되는 기생충의 분포를 연구한 한 과학자는 소화기관이 기생충에 감염된 넙치가 발견될 때까지 조사한 넙치의 수 X는 확률질량함수 $f(x) = 0.6 \times 0.4^{x-1}$, $x = 1, 2, \cdots$로 모형화되는 것을 발견했다. 다음을 구하라.

(1) 소화기관이 기생충에 감염된 넙치가 발견될 때까지 조사된 넙치의 평균
(2) 소화기관이 기생충에 감염된 넙치가 세 번째에 발견될 확률

풀이 (1) $X \sim G(0.6)$이므로 $\mu = \dfrac{1}{0.6} = 1.67$

(2) $P(X=3) = f(3) = 0.6 \times 0.4^{3-1} = 0.096$

06-44

환자들의 20%가 결핵을 앓고 있다고 할 때, 환자들의 결핵 검사를 위하여 X-레이 사진을 촬영하였다. 결핵 검사를 받은 환자 중 처음으로 양성반응을 보인 환자가 발견될 때까지 검사를 받은 환자 수를 X라 할 때, 다음을 구하라.

(1) X의 확률질량함수

(2) 처음으로 양성반응을 보인 환자가 발견될 때까지 검사를 받은 환자 수의 평균

(3) 어느 날 검사에서 10명을 검사해서야 비로소 처음 결핵 환자가 발견될 확률

(4) 15번째 검사받은 환자가 세 번째로 결핵 양성반응이 나올 확률은 얼마인가?

(5) 5번째 결핵 환자가 발견되기 전까지 검사를 받은 음성반응 환자 수의 평균을 구하라.

풀이 (1) 첫 번째 결핵 환자가 발견될 때까지 결핵 검사를 시행한 총횟수를 X라 하면, 확률질량함수는 $f(x) = 0.2 \times 0.8^{x-1}$, $x = 1, 2, 3, \cdots$ 이다.

(2) $\mu = \dfrac{1}{0.2} = 5$

(3) $P(X = 10) = f(10) = 0.2 \times 0.8^9 \approx 0.0268$ 이다.

(4) 14번째까지 검사받은 결과 양성반응을 보인 환자가 2명, 음성반응을 보인 환자가 12명이다. 그러므로 15번째 검사를 받은 환자가 세 번째 양성반응을 보일 확률은 $\dbinom{14}{2} \times 0.2^3 \times 0.8^{12} = 0.05$ 이다.

(5) $r = 5$, $p = 0.2$, $q = 0.8$ 이므로 구하고자 하는 평균은 $\dfrac{5 \times 0.8}{0.2} = 20$ 이다.

06-45

평소에 세 번 전화를 걸면 두 번 정도 통화가 되는 친구에게 5번째 전화에서 처음으로 통화가 될 확률을 구하라.

풀이 $X \sim G\left(\dfrac{2}{3}\right)$ 이므로 X의 확률질량함수는 $f(x) = \left(\dfrac{1}{3}\right)^{x-1} \times \dfrac{2}{3}$, $x = 1, 2, \cdots$ 이고, 따라서 구하고자 하는 확률은 $P(X = 5) = f(5) = \left(\dfrac{1}{3}\right)^4 \times \dfrac{2}{3} = \dfrac{2}{3^5} \approx 0.0082$ 이다.

06-46

한 의학 연구팀은 새로운 치료법을 시도하기 위하여 특별한 질병에 걸린 한 사람을 찾고자 한다. 한편 이 질병에 걸린 사람은 전체 인구의 5%이며, 연구팀은 이 질병에 걸린 사람을 찾을 때까지 임의로 진찰한다고 할 때, 다음 물음에 답하라.

(1) 평균 몇 명을 진찰해야 이 질병에 걸린 사람을 처음으로 만나는지 구하라.
(2) 4명 이하의 환자를 진찰해서 이 질병에 걸린 사람을 만날 확률을 구하라.
(3) 10명 이상 진찰해야 이 질병에 걸린 사람을 만날 확률을 구하라.

풀이 질병에 걸린 사람을 찾을 때까지 진찰한 사람의 수를 X라 하면, $X \sim G(0.05)$이다.

(1) $\mu = \dfrac{1}{p} = \dfrac{1}{0.05} = 20$

(2) $P(X \le 4) = \displaystyle\sum_{x=1}^{4} 0.05 \times 0.95^{x-1} = 0.05 + 0.0475 + 0.0451 + 0.0429 = 0.1855$

(3) $P(X \ge 10) = \displaystyle\sum_{x=10}^{\infty} 0.05 \times 0.95^{x-1} = \dfrac{0.05 \times 0.95^9}{1 - 0.95} \approx 0.6302$

06-47

30명의 환자가 있는 병동에 5명의 AIDS 환자가 있다. 이들 중 임의로 10명을 선정하여 의사에게 진찰을 받게 하였다. 물음에 답하라.

(1) 이 의사에게 진찰받은 환자 중에 AIDS 환자 2명이 포함될 확률을 구하라.
(2) 임의로 선정된 10명 중에 AIDS 환자가 포함될 기댓값과 분산을 구하라.

풀이 (1) 임의로 선정된 10명 중에 포함될 AIDS 환자 수를 X라 하면, $N = 30$, $r = 5$, $n = 10$이므로 구하고자 하는 확률질량함수는

$$f(x) = \frac{\dbinom{5}{x}\dbinom{25}{10-x}}{\dbinom{30}{10}}, \quad x = 0,\ 1,\ 2,\ \cdots,\ 5$$

이고, 구하고자 하는 확률은 다음과 같다.

$$f(2) = \frac{\dbinom{5}{2}\dbinom{25}{8}}{\dbinom{30}{10}} = \frac{10 \times 1081575}{30045015} = \frac{950}{2639} = 0.36$$

(2) $N = 30,\ r = 5,\ n = 10$이므로

$$E(X) = n\frac{r}{N} = \frac{50}{30} \approx 1.6667,$$

$$Var(X) = n\frac{r}{N} \times \frac{N-r}{N} \times \frac{N-n}{N-1} = \frac{25000}{26100} \approx 0.9579$$

06-48

어느 상점은 80개의 모뎀을 가지고 있으며, 그중 30개는 A 회사 제품이고 나머지는 B 회사 제품이다. A 회사의 모뎀 중 20%가 불량이고, B 회사의 모뎀 중 8%가 불량이었다. 이 상점에서 5개의 모뎀을 표본으로 추출하여 정확히 두 개가 불량일 확률을 구하라.

풀이 이 상점에서 보유하고 있는 모뎀 중 불량품의 개수를 먼저 구한다. A 회사의 모뎀 30개 중 20%가 불량이고, B 회사의 모뎀 50개 중 8%가 불량품이므로, 80개의 모뎀 중 불량품의 수는 $30 \times 0.2 + 50 \times 0.08 = 10$개이다. 따라서 불량품의 개수를 X라 하면,

$X \sim H(80, 10, 5)$이므로 결함이 있는 모뎀의 수가 두 개일 확률은 다음과 같다.

$$P(X = 2) = \frac{\binom{10}{2}\binom{70}{3}}{\binom{80}{5}} = 0.102$$

06-49

어떤 중간 판매업자는 50개의 상품을 수입하였다. 이들 수입 상품 중 5개의 상품에 결함이 있으나, 판매업자는 몇 개의 상품에 결함이 있는지 모른다. 판매업자는 수입 상품 중 10개를 임의로 뽑아 결함이 있는지 조사하기로 하였다. 이때, 조사한 상품 중 결함이 있는 상품이 2개 이하이면, 수입을 허용하기로 하였다. 이 판매업자가 수입된 상품을 허용할 확률을 구하라.

풀이 결함이 있는 상품의 수를 X라 하면, $X \sim H(50, 5, 10)$이므로 확률질량함수는

$$f(x) = \frac{\binom{5}{x}\binom{45}{10-x}}{\binom{50}{10}},\quad x = 0,\ 1,\ \cdots,\ 5$$

이다. 따라서 수입을 허용할 확률은

$$P(X \le 2) = f(0) + f(1) + f(2) = \sum_{x=0}^{2} \frac{\binom{5}{x}\binom{45}{10-x}}{\binom{50}{10}} = \frac{504127}{529690} \approx 0.95174$$

06-50

지하수 오염실태를 조사하기 위하여 30곳에 구멍을 뚫어 수질을 조사하였다. 그 결과 19곳은 오염이 매우 심각하였고, 6곳은 약간 오염되었다고 보고하였다. 그러나 채취한 지하수 병들이 섞여 있어 어느 지역이 깨끗한지 모른다. 이런 상황에서 5곳을 선정하였을 때, 다음을 구하라.

(1) 오염 정도에 따른 확률분포
(2) 선정된 5곳 중 매우 심각하게 오염된 지역이 3곳, 약간 오염된 지역이 1곳일 확률
(2) 선정된 5곳 중 적어도 4곳에서 심각하게 오염되었을 확률

풀이 (1) 매우 오염된 곳과 약간 오염된 곳 그리고 청정한 곳의 수를 각각 X, Y, Z라 하면, $r_1 = 19$, $r_2 = 6$, $r_3 = 5$이고 $n = 5$이므로 확률질량함수는 다음과 같다.

$$P(X=x,\ Y=y,\ Z=z) = \frac{\binom{19}{x}\binom{6}{y}\binom{5}{z}}{\binom{30}{5}},\ \begin{array}{l} x+y+z=5 \\ x, y, z = 0, 1, 2, 3, 4, 5 \end{array}$$

(2) 매우 심각하게 오염된 지역이 3, 약간 오염된 지역이 1이면, 청정한 지역은 1이므로 구하고자 하는 확률은 다음과 같다.

$$P(X=3,\ Y=1,\ Z=1) = \frac{\binom{19}{3}\binom{6}{1}\binom{5}{1}}{\binom{30}{5}} = \frac{1615}{7917} \approx 0.204$$

(3) 매우 심각하게 오염된 지역의 수에 관점을 둔다면, $X \sim H(30, 19, 5)$이고, X의 확률질량함수는 다음과 같다.

$$P(X=x) = \frac{\binom{19}{x}\binom{11}{5-x}}{\binom{30}{5}},\ x = 0, 1, 2, 3, 4, 5$$

이다. 그러므로 5곳 중 적어도 4곳에서 심각하게 오염되었을 확률은

$$P(X = 4 \text{ 또는 } X = 5) = \frac{\binom{19}{4}\binom{11}{1}}{\binom{30}{5}} + \frac{\binom{19}{5}\binom{11}{0}}{\binom{30}{5}}$$

$$= \frac{7106}{23751} + \frac{1938}{23751} = \frac{1292}{3393} = 0.3808$$

06-51

$X \sim DU(n)$일 때, $Y = X - 1$이라 한다.

(1) Y의 상태공간을 구하라.

(2) Y의 확률질량함수를 구하라.

(3) Y의 평균과 분산을 구하라.

풀이 (1) Y의 상태공간은 $S_Y = \{0, 1, 2, \cdots, n-1\}$이다.

(2) Y의 확률질량함수는 다음과 같다.

$$P(Y = y) = P(X - 1 = y) = P(X = y + 1) = f(y + 1) = \frac{1}{n}, \ y = 0, 1, 2, \cdots, n - 1$$

(3) Y의 평균과 분산은 다음과 같다.

$$E(Y) = E(X - 1) = E(X) - 1 = \frac{n+1}{2} - 1 = \frac{n-1}{2},$$

$$Var(Y) = Var(X - 1) = Var(X) = \frac{n^2 - 1}{12}$$

06-52

X는 2와 11 사이의 정수들의 집합이 이산균등분포를 따른다고 한다.

(1) X의 확률질량함수를 구하라.

(2) $Y = X - 1$의 확률질량함수를 구하라.

(3) $Y = X - 1$의 평균과 분산을 구하라.

(4) X의 평균과 분산을 구하라.

풀이 (1) X가 2와 11 사이의 정수들에 대하여 이산균등분포를 이루므로 X의 확률질량함수는

$$f(x) = \frac{1}{10}, \quad x = 2, 3, 4, \cdots, 11$$

이다.

(2) $Y = X - 1$이라 하면, Y는 1에서 10 사이의 정수들에서 값을 가지며 이산균등분포를 따른다. 그러므로 Y의 확률질량함수는 다음과 같다.

$$f_Y(y) = \frac{1}{10}, \quad y = 1, 2, 3, \cdots, 10$$

(3) $Y \sim DU(10)$이므로 $E(Y) = \frac{10+1}{2} = 5.5$, $Var(Y) = \frac{10^2 - 1}{12} = 8.25$이다.

(4) $E(X) = E(Y+1) = 5.5 + 1 = 6.5$, $Var(X) = Var(Y) = 8.25$

06-53

X는 양의 정수 a와 b $(a < b)$ 사이의 정수들에 대하여 이산균등분포를 따른다고 한다.
(1) X의 확률질량함수를 구하라.
(2) $Y = X - a + 1$의 확률질량함수를 구하라.
(3) X의 평균과 분산을 구하라.

풀이 (1) X의 확률질량함수는 다음과 같다.

$$f(x) = \frac{1}{b - (a-1)} = \frac{1}{b - a + 1}, \quad x = a, a+1, a+2, \cdots, b$$

(2) $Y = X - (a-1)$이라 하면, Y는 1에서 $b - a + 1$ 사이의 정수들에서 값을 가지는 이산균등분포이므로 $f_Y(y) = \frac{1}{b - a + 1}$, $y = 1, 2, 3, \cdots, b - a + 1$이다.

(3) $E(Y) = \frac{(b - a + 1) + 1}{2} = \frac{b - a + 2}{2}$, $Var(Y) = \frac{(b - a + 1)^2 - 1}{12}$이다.

한편

$$X = Y + (a-1)$$

이므로

$$E(X) = E[Y + (a-1)] = E(Y) + (a-1) = \frac{b - a + 2}{2} + a - 1 = \frac{a + b}{2}$$

$$Var(X) = Var(Y) = \frac{(b - a + 1)^2 - 1}{12} = \frac{(b - a)(b - a + 2)}{12}$$

06-54

모수가 $N = 10$, $r = 6$, $n = 5$인 초기하분포에 대하여 다음 확률을 구하라.

(1) $P(X = 3)$　　　　　　　　　　　　(2) $P(X = 4)$

(3) $P(X \leq 4)$　　　　　　　　　　　(4) $P(X > 3)$

풀이　$N = 10$, $r = 5$, $n = 5$이므로 X의 확률질량함수는 다음과 같다.

$$f(x) = \frac{\binom{6}{x}\binom{4}{5-x}}{\binom{10}{5}} \quad , \quad x = 0, 1, 2, 3, 4, 5$$

(1) $P(X = 3) = f(3) = \dfrac{\binom{6}{3}\binom{4}{2}}{\binom{10}{5}} = \dfrac{10}{21} \fallingdotseq 0.4762$

(2) $P(X = 4) = f(4) = \dfrac{\binom{6}{4}\binom{4}{1}}{\binom{10}{5}} = \dfrac{5}{21} \fallingdotseq 0.2381$

(3) $P(X \leq 4) = 1 - P(X = 5) = 1 - f(5) = 1 - \dfrac{\binom{6}{5}\binom{4}{0}}{\binom{10}{5}} = 1 - \dfrac{1}{42} \fallingdotseq 0.9762$

(4) $P(X > 3) = P(X \geq 4) = f(4) + f(5) = \dfrac{\binom{6}{4}\binom{4}{1}}{\binom{10}{5}} + \dfrac{\binom{6}{5}\binom{4}{0}}{\binom{10}{5}} = \dfrac{10}{42} + \dfrac{1}{42} \fallingdotseq 0.262$

06-55

남자 4명과 여자 6명이 섞여 있는 그룹에서 두 명을 무작위로 차례대로 선출할 때,

(1) 두 명 중에 포함되어 있는 남자의 수에 대한 확률질량함수를 구하라.

(2) 두 명 모두 동성일 확률을 구하라.

(3) 여자 1명과 남자 1명이 선출될 확률을 구하라.

(4) 두 명 중에 포함될 남자의 수에 대한 평균과 분산을 구하라.

풀이　(1) 10명 중에서 임의로 두 명을 뽑을 수 있는 방법의 수는 $\binom{10}{2}$이고, 남자가 뽑힌 수를 X라 하자. 그러면 X의 확률질량함수는 다음과 같다.

$$f(x) = \frac{\binom{4}{x}\binom{6}{2-x}}{\binom{10}{2}} \ , \quad x = 0, 1, 2$$

(2) 두 명 모두 동성인 경우는 두 명이 모두 여자인 경우($X=0$) 또는 모두 남자인 경우($X=2$)인 경우이므로 구하고자 하는 확률은

$$f(0) + f(2) = \frac{\binom{4}{0}\binom{6}{2}}{\binom{10}{2}} + \frac{\binom{4}{2}\binom{6}{0}}{\binom{10}{2}} = \frac{1}{3} + \frac{2}{15} = \frac{7}{15}$$

(3) 여자 1명과 남자 1명이 선출되는 경우는 $X=1$인 사건이므로 구하고자 하는 확률은

$$f(1) = \frac{\binom{4}{1}\binom{6}{1}}{\binom{10}{2}} = \frac{8}{15}$$

(4) $N=10$, $r=4$, $n=2$이므로

$$E(X) = 2 \times \frac{4}{10} = \frac{4}{5} = 0.8;$$
$$Var(X) = 2 \times \frac{4}{10} \times \left(1 - \frac{4}{10}\right) \times \frac{8}{9} = \frac{32}{75} = 0.4267$$

06-56

비복원추출에 의하여 52장의 카드가 들어있는 주머니에서 임의로 세 장의 카드를 꺼낼 때, 세 장의 카드 안에 포함된 하트의 수를 확률변수 X라 한다.
(1) X의 확률질량함수를 구하라.
(2) 평균과 분산을 구하라.

풀이 (1) 52장의 카드 중에서 임의로 세 장을 뽑을 수 있는 방법의 수는 $\binom{52}{3}$이고, 하트가 나온 수를 X라 하자. 그러면 X의 확률질량함수는

$$f(x) = \frac{\binom{13}{x}\binom{39}{3-x}}{\binom{53}{3}} \quad x = 0, 1, 2, 3$$

이다.

(2) $N=52$, $r=13$, $n=3$이므로

$$E(X) = 3 \times \frac{13}{52} = \frac{3}{4} = 0.75;$$

$$Var(X) = 3 \times \frac{13}{52} \times \left(1 - \frac{13}{52}\right) \times \frac{49}{51} = \frac{147}{272} = 0.5404$$

06-57

48장의 화투에서 7장을 꺼내는 게임을 할 때,

(1) 7장 중에 포함될 "광"의 개수에 대한 확률분포를 구하라.

(2) 동일한 무늬 4장이 들어있을 확률을 구하라.

(3) 청단과 홍단이 모두 들어있을 확률을 구하라.

(4) 포함된 "광"의 평균 개수를 구하라.

풀이 (1) 48장의 화투에서 꺼낸 7장 가운데 "광"의 개수를 X라 하면, 확률질량함수와 확률분포는 다음과 같다.

$$f(x) = P(X = x) = \frac{\binom{5}{x}\binom{43}{7-x}}{\binom{48}{7}}, \quad x = 0,1,2,3,4,5$$

X	0	1	2	3	4	5
$P(X=x)$	0.4377	0.4140	0.1307	0.0168	0.0008	0.0000

(2) 48장의 화투는 12종류의 동일한 무늬로 구성되어 있으므로 추출된 7장 가운데 어느 한 종류의 동일한 무늬의 개수를 X라 하면, 확률질량함수는

$$f(x) = \frac{\binom{4}{x}\binom{44}{7-x}}{\binom{48}{7}}, \quad x = 0, 1, 2, 3, 4$$

이고, 따라서 $X = 4$일 확률은

$$f(4) = \frac{\binom{4}{4}\binom{44}{3}}{\binom{48}{7}} = \frac{7}{38916}$$

이다. 그러므로 동일한 무늬 4장이 들어있을 확률은 $12 \times \dfrac{7}{38916} = \dfrac{7}{3243} = 0.0022$ 이다.

(3) 7장 가운데 청단과 홍단이 모두 들어있다면, 구하고자 하는 확률은

$$\frac{\binom{6}{6}\binom{42}{1}}{\binom{48}{7}} = \frac{7}{12271512} = 5.7 \times 10^{-7}$$

이다.

(4) X의 평균은 $E(X) = 7 \times \dfrac{5}{48} = 0.729$

06-58

$X \sim H(N, r, n)$에 대하여 $E[X(X-1)] = \dfrac{r(r-1)}{N(N-1)} n(n-1)$임을 보여라.

풀이

$$E[X(X-1)] = \sum_{x=0}^{n} x(x-1) P(X=x) = \sum_{x=0}^{n} \frac{x(x-1) \binom{r}{x}\binom{N-r}{n-x}}{\binom{N}{n}}$$

$$= \sum_{x=0}^{n} \frac{\dfrac{x(x-1) r!}{x! (r-x)!} \times \dfrac{(N-r)!}{(n-x)! \{(N-r)-(n-x)\}!}}{\dfrac{N!}{n! (N-n)!}}$$

$$= \sum_{x=2}^{n} \frac{\dfrac{r(r-1)(r-2)!}{(x-2)! \{(r-2)-(x-2)\}!}}{\dfrac{N(N-1)(N-2)!}{n(n-1)(n-2)! \{(N-2)-(n-2)\}!}}$$

$$\times \frac{\dfrac{\{(N-2)-(r-2)\}!}{\{(n-2)-(x-2)\}! \{(N-r)-(n-x)\}!}}{\dfrac{N(N-1)(N-2)!}{n(n-1)(n-2)! \{(N-2)-(n-2)\}!}}$$

이고 $t = x - 2$이라 하면,

$$= n(n-1) \frac{r(r-1)}{N(N-1)}$$

$$\times \sum_{t=0}^{n-2} \frac{\dfrac{(r-2)!}{t! \{(r-2)-t\}!} \dfrac{\{(N-2)-(r-2)\}!}{\{(n-2)-t\}! [\{(N-2)-(r-2)\}-\{(n-2)-t\}]!}}{\dfrac{(N-2)!}{(n-2)! \{(N-2)-(n-2)\}!}}$$

$$= n(n-1) \frac{r(r-1)}{N(N-1)} \sum_{t=0}^{n-2} \frac{\binom{r-2}{t}\binom{(N-2)-(r-2)}{(n-2)-t}}{\binom{N-2}{n-2}}$$

이며, $\sum$ 안의 값은, 예를 들어, 흰색 바둑돌 $r-2$개를 포함하는 전체 $N-2$개의 바둑돌 주머니에서 $n-2$개의 바둑돌을 꺼낼 때, 흰색 바둑돌이 t개 포함될 확률을 나타낸다. 그러므로

$$\sum_{t=0}^{n-2}\frac{\binom{r-2}{t}\binom{(N-2)-(r-2)}{(n-2)-t}}{\binom{N-2}{n-2}}=1$$

이고, 따라서

$$E[X(X-1)]=\frac{r(r-1)}{N(N-1)}n(n-1)$$

이다.

06-59

바닐라 맛 7개, 페퍼민트 맛 5개 그리고 버터 스카치 맛 사탕 8개가 들어있는 상자에서 6개의 사탕을 비복원추출에 의하여 임의로 꺼낸다.

(1) 각 사탕의 개수에 관한 확률분포를 구하라.
(2) 세 가지 맛의 사탕이 동일한 개수로 나올 확률을 구하라.
(3) 6개 중에 버터 스카치 맛 사탕이 들어있지 않은 확률을 구하라.

풀이 (1) 5개 중에 들어있는 바닐라 맛, 페퍼민트 맛, 그리고 버터 스카치 맛 사탕의 수를 각각 X, Y, Z라 하면, $r_1=7$, $r_2=5$, $r_3=8$이고 $n=6$이므로

$$P(X=x,\,Y=y,\,Z=z)=\frac{\binom{7}{x}\binom{5}{y}\binom{8}{z}}{\binom{20}{6}},\quad \begin{array}{l}x+y+z=6\\x,z=0,1,2,3,4,5,6\\y=0,1,2,3,4,5\end{array}$$

이다.

(2) 세 가지 맛의 사탕이 동일하게 두 개씩 나오는 경우이므로 구하고자 하는 확률은 다음과 같다.

$$P(X=2,\,Y=2,\,Z=2)=\frac{\binom{7}{2}\binom{5}{2}\binom{8}{2}}{\binom{20}{6}}=\frac{49}{323}\fallingdotseq 0.1517$$

(3) 버터 스카치 맛 사탕의 수에 관점을 둔다면, $Z\sim H(20,8,6)$이고, Z의 확률질량함수는 다음과 같다.

$$P(Z=z) = \frac{\binom{8}{z}\binom{12}{6-z}}{\binom{20}{6}}, \ z = 0, 1, 2, 3, 4, 5, 6$$

이다. 그러므로 6개 중에서 버터스카치 맛 사탕이 포함되지 않을 확률은 다음과
같다.

$$P(Z=0) = \frac{\binom{8}{0}\binom{12}{6}}{\binom{20}{6}} = \frac{77}{3230} \fallingdotseq 0.0238$$

06-60

어떤 보험회사는 다음과 같은 가정을 기반으로 허리케인에 의한 피해에 대하여 보험가격
을 결정한다.

(1) 어떤 해에도 많아야 한 번의 허리케인이 발생한다.

(2) 어떤 해에도 허리케인이 발생할 확률은 0.05이다.

(3) 서로 다른 해에 발생하는 허리케인의 횟수는 서로 독립이다.

이 회사의 가정을 기초로 20년 동안에 허리케인의 발생 횟수가 3번 미만일 확률을 구하라.

풀이 X를 20년 동안 발생한 허리케인의 수라고 하자. 그러면 세 가지 가정으로부터 X는
$n = 20$, $p = 0.05$인 이항분포를 따른다. 따라서 이항확률표에 의해

$$P(X < 3) = P(X \le 2) = 0.9245$$

이다.

별해 $P(X < 3) = P(X = 0) + P(X = 1) + P(X = 2)$

$$= \binom{20}{0}(0.95)^{20}(0.05)^0 + \binom{20}{1}(0.95)^{19}(0.05)^1 + \binom{20}{2}(0.95)^{18}(0.05)^2$$

$$= 0.3584859 + 0.3773536 + 0.1886768 \approx 0.9245$$

06-61

Society Of Actuaries(SOA)의 확률 시험문제는 5지 선다형으로 제시된다. 15 문항의 SOA 시
험문제 중에서 지문을 임의로 선택할 때,

(1) 정답을 선택할 평균을 구하라.

(2) 정답을 정확히 5개 선택할 확률을 구하라.

(3) 정답을 4개 이상 선택할 확률을 구하라.

풀이 (1) 각 문항이 5개의 지문을 갖고 있으므로 문항별로 정답을 선택할 가능성은 0.2이다. 그러므로 임의로 지문을 선택하여 정답을 선택한 문항 수를 X라 하면, $X \sim B(15, 0.2)$이다. 따라서 평균은 $E(X) = 15 \times 0.2 = 3$이다.

(2) $P(X=5) = P(X \le 5) - P(X \le 4) = 0.9389 - 0.8358 = 0.1031$

(3) $P(X \ge 4) = 1 - P(X \le 3) = 1 - 0.6482 = 0.3518$

06-62

보험대리인은 위험이 큰 것으로 생각되는 12명의 보험가입자를 가지고 있다. 이 보험가입자 중 어느 한 사람이 내년 안에 매우 과다한 보험금 지급을 신청할 확률이 0.023이다. 이때 이들 중 정확히 세 명이 내년 안으로 과다한 보험금을 신청할 확률을 구하라.

풀이 12명의 피보험자 중에서 내년 안으로 과다한 보험금을 신청할 사람 수를 X라 하면, $X \sim B(12, 0.023)$이고, 따라서 구하고자 하는 확률은 다음과 같다.

$$P(X=3) = \binom{12}{3}(0.023)^3(0.977)^9 = 0.0022$$

06-63

형광등의 수명이 800시간 이상일 확률은 0.8이라 한다. 이러한 형광등 5개에 대하여

(1) 수명이 800시간 이상인 형광등의 평균을 구하라.

(2) 정확히 3개의 형광등이 800시간 이상 지속할 확률을 구하라.

(3) 4개 이상의 형광등이 800시간 이상 지속할 확률을 구하라.

풀이 (1) 800시간 이상 수명이 지속되는 형광등의 수를 X라 하면, $X \sim B(5, 0.8)$이다. 따라서 평균은 $E(X) = 5 \times 0.8 = 4$이다.

(2) $P(X=3) = P(X \le 3) - P(X \le 2) = 0.2627 - 0.0579 = 0.2048$

(3) $P(X \ge 4) = 1 - P(X \le 3) = 1 - 0.2627 = 0.7373$

06-64

수도권 지역에서 B+ 혈액형을 가진 사람의 비율이 10% 라 한다. 이때 헌혈센터에서 20명이 헌혈을 했을 때, 그들 중 정확히 4명이 B+ 혈액형일 확률과 적어도 3명이 B+일 확률을 구하라.

풀이 20명의 헌혈자 중에서 혈액형이 B+ 인 사람의 수를 X 라 하면, $X \sim B(20, 0.1)$ 이다. 따라서 B+ 혈액형이 정확히 4명일 확률은

$$P(X=4) = P(X \le 4) - P(X \le 3) = 0.9568 - 0.8670 = 0.898 \left(= {}_{20}C_4 0.1^4 0.9^{16}\right)$$

이고, 적어도 3명일 확률은 다음과 같다.

$$P(X \ge 3) = 1 - P(X \le 2) = 1 - 0.6769$$
$$= 0.3231 \left(= {}_{20}C_0 0.1^0 0.9^{20} + {}_{20}C_1 0.1^1 0.9^{19} + {}_{20}C_2 0.1^2 0.9^{18}\right)$$

06-65

10명의 보험가입자로 구성된 독립인 두 집단의 건강에 대하여 1년 동안 관찰하는 연구를 진행하고 있다. 그리고 이 연구에 참가하는 개인은 연구가 끝나기 전에 그만둘 확률이 독립적으로 각각 0.2라고 한다. 이때 두 집단 중 어느 꼭 한 집단에서 적어도 9명의 참가자가 연구가 완성될 때까지 참여할 확률은 얼마인가?

풀이 X 와 Y 를 각각 제1 집단과 제2 집단에서 끝까지 연구에 참가한 사람의 수라고 하자. 그러면 X 와 Y 는 독립이다. 따라서 구하고자 하는 확률은 다음과 같다.

$$P[\{(X \ge 9) \cap (Y < 9)\} \cup \{(X < 9) \cap (Y \ge 9)\}]$$
$$= P\{(X \ge 9) \cap (Y < 9)\} + P\{(X < 9) \cap (Y \ge 9)\}$$
$$= 2P\{(X \ge 9) \cap (Y < 9)\} \quad (\text{대칭성에 의하여})$$
$$= 2P(X \ge 9)P(X < 9) \quad (\text{독립성에 의하여})$$
$$= 2\left\{\binom{10}{9}(0.2)(0.8)^9 + \binom{10}{10}(0.8)^{10}\right\}\left\{1 - \binom{10}{9}(0.2)(0.8)^9 - \binom{10}{10}(0.8)^{10}\right\}$$
$$= 2(0.376)(1 - 0.376) = 0.4692$$

06-66

2,000개의 컴퓨터 칩이 들어있는 상자 안에 불량품이 10개 있다고 한다. 15개의 칩을 비복원추출에 의하여 임의로 상자에서 꺼냈을 때,

(1) 15개 안에 들어있을 불량품의 평균과 분산을 구하라.

(2) 정확히 불량품이 하나일 근사확률을 구하라.

(3) 불량품이 세 개 이상일 근사확률을 구하라.

풀이 (1) 15개 안에 들어있을 불량품의 수를 X라 하면, $X \sim H(2000, 10, 15)$이다. 그러므로

$$E(X) = 15 \times \frac{10}{2000} = 0.075,$$

$$Var(X) = 15 \times \frac{10}{2000} \times \left(1 - \frac{10}{2000}\right) \times \left(\frac{1985}{1999}\right) = 0.0741$$

(2) X는 근사적으로 $X \sim B(15, 0.005)$이므로

$$P(X = 1) = \binom{15}{1}(0.005)^1(0.995)^{14} = 0.0699$$

(3) $P(X \geq 3) = 1 - P(X = 0) - P(X = 1) - P(X = 2)$

$$= 1 - \left\{ \binom{15}{0}(0.005)^0(0.995)^{15} + \binom{15}{1}(0.005)^1(0.995)^{14} \right.$$

$$\left. + \binom{15}{2}(0.005)^2(0.995)^{13} \right\}$$

$$= 1 - (0.9276 + 0.0699 + 0.0024) = 0.0001$$

06-67

확률변수 X와 Y가 독립이고 $X \sim B(m, p)$, $Y \sim B(n, p)$라고 하자. 이때 $X + Y = l$인 조건 아래서, X의 조건부 확률분포는 모수 $m + n$, m, l을 갖는 초기하분포임을 보여라.

풀이 $X + Y = l$인 조건 아래서, $X = k$일 확률을 구하면 다음과 같다.

$$P(X = k \mid X + Y = l) = \frac{P(X = k, X + Y = l)}{P(X + Y = l)} = \frac{P(X = k, k + Y = l)}{P(X + Y = l)}$$

$$= \frac{P(X = k, Y = l - k)}{P(X + Y = l)} = \frac{P(X = k)P(Y = l - k)}{P(X + Y = l)}$$

$$= \frac{\binom{m}{k} p^k q^{m-k} \binom{n}{l-k} p^{l-k} q^{n-l+k}}{\binom{m+n}{l} p^l q^{m+n-l}} = \frac{\binom{m}{k} \binom{n}{l-k}}{\binom{m+n}{l}}$$

$$\sim H(m+n, m, l)$$

06-68

기댓값의 정의와 성질을 이용하여 $X \sim B(n, p)$인 확률변수 X의 평균과 분산을 구하라.

풀이 $X \sim B(n, p)$이므로 X의 확률질량함수는 다음과 같다.

$$f(x) = \binom{n}{x} p^x q^{n-x}, \quad q = 1-p, \ x = 0, 1, 2, \cdots, n$$

그러므로 X의 기댓값은 다음과 같다.

$$E(X) = \sum_{x=0}^{n} x \binom{n}{x} p^x q^{n-x} = \sum_{x=0}^{n} x \frac{n!}{x!\,(n-x)!} p^x q^{n-x}$$

$$= \sum_{x=1}^{n} \frac{n!}{(x-1)!\,(n-x)!} p^x q^{n-x}$$

$$= \sum_{x=1}^{n} \frac{n\,p\,(n-1)!}{(x-1)!\,\{(n-1)-(x-1)\}!} p^{x-1} q^{(n-1)-(x-1)}$$

$$= n\,p \sum_{x=1}^{n} \frac{(n-1)!}{(x-1)!\,\{(n-1)-(x-1)\}!} p^{x-1} q^{(n-1)-(x-1)}$$

이다. 한편 $t = x-1$이라 하면,

$$E(X) = n\,p \sum_{x=1}^{n} \frac{(n-1)!}{(x-1)!\,[(n-1)-(x-1)]!} p^{x-1} q^{(n-1)-(x-1)}$$

$$= n\,p \sum_{t=0}^{n-1} \frac{(n-1)!}{t!\,\{(n-1)-t\}!} p^t q^{(n-1)-t}$$

이고, 마지막 $\sum$는 $T \sim B(n-1, p)$인 모든 확률질량함수 값을 더한 것으로 1이다. 그러므로 $E(X) = n\,p$이다. 또한

$$E[X(X-1)] = \sum_{x=0}^{n} x\,(x-1) \binom{n}{x} p^x q^{n-x} = \sum_{x=0}^{n} x\,(x-1) \frac{n!}{x!\,(n-x)!} p^x q^{n-x}$$

$$= \sum_{x=2}^{n} \frac{n!}{(x-2)!\,(n-x)!} p^x q^{n-x}$$

$$= \sum_{x=2}^{n} \frac{n(n-1)p^2(n-2)!}{(x-2)!\{(n-2)-(x-2)\}!} p^{x-2} q^{(n-2)-(x-2)}$$

$$= n(n-1)p^2 \sum_{x=2}^{n} \frac{(n-2)!}{(x-2)!\{(n-2)-(x-2)\}!} p^{x-2} q^{(n-2)-(x-2)}$$

이다. 한편 $t = x-2$ 이라 하면,

$$E[X(X-1)] = n(n-1)p^2 \sum_{t=0}^{n-2} \frac{(n-2)!}{t!\{(n-2)-t\}!} p^t q^{(n-2)-t}$$

이고, 역시 마지막 $\sum$ 는 $T \sim B(n-2, p)$ 인 모든 확률질량함수 값을 더한 것으로 1이 므로

$E[X(X-1)] = n(n-1)p^2$ 이다. 따라서 X 의 분산은 다음과 같다.

$$Var(X) = E(X^2) - E(X)^2 = E[X(X-1)] + E(X) - E(X)^2$$

$$= n(n-1)p^2 + np - (np)^2 = np - np^2 = np(1-p)$$

06-69

$X \sim H(N, r, n)$ 에 대하여 $\dfrac{r}{N} = p$ 로 일정하고 $N \to \infty$ 이면, X 의 확률분포는 모수 n 과 p 를 갖는 이항분포에 가까워지는 것을 보여라.

풀이 $X \sim H(N, r, n)$ 이므로 X 의 확률질량함수는

$$f(x) = \frac{\binom{r}{x}\binom{N-r}{n-x}}{\binom{N}{n}} = \frac{\dfrac{r!}{x!(r-x)!} \dfrac{(N-r)!}{(n-x)!(N-r-n+x)!}}{\dfrac{N!}{n!(N-n)!}}$$

$$= \frac{n!}{x!(n-x)!} \frac{r!}{(r-x)!} \frac{(N-r)!}{(N-r-n+x)!} \frac{(N-n)!}{N!}$$

$$= \frac{n!}{x!(n-x)!} \frac{r(r-1)\cdots(r-x+1)(N-r)(N-r-1)\cdots(N-r-n+x+1)}{N^n}$$

$$\times \frac{N^n}{N(N-1)\cdots(N-n+1)}$$

이다. 특히 $N \to \infty$ 이면,

$$\frac{N^n}{N(N-1)\cdots(N-n+1)} = \frac{1}{1 \times \left(1 - \dfrac{1}{N}\right) \cdots \left(1 - \dfrac{n-1}{N}\right)} \to 1$$

이고, 임의의 상수 k에 대하여 $\dfrac{k}{N} \to 0$이므로 $\dfrac{r}{N} = p$라 하면,

$$f(x) \to \frac{n!}{x!\,(n-x)!}\, p^x\,(1-p)^{n-x} = \binom{n}{x} p^x\,(1-p)^{n-x}$$

06-70

$X \sim NB(4, 0.6)$(모수 $r = 4$, $p = 0.6$인 음이항분포)에 대하여, 다음 확률을 구하라.

(1) $P(X = 6)$

(2) $P(X \le 7)$

(3) $P(X \ge 7)$

(4) $P(6 \le X \le 8)$

풀이 $X \sim NB(4, 0.6)$이므로 X의 확률질량함수는 다음과 같다.

$$f(x) = \binom{x-1}{3}(0.6)^4 (0.4)^{x-4}, \quad x = 4, 5, 6, \cdots$$

(1) $P(X = 6) = f(6) = \binom{5}{3}(0.6)^4 (0.4)^2 = 0.2074$

(2) $P(X \le 7) = \displaystyle\sum_{x=4}^{7} p(x) = \sum_{x=4}^{7} \binom{x-1}{3}(0.6)^4 (0.4)^{x-4}$

$$= \binom{3}{3}(0.6)^4 (0.4)^0 + \binom{4}{3}(0.6)^4 (0.4)^1 + \binom{5}{3}(0.6)^4 (0.4)^2$$

$$+ \binom{6}{3}(0.6)^4 (0.4)^3 = 0.7102$$

(3) $P(X \le 6) = \binom{3}{3}(0.6)^4 (0.4)^0 + \binom{4}{3}(0.6)^4 (0.4)^1 + \binom{5}{3}(0.6)^4 (0.4)^2 = 0.5443$이므로

$$P(X \ge 7) = 1 - P(X \le 6) = 1 - 0.5443 = 0.4557$$

(4) $P(6 \le X \le 8) = \displaystyle\sum_{x=4}^{8} f(x)$

$$= \binom{5}{3}(0.6)^4 (0.4)^2 + \binom{6}{3}(0.6)^4 (0.4)^3 + \binom{7}{3}(0.6)^4 (0.4)^4 = 0.4894$$

06-71

매회 성공률이 p인 베르누이 실험을 처음 성공할 때까지 독립적으로 반복 시행한 횟수를 확률변수 X라 한다. 이때, 처음 성공이 있기 전까지 실패한 횟수 Y의 확률질량함수와 평균 그리고 분산을 구하라.

풀이 처음 성공할 때까지 반복 시행한 횟수를 X, 처음 성공이 있기 전까지 실패한 횟수를
Y라 하면 $Y = X - 1$이고, 따라서 Y의 확률질량함수는 다음과 같다.

$$f_Y(y) = P(Y = y) = P(X - 1 = y) = P(X = y + 1)$$
$$= f_X(y + 1) = p^{(y+1)-1}q = p^y q, \quad y = 0, 1, 2, \cdots$$

한편

$$E(Y) = E(X - 1) = E(X) - 1 = \frac{1}{p} - 1 = \frac{1 - p}{p} = \frac{q}{p}$$

$$Var(Y) = Var(X - 1) = Var(X) = \frac{q}{p^2}$$

06-72

매회 성공률이 0.4인 베르누이 실험을 처음 성공할 때까지 독립적으로 반복 시행하여 실
패한 횟수를 Y라 한다.
(1) Y의 확률질량함수를 구하라.
(2) 처음 성공할 때까지 5번 실패할 확률을 구하라.
(3) 평균 그리고 분산을 구하라.

풀이 (1) 문제 06-71에 의하여 처음 성공이 있기까지 실패한 횟수 Y의 확률질량함수는 다음
과 같다.

$$f_Y(y) = (0.6)(0.4)^y, \quad y = 0, 1, 2, \cdots$$

(2) $P(Y = 5) = f_Y(5) = (0.6)(0.4)^5 = 0.0061$

(3) $E(Y) = \dfrac{q}{p} = \dfrac{0.6}{0.4} = 1.5$이고 $Var(Y) = \dfrac{q}{p^2} = \dfrac{0.6}{(0.4)^2} = 3.75$이다.

06-73

매회 성공률이 p인 베르누이 실험을 r번째 성공이 있기까지 독립적으로 반복 시행한 횟수
를 확률변수 X라 한다. 이때, r번째 성공이 있기 전까지 실패한 횟수 Y의 확률질량함수
와 평균 그리고 분산을 구하라.

풀이 r번째 성공할 때까지 반복 시행한 횟수를 X, r번째 성공이 있기 전까지 실패한 횟수

를 Y라 하면, 전체 반복 시행한 횟수는 성공한 횟수와 실패한 횟수의 합이다. 그러므로 $X = Y + r$ 즉, $Y = X - r$이고, 따라서 Y의 확률질량함수는 다음과 같다.

$$f_Y(y) = P(Y = y) = P(X - r = y) = P(X = y + r)$$

$$= f_X(y + r) = \binom{y + r - 1}{r - 1} p^r q^y = p^y q, \quad y = 0, 1, 2, \cdots$$

한편

$$E(Y) = E(X - r) = E(X) - r = \frac{r}{p} - r = r\frac{q}{p}$$

$$Var(Y) = Var(X - r) = Var(X) = r\frac{q}{p^2}$$

06-74

매회 성공률이 0.4인 베르누이 실험을 3번째 성공이 있기까지 실패한 횟수 Y의 확률질량함수와 평균 그리고 분산을 구하라.

풀이 문제 06-73에 의하여 3번째 성공이 있기까지 실패한 횟수를 Y라 하면, 확률질량함수는 $f_Y(y) = \binom{y + 2}{2} p^3 q^y$, $y = 0, 1, 2, \cdots$ 이다. 한편 $E(Y) = r\frac{q}{p} = 3 \times \frac{0.6}{0.4} = 4.5$ 이고 $Var(Y) = r\frac{q}{p^2} = 3 \times \frac{0.6}{0.4^2} = 11.25$ 이다.

06-75

주사위 1개를 "1"의 눈이 3번 나올 때까지 반복해서 던지는 실험을 한다. 이때, 주사위를 던진 횟수를 확률변수 X라 하고, 다음을 구하라.

(1) 확률변수 X의 확률질량함수를 구하라.
(2) 확률변수 X의 기댓값과 분산을 구하라.
(3) 5번째 시행에서 3번째 "1"의 눈이 나올 확률을 구하라.

풀이 (1) 주사위 1개를 던져서 "1"의 눈이 나올 확률은 $\frac{1}{6}$ 이고, "1"의 눈이 3번 나올 때까지 주사위를 던지므로 그 던진 횟수 X는 모수 $r = 3$, $p = \frac{1}{6}$ 인 음이항분포를 따른다. 따라서 X의 확률질량함수는 $f(x) = \binom{x - 1}{2}\left(\frac{1}{6}\right)^3\left(\frac{5}{6}\right)^{x - 3}$, $x = 3, 4, 5, \cdots$ 이다.

(2) $E(X) = \dfrac{r}{p}$, $Var(X) = r\dfrac{q}{p^2}$ 이고 $p = \dfrac{1}{6}$ 이므로 기댓값과 분산은 각각 다음과 같다.

$$E(X) = \frac{r}{p} = \frac{3}{1/6} = 18 \;,\;\; Var(X) = \frac{rq}{p^2} = \frac{3 \times \dfrac{5}{6}}{(1/6)^2} = 90$$

(3) 5번째 시행에서 3번째 "1"의 눈이 나올 확률은 $f(5) = \dbinom{4}{2}\left(\dfrac{1}{6}\right)^3\left(\dfrac{5}{6}\right)^2 = 0.019$ 이다.

06-76

보험을 계약하는 과정으로, 보험 가입 대상자는 각각 고혈압에 대하여 검사를 받는다. 고혈압 증세를 보인 사람이 처음 발견되었을 때까지 이 검사에 참여한 사람의 수를 X 라 하면, X 의 기댓값은 12.5라고 한다. 이 검사에 응한 6번째 사람이 고혈압 증세를 보인 첫 번째 사람일 확률을 구하라.

풀이 X 는 모수 p 를 갖는 기하분포를 이루므로, 기댓값 $E(X) = \dfrac{1}{p} = 12.5$ 로부터 $p = 0.08$ 을 얻는다. 그러므로 X 의 확률질량함수는 $f(x) = 0.08 \times 0.92^{x-1}$, $x = 1, 2, 3, \cdots$ 이고, $f(6) = 0.08 \times 0.92^5 = 0.0527$ 이다.

06-77

컴퓨터 시뮬레이션을 통하여 0에서 9까지의 숫자를 무작위로 선정하며, 각 숫자가 선정될 가능성은 동일하다고 한다.

(1) 처음으로 숫자 0이 나올 때까지 시뮬레이션을 반복한 횟수에 관한 확률분포를 구하라.

(2) (1)의 확률분포에 대한 평균 μ 와 분산 σ^2 을 구하라.

(3) 시뮬레이션을 10번 실시해서야 비로소 4번째 0이 나올 확률을 구하라.

(4) 4번째 0을 얻기 위하여 평균적으로 몇 번의 시뮬레이션을 반복해야 하는가?

풀이 (1) 0에서 9까지의 숫자가 선정될 가능성이 동일하므로, 숫자 0이 나올 확률은 0.1이고, 숫자 0이 나올 때까지 시뮬레이션을 반복한 횟수를 X 라 하면, $X \sim G(0.1)$ 이다. 그러므로 X 의 확률질량함수는 $f_X(x) = 0.1 \times 0.9^{x-1}$, $x = 1, 2, 3, \cdots$ 이다. 이를 이용해 확률분포표를 만든다.

(2) $E(X) = \dfrac{1}{0.1} = 10$, $\sigma^2 = \dfrac{0.9}{0.1^2} = 90$

(3) 4번째 0이 나올 때까지 반복 시행한 횟수를 Y 라 하면, $Y \sim NB(4, 0.1)$ 이고

$y = 10$, $r = 4$, $p = 0.1$이므로 $f_Y(10) = \binom{9}{3}(0.1)^4(0.9)^6 = 0.0045$이다.

(4) $E(Y) = \dfrac{r}{p} = \dfrac{4}{0.1} = 40$

06-78

독립인 두 확률변수 X와 Y가 각각 $X \sim G(0.2)$, $Y \sim G(0.2)$인 분포를 따른다고 한다. 이때 다음 확률을 구하라.

(1) $P(X = Y)$ (2) $P(X > Y)$

풀이 (1) 독립인 두 확률변수 X와 Y가 각각 $X \sim G(0.2)$, $Y \sim G(0.2)$이므로 결합확률함수는

$$f(x, y) = f_X(x)\, f_Y(y) = \frac{1}{5^2}\left(\frac{4}{5}\right)^{x-1}\left(\frac{4}{5}\right)^{y-1}, \quad x, y = 1, 2, 3, \cdots$$

이다. 그러므로 구하고자 하는 확률은 다음과 같다.

$$P(X = Y) = \sum_{x=1}^{\infty} P(X = x,\, Y = x) = \sum_{x=1}^{\infty} \frac{1}{5^2}\left(\frac{4}{5}\right)^{x-1}\left(\frac{4}{5}\right)^{x-1}$$

$$= \sum_{x=1}^{\infty} \frac{1}{5^2}\left(\frac{4^2}{5^2}\right)^{x-1} = \frac{1}{5^2} \times \frac{1}{(3/5)^2} = \frac{1}{9}$$

(2) $X = 1$일 때 $\{Y < 1\} = \varnothing$ 이므로

$$P(X > Y) = \sum_{x=2}^{\infty} P(X = x,\, Y < x) = \sum_{x=2}^{\infty} P(X = x)P(Y \le x-1)$$

$$= \sum_{x=2}^{\infty} P(X = x)\left\{\sum_{y=1}^{x-1} \frac{1}{5}\left(\frac{4}{5}\right)^{y-1}\right\} = \sum_{x=2}^{\infty} P(X = x)\left\{1 - \left(\frac{4}{5}\right)^{x-1}\right\}$$

$$= \sum_{x=2}^{\infty} \frac{1}{5} \times \left(\frac{4}{5}\right)^{x-1}\left\{1 - \left(\frac{4}{5}\right)^{x-1}\right\} = \sum_{x=2}^{\infty} \frac{1}{5} \times \left\{\left(\frac{4}{5}\right)^{x-1} - \left(\frac{4^2}{5^2}\right)^{x-1}\right\}$$

$$= \frac{4}{9}$$

06-79

$X \sim G(p)$에 대하여 $E[X(X-1)] = \dfrac{2q}{p^2}$임을 보여라.

풀이 $E[X(X-1)] = \displaystyle\sum_{x=1}^{\infty} x(x-1)f(x) = p\sum_{x=2}^{\infty} x(x-1)q^{x-1}$ 이고, 또한

$x(x-1)q^{x-1} = q\dfrac{d^2}{dq^2}q^x$ 이므로 다음을 얻는다.

$$E[X(X-1)] = pq\sum_{x=2}^{\infty}\dfrac{d^2}{dq^2}q^x = pq\dfrac{d^2}{dq^2}\sum_{x=2}^{\infty}q^x = pq\dfrac{d^2}{dq^2}\left(\dfrac{q^2}{1-q}\right) = \dfrac{2q}{p^2}$$

06-80

$X \sim G(p)$에 대한 비기억성 성질을 증명하여라.

풀이 $P(X > n+m \mid X > n) = \dfrac{P(X > n+m,\, X > n)}{P(X > n)}$

$$= \dfrac{P(X > n+m)}{P(X > n)} = \dfrac{p \times \dfrac{q^{n+m+1}}{1-q}}{p\dfrac{q^{n+1}}{1-q}} = q^m$$

$$= P(X \ge m) = p\dfrac{q^m}{1-q}$$

06-81

보험회사는 10년 기간의 보험증권을 소지한 가입자 5,000명을 보유하고 있다. 이 기간에 12,200개의 보험금 지급요구가 있었고, 지급요구 건수는 푸아송분포를 따른다고 한다.

(1) 연간 보험증권 당 요구 건수의 평균을 구하라.

(2) 1년에 한 건 이하의 요구가 있을 확률을 구하라.

(3) 보험금 지급요구 건당 1,000만 원의 보험금이 지급된다면, 1년에 한 보험가입자에게 지급될 평균 보험금은 얼마인가?

풀이 (1) 10년간 5,000명의 보험가입자에 의하여 지난 10년간 발생한 지급요구 건수가 12,200이므로 1년간 이 가입자들에 의하여 요구될 건수는 1,220이다. 따라서 개인당 평균 요구 건수는 $\dfrac{1220}{5000} = 0.244$ 이다.

(2) 요구 건수를 X 라 하면, $X \sim P(0.244)$ 이다. 따라서

$$P(X \le 1) = P(X=0) + P(X=1) = \left(\dfrac{0.244^0}{0!} + \dfrac{0.244^1}{1!}\right)e^{-0.244} = 0.9747$$

(3) 1년간 한 보험가입자가 보험금 지급을 요구할 평균 건수가 0.244이고, 건당 1,000만 원을 지급하므로 한 보험가입자에게 지급될 평균 보험금은 244만 원이다.

06-82

보험회사는 보험가입자가 보험금 지급요구를 네 번 신청할 확률이 두 번 신청할 확률의 3배가 되는 것을 발견했다. 보험금 지급요구 건수가 푸아송분포를 따른다고 할 때, 요구 건수의 분산을 구하라.

풀이 보험금 지급요구 건수를 X라 하면 X는 미지의 모수 μ를 갖는 푸아송분포를 따른다. 한편 조건에 의하여 $P(X=4) = \dfrac{e^{-\mu}\mu^4}{4!} = 3P(X=2) = \dfrac{3e^{-\mu}\mu^2}{2!}$ 이므로 $72\mu^2 = 2\mu^4$ 즉, $\mu = 6$을 얻는다. 그러므로 $Var(X) = \mu = 6$

06-83

세라믹 타일 조각 안에 생긴 금의 수는 평균 2.4인 푸아송분포를 따른다고 한다.

(1) 이 조각 안에 금이 하나도 없을 확률을 구하라.

(2) 이 조각 안에 금이 적어도 두 개 이상 있을 확률을 구하라.

풀이 (1) 타일 조각 안의 금의 수는 $X \sim P(2.4)$이므로 하나도 없을 확률은 $P(X=0) = 0.091$이다.

(2) $P(X \geq 2) = 1 - P(X \leq 1) = 1 - 0.308 = 0.692$

06-84

상자 안에 500개의 전기 스위치가 들어있으며, 불량품이 나올 확률은 0.004라고 한다. 이 상자 안에 불량품이 많아야 하나 있을 확률을 구하라.

풀이 상자 안에 있는 불량품의 수를 X라 하면, $X \sim B(500, 0.004)$이다. 또한 $\mu = 500 \times 0.004 = 2$이므로 X는 평균 2인 푸아송분포 $P(2)$에 근사한다. 그러므로 구하고자 하는 확률은 푸아송확률분포표에 의하여 $P(X \leq 1) = 0.406$이다.

06-85

우리나라 동남부 지역에서 1년에 평균 3번 지진이 일어난다고 한다.

(1) 앞으로 2년간 적어도 3번의 지진이 일어날 확률을 구하라.

(2) 지금부터 다음 지진이 일어날 때까지 걸리는 시간 T 의 분포함수와 확률밀도함수를 구하라.

풀이 (1) $[0, t]$ 에서 발생한 지진의 횟수를 $X(t)$ 라 하면, 발생비율이 $\lambda = 3$ 이므로 $X(t)$ $\sim P(3t)$ 이다. 그러므로 $X(2) \sim P(6)$ 이고, 따라서 구하고자 하는 확률은 다음 과 같다.

$$P(X(2) \geq 3) = 1 - P(X(2) \leq 2)$$
$$= 1 - 0.062 = 0.938$$

(2) 다음 지진이 일어날 때까지 걸리는 시간을 T 라 하면, $T > t$ 일 필요충분조건은 $[0, t]$ 에서 지진이 한 번도 일어나지 않는 것이다. 따라서

$$P(T > t) = P(X(t) = 0) = \frac{(3t)^0}{0!} e^{-3t} = e^{-3t}$$

이다. 즉, T 의 분포함수는

$$P(T \leq t) = 1 - P(T > t) = 1 - e^{-3t}$$

이고, 따라서 T 의 확률밀도함수는 $f(t) = 3e^{-3t}, \ t \geq 0$ 이다.

06-86

해저 케이블에 생긴 결함의 수는 $1\,km$ 당 발생비율 $\lambda = 0.15$ 인 푸아송과정을 따른다고 한다.

(1) 처음 $3\,km$ 에서 결함이 발견되지 않을 확률을 구하라.

(2) 처음 $3\,km$ 에서 결함이 발견되지 않았다고 할 때, 처음부터 $3\,km$ 지점과 $4\,km$ 지점 사이에서 결함이 발견되지 않을 확률을 구하라.

(3) 처음 $3\,km$ 지점 이전에 1개 그리고 $3\,km$ 지점과 $4\,km$ 지점 사이에서 1개의 결함이 발견되지만, $4\,km$ 지점과 $5\,km$ 지점 사이에서 결함이 발견되지 않을 확률을 구하라.

풀이 (1) $[0, t]$(km)에서 발견된 결함의 횟수를 $N(t)$ 라 하면, 발생비율이 $\lambda = 0.15$ 이므로 $N(t) \sim P(0.15t)$ 이다. 그러므로 $N(3) \sim P(0.45)$ 이고, 따라서 구하고자 하는 확률은 다음과 같다.

$$P(N(3)=0)=\frac{0.45^0}{0!}e^{-0.45}=0.6376$$

(2) 구하고자 하는 확률은 $P\{N(4)-N(3)=0\,|\,N(3)=0\}$이고, 푸아송 과정은 독립 증분을 가지므로

$$P(N(4)-N(3)=0\,|\,N(3)=0)=P(N(4)-N(3)=0)$$

이다. 한편 동일한 시간 구간에서 발생한 사건은 동일한 분포를 따르므로

$$P(N(4)-N(3)=0\,|\,N(3)=0)=P(N(4)-N(3)=0)=P(N(1)=0)$$

이다. 그러면 $\lambda=0.15$이므로 $X(1)\sim P(0.15)$이며, 따라서 구하고자 하는 확률은 다음과 같다.

$$P(N(4)-N(3)=0\,|\,N(3)=0)=P(N(1)=0)=e^{-0.15}=0.8607$$

(3) 구하고자 하는 확률은 $P(N(3)=1,\,N(4)-N(3)=1,\,N(5)-N(4)=0)$이고, 따라서 다음과 같다.

$$P(N(3)=1,\,N(4)-N(3)=1,\,N(5)-N(4)=0)$$
$$=P(N(3)=1)\,P(N(4)-N(3)=1)\,P(N(5)-N(4)=0)$$
$$=P(N(3)=1)\,P(N(1)=1)\,P(N(1)=0)$$
$$=\frac{0.45^1}{1!}e^{-0.45}\times\frac{0.15^1}{1!}e^{-0.15}\times\frac{0.15^0}{0!}e^{-0.15}=0.0675\times0.4724$$
$$=0.0319$$

06-87

1분 동안에 계수기를 통과한 방사성물질의 수가 $\lambda=3$인 푸아송과정을 따른다고 한다.
(1) 1분 동안에 정확히 2개의 방사성물질이 계수기를 통과할 확률을 구하라.
(2) 1분 동안에 5개 이상의 방사성물질이 계수기를 통과할 확률을 구하라.

풀이 (1) $[0,t]$에서 계수기를 통과한 방사성물질의 수를 $N(t)$라 하면, 발생비율이 $\lambda=3$이므로 $N(t)\sim P(3t)$이다. 그러므로 $N(1)\sim P(3)$이고, 따라서 구하고자 하는 확률은 푸아송확률분포표로부터 $P(N(1)=2)=P(N(1)\le2)-P(N(1)\le1)$ $=0.423-0.199=0.224$이다.

(2) $P(N(1)\ge5)=1-P(N(1)\le4)=1-0.815=0.185$

06-88

어느 상점에 찾아오는 손님은 시간당 $\lambda = 4$인 푸아송과정을 따른다고 한다. 아침 8시에 문을 열어, 8시 30분까지 꼭 한 사람이 찾아오고 11시까지 찾아온 손님이 모두 5명일 확률을 구하라.

풀이 $[0, t]$에서 상점에 찾아온 손님의 수를 $N(t)$라 하면, 발생비율이 $\lambda = 4$이므로 $N(t) \sim P(4t)$이다. 한편 30분은 $\frac{1}{2}$ 시간이므로 8시부터 8시 30분 사이에 상점에 찾아오는 손님의 수에 대한 확률분포는 $N\left(\frac{1}{2}\right) \sim P(2)$이다. 그러므로 이 시간에 손님 1명이 찾아올 확률은 다음과 같다.

$$P\left(N\left(\frac{1}{2}\right) = 1\right) = \frac{2^1}{1!} e^{-2} = 2 e^{-2}$$

한편 8시 30분까지 꼭 한 사람이 찾아오고 11시까지 찾아온 손님이 모두 5명이 되려면, 8시 30분부터 11시까지 4명이 상점을 찾아와야 하므로

$$P\left(N\left(\frac{1}{2}\right) = 1, N(3) - N\left(\frac{1}{2}\right) = 4\right) = P\left(N\left(\frac{1}{2}\right) = 1\right) P\left(N(3) - N\left(\frac{1}{2}\right) = 4\right)$$
$$= P\left(N\left(\frac{1}{2}\right) = 1\right) P\left(N\left(\frac{5}{2}\right) = 4\right)$$

이다. 이때 $N\left(\frac{5}{2}\right) \sim P(10)$이고, 따라서 구하고자 하는 확률은 다음과 같다.

$$P\left(N\left(\frac{1}{2}\right) = 1, N(3) - N\left(\frac{1}{2}\right) = 4\right) = P\left(N\left(\frac{1}{2}\right) = 1\right) P\left(N\left(\frac{5}{2}\right) = 4\right)$$
$$= 2 e^{-2} \times \left(\frac{10^4}{4!} e^{-10}\right) = 0.2707 \times 0.0189$$
$$= 0.0051$$

06-89

이항확률변수 $X \sim B(n, p)$에 대하여 $np = \mu$로 일정하고 $n \to \infty$이면, X의 확률질량함수는 모수 μ인 푸아송 확률변수의 확률질량함수에 근사함을 보여라.

풀이 $X \sim B(n, p)$에 대한 확률질량함수는 $f(x) = \binom{n}{x} p^x (1-p)^{n-x}$, $x = 0, 1, 2, \cdots, n$이고, $np = \mu$이므로 $p = \frac{\mu}{n}$이므로 확률질량함수 $f(x)$의 극한은 다음과 같다.

$$\lim_{n \to \infty} f(x) = \lim_{n \to \infty} \binom{n}{x} p^x (1-p)^{n-x} = \lim_{n \to \infty} \frac{n!}{x!(n-x)!} \left(\frac{\mu}{n}\right)^x \left(1 - \frac{\mu}{n}\right)^{n-x}$$

$$= \frac{\mu^x}{x!} \lim_{n \to \infty} \frac{n(n-1)\cdots(n-x+1)}{n^x} \left(1 - \frac{\mu}{n}\right)^{n-x}$$

한편

$$\lim_{n \to \infty} \frac{n(n-1)\cdots(n-x+1)}{n^x}$$

$$= \lim_{n \to \infty} \frac{n}{n} \times \frac{n-1}{n} \times \cdots \times \frac{n-x+1}{n}$$

$$= 1 \times 1 \times \cdots \times 1 = 1$$

$$\lim_{n \to \infty} \left(1 - \frac{\mu}{n}\right)^{n-x} = \lim_{n \to \infty} \left(1 - \frac{\mu}{n}\right)^{-x} \left\{ \left(1 - \frac{\mu}{n}\right)^{-\frac{n}{\mu}} \right\}^{-\mu}$$

$$= 1 \times e^{-\mu} = e^{-\mu}$$

이므로 $\lim_{n \to \infty} f(x) = \dfrac{\mu^x}{x!} e^{-\mu}$ 이다.

06-90

$X \sim P(\mu)$에 대하여 $E[X(X-1)] = \mu^2$ 임을 보여라.

풀이 $E[X(X-1)] = \displaystyle\sum_{x=1}^{\infty} x(x-1)f(x) = \sum_{x=1}^{\infty} x(x-1) \frac{\mu^x}{x!} e^{-\mu}$

$$= \mu^2 \sum_{x=2}^{\infty} \frac{\mu^{x-2}}{(x-2)!} e^{-\mu} = \mu^2 \left(\text{테일러 다항식}: e^\mu = \sum_{n=0}^{\infty} \frac{\mu^n}{n!} \text{ 이용} \right)$$

06-91

$(X_1, X_2, X_3, X_4) \sim \mathrm{Mult}(50, 0.1, 0.2, 0.3, 0.4)$일 때,

(1) X_2가 3이하일 확률을 구하라.

(2) X_i 각각의 평균과 분산을 구하라.

풀이 (1) $X_2 \sim B(50, 0.2)$이므로

$$P(X_2 \leq 3) = P(X_2 = 0) + P(X_2 = 1) + P(X_2 = 2) + P(X_2 = 3)$$

$$= \binom{50}{0}(0.2)^0(0.8)^{50} + \binom{50}{1}(0.2)^1(0.8)^{49} + \binom{50}{2}(0.2)^2(0.8)^{48}$$

$$+ \binom{50}{3}(0.2)^3(0.8)^{47}$$

$$= 0.0057$$

(2) $X_1 \sim B(50, 0.1)$, $X_3 \sim B(50, 0.3)$, $X_4 \sim B(50, 0.4)$이므로

$$\mu_1 = 50 \times 0.1 = 5, \ \mu_2 = 50 \times 0.2 = 10,$$

$$\mu_3 = 50 \times 0.3 = 15, \ \mu_4 = 50 \times 0.4 = 20$$

$$\sigma_1^2 = 50 \times 0.1 \times 0.9 = 4.5, \ \sigma_2^2 = 50 \times 0.2 \times 0.8 = 8,$$

$$\sigma_3^2 = 50 \times 0.3 \times 0.7 = 10.5, \ \sigma_4^2 = 50 \times 0.4 \times 0.6 = 12$$

06-92

제품 생산라인에 있는 기계의 고장은 전기적 원인과 기계적 원인 그리고 사용상의 부주의에 기인한다고 하자. 그리고 이러한 요인에 의하여 고장 날 가능성은 각각 0.3, 0.2, 0.5 라고 한다. 기술자가 이 기계를 사용하여 10번의 고장을 유발시켰을 때,

(1) 원인별 고장 횟수에 대한 확률분포를 구하라.
(2) 10번의 고장이 전기적 원인 5회, 기계적 원인 3회 그리고 부주의에 의한 원인 2회로 구성되어 있을 확률을 구하라.
(3) 기계적 원인에 의한 평균 고장 횟수는 얼마인가?

풀이 (1) 전기적 원인과 기계적 원인 그리고 사용자의 부주의에 의한 고장 횟수를 각각 X_1, X_2 그리고 X_3 이라고 하자. 그러면 각각의 원인에 의한 고장 가능성은 $p_1 = 0.3$, $p_2 = 0.2$ 그리고 $p_3 = 0.5$이므로 X_1, X_2, X_3 의 결합확률함수는 다음과 같다.

$$f(x_1, x_2, x_3) = \frac{10!}{x_1! x_2! x_3!}(0.3)^{x_1}(0.2)^{x_2}(0.5)^{x_3},$$

$$0 \leq x_i \leq 10, i = 1, 2, 3, x_1 + x_2 + x_3 = 10$$

(2) $X_1 = 5, X_2 = 3, X_3 = 2$ 일 확률은 결합확률함수로부터 다음과 같다.

$$P(X_1 = 5, X_2 = 3, X_3 = 2) = f(5, 3, 2)$$

$$= \frac{10!}{5!\,3!\,2!}(0.3)^5(0.2)^3(0.5)^2 = 0.012$$

(3) 확률변수 X_2는 $B(10, 0.2)$인 이항분포를 따르므로 X_2의 기댓값은

$$\mu = E(X_2) = 10 \times 0.2 = 2$$

이다.

06-93

공정한 100원짜리 동전 1개와 500원짜리 동전 1개를 같이 던지는 게임을 반복하여 15번 실시한다. 이때 두 동전 모두 앞면이 나온 횟수를 X, 꼭 하나만 앞면이 나온 횟수를 Y 그리고 모두 뒷면만 나온 횟수를 Z라 할 때,

(1) X, Y 그리고 Z의 결합확률함수를 구하라.
(2) 두 동전 모두 앞면인 경우가 3번, 꼭 하나만 앞면인 경우가 8번 그리고 모두 뒷면인 경우가 4번 나올 확률을 구하라.

풀이 (1) 공정한 100원짜리 동전 1개와 500원짜리 동전 1개를 같이 던지는 게임에서 두 동전 모두 앞면이 나올 가능성은 $\frac{1}{4}$, 꼭 하나만 앞면이 나올 가능성은 $\frac{1}{2}$ 그리고 두 동전 모두 뒷면일 가능성은 $\frac{1}{4}$이므로 X, Y, Z의 결합확률함수는 다음과 같다.

$$f(x,\,y,\,z) = \frac{15!}{x!\,y!\,z!}\left(\frac{1}{4}\right)^x\left(\frac{1}{2}\right)^y\left(\frac{1}{4}\right)^z,$$

$$x,\,y,\,z = 0, 1, 2, \cdots, 15, \quad x + y + z = 15$$

(2) $X = 3$, $Y = 8$, $Z = 4$일 확률은 결합확률함수로부터 다음과 같다.

$$P(X = 3,\,Y = 8,\,Z = 4) = f(3, 8, 4) = \frac{15!}{3!\,8!\,4!}\left(\frac{1}{4}\right)^3\left(\frac{1}{2}\right)^8\left(\frac{1}{4}\right)^4$$

$$= \frac{225225}{4194304} = 0.0537$$

06-94

특별한 의약품을 이용하여 처방된 환자의 반응을 매우 심한 알레르기 반응, 알레르기 반응, 약한 알레르기 반응 그리고 무반응으로 분류하며, 각각의 가능성은 0.08, 0.25, 0.35 그리고 0.32이다. 10명의 환자에 이 약을 투여했을 때,

(1) 알레르기 반응에 따른 확률모형을 구하라.

(2) 환자 10명 중에서 매우 심한 알레르기 반응, 알레르기 반응, 약한 알레르기 반응 그리고 무반응을 보인 환자 수가 각각 2명, 3명, 3명, 2명일 확률을 구하라.

풀이 (1) 매우 심한 알레르기 반응, 알레르기 반응, 약한 알레르기 반응 그리고 무반응을 보인 환자 수를 각각 X, Y, Z 그리고 U라 하면 X, Y, Z 그리고 U의 결합확률함수는 다음과 같다.

$$f(x, y, z, u) = \frac{10!}{x!\,y!\,z!\,u!}(0.08)^x (0.25)^y (0.35)^z (0.32)^u,$$

$$x, y, z, u = 0, 1, 2, \cdots, 10, \quad x + y + z + u = 10$$

(2) $X = 2$, $Y = 3$, $Z = 3$, $U = 2$일 확률은 결합확률함수로부터 다음과 같다.

$$P(X = 2, \ Y = 3, \ Z = 3, \ U = 2) = f(2, 3, 3, 2)$$

$$= \frac{10!}{2!\,3!\,3!\,2!}(0.08)^2 (0.25)^3 (0.35)^3 (0.32)^2 = 0.01106$$

06-95

회사에서 내년까지 20명의 종업원 중에서 높은 업무성과에 도달한 사람에게 동등하게 성과급 C를 지급하기 위하여 기금 $120,000$천 원을 마련하였다. 각 종업원은 다른 종업원과 서로 독립적으로 높은 수준의 성과에 도달할 기회를 2%씩 갖는다고 한다. 이 기금이 성과가 높은 모든 사람에게 지급하기에 충분하지 못할 확률이 1% 미만이 되도록 C의 최대 액수를 결정하여라.

풀이 높은 수준의 성과에 도달한 종업원의 수를 X라고 하자. 그러면 X는 모수 $n = 20$, $p = 0.2$인 이항분포를 따른다. 이제 $P(X > x) \leq 0.01$을 만족하는 x를 구한다. 즉,

$$0.99 \leq P(X \leq x) = \sum_{k=0}^{x} \binom{20}{k}(0.02)^k (0.98)^{20-k}$$

를 만족하는 x를 구한다. 그러면

x	$P(X=x)$	$P(X \leq x)$
0	$\binom{20}{0}(0.02)^0(0.98)^{20}=0.668$	0.668
1	$\binom{20}{1}(0.02)^1(0.98)^{19}=0.272$	0.940
2	$\binom{20}{2}(0.02)^2(0.98)^{18}=0.053$	0.993

이므로, 두 명보다 많은 종업원이 높은 수준의 성과에 도달할 확률이 1% 보다 작다. 그러므로 높은 성과에 도달한 종업원에게 지급될 기금 120,000천 원에 대하여 $2C=120,000$ 즉, $C=60,000$천 원이다.

06-96

보험회사는 30세 미만인 자동차 운전자의 1년간 사고 수는 $n=2$, $p=0.03$인 이항분포에 따르고, 30세 이상인 운전자의 1년간 사고 수는 $n=1$, $p=0.01$인 베르누이분포에 따른다는 것을 알고 있다. 보험회사의 포트폴리오는 30세 미만의 운전자 25%와 30세 이상 운전자 75%로 구성되어 있다. 운전자가 지난 1년 동안에 사고를 내지 않았다고 할 때, 이 운전자가 내년에 사고를 내지 않을 확률을 구하라.

풀이 30세 미만인 운전자가 1년간 사고를 내지 않을 건수는 $n=2$, $p=0.97$인 이항분포에 따르고, 30세 이상인 운전자의 1년간 사고를 내지 않을 건수는 $p=0.99$인 베르누이분포를 따르며, 30세 미만이 25% 그리고 30세 이상이 75%로 구성되어 있으므로 임의로 선정된 운전자가 지난 1년 동안 사고를 내지 않을 사건을 A라 하면

$$P(A)=(0.25)\binom{2}{0}(0.03)^0(0.97)^2+(0.75)(0.99)=0.9777$$

이다. 한편 이 운전자가 내년에 사고를 내지 않을 사건을 B라 하면,

$$P(A \cap B)=(0.25)\binom{2}{0}(0.03)^0(0.97)^2\binom{2}{0}(0.03)^0(0.97)^2$$
$$+(0.75)(0.99)(0.99)=0.9564$$

이다. 그러므로 운전자가 지난 1년 동안 사고를 내지 않았다고 할 때, 이 운전자가 내년에 사고를 내지 않을 확률은 다음과 같다.

$$P(B|A)=\frac{P(A \cap B)}{P(A)}=\frac{0.9564}{0.9777}=0.9782$$

06-97

어떤 보험회사는 지난해의 자료를 분석한 결과, 특수직에 근무하는 피보험자가 불의의 사고로 사망하여 $100,000$천 원의 사망보험금을 받을 확률이 0.0004이고, 다른 이유로 사망하여 $50,000$천 원의 보험금을 받을 확률이 0.0025라는 결과를 얻었다. 금년에도 이 보험회사는 특수직에 근무하는 사람을 대상으로 1년 기간의 동일한 보험 상품을 판매하였다.

(1) 특수직에 근무하는 사람의 사망에 대한 확률분포를 구하고, 평균과 분산을 구하라.

(2) 피보험자 중에서 임의로 선정한 사람이 사망했다는 조건 아래서 이 사람에게 지급해야 할 보험금의 확률분포와 지급할 평균 보험금을 구하라.

풀이 (1) 보험에 가입한 특수직에 근무하는 사람이 1년 이내에 사망하면 확률변수 $I=1$, 그렇지 않으면 $I=0$이라고 하자. 그리고 피보험자가 사망하여 보험회사가 지급해야 할 보험금을 X라고 하자. 그러면 이 사람의 사망 원인은 불의의 사고와 배반이 되는 다른 이유로 양분되므로, 특수직에 근무하는 사람이 사망할 확률은

$$P(I=1) = P(I=1,\, X=100000) + P(I=1,\, X=50000)$$
$$= 0.0004 + 0.0025 = 0.0029$$

이다. 따라서 1년 동안 생존할 확률은

$$P(I=0) = 1 - P(I=1) = 1 - 0.0029 = 0.9971$$

따라서 I의 확률분포는

$$P(I=i) = \begin{cases} 0.9971, & i=0 \\ 0.0029, & i=1 \\ 0, & \text{다른 곳에서} \end{cases}$$

이고, 기댓값과 분산은 각각 다음과 같다.

$$E(I) = p = 0.0029, \quad Var(I) = p(1-p) = 0.0029(1-0.0029) = 0.0289$$

(2) $I=1$이라는 조건 아래서, 보험회사가 지급해야 할 보험금 X는 $50,000$천 원과 $100,000$천 원이므로,

$$P(X=50000 \mid I=1) = \frac{P(I=1,\, X=50000)}{P(I=1)} = \frac{0.0025}{0.0029} = 0.8621$$

$$P(X=100000 \mid I=1) = \frac{P(I=1,\, X=100000)}{P(I=1)} = \frac{0.0004}{0.0029} = 0.1379$$

즉, 조건부 확률함수는

$$f(x\,|\,I=1)=\begin{cases}0.8621\,, & x=50000\\0.1379\,, & x=100000\\0 & ,\ 다른\ 곳에서\end{cases}$$

이고, 조건부 평균은

$$E(X\,|\,I=1)=50000\times0.8621+100000\times0.1379=56895(천\ 원)$$

이다.

06-98

대단위 모집단에서 5%의 사람이 어떤 질병에 걸렸다고 한다. 이들 중에서 임의로 5명을 선정하였을 때, 2명 이하로 이 질병에 걸릴 확률을 구하라.

풀이 5명의 선정된 사람 중에서 질병에 걸린 사람 수를 X라 하면, $X\sim B(5,0.05)$이고

$$P(X=0)=\binom{5}{0}(0.05)^0(0.95)^5=0.77378\,,$$

$$P(X=1)=\binom{5}{1}(0.05)^1(0.95)^4=0.20363$$

$$P(X=2)=\binom{5}{2}(0.05)^2(0.95)^3=0.02143$$

이므로 이들 중에서 2명 이하로 이 질병에 걸릴 확률은

$$P(X\le2)=P(X=0)+P(X=1)+P(X=2)=0.99884$$

이다.

06-99

확률변수 X의 적률생성함수가 $M_X(t)=\left(\dfrac{3}{4}+\dfrac{1}{4}e^t\right)^{10}$일 때, $P(|X-\mu|<\sigma)$을 구하라.

풀이 X의 적률생성함수로부터 $X\sim B(10,0.25)$이다. 따라서

$$\mu=np=10\times0.25=2.5\,,$$

$$\sigma^2=np(1-p)=10\times0.25\times0.75=1.875,\ \sigma=\sqrt{1.875}=1.369$$

이다. 그러므로 구하고자 하는 확률은

$$P(|X-\mu|<\sigma)=P(1.131<X<3.869)=P(X=2)+P(X=3)$$

$$= \binom{10}{2}(0.25)^2(0.75)^8 + \binom{10}{3}(0.25)^3(0.75)^7$$
$$= 0.28157 + 0.25028 = 0.53185$$

06-100

독립인 확률변수 X_1, X_2, $\cdots$, X_k 가 각각 $X_i \sim B(n_i, p)$일 때, $S_k = \sum_{i=1}^{k} X_i$ 의 확률분포를 구하라.

풀이 $X_i \sim B(n_i, p)$이므로 X_i의 적률생성함수는

$$M_i(t) = (1 - p + pe^t)^{n_i}, \quad i = 1, 2, \cdots, k$$

이다. 따라서 S_k의 적률생성함수는

$$M_S(t) = \prod_{i=1}^{k} M_{X_i}(t) = \prod_{i=1}^{k} (1 - p + pe^t)^{n_i} = (1 - p + pe^t)^{n_1 + \cdots + n_k}$$

이므로 $S_k \sim B(n_1 + \cdots + n_k, p)$이다.

06-101

어느 자동차 보험회사는 보험가입자가 매월 사고를 내지 않으면 보험회사로부터 5천 원의 캐쉬백을 받는 새로운 상여금 시스템을 발표하였으며, 이 보험회사는 가입한 1000명의 가입자 중에서 사고위험이 적은 운전자 400명과 사고위험이 높은 운전자 600명으로 분류하였다. 매월 사고위험이 높은 운전자와 낮은 운전자가 사고를 내지 않을 확률은 각각 0.8과 0.9라 할 때, 1년 동안에 1000명의 가입자에게 이 보험회사가 지급해야 할 상여금의 기댓값을 구하라.

풀이 사고위험이 높은 운전자 1명에게 지급해야 할 상여금의 기댓값은

$$0.8 \times 12개월 \times 5천 \ 원 = 48천 \ 원$$

사고위험이 낮은 운전자 1명에게 지급해야 할 상여금의 기댓값은

$$0.9 \times 12개월 \times 5천 \ 원 = 54천 \ 원$$

이므로 1000명의 가입자에게 이 보험회사가 지급해야 할 상여금의 기댓값은 다음과 같다.

$$600 \times 48천 \ 원 + 400 \times 54천 \ 원 = 50400천 \ 원$$

06-102

대단위 폭설로 인하여 사업이 중단되어 줄어들 소득에 대비하기 위하여 회사에서 소득을 보장받기 위하여 보험증권을 구입하였다. 보험회사는 이 증권을 구입한 해의 말까지 첫 번째 폭설까지는 보험금을 지급하지 않으며, 그 이후 폭설이 있을 때마다 $10,000$천 원을 보상하도록 계약을 했다. 그리고 사업을 중단시킬 정도로 내린 폭설의 횟수는 매년 평균 1.5인 푸아송분포를 따른다. 그러면 1년 동안에 보험회사가 이 보험증권에 의하여 회사에 지급해야 할 보험금의 기댓값을 구하라.

풀이 연간 내린 대폭설의 수를 X 그리고 보험증권의 계약에 의하여 보험회사가 회사에 지급해야 할 보험금을 Y라 하면,

$$P(X=x) = \frac{(1.5)^x \, e^{-1.5}}{x!}, \quad x = 0, 1, 2, \cdots$$

$$Y = \begin{cases} 0 & , \ X = 0 \\ 10000(X-1), & X \geq 1 \end{cases}$$

이다. 따라서 Y의 기댓값은 다음과 같다.

$$\begin{aligned} E(Y) &= \sum_{x=1}^{\infty} 10000(x-1)\frac{(1.5)^x \, e^{-1.5}}{x!} \\ &= 10000 e^{-1.5} + \sum_{x=0}^{\infty} 10000(x-1)\frac{(1.5)^x \, e^{-1.5}}{x!} \\ &= 10000 e^{-1.5} + E[10000(X-1)] \\ &= 10000 e^{-1.5} + 10000(E(X)-1) = 10000(e^{-1.5} + 1.5 - 1) \\ &= 7231(천 \ 원) \end{aligned}$$

06-103

$X \sim P(\mu)$와 $Y \sim P(\lambda)$이 독립이라 할 때, 확률질량함수의 합성을 이용하여 $X+Y$는 모수 $\mu + \lambda$인 푸아송 확률변수인 것을 보여라.

풀이 X와 Y가 음이 아닌 모든 정수를 서포트로 가지므로 $X+Y$의 서포트도 역시 음이

아닌 모든 정수이다. 한편 두 확률변수의 확률질량함수는 각각

$$f_X(x) = \frac{\mu^x e^{-\mu}}{x!}, \quad f_Y(y) = \frac{\lambda^y e^{-\lambda}}{y!}$$

이므로 두 확률질량함수의 합성은

$$g_{X+Y}(s) = \sum_{x=0}^{s} f_Y(s-x) f_X(x) = \sum_{x=0}^{s} \frac{\lambda^{s-x} e^{-\lambda}}{(s-x)!} \frac{\mu^x e^{-\mu}}{x!}$$

$$= \frac{e^{-\mu-\lambda}}{s!} \sum_{x=0}^{s} \frac{s!}{(s-x)! \, x!} \mu^x \, \lambda^{s-x}$$

$$= \frac{e^{-\mu-\lambda}}{s!} \sum_{x=0}^{s} \binom{s}{x} \mu^x \, \lambda^{s-x} = \frac{(\mu+\lambda)^s}{s!} e^{-(\mu+\lambda)}$$

06-104

$X \sim P(\mu)$에 대한 왜도와 첨도를 구하라.

풀이 X의 적률생성함수는 $M_X(t) = \exp\{\mu(e^t - 1)\}$이고,

$$M_X'(t) = \mu e^t \exp\{\mu(e^t - 1)\}$$

$$M_X''(t) = \mu(1 + \mu e^t) \, e^t \exp\{\mu(e^t - 1)\}$$

$$M_X'''(t) = \mu(1 + 3\mu e^t + \mu^2 e^{2t}) \, e^t \exp\{\mu(e^t - 1)\}$$

$$M_X^{(4)}(t) = \mu(1 + 7\mu e^t + 6\mu^2 e^{2t} + \mu^3 e^{3t}) \, e^t \exp\{\mu(e^t - 1)\}$$

이므로

$$E(X) = M_X'(0) = \mu, \ E(X^2) = M_X''(0) = \mu(1 + \mu)$$

$$E(X^3) = M_X''(0) = \mu(1 + 3\mu + \mu^2),$$

$$E(X^4) = M_X^{(4)}(0) = \mu(1 + 7\mu + 6\mu^2 + \mu^3)$$

이다. 따라서 왜도는

$$\alpha = \frac{E(X^3) - 3\mu E(X^2) + 3\mu^3}{\sigma^3} = \frac{\mu^2 + 1}{\mu^2}$$

이고, 첨도는

$$\beta = \frac{E(X^4) - 4\mu E(X^3) + 6\mu^2 E(X^2) - 3\mu^4}{\sigma^4} = \frac{3\mu + 1}{\mu^3}$$

이다.

06-105

입사지원자에 대한 초기 심사에서 평균적으로 모든 지원자의 $\frac{1}{3}$ 이 선출된다. 그리고 서로 독립인 지원자에 대한 2차 심사에서 처음 세 명 중에서 어느 한 명이 선정될 확률을 구하라.

풀이 2차 심사에서 선정된 지원자 수를 X 라 하면, $X \sim NB\left(1, \frac{1}{3}\right)$ 이다. 따라서 처음 세 명 중에서 어느 한 명이 선정될 확률은 다음과 같다.

$$P(X \le 3) = \frac{1}{3} + \frac{2}{3} \times \frac{1}{3} + \frac{2}{3} \times \frac{2}{3} \times \frac{1}{3} = \frac{19}{27}$$

06-106

어떤 회사는 제조공장에서 발생하는 사고에 대비하여 보험에 가입하였다. 임의로 지정된 어느 한 달 동안 한 번 이상의 사고가 발생할 확률은 $\frac{3}{5}$ 이다. 그리고 이 기간에 발생한 사고 건수는 다른 달에 발생하는 건수와 독립이라고 한다. 한 번 이상의 사고가 발생한 네 번째 달 이전까지 적어도 4달 동안 사고가 없었을 확률을 구하라.

풀이 한 번 이상의 사고가 발생한 달을 성공으로 간주하고, 네 번째 성공이 있기 전까지 실패의 수를 X 라 하면, X 는 성공률 $\frac{3}{5}$ 인 음이항분포에 따른다. 따라서 구하고자 하는 확률은 다음과 같다.

$$\begin{aligned} P(X \ge 4) &= 1 - P(X \le 3) = 1 - \sum_{x=0}^{3} \binom{3+x}{x} \left(\frac{3}{5}\right)^4 \left(\frac{2}{5}\right)^x \\ &= 1 - \left(\frac{3}{5}\right)^4 \left\{ \binom{3}{0}\left(\frac{2}{5}\right)^0 + \binom{4}{1}\left(\frac{2}{5}\right)^1 + \binom{5}{2}\left(\frac{2}{5}\right)^2 + \binom{6}{3}\left(\frac{2}{5}\right)^3 \right\} \\ &= 1 - \left(\frac{3}{5}\right)^4 \left(1 + \frac{8}{5} + \frac{8}{5} + \frac{32}{25}\right) = 0.2898 \end{aligned}$$

06-107

4월과 5월에 생명보험회사에 제출된 지급요구 건수를 각각 X와 Y라 하자. 이때 X와 Y의 결합확률함수가 다음과 같다고 한다.

$$f(x, y) = \frac{3}{4}\left(\frac{1}{4}\right)^{x-1} e^{-x}(1-e^{-x})^{y-1}, \quad x = 1, 2, 3, \cdots, \quad y = 1, 2, 3, \cdots$$

정확히 두 건의 지급요구가 4월에 제출되었다고 할 때, 5월에 보험회사에 제출된 요구 건수의 기댓값을 구하라.

풀이 X의 주변확률함수를 먼저 구한다. 그러면

$$f_X(x) = \sum_{y=1}^{\infty} f(x, y) = \frac{3}{4}\left(\frac{1}{4}\right)^{x-1} \sum_{y=1}^{\infty} e^{-x}(1-e^{-x})^{y-1}$$

이고, Σ는 $p = e^{-x}$인 기하분포의 모든 확률의 합이므로 $\sum_{y=1}^{\infty} e^{-x}(1-e^{-x})^{y-1} = 1$ 이다. 따라서

$$f_X(x) = \frac{3}{4}\left(\frac{1}{4}\right)^{x-1}, \quad x = 1, 2, 3, \cdots$$

이고, Y의 조건부 확률함수는

$$f(y|x) = \frac{f(x, y)}{f_X(x)} = e^{-x}(1-e^{-x})^{y-1}, \quad y = 1, 2, 3, \cdots$$

이다. 즉 $X = x$일 때, Y의 조건부 확률함수는 $p = e^{-x}$인 기하분포이므로 조건부 기댓값은 $E(Y|X=x) = \frac{1}{p} = e^x$이다. 따라서 $E(Y|X=2) = \frac{1}{p} = e^2$이다.

06-108

5의 눈이 나올 때까지 공정한 주사위를 던진 횟수를 X라 하고, 6의 눈이 나올 때까지 주사위를 던진 횟수를 Y라 한다. 주사위를 두 번 던져서 처음으로 6의 눈이 나왔을 때, X의 조건부 기댓값을 구하라.

풀이 X는 모수 $\frac{1}{6}$을 갖는 기하분포를 따르고, $Y = 2$인 사실은 처음에 6이 아닌 다른 눈이 나오고 두 번째 6의 눈이 나온 것을 나타낸다. 따라서 처음 주사위를 굴려서 첫 번째 5의 눈이 확률 $\frac{1}{5}$을 가지고 나오거나, 세 번 이상 주사위를 굴려서 5의 눈이 확

률 $\dfrac{4}{5}$ 를 가지고 나오는 것을 의미한다. 그러므로

$$E(X|X \geq 3) = 2 + \frac{1}{p} = 2 + 6 = 8$$

이고, 따라서

$$E(X|Y=2) = 0.2 \times 1 + 0.8 \times 8 = 6.6$$

이다.

06-109

신용카드 한 장을 판매할 확률이 0.1인 카드 외판원이 하루 동안 3장의 카드를 판매할 때까지 예상 구매자를 방문한다고 하자. 이때 외판원이 만난 예상 구매자 수를 확률변수 X 라 하고, 다음을 구하라.

(1) 확률변수 X 의 확률질량함수를 구하라.
(2) 확률변수 X 의 기댓값과 분산을 구하라.
(3) 3번째에서 처음으로 구매자를 만날 확률을 구하라.
(4) 10번째에서 3장의 카드를 모두 판매할 확률을 구하라.
(5) 8번째부터 10번째에 걸쳐 3장의 카드를 모두 판매할 확률을 구하라.

풀이 (1) 신용카드 한 장을 판매할 확률이 0.1이고 3장의 카드를 판매할 때까지 예상 구매자를 방문하므로, 그 사람이 방문한 예상 구매자의 수를 X 라 하면, 모수 $r = 3$, $p = 0.1$인 음이항분포를 따르므로 X 의 확률질량함수는 다음과 같다.

$$f(x) = \binom{x-1}{2}(0.1)^3(0.9)^{x-3}, \quad x = 3, 4, 5, \cdots$$

(2) $E(X) = \dfrac{r}{p}$, $Var(X) = r\dfrac{q}{p^2}$ 이고 $p = 0.1$이므로 기댓값과 분산은 각각 다음과 같다.

$$E(X) = \frac{3}{0.1} = 30, \quad Var(X) = \frac{3 \times 0.9}{0.1^2} = 270$$

(3) 3번째에서 처음으로 구매자를 만날 확률은 모수 $p = 0.1$인 기하분포이므로 구하고자 하는 확률은 $0.9^2 \times 0.1 = 0.081$이다.

(4) 10번째에서 3장의 카드를 모두 판매할 확률은 10번째 만난 예상 구매자에게서 3번째 카드를 판매할 확률이므로

$$f(10) = \binom{10-1}{2}(0.1)^3(0.9)^{10-3} = \binom{9}{2}(0.1)^3(0.9)^7 = 0.0172$$

이다.

(5) 8번째에 처음 카드를 판매할 확률은 $0.1 \times 0.9^7 = 0.0478$이고, 곧바로 두 번째 카드를 판매할 확률은 비기억성 성질에 의하여 0.1이다. 또한 9번째에 이어서 10번째도 판매할 확률은 동일하게 0.1이며, 독립적으로 반복 시행하므로 구하고자 하는 확률은 $(0.1)^3 (0.9)^7 = 0.000478$이다.

06-110

허리케인이 발생할 때마다 새로운 가옥의 40%가 파손되며, 서로 다른 허리케인에 의한 가옥의 파손은 독립이라 한다. 허리케인에 의한 가옥의 두 번째 파손이 있기까지 발생한 허리케인의 수에 대한 최빈값을 구하라.

풀이 두 번째 파손이 있기까지 발생한 허리케인의 수를 X라 하면, X는 $r = 2$, $p = 0.4$인 음이항분포를 따르므로 X의 확률질량함수는 다음과 같다.

$$f(x) = \binom{x-1}{2-1}(0.4)^2(0.6)^{x-2} = (x-1)(0.4)^2(0.6)^{x-2}, \quad x = 2, 3, 4, \cdots$$

이제 $f(x)$를 최대로 하는 x를 구한다.

$$\frac{f(x+1)}{f(x)} = \frac{x(0.4)^2(0.6)^{x-1}}{(x-1)(0.4)^2(0.6)^{x-2}} = \frac{0.6x}{x-1}$$

이고, 따라서 연속인 확률의 비가 $x = 2$이면 1보다 크고, $x \geq 3$이면 1보다 작다. 그러므로 $x = 3$일 때, $f(x)$가 최대이고, 따라서 허리케인 수의 최빈값은 3이다.

06-111

$N \sim NB(1, p)$이고, $X_1, X_2, \cdots, X_N$은 동일한 확률밀도함수 $f(x) = e^{-x}$, $x > 0$를 가지는 독립변수라고 하자. 이때 확률변수 $S = X_1 + \cdots + X_N$의 확률분포를 모수 $r = 1$인 복합 음이항분포(compound negative binomial distribution)라 한다.

(1) S의 적률생성함수를 구하라.

(2) $f(x) = \frac{1}{\beta}e^{-\frac{x}{\beta}} \Leftrightarrow M_X(t) = \frac{1}{1-\beta t}$을 이용하여, S의 분포함수를 구하라.

풀이 (1) $N \sim NB(1, p)$이므로

$$M_N(t) = \frac{p}{1-qe^t}, \quad qe^t < 1$$

이고, X의 적률생성함수는 $M_X(t) = (1-t)^{-1}$, $t < 1$이므로

$$M_S(t) = M_N\left[\log M_X(t)\right] = \frac{p}{1 - q\, M_X(t)}$$

$$= \frac{p}{1 - q\,\dfrac{1}{1-t}} = \frac{p(1-t)}{p-t} = p + q\,\frac{p}{p-t}$$

이다.

(2) (1)에서 구한 S의 적률생성함수는 다음과 같이 변형할 수 있다.

$$M_S(t) = E\left(e^{tS}\right) = p\,e^{t \times 0} + q\,\frac{1}{1 - \dfrac{1}{p}t}$$

따라서 S의 분포는 $P(S=0) = p$이고, $S > 0$인 경우에

$$f(x) = \frac{1}{\beta} e^{-\frac{x}{\beta}} \quad \Leftrightarrow \quad M_X(t) = \frac{1}{1 - \beta t}$$

로부터 $f(s) = p\,e^{-ps}$, $s > 0$인 혼합형 분포를 따른다. 따라서 S의 분포함수는

$$F_S(s) = \begin{cases} 0 & , \ s < 0 \\ p & , \ s = 0 \\ p + \displaystyle\int_0^s qp\,e^{-pu}\,du & , \ s > 0 \end{cases} = \begin{cases} 0 & , \ s < 0 \\ p & , \ s = 0 \\ p + q(1 - e^{-ps}) & , \ s > 0 \end{cases}$$

$$= \begin{cases} 0 & , \ s < 0 \\ 1 - q e^{-ps} & , \ s \ge 0 \end{cases}$$

이다.

06-112

어느 자동차 보험회사는 자동차 운전 면허증을 획득한 성인 집단에 대하여 위험성의 높낮이에 따라 저·중·고의 세 가지 운전자로 구분되며, 이들은 각각 50%, 30%와 20%로 구성되어 있다. 처음 운전하는 사람에게는 이전의 운전 기록이 없는 관계로 보험회사는 보험에 가입할 운전자를 이 집단에서 임의로 선정된 것으로 간주한다. 이번 달에 이 보험회사에 처음 운전 면허증을 취득한 4명의 운전자가 보험에 가입하였다. 이때 이 가입자 4명 가운데 위험성이 가장 낮은 운전자보다도 가장 위험성이 큰 운전자가 적어도 2명 이상 포함될 확률을 구하라.

풀이 위험성이 가장 작은 운전자의 수를 X, 중간인 운전자의 수를 Y 그리고 가장 위험성이 큰 운전자의 수를 Z라 하자. 이제 $f(x, y, z)$를 X, Y 그리고 Z의 확률질량함수라고 하자. 그러면 $f(x, y, z)$는 3항분포 확률질량함수이다. 따라서

$$P(Z \geq x+2) = f(0,0,4) + f(1,0,3) + f(0,1,3) + f(0,2,2)$$
$$= (0.2)^4 + 4(0.5)(0.2)^3 + 4(0.3)(0.2)^3 + \frac{4!}{2!2!}(0.3)^2(0.2)^2$$
$$= 0.0488$$

07-01

다음 확률변수 X가 연속확률변수인지 결정하라.

(1) X는 교환대에 걸려온 전화 횟수이다.

(2) X는 교환대에 걸려온 전화 사이의 대기시간이다.

(3) 기상청 발표 자료에 따르면, 2013년 최대 강수량은 7월에 관측된 $302.4\,\mathrm{mm}$ 이다. 이때 X는 우리나라에서 2013년 6 ~ 8월 사이에 측정된 강수량이다.

풀이 (1) $S_X = \{0, 1, 2, \cdots\}$ 이므로 이산확률변수

(2) $S_X = [0, \infty)$ 이므로 연속확률변수

(3) $S_X = [0, 302.4]$ 이므로 연속확률변수

07-02

연속확률변수 X의 확률밀도함수 $f(x)$가 그림과 같이 삼각형 모양일 때, 물음에 답하라.

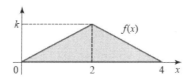

(1) 상수 k를 구하라.

(2) 확률 $P(X \le 1)$을 구하라.

(3) 확률 $P(1 \le X \le 2)$를 구하라.

(4) 확률 $P(X \ge 2.5)$를 구하라.

풀이 (1) 밑면의 길이가 4이고 높이가 k인 삼각형의 넓이가 1이어야 하므로 $\frac{1}{2} \times 4 \times k = 1$ 에서 $k = \frac{1}{2}$ 이다.

(2) 밑면의 길이가 1이고 높이가 $\frac{1}{4}$인 삼각형의 넓이이므로 $P(X \leq 1) = \frac{1}{8}$ 이다.

(3) $P(1 \leq X \leq 2) = P(X \leq 2) - P(X \leq 1) = \frac{1}{2} - \frac{1}{8} = \frac{3}{8}$

(4) $f(x)$가 $x = 2$에 대하여 대칭이므로 $P(X \geq 2.5) = P(X \leq 1.5)$이고 비례식 $1.5 : 2 = y : 0.5$이므로 $y = 0.375$이고, 따라서 $P(X \leq 1.5)$는 밑면의 길이가 1.5 이고 높이가 0.375인 직각삼각형의 넓이이다. 따라서 $P(X \leq 1.5) = \frac{1}{2} \times 1.5 \times 0.375 = 0.28125$ 이다.

07-03

$X \sim U(0, 4)$에 대하여 다음을 구하라.
(1) X의 확률밀도함수 (2) 확률 $P(X \leq 3)$

풀이 (1) $0 \leq x \leq 4$에서 일정한 분포를 이루므로 확률밀도함수는 다음과 같다.

$$f(x) = \begin{cases} \dfrac{1}{4}, & 0 \leq x \leq 4 \\ 0, & x < 0, \ x > 4 \end{cases}$$

(2) $P(X \leq 3)$은 밑변이 0에서 3까지이고 높이가 $\frac{1}{4}$인 사각형의 넓이이므로 다음과 같다.

$$P(X \leq 3) = 3 \times \frac{1}{4} = 0.75$$

07-04

$X \sim U(0, 4)$에 대하여 X의 평균과 분산을 구하라.

풀이 평균은 $\mu = \dfrac{0+4}{2} = 2$이고 분산은 $\sigma^2 = \dfrac{(4-0)^2}{12} = \dfrac{16}{12} = \dfrac{4}{3}$ 이다.

07-05

$X \sim U(-2, 2)$에 대하여 다음을 구하라.

(1) X의 확률밀도함수   (2) X의 평균과 분산

(3) $P(\mu - \sigma < X < \mu + \sigma)$

풀이 (1) X의 확률밀도함수는 다음과 같다.

$$f(x) = \begin{cases} \dfrac{1}{4}, & -2 \le x \le 2 \\ 0, & \text{다른 곳에서} \end{cases}$$

(2) 평균과 분산은 각각 $\mu = \dfrac{2 + (-2)}{2} = 0$, $\sigma^2 = \dfrac{\{2 - (-2)\}^2}{12} \approx 1.3333$ 이다.

(3) $\sigma^2 = 1.3333$ 이므로 $\sigma = \sqrt{1.3333} \approx 1.1547$ 이다. 그러므로 구하고자 하는 확률은 (높이)×(밑변)이므로 다음과 같다.

$$P(\mu - \sigma < X < \mu + \sigma) = P(-1.1547 < X < 1.1547)$$

$$= \frac{1}{4} \times 2 \times 1.1547 \approx 0.57735$$

07-06

$X \sim U(-1, 1)$에 대하여

(1) 확률밀도함수와 분포함수를 구하라.

(2) 평균과 분산을 구하라.

(3) 확률 $P(\mu - \sigma < X < \mu + \sigma)$를 구하라.

(4) X의 사분위수 Q_1, Q_2 그리고 Q_3을 구하라.

풀이 (1) X의 확률밀도함수와 분포함수는 각각 다음과 같다.

$$f(x) = \begin{cases} \dfrac{1}{2}, & -1 \le x \le 1 \\ 0, & \text{다른 곳에서} \end{cases},$$

$$F(x) = \begin{cases} 0 & , x < -1 \\ \displaystyle\int_{-1}^{x} \dfrac{1}{2}\, dt, & -1 \le x < 1 \\ 1 & , x \ge 1 \end{cases} = \begin{cases} 0 & , x < -1 \\ \dfrac{x+1}{2}, & -1 \le x < 1 \\ 1 & , x \ge 1 \end{cases}$$

(2) 평균과 분산은 각각 $\mu = \dfrac{1+(-1)}{2} = 0$, $\sigma^2 = \dfrac{\{1-(-1)\}^2}{12} = 0.3333$이다.

(3) $\sigma^2 = 0.3333$이므로 $\sigma = \sqrt{0.3333} = 0.5773$이다. 구간 $(\mu - \sigma, \mu + \sigma) = (-0.5773, 0.5773)$의 길이는 1.1546이므로

$$P(\mu - \sigma < X < \mu + \sigma) = 1.1546 \times \frac{1}{2} = 0.5773$$

이다.

(4) Q_1 : $(1-0.25) \times (-1) + 0.25 \times 1 = -0.5$,

$\quad$ Q_2 : $(1-0.5) \times (-1) + 0.5 \times 1 = 0$

$\quad$ Q_3 : $(1-0.75) \times (-1) + 0.75 \times 1 = 0.5$

07-07

은행 창구에 손님이 임의로 찾아오며, 특정한 5분 동안에 손님이 창구에 도착하였다고 하자. 손님이 도착하는 5분 사이의 시간 X는 $[0, 5]$에서 균등분포를 따른다고 한다.

(1) 확률밀도함수를 구하라.
(2) 평균과 분산을 구하라.
(3) 확률 $P(2 < X < 3)$를 구하라.

풀이 (1) X의 확률밀도함수와 분포함수는 각각 다음과 같다.

$$f(x) = \begin{cases} \dfrac{1}{5}, & 0 \le x \le 5 \\ 0, & \text{다른 곳에서} \end{cases},$$

$$F(x) = \begin{cases} 0 & , \ x < 0 \\ \displaystyle\int_0^x \frac{1}{5}\,dt, & 0 \le x < 5 \\ 1 & , \ x \ge 5 \end{cases} = \begin{cases} 0 & , \ x < 0 \\ \dfrac{x}{5}, & 0 \le x < 5 \\ 1 & , \ x \ge 5 \end{cases}$$

(2) 평균과 분산은 각각 $\mu = \dfrac{0+5}{2} = 2.5$, $\sigma^2 = \dfrac{(5-0)^2}{12} = 2.083$이다.

(3) 구간 $(2, 3)$의 길이는 1이므로 $P(2 < X < 3) = \dfrac{1}{5} = 0.2$이다.

07-08

특수직에 근무하는 사람 중에서 임의로 선정한 사람의 출생에서 사망에 이르기까지 걸리는 시간을 X라 하자. 그러면 이 사람의 생존시간 X는 사고나 질병에 의하지 않는다면 $[0,\ 65.5]$에서 균등분포를 따른다고 한다.

(1) X의 확률밀도함수와 분포함수를 구하라.

(2) X의 평균을 구하라.

(3) 임의로 선정된 사람이 60세 이상 생존할 확률을 구하라.

(4) 임의로 선정된 사람이 45세 이상 살았다는 조건 아래서, 60세 이상 생존할 확률을 구하라.

(5) (4)의 조건 아래서, $x\,(45 < x \leq 65.5)$세 이상 생존할 확률을 구하라.

풀이 (1) X가 구간 $[0,\ 65.5]$에서 균등분포를 따르므로 확률밀도함수와 분포함수는 각각 다음과 같다.

$$f(x) = \begin{cases} \dfrac{1}{65.5}\ ,\ 0 \leq x \leq 65.5 \\ 0\quad ,\ \text{다른 곳에서} \end{cases} , \qquad F(x) = \begin{cases} 0\quad ,\ x < 0 \\ \dfrac{x}{65.5}\ ,\ 0 \leq x < 65.5 \\ 1\quad ,\ x \geq 65.5 \end{cases}$$

(2) $E(X) = \dfrac{65.5}{2} = 32.75$

(3) $P(X \geq 60) = 1 - F(60) = 1 - \dfrac{60}{65.5} = 0.084$

(4) $P(X \geq 45) = 1 - F(45) = 0.313,\ P(X \geq 60) = 0.084$이므로

$$P(X \geq 60 \,|\, X \geq 45) = \frac{P(X \geq 45,\ X \geq 60)}{P(X \geq 45)} = \frac{P(X \geq 60)}{P(X \geq 45)}$$

$$= \frac{0.084}{0.313} = 0.2684$$

(5) $45 < x \leq 65.5$에 대하여,

$$P(X \geq x \,|\, X \geq 45) = \frac{P(X \geq 45,\ X \geq x)}{P(X \geq 45)} = \frac{P(X \geq x)}{P(X \geq 45)}$$

$$= \frac{1 - (x/65.5)}{0.313} = \frac{65.5 - x}{20.5}$$

386 _ 문제풀며 정리하는 확률과 통계

07-09

투자금액은 구간 $(0.04,\ 0.08)$에서 균등분포를 따르는 연간 이익률 R을 가져오며, 초기 투자금액 10,000(천원)은 1년 후에 $V=10000\,e^{R}$으로 늘어난다. 이때 $0<F(v)<1$을 만족하는 확률변수 V의 분포함수 $F(v)$와 확률밀도함수 $f(v)$를 구하라.

풀이 R이 구간 $(0.04, 0.08)$에서 균등분포를 따르고, $V=10000\,e^{R}$이므로 V의 분포함수는

$$F(v)=P(V\le v)=P(10000e^{R}\le v)=P(R\le \ln v-\ln 10000)$$

$$=\frac{1}{0.04}\int_{0.04}^{\ln v-\ln 10000}dr=\left[\frac{r}{0.04}\right]_{0.04}^{\ln v-\ln 10000}$$

$$=25\left\{\ln\left(\frac{v}{10{,}000}\right)-0.04\right\},\quad 10408.1<v<10832.9$$

이고, 따라서 확률밀도함수는 다음과 같다.

$$f(v)=\frac{d}{dv}F(v)=25\frac{d}{dv}\left\{\ln\left(\frac{v}{10{,}000}\right)-0.04\right\}$$

$$=\frac{25}{v},\quad 10408.1<v<10832.9$$

07-10

어느 건전지 제조회사에서 만들어진 1.5V 건전지는 실제로 1.45V에서 1.65V 사이에서 균등분포를 따른다고 한다. 다음 물음에 답하라.

(1) 생산된 건전지 중에서 임의로 하나를 선정했을 때, 기대되는 전압과 표준편차를 구하라.

(2) 건전지 전압의 분포함수를 구하라.

(3) 건전지 전압이 $1.5\,\mathrm{V}$보다 작을 확률을 구하라.

(4) 10개의 건전지가 들어있는 상자 안에 $1.5\,\mathrm{V}$보다 전압이 낮은 건전지 수의 평균과 분산을 구하라.

(5) (4)에서 $1.5\,\mathrm{V}$보다 낮은 전압을 가진 건전지가 4개 이상 들어있을 확률을 구하라.

풀이 (1) 건전지의 전압을 X라 하면, $X\sim U(1.45, 1.65)$이므로 X의 평균과 분산은 각각 다음과 같다.

$$\mu=\frac{1.45+1.65}{2}=1.55,\ \ \sigma^{2}=\frac{(1.65-1.45)^{2}}{12}\approx 0.0033,\ \ \sigma\approx 0.0577$$

(2) X의 확률밀도함수와 분포함수는 각각 다음과 같다.

$$f(x) = \frac{1}{1.65 - 1.45} = 5, \; 1.45 \leq x \leq 1.65 \; ,$$

$$F(x) = \begin{cases} 0 & , \; x < 1.45 \\ 5(x - 1.45), & 1.45 \leq x < 1.65 \\ 1 & , \; x \geq 1.65 \end{cases}$$

(3) (2)에서 구한 X의 확률밀도함수를 이용하면, 구하고자 하는 확률은 (높이)×(밑변)이므로 $P(X \leq 1.5) = 5 \times (1.5 - 1.45) = 0.25$이다.

(4) 한 건전지의 전압이 $1.5\,\mathrm{V}$보다 작을 확률이 0.25이므로, 10개 안에 $1.5\,\mathrm{V}$보다 낮은 건전지의 수를 Y라 하면, $Y \sim B(10, 0.25)$이다. 따라서 건전지 수의 평균과 분산은 각각

$$\mu = 10 \times 0.25 = 2.5 , \; \sigma^2 = 10 \times 0.25 \times 0.75 = 1.875 \, \text{이다.}$$

(5) $P(Y \geq 4) = 1 - P(Y \leq 3) = 1 - 0.7759 = 0.2241$

07-11

A 대학교는 학생들을 위해 셔틀버스를 운행한다. 버스는 오후 1시부터 5시까지 40분 간격으로 학교 안 지정된 정류장에 도착한다. 학생은 정류장에 무작위로 도착하고, 버스를 기다리는 시간은 0에서 40분 사이에서 균등분포를 따른다. 다음 물음에 답하라.

(1) 버스를 기다리는 시간에 대한 확률밀도함수를 구하라.
(2) 기다리는 시간의 평균과 표준편차를 구하라.
(3) 15분 이상 기다릴 확률을 구하라.
(4) 기다리는 시간이 5분에서 10분 사이일 확률을 구하라.

풀이 (1) 기다리는 시간을 X라 하면 확률밀도함수는 다음과 같다.

$$f(x) = \begin{cases} \dfrac{1}{40} , & 0 \leq x \leq 40 \\ 0 & , \; \text{다른 곳에서} \end{cases}$$

(2) 평균과 분산은 각각 $\mu = \dfrac{0 + 40}{2} = 20$, $\sigma^2 = \dfrac{(40 - 0)^2}{12} \approx 133.3333$이다. 따라서 표준편차는 $\sigma = \sqrt{133.3333} \approx 11.547$이다.

(3) 구하고자 하는 확률은 (높이)×(밑변)이므로 $P(X \geq 15) = \dfrac{1}{40}(40 - 15) = 0.625$이다.

(4) 구하고자 하는 확률은 (높이)×(밑변)이므로 $P(5 \leq X \leq 10) = \dfrac{1}{40}(10 - 5) = 0.125$이다.

07-12

보험협회에 따르면 연간 1인당 소비하는 보험료는 최소 25만 원부터 최대 300만 원 사이에서 균등분포를 따른다고 한다. 다음 물음에 답하라.

(1) 보험료로 지출하는 평균 금액과 표준편차를 구하라.

(2) 무작위로 한 사람을 선정했을 때, 이 사람이 연간 150만 원 이상 지출할 확률을 구하라.

(3) 무작위로 한 사람을 선정했을 때, 이 사람이 연간 50만 원 이상, 150만 원 이하로 지출할 확률을 구하라.

풀이 (1) 연간 1인당 소비하는 보험료를 X라 하면 $X \sim U(25, 300)$이므로 평균과 분산은 각각 $\mu = \dfrac{25 + 300}{2} = 162.5$, $\sigma^2 = \dfrac{(300 - 25)^2}{12} \approx 6302.0833$이다. 따라서 표준편차는

$$\sigma = \sqrt{6302.0833} \approx 79.3857$$

이다.

(2) 구하고자 하는 확률은 (높이)×(밑변)이므로 $P(X \geq 150) = \dfrac{1}{275}(300 - 150)$
$= 0.54545$이다.

(3) 구하고자 하는 확률은 (높이)×(밑변)이므로 $P(50 \leq X \leq 150) = \dfrac{1}{275}(150 - 50)$
$= 0.3636$이다.

07-13

연속확률변수 X의 확률밀도함수가 $-1 \leq x \leq 1$에서 $f(x) = \dfrac{x+1}{2}$일 때, 다음을 구하라.

(1) X의 평균   (2) X의 분산   (3) 확률 $P(0 \leq X \leq 0.5)$

풀이 (1) $\mu = E(X) = \displaystyle\int_{-1}^{1} x f(x) \, dx = \int_{-1}^{1} x\left(\dfrac{x+1}{2}\right) dx$
$= \dfrac{1}{2}\displaystyle\int_{-1}^{1} (x^2 + x) \, dx = \left[\dfrac{1}{2}\left(\dfrac{1}{3}x^3 + \dfrac{1}{2}x^2\right)\right]_{-1}^{1} = \dfrac{1}{3}$

(2) $E(X^2) = \displaystyle\int_{-1}^{1} x^2 f(x) \, dx = \int_{-1}^{1} x^2\left(\dfrac{x+1}{2}\right) dx$
$= \dfrac{1}{2}\displaystyle\int_{-1}^{1} (x^3 + x^2) \, dx = \left[\dfrac{1}{2}\left(\dfrac{1}{4}x^4 + \dfrac{1}{3}x^3\right)\right]_{-1}^{1} = \dfrac{1}{3}$

따라서 분산은 $\sigma^2 = E(X^2) - \mu^2 = \dfrac{1}{3} - \left(\dfrac{1}{3}\right)^2 = \dfrac{2}{9}$이다.

(3) $P(0 \leq X \leq 0.5) = \displaystyle\int_0^{0.5} f(x)\,dx = \int_0^{0.5} \frac{x+1}{2}\,dx$

$$= \left[\frac{1}{2} \left(\frac{1}{2} x^2 + x \right) \right]_0^{0.5} = \frac{5}{16} = 0.3125$$

07-14

확률변수 X의 확률밀도함수가 다음과 같을 때, $P(X \leq a) = \dfrac{1}{4}$인 상수 a를 구하라.

$$f(x) = \begin{cases} 2x, & 0 \leq x \leq 1 \\ 0, & \text{다른 곳에서} \end{cases}$$

풀이 $0 \leq x \leq 1$에서 확률밀도함수는 다음 그림과 같이 삼각형이다. 또한 $P(X \leq a)$는 색칠된 부분과 같이 밑변의 길이가 a이고 높이가 $2a$인 삼각형의 넓이이다. 그러므로 구하고자 하는 a는 다음과 같다.

$$P(X \leq a) = \frac{1}{2} \times a \times 2a = a^2 = \frac{1}{4}, \ a = \frac{1}{2}$$

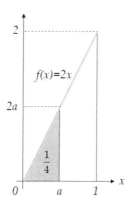

07-15

연속확률변수 X의 확률밀도함수 $f(x)$가 다음 그림과 같은 이등변삼각형이라 한다.

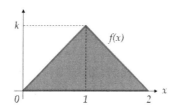

(1) 상수 k를 구하라.

(2) 확률 $P(X \le 0.6)$을 구하라.

(3) 확률 $P(0.5 \le X \le 1.5)$를 구하라.

(4) 확률 $P(X \ge 1.2)$를 구하라.

풀이 (1) 밑변의 길이가 2이고 높이가 k인 이등변삼각형의 넓이는 1이어야 하므로 다음과 같다.

$$\frac{1}{2} \times 2 \times k = 1; \ k = 1$$

(2) 그림 (a)와 같이 $x = 0.6$일 때 함숫값을 l이라 하면 닮음비 $0.6 : 1 = l : 1$이 성립한다. 따라서 구하고자 하는 확률은 다음과 같다.

$$P(X \le 0.6) = \frac{1}{2} \times 0.6 \times 0.6 = 0.18$$

(3) 그림 (b)와 같이 $x = 1$에 대하여 좌우대칭인 이등변삼각형이므로 $P(0.5 \le X \le 1.5) = 2P(0.5 \le X \le 1)$이다. 또한 $P(0.5 \le X \le 1)$은 $0.5 \le x \le 1$의 색칠한 사다리꼴의 넓이이므로 다음과 같다.

$$P(0.5 \le X \le 1) = \frac{1}{2} \times (1 - 0.5) \times (0.5 + 1) = 0.375$$

따라서 구하고자 하는 확률은 $P(0.5 \le X \le 1.5) = 2 \times 0.375 = 0.75$이다.

(4) 구하고자 하는 확률은 그림 (c)와 같이 밑변의 길이가 0.8이고 높이가 0.8인 삼각형의 넓이이므로 다음과 같다.

$$P(X \ge 1.2) = \frac{1}{2} \times 0.8 \times (2 - 1.2) = 0.32$$

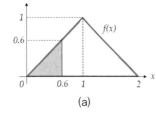

(a)

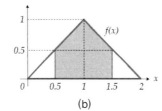

(b)

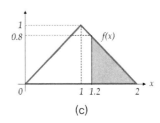

(c)

07-16

어느 구단의 농구선수가 경기에 참여한 시간을 분석한 결과, 다음 그림과 같은 확률밀도함수를 갖는다고 한다. 이 선수가 경기에 참여하는 시간이 다음과 같을 때, 확률을 구하라.

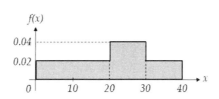

(1) 35분 이상 참가할 확률

(2) 25분 이하 참가할 확률

(3) 15분 이상, 35분 이하 참가할 확률

풀이 (1) 경기에 참여한 시간을 X라 하면 구하고자 하는 확률은 밑변의 길이가 35에서 40 까지이고 높이가 0.02인 직사각형의 넓이이므로 $P(X \geq 35) = (40 - 35) \times 0.02$ $= 0.1$이다.

(2) 구하고자 하는 확률은 $P(X \leq 25) = P(X \leq 20) + P(20 \leq X \leq 25)$, 즉 두 사 각형의 넓이의 합이다. 한편 $P(X \leq 20) = 20 \times 0.02 = 0.4$이고 $P(20 \leq X \leq 25) = 5 \times 0.04 = 0.2$이므로 $P(X \leq 25) = 0.6$이다.

(3) 구하고자 하는 확률은 $P(15 \leq X \leq 35)$이고 동일한 방법에 의하여 다음과 같다.

$$P(15 \leq X \leq 35) = 5 \times 0.02 + 10 \times 0.04 + 5 \times 0.02 = 0.6$$

07-17

표준정규분포표를 이용하여 다음 확률을 구하라.

(1) $P(0 \leq Z \leq 1.54)$　　　　　　(2) $P(-1.10 \leq Z \leq 1.10)$

(3) $P(Z \leq -1.78)$　　　　　　　(4) $P(Z \geq -1.23)$

풀이 (1) $P(0 \leq Z \leq 1.54) = (Z \leq 1.54) - 0.5 = 0.9382 - 0.5 = 0.4382$

(2) $P(-1.10 \leq Z \leq 1.10) = 2P(0 \leq Z \leq 1.10) = 2\{P(Z \leq 1.10) - 0.5\}$

$$= 2(0.8643 - 0.5) = 0.7286$$

(3) $P(Z \leq -1.78) = P(Z \geq 1.78) = 1 - P(Z \leq 1.78) = 1 - 0.9625 = 0.0375$

(4) $P(Z \geq -1.23) = P(Z \leq 1.23) = 0.8907$

07-18

표준정규확률변수 Z에 대하여 다음을 구하라.

(1) $P(Z \geq 2.05)$ (2) $P(Z < 1.11)$

(3) $P(Z > -1.27)$ (4) $P(-1.02 \leq Z \leq 1.02)$

풀이 (1) $P(Z \geq 2.05) = 1 - P(Z < 2.05) = 1 - 0.9798 = 0.0202$

(2) $P(Z < 1.11) = 0.8665$

(3) $P(Z > -1.27) = P(Z < 1.27) = 0.8980$

(4) $P(-1.02 \leq Z \leq 1.02) = 2P(0 \leq Z \leq 1.02) = 2\{P(Z \leq 1.02) - 0.5\}$
$$= 2(0.8461 - 0.5) = 0.6922$$

07-19

엔진오일 교환과정을 연구한 후 정비공장 관리자는 서비스 시간(분)의 분포가 평균이 28분, 분산이 25분^{2}인 정규분포를 따른다는 것을 알았다. 다음 물음에 답하라.

(1) 30분 이내로 작업이 마무리되는 자동차의 확률은 얼마인가?

(2) 임의로 선택된 자동차의 서비스 시간이 40분 이상 될 확률은 얼마인가?

(3) 25분에서 30분 사이에 작업이 마무리되는 자동차의 확률은 얼마인가?

풀이 서비스 시간을 X라 하면 $Z = \dfrac{X-28}{5}$은 표준정규분포를 따른다.

(1) $x = 30$을 표준화하면 $z = \dfrac{30-28}{5} = 0.4$이므로 구하고자 하는 확률은 다음과 같다.
$$P(X \leq 30) = P(Z \leq 0.4) = 0.6554$$

(2) $x = 40$을 표준화하면 $z = \dfrac{40-28}{5} = 2.4$이므로 구하고자 하는 확률은 다음과 같다.
$$P(X \geq 40) = P(Z \geq 2.4) = 1 - P(Z \leq 2.4) = 1 - 0.9918 = 0.0082$$

(3) $x = 25$와 $x = 35$를 표준화하면 각각 $z = \dfrac{25-28}{5} = -0.6$과 $z = \dfrac{30-28}{5} = 0.4$ 이므로 구하고자 하는 확률은 다음과 같다.
$$P(25 \leq X \leq 35) = P(-0.6 \leq Z \leq 0.4) = P(Z \leq 0.4) - P(Z \leq -6)$$
$$= P(Z \leq 0.4) - P(Z \geq 0.6)$$
$$= P(Z \leq 0.4) - \{1 - P(Z \leq 0.6)\}$$

$$= 0.6554 - (1 - 0.7257) = 0.3811$$

07-20

$X \sim N(150, 5^2)$에 대하여 다음을 구하라.

(1) $P(X > x_0) = 0.0055$를 만족하는 x_0

(2) $P(X < x_0) = 0.9878$을 만족하는 x_0

(3) $P(150 - x_0 < X < 150 + x_0) = 0.9010$을 만족하는 x_0

풀이 (1) $P(Z > z_0) = 1 - P(Z \le z_0) = 0.0055$이므로 $P(Z \le z_0) = 0.9945$이고, 따라서 $z_0 = 2.54$이다. 그러므로 $x_0 = 150 + 5 \times 2.54 = 162.7$이다.

(2) $P(Z \le z_0) = 0.9878$인 점은 $z_0 = 2.25$이므로 $x_0 = 150 + 5 \times 2.25 = 161.25$이다.

(3) $P(150 - x_0 < X < 150 + x_0) = P\left(-\dfrac{x_0}{5} < Z < \dfrac{x_0}{5}\right) = 2P\left(0 \le Z < \dfrac{x_0}{5}\right) = 0.9010$

이므로 $P\left(0 \le Z < \dfrac{x_0}{5}\right) = 0.4505$이고, $P\left(Z < \dfrac{x_0}{5}\right) = 0.9505$이다. 따라서 표준

정규분포표로부터 $P(Z < z_0) = 0.9505$를 만족하는 z_0을 구하면 $z_0 = 1.65 = \dfrac{x_0}{5}$

이므로, 구하고자 하는 백분위수는 $x_0 = 5 \times 1.65 = 8.25$이다.

07-21

$X \sim N(5, 4)$일 때, 다음을 구하라.

(1) $P(X \ge 4.5)$ (2) $P(X < 6.5)$

(3) $P(X \le 2.5)$ (4) $P(3 \le X \le 7)$

풀이 $X \sim N(5, 4)$이므로 표준화하면 $Z = \dfrac{X - 5}{2} \sim N(0, 1)$이다.

(1) $z = \dfrac{4.5 - 5}{2} = -0.25$이므로 $P(X \ge 4.5) = P(Z \ge -0.25) = P(Z \le 0.25) = 0.5987$이다.

(2) $z = \dfrac{6.5 - 5}{2} = 0.75$이므로 $P(X < 6.5) = P(Z < 0.75) = 0.7734$이다.

(3) $z = \dfrac{2.5 - 5}{2} = -1.25$이므로 구하고자 하는 확률은 다음과 같다.

$$P(X \le 2.5) = P(Z \le -1.25) = P(Z \ge 1.25) = 1 - P(Z \le 1.25)$$
$$= 1 - 0.8944 = 0.1056$$

(4) $z_l = \dfrac{3-5}{2} = -1$, $z_r = \dfrac{7-5}{2} = 1$ 이므로 구하고자 하는 확률은 다음과 같다.

$$P(3 \le X \le 7) = P(-1 \le Z \le 1) = 2P(0 \le Z \le 1) = 2\{P(Z \le 1) - 0.5\}$$
$$= 2(0.8413 - 0.5) = 0.6826$$

07-22

A 타이어회사는 새로운 타이어를 개발하였다. 회사의 경영자들은 타이어의 주행거리 보증이 신제품 타이어 구매자의 선택을 좌우하는 중요한 요소가 될 것으로 생각한다. 주행거리 보증정책을 최종 결정하기 전에, 경영자들은 타이어의 주행거리에 대한 확률정보를 확인하고자 한다. 주행시험에서 회사의 기술자들은 타이어 주행거리 평균은 $\mu = 58,400\,\mathrm{km}$, 표준편차는 $\sigma = 8,000\,\mathrm{km}$ 로 추정했다. 수집한 자료에 따르면 타이어 주행거리는 정규분포를 따른다고 한다. 다음 물음에 답하라.

(1) 회사는 보증 주행거리에 미치지 못한 타이어를 교체할 때 할인해 주는 보상제도를 검토하고 있다고 한다. 할인 보상을 받는 타이어의 비율이 10% 이하이길 원한다면, 보증 주행거리를 얼마로 설정해야 할까?

(2) 타이어의 주행거리가 상위 5%에 해당하는 최소 주행거리는 얼마인가?

풀이 타이어 주행거리를 X 라 하면 $Z = \dfrac{X - 58400}{8000}$ 은 표준정규분포를 따른다.

(1) 구하고자 하는 보증 주행거리를 $x_0\,\mathrm{km}$ 라 하면 $P(X \le x_0) = 0.1$ 을 만족하는 x_0 을 구하면 된다. 따라서 이를 표준화하여 $P(Z \le z_0) = 0.1$ 을 만족하는 z_0 을 구한다. 이때 확률이 0.5가 못되어 z_0 은 음의 값이 되므로 $P(Z \ge z_1) = 0.9$ 인 z_0 의 대칭점 z_1 을 먼저 구해야 한다. 누적표준정규분포표에 의해 $z_1 = 1.2817$ 임을 알고, $z_0 = -z_1 = -1.2817$ 을 얻는다.

$z_0 = \dfrac{x_0 - 58400}{8000}$ 이므로, $x_0 = 58400 - 1.2817 \times 8000 = 48,146$ 을 얻어서 보증 주행거리를 $48,000\,\mathrm{km}$ 로 설정할 것이다.

(2) 구하고자 하는 주행거리를 $x_0\,\mathrm{km}$ 라 하면 $P(X \ge x_0) = 0.05$ 를 만족하는 x_0 을 구하면 된다. 따라서 이를 표준화하여 $P(Z \ge z_0) = 0.05$, 즉 $P(Z \le z_0) = 0.95$ 를 만족하는 z_0 을 구한다. 표준정규분포표에 의해 $z_0 = \dfrac{x_0 - 58400}{8000} = 1.645$ 임을 알고, 이를 정리하여

$x_0 = 58400 + 1.645 \times 8000 = 71{,}560$ 을 얻는다. 따라서 구하는 최솟값은 $71{,}560$ km 이다.

07-23

문제 07-19의 엔진오일 교환 문제에 대하여 다음 물음에 답하라.

(1) 서비스 시간을 측정했을 때 90% 에 해당하는 서비스 시간은?

(2) 정비공장 관리자는 자동차의 80% 를 30분 이내에 엔진오일 교환서비스를 마치고자 한다. 평균 교환 시간은 얼마나 되어야 하는가?

풀이 서비스 시간을 X 라 하면 $Z = \dfrac{X - 28}{5}$ 은 표준정규분포를 따른다.

(1) 구하고자 하는 서비스 시간을 x_0 분 이라 하면 $P(X \leq x_0) = 0.9$ 를 만족하는 x_0 을 구하면 된다. 따라서 이를 표준화하여 $P(Z \leq z_0) = 0.9$ 를 만족하는 z_0 을 구한다. 이때 $z_0 = \dfrac{x_0 - 28}{5} = 1.28$ 이므로 이를 정리하면 $x_0 = 28 + 1.28 \times 5 = 34.4$ 를 얻는다.

(2) $P(X \leq 30) = 0.8$ 을 만족해야 하므로 $P(Z \leq z_0) = 0.8$ 을 만족하는 z_0 을 구한다. 표준정규분포표를 이용하면 $z_0 = 0.84$ 임을 알 수 있다. 구하고자 하는 평균 교환 시간을 μ 분 이라 하면, $z_0 = \dfrac{30 - \mu}{5} = 0.84$ 를 만족하는 μ 를 구하면 된다. 이를 정리하면

$$\mu = 30 - 0.84 \times 5 = 25.8$$

을 얻는다.

07-24

음료수 $1\,\mathrm{ml}$ 안에 들어있는 박테리아의 수는 평균 90마리, 표준편차 10마리인 정규분포를 따른다고 한다. 음료수 $1\,\mathrm{ml}$ 표본을 선정했을 때, 다음 확률을 구하라.

(1) 박테리아의 수가 80마리 이하일 확률

(2) 박테리아의 수가 115마리 이상일 확률

(3) 박테리아의 수가 75마리 이상 103마리 이하일 확률

풀이 $1\mathrm{ml}$ 표본 안에 들어있는 박테리아의 수를 X 라 하면 $Z = \dfrac{X - 90}{10}$ 은 표준정규분포를 따른다.

(1) $x = 80$을 표준화하면 $z = \dfrac{80-90}{10} = -1$이므로 구하고자 하는 확률은 다음과 같다.

$$P(X \le 80) = P(Z \le -1) = P(Z \ge 1) = 1 - P(Z < 1)$$
$$= 1 - 0.8413 = 0.1587$$

(2) $x = 115$를 표준화하면 $z = \dfrac{115-90}{10} = 2.5$이므로 구하고자 하는 확률은 다음과 같다.

$$P(X \ge 115) = P(Z \ge 2.5) = 1 - P(Z < 2.5) = 1 - 0.9938 = 0.0062$$

(3) $x = 75$와 $x = 103$을 표준화하면 각각 다음과 같다.

$$a = \dfrac{75-90}{10} = -1.5, \quad b = \dfrac{103-90}{10} = 1.3$$

그러므로 구하고자 하는 확률은 다음과 같다.

$$P(75 \le X \le 103) = P(-1.5 \le Z \le 1.3) = P(Z \le 1.3) - P(Z < -1.5)$$
$$= P(Z \le 1.3) + P(Z \le 1.5) - 1$$
$$= 0.9032 + 0.9332 - 1 = 0.8364$$

07-25

우리나라 $30 \sim 40$대 근로자의 혈압은 평균 $124\,\mathrm{mmHg}$, 표준편차 $8\,\mathrm{mmHg}$인 정규분포를 따른다고 한다. $30 \sim 40$대 근로자 중 임의로 한 사람을 선정했을 때, 다음 확률을 구하라.
(1) 이 사람의 혈압이 $120\,\mathrm{mmHg}$ 이하일 확률
(2) 이 사람의 혈압이 $142\,\mathrm{mmHg}$ 이상일 확률
(3) 이 사람의 혈압이 $116\,\mathrm{mmHg}$에서 $136\,\mathrm{mmHg}$ 사이일 확률

풀이 임의로 선정된 사람의 혈압을 X라 하면, $X \sim N(124, 9^2)$이므로 $Z = \dfrac{X-124}{8}$은 표준정규분포를 따른다.

(1) $x = 120$을 표준화하면 $z = \dfrac{120-124}{8} = -0.5$이므로 구하고자 하는 확률은 다음과 같다.

$$P(X \le 120) = P(Z \le -0.5) = 1 - P(Z < 0.5) = 1 - 0.6915 = 0.3085$$

(2) $x = 142$를 표준화하면 $z = \dfrac{142-124}{8} = 2.25$이므로 구하고자 하는 확률은 다음과 같다.

$$P(X \geq 142) = P(Z \geq 2.25) = 1 - P(Z < 2.25) = 1 - 0.9878 = 0.0122$$

(3) $x = 116$과 $x = 136$을 표준화하면 각각 다음과 같다.

$$a = \frac{116 - 124}{8} = -1, \quad b = \frac{136 - 124}{8} = 1.5$$

이므로 구하고자 하는 확률은 다음과 같다.

$$P(116 \leq X \leq 136) = P(-1 \leq Z \leq 1.5) = P(Z \leq 1.5) - P(Z < -1)$$
$$= P(Z \leq 1.5) + P(Z \leq 1) - 1$$
$$= 0.9332 + 0.8413 - 1 = 0.7741$$

07-26

$Z \sim N(0, 1)$에 대하여 $P(Z \geq z_\alpha) = \alpha$ 이고 $X \sim N(\mu, \sigma^2)$이라 할 때, 다음을 구하라.

(1) $P(X \leq \mu + \sigma z_\alpha)$ (2) $P(\mu - \sigma z_{\alpha/2} \leq X \leq \mu + \sigma z_{\alpha/2})$

풀이 (1) $P(X \leq \mu + \sigma z_\alpha) = P\left(\frac{X - \mu}{\sigma} \leq z_\alpha\right) = P(Z \leq z_\alpha) = 1 - \alpha$

(2) $P(\mu - \sigma z_{\alpha/2} \leq X \leq \mu + \sigma z_{\alpha/2}) = P\left(-z_{\alpha/2} \leq \frac{X - \mu}{\sigma} \leq z_{\alpha/2}\right)$
$$= P(-z_{\alpha/2} \leq Z \leq z_{\alpha/2}) = 1 - \alpha$$

07-27

$X \sim N(60, 16)$일 때, 다음을 구하라.

(1) $P(|X - \mu| \leq 0.1\mu)$ (2) $P(|X - \mu| \leq 2.5\sigma)$

풀이 (1) $P(|X - \mu| \leq 0.1\mu) = P(-0.1\mu \leq X - \mu \leq 0.1\mu) = P(0.9\mu \leq X \leq 1.1\mu)$이고

$\mu = 60$이므로 구하고자 하는 확률은 $P(54 \leq X \leq 66)$이다. 한편 $X \sim N(60, 16)$

$X \sim N(60, 16)$이므로 표준화하면 $Z = \frac{X - 60}{4}$이고, $z_l = \frac{54 - 60}{4} = -1.5$,

$z_r = \frac{66 - 60}{4} = 1.5$이다.

따라서 구하고자 하는 확률은 다음과 같다.

$$P(54 \leq X \leq 66) = P(-1.5 \leq Z \leq 1.5) = 2\{P(Z \leq 1.5) - 0.5)\} = 0.8664$$

(2) $P(|X-\mu| \le 2.5\sigma) = P\left(\left|\dfrac{X-\mu}{\sigma}\right| \le 2.5\right) = P(|Z| \le 2.5)$

$\qquad\qquad = 2\{P(Z \le 2.5) - 0.5\} = 2(0.9938 - 0.5) = 0.9876$

07-28

$X \sim N(\mu, \sigma^2)$에 대하여 $P(\mu - k\sigma < X < \mu + k\sigma) = 0.754$인 상수 k를 구하라.

풀이 $P(\mu - k\sigma < X < \mu + k\sigma) = P(-k < Z < k) = 2\{P(Z < k) - 0.5\} = 0.754$이므로
$P(Z < k) = 0.877$이고 표준정규분포표로부터 $k = 1.16$이다.

07-29

표준정규확률변수 Z에 대하여 다음을 만족하는 z_0을 구하라.

(1) $P(Z \le z_0) = 0.9986$ 　　　　　(2) $P(Z \le z_0) = 0.0154$

(3) $P(0 \le Z \le z_0) = 0.3554$ 　　　(4) $P(-z_0 \le Z \le z_0) = 0.9030$

(5) $P(-z_0 \le Z \le z_0) = 0.2052$ 　　(6) $P(Z \ge z_0) = 0.6915$

풀이 (1) 표준정규분포표로부터 $z_0 = 2.98$이다.

(2) $P(Z \le z_0) = P(Z \ge -z_0) = 1 - P(Z < -z_0) = 0.0154$이므로
$P(Z < -z_0) = 0.9846$이다. 따라서 $-z_0 = 2.16$, 즉 $z_0 = -2.16$이다.

(3) $P(0 \le Z \le z_0) = 0.3554$이므로 $P(Z \le z_0) = 0.8554$이고 $z_0 = 1.06$이다.

(4) $P(-z_0 \le Z \le z_0) = 2\{P(Z \le z_0) - 0.5\} = 0.9030$이므로 $P(Z \le z_0) = 0.9515$
이고 $z_0 = 1.66$이다.

(5) $P(-z_0 \le Z \le z_0) = 2\{P(Z \le z_0) - 0.5\} = 0.2052$이므로 $P(Z \le z_0) = 0.6026$
이고 $z_0 = 0.26$이다.

(6) $P(Z \ge z_0) = P(Z \le -z_0) = 0.6915$이므로 $-z_0 = 0.50$, 즉 $z_0 = -0.50$이다.

07-30

$X \sim N(10, 9)$에 대하여 다음을 만족하는 x_0을 구하라.

(1) $P(X \le x_0) = 0.9986$ 　　　　　　(2) $P(X \le x_0) = 0.0154$

(3) $P(10 \leq X \leq x_0) = 0.3554$　　　　(4) $P(X \geq x_0) = 0.6915$

풀이　X를 표준화하면 $Z = \dfrac{X-10}{3}$이다. 그러므로 문제 07-29로부터 다음을 얻는다.

(1) $z_0 = 2.98$이므로 $z_0 = \dfrac{x_0 - 10}{3} = 2.98$이고 $x_0 = 18.94$이다.

(2) $z_0 = -2.16$이므로 $z_0 = \dfrac{x_0 - 10}{3} = -2.16$이고 $x_0 = 3.52$이다.

(3) $z_0 = 1.06$이므로 $z_0 = \dfrac{x_0 - 10}{3} = 1.06$이고 $x_0 = 13.18$이다.

(4) $z_0 = -0.50$이므로 $z_0 = \dfrac{x_0 - 10}{3} = -0.5$이고 $x_0 = 8.5$이다.

07-31

$X \sim N(4, 9)$일 때, 다음을 구하라.
(1) $P(X < 7)$　　　　　　　　(2) $P(4 \leq X \leq x_0) = 0.4750$인 x_0
(3) $P(1 < X < x_0) = 0.756$인 x_0

풀이　X를 표준화하면, $Z = \dfrac{X-4}{3}$이다.

(1) $P(X < 7) = P(Z < 1) = 0.8413$이다.

(2) $P(X \leq 4) = 0.5$, $P(4 \leq X \leq x_0) = 0.4750$이므로 $P(X \leq x_0) = 0.9750$이다.
한편 표준정규분포표에서 $P(Z < 1.96) = 0.9750$이므로 $z_0 = \dfrac{x_0 - 4}{3} = 1.96$ 즉,
$x_0 = 9.88$이다.

(3) $1 < X < x_0 \Leftrightarrow \dfrac{1-4}{3} < Z < \dfrac{x_0 - 4}{3}$이므로

$$P(1 < X < x_0) = P\left(-1 < Z < \frac{x_0 - 4}{3}\right) = P\left(Z < \frac{x_0 - 4}{3}\right) - P(Z \leq -1)$$

$$= P\left(Z < \frac{x_0 - 4}{3}\right) - P(Z \geq 1)$$

$$= P\left(Z < \frac{x_0 - 4}{3}\right) - (1 - P(Z < 1))$$

$$= P\left(Z < \frac{x_0 - 4}{3}\right) - (1 - 0.8413) = 0.756$$

즉, $z_0 = \dfrac{x_0 - 4}{3}$에 대하여 $P(Z < z_0) = 0.9147$이고, 표준정규분포표에서 $z_0 = 1.37$을 얻는다. 그러므로 $\dfrac{x_0 - 4}{3} = 1.37$, 즉 $x_0 = 8.11$이다.

07-32

집에서 학교까지 걸어서 가는 시간이 평균 10분이고 표준편차는 1.5분인 정규분포를 따른다고 하자. 이때 집에서 학교까지 걸어서 가는 데 걸리는 시간에 대하여 다음을 구하라.

(1) 집에서 출발하여 걸어서 학교까지 가는 데 12분 이상 걸릴 확률
(2) 집에서 출발하여 9분 안에 학교에 도착할 확률
(3) 집에서 학교까지 걸어서 7분 이상 걸리지만 11분 안에 도착할 확률

풀이 소요시간을 X라 하면, $X \sim N(10, 1.5^2)$이고 표준화하면 $Z = \dfrac{X - 10}{1.5}$이다.

(1) $z = \dfrac{12 - 10}{1.5} \approx 1.33$이므로 구하는 확률은 다음과 같다.

$$P(X \geq 12) = P(Z \geq 1.33) = 1 - P(Z < 1.33) = 1 - 0.9082 = 0.0918$$

(2) $z = \dfrac{9 - 10}{1.5} \approx -0.67$이므로 구하는 확률은 다음과 같다.

$$P(X \leq 9) = P(Z \leq -0.67) = 1 - P(Z < 0.67) = 1 - 0.7486 = 0.2514$$

(3) $z_l = \dfrac{7 - 10}{1.5} = -2$, $z_r = \dfrac{11 - 10}{1.5} \approx 0.67$이므로 구하는 확률은 다음과 같다.

$$P(7 \leq X \leq 11) = P(-2 \leq Z \leq 0.67) = P(Z \leq 0.67) - P(Z < -2)$$
$$= P(Z \leq 0.67) - P(Z > 2)$$
$$= P(Z \leq 0.67) - \{1 - P(Z < 2)\} = 0.7486 + 0.9772 - 1$$
$$= 0.7258$$

07-33

이번 학기 통계학 성적은 $X \sim N(70, 16)$인 정규분포를 따르며, 담당 교수는 학점에 대하여 A, B, C, D, F를 각각 $15\%, 30\%, 30\%, 15\%, 10\%$의 비율로 준다고 할 때, A, B, C, D 등급의 하한점수를 구하라.

풀이 A 등급 : $P(x_A \le X) = P\left(\dfrac{x_A - 70}{4} \le \dfrac{X - 70}{4}\right) = P\left(\dfrac{x_A - 70}{4} \le Z\right) = 0.15$;

$$\dfrac{x_A - 70}{4} = 1.04; \quad x_A \approx 74.16$$

B 등급 : $P(x_B \le X) = P\left(\dfrac{x_B - 70}{4} \le \dfrac{X - 70}{4}\right) = P\left(\dfrac{x_B - 70}{4} \le Z\right) = 0.45$;

$$\dfrac{x_B - 70}{4} = 0.125; \ x_B \approx 71$$

C 등급 : $P(x_C \le X) = P\left(\dfrac{x_C - 70}{4} \le \dfrac{X - 70}{4}\right) = P\left(\dfrac{x_C - 70}{4} \le Z\right) = 0.75$;

$$\dfrac{x_C - 70}{4} = -0.655; \ x_C \approx 67$$

D 등급 : $P(x_D \le X) = P\left(\dfrac{x_D - 70}{4} \le \dfrac{X - 70}{4}\right) = P\left(\dfrac{x_D - 70}{4} \le Z\right) = 0.90$;

$$\dfrac{x_D - 70}{4} = -1.287; \ x_D \approx 65$$

07-34

고교 3학년 학생 1,000명에게 실시한 모의고사에서 국어 점수 X와 수학 점수 Y는 각각 $X \sim N(75, 9)$, $Y \sim N(68, 16)$인 정규분포를 따르고, 이 두 성적은 서로 독립이라고 한다. 물음에 답하라.

(1) 국어 점수가 82점 이상일 확률을 구하라.
(2) 두 과목의 점수의 합이 130점 이상, 150점 이하에 해당하는 학생 수를 구하라.
(3) 각 과목에서 상위 5% 안에 들어가기 위한 최소 점수를 구하라.
(4) 두 과목의 합이 상위 5% 안에 들어가기 위한 최소 점수를 구하라.

풀이 (1) 국어 점수 X가 평균 $\mu = 75$, 표준편차 $\sigma = 3$인 정규분포를 따르므로 표준화 확률변수 $Z = \dfrac{X - 75}{3}$은 표준정규분포를 따른다. 그러므로 구하고자 하는 확률은 다음과 같다.

$$P(X \ge 82) = P\left(Z \ge \dfrac{82 - 75}{3}\right) = P(Z \ge 2.33) = 1 - P(Z < 2.33)$$
$$= 1 - 0.9901 = 0.0099$$

(2) $X \sim N(75, 9)$, $Y \sim N(68, 16)$이므로 두 점수의 합은 $S = X + Y \sim N(143, 25)$이다. 따라서 두 점수의 합이 130점 이상 150점 이하일 확률은 다음과 같다.

$$P(130 \leq S \leq 150) = P\left(\frac{130 - 143}{5} \leq Z \leq \frac{150 - 143}{5}\right)$$

$$= P(-2.6 \leq Z \leq 1.4)$$

$$= P(Z \leq 1.4) - P(Z < -2.6)$$

$$= 0.9192 - (1 - 0.9953) = 0.9145$$

그러므로 두 점수의 합이 130 이상 150 이하인 학생은 약 915명이다.

(3) 국어와 수학의 상위 5%인 최소 점수를 각각 x_0, y_0이라 하면, $P(X \geq x_0) = 0.05$, $P(Y \geq y_0) = 0.05$이고, $P(Z \geq 1.645) = 0.05$이므로 표준화 점수는 각각 다음과 같다.

$$\frac{x_0 - 75}{3} = 1.645, \quad \frac{y_0 - 68}{4} = 1.645$$

따라서 $x_0 = 80$, $y_0 = 75$이다.

(4) 두 과목의 점수의 합은 $S \sim N(143, 25)$이므로 두 과목의 합이 상위 5% 안에 들어가기 위한 최소 점수를 s라 하면 $P\left(\frac{S - 143}{5} \geq \frac{s - 143}{5}\right) = P(Z \geq 1.645)$ $= 0.05$이다. 따라서 $\frac{s - 143}{5} = 1.645$ 즉, 두 점수의 합이 151점 이상이어야 상위 5% 안에 들어간다.

07-35

어느 기업의 주식을 10,000원에 구입하였고, 이 주식의 가치는 연간 10%의 연속적인 성장을 한다고 한다. 그리고 이 주식의 성장비율 Y는 $\mu_Y = 0.1$, $\sigma_Y^2 = 0.04$인 정규분포를 따른다고 한다.
(1) 6개월 후, 이 주식의 가치를 구하라.
(2) 1년 후의 주식 가격 $X = 10000\,e^Y$의 평균과 분산을 구하라.[참고: e^Y는 로그정규분포]
(3) 1년 후 주식 가격이 11,750원 이상 12,250원 이하일 확률을 구하라.

풀이 (1) $V(0) = 10000$이고 $r = 0.1$ 그리고 6개월은 0.5년이므로, 6개월 후의 주식의 가치는

$$V(0.5) = 10000\,e^{0.1 \times 0.5} = 10512.711$$

이다.

(2) $\mu_Y = 0.1$, $\sigma_Y^2 = 0.04$이므로 X의 평균과 분산은 각각

$$\mu_X = E\left(10000e^Y\right) = 10000\exp\left(0.1 + \frac{0.04}{2}\right) = 11274.9685 \ ,$$

$$\sigma_X^2 = Var\left(10000\,e^Y\right) = 10000^2\left(e^{0.04} - 1\right)e^{0.2 + 0.04} = 5186496$$

[참고] 로그정규분포 $S = e^Y$의 평균과 분산 :

$$E(S) = \exp\left(\mu_Y + \frac{\sigma_Y^2}{2}\right), \ \ \sigma_S^2 = \left(e^{\sigma_Y^2} - 1\right)\exp\left(2\mu_Y + \sigma_Y^2\right)$$

(3) $P\left(11750 \le X \le 12250\right) = P\left(11750 \le 10000\,e^Y \le 12250\right)$

$$= P\left(1.175 \le e^Y \le 1.225\right)$$

$$= P\left(\ln 1.175 \le Y \le \ln 1.225\right)$$

$$= P\left(0.161 \le Y \le 0.203\right)$$

$$= P\left(\frac{0.161 - 0.1}{0.2} \le Z \le \frac{0.203 - 0.1}{0.2}\right)$$

$$= P\left(0.31 \le Z \le 0.65\right) = 0.1205$$

07-36

어느 보험회사에서 보험급여금(X)에 대하여, $Y = \ln X$가 평균 5.01과 분산 1.64인 정규 분포를 따른다고 한다.

(1) 보험급여금이 1,152(만 원) 이상일 확률을 구하라.

(2) 보험급여금이 0(원) 이상 178(만 원) 이하일 확률을 구하라.

풀이 (1) $Y = \ln X \sim N(5.01, 1.64)$이므로

$$P(X \ge 1152) = P\left(Y \ge \ln 1152\right) = P\left(Y \ge 7.05\right)$$

$$= P\left(\frac{Y - 5.01}{\sqrt{1.64}} \ge \frac{7.05 - 5.01}{\sqrt{1.64}}\right)$$

$$= P(Z \ge 1.59) = 1 - 0.9441 = 0.0559$$

(2) 동일한 방법으로

$$P(0 < X \le 178) = P\left(-\infty < Y \le \ln 178\right) = P\left(Y \le 5.18\right)$$

$$= P\left(\frac{Y - 5.01}{\sqrt{1.64}} \le \frac{5.18 - 5.01}{\sqrt{1.64}}\right) = P(Z \le 0.13) = 0.5517$$

07-37

6 ～ 8세인 아동의 학원비를 조사한 보건복지부의 2009년 자료에 의하면, 빈곤층은 평균 12.2만 원, 표준편차 6.9만 원이고 차상위 이상은 평균 24.6만 원, 표준편차 16.4만 원이었다. 두 계층의 학원비가 각각 정규분포를 따른다고 할 때, 다음을 구하라 (단, 계층 간 학원비는 서로 독립이다).

(1) 차상위 이상의 학원비를 X, 빈곤층의 학원비를 Y라 할 때, $X-Y$의 확률분포

(2) 두 계층 간 학원비의 차이가 10만 원과 20만 원 사이일 확률

풀이 (1) X와 Y가 독립이고 정규분포를 따르므로 $X-Y \sim N(12.4, 316.57)$이다.

(2) $U = X-Y$라 하면 $U \sim N(240, 17.79^2)$이므로 다음을 얻는다.

$$P(10 \leq U \leq 20) = P\left(\frac{10-12.4}{17.79} \leq Z \leq \frac{20-12.4}{17.79}\right)$$

$$= P(-0.13 \leq Z \leq 0.43)$$

$$= P(Z \leq 0.43) - P(Z \leq -0.13)$$

$$= P(Z \leq 0.43) + P(Z < 0.13) - 1$$

$$= 0.6664 + 0.5517 - 1 = 0.2181$$

07-38

표준정규분포를 이루는 확률변수 Z에 대하여 다음을 구하라.

(1) $P(Z \geq 1.25)$ (2) $P(Z < 1.11)$

(3) $P(Z > -2.23)$ (4) $P(-1.02 < Z \leq 1.02)$

풀이 (1) $P(Z \geq 1.25) = 1 - P(Z < 1.25) = 1 - 0.8944 = 0.1056$

(2) $P(Z < 1.11) = 0.8665$

(3) $P(Z > -2.23) = P(Z < 2.23) = 0.9871$

(4) $P(-1.02 < Z \leq 1.02) = 2P(0 < Z \leq 1.02) = 2\{P(Z \leq 1.02) - 0.5\}$

$$= 2(0.8461 - 0.5) = 0.6922$$

07-39

$Z \sim N(0, 1)$에 대하여 $P(Z \leq z_\alpha) = 1 - \alpha$라 할 때, $X \sim N(\mu, \sigma^2)$에 대하여 다음을 구하라.

(1) $P(X \geq \mu + \sigma z_\alpha)$ (2) $P(\mu - \sigma z_{\alpha/2} \leq X \leq \mu + \sigma z_{\alpha/2})$

풀이 (1) $P(X \geq \mu + \sigma z_\alpha) = P\left(\dfrac{X - \mu}{\sigma} \geq z_\alpha\right) = P(Z \geq z_\alpha) = \alpha$

(2) $P(\mu - \sigma z_{\alpha/2} \leq X \leq \mu + \sigma z_{\alpha/2}) = P\left(-z_{\alpha/2} \leq \dfrac{X - \mu}{\sigma} \leq z_{\alpha/2}\right)$

$$= P(-z_{\alpha/2} \leq Z \leq z_{\alpha/2}) = 1 - \alpha$$

07-40

$X \sim N(77, 16)$에 대하여

(1) X가 평균을 중심으로 10% 안에 있지 않은 확률을 구하라.

(2) X의 분포에 대한 25-백분위수 x_0을 구하라.

(3) X의 분포에 대한 75-백분위수 x_0을 구하라.

(4) $P(\mu - x_0 < X < \mu + x_0) = 0.95$인 x_0을 구하라.

풀이 (1) X가 평균을 중심으로 10% 안에 있을 확률, 즉

$$P(|X - \mu| \leq 0.1 \times \mu) = P(\mu - 0.1 \times \mu \leq X \leq \mu + 0.1 \times \mu)$$

를 구하자. $\mu = 77$이므로

$$\mu = 77\mu - 0.1 \times \mu = 77 - 7.7 = 69.3, \quad \mu + 0.1 \times \mu = 77 + 7.7 = 84.7$$

이다. 따라서 구하고자 하는 확률은 다음과 같다.

$$P(|X - \mu| \leq 0.1 \times \mu) = P(69.3 \leq X \leq 84.7)$$

$$= P\left(\frac{69.3 - 77}{4} \leq \frac{X - 77}{4} \leq \frac{84.7 - 77}{4}\right)$$

$$= P(-1.93 \leq Z \leq 1.93) = 2P(Z \leq 1.93) - 1$$

$$= 2 \times 0.9732 - 1 = 0.9464$$

따라서 X가 평균을 중심으로 10% 안에 있지 않은 확률은 $1 - 0.9464 = 0.0536$이다.

(2) x_0이 25-백분위수이므로 $P(X \le x_0) = P\left(\dfrac{X-77}{4} \le \dfrac{x_0-77}{4}\right) = P\left(Z \le \dfrac{x_0-77}{4}\right)$

$= 0.25$를 만족한다. 한편 $P\left(Z \ge -\dfrac{x_0-77}{4}\right) = 0.25$이므로 $P\left(Z \le -\dfrac{x_0-77}{4}\right)$

$= 0.75$이고, 표준정규분포표에서 $-\dfrac{x_0-77}{4} = 0.674$를 얻으며, 따라서 $x_0 =$

$(-0.674) \times 4 + 77 = 74.304$이다.

(3) x_0이 75-백분위수이므로 $P(X \le x_0) = P\left(\dfrac{X-77}{4} \le \dfrac{x_0-77}{4}\right) = P\left(Z \le \dfrac{x_0-77}{4}\right)$

$= 0.75$를 만족한다. 따라서 표준정규분포표에서 $\dfrac{x_0-77}{4} = 0.674$를 얻으며, 따라

서 $x_0 = 0.674 \times 4 + 77 = 79.696$이다.

(4) $P(\mu - x_0 < X < \mu + x_0) = P\left(-\dfrac{x_0}{4} < \dfrac{X-\mu}{4} < \dfrac{x_0}{4}\right) = P\left(-\dfrac{x_0}{4} < Z < \dfrac{x_0}{4}\right) =$

0.95이므로 $\dfrac{x_0}{4} = 1.96$이고, 따라서 $x_0 = 7.84$이다.

07-41

$X \sim N(4, 9)$에 대하여

(1) $P(X < 7)$을 구하라.

(2) $P(X \le x_0) = 0.9750$인 x_0을 구하라.

(3) $P(1 < X < x_0) = 0.756$인 x_0을 구하라.

풀이 평균 $\mu = 4$, 표준편차 $\sigma = 3$이므로 X를 표준화하면, $X < x \Leftrightarrow Z = \dfrac{X-4}{3} < \dfrac{x-4}{3}$

이다.

(1) $P(X < 7) = P(Z < 1) = 0.8413$이다.

(2) 표준정규분포표에서 $P(Z < 1.96) = 0.9750$이므로 $Z = \dfrac{X-4}{3} < \dfrac{x-4}{3} = 1.96$

즉, $x_0 = 9.88$이다.

(3) $1 < X < x_0 \Leftrightarrow \dfrac{1-4}{3} < Z < \dfrac{x_0-4}{3}$이므로

$$P(1 < X < x_0) = P\left(-1 < Z < \dfrac{x_0-4}{3}\right) = P\left(Z < \dfrac{x_0-4}{3}\right) - P(Z \le -1)$$

$$= P\left(Z < \dfrac{x_0-4}{3}\right) - P(Z \ge 1)$$

$$= P\left(Z < \frac{x_0 - 4}{3}\right) - (1 - P(Z < 1))$$

$$= P\left(Z < \frac{x_0 - 4}{3}\right) - (1 - 0.8413) = 0.756$$

즉, $z_0 = \dfrac{x_0 - 4}{3}$ 에 대하여 $P(Z < z_0) = 0.9147$ 이고, 표준정규분포표에서 $z_0 = 1.37$ 을 얻는다. 그러므로 $\dfrac{x_0 - 4}{3} = 1.37$, 즉 $x_0 = 8.11$ 이다.

07-42

$X \sim N(\mu, \sigma^2)$ 에 대하여 $P(\mu - k\sigma < X < \mu + k\sigma) = 0.754$ 인 상수 k 를 구하라.

풀이 $P(\mu - k\sigma < X < \mu + k\sigma) = P(-k < Z < k) = 2\{P(Z < k) - 0.5\} = 0.754$ 이므로 $2P(Z < k) = 1.754$, 즉 $P(Z < k) = 0.877$ 이고, 표준정규분포표에서 $k = 1.16$ 을 얻는다.

07-43

$X_1, X_2, \cdots, X_{25} \sim$ i.i.d. $N(4, 9)$ 일 때, 표본평균 $\overline{X}$ 에 대하여

(1) $P(\overline{X} < 5.5)$ 을 구하라.

(2) $P(\overline{X} \le x_0) = 0.9750$ 인 x_0 을 구하라.

(3) $P(2 < \overline{X} < x_0) = 0.7320$ 인 x_0 을 구하라.

풀이 $X_1, X_2, \cdots, X_{25} \sim$ i.i.d. $N(4, 9)$ 이므로 표본평균은 $\overline{X} \sim N\left(4, \dfrac{9}{25}\right)$ 이다.

(1) $P(\overline{X} < 5.5) = P\left(\dfrac{\overline{X} - 4}{3/5} < \dfrac{5.5 - 4}{3/5}\right) = P(Z < 2.5) = 0.9938$ 이다.

(2) $P(\overline{X} < x_0) = P\left(\dfrac{\overline{X} - 4}{3/5} < \dfrac{x_0 - 4}{3/5}\right) = 0.975$ 이고, 표준정규분포표에서

$\quad P(Z < 1.96) = 0.9750$ 이므로 $\dfrac{x_0 - 4}{3/5} = 1.96$; $x_0 = 4 + 1.96 \times 0.6 = 5.176$ 이다.

(3) $P(2 < \overline{X} < x_0) = P\left(\dfrac{2 - 4}{3/5} < \dfrac{\overline{X} - 4}{3/5} < \dfrac{x_0 - 4}{3/5}\right)$

$$= P\left(-3.33 < Z < \frac{x_0 - 4}{0.6}\right)$$

$$= P\left(Z < \frac{x_0 - 4}{0.6}\right) - P(Z \leq -3.33)$$

$$= P\left(Z < \frac{x_0 - 4}{0.6}\right) - \{1 - P(Z < 3.33)\}$$

$$= P\left(Z < \frac{x_0 - 4}{0.6}\right) - (1 - 0.9996) = 0.7320$$

즉, $P\left(Z < \dfrac{x_0 - 4}{0.6}\right) = 0.7324$ 이고, 표준정규분포표에서 $P(Z < 0.62) = 0.7324$

이므로 $\dfrac{x_0 - 4}{0.6} = 0.62$, 즉 $x_0 = 4.372$ 이다.

07-44

집에서 대학까지 버스를 이용하여 걸리는 시간이 평균 40분이고 표준편차는 2인 정규분포를 따른다고 한다. 이때 집에서 대학까지 걸리는 시간을 확률변수 X 라 하고, 다음을 구하라.

(1) $P(X \geq 37)$　　　　(2) $P(X < 45)$　　　　(3) $P(35 < X \leq 45)$

풀이 (1) $X \sim N(40, 4)$ 이므로

$$P(X \geq 37) = P\left(\frac{X - 40}{2} \geq \frac{37 - 40}{2}\right)$$

$$= P(Z \geq -1.5) = P(Z \leq 1.5) = 0.9332$$

(2) $P(X < 45) = P\left(\dfrac{X - 40}{2} < \dfrac{45 - 40}{2}\right) = P(Z < 2.5) = 0.9938$

(3) $P(35 < X \leq 45) = P\left(\dfrac{35 - 40}{2} < \dfrac{X - 40}{2} \leq \dfrac{45 - 40}{2}\right) = P(-2.5 < Z \leq 2.5)$

$$= 2\{P(Z \leq 2.5) - 0.5\} = 2(0.9938 - 0.5) = 0.9876$$

07-45

A와 B 두 회사에서 제조된 전구의 수명(시간)은 각각 $X \sim N(425, 25)$, $Y \sim N(420, 15)$ 인 정규분포를 따르고, 이 두 전구의 수명은 서로 독립이라고 한다.

(1) A 회사에서 제조된 전구를 436시간 이상 사용할 확률을 구하라.

(2) 어느 하나를 먼저 사용하다 전구의 수명이 끝나면 곧바로 다른 전구를 사용한다. 이와

같이 해서 860시간 이상 사용할 확률을 구하라.

(3) A 회사 전구의 수명과 B 회사 전구의 수명에 대한 차가 3시간 이하일 확률을 구하라.

풀이 (1) $X \sim N(425, 25)$이므로 $Z = \dfrac{X - 425}{5}$는 표준정규분포를 따른다. 그러므로

$$P(X \geq 436) = P\left(\frac{X - 425}{5} \geq \frac{436 - 425}{5}\right) = P(Z \geq 2.2)$$
$$= 1 - P(Z < 2.2) = 1 - 0.9861 = 0.0139$$

(2) $X \sim N(425, 25)$, $Y \sim N(420, 15)$이므로 $S = X + Y \sim N(845, 40)$이다. 그러므로 구하고자 하는 확률은 다음과 같다.

$$P(S \geq 860) = P\left(\frac{S - 845}{\sqrt{40}} \geq \frac{860 - 845}{\sqrt{40}}\right) = P(Z \geq 2.37)$$
$$= 1 - P(Z < 2.37) = 1 - 0.9911 = 0.0089$$

(3) $U = X - Y \sim N(5, 40)$이므로 구하고자 하는 확률은 다음과 같다.

$$P(U \leq 3) = P\left(\frac{U - 5}{\sqrt{40}} \leq \frac{3 - 5}{\sqrt{40}}\right)$$
$$= P(Z \leq -0.32) = 1 - P(Z < 0.32) = 1 - 0.6255 = 0.3745$$

07-46

대구에서 서울까지 기차로 걸리는 시간은 $X \sim N(3.5, 0.4)$인 정규분포를 따르고, 고속버스로 걸리는 시간은 $Y \sim N(3.8, 0.9)$인 정규분포를 따른다고 한다.

(1) $P(X \leq 3.2)$일 확률을 구하라.

(2) $P(Y \leq 3.2)$일 확률을 구하라.

(3) $X - Y$의 확률분포를 구하라.

(4) 확률 $P(|X - Y| \leq 0.1)$을 구하라.

풀이 (1) $P(X \leq 3.2) = P\left(\dfrac{X - 3.5}{\sqrt{0.4}} \leq \dfrac{3.2 - 3.5}{\sqrt{0.4}}\right)$

$$= P(Z \leq -0.47) = 1 - P(Z < 0.47) = 1 - 0.6808 = 0.3192$$

(2) $P(Y \leq 3.2) = P\left(\dfrac{X - 3.8}{\sqrt{0.9}} \leq \dfrac{3.2 - 3.8}{\sqrt{0.9}}\right)$

$$= P(Z \leq -0.63) = 1 - P(Z < 0.63) = 1 - 0.7357 = 0.2643$$

(3) $U = X - Y \sim N(-0.3,\, 1.3)$

(4) $P(|X - Y| \leq 0.1) = P(-0.1 \leq X - Y \leq 0.1)$

$$= P\left(\frac{-0.1 + 0.3}{\sqrt{1.3}} \leq Z \leq \frac{0.1 + 0.3}{\sqrt{1.3}} \right)$$

$$= P(0.175 \leq Z \leq 0.351)$$

$$= 0.6372 - 0.5705$$

$$= 0.0667$$

07-47

$X_1 \sim N(\mu_1,\, \sigma_1^2),\ X_2 \sim N(\mu_2,\, \sigma_2^2)$이고, X_1 과 X_2 가 독립일 때,

(1) $Y = p\,X_1 + (1-p)X_2$ 의 확률분포를 구하라.

(2) Y의 분산이 최소가 되는 p 와 최소분산을 구하라.

풀이 (1) Y는 평균이

$$\mu_Y = E(p\,X_1 + (1-p)X_2) = p\,E(X_1) + (1-p)\,E(X_2) = p\,\mu_1 + (1-p)\,\mu_2$$

이고, 분산이

$$\sigma_Y^2 = Var(p\,X_1 + (1-p)X_2) = p^2\,Var(X_1) + (1-p)^2\,Var(X_2)$$

$$= p^2\,\sigma_1^2 + (1-p)^2\,\sigma_2^2$$

인 정규분포를 따른다.

(2) $\sigma_Y^2 = p^2\,\sigma_1^2 + (1-p)^2\,\sigma_2^2 = \left(\sigma_1^2 + \sigma_2^2 \right)\left(p - \frac{\sigma_2^2}{\sigma_1^2 + \sigma_2^2} \right)^2 + \sigma_2^2\left(\frac{\sigma_1^2}{\sigma_1^2 + \sigma_2^2} \right)^2$ 이므로

$p = \dfrac{\sigma_2^2}{\sigma_1^2 + \sigma_2^2}$ 일 때, Y 의 분산 $\sigma_Y^2 = \dfrac{\sigma_1^2\,\sigma_2^2}{\sigma_1^2 + \sigma_2^2}$ 이 최소가 된다.

07-48

탑의 높이(h)를 측량하기 위하여 두 개의 기구가 사용되며, 이 기구 중에서 정확성이 떨어지는 기구에 의한 오차는 평균 0과 표준편차 $0.0056h$ 인 정규분포를 따른다. 또한 정확성이 좀 더 좋은 기구에 의하여 측정한 오차는 평균 0과 표준편차 $0.0044h$ 인 정규분포를

따른다고 한다. 두 개의 기구가 독립이라 할 때, 두 측정값의 평균 오차가 탑의 높이의 $0.005h$ 편차 안에 들어올 확률을 구하라.

풀이 정확성이 떨어지는 기구에 의한 오차와 정확성이 좀 더 좋은 기구에 의하여 측정한 오차를 각각 X_1, X_2 라고 하자. 그러면 X_1 과 X_2 는 독립이고 각각 정규분포

$$X_1 \sim N(0, (0.0056h)^2), \quad X_2 \sim N(0, (0.0044h)^2)$$

을 따른다. 따라서

$$Y = \frac{X_1 + X_2}{2} \sim N\left(0, \frac{(0.0056h)^2 + (0.0044h)^2}{4}\right) = N(0, (0.00356h)^2)$$

이다. 그러므로 구하고자 하는 확률은

$$P(|Y| \leq 0.005h) = P(-0.005h \leq Y \leq 0.005h)$$

$$= P\left(\frac{-0.005h - 0}{0.00356h} \leq Z \leq \frac{0.005h - 0}{0.00356h}\right)$$

$$= P(-1.4045 \leq Z \leq 1.4045) = 2P(Z \leq 1.4) - 1 = 0.84$$

07-49

X 와 Y 를 각각 석 달 동안 임의로 선정된 사람들이 영화를 보거나 스포츠를 관람한 시간 수라고 하자. 그리고 이 두 확률변수에 대한 다음의 정보를 갖는다고 하자.

$$E(X) = 50, \ E(Y) = 20, \ Var(X) = 50, \ Var(Y) = 30, \ Cov(X, Y) = 10$$

이 석 달 동안 관찰된 사람 중에서 100명을 임의로 선정하였고, 이 기간에 이 사람들이 영화나 스포츠를 관람한 전체 시간을 T 라고 하자. 이때, $P(T < 7100)$일 근사확률을 구하라.

풀이 임의로 선정된 사람이 영화나 스포츠를 관람한 전체 시간에 대하여

$$E(T) = E(X) + E(Y) = 50 + 20 = 70,$$

$$Var(T) = Var(X) + Var(Y) + 2Cov(X, Y) = 50 + 30 + 20 = 100,$$

을 얻는다. 따라서 100명이 관람한 전체 시간 T 는

$$E(T) = 100 \times 70 = 7000, \quad Var(T) = 100 \times 100 = 100^2$$

인 정규분포에 근사한다. 그러므로 구하고자 하는 확률은 다음과 같다.

$$P(T < 7100) = P\left(\frac{T - 7000}{100} < \frac{7100 - 7000}{100}\right) = P(Z < 1) = 0.8413$$

07-50

하루에 $\lambda = 500$인 비율로 전자 부품을 생산하며, 생산된 부품 수는 푸아송 과정을 따른다고 한다. 이때, 어느 날 하루 동안 생산한 부품 수가 475개 이상 525개 이하일 근사확률을 구하라.

풀이 하루 동안에 생산된 부품 수를 X라 하면, $X \sim P(500)$이고, 따라서 $X \approx N(500, 500)$이다. 그러므로 구하고자 하는 근사확률은 다음과 같다.

$$P(475 \leq X \leq 525) = P\left(\frac{475 - 0.5 - 500}{\sqrt{500}} \leq \frac{X - 500}{\sqrt{500}} \leq \frac{525 + 0.5 - 500}{\sqrt{500}}\right)$$

$$\fallingdotseq P\left(-\frac{25.5}{22.36} \leq Z \leq \frac{25.5}{22.36}\right) = P(-1.14 \leq Z \leq 1.14)$$

$$= 2P(Z < 1.14) - 1$$

$$= 2 \times 0.8729 - 1 = 0.7458$$

07-51

$X \sim B(15, 0.4)$일 때, 다음을 구하라.
(1) 확률 $P(7 \leq X \leq 9)$를 구하라.
(2) 정규근사에 의하여 확률 $P(7 \leq X \leq 9)$를 구하라.

풀이 (1) $P(7 \leq X \leq 9) = P(X \leq 9) - P(X \leq 6) = 0.9662 - 0.6098 = 0.3564$

(2) $\mu = 15 \times 0.4 = 6$이고 $\sigma^2 = 15 \times 0.4 \times 0.6 = 3.6$이므로 근사적으로 $X \approx N(6, 3.6)$이다. 따라서 구하고자 하는 근사확률은 다음과 같다.

$$P(7 \leq X \leq 9) = P\left(\frac{7 - 6}{\sqrt{3.6}} \leq \frac{X - 6}{\sqrt{3.6}} \leq \frac{9 - 6}{\sqrt{3.6}}\right)$$

$$= P(0.527 \leq Z \leq 1.581) = P(Z \leq 1.581) - P(Z < 0.527)$$

$$\approx 0.9429 - 0.7019 = 0.2410$$

07-52

문제 07-51에서 연속성을 수정한 정규 근사에 의한 $P(7 \leq X \leq 9)$의 근사확률을 구하라.

풀이 $P(6.5 \leq X \leq 9.5) = P\left(\dfrac{6.5-6}{\sqrt{3.6}} \leq \dfrac{X-6}{\sqrt{3.6}} \leq \dfrac{9.5-6}{\sqrt{3.6}}\right) = P(0.264 \leq Z \leq 1.845)$

$= P(Z \leq 1.845) - P(Z < 0.264) \approx 0.9674 - 0.6041 = 0.3633$

07-53

$X \sim B(20, 0.4)$에 대하여 연속성을 수정한 다음 근사확률을 구하라.
(1) $P(X \leq 10)$ (2) $P(7 \leq X \leq 11)$ (3) $P(X \geq 15)$

풀이 $\mu = np = 8$, $\sigma^2 = npq = 4.8$이므로 $X \approx N(8, 2.19^2)$에 근사한다.

(1) $z = \dfrac{10.5-8}{2.19} \approx 1.14$이므로 다음을 얻는다.

$$P(X \leq 10) = P(X \leq 10.5) = P(Z \leq 1.14) \approx 0.8729$$

(2) $z_l = \dfrac{6.5-8}{2.19} \approx -0.68$, $z_r = \dfrac{11.5-8}{2.19} \approx 1.60$이므로 다음을 얻는다.

$$P(7 \leq X \leq 11) = P(6.5 \leq X \leq 11.5) = P(-0.68 \leq Z \leq 1.60)$$
$$= P(Z \leq 1.60) + P(Z \leq 0.68) - 1$$
$$= 0.9452 + 0.7517 - 1 = 0.6969$$

(3) $z = \dfrac{14.5-8}{2.19} \approx 2.97$이므로 다음을 얻는다.

$$P(X \geq 15) = P(X \geq 14.5) = P(Z \geq 2.97)$$
$$= 1 - P(Z < 2.97) = 1 - 0.9985 = 0.0015$$

07-54

$X \sim B(16, 0.5)$일 때, 연속성을 수정한 근사확률 $P(8 \leq X \leq 10)$과 $P(X \geq 10)$을 구하라.

풀이 $\mu = np = 8$, $\sigma^2 = npq = 4$이므로 $X \sim N(8, 4)$에 근사한다. 따라서 구하고자 하는 근사확률은 다음과 같다.

$$P(8 \leq X \leq 10) = P\left(Z \leq \frac{10 + 0.5 - 8}{2}\right) - P\left(Z \leq \frac{8 - 0.5 - 8}{2}\right)$$

$$= P(Z \leq 1.25) - \{1 - P(Z < 0.25)\} = 0.8944 - 0.4013 = 0.4931$$

$$P(X \geq 10) \fallingdotseq 1 - P\left(Z < \frac{10 - 0.5 - 8}{2}\right)$$

$$= 1 - P(Z < 0.75) = 1 - 0.7734 = 0.2266$$

07-55

$X \sim B(50, 0.3)$에 대하여

(1) 정규근사에 의하여 $P(13 \leq X \leq 17)$을 구하라.

(2) 연속성을 수정하여 $P(13 \leq X \leq 17)$을 구하라.

(3) 연속성을 수정하여 $P(13 < X < 17)$을 구하라.

풀이 $X \sim B(50, 0.3)$이므로 $X \approx N(15, 10.5)$이다.

(1) $P(13 \leq X \leq 17) = P\left(\frac{13 - 15}{\sqrt{10.5}} \leq Z \leq \frac{17 - 15}{\sqrt{10.5}}\right) = P(-0.62 \leq Z \leq 0.62)$

$$= 2\{P(Z \leq 0.62) - 0.5\} = 2(0.7324 - 0.5) = 0.4648$$

(2) $P(13 \leq X \leq 17) = P\left(\frac{12.5 - 15}{\sqrt{10.5}} \leq Z \leq \frac{17.5 - 15}{\sqrt{10.5}}\right) = P(-0.77 \leq Z \leq 0.77)$

$$= 2\{P(Z \leq 0.77) - 0.5\} = 2(0.7794 - 0.5) = 0.5588$$

(3) $P(13 < X < 17) = P(14 \leq X \leq 16) = P\left(\frac{13.5 - 15}{\sqrt{10.5}} \leq Z \leq \frac{16.5 - 15}{\sqrt{10.5}}\right)$

$$= P(-0.46 \leq Z \leq 0.46) = 2\{P(Z \leq 0.46) - 0.5\}$$

$$= 2(0.6772 - 0.5) = 0.3544$$

07-56

미국 보험계리사 협회(Society Of Actuaries; SOA)의 확률 시험문제는 오지선다로 제시된다. 100문항의 SOA 시험문제 중에서 지문을 임의로 선택할 때, 다음을 구하라.

(1) 선택한 평균 정답 수
(2) 정답을 정확히 15개 선택할 연속성 수정 정규근사확률
(3) 25개 이하로 정답을 선택할 연속성 수정 정규근사확률

풀이 (1) 각 문항이 5개의 지문을 갖고 있으므로 문항별로 정답을 선택할 가능성은 0.2이다. 그러므로 임의로 지문을 선택하여 정답을 선택한 문항 수를 X라 하면, $X \sim B(100, 0.2)$이다. 따라서 평균은 $\mu = 100 \times 0.2 = 20$이다.

(2) $\mu = 20$, $\sigma^2 = 100 \times 0.2 \times 0.8 = 16$이므로 X는 근사적으로 $X \approx N(20, 4^2)$이 되고, 구하고자 하는 근사확률 $P(X = 15) = P(14.5 \leq X \leq 15.5)$이다. 따라서 X를 표준화하면 $Z = \dfrac{X - 20}{4}$이고, $z_l = \dfrac{14.5 - 20}{4} \approx -1.38$, $z_r = \dfrac{15.5 - 20}{4} \approx -1.13$이므로 다음을 얻는다.

$$P(X = 15) = P(14.5 \leq X \leq 15.5) = P(-1.38 \leq Z \leq -1.13)$$
$$= P(Z \leq -1.13) - P(Z < -1.38)$$
$$= \{1 - P(Z \leq 1.13)\} - \{1 - P(Z \leq 1.38)\}$$
$$\approx (1 - 0.8708) - (1 - 0.9162) = 0.0454$$

(3) 구하고자 하는 근사확률 $P(X \leq 25) = P(X \leq 25.5)$이고 $z = \dfrac{25.5 - 20}{4} \approx 1.38$이므로 근사확률은 $P(X \leq 25) = P(Z \leq 1.38) \approx 0.9162$이다.

07-57

A 신문기사에 따르면 2014년 6월 청년실업률이 9.5%라 한다. 고용 가능한 청년 100명을 무작위로 선정하여 표본조사를 하였을 때, 물음에 답하라.
(1) 표본으로 선정된 청년 중에서 평균 미취업자 수를 구하라.
(2) 미취업자 수의 분산과 표준편차를 구하라.
(3) 미취업자가 정확히 8명일 연속성 수정 정규근사확률을 구하라.
(4) 미취업자가 많아야 12명일 연속성 수정 정규근사확률을 구하라.

풀이 (1) 표본으로 선정한 청년 중에서 미취업자 수를 X라 하면 $X \sim B(100, 0.095)$이다. 따라서 평균 미취업자 수는 $\mu = 100 \times 0.095 = 9.5$(명)이다.

(2) 분산은 $\sigma^2 = 100 \times 0.095 \times 0.905 = 8.5975$이고 표준편차는 $\sigma = \sqrt{8.5975} \approx 2.932$이다.

(3) $X \approx N(9.5, 2.932^2)$이므로 구하고자 하는 확률은 $P(X=8) = P(7.5 \leq X \leq 8.5)$ 이다.

$$z_l = \frac{7.5-9.5}{2.932} \approx -0.68, \ z_r = \frac{8.5-9.5}{2.932} \approx -0.34$$이므로 다음을 얻는다.

$$P(X=8) = P(7.5 \leq X \leq 8.5) = P(-0.68 \leq Z \leq -0.34)$$

$$= P(Z \leq -0.34) - P(Z < -0.68)$$

$$= \{1 - P(Z < 0.34)\} - \{1 - P(Z \leq 0.68)\}$$

$$\approx (1 - 0.6331) - (1 - 0.7517) = 0.1186$$

(4) $z = \frac{12.5-9.5}{2.932} \approx 1.02$이므로 구하고자 하는 근사확률은 다음과 같다.

$$P(X \leq 12) = P(X \leq 12.5) = P(Z \leq 1.02) \approx 0.8461$$

07-58

한 해 동안 어떤 기업체의 근로자 2,000명이 1년 기간의 생명보험에 가입하였을 때, 이 기간에 근로자 개개인의 사망률이 0.001이라 한다. 이때 보험회사가 적어도 4건에 대하여 보상을 해야 할 근사확률을 구하라.

(1) 푸아송 근사   (2) 연속성 수정 정규근사

풀이 (1) $n=2000$이고 $p=0.001$이므로 평균은 $\mu = np = 2$이다. 따라서 $X \approx P(2)$이고, 구하고자 하는 근사확률은 $P(X \geq 4) = 1 - P(X \leq 3) \approx 1 - 0.857 = 0.143$이다.

(2) $n=2000$이고 $p=0.001$이므로 평균과 분산은 각각 $\mu = np = 2$, $\sigma^2 = npq = 1.998$이다. 따라서 연속성을 수정한 정규근사에 의하여 확률을 구하면 다음과 같다.

$$P(X \geq 4) = P(X \geq 3.5) = 1 - P(X < 3.5)$$

$$= 1 - P(Z < 1.06) = 1 - 0.8554 = 0.1446$$

07-59

$X \sim \chi^2(10)$일 때, 다음을 구하라.
(1) 97.5백분위수 $\chi^2_{0.025}$
(2) $P(X > \chi_0) = 0.995$를 만족하는 χ_0

풀이 (1) $P(X > \chi^2_{0.025}) = 0.025$이므로 $\chi^2_{0.025} = 20.48$이다.

(2) $P(X > 2.16) = 0.995$이므로 $\chi_0 = 2.16$이다.

07-60

확률변수 V가 자유도 5인 카이제곱분포를 따르는 경우, $P(V < x_0) = 0.95$를 만족하는 임곗값 x_0을 구하라.

풀이 $P(V < x_0) = 0.95$이므로 $P(V > x_0) = 0.05$이고, 따라서 카이제곱분포표에서 d.f.=5이고 $\alpha = 0.05$이므로 $x_0 = \chi^2_{0.05}(5) = 11.07$이다.

07-61

$T \sim t(10)$일 때, 다음을 구하라.
(1) 95백분위수 $t_{0.05}$
(2) $P(T \le t_0) = 0.995$를 만족하는 t_0

풀이 (1) $P(T > t_{0.05}) = 0.05$이므로 $t_{0.05} = 1.812$이다.

(2) $P(T \le t_0) = 0.995$이므로 $P(T > t_0) = 0.005$이고 $t_0 = t_{0.005} = 3.169$이다.

07-62

자유도 4인 t-분포에 대하여 다음을 구하라.
(1) $P(T > t_{0.025}) = 0.025$를 만족하는 임곗값 $t_{0.025}$
(2) $P(|T| < t_0) = 0.99$를 만족하는 임곗값 t_0

풀이 (1) d.f.=4이고 $\alpha = 0.025$이므로 $t_{0.025} = 2.776$이다.

(2) $P(|T| < t_0) = P(-t_0 < T < t_0) = 0.99$이므로 $P(|T| \ge t_0) = 0.01$이다. 따라서

$$P(T \leq -t_0) = P(T \geq t_0) = 0.005, \ \text{즉 } t_0 = 4.604 \text{이다.}$$

07-63

$T \sim t(n)$에 대하여 $\sigma^2 = 1.25$라 한다. 이때 자유도 n과 $P(|T| \leq 2.228)$을 구하라.

풀이 $T \sim t(n)$이므로 $\sigma^2 = \dfrac{n}{n-2} = 1.25$, $n = 1.25 \times (n-2) = 1.25n - 2.5$, $n = 10$이다.

또한 $t_\alpha(10) = 2.228$을 만족하는 $\alpha = 0.025$이다. 즉, 그림과 같이 $P(T > 2.228)$ $= 0.025$이고 $P(T < -2.228) = 0.025$이다. 그러므로 구하고자 하는 확률은 $P(|T| \leq 2.228) = 1 - 2 \times 0.025 = 0.95$이다.

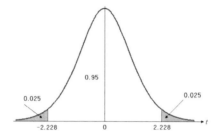

07-64

$F \sim F(4, 5)$일 때, 다음을 구하라.

(1) $f_{0.025, 4, 5}$ (2) $f_{0.95, 4, 5}$

풀이 (1) F-분포표로부터 $f_{0.025, 4, 5} = 7.39$이다.

(2) $f_{0.95, 4, 5} = \dfrac{1}{f_{0.05, 5, 4}} = \dfrac{1}{6.26} = 0.1597$이다.

07-65

$F \sim F(8, 6)$일 때, 다음을 구하라.

(1) $f_{0.01, 8, 6}$ (2) $f_{0.05, 8, 6}$

(3) $f_{0.90, 8, 6}$ (4) $f_{0.99, 8, 6}$

풀이 (1) $P(F > f_{0.01, 8, 6}) = 0.01$이므로 $f_{0.01, 8, 6} = 8.1$이다.

(2) $P(F > f_{0.05, 8, 6}) = 0.05$이므로 $f_{0.05, 8, 6} = 4.15$이다.

(3) $f_{0.90, 8, 6} = \dfrac{1}{f_{0.1, 6, 8}} = \dfrac{1}{2.67} = 0.3745$이다.

(4) $f_{0.99, 8, 6} = \dfrac{1}{f_{0.01, 6, 8}} = \dfrac{1}{6.37} = 0.157$이다.

07-66

$X \sim \mathrm{Exp}(2)$에 대하여 다음을 구하라.

(1) $P(X \leq 1)$ (2) $P(1 < X \leq 3)$

(3) $P(X \geq 2)$ (4) $F(x)$

(5) $S(3)$ (6) $h(x) = f(x)/S(x)$

(7) 하위 10%인 x_{10} (8) 상위 10%인 x_{90}

풀이 (1) X의 확률밀도함수가 $f(x) = 2e^{-2x}$ $(x \geq 0)$이므로

$$P(X \leq 1) = \int_0^1 2e^{-2x}\, dx = 1 - e^{-2} = 0.8647$$

(2) $P(1 < X \leq 3) = \int_1^3 2e^{-2x}\, dx = \left[-e^{-2x} \right]_1^3 = e^{-2} - e^{-6} = 0.1329$

(3) $P(X \geq 2) = \int_2^\infty 2e^{-2x}\, dx = \left[-e^{-2x} \right]_2^\infty = e^{-4} = 0.0183$

(4) $F(x) = \int_0^x 2e^{-2t}\, dt = \left[-e^{-2t} \right]_0^x = 1 - e^{-2x}$

(5) $S(3) = 1 - F(3) = 1 - \left(1 - e^{-6} \right) = e^{-6} = 0.0025$

(6) $h(x) = \dfrac{f(x)}{S(x)} = \dfrac{2e^{-2x}}{e^{-2x}} = 2$

(7) 하위 10%인 x_{10}은 $F(x_{10}) = 1 - e^{-2x_{10}} = 0.1$이므로

$$e^{-2x_{10}} = 0.9; \quad -2x_{10} = \ln 0.9; \quad x_{10} = -\frac{1}{2}\ln 0.9 = 0.053$$

(8) 상위 10%인 x_{90}은 $F(x_{90}) = 1 - e^{-2x_{90}} = 0.9$이므로

$$e^{-2x_{90}} = 0.1; \quad -2x_{90} = \ln 0.1; \quad x_{90} = -\frac{1}{2}\ln 0.1 = 1.1513$$

07-67

약속장소에서 친구를 만나기로 하고, 정시에 도착하였으나 친구가 아직 나오지 않았다. 그리고 친구를 만나기 위하여 기다리는 시간은 $\lambda = 0.2$인 지수분포를 따른다고 한다.

(1) 친구를 만나기 위한 평균 시간을 구하라.

(2) 3분이 지나기 이전에 친구를 만날 확률을 구하라.

(3) 10분 이상 기다려야 할 확률을 구하라.

(4) 6분이 지났다고 할 때, 추가로 더 기다려야 할 시간에 대한 확률분포를 구하고, 모두 합쳐서 10분 이상 걸릴 확률을 구하라.

풀이 (1) 기다리는 시간을 X라 하면, $\lambda = 0.2$이므로 X의 평균은 $\mu = \dfrac{1}{\lambda} = 5$분이다.

(2) X의 확률밀도함수가 $f(x) = 0.2\,e^{-0.2x}$ $(x \geq 0)$이므로

$$P(X \leq 3) = \int_0^3 0.2\,e^{-0.2x}\,dx = \left[-e^{-0.2x}\right]_0^3 = 1 - e^{-0.6} = 0.4512$$

(3) $P(X \geq 10) = \displaystyle\int_{10}^{\infty} 0.2\,e^{-0.2x}\,dx = \left[-e^{-0.2x}\right]_{10}^{\infty} = e^{-2} = 0.1353$

(4) $P(X > x+6 \mid X > 6) = P(X > x) = e^{-0.2x}$이므로 $F(x) = 1 - P(X > x) = 1 - e^{-0.2x}$이다. 그러므로 $X \sim \mathrm{Exp}(0.2)$이다. 또한

$$P(X > 10 \mid X > 6) = P(X > 4) = e^{-0.8} = 0.4493$$

07-68

반도체를 생산하는 공정라인에 있는 기계가 멈추는 시간은 하루 동안 모수 0.1인 지수분포를 따른다고 한다.

(1) 이 공정라인에 있는 기계가 멈추는 평균 시간을 구하라.

(2) 이 기계가 수리된 이후, 다시 멈추기까지 적어도 2주일 이상 지속적으로 사용할 확률을 구하라.

(3) 이 기계를 2주일 동안 무리 없이 사용하였을 때, 기계가 멈추기 전에 앞으로 이틀 동안 더 사용할 수 있는 확률을 구하라.

풀이 (1) 기계가 멈추는 시간을 확률변수 X라 하면, 모수 0.1인 지수분포를 이루므로 X의 확률밀도함수는 $f(x) = \dfrac{1}{10}\,e^{-\frac{x}{10}}$, $x > 0$이고, 따라서 평균은 10일이다.

(2) 생존함수는 $S(x) = e^{-\frac{x}{10}}$, $x > 0$이고, 기계가 수리된 시각을 x라 하면, 그 이후로 2주일 이상 사용할 확률은 비기억성 성질에 의하여 2주일 이상 사용할 확률 $S(14) = e^{-\frac{14}{10}} = 0.2466$과 같다.

(3) 이 기계를 2주일 동안 무리 없이 사용하였을 때, 기계가 멈추기 전에 앞으로 이틀 동안 더 사용할 수 있는 확률은 비기억성 성질에 의하여 이틀 이상 더 사용할 확률과 동일하므로 구하고자 하는 확률은 $S(2) = e^{-\frac{2}{10}} = 0.8187$이다.

07-69

어떤 기계의 고장 나는 날의 간격이 $\lambda = 0.3$인 지수분포를 따른다고 한다.
(1) 이 기계가 고장 나는 날의 평균 간격을 구하라.
(2) 고장 나는 날의 간격에 대한 표준편차를 구하라.
(3) 고장 나는 날의 간격에 대한 중앙값을 구하라.
(4) 기계가 수리된 후 다시 고장 나기까지 적어도 일주일 이상 사용할 확률을 구하라.
(5) 기계를 5일 동안 정상적으로 사용했을 때, 고장 나기까지 적어도 이틀 이상 사용할 확률을 구하라.

풀이 (1) 고장 날 때까지 기다리는 시간을 X라 하면, $\lambda = 0.3$이므로 X의 평균은 $\mu = \dfrac{1}{\lambda} = \dfrac{10}{3}$ 일이다.

(2) $\sigma^2 = \dfrac{1}{\lambda^2} = \left(\dfrac{10}{3}\right)^2$ 이므로 표준편차는 $\sigma = \dfrac{10}{3}$ 일이다.

(3) 분포함수는 $F(x) = P(X \le x) = \displaystyle\int_0^x 0.3\, e^{-0.3t}\, dt = \left[-e^{-0.3t} \right]_0^x = 1 - e^{-0.3x}$ 이므로

$$F(x_0) = 1 - e^{-0.3 x_0} = 0.5; \quad e^{-0.3 x_0} = 0.5; \quad -0.3 x_0 = \ln(0.5);$$

$$x_0 = -\frac{10}{3} \ln(0.5) = 2.3105 \ \ \text{즉,} \ \ M_e = 2.3105$$

(4) 기계가 수리된 후 다시 사용하여 고장 날 때까지 걸리는 시간은 동일한 지수분포를 따르므로 이 기계가 수리된 후 다시 고장 나기까지 적어도 일주일 이상 사용할 확률은

$$P(X > 7) = 1 - \left(1 - e^{-2.1}\right) = e^{-2.1} = 0.1225$$

(5) $P(X > 7 \mid X > 5) = P(X > 2) = e^{-0.6} = 0.5488$

07-70

어느 집단의 구성원이 사망할 때까지 걸리는 시간은 평균 60년인 지수분포를 따른다고 한다.

(1) 구성원을 임의로 선정하였을 때, 이 사람이 50세 이전에 사망할 확률을 구하라.

(2) 임의로 선정된 사람이 80세 이후까지 생존할 확률을 구하라.

(3) 임의로 선정된 사람이 40세까지 생존했을 때, 이 사람이 50세 이전에 사망할 확률을 구하라.

(4) (3)의 조건에 대하여, 이 사람이 80세까지 생존할 확률을 구하라.

풀이 (1) 구성원이 사망할 때까지 걸리는 시간을 확률변수 X 라 하면, 평균 60인 지수분포를 이루므로 X 의 확률밀도함수는 $f(x) = \dfrac{1}{60} e^{-\frac{x}{60}}$, $x > 0$ 이고, 구하고자 하는 확률은 다음과 같다.

$$P(X < 50) = F(50) = 1 - e^{-\frac{5}{6}} = 0.5654$$

(2) 80세 이상 생존할 확률은 $P(X \geq 80) = S(80) = e^{-\frac{4}{3}} = 0.2636$ 이다.

(3) 임의로 선정된 사람이 40세 이상 생존할 확률은

$P(X \geq 40) = S(40) = e^{-\frac{4}{6}} = 0.5134$ 이고, 따라서 이 조건 아래서 이 사람이 50세 이전에 사망할 조건부 확률은 다음과 같다.

$$P(X < 50 \mid X \geq 40) = \frac{P(X < 50 \,,\, X \geq 40)}{P(X \geq 40)} = \frac{P(40 \leq X < 50)}{P(X \geq 40)}$$

$$= \frac{1}{0.5134} \int_{40}^{50} \frac{1}{60} e^{-\frac{x}{60}} \, dx = \frac{0.0788}{0.5134} = 0.1535$$

(4) (2)에서 80세 이상 생존할 확률은 0.2636이고, (3)에서 40세 이상 생존할 확률은 0.5134이다. 따라서 구하고자 하는 확률은

$$P(X \geq 80 \mid X \geq 40) = \frac{P(X \geq 80)}{P(X \geq 40)} = \frac{0.2636}{0.5134} = 0.5134 \text{이다.}$$

07-71

어떤 질병에 감염되어 증세가 나타날 때까지 걸리는 시간은 평균 38일이고, 감염기간은 지수분포를 따른다고 한다.

(1) 이 질병에 감염된 환자가 25일 안에 증세를 보일 확률을 구하라.

(2) 적어도 30일 동안 이 질병에 대한 증세가 나타나지 않을 확률을 구하라.

풀이 (1) 질병의 증세가 나타날 때까지 걸리는 시간을 확률변수 X 라고 하면, 평균 38인 지수분포를 따르므로 X 의 확률밀도함수는 $f(x) = \dfrac{1}{38} e^{-\frac{x}{38}}$, $x > 0$ 이고, 구하려는 확률은

$$P(X < 25) = F(25) = 1 - e^{-\frac{25}{38}} = 0.4821$$

(2) 30일 안에 증세가 나타날 확률은 $P(X < 30) = F(30) = 1 - e^{-\frac{30}{38}} = 0.5459$ 이고, 따라서 적어도 30일 안에 증세가 나타나지 않을 확률은 0.4541이다.

07-72

전화 교환대에 1분당 평균 2번의 비율로 신호가 들어오고 있으며, 교환대에 도착한 신호의 횟수는 푸아송과정을 따른다고 한다.

(1) 푸아송 과정의 비율 λ 를 구하라.

(2) 교환대에 들어오는 두 신호 사이의 평균시간을 구하라.

(3) 2분과 3분 사이에 신호가 없을 확률을 구하라.

(4) 교환원이 교환대에 앉아서 3분 이상 기다려야 첫 번째 신호가 들어올 확률을 구하라.

(5) 처음 2분 동안 신호가 없으나 2분과 4분 사이에 4건의 신호가 있을 확률을 구하라.

(6) 처음 신호가 15초 이내에 들어오고, 그 이후 두 번째 신호가 들어오기까지 3분 이상 걸릴 확률을 구하라.

풀이 (1) 1분당 평균 2인 비율의 푸아송과정을 따르므로 푸아송과정의 비율은 $\lambda = 2$ 이다.

(2) 교환대에 들어오는 두 신호 사이의 대기시간을 T 라 하면, $T \sim \mathrm{Exp}(\lambda)$ 이므로 T 는 모수 2인 지수분포를 따른다. 따라서 T 의 평균 시간은 $E(T) = \dfrac{1}{2} = 0.5$ 이다.

(3) 2분과 3분 사이에 들어온 신호의 횟수는 $N(3) - N(2) = N(1)$ 은 모수 $\lambda t = 2t$ 인 푸아송분포를 따르므로 $N(1) \sim P(2)$ 이다. 따라서 2분과 3분 사이에 들어온 신호가 없을 확률은 $P(N(1) = 0) = e^{-2} = 0.1353$ 이다.

(4) 신호가 들어올 때까지 대기시간은 $T \sim \mathrm{Exp}(2)$이므로 생존함수는 $S(x) = e^{-2x}$, $x > 0$이고, 따라서 구하고자 하는 확률은 $P(X \geq 3) = S(3) = e^{-2 \times 3} = e^{-6}$ $= 0.0025$이다.

(5) $P(N(2) = 0,\, N(4) - N(2) = 4) = P(N(2) = 0)\, P(N(4) - N(2) = 4)$
$$= P(N(2) = 0)\, P(N(2) = 4)$$

이고, 처음 2분 안에 교환대에 들어온 신호의 횟수 $N(2)$는 모수 $\lambda t = 2t = 4$인 푸아송분포를 따르므로 $N(2) \sim P(4)$이다. 따라서 구하고자 하는 확률은 푸아송 분포표로부터 다음과 같다.

$$P(N(2) = 0,\, N(4) - N(2) = 4) = P(N(2) = 0)\, P(N(2) = 4)$$
$$= 0.018 \times (0.629 - 0.433) = 0.00035$$

(6) 처음 신호가 들어올 때까지 걸린 시간을 T_1, 처음 신호 이후 다음 신호가 들어올 때까지 걸린 시간을 T_2라 하면, T_1과 T_2는 독립인 지수분포 $\mathrm{Exp}(2)$를 따르므로 분포함수는 $F(x) = 1 - e^{-2x}$, $x > 0$이고 생존함수는 $S(x) = e^{-2x}$, $x > 0$이다. 따라서 구하고자 하는 확률은 다음과 같다.

$$P\left(T_1 < \frac{1}{4},\, T_2 > 3\right) = P\left(T_1 < \frac{1}{4}\right) P(T_2 > 3) = F\left(\frac{1}{4}\right) S(3)$$
$$= \left(1 - e^{-2 \times \frac{1}{4}}\right) \times e^{-2 \times 3} = 0.3935 \times 0.0025 = 0.00098$$

07-73

소재생산공정을 거쳐 판넬생산공정으로 이동하는 자동차 차체 생산라인의 판넬생산공정에 도착하는 판넬이 1시간당 평균 1.625의 비율인 푸아송과정을 따라 도착한다고 한다.

(1) 푸아송 과정의 비율 λ를 구하라.
(2) 판넬생산공정에 도착하는 두 판넬 사이의 평균 시간을 구하라.
(3) 판넬생산공정에 도착하는 두 판넬 사이의 시간이 적어도 1시간일 확률을 구하라.
(4) 4시간 동안에 도착한 판넬의 수에 대한 분포를 구하라.
(5) 4시간 동안에 적어도 3개의 판넬이 도착할 확률을 구하라.

풀이 (1) 판넬이 시간당 평균 1.625의 비율인 푸아송과정을 따라 도착하므로 푸아송과정의 비율은 $\lambda = 1.625$이다.

(2) 판넬생산공정에 도착하는 두 판넬 사이의 대기시간을 T라 하면, $T \sim \mathrm{Exp}(\lambda)$이

므로 T는 모수 1.625인 지수분포를 따른다. 따라서 T의 평균 시간은 $E(T) = \dfrac{1}{1.625} = 0.6154$이다.

(3) $T \sim \text{Exp}(1.625)$이므로 생존함수는 $S(x) = e^{-1.625x}$, $x > 0$이고, 따라서 구하고자 하는 확률은 $P(X \geq 1) = S(1) = e^{-1.625} = 0.1969$이다.

(4) t 시간 동안 도착한 판넬의 수 $N(t)$는 모수 $\lambda t = 1.625t$인 푸아송분포를 따르므로 $N(4) \sim P(6.5)$이다.

(5) $N(4) \sim P(6.5)$이므로 푸아송분포표로부터 $P(X \geq 3) = 1 - P(X \leq 2) = 1 - 0.043 = 0.957$이다.

07-74

가격이 200(천 원)인 프린터의 수명은 평균 2년인 지수분포를 따른다. 구매한 날로부터 1년 안에 프린터가 고장이 나면 제조업자는 구매자에게 전액을 환불하고, 2년 안에 고장이 나면 반액을 환불할 것을 약속했다. 만일 제조업자가 100대를 판매하였다면, 환불로 인하여 지급해야 할 평균 금액은 얼마인가?

풀이 프린터의 수명을 X라고 하면, X의 확률밀도함수는 $f(x) = \dfrac{1}{2} e^{-\frac{x}{2}}$, $x > 0$이다. 한편 프린터가 1년 이내에 고장 날 확률과 1년 이후로 2년 안에 고장 날 확률은 각각 다음과 같다.

$$P(X \leq 1) = \int_0^1 \frac{1}{2} e^{-\frac{x}{2}} dx = 1 - e^{-\frac{1}{2}} = 0.3935,$$

$$P(1 < X \leq 2) = \int_1^2 \frac{1}{2} e^{-\frac{x}{2}} dx = e^{-\frac{1}{2}} - e^{-1} = 0.2387$$

이제 판매한 100대의 프린터에 대한 환불 금액을 각각 Y_1, Y_2, $\cdots$, Y_{100}이라 하면, 주어진 조건에 의하여 이 확률변수들은 독립이고 동일한 확률함수

$$P(Y_i = y) = \begin{cases} 0.2387, & y = 100 \\ 0.3935, & y = 200, \\ 0.3678, & y = 0 \end{cases} \quad i = 1, 2, \cdots, 100$$

를 갖는다. 그러므로 $i = 1, 2, \cdots, 100$에 대하여

$$E(Y_i) = 0.2387 \times 100 + 0.3935 \times 200 + 0.3678 \times 0 = 102.57$$

이고, 따라서 환불해야 할 평균 금액은 $\displaystyle\sum_{i=1}^{100} E(Y_i) = 100 \times 102.57 = 10{,}257$(천 원)이다.

07-75

보험계리인은 10년 전에 작성된 종합가계보험증권에 대하여 지급 요구된 보험금액에 대한 연구를 재조사한 결과, 지급 요구된 보험금이 10,000(천 원)보다 작을 확률이 0.25이고, 보험금의 크기는 지수분포를 따른다는 결론을 얻었다. 또 이 보험계리인은 「현재의 보험금액은 인플레이션에 의하여 10년 전에 만들어진 보험금의 두 배」라는 차이 이외에 10년 전의 상황과 동일하다고 주장하였다. 이 보험계리인의 주장에 따라 현재에 작성된 보험증권에 대하여 지급 요구된 보험금액이 10,000(천 원)보다 작을 확률을 구하라.

풀이 10년 전에 지급 요구된 보험금액을 확률변수 X라 하면, X는 모수 λ인 지수분포를 따른다. 또한 $P(X < 10000) = 0.25$이므로

$$P(X < 10000) = \int_0^{10000} \lambda e^{-\lambda x}\, dx = 1 - e^{-10000\lambda} = 0.25$$

이고, 따라서

$$e^{-10000\lambda} = 0.75;\quad 10000\lambda = -\log 0.75 = 0.2877;\quad \lambda = 0.00002877$$

그러므로 X의 확률밀도함수는 $f(x) = 0.00002877\, e^{-0.00002877\, x}$, $x > 0$이다. 한편 현재의 보험금액은 인플레이션에 의하여 10년 전에 비하여 두 배로 증가하였으므로, 구하고자 하는 확률은 다음과 같다.

$$P(2X < 10000) = P(X < 5000)$$
$$= \int_0^{5000} 0.00002877\, e^{-0.00002877\, x}\, dx = 1 - e^{-0.14385} = 0.133982$$

07-76

지수분포의 변형인 다음과 같은 확률밀도함수를 가지는 확률분포를 모수 λ와 θ인 라플라스분포(Laplace distribution)라 한다.

$$f(x) = \frac{1}{2}\lambda e^{-\lambda|x - \theta|},\; -\infty < x < \infty$$

(1) X의 분포함수를 구하라.
(2) X의 확률밀도함수와 분포함수를 그려라.
(3) $\lambda = 3$, $\theta = 1$일 때, $P(X \le 0)$을 구하라.
(4) (3)의 조건에서 $P(X \le 2)$를 구하라.
(5) (3)의 조건에서 $P(0 \le X \le 2)$를 구하라.

풀이 (1) $x < \theta$ 에 대하여 $|x-\theta| = -(x-\theta)$ 이므로

$$F(x) = \int_{-\infty}^{x} f(t)\,dt = \frac{1}{2}\lambda \int_{-\infty}^{x} e^{\lambda(t-\theta)}\,dt$$

$$= \left[\frac{1}{2}\lambda\,\frac{1}{\lambda}\,e^{\lambda(t-\theta)} \right]_{-\infty}^{x} = \frac{1}{2}e^{\lambda(x-\theta)} = \frac{1}{2}e^{-\lambda(\theta-x)}$$

$x > \theta$ 에 대하여 $|x-\theta| = x-\theta$ 이므로

$$F(x) = \int_{-\infty}^{x} f(t)\,dt = \frac{1}{2}\lambda \int_{-\infty}^{\theta} e^{\lambda(t-\theta)}\,dt + \frac{1}{2}\lambda \int_{\theta}^{x} e^{-\lambda(t-\theta)}\,dt$$

$$= \frac{1}{2} + \left[\frac{1}{2}\lambda\left(-\frac{1}{\lambda}\right)e^{-\lambda(t-\theta)} \right]_{\theta}^{x} = \frac{1}{2} + \frac{1}{2}\left(1 - e^{-\lambda(x-\theta)}\right) = 1 - \frac{1}{2}e^{-\lambda(x-\theta)}$$

(2) X 의 확률밀도함수 $f(x)$ 와 분포함수 $F(x)$ 의 그림은 각각 다음과 같다.

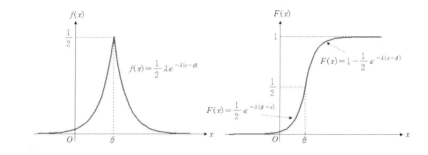

(3) $\lambda = 3,\ \theta = 1$ 이면

$$F(x) = \begin{cases} \dfrac{1}{2}e^{-3(1-x)} & ,\ x < 1 \\[2mm] 1 - \dfrac{1}{2}e^{-3(x-1)} & ,\ x \geq 1 \end{cases}$$

이고 $P(X \leq 0) = F(0) = \dfrac{1}{2}e^{-3} = 0.0249$ 이다.

(4) $P(X \leq 2) = F(2) = 1 - \dfrac{1}{2}e^{-3} = 0.9751$

(5) $P(0 \leq X \leq 2) = F(2) - F(0) = 0.9751 - 0.0249 = 0.9502$

07-77

임의의 양수 a, b 에 대하여 모수 λ 인 지수분포를 따르는 확률변수 X 는 다음 성질을 가짐을 보여라.

$$P(X > a+b \,|\, X > a) = P(X > b)$$

풀이 $P(X > a+b \,|\, X > a) = \dfrac{P(X > a,\ X > a+b)}{P(X > a)}$

$$= \frac{P(X > a+b)}{P(X > a)} = \frac{1 - F(a+b)}{1 - F(a)} = \frac{e^{-\lambda(a+b)}}{e^{-\lambda a}} = e^{-\lambda b}$$

이고, 또한 $P(X > b) = 1 - F(b) = e^{-\lambda b}$ 이므로 문제의 성질이 성립함을 알 수 있다.

07-78

$X \sim \Gamma(2, 1)$ 에 대하여, 다음을 구하라.

(1) X 의 확률밀도함수   (2) $\mu - E(X)$

(3) $\sigma^2 = Var(X)$ (4) $P(X < 2)$

풀이 (1) $f(x) = \dfrac{1}{\Gamma(2) \times 1^2}\, x^{2-1}\, e^{-\frac{x}{1}} = x\, e^{-x}$, $\quad 0 < x < \infty$

(2) $\mu = E(X) = 2 \times 1 = 2$

(3) $\sigma^2 = Var(X) = 2 \times 1^2 = 2$

(4) $P(X < 2) = \displaystyle\int_0^2 x\, e^{-x}\, dx = \left[-(x+1)e^{-x} \right]_0^2 = 1 - 3e^{-2} = 0.5994$

07-79

$X \sim \chi^2(12)$ 에 대하여, 다음을 구하라.

(1) $\mu = E(X)$ (2) $\sigma^2 = Var(X)$

(3) $P(X > 5.23)$ (4) $P(X < 21.03)$

(5) $\chi^2_{0.995}(12)$ (6) $\chi^2_{0.005}(12)$

풀이 (1) 자유도가 $r = 12$ 이므로 $\mu = E(X) = 12$

(2) $\sigma^2 = Var(X) = 2 \times 12 = 24$

(3) 카이제곱분포표로부터 $P(X > 5.23) = 0.95$

(4) 카이제곱분포표로부터 $P(X > 21.03) = 0.05$이므로

$$P(X < 21.03) = 1 - P(X > 21.03) = 1 - 0.05 = 0.95$$

(5) $\chi^2_{0.995}(12) = 3.07$

(6) $\chi^2_{0.005}(12) = 28.30$

07-80

$X \sim \chi^2(10)$에 대하여, $P(X < a) = 0.05$, $P(a < X < b) = 0.90$을 만족하는 상수 a 와 b 를 구하라.

풀이 $P(X < a) = 1 - P(X > a) = 0.05$이므로 $P(X > a) = 0.95$이고, $X \sim \chi^2(10)$이므로 $P(X > a) = 0.95$를 만족하는 상수 a 는 $a = 3.94$이다. 또한 $P(a < X < b) = P(X < b) - P(X < a) = P(X < b) - 0.05 = 0.90$이므로 $P(X < b) = 0.95$이고 $P(X > \chi^2_{0.05}) = 0.05$를 만족하는 $\chi^2_{0.05} = 18.31$이다. 따라서 구하고자 하는 b 는 $b = 18.31$이다.

07-81

어느 상점에 매시간 평균 30명의 손님이 푸아송과정을 따라서 찾아온다고 한다.
(1) 상점 주인이 처음 두 손님을 맞이하기 위하여 5분 이상 기다릴 확률을 구하라.
(2) 처음 두 손님을 맞이하기 위하여 3분에서 5분 정도 기다릴 확률을 구하라.

풀이 (1) 매시간 평균 30명의 손님이 상점을 찾아오므로 1분당 평균 $\frac{30}{60} = \frac{1}{2}$ 명의 손님이 상점을 찾아온다. 한편 이 상점을 찾아오는 손님의 수는 푸아송과정을 따르며, 손님 두 명이 찾아올 때까지 기다리는 시간을 X 라 하면, X는 모수 $\alpha = 2$, $\beta = 2$ 인 감마분포 $\Gamma(2,2)$를 따른다. 그러므로 X의 확률밀도함수는 $f(x) = \dfrac{1}{\Gamma(2)\,2^2} x^{2-1} e^{-\frac{x}{2}} = \dfrac{x}{4} e^{-\frac{x}{2}}$, $0 < x < \infty$ 이고, 구하고자 하는 확률은 다음과 같다.

$$P(X \geq 5) = \int_5^\infty \frac{x}{4} e^{-\frac{x}{2}} dx = -\frac{1}{2}\left[(x+2)e^{-\frac{x}{2}}\right]_5^\infty = \frac{7}{2}e^{-\frac{5}{2}} = 0.2873$$

(2) $P(3 \leq X \leq 5) = \int_3^5 \frac{x}{4} e^{-\frac{x}{2}} dx = -\frac{1}{2}\left[(x+2)e^{-\frac{x}{2}}\right]_3^5$

$$= -\frac{7}{2}e^{-\frac{5}{2}} + \frac{5}{2}e^{-\frac{3}{2}} = 0.2705$$

07-82

전화 교환대에 1분에 평균 3건의 전화가 푸아송과정을 따라 걸려온다. 네 번째 전화가 걸려올 때까지 기다리는 시간을 X라 할 때,

(1) X의 확률밀도함수를 구하라.

(2) 네 번째 전화가 걸려올 때까지 기다리는 평균 시간과 분산을 구하라.

(3) 5분 이상 기다려야 네 번째 전화가 걸려올 확률을 구하라.

풀이 (1) 1분에 평균 3건의 전화가 푸아송과정을 따라 걸려오므로, X는 모수 $\alpha = 4$, $\beta = \frac{1}{3}$인 감마분포 $\Gamma\left(4, \frac{1}{3}\right)$를 따른다. 그러므로 X의 확률밀도함수는 다음과 같다.

$$f(x) = \frac{1}{\Gamma(4)(1/3)^4} x^{4-1} e^{-3x} = \frac{27}{2} x^3 e^{-3x}, \quad 0 < x < \infty$$

(2) $\mu = \alpha\beta = \frac{4}{3}$, $\sigma^2 = \alpha\beta^2 = \frac{4}{9}$

(3) $P(X \geq 5) = \int_5^\infty \frac{27}{2} x^3 e^{-3x} dx = -\frac{1}{2}\left[(9x^3 + 9x^2 + 6x + 2)e^{-3x}\right]_5^\infty$

$$= 691 e^{-15} = 0.0002$$

07-83

어느 특정 지역에서 발생하는 교통사고 발생 시간 X(월)는 확률밀도함수 $f(x) = 3e^{-3x}$, $0 < x < \infty$를 갖는다고 한다. 이때 처음 두 건의 사고가 첫 번째 달과 두 번째 달 사이에 발생할 확률을 구하라. 단, 첫 번째 사고와 두 번째 사고 사이의 시간은 첫 번째 사고가 발생할 시간과 독립이고 동일한 지수분포를 따른다.

풀이 첫 번째가 사고가 발생할 때까지 걸리는 시간을 X_1 그리고 첫 번째 사고와 두 번

사고 사이의 시간을 X_2 라 하면, $X_i \sim \mathrm{Exp}(3)$(이때, $i = 1, 2$)이고 독립이다. 그러면 두 번째 사고가 발생할 때까지 걸리는 시간 $S = X_1 + X_2$ 는 $\alpha = 2$, $\beta = \dfrac{1}{3}$ 인 감마분포를 따르고, 따라서 S의 확률밀도함수는

$$f_S(x) = \frac{1}{\Gamma(2)(1/3)^2} x^{2-1} \exp\left(-\frac{x}{1/3}\right) = 9\,x\,e^{-3x}\,,\ x > 0$$

이다. 그러므로 구하고자 하는 확률은 다음과 같다.

$$P(1 < S < 2) = \int_1^2 9\,x\,e^{-3x}\,dx = \left[(-1)(3x+1)e^{-3x}\right]_1^2$$
$$= 4e^{-3} - 7e^{-6} = 0.1818$$

07-84

보험회사에 청구되는 보험금 신청 횟수는 푸아송 과정을 따르며, 연속적인 청구 사이의 평균 시간은 이틀이라고 한다.

(1) 3일 동안 적어도 한 건의 보험금 청구가 신청될 확률을 구하라.

(2) 두 번째 보험금 신청이 4일째에 나타날 확률을 구하라.

풀이 (1) 보험금을 신청하는데 소요되는 시간이 평균 2일이므로 하루 당 $\lambda = \dfrac{1}{2}$ 이고, 따라서 보험금 신청횟수 $N(t)$는 평균 비율 $\lambda = \dfrac{1}{2}$ 인 푸아송과정을 따른다. 즉,

$$P(N(t) = x) = \frac{(t/2)^x}{x!}\,e^{-\frac{t}{2}},\ t \geq 0$$

이다. 따라서

$$P(N(3) = 0) = \frac{(3/2)^0}{0!}e^{-\frac{3}{2}} = e^{-1.5} = 0.2231$$

이고, 구하고자 하는 확률은 다음과 같다.

$$P(N(3) \geq 1) = 1 - P(X(3) = 0) = 1 - 0.2231 = 0.7769$$

(2) 두 번째 보험금이 신청될 때까지 경과 시간 X는 모수 $\alpha = 2$와 $\beta = 2$인 감마분포를 따르므로 확률밀도함수는 $f(x) = \dfrac{x}{4}e^{-\frac{x}{2}}$, $x \geq 0$ 이다. 따라서 구하고자 하는 확률은 다음과 같다.

$$P(3 < X < 4) = \int_3^4 \frac{x}{4}e^{-\frac{x}{2}}\,dx = \left[-\frac{1}{2}(x+2)e^{-\frac{x}{2}}\right]_3^4$$

$$= \frac{5}{2}e^{-\frac{3}{2}} - 3e^{-2} = 0.5578 - 0.4060 = 0.1518$$

07-85

어느 특정 지역에 푸아송 비율 $\lambda = 1$을 따라 매일 이민을 온다고 하자.

(1) 10번째 이민자가 도착할 때까지 걸리는 평균 시간을 구하라.

(2) 10번째와 11번째 이민자 사이의 경과 시간이 이틀을 초과할 확률을 구하라.

풀이 (1) 10번째 이민자가 도착할 때까지 걸리는 시간 X는 모수 $\alpha = 10$과 $\beta = 1$인 감마 분포를 따르므로 $\mu = \alpha\beta = 10$, 즉 평균 시간은 10일이다.

(2) 10번째와 11번째 이민자 사이의 경과 시간 T는 모수 $\lambda = 1$인 지수분포를 따르므로 $P(T > 2) = e^{-2} = 0.1353$이다.

07-86

우리나라 동남부 지역은 매년 2건의 비율로 지진이 일어나며, 지진 발생 횟수는 푸아송과 정을 따른다고 한다.

(1) $t = 0$ 이후 3번째 지진이 발생할 때까지 걸리는 시간에 대한 확률분포를 구하라.

(2) 3번째 지진이 $t = 0.5$와 $t = 1.5$ 사이에 발생할 확률을 구하라.

풀이 (1) 지진이 관측된 이후로 다음 지진이 관측될 때까지 걸리는 시간 T는 모수 $\lambda = 2$ 인 지수분포를 따르므로 3번째 지진이 발생할 때까지 걸리는 시간 X는 $\alpha = 3$과 $\beta = \frac{1}{2}$인 감마분포를 따르므로 확률밀도함수는 다음과 같다.

$$f(x) = \frac{1}{\Gamma(3)(1/2)^3}x^{3-1}\exp\left(-\frac{x}{1/2}\right) = 4x^2 e^{-2x}, \ x > 0$$

(2) $t = 0.5$와 $t = 1.5$ 사이에 3번째 지진이 발생할 확률은 다음과 같다.

$$P(0.5 < X < 1.5) = \int_{0.5}^{1.5}f(x)\,dx = \int_{0.5}^{1.5}4x^2 e^{-2x}\,dx$$

$$= \left[-(2x^2 + 2x + 1)e^{-2x}\right]_{0.5}^{1.5} = 0.4965$$

07-87

보험계리인은 지난해의 자료를 분석한 결과, 보험회사에 가입한 보험가입자들로부터 청구되는 보험금 신청횟수는 푸아송 과정을 따르며, 한 보험가입자로부터 보험금 신청이 있은 후 다음번 신청까지 평균적으로 3일이 소요된다는 결론을 얻었다.

(1) 이틀 동안 보험금 청구가 신청되지 않을 확률을 구하라.

(2) 적어도 두 건의 보험금 청구가 이틀 안에 이루어질 확률을 구하라.

(3) 세 번째 보험금 신청이 4일째에 나타날 확률을 구하라.

풀이 (1) 보험금 신청 사이의 소요시간이 평균 3일이므로 하루 당 신청비율은 $\lambda = \frac{1}{3}$ 이고, 따라서 보험금 신청횟수 $N(t)$는 평균 비율 $\lambda = \frac{1}{3}$ 인 푸아송 과정을 따른다. 즉, $P(N(t) = n) = \frac{(t/3)^n}{n!} e^{-\frac{t}{3}}$, $t > 0$ 이다. 그러므로 구하고자 하는 확률은 다음과 같다.

$$P(N(2) = 0) = e^{-\frac{2}{3}} = 0.5134$$

(2) 이틀 동안에 한 건의 보험금 신청이 있을 확률은 $P(N(2) = 1) = \frac{2}{3} e^{-\frac{2}{3}} = 0.3423$이므로, 구하고자 하는 확률은 다음과 같다.

$$P(N(2) \geq 2) = 1 - \{P(X(2) = 0) + P(X(2) = 1)\}$$
$$= 1 - (0.5134 + 0.3423) = 0.1443$$

(3) 세 번째 보험금이 신청될 때까지 경과 시간 X는 모수 $\alpha = 3$과 $\beta = 3$인 감마분포를 따르므로, 확률밀도함수는 $f(x) = \frac{1}{54} x^2 e^{-\frac{x}{3}}$, $x \geq 0$ 이다. 따라서 구하고자 하는 확률은

$$P(3 < X < 4) = \int_3^4 \frac{1}{54} x^2 e^{-\frac{x}{3}} dx = \left[-\frac{1}{54}(3x^2 + 18x + 54)e^{-\frac{x}{3}} \right]_3^4$$
$$= 0.9197 - 0.8494 = 0.0703$$

07-88

임의의 양수 α 에 대하여 $\Gamma(\alpha + 1) = \alpha \Gamma(\alpha)$가 성립한다. 이것을 이용하여, $X \sim \Gamma(\alpha, \beta)$에 대한 평균과 분산은 각각 $\mu = \alpha\beta$, $\sigma^2 = \alpha\beta^2$ 임을 보여라.

풀이 $X \sim \Gamma(\alpha, \beta)$이므로 X의 확률밀도함수는 $f(x) = \dfrac{1}{\Gamma(\alpha)\beta^\alpha} x^{\alpha-1} \exp\left(-\dfrac{x}{\beta}\right)$이다. 따라서

$$\mu = E(X) = \int_0^\infty x f(x)\,dx = \int_0^\infty \frac{x}{\Gamma(\alpha)\beta^\alpha} x^{\alpha-1} \exp\left(-\frac{x}{\beta}\right)dx$$

$$= \frac{1}{\Gamma(\alpha)\beta^\alpha} \int_0^\infty x^{(\alpha+1)-1} \exp\left(-\frac{x}{\beta}\right)dx$$

$$= \frac{\Gamma(\alpha+1)\beta}{\Gamma(\alpha)} \int_0^\infty \frac{1}{\Gamma(\alpha+1)\beta^{\alpha+1}} x^{(\alpha+1)-1} \exp\left(-\frac{x}{\beta}\right)dx$$

한편 마지막 피적분함수는 $X \sim \Gamma(\alpha+1, \beta)$의 확률밀도함수이므로 적분 결과는 1이다. 따라서 X의 평균은 $\mu = E(X) = \dfrac{\Gamma(\alpha+1)\beta}{\Gamma(\alpha)} = \dfrac{\alpha\Gamma(\alpha)\beta}{\Gamma(\alpha)} = \alpha\beta$이다. 또한 동일한 방법에 의하여 X^2의 기댓값은

$$E(X^2) = \int_0^\infty x^2 f(x)\,dx = \int_0^\infty \frac{x^2}{\Gamma(\alpha)\beta^\alpha} x^{\alpha-1} \exp\left(-\frac{x}{\beta}\right)dx$$

$$= \frac{1}{\Gamma(\alpha)\beta^\alpha} \int_0^\infty x^{(\alpha+2)-1} \exp\left(-\frac{x}{\beta}\right)dx$$

$$= \frac{\Gamma(\alpha+2)\beta^2}{\Gamma(\alpha)} \int_0^\infty \frac{1}{\Gamma(\alpha+2)\beta^{\alpha+2}} x^{(\alpha+2)-1} \exp\left(-\frac{x}{\beta}\right)dx$$

$$= \frac{\Gamma(\alpha+2)\beta^2}{\Gamma(\alpha)} = \alpha(\alpha+1)\beta^2$$

따라서 X의 분산은 $\sigma^2 = E(X^2) - E(X)^2 = \alpha(\alpha+1)\beta^2 - (\alpha\beta)^2 = \alpha\beta^2$이다.

07-89

어떤 기계의 부속품은 년 단위의 수명이 $\alpha=2$, $\beta=1.5$인 와이블 분포(Weibull Distributions)를 따른다고 한다. 이 기계를 처음 사용한 후 6개월 안에 고장 날 확률과 1년 이상 고장나지 않고 사용할 확률을 구하라.

풀이 기계 부속품의 수명을 X라 하면, 모수 $\alpha=2$, $\beta=1.5$인 와이블분포를 따르므로 분포함수는 $F(x) = 1 - e^{-(1.5x)^2}$이고, 6개월은 0.5년이므로 6개월 안에 고장날 확률은 다음과 같다.

$$P(X < 0.5) = F(0.5) = 1 - e^{-(1.5 \times 0.5)^2} = 1 - 0.5698 = 0.4302$$

또한 1년 이상 고장 나지 않고 사용할 확률은 $P(X \geq 1) = 1 - F(1) = e^{-(1.5 \times 1)^2} = 0.1054$ 이다.

07-90

X 는 모수 α, β 인 와이블분포를 따를 때,

(1) X의 중앙값 M_e 을 구하라.

(2) α 가 충분히 크면 M_e 는 어떤 값에 가까워지는가? 즉, $\displaystyle\lim_{\alpha \to \infty} M_e$ 를 구하라.

풀이 (1) $F(x_0) = 1 - e^{-(\beta x_0)^\alpha} = 0.5$; $e^{-(\beta x_0)^\alpha} = 0.5$; $x_0 = \dfrac{1}{\beta}[-\ln(0.5)]^{\frac{1}{\alpha}}$;

$M_e = \dfrac{1}{\beta}(\ln 2)^{\frac{1}{\alpha}}$

(2) $\displaystyle\lim_{\alpha \to \infty} M_e = \lim_{\alpha \to \infty} \dfrac{1}{\beta}(\ln 2)^{\frac{1}{\alpha}} = \dfrac{1}{\beta}$

07-91

어떤 고온에서 박테리아의 생존시간(분)은 모수 $\alpha = 3$, $\beta = 0.2$ 인 와이블 분포를 따른다고 한다.

(1) 분포함수 $F(x)$를 구하고, $P(X \leq 4)$를 구하라

(2) 생존함수 $S(x)$를 구하고, $P(X \geq 10)$을 구하라

(3) 실패율 함수 $h(x)$를 구하라.

(4) 생존시간에 대한 평균과 중앙값을 구하라.

(5) $F(x_0) = 0.95$를 만족하는 x_0을 구하고, x_0의 의미를 말하여라.

풀이 (1) 박테리아의 생존시간을 X라 하면, 모수 $\alpha = 3$, $\beta = 0.2$인 와이블분포를 따르므로 분포함수는 $F(x) = 1 - e^{-(x/5)^3}$, $x > 0$이고, $P(X \leq 4) = F(4) = 1 - e^{-(4/5)^3}$ $= 0.4727$이다.

(2) $S(x) = 1 - F(x) = 1 - \left(1 - e^{-(x/5)^2}\right) = e^{-(x/5)^2}$, $x > 0$이고, 따라서

$P(X \geq 10) = S(10) = e^{-(10/5)^2} = 0.0183$이다.

(3) $h(x) = \alpha \beta^\alpha x^{\alpha-1} = 3(0.2)^3 x^{3-1} = 0.024 x^2$, $x > 0$

(4) 평균 : $E(X) = \dfrac{1}{0.2}\,\Gamma\left(1 + \dfrac{1}{3}\right) = 5 \times \dfrac{1}{3} \times \Gamma\left(\dfrac{1}{3}\right) = \dfrac{5}{3} \times 2.6789 = 4.4648$

(컴퓨터 이용 계산)

중앙값 : $F(x_0) = 1 - e^{-(x_0/5)^3} = 0.5$; $e^{-(x_0/5)^3} = 0.5$;

$$-\left(\dfrac{x_0}{5}\right)^3 = \ln(0.5) = -\ln 2; \quad \dfrac{x_0}{5} = \sqrt[3]{\ln 2}; \quad x_0 = M_e = 5\sqrt[3]{\ln 2} = 4.42499$$

(5) $F(x_0) = 1 - e^{-(x_0/5)^3} = 0.95$; $e^{-(x_0/5)^3} = 0.05$;

$$-\left(\dfrac{x_0}{5}\right)^3 = \ln(0.05) = -2.9957; \quad x_0 = 5\sqrt[3]{2.9957} = 7.2078$$ 이고, 이것은 박테리

아의 95%가 약 7.2분 안에 죽는 것을 의미한다.

07-92

온도에 민감한 전기회로의 고장 시간(일)은 모수 $\alpha = 3$, $\beta = 0.5$인 와이블분포를 따른다고 한다.

(1) 고장 시간에 대한 중앙값을 구하라.

(2) 95% 유지할 생존시간을 구하라.

풀이 (1) 고장 시간을 X라 하면, 모수 $\alpha = 3$, $\beta = 0.5$인 와이블분포를 따르므로

$$F(x_0) = 1 - e^{-(x_0/2)^3} = 0.5; \ e^{-(x_0/2)^3} = 0.5;$$

$$-\left(\dfrac{x_0}{2}\right)^3 = \ln(0.5) = -\ln 2 \ ; \ 2x_0 = \sqrt[3]{\ln 2}; \quad x_0 = 2\sqrt[3]{\ln 2} = 1.77$$

(2) $F(x_0) = 1 - e^{-(x_0/2)^3} = 0.95; \ e^{-(x_0/2)^3} = 0.05;$

$$-\left(\dfrac{x_0}{2}\right)^3 = \ln(0.05) = -2.9957; \quad x_0 = 2\sqrt[3]{2.9957} = 2.8831(일)$$

07-93

$X \sim B(1, 2)$에 대하여, 다음을 구하라.

(1) X의 확률밀도함수

(2) $\mu = E(X)$

(3) $\sigma^2 = Var(X)$

(4) $P(X < 0.8)$

풀이 (1) $f(x) = \dfrac{\Gamma(3)}{\Gamma(1)\Gamma(2)} x^{1-1}(1-x)^{2-1} = 2(1-x), \quad 0 < x < 1$

(2) $\mu = E(X) = \dfrac{\alpha}{\alpha+\beta} = \dfrac{1}{3}$

(3) $\sigma^2 = Var(X) = \dfrac{\alpha\beta}{(\alpha+\beta)^2(\alpha+\beta+1)} = \dfrac{1}{18}$

(4) $P(X < 0.8) = \displaystyle\int_0^{0.8} 2(1-x)\,dx = \left[2\left(x - \dfrac{1}{2}x^2\right) \right]_0^{0.8} = 0.96$

07-94

금융 연구자들이 지속적으로 스톡옵션에 대한 모델을 연구한 결과, 특정한 날에 스톡 가격의 증가를 보인 스톡의 비율은 경제적 요인과 정치적 요인에 따른 모수 α와 β를 갖는 베타분포를 따른다는 사실을 발견하였다. 어느 날 연구자들은 내일의 적당한 모수 값은 $\alpha = 3.5$와 $\beta = 4.4$임을 예측하였다. 이 예측에 따라 내일 스톡 가격의 증가에 대한 평균 비율과 비율에 대한 분산을 구하라.

풀이 $E(X) = \dfrac{3.5}{3.5+4.4} = 0.4430,$

$Var(X) = \dfrac{3.5 \times 4.4}{(3.5+4.47)^2 \times (3.5+4.4+18)} = 0.0277$

07-95

다음 함수 $f(x)$에 대하여,
$$f(x) = \begin{cases} k\,x^2(1-x)^3, & 0 < x < 1 \\ 0, & \text{다른 곳에서} \end{cases}$$

(1) $f(x)$가 확률밀도함수이기 위한 상수 k를 구하라.
(2) $f(x)$가 베타분포 확률밀도함수이기 위한 두 모수 α와 β를 구하라.
(3) X의 평균 $\mu = E(X)$와 분산 $\sigma^2 = Var(X)$를 구하라.

풀이 (1) $\displaystyle\int_0^1 k\,x^2(1-x)^3\,dx = \left[\dfrac{k}{60}x^3(20 - 45x + 36x^2 - 10x^3) \right]_0^1 = \dfrac{k}{60} = 1$ 이므로

$k = 60$

(2) $60\,x^2(1-x)^3 = 60\,x^{3-1}(1-x)^{4-1}$ 이고 $\dfrac{\Gamma(3+4)}{\Gamma(3)\Gamma(4)} = 60$ 이므로 확률밀도함수는

$$f(x) = \frac{\Gamma(3+4)}{\Gamma(3)\Gamma(4)} x^{3-1} (1-x)^{4-1} \ , \ 0 < x < 1 \text{이다. 따라서 } \alpha = 3, \ \beta = 4 \text{이다.}$$

(3) $\mu = \dfrac{\alpha}{\alpha+\beta} = \dfrac{3}{7} = 0.4286$, $\sigma^2 = \dfrac{\alpha\beta}{(\alpha+\beta)^2(\alpha+\beta+1)} = \dfrac{12}{49 \times 8} = 0.0306$ 이다.

07-96

$\alpha > 1$, $\beta > 1$ 이면 베타분포 확률밀도함수 $f(x)$는 $x = \dfrac{\alpha-1}{\alpha+\beta-2}$ 에서 최대임을 보여라.

풀이 $\dfrac{\Gamma(\alpha+\beta)}{\Gamma(\alpha)\Gamma(\beta)}$ 이 상수이므로 함수 $h(x) = x^{\alpha-1}(1-x)^{\beta-1}$ 에 대하여 생각해도 무방하다. 함수 $h(x)$의 도함수를 구하면 $h'(x) = -x^{\alpha-2}(1-x)^{\beta-2}\{1 - \alpha + (\alpha+\beta-2)x\}$ 이므로 $0 < x < 1$에서 $h'(x) = 0$ 이라 하면, $x = \dfrac{\alpha-1}{\alpha+\beta-2}$ 이다. 한편 $0 < x < \dfrac{\alpha-1}{\alpha+\beta-2}$ 이면 $h'(x) > 0$ 이고, $\dfrac{\alpha-1}{\alpha+\beta-2} < x < 1$ 이면 $h'(x) < 0$ 이므로 $x = \dfrac{\alpha-1}{\alpha+\beta-2}$ 에서 $h(x)$는 극대이고 최대이다. 따라서 $x = \dfrac{\alpha-1}{\alpha+\beta-2}$ 에서 확률밀도함수 $f(x)$는 최대이다.

07-97

가능한 수입금에 대한 저축액의 비율 X가 베타분포 $B(2, 20)$을 따른다고 한다.

(1) X의 확률밀도함수를 구하라.
(2) X의 분포함수를 구하라.
(3) 확률밀도함수를 최대가 되는 x_0을 구하라.
(4) 가능한 수입금의 5% 이하를 저축할 확률을 구하라.
(5) 적어도 10% 이상을 저축할 확률을 구하라.

풀이 (1) $f(x) = \dfrac{\Gamma(22)}{\Gamma(2)\Gamma(20)} x(1-x)^{19} = 420\,x(1-x)^{19}$, $0 < x < 1$

(2) $F(x) = \displaystyle\int_0^x 420\,t(1-t)^{19}\,dt = 420\int_{1-x}^1 (u^{19} - u^{20})\,du$

$\qquad = \left[420\left(\dfrac{1}{20}u^{20} - \dfrac{1}{21}u^{21} \right) \right]_{1-x}^1 = 1 - (1+20x)(1-x)^{20}$, $0 < x < 1$

(3) 문제 07-96에 의하여 $x_0 = \dfrac{1}{20} = 0.05$ 이다.

(4) 수입금의 5% 이하를 저축할 확률

$$P(X \leq 0.05) = F(0.05) = 1 - (1 + 20 \times 0.05)(1 - 0.05)^{20} = 0.2830$$

(5) 수입금의 10% 이상을 저축할 확률은

$$P(X \geq 0.10) = 1 - F(0.1) = (1 + 20 \times 0.1)(1 - 0.1)^{20} = 0.3647 \, \text{이다.}$$

07-98

스프레이 모기약을 뿌린 후에 죽은 모기의 비율 X는 평균 0.6 표준편차 0.2인 베타분포를 따른다고 한다.

(1) 모수 α, β를 구하라.
(2) X의 확률밀도함수를 구하라.
(3) X의 분포함수를 구하라.
(4) 50% 이상을 모기가 죽을 확률을 구하라.

풀이 (1) $\mu = \dfrac{\alpha}{\alpha + \beta} = 0.6$, $\sigma^2 = \dfrac{\alpha\beta}{(\alpha+\beta)^2(\alpha+\beta+1)} = (0.2)^2 = 0.04$ 이고 $\dfrac{\alpha}{\alpha+\beta} = 0.6$

으로부터 $\alpha = 1.5\beta$ 이다. 따라서 $\dfrac{\alpha\beta}{(\alpha+\beta)^2(\alpha+\beta+1)} = \dfrac{1.5\beta^2}{(1.5\beta+\beta)^2(1.5\beta+\beta+1)}$

$= 0.04$ 로부터 $\beta = 2$, $\alpha = 3$ 이다.

(2) $f(x) = \dfrac{\Gamma(5)}{\Gamma(3)\Gamma(2)} x^2(1-x) = 12x^2(1-x)$, $0 < x < 1$

(3) $F(x) = \displaystyle\int_0^x 12t^2(1-t)\,dt = (4-3x)x^3$, $0 < x < 1$

(4) 50% 이상 모기가 죽을 확률 $P(X \geq 0.5) = 1 - F(0.5) = 1 - (4 - 3 \times 0.5)(0.5)^3$
    0.6875 이다.

07-99

$X \sim B(2, 2)$에 대하여 $Y = 5X + 2$라 할 때,

(1) 확률변수 Y의 상태공간을 구하라.
(2) Y의 평균과 분산을 구하라.
(3) $P(Y \leq 5)$를 구하라.

풀이 (1) $0 < x < 1$ 이므로 $y = 5x + 2$라 하면 $2 < y < 7$이다. 따라서 Y의 상태공간은

$S_Y = \{ y : 2 < y < 7 \}$ 이다.

(2) $\mu_X = \dfrac{\alpha}{\alpha+\beta} = \dfrac{2}{2+2} = 0.5$, $\sigma_X^2 = \dfrac{\alpha\beta}{(\alpha+\beta)^2(\alpha+\beta+1)} = \dfrac{2\times 2}{(2+2)^2 \times 2+2+1}$

$= 0.05$ 이므로 Y 의 평균과 분산은 각각 다음과 같다.

$$\mu_Y = E(Y) = E(5X+2) = 5\mu_X + 2 = 5\times 0.5 + 2 = 4.5,$$

$$\sigma_Y^2 = Var(Y) = Var(5X+2) = 25\sigma_X^2 = 25 \times 0.05 = 1.25$$

(3) $X \sim B(2, 2)$ 이므로 X 의 확률밀도함수는

$$f(x) = \frac{\Gamma(2+2)}{\Gamma(2)\Gamma(2)} x^{2-1}(1-x)^{2-1} = 6x(1-x), \ 0 < x < 1$$

이므로 구하고자 하는 확률은 다음과 같다.

$$P(Y \le 5) = P(5X+2 \le 5) = P(X \le 0.6) = \int_0^{0.6} 6x(1-x)\,dx = 0.648$$

07-100

$X \sim B(\alpha, \beta)$ 이면 $1-X \sim B(\beta, \alpha)$ 임을 보여라.

풀이 $X \sim B(\alpha, \beta)$ 이므로 X 의 확률밀도함수는 $f(x) = \dfrac{\Gamma(\alpha+\beta)}{\Gamma(\alpha)\Gamma(\beta)} x^{\alpha-1}(1-x)^{\beta-1}$,

$0 < x < 1$ 이다. 따라서 $\displaystyle\int_0^1 f(x)\,dx = \int_0^1 \dfrac{\Gamma(\alpha+\beta)}{\Gamma(\alpha)\Gamma(\beta)} x^{\alpha-1}(1-x)^{\beta-1}\,dx = 1$ 이 성

립한다. 이제 $y = 1-x$ 라 하면 $0 < y < 1$, $x = 0$ 이면 $y = 1$, $x = 1$ 이면 $y = 0$ 이다.

더욱이 $dy = -dx$ 이므로 위의 적분은

$$-\int_1^0 \frac{\Gamma(\alpha+\beta)}{\Gamma(\alpha)\Gamma(\beta)} (1-y)^{\alpha-1} y^{\beta-1}\,dy = \int_0^1 \frac{\Gamma(\beta+\alpha)}{\Gamma(\beta)\Gamma(\alpha)} (1-y)^{\alpha-1} y^{\beta-1}\,dy = 1$$

이고, 따라서 $Y = 1-X \sim B(\beta, \alpha)$ 이다.

07-101

확률변수 X 는 $\mu = 1$, $\sigma^2 = 1.5$ 인 로그정규분포를 따른다고 할 때, 다음을 구하라.

(1) $E(X)$ (2) $Var(X)$

(3) X 의 사분위수   (4) $P(4 \le X \le 6)$

풀이 (1) $\mu_X = \exp\left(\mu + \dfrac{\sigma^2}{2}\right) = \exp\left(1 + \dfrac{1.5}{2}\right) = e^{1.75} = 5.765$

(2) $\sigma_X^2 = \left(e^{\sigma^2} - 1\right)\exp(2\mu + \sigma^2) = \left(e^{1.5} - 1\right)e^{2+1.5} = 115.298$

(3) $x_{0.25} = e^{1 + 1.5 \times (-z_{0.25})} = e^{1 + 1.5 \times (-0.675)} = 0.9876$;

$x_{0.5} = e^{1 + 1.5 \times (-z_{0.5})} = e^{1 + 1.5 \times 0} = 2.7183$;

$x_{0.75} = e^{1 + 1.5 \times z_{0.25}} = e^{1 + 1.5 \times 0.675} = 7.482$

(4) $P(4 \leq X \leq 6) = F(6) - F(4) = P\left(Z < \dfrac{(\ln 6) - 4}{\sqrt{1.5}}\right) - P\left(Z < \dfrac{(\ln 4) - 4}{\sqrt{1.5}}\right)$

$= P(Z < -1.80) - P(Z < -2.13) = P(Z < 2.13) - P(Z < 1.80)$

$= 0.9834 - 0.9641 = 0.0193$

07-102

t-분포표를 이용하여 $T \sim t(12)$일 때, 다음을 구하라.

(1) $t_{0.1}(12)$ (2) $t_{0.01}(12)$

(3) $P(T \leq t_0) = 0.995$를 만족하는 t_0

풀이 (1) $P(T > t_{0.1}(12)) = 0.1$이므로 $t_{0.1}(12) = 1.356$

(2) $P(T > t_{001}(12)) = 0.01$이므로 $t_{0.01}(12) = 2.681$

(3) $P(T \leq t_0) = 0.995$이므로 $P(T > t_0) = 0.005$이고,

따라서 $t_0 = t_{0.005}(12) = 3.055$

07-103

F-분포표를 이용하여 $F \sim F(6, 8)$일 때, 다음을 구하라.

(1) $f_{0.01}(6, 8)$ (2) $f_{0.05}(6, 8)$

(3) $f_{0.90}(6, 8)$ (4) $f_{0.99}(6, 8)$

풀이 (1) $P(F > f_{0.01}(6, 8)) = 0.01$이므로 $f_{0.01}(6, 8) = 6.37$

(2) $P(F > f_{0.05}(6, 8)) = 0.05$이므로 $f_{0.05}(6, 8) = 3.58$

(3) $f_{0.90}(6, 8) = \dfrac{1}{f_{0.1}(8, 6)} = \dfrac{1}{2.98} = 0.3356$

(4) $f_{0.99}(6, 8) = \dfrac{1}{f_{0.01}(8, 6)} = \dfrac{1}{8.10} = 0.1235$

07-104

다음 표는 어느 보험회사에 청구된 청구금액과 청구수에 대한 표본이다. 청구금액이 로그정규분포를 따른다고 할 때,

(1) 예상되는 모수 μ 와 σ 를 구하라.

(2) 지급금이 4,000 이상일 확률을 구하라.

보험료 청구금액	0~500	500~ 1000	000~ 1500	500~ 2000	000~ 2500	500~ 3000	000~ 3500	3500~ 4000	4000~	합계
청구 수	3	26	34	21	8	5	2	1	0	100

풀이 (1) 우선 주어진 표의 각 보험료 청구 금액(계급값)에 대한 청구 수의 상대도수확률을 구한다.

청구액	250	750	1250	1750	2250	2750	3250	3750	4250	합계
확 률	0.03	0.26	0.34	0.21	0.08	0.05	0.02	0.01	0.00	1.00

그러면 평균 청구금액은

   평균 청구 금액 $= 250 \times 0.03 + 750 \times 0.26 + \cdots + 3750 \times 0.01 = 1415$

이고, 청구금액의 분산은

   청구 금액의 분산 $= 250^2 \times 0.03 + 750^2 \times 0.26 + \cdots + 3750^2 \times 0.01 - 1415^2$
   $$= 455275$$

이다. 그러므로

$$\exp\left(\mu + \frac{\sigma^2}{2}\right) = 1415$$

$$\exp(\sigma^2 + 2\mu)(\exp(\sigma^2) - 1) = 455275$$

$$\exp(\sigma^2) - 1 = \frac{455275}{1415^2} = 0.2274 \quad \text{또는} \quad \sigma^2 = \ln 1.2274 = 0.2049$$

따라서 $\sigma = \sqrt{0.2049} = 0.4527$ 이고, $\mu + \dfrac{0.2049}{2} = \ln 1415 = 7.2549$ 이므로 $\mu = 7.1525$ 이다.

(2) $X \sim \text{Lognormal}(7.1525, 0.2049)$이므로 $\ln X \sim N(7.1525, 0.2049)$이다.

$$P(X \geq 4000) = P(\ln X \geq \ln 4000) = P(\ln X \geq 8.294)$$

$$= P\left(\frac{\ln X - 7.1525}{0.4527} \geq \frac{8.294 - 7.1525}{0.4527} \right)$$

$$= P(Z \geq 2.52) = 1 - 0.9941 = 0.0059$$

07-105

전기장치에 연결된 두 성분의 수명을 각각 T_1, T_2(시간)이라 하자. 그리고 이 두 확률변수의 결합확률밀도함수는 $0 \leq t_1 \leq t_2 \leq L$에 의하여 정의되는 영역에서 균등분포를 따른다. 그리고 L은 양의 상수이다. 이때, $T_1^2 + T_2^2$의 기댓값을 구하라.

풀이   오른쪽에 주어진 그림과 같이 $0 \leq t_1 \leq t_2 \leq L$에 의하여 정의되는 영역에서 T_1과 T_2의 결합확률밀도함수가 균등분포를 이루므로, 결합확률밀도함수는

$$f(t_1, t_2) = \frac{2}{L^2}, \ 0 \leq t_1 \leq t_2 \leq L$$

이다. 따라서 $T_1^2 + T_2^2$의 기댓값은

$$E(T_1^2 + T_2^2) = \int_0^L \int_0^{t_2} (t_1^2 + t_2^2) \frac{2}{L^2} \, dt_1 \, dt_2$$

$$= \frac{2}{L^2} \int_0^L \frac{4}{3} t_2^3 \, dt_2 = \frac{2L^2}{3}$$

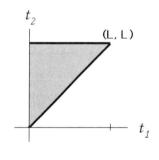

07-106

두 확률변수 X와 Y를 5년 주기 말에 두 주식의 가격을 나타내며, 또한 X는 구간 $(0, 12)$에서 균등분포를 따른다고 하자. 한편 $X = x$일 때, Y는 $(0, x)$에서 균등분포를 따른다고 한다. 공분산 $Cov(X, Y)$를 구하라.

풀이   문제의 조건에 의하여, X의 확률밀도함수는

$$f_1(x) = \frac{1}{12}, \quad 0 < x < 12$$

이고, $X = x$가 주어질 때 Y의 조건부 확률밀도함수는

$$f_2(y|x) = \frac{1}{x}, \quad 0 < y < x$$

이다. 따라서 X와 Y의 결합확률밀도함수는

$$f(x,y) = f_1(x) f_2(y|x) = \frac{1}{12x}, \quad 0 < y < x < 12$$

이다. 그러므로

$$E(X) = \int_0^{12} x f_1(x)\, dx = \int_0^{12} \frac{x}{12}\, dx = 6$$

$$E(Y) = \int_0^{12} \int_0^x y f(x,y)\, dy\, dx = \int_0^{12} \int_0^x \frac{y}{12x}\, dy\, dx = \frac{144}{48} = 3$$

$$E(XY) = \int_0^{12} \int_0^x xy f(x,y)\, dy\, dx = \int_0^{12} \int_0^x \frac{xy}{12x}\, dy\, dx = \frac{1728}{72} = 24$$

이고, 공분산은 다음과 같다.

$$Cov(X, Y) = E(XY) - E(X)E(Y) = 24 - 18 = 6$$

07-107

두 회로로 구성된 장치의 두 번째 회로는 첫 번째 회로의 백업용으로 첫 번째 회로가 고장 날 때 사용된다. 그리고 이 두 번째 회로가 고장날 때에 한하여 이 장치는 작동이 멈춘다고 한다. 첫 번째 회로와 두 번째 회로가 고장 나는 시간을 각각 X와 Y라 하면, X와 Y는 다음과 같은 결합확률밀도함수를 갖는다.

$$f(x, y) = \begin{cases} 6e^{-x-2y}, & 0 < x < y < \infty \\ 0, & \text{다른 곳에서} \end{cases}$$

이 장치가 멈추게 되는 평균 시간을 구하라.

풀이 백업용인 두 번째 회로가 고장날 경우에 한하여 이 장치가 멈추게 되므로 Y의 확률밀도함수를 먼저 구한다.

$$f_Y(y) = \int_0^y 6e^{-x-2y}\, dx = 6e^{-2y} - 6e^{-3y}, \; 0 < y < \infty$$

그러므로 Y의 평균은 다음과 같다.

$$E(Y) = \int_0^\infty y\left(6e^{-2y} - 6e^{-3y}\right) dy = 3\int_0^\infty 2ye^{-2y}\, dy - 2\int_0^\infty 3e^{-3y}\, dy$$

특히 $\displaystyle\int_0^\infty 2ye^{-2y}\,dy$와 $\displaystyle\int_0^\infty 3e^{-3y}\,dy$는 각각 모수 $\dfrac{1}{2}$과 $\dfrac{1}{3}$인 지수분포의 평균이므로 $\displaystyle\int_0^\infty 2ye^{-2y}\,dy = \dfrac{1}{2}$, $\displaystyle\int_0^\infty 3e^{-3y}\,dy = \dfrac{1}{3}$이다. 따라서 $E(Y) = 3\times\dfrac{1}{2} - 2\times\dfrac{1}{3}$ $= \dfrac{5}{6}$이다.

07-108

소송의뢰인은 보험대리인의 사무실 안에 있는 대기실에서 X분을 기다리고 Y분 동안 대리인과 면담을 하며, X와 Y는 다음과 같은 결합확률밀도함수를 갖는다.

$$f(x,\,y) = \begin{cases} \dfrac{1}{800}e^{-\frac{x}{40}}e^{-\frac{y}{20}}, & x>0,\ y>0 \\ 0 & ,\ 다른\ \ 곳에서 \end{cases}$$

의뢰인이 대리인의 사무실에서 60분 이하로 시간을 소비할 확률을 구하라.

풀이 사무실에서 소비한 총 시간이 60분 이하이므로 구하고자 하는 확률은 다음과 같다.

$$P(X+Y \le 60) = P(0 \le Y \le 60-X, 0 \le X \le 60)$$

$$= \int_0^{60}\int_0^{60-x} \frac{1}{800}e^{-\frac{x}{40}}e^{-\frac{y}{20}}\,dy\,dx$$

$$= \frac{1}{40}\int_0^{60}\left(e^{-\frac{x}{40}} - e^{-3+\frac{x}{40}}\right)dx = \frac{(e^{\frac{3}{2}}-1)^2}{e^3}$$

07-109

어느 전기장치의 구성요소가 고장나는 시간은 중앙값이 4개월인 지수분포를 따른다고 한다. 적어도 5개월 이상 고장없이 이 전기장치를 사용할 확률을 구하라.

풀이 이 장치가 고장 날 때까지 걸리는 시간을 X라 하면, 지수분포를 따르므로 $f(x) = \dfrac{1}{\theta}e^{-\frac{x}{\theta}}$, $x>0$이다. 따라서 X의 분포함수는 $F(x) = 1 - e^{-\frac{x}{\theta}}$이고, X의 중앙값이 4이므로 모수 θ는 다음과 같다.

$$0.5 = F(4) = 1 - e^{-\frac{4}{\theta}}; \quad e^{-\frac{4}{\theta}} = 0.5; \quad \theta = \frac{4}{\ln 2}$$

그러므로 5개월 이상 이 전기장치를 사용할 확률은 다음과 같다.

$$P(X \geq 5) = 1 - F(5) = e^{-\frac{5}{\theta}} = \exp\left(-\frac{5\ln 2}{4}\right) = 2^{-\frac{5}{4}}$$

07-110

보험회사는 보험증권 소지자가 입게 되는 손실을 보상해주는 자동차 보험증권을 판매하였으며, 이 증권은 자기부담금이 100천 원이다. 피보험자의 손실이 평균 300천 원인 지수분포를 따른다고 할 때, 자기부담금을 초과하는 실제 손실의 95 백분위수를 구하라.

풀이 피보험자의 실제 손실을 X 라 하면, 평균 300인 지수분포를 따르므로 X 의 분포함수는 $F(x) = 1 - e^{-\frac{x}{300}}$, $x > 0$ 이다. 이제 자기부담금 100을 초과하는 모든 클레임의 95백분위수를 m 이라 하면,

$$0.95 = \frac{P(100 < X < m)}{P(X > 100)} = \frac{F(m) - F(100)}{1 - F(100)}$$

$$= \frac{e^{-\frac{1}{3}} - e^{-\frac{m}{300}}}{e^{-\frac{1}{3}}} = 1 - e^{\frac{1}{3}} e^{-\frac{m}{300}}$$

이고, 따라서 $m = -300\ln\left(0.05 e^{-1/3}\right) = 998.72$ (천 원)이다.

07-111

장비의 어느 중요한 부품은 일찍이 고장에 대하여 보험에 가입되어 있다. 그리고 이 장비를 구입하여 고장이 날 때까지의 시간은 평균 10년인 지수분포를 따른다고 한다. 보험회사는 이 장비를 구입한 첫해에 고장이 나면 보험금 x 를 지급하며, 2년이나 3년 안에 고장이 나면 $\frac{x}{2}$ 를 지급하지만 3년이 지난 이후에 고장이 나면 보험금을 지급하지 않는 조건으로 보상보험을 계약하였다. 이 보험증권에 따라 평균 지급금액이 1,000이 되기 위한 x 를 구하라.

풀이 이 장비를 구입하여 고장 날 때까지 걸리는 시간을 T 라고 하자. 그러면 T 는 평균 10인 지수분포를 따른다. 보험회사로부터 지급될 보험금을 P 라 하면,

$$P = \begin{cases} x & , \ 0 \leq T \leq 1 \\ \dfrac{x}{2} & , \ 1 < T \leq 3 \\ 0 & , \ 3 < T \end{cases}$$

이다. 따라서

$$1000 = E(P) = \int_0^1 \frac{x}{10} e^{-\frac{t}{10}} \, dt + \int_1^3 \frac{x}{20} e^{-\frac{t}{10}} \, dt$$

$$= x \left(1 - \frac{1}{2} e^{-\frac{1}{10}} - \frac{1}{2} e^{-\frac{3}{10}} \right) = 0.1772 \, x$$

즉, $x = 5643.34$ 이다.

07-112

확률변수 X 와 Y 는 결합확률밀도함수

$$f(x, y) = e^{-(x+y)}, \ x > 0, \ y > 0$$

를 갖는 확률 손실이라고 하자. 그리고 보험증권은 $X + Y$ 를 변상하도록 계약이 되어 있다고 하자. 변상해야 할 보험금이 1보다 작을 확률을 구하라.

풀이 두 확률변수 X 와 Y 에 대하여

$$\{(x, y) : x + y < 1\} = \{(x, y) : 0 < y < 1 - x, 0 < x < 1\}$$

이므로 구하고자 하는 확률은 다음과 같다.

$$P(X + Y < 1) = \int_0^1 \int_0^{1-x} e^{-(x+y)} \, dy \, dx = 1 - 2e^{-1} = 0.2642$$

07-113

연초부터 고위험군 운전자가 사고를 내는 순간까지 걸리는 경과 시간 일수는 지수분포를 따른다고 한다. 보험회사는 고위험군 운전자의 30% 가 처음 50일 안에 사고를 일으킨다고 기대한다. 처음 80일 안에 사고를 낼 것으로 기대되는 고위험군 운전자의 비율을 구하라.

풀이 고위험군 운전자가 사고를 낼 때까지 걸리는 시간을 X 라 하면, 지수분포를 따르므로 $f(x) = \dfrac{1}{\theta} e^{-\frac{x}{\theta}}, \ x > 0$ 이다. 따라서 X 의 분포함수는 $F(x) = 1 - e^{-\frac{x}{\theta}}$ 이고

$$0.3 = P(X \leq 50) = F(50) = 1 - e^{-\frac{50}{\theta}}; \quad e^{-\frac{50}{\theta}} = 0.7;$$

$$-\frac{50}{\theta} = \ln(0.7); \quad \frac{1}{\theta} = -\frac{\ln(0.7)}{50}$$

이다. 그러므로 구하고자 하는 비율은 다음과 같다.

$$P(X \leq 80) = F(80) = 1 - \exp\left\{80 \times \frac{\ln(0.7)}{50}\right\}$$
$$= 1 - \exp\{\ln(0.7)^{8/5}\} = 1 - (0.7)^{\frac{8}{5}} = 0.4349$$

07-114

보험회사는 Basic과 Deluxe 두 가지 종류의 자동차 보험증권을 판매하고 있다. 다음번 Basic 증권에 대한 보험금 지급요구까지의 시간은 평균 2일인 지수분포를 따르고, 다음번 Deluxe 증권에 대한 보험금 지급요구까지의 시간은 3일인 지수분포를 따른다. 물론 이 두 종류의 보험증권은 서로 독립인 관계에 있다고 한다. 이때 다음번 지급요구가 Deluxe 증권에서 나타날 확률을 구하라.

풀이 다음번 Basic 증권에 대한 보험금 지급요구까지의 시간을 T_1 그리고 다음 번 Deluxe 증권에 대한 보험금 지급요구까지의 시간을 T_2 라고 하자. 그러면 T_1 과 T_2 는 각각 평균 2와 3인 독립 지수분포를 따르므로 이 두 변수의 결합확률밀도함수는

$$f(t_1, t_2) = \left(\frac{1}{2}e^{-\frac{t_1}{2}}\right)\left(\frac{1}{3}e^{-\frac{t_2}{3}}\right) = \frac{1}{6}e^{-\left(\frac{t_1}{2}+\frac{t_2}{3}\right)}, \quad 0 < t_1 < \infty, \, 0 < t_2 < \infty$$

따라서 구하고자 하는 확률은

$$P(T_2 < T_1) = \int_0^\infty \int_0^{t_1} \frac{1}{6}e^{-\left(\frac{t_1}{2}+\frac{t_2}{3}\right)} dt_2\, dt_1$$
$$= \frac{1}{2}\int_0^\infty \left(e^{-\frac{t_1}{2}} - e^{-\frac{5t_1}{6}}\right) dt_1 = 1 - \frac{3}{5} = 0.4$$

07-115

어떤 보험회사는 지진에 대한 보험을 제공한다. 연간 보험료는 평균 2인 지수분포를 따르고, 연간 보험금 청구는 평균 1인 지수분포를 따른다. 보험료와 지급 청구금액이 독립이라 할 때, 보험금에 대한 지급 청구액의 비율 X 의 확률밀도함수를 구하라.

풀이 연간 지급 청구액을 U, 연간 보험료를 V 라 하면, 이 두 확률변수는 독립이므로 결합확률밀도함수는

$$g(u,v) = e^{-u} \times \frac{1}{2} e^{-\frac{v}{2}} = \frac{1}{2} e^{-\left(u + \frac{v}{2}\right)}, \qquad 0 < u, v < \infty$$

이다. 한편 $X = \dfrac{U}{V}$ 의 분포함수는

$$F(X) = P(X \le x) = P\left(\frac{U}{V} \le x\right) = P(U \le Vx)$$

$$= \int_0^\infty \int_0^\infty g(u,v)\,du\,dv = \int_0^\infty \int_0^\infty \frac{1}{2} e^{-\left(u + \frac{v}{2}\right)}\,du\,dv$$

$$= \int_0^\infty \left(-\frac{1}{2} e^{-v\left(x + \frac{1}{2}\right)} + \frac{1}{2} e^{-\frac{v}{2}}\right) dv$$

$$= 1 - \frac{1}{2x+1}$$

이고, 확률밀도함수는 다음과 같다.

$$f(x) = \frac{d}{dx} F(x) = \frac{2}{(2x+1)^2}, \quad 0 < x < \infty$$

07-116

어떤 기계장치의 수명이 평균 1년인 지수분포 확률변수 X 에 대하여, 보험계리인은 확률변수 $Y = 10X^{0.8}$ 을 이용하여 장치의 수명을 계산한다. 이때, Y 의 확률밀도함수를 구하라.

풀이 X가 평균 1인 지수분포를 따르므로 확률밀도함수는 $f_X(x) = e^{-x}$, $x > 0$이다. 따라서 $Y = 10X^{0.8}$ 으로부터 $x = \left(\dfrac{y}{10}\right)^{\frac{10}{8}}$; $|J| = \left|\dfrac{dx}{dy}\right| = (0.1)^{\frac{5}{4}} \times \dfrac{5}{4} \times y^{\frac{1}{4}}$

그러므로 Y 의 확률밀도함수는 다음과 같다.

$$f_Y(x) = f_X\left[(0.1y)^{\frac{5}{4}}\right] \times |J| = \exp\left\{-(0.1y)^{\frac{5}{4}}\right\} \times (0.1)^{\frac{5}{4}} \times \frac{5}{4} \times y^{\frac{1}{4}}$$

$$= 0.125(0.1y)^{0.25} \exp\left\{-(0.1y)^{1.25}\right\}$$

07-117

어떤 회사는 두 개의 발전기를 가지고 있다. 각 발전기의 수명은 평균 10인 지수분포를 따른다. 그리고 한 발전기가 고장 나면 즉시 다른 발전기가 가동된다. 이때 발전기들이 전기를 생산하는 전체 시간의 분산을 구하라.

풀이 X와 Y를 두 개의 발전기가 작동하는 시간을 나타낸다고 하자. 그러면 이들 확률변수는 모수 $\dfrac{1}{10}$인 지수분포를 따르므로, 이들 확률변수들의 분산은

$$Var(X) = Var(Y) = 100$$

이다. 한편 X와 Y는 독립이므로 구하고자 하는 분산은 다음과 같다.

$$Var(X+Y) = Var(X) + Var(Y) = 100 + 100 = 200$$

07-118

모범 운전자와 난폭 운전자로부터 처음 지급요구가 들어올 때까지 대기시간은 독립이고, 각각 평균 6년과 3년인 지수분포를 따른다고 한다. 모범 운전자의 처음 지급요구가 3년을 꽉 채우고, 난폭 운전자의 처음 지급요구가 2년을 꽉 채울 확률은 얼마인가?

풀이 X를 모범 운전자의 최초 지급요구까지 걸리는 대기시간이라 하고, Y를 난폭 운전자의 최초 지급요구까지 걸리는 대기시간이라 하자. 그러면 X와 Y의 분포함수는 각각

$$F(x) = 1 - e^{-\frac{x}{6}}, \ x > 0, \quad G(y) = 1 - e^{-\frac{y}{3}}, \ y > 0$$

이다. 그러므로 구하고자 하는 확률은 다음과 같다.

$$
\begin{aligned}
P\{(X \le 3) \cap (Y \le 2)\} &= P(X \le 3)P(Y \le 2) \\
&= F(3)G(2) = \left(1 - e^{-\frac{1}{2}}\right)\left(1 - e^{-\frac{2}{3}}\right) \\
&= 1 - e^{-\frac{2}{3}} - e^{-\frac{1}{2}} + e^{-\frac{7}{6}}
\end{aligned}
$$

07-119

두 개의 중요 부품을 포함하는 어떤 장치는 이 두 부품이 모두 고장이 나는 경우에만 멈춘다고 한다. 그리고 이 두 부품의 수명 T_1 과 T_2 는 독립이고 평균 1인 지수분포를 따른다고 한다. 이 장치가 멈출 때까지 기계를 작동시키는 비용이 $X = 2T_1 + T_2$ 일 때, X 의 확률밀도함수를 구하라. 단, $x > 0$ 이다.

풀이 T_1 과 T_2 의 결합확률밀도함수는
$$f(t_1, t_2) = e^{-(t_1 + t_2)}, \quad t_1 > 0, t_2 > 0$$

이다. 한편 $x > 0$ 에 대하여 $x \geq 2t_1 + t_2$ 인 영역은 그림과 같다. 그러므로 X 의 분포함수와 확률밀도함수는 각각

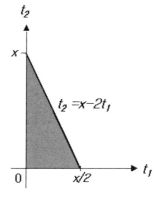

$$F(x) = P(X \leq x) = P(2T_1 + T_2 \leq x)$$
$$= \int_0^{\frac{x}{2}} \int_0^{x-2t_1} e^{-(t_1+t_2)} \, dt_2 \, dt_1$$
$$= 1 + e^{-x} - 2e^{-\frac{x}{2}}$$
$$f(x) = \frac{d}{dx} F(x) = e^{-\frac{x}{2}} - e^{-x}, \; x > 0$$

07-120

임의로 선정된 보험가입자의 연간 보험금 지급요구 건수 N 에 대한 다음 정보를 가지고 있다고 하자.
$$P(N = 0) = \frac{1}{2}, \; P(N = 1) = \frac{1}{3}, \; P(N = 2) = \frac{1}{6}$$

그리고 보험가입자가 1년간 보험금 지급을 요구한 전체 금액을 S 라고 하자. $N = 1$ 일 때, S 는 평균 5인 지수분포를 따르고, $N > 1$ 이면 S 는 평균 8인 지수분포를 따른다고 한다. 이때, 확률 $P(4 < S < 8)$ 을 구하라.

풀이 연간 보험금 지급요구 건수 N 에 대한 조건부 확률을 이용하면,

$$P(4 < S < 8) = P(4 < S < 8 | N = 1)P(N = 1) + P(4 < S < 8 | N > 1)P(N > 1)$$

$$= \frac{1}{3}\int_4^8 \frac{1}{5}e^{-\frac{x}{5}}\,dx + \frac{1}{6}\int_4^8 \frac{1}{8}e^{-\frac{x}{8}}\,dx$$

$$= \frac{1}{3}\left(e^{-\frac{4}{5}} - e^{-\frac{8}{5}}\right) + \frac{1}{6}\left(e^{-\frac{1}{2}} - e^{-1}\right) = 0.122$$

07-121

건강보험증권 소지자의 경험에 의한 건강 유지비용의 분포함수가 다음과 같다.

$$F(x) = \begin{cases} 1 - e^{-\frac{x}{100}}, & x > 0 \\ 0 & , \text{ 다른 곳에서} \end{cases}$$

자기부담금 20인 보험증권에 대하여 보험회사는 20에서 120 이하에서 건강 유지비용의 100%를 보상하고, 120을 넘는 비용에 대하여 50%를 보상한다. 보상금이 양수라는 조건 아래서 보상금의 분포함수를 G라 할 때, $G(115)$를 구하라.

풀이 자기부담금이 20이므로 건강 유지비용이 20보다 클 때, 보상금이 양수이고 지수분포의 비기억성 성질로부터 건강 유지비용이 20보다 큰 조건부분포는 건강 유지비용에 조건이 없는 분포와 동일하다. 한편

$$1 \times (120 - 20) + \frac{1}{2}(150 - 120) = 115$$

이므로 보상금 115는 건강 유지비용 150에 해당한다. 더욱이 자기부담금이 20이므로

$$G(115) = F(130) = 1 - e^{-\frac{130}{100}} = 0.727 \text{이다.}$$

07-122

어떤 남성은 자신의 40세 생일날 생명보험증권을 구입했는데, 이 증권은 50세 생일날 이전에 사망하면 5,000천 원을 지급하고 그렇지 않으면 0원을 지급하게 되어 있다. 그리고 피보험자와 동일한 해에 태어난 남성의 생존시간은 다음과 같은 분포함수를 갖는다.

$$F(x) = \begin{cases} 1 - e^{\frac{1 - (1.1)^x}{1000}}, & x > 0 \\ 0 & , x \le 0 \end{cases}$$

이 증권에 대하여 남성에게 지급될 평균 보험금을 구하라.

풀이 $P(50세 \ 이전에 \ 사망) = P(X < 50 | X > 40)$

$$= \frac{P(40 < X < 50)}{P(X > 40)} = \frac{F(50) - F(40)}{1 - F(40)}$$

$$= \frac{e^{\frac{1 - (1.1)^{40}}{1000}} - e^{\frac{1 - (1.1)^{50}}{1000}}}{e^{\frac{1 - (1.1)^{40}}{1000}}} = 1 - e^{\frac{(1.1)^{40} - (1.1)^{50}}{1000}}$$

$$= 1 - 0.9304 = 0.0696$$

이므로 기대 보험금은 $5000P(50세 \ 이전에 \ 사망) = 5000 \times 0.0696 = 347.96(천 \ 원)$
이다.

07-123

$X \sim \Gamma(2, 3)$에 대하여 $U = X + 0.5$이라 할 때, U의 기댓값과 분산을 구하라.

풀이 $\alpha = 2$, $\beta = 3$이고 $x_0 = 0.5$이므로 U의 기댓값은 $\mu_U = x_0 + \alpha\beta = 0.5 + 2 \times 3 = 6.5$
이고 분산은 $\sigma_U^2 = \alpha\beta^2 = 2 \times 3^2 = 18$이다.

07-124

추이감마분포 $U \sim \Gamma_{x_0}(\alpha, \beta)$에 대하여,

$$\mu_U = 5, \quad \sigma_U^2 = 9, \quad E[(U - \mu_U)^3] = 45$$

일 때, α, β 그리고 x_0을 구하라.

풀이 $\mu_U = 5$, $\sigma_U^2 = 9$, $E[(U - \mu_U)^3] = 45$이므로

$$x_0 = \mu_U - \frac{2(\sigma_U^2)^2}{E[(U - \mu_U)^3]} = 5 - \frac{2 \times 9^2}{45} = 5 - 3.6 = 1.4$$

$$\alpha = \frac{4(\sigma_U^2)^3}{E^2[(U - \mu_U)^3]} = \frac{4 \times 9^3}{45^2} = 1.44, \quad \beta = \frac{E[(U - \mu_U)^3]}{2\sigma_U^2} = \frac{45}{2 \times 9} = 2.5$$

07-125

양의 상수 a, b에 대하여 연속확률변수 X의 확률밀도함수가

$$f(x) = \frac{\Gamma(a+b)}{\Gamma(a)\,\Gamma(b)} x^{a-1}(1-x)^{b-1},\ 0 < x < 1$$

이라 한다. $a = 5$와 $b = 6$일 때, $(1-X)^{-4}$의 기댓값을 구하라.

풀이 $a = 5$와 $b = 6$에 대한 X의 확률밀도함수는

$$f(x) = \frac{\Gamma(11)}{\Gamma(5)\,\Gamma(6)} x^{a-1}(1-x)^{b-1} = \frac{10!}{4!\,5!} x^4 (1-x)^5$$

이므로 $(1-X)^{-4}$의 기댓값은 다음과 같다.

$$E\left[(1-X)^{-4}\right] = \frac{10!}{4!\,5!} \int_0^1 (1-x)^{-4} x^4 (1-x)^5\,dx = \frac{10!}{4!\,5!} \int_0^1 x^4 (1-x)\,dx$$

$$= \frac{10!}{4!\,5!} \frac{\Gamma(5)\,\Gamma(2)}{\Gamma(7)} = \frac{10!}{4!\,5!} \frac{4!\,1!}{6!} = \frac{10 \times 9 \times 8 \times 7}{120} = 42$$

07-126

어떤 회사가 전구의 한 달간 수명이 평균 3, 분산 1인 정규분포를 따르는 전구를 제품화한다. 한 손님이 전구가 끊어지면 곧바로 교체할 목적으로 이 회사의 전구를 산다고 하자. 각 전구의 수명이 독립적이라고 할 때, 적어도 0.9772인 확률을 가지고 40개월 이상 전구가 계속 빛을 발할 수 있도록 하려면 구매해야 할 최소의 전구 수는 몇 개인가?

풀이 $X_1, \cdots, X_n$을 구매한 n개 전구의 수명이라고 하자. 그러면 각 전구의 수명 X_k가 $N(3, 1)$에 따르므로 $S = X_1 + \cdots + X_n \sim N(3n, n)$이다. 그러면

$$P(S \geq 40) = P\left(\frac{S-3n}{\sqrt{n}} \geq \frac{40-3n}{\sqrt{n}}\right) \geq 0.9772$$

이고, 따라서 $\dfrac{40-3n}{\sqrt{n}} \leq -2$이어야 한다.

$$40 - 3n \leq -2\sqrt{n}\,;\ \ 3n - 2\sqrt{n} - 40 \geq 0\,;\ \ (3\sqrt{n}+10)(\sqrt{n}-4) \geq 0$$

이다. 그러므로 $\sqrt{n} \geq 4$ 즉, 최소의 n은 16이다.

07-127

자동차 보험증권에 대한 보험금 지급 요구액은 평균 $19,400$천 원, 표준편차 $5,000$천 원인 정규분포를 따른다. 무작위로 뽑은 25건의 지급 요구액의 평균이 $20,000$천 원을 초과할 확률을 구하라.

풀이 $X_1, \cdots, X_{25}$를 25건의 보험금 지급 요구액이라 하고, $\overline{X} = \dfrac{1}{25}(X_1 + \cdots + X_{25})$라고 하자. 그러면 $X_i \sim N(19400, 5000^2)$이므로 $\overline{X} \sim N(19400, 1000^2)$이다. 따라서

$$P(\overline{X} > 20000) = P\left(Z > \frac{20000 - 19400}{1000}\right) = P(Z > 0.6) = 0.2743 \text{이다.}$$

07-128

어떤 보험회사 A에는 내년까지 보험금 지급요청이 들어오지 않을 기회가 60%라고 한다. 그리고 1건 이상의 지급요청이 들어오면, 지급요청에 따른 전체 보험 지급액은 평균 $10,000$천 원, 표준편차 $2,000$천 원인 정규분포를 따른다고 한다. 한편 또 다른 보험회사 B에는 내년까지 보험금 지급요청이 들어오지 않을 기회가 70%이고, 역시 지급요청에 따른 전체 보험 지급액은 평균 $9,000$천 원, 표준편차 $2,000$천 원인 정규분포를 따른다고 알려져 있다. 두 회사의 보험 지급금은 독립이라고 할 때, 내년에 B 회사의 전체 지급금이 A 회사의 전체 지급금보다 많을 확률을 구하라.

풀이 I_A와 I_B를 각각 회사 A와 B에 보험금 지급요청이 들어올 사건이라 하고, X_A와 X_B를 각각 회사 A와 B에서 지급된 보험금이라고 하자. 그러면

$$X_A \sim N(10000, 2000^2), \quad X_B \sim N(9000, 2000^2)$$

이고, 두 확률변수는 독립이므로 $X_B - X_A$는 다음의 평균과 표준편차를 갖는 정규분포를 따른다.

$$E(X_B - X_A) = 9000 - 10000 = -1000$$

$$Var(X_B - X_A) = Var(X_B) + Var(X_A) = 2000^2 + 2000^2 = 8 \times 10^6$$

$$\sigma = \sqrt{Var(X_B) + Var(X_A)} = \sqrt{8 \times 10^6} = 2000\sqrt{2}$$

즉, $X_B - X_A \sim N(-1000, (2000\sqrt{2})^2)$이다. 그러므로

$$P(X_B - X_A > 0) = P\left(Z > \frac{1000}{2000\sqrt{2}}\right) = P\left(Z > \frac{1}{2\sqrt{2}}\right)$$

$$= P(Z > 0.354) = 0.362$$

이다. 한편 내년에 B 회사의 전체 지급금이 A 회사의 전체 지급금보다 많을 사건은
다음 두 가지를 고려할 수 있다. 우선 A 회사에 지급요청이 없고 B 회사에만 있는 경
우와 A와 B 회사 모두에 지급요청이 있으면서 B 회사의 전체 지급금이 A 회사보다
많은 경우이다. 따라서 구하고자 하는 확률은 다음과 같다.

$$P[(I_A^c \cap I_B) \cup \{(I_A \cap I_B) \cap (X_B > X_A)\}]$$

$$= P(I_A^c \cap I_B) + P\{(I_A \cap I_B) \cap (X_B > X_A)\}$$

$$= P(I_A^c) P(I_B) + P(I_A \cap I_B) P(X_B > X_A)$$

$$= P(I_A^c) P(I_B) + P(I_A) P(I_B) P(X_B > X_A)$$

$$= 0.60 \times 0.30 + 0.40 \times 0.30 \times 0.362$$

$$= 0.223$$

07-129

어떤 보험회사에서 내년에 낙후한 소방 시설을 수리할 때 보험금을 지급하는 보증보험을
판매한다고 하자. 그리고 증권 하나당 수리비용 X 는 구간 $[0, 5000]$ 안에서 지급되며, 확
률밀도함수는 이 구간에서 감소하는 직선이라고 한다.
(1) 한 증권에 대하여 지급되는 수리비용에 대한 확률밀도함수를 구하라.
(2) 보험회사로부터 지급되는 수리비용에 대한 평균과 분산을 구하라.
(3) 보험회사가 5,000개의 증권을 판매하였을 때, 수리비용으로 지급해야 할 총 보험금 S
   의 평균과 분산을 구하라. 단, 개별 보험가입자의 보험금 지급요청은 독립이다.
(4) 5,000개의 증권에 대한 총 보험급여금이 8,500,000 이하일 확률을 구하라.

풀이 (1) 수리비용 X 에 대한 확률밀도함수 $f(x)$ 는
구간 $[0, 5000]$ 에서 감소하는 직선이므로
다음 그림과 같다. 따라서 확률밀도함수
$f(x)$ 는

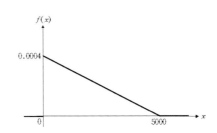

$$f(x) = \begin{cases} 0.0004 - (8 \times 10^{-8})x \,, & 0 \leq x \leq 5000 \\ 0 & , \ \text{다른 곳에서} \end{cases}$$

(2) X의 1차 적률과 2차 적률은

$$\begin{aligned} E(X) &= \int_0^{5000} x f(x) \, dx \\ &= \int_0^{5000} (0.0004x - 8 \times 10^{-8} x^2) \, dx = 1666.6667 \end{aligned}$$

$$\begin{aligned} E(X^2) &= \int_0^{5000} x^2 f(x) \, dx \\ &= \int_0^{5000} (0.0004x^2 - 8 \times 10^{-8} x^3) \, dx = 4.1667 \times 10^6 \end{aligned}$$

이고, 따라서 평균과 분산은

$$\mu_X = 1666.6667 \,, \quad \sigma_X^2 = 1388922.111$$

이다.

(3) 보험가입자 개개인에게 지급되는 수리비용을 X_i 라 하면, 보험회사가 지급해야 할 총 보험금은 $S = X_1 + \cdots + X_{5000}$ 이고 X_i들은 독립이므로, 총 보험금의 평균과 분산과 표준편차는 각각 다음과 같다.

$$\mu_S = 5000 \times 1666.6667 = 8333333.5,$$

$$\sigma_S^2 = 5000 \times 1388922.111 = 6944610555$$

$$\sigma_S = \sqrt{6944610555} = 83334.33$$

(4) 총 보험금 S는 평균 $8,333,333.5$ 분산 $6,944,610,555$인 정규분포에 근사하므로 구하고자 하는 확률은

$$\begin{aligned} P(S \leq 8500000) &= P\left(\frac{S - 8333333.5}{83334.33} \leq \frac{8500000 - 8333333.5}{83334.33} \right) \\ &\fallingdotseq P(Z \leq 2.0) = 0.9772 \end{aligned}$$

이다.

07-130

어떤 도시는 100명의 여성을 경찰로 추가 모집해 오고 있다. 이 도시는 정년퇴직할 때까지 경찰에 남아있는 여성 경찰에게 연금을 지급하며, 추가로 그 여성이 퇴직할 때 결혼을 유지한다면 추가의 연금을 남편에게 제공한다. 이때 보험회계사는 다음의 가정을 설정하였다.

(1) 신규 채용된 여성이 정년퇴직할 때까지 경찰일 확률은 0.4이다.

(2) 이 여성이 퇴직에 도달했다는 조건 아래서, 그녀가 퇴직할 때 결혼한 상태가 아닐 확률은 0.25이다.

(3) 이 여성을 위하여 제공될 연금의 수는 다른 채용 여성에게 제공될 연금의 수와 독립이다. 이 도시가 100명의 신규 채용된 여성과 남편에게 연금이 많아야 90건을 지급할 근사확률을 구하라.

풀이 새로 채용된 100명의 여자 경찰에 제공될 연금의 수를 X_i, $i = 1, 2, \cdots, 100,$ 이라 하자. 그러면 주어진 가정에 의하여, 각 확률변수 X_i 는 다음과 같이 정의된다.

$$X_i = \begin{cases} 0 \,, & \text{확률} \ \ 1 - 0.4 = 0.6 \\ 1 \,, & \text{확률} \ \ 0.4 \times 0.25 = 0.1 \\ 2 \,, & \text{확률} \ \ 0.4 \times 0.75 = 0.3 \end{cases}$$

따라서

$$E(X_i) = 0 \times 0.6 + 1 \times 0.1 + 2 \times 0.3 = 0.7$$

$$E(X_i^2) = 0^2 \times 0.6 + 1^2 \times 0.1 + 2^2 \times 0.3 = 1.3$$

따라서 $Var(X_i) = E(X_i^2) - E(X_i)^2 = 1.3 - (0.7)^2 = 0.81$ 이다. 한편 X_i 들은 독립이므로

$$S = X_1 + \cdots + X_{100} \text{ 은 평균}$$

$$\mu = E(S) = E(X_1) + \cdots + E(X_{100}) = 100 \times 0.7 = 70$$

분산

$$\sigma^2 = Var(S) = Var(X_1) + \cdots + Var(X_{100}) = 100 \times 0.81 = 81$$

인 정규분포에 근사한다. 따라서 연속성을 수정한 정규근사에 의하여 구하고자 하는 근사확률은 다음과 같다.

$$P(S \leq 90.5) = P\left(\frac{S - 70}{9} \leq \frac{90.5 - 70}{9} \right)$$

$$= P(Z \leq 2.28) = 0.99$$

07-131

각 기부자가 한 자선단체에 기부한 기부금이 독립이고 평균 $3,125$천 원과 표준편차 250천 원인 균등분포를 이루며, 이 자선단체는 $2,025$명의 기부자를 확보하였다고 한다. 이 자선단체에서 받은 전체 기부금의 90 백분위수의 근삿값을 구하라.

풀이 전체 기부금은

$$평균 : n\mu = 2025 \times 3125 = 6,328,125(천 원)$$

$$표준편차 : \sigma \sqrt{n} = 250 \times \sqrt{2025} = 11,250(천 원)$$

인 정규분포에 근사한다. 이제 90백분위수를 p 라 하면,

$$0.90 = P(X < p) = P\left(\frac{X - 6328125}{11250} < \frac{p - 6328125}{11250}\right)$$

$$= P\left(Z < \frac{p - 6328125}{11250}\right)$$

$$\simeq P(Z < 1.282)$$

이므로 p 는 다음과 같다.

$$\frac{p - 6328125}{11250} = 1.282 \; ; \; p = 6328125 + 1.282 \times 11250 = 6,342,548천 원$$

07-132

시력보호를 위한 보험증권 1,250개를 판매한 보험회사는 '이 보험증권의 보험금 지급요구 건수가 1년 동안 평균 2인 푸아송분포를 따른다.'는 사실을 알고 있다. 보험가입자 개개인의 지급요구 건수는 독립이라고 할 때, 1년간 전체 지급요구 건수가 2,450과 2,600 사이일 근사확률을 구하라.

풀이 1,250명의 보험가입자 개개인에 의하여 요구된 보험금 지급 건수를 $X_1, \cdots, X_{1250}$ 이라고 하자. 그러면 각 $X_i \sim P(2)$, $i = 1, 2, \cdots, 1250$ 이므로 $E(X_i) = Var(X_i) = 2$이다. 따라서 1,250명의 가입자에 의한 전체 지급요구 건수 $S = X_1 + \cdots + X_{1250}$ 의 평균과 분산은

$$E(S) = Var(S) = 2 \times 1250 = 2500$$

이고, 이 평균과 분산을 갖는 정규분포에 근사하므로 근사확률은 다음과 같다.

$$P(2450 < S < 2600) = P\left(\frac{2450 - 2500}{\sqrt{2500}} < \frac{S - 2500}{\sqrt{2500}} < \frac{2600 - 2500}{\sqrt{2500}}\right)$$

$$\simeq P\left(\frac{2450 - 2500 - 0.5}{\sqrt{2500}} < Z < \frac{2600 - 2500 + 0.5}{\sqrt{2500}}\right)$$

$$= P(-1.01 < Z < 2.01)$$

$$= P(Z < 2.01) - P(Z \le -1.01)$$

$$= 0.9772 + 0.8413 - 1 = 0.8185$$

07-133

자동차의 손실이 독립이고 0원 ~ 20,000천 원 사이에서 균등분포를 따른다고 보험회사에 보고되었으며, 이 보험회사는 5,000천 원 이하의 손실은 보험가입자가 손실을 보상하도록 약관에 규정하고 있다. 이 보험회사에 보고된 200건의 손실에 대한 총 지급금이 1,000,000천 원과 1,200,000천 원 사이일 확률을 구하라.

풀이 자동차 손실이 0원과 20,000천 원 사이에서 균등분포를 따르며, 손실이 5,000천 원 이하이면 보험회사가 보험금을 지급하지 않으므로 그 확률은 0.25이고, 그렇지 않은 경우에 지급금은 $U(0, 15000$천 원$)$이다. 따라서 지급금의 평균과 분산은 각각 다음과 같다.

$$E(X) = 0.25 \times 0 + 0.75 \times \frac{15000}{2} = 5625(천\ 원)$$

$$E(X^2) = 0.25 \times 0 + 0.75 \left(7500^2 + \frac{15000^2}{12}\right) = 56,250,000(천\ 원)$$

$$Var(X) = E(X^2) - E(X)^2 = 24,609,375(천\ 원)^2$$

그러므로 총 지급금 S는 점근적으로

$$평균 : \mu = 200 E(X) = 1,125,000(천\ 원)$$

$$표준편차 : \sigma = \sqrt{200\, Var(X)} = 70,156.08(천\ 원)$$

인 정규분포에 근사한다. 따라서 구하고자 하는 확률은 다음과 같다.

$$P(1,000,000 < S < 1,200,000)$$

$$= P\left(\frac{1000000 - 1125000}{70156.08} < Z < \frac{1200000 - 1125000}{70156.08}\right)$$

$$= P(-1.78 < Z < 1.07) = P(Z < 1.07) - P(Z \le -1.78)$$

$$= P(Z < 1.07) - \{1 - P(Z \le 1.78)\}$$

$$= 0.8577 - (1 - 0.9625) = 0.8202$$

07-134

건강보험증권에 대한 전체 보험금 지급액은 다음 확률밀도함수(지수분포)를 따른다.

$$f(x) = \frac{1}{1000} e^{-\frac{x}{1000}}, \quad x > 0$$

이 증권에 대한 보험료는 전체 보험금 지급액보다 100 많게 평가된다. 100개의 증권이 팔렸다면, 보험회사가 취득한 보험료보다 많은 지급요구를 받을 근사확률을 구하라.

풀이 보험료를 P 로 나타내면, 보험금 지급액 X 는 모수 1000인 지수분포를 따르므로 $E(X) = 1000$ 그리고 $\sigma = 1000$, $P = 100 + E(X) = 1100$ 이다. 따라서 100개의 증권이 팔렸다면 회사가 취득한 보험료는 $1,100(100) = 110,000$ 이다. 이제 전체 보험금 지급액을 S 라 하면, 100개의 보험금 지급액은 각각 독립이므로

$$E(S) = 100E(X) = 100,000, \quad Var(S) = 100\,Var(X) = 100,000,000$$

이다. 그러므로 S 는 평균 100,000 표준편차 10,000인 정규분포에 근사한다. 따라서 전체 지급 보험금이 취득한 보험료보다 많을 확률은 다음과 같다.

$$P(S \geq 110000) = 1 - P(S < 110000) = 1 - P\left(Z < \frac{110000 - 100000}{10000}\right)$$

$$= 1 - P(Z < 1) = 1 - 0.841 = 0.159$$

07-135

어떤 보험회사의 연간 신청된 보험청구 건수 N 은 $\mu = 500$ 인 푸아송분포를 따르고, 각 보험 청구에 대한 보험 지급금들은 독립이고 구간 $[0, 500]$ 에서 균등분포를 따른다.
(1) 한 달 동안 신청된 모든 보험금 청구에 따른 총 지급액 S 의 평균과 분산을 구하라.
(2) 이 회사가 한 달 동안 135,000 이하의 보험금을 지급할 근사확률을 구하라.

풀이 (1) 각 보험청구에 대한 보험 지급금 $X_i \ (i = 1,2,\cdots,N)$ 는 독립이고 균등분포 $X_i \sim U[0, 500]$ 이므로, 평균 $E(X) = \frac{500}{2} = 250$, 분산 $Var(X) = \frac{500^2}{12} = 20833.333$ 이다. 따라서 한 달 동안 신청된 건수 N 에 대한 총 지급액 $S = X_1 + X_2 + \cdots + X_N$ 의 평균과 분산은 각각 다음과 같다.

$$\mu_S = E(X)\,E(N) = 250 \times 500 = 125000$$

$$\sigma_S^2 = E(N)\, Var(X) + E(X)^2\, Var(N)$$

$$= 500 \times 20833.333 + 250^2 \times 500 = 41666666.5$$

(2) S는 (1)에서 구한 μ_S, σ_S^2을 모수로 갖는 정규분포에 근사하므로 구하고자 하는 근사확률은

$$P(S \le 135000) = P\left(\frac{S - 125000}{6454.97} \le \frac{135000 - 125000}{6454.97} \right)$$

$$\fallingdotseq P(Z \le 1.55) = 0.9394$$

이다.

표본분포

🔍 **주의** 특별히 언급이 없으면 확률표본은 단순무작위 복원추출하는 것으로 가정한다.

08-01

1, 2, 3의 번호가 적힌 공을 주머니에 넣고 복원추출로 임의로 두 개를 추출하여 표본을 만든다. 각각의 공이 나올 확률은 동일하게 $\frac{1}{3}$ 이다.

(1) 표본으로 나올 수 있는 모든 경우를 구하라.

(2) (1)에서 구한 각 표본의 평균을 구하라.

(3) 표본평균 $\overline{X}$의 확률분포를 구하라.

(4) 표본평균 $\overline{X}$의 평균과 분산을 구하라.

(5) 모집단분포의 평균과 분산을 구하라.

 풀이 (1) 복원추출로 두 개의 공을 꺼내므로 표본으로 나올 수 있는 모든 경우는 다음과 같다.

$$\{1, 1\}, \{1, 2\}, \{1, 3\}, \{2, 1\}, \{2, 2\}, \{2, 3\}, \{3, 1\}, \{3, 2\}, \{3, 3\}$$

(2) 9개의 표본평균을 구하면, 1, 1.5, 2, 2.5, 3 등이다.

(3) $i, j = 1, 2, 3$에 대하여 표본 $\{i, j\}$가 나올 확률은 곱의 법칙에 의해 $\frac{1}{3} \times \frac{1}{3} = \frac{1}{9}$ 이므로 각 표본과 표본평균의 확률분포는 다음과 같다.

표본	$\overline{x}$	$p(\overline{x})$
$\{1, 1\}$	1	$\dfrac{1}{9}$
$\{1, 2\}, \{2, 1\}$	1.5	$\dfrac{2}{9}$
$\{1, 3\}, \{2, 2\}, \{3, 1\}$	2	$\dfrac{3}{9}$
$\{3, 2\}, \{2, 3\}$	2.5	$\dfrac{2}{9}$
$\{3, 3\}$	3	$\dfrac{1}{9}$

(4) 표본평균 $\overline{X}$의 평균은 다음과 같다.

$$\mu_{\overline{X}} = 1 \times \frac{1}{9} + 1.5 \times \frac{2}{9} + 2 \times \frac{3}{9} + 2.5 \times \frac{2}{9} + 3 \times \frac{1}{9} = \frac{18}{9} = 2$$

또한

$$E(X^2) = 1^2 \times \frac{1}{9} + 1.5^2 \times \frac{2}{9} + 2^2 \times \frac{3}{9} + 2.5^2 \times \frac{2}{9} + 3^2 \times \frac{1}{9} = \frac{39}{9}$$

이므로 분산은 $\sigma_{\overline{X}}^2 = \dfrac{39}{9} - 2^2 = \dfrac{1}{3}$이다.

(5) $x = 1, 2, 3$에 대하여 모집단 확률변수 X는 이산균등분포를 이루므로 평균과 분산은 각각 다음과 같다.

$$\mu = \frac{1+3}{2} = 2, \ \sigma^2 = \frac{3^2 - 1}{12} = \frac{2}{3}$$

08-02

1학년 학생 1,500명 중에서 250명을 임의로 선정하여 조사한 결과, 11명이 자동차를 갖고 있다고 응답하였다. 자동차를 소유한 1학년 학생의 표본비율을 구하라.

풀이 250명 중에서 자동차를 소유한 학생이 11명이므로 표본비율은 $\dfrac{11}{250} = 0.044$이다.

08-03

이산균등분포 $X \sim DU(6)$를 따르는 모집단에서 크기 2인 표본을 임의로 추출한다. 물음에 답하라.

(1) 표본으로 나올 수 있는 모든 경우를 구하라.

(2) (1)에서 구한 각 표본의 평균을 구하라.

(3) 표본평균 $\overline{X}$의 확률분포를 구하라.

(4) 표본평균 $\overline{X}$의 평균과 분산을 구하라.

(5) 모집단분포의 평균과 분산을 구하라.

풀이 (1) 복원추출로 두 개를 꺼내므로 표본으로 나올 수 있는 모든 경우는 다음과 같다.

$$\{1,1\} \{1,2\} \{1,3\} \{1,4\} \{1,5\} \{1,6\} \{2,1\} \{2,2\} \{2,3\} \{2,4\} \{2,5\} \{2,6\}$$
$$\{3,1\} \{3,2\} \{3,3\} \{3,4\} \{3,5\} \{3,6\} \{4,1\} \{4,2\} \{4,3\} \{4,4\} \{4,5\} \{4,6\}$$
$$\{5,1\} \{5,2\} \{5,3\} \{5,4\} \{5,5\} \{5,6\} \{6,1\} \{6,2\} \{6,3\} \{6,4\} \{6,5\} \{6,6\}$$

(2) (1)에서 구한 36개의 표본평균을 구하면, 1, 1.5, 2, 2.5, 3, 3.5, 4, 4.5, 5, 5.5, 6이다.

(3) $i, j = 1, 2, 3, 4, 5, 6$에 대하여 복원추출로 표본 $\{i, j\}$가 나올 확률은 $\dfrac{1}{6} \times \dfrac{1}{6} = \dfrac{1}{36}$ 이므로 각 표본과 표본평균의 확률분포는 다음과 같다.

$\overline{x}$	1	1.5	2	2.5	3	3.5	4	4.5	5	5.5	6
$p_{\overline{X}}$	0.028	0.056	0.083	0.111	0.139	0.166	0.139	0.111	0.083	0.056	0.028

(4) 표본평균 $\overline{X}$의 평균은 $\mu_{\overline{X}} = \sum \overline{x}\, p_{\overline{x}} = 3.5$이고 분산은 $\sigma_{\overline{X}}^2 = 1.46$이다.

(5) $x = 1, 2, 3, 4, 5, 6$에 대하여 모집단 확률변수 X는 이산균등분포를 따르므로 평균과 분산은 각각 다음과 같다.

$$\mu = \frac{1+6}{2} = 3.5, \ \sigma^2 = \frac{6^2-1}{12} \approx 2.9167$$

08-04

전구를 생산하는 생산라인에서 하루 동안 발생하는 불량품의 수를 알아보기 위하여, 임의로 10일을 선택하여 발생한 불량품의 수를 조사한 결과 다음과 같았다. 이때 표본평균과 표본분산을 구하라.

0 3 1 3 4 2 0 1 1 2

풀이 표본평균 $\overline{x} = \dfrac{0+3+1+3+4+2+0+1+1+2}{10} = 1.7$

표본분산 $s^2 = \dfrac{1}{9} \sum (x_i - 1.7)^2 = \dfrac{17.3}{9} = 1.92$

08-05

대도시의 분주한 교차로를 통과하기 위하여 자동차들이 신호등 앞에서 대기하는 시간(단위; 분)을 조사하기 위하여 60개의 교차로를 임의로 선정하여 조사한 결과 다음 표와 같은 결과를 얻었다.

0.8	3.3	1.2	1.3	2.4	2.2	2.0	2.1	3.1	1.2	3.0	2.3	3.1	5.3	3.4
2.2	3.0	3.1	2.7	2.6	3.7	3.2	2.6	2.1	3.7	3.5	3.1	2.6	2.2	3.2
3.6	2.9	2.1	3.1	2.6	3.9	2.4	2.6	3.1	1.7	2.5	3.6	1.9	2.1	1.7
2.5	3.1	2.4	2.8	3.0	1.9	3.7	3.7	2.4	1.5	3.1	2.6	3.7	3.8	2.4

(1) 표본평균, 표본분산과 표본표준편차를 구하라.

(2) 표본으로 얻은 측정값에 대한 점도표와 줄기-잎 그림을 그려라.

풀이 (1) 표본평균 $\overline{x} = \dfrac{1}{60}\displaystyle\sum_{i=1}^{60} x_i = 2.71$, 표본분산 $s^2 = \dfrac{1}{59}\displaystyle\sum (x_i - 2.71)^2 = \dfrac{37.834}{59}$,

$= 0.6412$, 표본표준편차 $s = \sqrt{0.6412} = 0.8007$

(2)

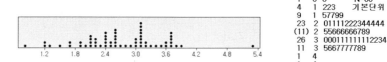

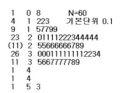

```
 1   0  8          N=60
 4   1  223        기본단위 0.1
 9   1  57799
23   2  01111222344444
(11)  2  55666666789
26   3  000111111112234
11   3  5667777789
 1   4
 1   4
 1   5  3
```

08-06

확률분포 $f(x) = \dfrac{1}{6}$, $x = 1, 2, \cdots, 6$을 갖는 모집단에서 크기 2인 표본을 임의 추출하였을 때, 표본평균의 확률분포와 평균 그리고 분산을 구하라.

풀이 모집단에서 임의 복원추출한 크기 2인 확률표본을 $\{X_1, X_2\}$라 하자. 그러면 X_1과 X_2는 독립이고, 따라서 다음과 같은 결합분포를 갖는다.

X_1 \ X_2	1	2	3	4	5	6	f_{X_1}
1	$\dfrac{1}{36}$	$\dfrac{1}{36}$	$\dfrac{1}{36}$	$\dfrac{1}{36}$	$\dfrac{1}{36}$	$\dfrac{1}{36}$	$\dfrac{1}{6}$
2	$\dfrac{1}{36}$	$\dfrac{1}{36}$	$\dfrac{1}{36}$	$\dfrac{1}{36}$	$\dfrac{1}{36}$	$\dfrac{1}{36}$	$\dfrac{1}{6}$
3	$\dfrac{1}{36}$	$\dfrac{1}{36}$	$\dfrac{1}{36}$	$\dfrac{1}{36}$	$\dfrac{1}{36}$	$\dfrac{1}{36}$	$\dfrac{1}{6}$
4	$\dfrac{1}{36}$	$\dfrac{1}{36}$	$\dfrac{1}{36}$	$\dfrac{1}{36}$	$\dfrac{1}{36}$	$\dfrac{1}{36}$	$\dfrac{1}{6}$
5	$\dfrac{1}{36}$	$\dfrac{1}{36}$	$\dfrac{1}{36}$	$\dfrac{1}{36}$	$\dfrac{1}{36}$	$\dfrac{1}{36}$	$\dfrac{1}{6}$
6	$\dfrac{1}{36}$	$\dfrac{1}{36}$	$\dfrac{1}{36}$	$\dfrac{1}{36}$	$\dfrac{1}{36}$	$\dfrac{1}{36}$	$\dfrac{1}{6}$
f_{X_2}	$\dfrac{1}{6}$	$\dfrac{1}{6}$	$\dfrac{1}{6}$	$\dfrac{1}{6}$	$\dfrac{1}{6}$	$\dfrac{1}{6}$	1

이고, 따라서 표본평균 $\overline{X} = \dfrac{X_1 + X_2}{2}$ 의 확률분포는

$\overline{X}$	1	1.5	2	2.5	3	3.5	4	4.5	5	5.5	6
$f_{\overline{X}}$	0.028	0.056	0.083	0.111	0.139	0.166	0.139	0.111	0.083	0.056	0.028

이고 $\overline{X}$ 의 평균과 분산은 각각 $E(\overline{X}) = 3.5$ 와 $Var(\overline{X}) = 1.46$ 이다.

08-07

확률분포 $f(1) = 0.6$, $f(2) = 0.4$ 를 갖는 모집단에서 크기 2인 표본을 임의 추출하였을 때, 표본평균의 확률분포와 평균 그리고 분산을 구하라.

풀이 모집단에서 임의 복원추출한 크기 2인 확률표본을 $\{X_1, X_2\}$ 라 하자. 그러면 X_1 과 X_2 는 독립이고, 따라서 다음과 같은 결합분포를 갖는다.

X_1 \ X_2	1	2
1	0.36	0.24
2	0.24	0.16

이고, 따라서 표본평균 $\overline{X} = \dfrac{X_1 + X_2}{2}$ 의 확률분포는

$\overline{X}$	1	1.5	2
$f_{\overline{X}}$	0.36	0.48	0.16

이고 $\overline{X}$의 평균과 분산은 각각 $E(\overline{X}) = 1.4$와 $Var(\overline{X}) = 0.12$이다.

08-08

모집단의 확률분포가 $p(1) = 0.8$, $p(2) = 0.2$인 양의 비대칭일 때, 이 모집단에서 크기 2인 표본을 임의로 추출한다. 물음에 답하라.

(1) 표본으로 나올 수 있는 모든 경우를 구하라.

(2) (1)에서 구한 각 표본의 평균을 구하라.

(3) 표본평균 $\overline{X}$의 확률분포를 구하라.

(4) 표본평균 $\overline{X}$의 평균과 분산을 구하라.

(5) 모집단분포의 평균과 분산을 구하라.

풀이 (1) 복원추출로 두 개를 꺼내므로 표본으로 나올 수 있는 모든 경우는 다음과 같다.

$$\{1,1\} \ \{1,2\} \ \{2,1\} \ \{2,2\}$$

(2) (1)에서 구한 4개의 표본평균을 구하면, 1, 1.5, 2이다.

(3) $\overline{x} = 1$인 경우, $\{1,1\}$이 나올 확률은 $0.8 \times 0.8 = 0.64$

$\overline{x} = 1.5$인 경우, $\{1,2\}$, $\{2,1\}$이 나올 확률은 $2 \times 0.8 \times 0.2 = 0.32$

$\overline{x} = 2$인 경우, $\{2,2\}$가 나올 확률은 $0.2 \times 0.2 = 0.04$

따라서 표본평균의 확률분포는 다음과 같다.

$\overline{x}$	1	1.5	2
$p_{\overline{X}}$	0.64	0.32	0.04

(4) 표본평균 $\overline{X}$의 평균은 $\mu_{\overline{X}} = \sum \overline{x} \, p_{\overline{x}} = 1.2$이고 분산은 $\sigma^2_{\overline{X}} = 0.08$이다.

(5) 모집단 확률변수 X의 평균과 분산은 각각 다음과 같다.

$$\mu = 1 \times 0.8 + 2 \times 0.2 = 1.2, \quad \sigma^2 = (1 - 1.2)^2 \times 0.8 + (2 - 1.2)^2 \times 0.2 = 0.16$$

08-09

$\mu = 50$이고 모표준편차가 다음과 같은 정규모집단에서 크기 25인 확률표본을 선정할 때, 표본평균이 49와 52 사이일 확률을 구하라.

(1) $\sigma = 4$ (2) $\sigma = 9$ (3) $\sigma = 12$

풀이 (1) $\sigma = 4$, $n = 25$이므로 표본평균은 평균 $\mu_{\overline{X}} = 50$, 표준편차 $\sigma_{\overline{X}} = \dfrac{4}{\sqrt{25}} = 0.8$인 정규분포를 따른다. 따라서 표본평균이 49와 52 사이일 근사확률은 다음과 같다.

$$P\left(49 < \overline{X} < 52\right) = P\left(\frac{49 - 50}{0.8} < Z < \frac{52 - 50}{0.8}\right)$$
$$= P(-1.25 < Z < 2.5)$$
$$= P(Z < 2.5) - \{1 - P(Z < 1.25)\}$$
$$= 0.9938 + 0.8944 - 1 = 0.8882$$

(2) $\sigma = 9$, $n = 25$이므로 표본평균은 평균 $\mu_{\overline{X}} = 50$, 표준편차 $\sigma_{\overline{X}} = \dfrac{9}{\sqrt{25}} = 1.8$인 정규분포를 따른다. 따라서 표본평균이 49와 52 사이일 근사확률은 다음과 같다.

$$P\left(49 < \overline{X} < 52\right) = P\left(\frac{49 - 50}{1.8} < Z < \frac{52 - 50}{1.8}\right)$$
$$= P(-0.56 < Z < 1.11)$$
$$= P(Z < 1.11) - \{1 - P(Z < 0.56)\}$$
$$= 0.8665 + 0.7123 - 1 = 0.5788$$

(3) $\sigma = 12$, $n = 25$이므로 표본평균은 평균 $\mu_{\overline{X}} = 50$, 표준편차 $\sigma_{\overline{X}} = \dfrac{12}{\sqrt{25}} = 2.4$인 정규분포를 따른다. 따라서 표본평균이 49와 52 사이일 근사확률은 다음과 같다.

$$P\left(49 < \overline{X} < 52\right) = P\left(\frac{49 - 50}{2.4} < Z < \frac{52 - 50}{2.4}\right)$$
$$= P(-0.42 < Z < 0.83)$$
$$= P(Z < 0.83) - \{1 - P(Z < 0.42)\}$$
$$= 0.7967 + 0.6628 - 1 = 0.4595$$

08-10

모평균 20, 모분산 25인 정규모집단에서 크기 36인 표본을 임의로 추출할 때, 다음을 구하라.

(1) 표본평균 $\overline{X}$의 표본분포

(2) 표본평균이 19.4 이상, 21.8 이하일 확률

(3) 표본평균과 모평균의 차의 절댓값이 1.5보다 클 확률

풀이 (1) 정규모집단 $N(20,\ 25)$에서 크기 $n = 36$인 표본을 추출하므로 표본평균의 표본
분포는 평균 20, 분산 $\dfrac{25}{36} = 0.833^2$인 정규분포 $\overline{X} \sim N(20,\ 0.833^2)$이다.

(2) 19.4와 21.8을 표준화하면 각각 다음과 같다.

$$z_l = \frac{19.4 - 20}{0.833} = -0.72,\ \ z_r = \frac{21.8 - 20}{0.833} = 2.16$$

따라서 구하고자 하는 확률은 다음과 같다.

$$
\begin{aligned}
P(19.4 \le \overline{X} \le 21.8) &= P(-0.72 \le Z \le 2.16) \\
&= P(Z \le 2.16) - P(Z \le -0.72) \\
&= P(Z \le 2.16) - \{1 - P(Z \le 0.72)\} \\
&= 0.9846 - (1 - 0.7642) = 0.7488
\end{aligned}
$$

(3) 구하고자 하는 확률은 $P(|\overline{X} - 20| > 1.5) = P(\overline{X} < 18.5) + P(\overline{X} > 21.5)$이다.
18.5와 21.5를 각각 표준화하면 $z = \dfrac{\pm 1.5}{0.833} = \pm 1.80$이므로 구하고자 하는 확률은
다음과 같다.

$$
\begin{aligned}
P(|\overline{X} - 20| > 1.5) &= 2P(Z > 1.8) = 2\{1 - P(Z \le 1.8)\} \\
&= 2(1 - 0.9641) = 0.0718
\end{aligned}
$$

08-11

어느 신용카드를 소지한 사람들이 한 달 동안 사용한 금액은 평균 185만 원, 모분산 900
(만 원)^{2}이라 하자. 카드 소지자 중에서 임의로 36명을 선정했을 때, 다음을 구하라.

(1) 평균 사용 금액의 표본분포

(2) 평균 사용 금액이 175만 원 이상, 200만 원 이하일 근사확률

(3) 평균 사용 금액이 173만 원 이하일 근사확률

풀이 (1) $n = 36 \geq 30$이므로 중심극한정리에 의하여 평균 사용금액은 $\overline{X} \approx N(185, 25)$
이다.

(2) 175와 200을 표준화하면 각각 다음과 같다.

$$z_l = \frac{175 - 185}{5} = -2, \ z_r = \frac{200 - 185}{5} = 3$$

따라서 구하고자 하는 확률은 다음과 같다.

$$P(185 \leq \overline{X} \leq 200) = P(-2 \leq Z \leq 3) = P(Z \leq 3) - \{1 - P(Z \leq 2)\}$$

$$\approx 0.9987 - (1 - 0.9772) = 0.9759$$

(3) 173을 표준화하면 $z = \frac{173 - 185}{5} = 2.4$이므로 구하고자 하는 확률은 다음과 같다.

$$P(\overline{X} \leq 173) = P(Z \leq -2.4) = 1 - P(Z \leq 2.4) \approx 1 - 0.9918 = 0.0082$$

08-12

$\mu = 50$이고 모표준편차 $\sigma = 5$인 정규모집단에서 다음과 같은 크기 n인 확률표본을 선정
할 때, 표본평균이 49와 51 사이일 확률을 구하라.

(1) $n = 16$ (2) $n = 49$ (3) $n = 64$

풀이 (1) $\sigma = 5$, $n = 16$이므로 표본평균은 평균 $\mu_{\overline{X}} = 50$, 표준편차 $\sigma_{\overline{X}} = \frac{5}{\sqrt{16}} = 1.25$인
정규분포를 따른다. 따라서 표본평균이 49와 51 사이일 근사확률은 다음과 같다.

$$P(49 < \overline{X} < 51) = P\left(\frac{49 - 50}{1.25} < Z < \frac{51 - 50}{1.25}\right) = P(-0.8 < Z < 0.8)$$

$$= 2\{P(Z < 0.8) - 0.5\} = 2(0.7881 - 0.5) = 0.5762$$

(2) $\sigma = 5$, $n = 49$이므로 표본평균은 평균 $\mu_{\overline{X}} = 50$, 표준편차 $\sigma_{\overline{X}} = \frac{5}{\sqrt{49}} \approx 0.71$인
정규분포를 따른다. 따라서 표본평균이 49와 51 사이일 근사확률은 다음과 같다.

$$P(49 < \overline{X} < 51) = P\left(\frac{49 - 50}{0.71} < Z < \frac{51 - 50}{0.71}\right) = P(-1.41 < Z < 1.41)$$

$$= 2\{P(Z < 1.41) - 0.5\} = 2(0.9192 - 0.5) = 0.8384$$

(3) $\sigma = 5$, $n = 64$이므로 표본평균은 평균 $\mu_{\overline{X}} = 50$, 표준편차 $\sigma_{\overline{X}} = \frac{5}{\sqrt{64}} = 0.625$인
정규분포를 따른다. 따라서 표본평균이 49와 51 사이일 근사확률은 다음과 같다.

$$P(49 < \overline{X} < 51) = P\left(\frac{49-50}{0.625} < Z < \frac{51-50}{0.625}\right) = P(-1.6 < Z < 1.6)$$
$$= 2\{P(Z < 1.6) - 0.5\} = 2(0.9452 - 0.5) = 0.8904$$

08-13

$\mu = 45$, $\sigma^2 = 9$인 정규모집단에서 크기 64인 표본을 임의로 추출한다. 표본평균이 어떤 상수 k보다 작을 확률이 0.95일 때, 상수 k를 구하라.

풀이 $\mu = 45$, $\sigma^2 = 9$이므로 $\dfrac{\sigma^2}{n} = \dfrac{9}{64}$이고, 표본평균의 확률분포는 $\overline{X} \sim N\left(45, \dfrac{9}{64}\right)$이다. 따라서 k에 대한 표준화 값은 $z = \dfrac{k-45}{3/8}$이다. $P(\overline{X} < k) = P(Z < z) = 0.95$, 즉 z는 표준정규분포에서 95백분위수이고, $z_{0.05} = 1.645$이므로 구하고자 하는 상수 k는 다음과 같다.

$$z = \frac{k-45}{3/8} = z_{0.05} = 1.645, \quad k = 45 + \frac{3 \times 1.645}{8} \approx 45.617$$

08-14

모분산이 $\sigma^2 = 36$인 정규모집단에서 크기 16인 표본을 임의로 추출할 때, $P(|\overline{X} - \mu| \geq 3)$를 구하라.

풀이 $\sigma^2 = 36$, $n = 16$이므로 $\dfrac{\sigma^2}{n} = 1.5^2$이고, 따라서 $Z = \dfrac{\overline{X} - \mu}{1.5} \sim N(0, 1)$이다. 그러므로 다음 확률을 얻는다.

$$P(|\overline{X} - \mu| \geq 3) = P\left(|Z| \geq \frac{3}{1.5}\right) = P(|Z| \geq 2) = 2P(Z \geq 2)$$
$$= 2\{1 - P(Z < 2)\} = 0.0456$$

08-15

모평균 $\mu = 20$, 모표준편차 $\sigma = 6$인 정규모집단에서 크기 n인 표본을 임의로 추출할 때, 표본표준편차가 1.5라 한다. 표본의 크기 n을 구하라.

풀이 $\sigma = 6$이므로 $\sigma^2 = 36$이고, $\sigma_{\overline{X}} = 1.5$이므로 표본평균의 분산은 $\sigma_{\overline{X}}^2 = 2.25$이다. 따라서 표본의 크기 n은 다음과 같다.

$$\sigma_{\overline{X}}^2 = \frac{\sigma^2}{n} = \frac{36}{n} = 2.25, \ n = \frac{36}{2.25} = 16$$

08-16

모평균 $\mu = 50$, 모표준편차 $\sigma = 9$인 정규모집단에서 크기 n인 표본을 임의로 추출하여, $E(\overline{X}) = 50$과 $Var(\overline{X}) = 0.45$를 얻었다고 한다. 표본의 크기 n을 구하라.

풀이 $Var(\overline{X}) = \dfrac{\sigma^2}{n} = \dfrac{81}{n} = 0.45$이므로 $n = \dfrac{8}{0.45} = 180$이다.

08-17

새로 개발한 신차의 연비가 평균 15km인 정규분포를 따른다고 한다. 크기 10인 표본을 임의로 추출하여 표본 조사할 때, 물음에 답하라.
(1) 표본평균에 대한 표본분포를 구하라.
(2) 무작위로 얻은 표본이 다음과 같을 때, 표본평균과 표본표준편차를 구하라(단, 단위는 km 이다).

       15.1 14.6 16.4 15.5 14.2 14.4 14.6 16.0 16.2 16.7

(3) (2)의 표본을 이용하여 표본평균이 상위 10%인 연비를 구하라.

풀이 (1) 모집단분포가 $\mu = 15$이지만 모분산을 모르는 정규분포이고 $n = 10$이므로 표본평균과 관련된 표본분포는 자유도 9인 t-분포이다. 즉, $T = \dfrac{\overline{X} - 15}{s / \sqrt{10}} \sim t(9)$이다.

(2) 선정된 표본에 대한 표본평균과 표본분산은 각각 다음과 같다.

$$\overline{x} = \frac{15.1 + 14.6 + \cdots + 16.7}{10} = 15.37$$

$$s^2 = \frac{1}{9} \sum_{i=1}^{10} (x_i - 15.37)^2 = \frac{7.501}{9} \approx 0.8334$$

그러므로 표본평균은 $\overline{x} = 15.37$이고 표본표준편차는 $s = \sqrt{0.8334} \approx 0.91$이다.

(3) 상위 10%인 연비를 x_0이라 하면 $P(\overline{X} \geq x_0) = 0.1$이고, $T = \dfrac{\overline{X} - 15}{0.91 / \sqrt{10}}$

$\sim t(9)$이므로 다음을 얻는다.

$$P(\overline{X} \geq x_0) = P\left(\frac{\overline{X} - 15}{0.91/\sqrt{10}} \geq \frac{x_0 - 15}{0.91/\sqrt{10}}\right) = P\left(T \geq \frac{x_0 - 15}{0.91/\sqrt{10}}\right) = 0.1$$

자유도 9인 t-분포표에서 상위 10%인 $t_{0.1} = 1.383$이므로 구하고자 하는 x_0은 다음과 같다.

$$\frac{x_0 - 15}{0.91/\sqrt{10}} = 1.383, \ x_0 = 15 + \frac{0.91 \times 1.383}{\sqrt{10}} \approx 15.4$$

08-18

우리나라 20세 이상 성인 남자의 혈중 콜레스테롤 수치는 평균 $\mu = 198$, 분산 $\sigma^2 = 36$인 정규분포를 따른다고 가정하자. 단, 단위는 $\mathrm{mg/dL}$이다.

(1) 임의로 1명을 선정하였을 때, 이 사람의 혈압이 196과 200 사이일 확률을 구하라.

(2) 100명을 임의로 선정하여 표본을 만들 때, 표본평균 $\overline{X}$의 표본분포를 구하라.

(3) (2)의 조건에서, 표본평균이 196과 200 사이일 확률을 구하라.

(4) (2)의 조건에서, 표본평균이 $\mu \pm \dfrac{\sigma}{5}$ 사이일 확률을 구하라.

풀이 (1) 임의로 선정한 사람의 혈압을 X라 하면 $X \sim N(198, 6^2)$이다. 따라서 구하고자 하는 확률은 다음과 같다.

$$\begin{aligned} P(196 < X < 200) &= P\left(\frac{196 - 198}{6} < Z < \frac{200 - 198}{6}\right) \\ &= P(-0.33 < Z < 0.33) \\ &= 2\{P(Z < 0.33) - 0.5\} = 2(0.6293 - 0.5) = 0.2586 \end{aligned}$$

(2) $\mu = 198$, $\sigma^2 = 36$, $n = 100$이고, $36/100 = 0.36 = 0.6^2$이므로 $\overline{X} \sim N(198, 0.6^2)$이다.

(3) $\begin{aligned}[t] P(196 < \overline{X} < 200) &= P\left(\frac{196 - 198}{0.6} < Z < \frac{200 - 198}{0.6}\right) = P(-3.33 < Z < 3.33) \\ &= 2\{P(Z < 3.33) - 0.5\} = 2(0.9996 - 0.5) = 0.9992 \end{aligned}$

(4) $\begin{aligned}[t] P\left(\mu - \frac{\sigma}{5} < \overline{X} < \mu + \frac{\sigma}{5}\right) &= P\left(-2 < \frac{\overline{X} - \mu}{\sigma/10} < 2\right) = P(-2 < Z < 2) \\ &= 2\{P(Z < 2) - 0.5\} = 2(0.9772 - 0.5) = 0.9544 \end{aligned}$

08-19

우리나라 20세 이상 성인 남자의 혈중 콜레스테롤 수치는 평균 $\mu = 198$인 정규분포를 따른다고 한다. 25명을 무작위로 선정하여 콜레스테롤을 측정한 결과 $\bar{x} = 197$, $s = 3.45$이었다. 단, 단위는 $\mathrm{mg/dL}$이다.

(1) 표본평균 $\overline{X}$에 대한 표본분포를 구하라.
(2) 표본평균이 196.82와 199.18 사이일 근사확률을 구하라.
(3) 표본평균이 상위 2.5%인 경계 수치를 구하라.

풀이 (1) $\mu = 198$, $s = 3.45$, $n = 25$이고, 모분산을 모르므로 $T = \dfrac{\overline{X} - 198}{3.45/5} \sim t(24)$이다.

(2) 196.82와 199.18에 대한 T 통계량 값을 구하면 다음과 같다.

$$t_l = \frac{196.82 - 198}{3.45/5} = -1.71, \quad t_r = \frac{199.18 - 198}{3.45/5} = 1.71$$

따라서 구하고자 하는 근사확률은 다음과 같다.

$$P(196.82 < \overline{X} < 199.18) = P(-1.71 < T < 1.71)$$
$$= 1 - 2P(T > 1.71) \approx 1 - 2 \times 0.05 = 0.90$$

(3) 상위 2.5%인 경계 수치를 x_0이라 하면 $P(\overline{X} \geq x_0) = 0.025$이고, $T = \dfrac{\overline{X} - 198}{3.45/5} \sim t(24)$이므로 다음을 얻는다.

$$P(\overline{X} \geq x_0) = P\left(\frac{\overline{X} - 198}{3.45/5} \geq \frac{x_0 - 198}{3.45/5}\right) = P(T \geq t_{0.025}) = 0.025$$

자유도 24인 t-분포표에서 상위 2.5%인 백분위수가 $t_{0.025} = 2.064$이므로 구하고자 하는 x_0은 다음과 같다.

$$\frac{x_0 - 198}{3.45/5} = 2.064, \quad x_0 = 198 + \frac{2.064 \times 3.45}{5} \approx 199.424$$

08-20

유럽연합의 기준은 질소산화물 발생량이 주행거리 $1\,\mathrm{km}$당 $0.5\,\mathrm{g}$ 이하일 것을 요구한다. 유럽에 수출하기 위하여 국내에서 생산된 특정 모델의 자동차에서 내뿜는 배기가스에 포함된 질소산화물은 $1\,\mathrm{km}$당 평균 $0.45\,\mathrm{g}$, 표준편차 $0.05\,\mathrm{g}$인 정규분포를 따른다.

(1) 이 모델의 자동차 한 대를 무작위로 선정했을 때, 유럽연합의 기준에 포함될 확률을 구하라.

(2) 9대의 자동차를 무작위로 선정했을 때, 표본평균이 유럽연합의 기준에 포함될 확률을 구하라.

풀이 (1) 배기가스에 포함된 질소산화물의 양을 X라 하면, $X \sim N(0.45, 0.05^2)$이므로 구하고자 하는 확률은 다음과 같다.

$$P(X \leq 0.5) = P\left(Z \leq \frac{0.5 - 0.45}{0.05}\right) = P(Z \leq 1) = 0.8413$$

(2) $n = 9$이므로 $\overline{X}$의 분산은 $\sigma_{\overline{X}}^2 = \frac{0.05^2}{9} \approx 0.0167^2$이고 $\overline{X} \sim N(0.45, 0.0167^2)$이다. 따라서 구하고자 하는 확률은 다음과 같다.

$$P(\overline{X} \leq 0.5) = P\left(Z \leq \frac{0.5 - 0.45}{0.0167}\right) = P(Z \leq 2.99) = 0.9986$$

08-21

어느 회사에서 생산되는 알카라인 배터리는 평균 35시간, 표준편차 5.5시간인 정규분포를 따른다고 한다. 이를 확인하기 위해 25개를 임의로 수거해서 조사했다.

(1) 평균 사용시간이 36시간 이상일 확률을 구하라.

(2) 평균 사용시간이 33시간 이하일 확률을 구하라.

(3) 평균 사용시간이 34.5시간과 35.5시간 사이일 확률을 구하라.

(4) 평균 사용시간이 x_0보다 클 확률이 0.025인 x_0을 구하라.

풀이 (1) $\mu = 35$, $\sigma = 5.5$이므로 표본평균의 표준편차는 $\sigma_{\overline{X}} = \frac{5.5}{\sqrt{25}} = 1.1$이고, 표본평균의 확률분포는 $\overline{X} \sim N(35, 1.1^2)$이다. 따라서 다음 확률을 얻는다.

$$P(\overline{X} \geq 36) = P\left(Z \geq \frac{36 - 35}{1.1}\right) = P(Z \geq 0.91)$$

$$= 1 - P(Z < 0.91) = 1 - 0.8186 = 0.1814$$

(2) $P(\overline{X} \leq 33) = P\left(Z \leq \frac{33 - 35}{1.1}\right) = P(Z \leq -1.82) = P(Z \geq 1.82)$

$$= 1 - P(Z < 1.82) = 1 - 0.9656 = 0.0344$$

(3) 34.5와 35.5를 표준화하면 다음과 같다.

$$z_l = \frac{34.5 - 35}{1.1} = -0.45, \quad z_r = \frac{35.5 - 35}{1.1} = 0.45$$

따라서 구하고자 하는 확률은 다음과 같다.

$$P\left(34.5 < \overline{X} < 35.5\right) = P(-0.45 < Z < 0.45) = 2\{P(Z < 0.45) - 0.5\}$$
$$= 2(0.6736 - 0.5) = 0.3472$$

(4) x_0을 표준화하면 $z_0 = \dfrac{x_0 - 35}{1.1}$ 이고, 따라서 다음이 성립한다.

$$P\left(\overline{X} > x_0\right) = P(Z > z_0) = P(Z > z_{0.025}) = 0.025$$

이때 $z_{0.025} = 1.96$ 이므로 구하고자 하는 x_0은 다음과 같다.

$$z_0 = \frac{x_0 - 35}{1.1} = 1.96, \quad x_0 = 35 + 1.96 \times 1.1 = 37.156$$

08-22

모평균이 μ 인 정규모집단에서 크기 9인 표본을 임의로 추출한다. 추출된 표본의 표본분산이 25일 때, $P\left(|\overline{X} - \mu| < k\right) = 0.90$을 만족하는 상수 k를 구하라.

풀이 표본분산 $s^2 = 25$, $n = 9$이고 모분산을 모르므로 $T = \dfrac{\overline{X} - \mu}{5/3} \sim t(8)$이다. $t_0 = \dfrac{k}{5/3}$ 라 하면 다음을 얻는다.

$$P\left(|\overline{X} - \mu| < k\right) = P\left(\frac{|\overline{X} - \mu|}{5/3} < \frac{k}{5/3}\right) = P(|T| < t_0) = 0.90$$

따라서 $P(T > t_0) = 0.05$이고, 자유도 8인 t-분포에서 $t_0 = t_{0.05} = 1.860$이며, 상수 k는 $k = \dfrac{5 \times 1.86}{3} = 3.1$ 이다.

08-23

새로운 제조방법으로 생산한 전구의 수명은 평균 5,000시간인 정규분포를 따른다고 한다. 이 회사에서 생산한 전구 16개를 구입하여 조사한 결과 $\overline{x} = 4,800$시간, $s = 1,000$시간이었다.

(1) 표본평균 $\overline{X}$의 표본분포를 구하라.

(2) 이 표본을 이용하여 $P\left(|\overline{X} - 5000| < x_0\right) = 0.9$를 만족하는 x_0을 구하라.

풀이 (1) $\mu = 5000$, $s = 1000$, $n = 16$이고, 모분산을 모르므로 T 통계량의 확률분포는 다음과 같다.

$$T = \frac{\overline{X} - 5000}{1000/4} = \frac{\overline{X} - 5000}{250} \sim t(15)$$

(2) $P(|\overline{X} - 5000| < x_0) = P\left(|T| < \frac{x_0}{250}\right) = 2\{P(T < t_0) - 0.5\} = 0.9$, $t_0 = \frac{x_0}{250}$ 이다. 즉, $P(T < t_0) = 0.95$ 또는 $P(T > t_0) = 0.05$ 이다. 또한 자유도 15인 t-분포표에서 $t_{0.05} = 1.753$ 이므로 $t_0 = \frac{x_0}{250} = t_{0.05} = 1.753$ 이다. 따라서 $x_0 = 250 \times 1.753 = 438.25$ 이다.

08-24

어느 주식의 가격이 매일 1단위 오를 확률은 0.52 이고, 1단위 내릴 확률은 0.48 이라 한다. 첫째 날 200을 투자하여 100일 후의 가격은 $X = 200 + \sum\limits_{i=1}^{100} X_i$ 이다. 물음에 답하라(단, 단위는 만 원이다).

(1) 주식의 등락 금액 X_i, $i = 1, 2, \cdots, 100$의 확률함수를 구하라.

(2) X_i의 평균과 분산을 구하라.

(3) 중심극한정리에 의하여 100일 후의 가격이 210 이상일 확률을 구하라.

풀이 (1) 주식가격이 매일 1단위 오를 확률은 0.52 이고, 1단위 내릴 확률은 0.48 이므로 X_i의 확률함수는 $p(x) = \begin{cases} 0.52, & x = 1 \\ 0.48, & x = -1 \end{cases}$ 이다.

(2) 평균은 $\mu = 1 \times 0.52 + (-1) \times 0.48 = 0.04$ 이고, $E(X_i^2) = 1^2 \times 0.52 + (-1)^2 \times 0.48 = 1$ 이므로 분산은 $\sigma^2 = 1 - (0.04)^2 = 0.9984$ 이다.

(3) 중심극한정리에 의하여 $\sum\limits_{i=1}^{100} X_i \approx N(100\mu, 100\sigma^2) = N(4, 99.84) = N(4, 9.99^2)$ 이다. 그러므로 $X \approx N(204, 9.99^2)$ 이고 가격이 210 이상일 확률은 다음과 같다.

$$P(X \geq 210) = P\left(Z \geq \frac{210 - 204}{9.99}\right) = P(Z \geq 0.60) = 1 - 0.7257 = 0.2743$$

08-25

경찰청은 음주운전 단속에서 100일간 면허 정지 처분받은 사람들의 혈중 알코올 농도를 측정한 결과 평균 0.075 이고 표준편차가 0.009 라고 하였다. 어느 특정한 날에 전국적인 음주측정에서 64명이 면허 정지 처분을 받았다고 하자. 물음에 답하라(단, 단위는 $\mathrm{mg/dL}$ 이다).

(1) 면허 정지 처분을 받은 사람들의 알코올 농도의 평균에 관한 표본분포를 구하라.
(2) 평균 혈중 알코올 농도가 0.077 이상일 확률을 구하라.

풀이 (1) 모평균 $\mu = 0.075$, 모표준편차 $\sigma = 0.009$, $n = 64$ 이므로 $\sigma_{\overline{X}}^2 = \dfrac{0.009^2}{64}$

$\approx 0.0011^2$ 이다. 따라서 $\overline{X} \approx N(0.075,\, 0.0011^2)$ 이다.

(2) 평균 혈중 알코올 농도가 0.077 이상일 근사확률은 다음과 같다.

$$P(\overline{X} \geq 0.077) = P\left(Z \geq \frac{0.077 - 0.075}{0.0011}\right) = P(Z \geq 1.82)$$
$$= 1 - P(Z < 1.82) = 1 - 0.9656 = 0.0344$$

08-26

손해보험회사는 다음 두 가지 사실을 알고 있다고 하자.
· 주택을 소유한 모든 사람의 화재로 인한 연간 평균손실이 25만 원이고 표준편차는 100만 원이다.
· 손실금액은 거의 대부분이 0원이고 단지 몇몇 손실이 매우 크게 나타나는 양의 비대칭분 포를 이룬다.

보험증권을 소지한 1,000명을 임의로 선정하였을 때, 다음을 구하라.
(1) 표본평균의 표본분포
(2) 표본평균이 28만 원을 초과하지 않을 확률

풀이 (1) $\mu = 25$, $\sigma^2 = 100^2$, $n = 1000$ 이고, $\sigma_{\overline{X}}^2 = \dfrac{100^2}{1000} = 10$ 이므로 $\overline{X} \approx N(25, 10)$ 이다.

(2) $\sigma_{\overline{X}} = \sqrt{10} \approx 3.1623$ 이므로 구하고자 하는 확률은 다음과 같다.

$$P(\overline{X} < 28) = P\left(Z < \frac{28 - 25}{3.1623}\right) = P(Z < 0.95) = 0.8289$$

08-27

35명의 왼손잡이가 포함된 1,000명의 어린이 중 무작위로 40명을 선정하였다. 물음에 답하라.

(1) 선정된 어린이 중에서 적어도 2명의 왼손잡이가 있을 연속성 수정 정규근사확률을 구하라.

(2) 선정된 어린이 중에서 왼손잡이의 비율이 5% 이상일 확률을 구하라.

풀이 (1) 1,000명의 어린이 중 왼손잡이가 35명 있으므로 모비율은 $p = 0.035$이고 $n = 40$이므로 40명 안에 포함된 왼손잡이 어린이의 수를 X라 하면, $X \sim B(40, 0.035)$이다. 이때 X의 평균은 $\mu = 40 \times 0.035 = 1.4$, 분산은 $\sigma^2 = 40 \times 0.035 \times 0.965 \approx 1.351$이므로 근사적으로 $X \approx N(1.4, 1.162^2)$이다. 따라서 구하고자 하는 연속성 수정 정규근사확률은 다음과 같다.

$$P(X \geq 2) = P(X \geq 1.5) = P\left(\frac{X - 1.4}{1.162} \geq \frac{1.5 - 1.4}{1.162}\right)$$
$$= P(Z > 0.086) = 1 - 0.5343 = 0.4657$$

(2) $n = 40$, $p = 0.035$, $q = 1 - p = 0.965$이므로 40명 중에 포함된 왼손잡이의 비율을 $\hat{p}$라 하면, $\hat{p}$의 평균과 분산은 각각 다음과 같다.

$$\mu_{\hat{p}} = 0.035, \quad \sigma_{\hat{p}}^2 = \frac{0.035 \times 0.965}{40} = 0.000844 \approx 0.029^2$$

따라서 $\hat{p} \approx N(0.035, 0.029^2)$이다. 그러므로 구하고자 하는 확률은 다음과 같다.

$$P(\hat{p} > 0.05) = P\left(\frac{\hat{p} - 0.035}{0.029} > \frac{0.05 - 0.035}{0.029}\right) = P(Z > 0.52)$$
$$= 1 - P(Z \leq 0.52) = 1 - 0.6985 = 0.3015$$

08-28

모평균 μ인 정규모집단에서 크기 15인 표본을 임의로 추출할 경우, $P\left(\frac{|\overline{X} - \mu|}{S} < k\right) = 0.90$을 만족하는 상수 k를 구하라.

풀이 $\frac{\overline{X} - \mu}{S/\sqrt{n}} \sim t(n-1)$이므로 $0.90 = P\left(\frac{|\overline{X} - \mu|}{S/\sqrt{15}} < t_{0.05}(14)\right) = P\left(\frac{|\overline{X} - \mu|}{S} < \frac{t_{0.05}(14)}{\sqrt{15}}\right)$이다. 따라서 $k = \frac{t_{0.05}(14)}{\sqrt{15}} = \frac{1.761}{\sqrt{15}} = 0.4546$이다.

08-29

이종격투기 선수들의 악력은 $90\,\mathrm{kg}$이고 표준편차는 $9\,\mathrm{kg}$이라고 한다. 물음에 답하라.

(1) 36명의 선수를 임의로 선정했을 때, 이 선수들의 평균 악력이 $87\,\mathrm{kg}$과 $93\,\mathrm{kg}$ 사이일 근사확률을 구하라.

(2) 64명의 선수를 임의로 선정했을 때, (1)의 확률을 구하라.

풀이 (1) 표본평균 $\overline{X}$의 확률분포는 중심극한정리에 의하여 평균 $\mu_{\overline{X}} = 90$, 분산 $\sigma^2_{\overline{X}} = \dfrac{81}{36} = 1.5^2$인 정규분포에 근사한다. 그러므로 구하고자 하는 근사확률은 다음과 같다.

$$P\left(87 < \overline{X} < 93\right) = P\left(\frac{87-90}{1.5} < Z < \frac{93-90}{1.5}\right) = P(-2 < Z < 2)$$
$$= 2\{P(Z < 2) - 0.5\} = 2(0.9772 - 0.5) = 0.9544$$

(2) 표본평균 $\overline{X}$의 분산은 $\sigma^2_{\overline{X}} = \dfrac{81}{64} = 1.125^2$이다. 그러므로 구하고자 하는 근사확률은 다음과 같다.

$$P\left(87 < \overline{X} < 93\right) = P\left(\frac{87-90}{1.125} < Z < \frac{93-90}{1.125}\right) = P(-2.67 < Z < 2.67)$$
$$= 2\{P(Z < 2.67) - 0.5\} = 2(0.9962 - 0.5) = 0.9924$$

08-30

모평균 50이고 모표준편차가 다음과 같은 모집단에서 크기 25인 확률표본을 선정할 때, 표본평균이 48과 52 사이일 근사확률을 구하라.

(1) $\sigma = 4$ (2) $\sigma = 9$ (3) $\sigma = 12$

풀이 (1) $\sigma = 1$, $n = 25$이므로 표본평균은 평균 50이고 표준편차 $s = \dfrac{4}{\sqrt{25}} = 0.8$인 정규분포에 근사한다. 따라서 표본평균이 48과 52 사이일 근사확률은 다음과 같다.

$$P(48 < \overline{X} < 52) = P\left(\frac{48-50}{0.8} < \frac{\overline{X}-50}{0.8} < \frac{52-50}{0.8}\right)$$
$$= P(-2.5 < Z < 2.5)$$
$$= 2P(0 < Z < 2.5) = 2\{P(Z \leq 2.5) - 0.5\}$$
$$\equiv 2(0.9938 - 0.5) = 0.9876$$

(2) $\sigma = 9$, $n = 25$이므로 표본평균은 평균 50이고 표준편차 $s = \dfrac{9}{\sqrt{25}} = 1.8$인 정규분포에 근사한다. 따라서 표본평균이 48과 52 사이일 근사확률은 다음과 같다.

$$P(48 < \overline{X} < 52) = P\left(\frac{48-50}{1.8} < \frac{\overline{X}-50}{1.8} < \frac{52-50}{1.8} \right)$$
$$= P(-1.11 < Z < 1.11)$$
$$= 2P(0 < Z < 1.11) = 2\{P(Z \leq 1.11) - 0.5\}$$
$$= 2(0.8665 - 0.5) = 0.733$$

(3) $\sigma = 12$, $n = 25$이므로 표본평균은 평균 50이고 표준편차 $s = \dfrac{12}{\sqrt{25}} = 2.4$인 정규분포에 근사한다. 따라서 표본평균이 48과 52 사이일 근사확률은 다음과 같다.

$$P(48 < \overline{X} < 52) = P\left(\frac{48-50}{2.4} < \frac{\overline{X}-50}{2.4} < \frac{52-50}{2.4} \right)$$
$$= P(-0.83 < Z < 0.83)$$
$$= 2P(0 < Z < 0.83) = 2\{P(Z \leq 0.83) - 0.5\}$$
$$= 2(0.7967 - 0.5) = 0.5934$$

08-31

어느 회사에서 제조된 전구의 수명은 평균 516시간, 분산 185시간이라 한다. 이 회사에서 제조된 전구를 100개 구입했을 때, 이 전구들의 평균 수명에 대한 평균과 분산을 구하고, 평균 수명이 520시간 이상일 근사확률을 구하라.

풀이 전구의 수명 X_i, $i = 1, 2, \cdots, 100$이 $\mu = 516$이고 $\sigma^2 = 185$인 확률분포를 이루므로 표본평균 $\overline{X} = \dfrac{1}{100}\sum_{i=1}^{100} X_i$의 평균은 $E(\overline{X}) = \mu = 516$이고 분산은 $s^2 = \dfrac{\sigma^2}{100} = \dfrac{185}{100} = 1.85$이다. 한편 중심극한정리에 의하여 평균 수명은 정규분포에 근사하므로 평균 수명이 520시간 이상일 근사확률은 다음과 같다.

$$P(\overline{X} > 520) = P\left(\frac{\overline{X}-510}{\sqrt{1.85}} > \frac{520-516}{\sqrt{1.85}} \right) = P(Z > 2.94)$$
$$= 1 - P(Z \leq 2.94) = 1 - 0.9984 = 0.0016$$

08-32

$X_i \sim N(60, 36)$, $x = 1, 2, \cdots, 256$ 에 대하여 표본평균이 어떤 상수 k 보다 클 확률이 0.95 인 k 를 구하라.

풀이 $X_i \sim N(60, 36)$, $x = 1, 2, \cdots, 256$ 이므로 표본평균 $\overline{X} = \dfrac{1}{256} \sum X_i$ 의 확률분포는

$\overline{X} \sim N\left(60, \dfrac{36}{256}\right)$ 이므로

$$P(\overline{X} > k) = P\left(\dfrac{\overline{X} - 60}{3/8} > \dfrac{k - 60}{3/8}\right) = P\left(Z > \dfrac{k - 60}{3/8}\right) = 0.95$$

이고, 따라서 $\dfrac{k - 60}{3/8} = -z_{0.05} = -1.645$ 이므로 구하고자 하는 상수는 $k = 59.383$ 이다.

08-33

$N(\mu, 36)$ 인 정규모집단에서 크기 16인 표본을 임의로 추출하였을 경우, 확률 $P(|\overline{X} - \mu| \geq 4)$ 를 구하라.

풀이 $\overline{X} \sim N\left(\mu, \dfrac{\sigma^2}{n}\right) = N(\mu, (1.5)^2)$ 이므로 $\dfrac{\overline{X} - \mu}{3/2} \sim N(0, 1)$ 이다. 그러므로

$$P(|\overline{X} - \mu| \geq 4) = P\left(\dfrac{|\overline{X} - \mu|}{3/2} \geq \dfrac{4}{3/2}\right)$$

$$= P(|Z| \geq 2.67) = 2P(Z \geq 2.67) = 2 \times 0.0038 = 0.0076$$

08-34

우리나라에서 생산되는 어떤 종류의 담배 한 개에 포함된 타르(tar)의 양이 평균 $5.5 \, \mathrm{mg}$, 표준편차 $2.5 \, \mathrm{mg}$ 이라고 한다. 어느 날 판매점에서 수거한 500개의 담배를 조사한 결과

(1) 평균 타르가 $5.6 \, \mathrm{mg}$ 이상일 근사확률을 구하라.
(2) 평균 타르가 $5.3 \, \mathrm{mg}$ 이하일 근사확률을 구하라.

풀이 (1) 담배 한 개에 포함된 타르의 양 X_i, $i = 1, 2, \cdots, 500$ 이 $\mu = 5.5$ 이고 $\sigma = 0.25$ 인 확률분포를 이루므로 표본평균 $\overline{X} = \dfrac{1}{500} \sum_{i=1}^{500} X_i$ 은 평균 $E(\overline{X}) = \mu = 5.5$ 이고 표준편차

$s = \dfrac{2.5}{\sqrt{500}} = 0.1118$인 정규분포에 근사한다. 따라서 평균 타르의 양이 $5.6\,\mathrm{mg}$ 이상일 근사확률은 다음과 같다.

$$P(\overline{X} \geq 5.6) = P\left(\dfrac{\overline{X} - 5.5}{0.1118} \geq \dfrac{5.6 - 5.5}{0.1118}\right) = P(Z \geq 0.89)$$

$$= 1 - P(Z < 0.89) = 1 - 0.8133 = 0.1867$$

(2) 평균 타르의 양이 $5.3\,\mathrm{mg}$ 이하일 근사확률은 다음과 같다.

$$P(\overline{X} \leq 5.3) = P\left(\dfrac{\overline{X} - 5.5}{0.1118} \leq \dfrac{5.3 - 5.5}{0.1118}\right) = P(Z \leq -1.79)$$

$$= P(Z \geq 1.79) = 1 - P(Z < 1.79) = 1 - 0.9633 = 0.0367$$

08-35

어느 보험회사는 10,000명의 자동차보험 가입자를 가지고 있다. 증권 소지자 당 연간 요구되는 보험금의 평균이 260천 원이고 표준편차는 800천 원이라고 한다.

(1) 1년 동안에 이 회사에 요구된 보험금 총액이 2,800,000천 원을 초과할 확률을 구하라.

(2) 보험가입자의 평균 요구금액이 270,000천 원 이상일 확률을 구하라.

풀이 (1) 10,000명의 증권 소지자 개개인에 의하여 요구되는 보험금을 X_i, $i = 1, 2, \cdots, 10000$이라 하면, $\mu = 260$(천 원)이고 $\sigma = 800$(천 원)인 확률분포를 따른다. 그러므로 $n\mu = 260000 \times 10000 = 26 \times 10^8$이고 $n\sigma^2 = 800000^2 \times 10000 = 64 \times 10^{14}$이고, 따라서 중심극한정리에 의하여 증권 소지자 전체에 의하여 요구되는 보험금 총액은 $X = \displaystyle\sum_{i=1}^{10000} X_i \approx N(26 \times 10^8, \ 64 \times 10^{14})$이다. 그러므로 구하고자 하는 확률은 다음과 같다.

$$P(X > 28 \times 10^8) = P\left(\dfrac{X - 26 \times 10^8}{8 \times 10^7} > \dfrac{28 \times 10^8 - 26 \times 10^8}{8 \times 10^7}\right)$$

$$\fallingdotseq P\left(Z > \dfrac{20}{8}\right) = P(Z > 2.5) = 1 - 0.9938 = 0.0062$$

(2) 보험가입자의 평균 요구금액은 $\overline{X} = \dfrac{1}{10000}\displaystyle\sum_{i=1}^{10000} X_i \approx N\left(26 \times 10^4, \ \dfrac{64 \times 10^{10}}{10000}\right)$이고, 따라서 구하고자 하는 확률은 다음과 같다.

$$P(\overline{X} \geq 27 \times 10^4) = P\left(\dfrac{\overline{X} - 26 \times 10^4}{8 \times 10^3} \geq \dfrac{27 \times 10^4 - 26 \times 10^4}{8 \times 10^3}\right)$$

$$\fallingdotseq P\left(Z \geq \frac{10}{8}\right) = P(Z \geq 1.25) = 1 - 0.8944 = 0.1056$$

08-36

건강관리를 분석할 때, 나이는 5의 배수에 가까운 나이로 반올림한다. 실제 나이와 반올림한 나이의 차이가 -2.5년에서 2.5년 사이에서 균등분포를 이루고 있으며, 건강관리 자료는 48명의 임의로 선정된 사람을 기초로 작성되어 있다고 한다. 반올림한 나이의 평균이 실제 나이의 평균과 0.25년의 차이가 있을 근사확률을 구하라.

풀이 $i\,(i = 1, 2, \cdots, 48)$ 번째 선정된 사람의 실제 나이를 X_i, 반올림한 나이를 Y_i 라 하자. 그러면 두 나이의 차이 $U_i = X_i - Y_i$ 는 $(-0.25,\ 0.25)$에서 독립이고 확률밀도함수 $f(u) = \dfrac{1}{5}$, $-2.5 < u < 2.5$ 인 동일한 균등분포를 따른다. 따라서 평균 $E(U) = 0$ 과 분산

$$\sigma^2 = Var(U) = E(U^2) = \int_{-2.5}^{2.5} \frac{x^2}{5}\, dx = \frac{2(2.5)^3}{15} = 2.083$$

그러므로 표준편차는 $\sigma = \sqrt{2.083} = 1.4434$ 이다. 이제 48명의 실제 나이와 반올림한 나이의 평균의 차이를 $\overline{X}$ 라 하면, $\overline{X} = \dfrac{1}{48}\sum X_i - \dfrac{1}{48}\sum Y_i = \dfrac{1}{48}\sum (X_i - Y_i)$ $= \dfrac{1}{48}\sum U_i$ 이고, 따라서 중심극한정리에 의하여 $\overline{X}$ 는 평균 0, 표준편차 $\dfrac{1.4434}{\sqrt{48}} =$ 0.2083인 정규분포에 근사한다. 그러므로

$$P\left(-0.25 \leq \overline{X} \leq 0.25\right) = P\left(-\frac{0.25}{0.2083} \leq \frac{\overline{X}}{0.2083} \leq \frac{0.25}{0.2083}\right)$$

$$= P(-1.2 \leq Z \leq 1.2) = 2P(Z \leq 1.2) - 1$$

$$= 2 \times 0.8849 - 1 = 0.7698$$

08-37

컴퓨터를 이용하여 $[0, 1]$에서 균등분포를 이루는 100개의 독립인 확률변수들 $X_1, X_2, \cdots, X_{100}$에 대하여

(1) $S = X_1 + X_2 + \cdots + X_{100}$이 45와 55 사이일 근사확률을 구하라.

(2) 표본평균 $\overline{X}$ 가 0.55 이상일 확률을 구하라.

풀이 (1) $i = 1, 2, \cdots, 100$에 대하여 $X_i \sim U(0, 1)$이므로 $\mu = E(X_i) = \dfrac{1}{2}$, $\sigma^2 = Var(X_i)$

$= \dfrac{1}{12}$이다. 그러므로 중심극한정리에 의하여

$$S = X_1 + X_2 + \cdots + X_{100} \approx N\left(100 \times \frac{1}{2},\ 100 \times \frac{1}{12}\right) = N\left(50, \frac{25}{3}\right)$$

이다. 그러므로 구하고자 하는 근사확률은 다음과 같다.

$$P(45 \leq S \leq 55) = P\left(\frac{45 - 50}{\sqrt{25/3}} \leq \frac{S - 50}{\sqrt{25/3}} \leq \frac{55 - 50}{\sqrt{25/3}}\right)$$

$$= P(Z \leq 1.73) - P(Z \leq -1.73) = 0.9582 - (1 - 0.9582)$$

$$= 0.9164$$

(2) $\overline{X} \approx N\left(\mu, \dfrac{\sigma^2}{n}\right) = N\left(\dfrac{1}{2}, \dfrac{1}{1200}\right)$이므로

$$P(\overline{X} \geq 0.55) = P\left(\frac{\overline{X} - 0.5}{\sqrt{1/1200}} \geq \frac{0.55 - 0.5}{\sqrt{1/1200}}\right)$$

$$- 1 - P(Z < 1.732) = 1 - 0.9584 = 0.0416$$

08-38

$X_1, X_2, \cdots, X_{100}$이 모수 $\lambda = \dfrac{1}{4}$인 i.i.d. 지수분포 확률변수일 때, $P(\overline{X} \leq 3.5) +$

$P(\overline{X} \geq 4.5)$를 구하라.

풀이 $i = 1, 2, \cdots, 100$에 대하여 $X_i \sim \mathrm{Exp}\left(\dfrac{1}{4}\right)$이므로 $\mu = E(X_i) = 4$, $\sigma^2 = Var(X_i)$

$= 16$이다. 그러므로 중심극한정리에 의하여 $\overline{X} \approx N(4, 0.16)$이다. 그러므로 구하고

자 하는 확률은 다음과 같다.

$$P(\overline{X} \leq 3.5) + P(\overline{X} \geq 4.5) \approx P\left(Z \leq \frac{3.5 - 4}{\sqrt{0.16}}\right) + P\left(Z \geq \frac{4.5 - 4}{\sqrt{0.16}}\right)$$

$$= P(Z \leq -1.25) + P(Z \geq 1.25) = 2\{1 - P(Z < 1.25)\}$$

$$= 2(1 - 0.8944) = 0.2112$$

08-39

어떤 근로자 집단의 콜레스테롤 수치는 평균이 202이고 표준편차는 14라고 한다.

(1) 36명의 근로자를 임의로 선정했을 때, 이 사람들의 콜레스테롤 평균 수치가 198과 206 사이일 근사확률을 구하라.

(2) 64명의 근로자를 임의로 선정했을 때, (1)의 확률을 구하라.

풀이 (1) 표본평균 $\overline{X} = \dfrac{1}{36}\sum X_i$의 확률분포는 중심극한정리에 의하여 평균 202이고 표준편차 $\dfrac{14}{\sqrt{36}} = 2.33$인 정규분포에 가깝다. 그러므로 구하고자 하는 근사확률은 다음과 같다.

$$P(198 < \overline{X} < 206) = P\left(\frac{198-202}{2.33} < \frac{\overline{X}-202}{2.33} < \frac{206-202}{2.33}\right)$$
$$\fallingdotseq P(-1.71 < Z < 1.71) = 2\{P(Z < 1.71) - 0.5\}$$
$$= 2(0.9564 - 0.5) = 0.9128$$

(2) 표본평균 $\overline{X} = \dfrac{1}{64}\sum X_i$의 확률분포는 중심극한정리에 의하여 평균 202이고 표준편차 $\dfrac{14}{\sqrt{64}} = 1.75$인 정규분포에 가깝다. 그러므로 구하고자 하는 근사확률은 다음과 같다.

$$P(198 < \overline{X} < 206) = P\left(\frac{198-202}{1.75} < \frac{\overline{X}-202}{1.75} < \frac{206-202}{1.75}\right)$$
$$\fallingdotseq P(-2.29 < Z < 2.29) = 2\{P(Z < 2.29) - 0.5\}$$
$$= 2(0.9890 - 0.5) = 0.978$$

08-40

50개의 숫자가 각각 가장 가까운 정수로 반올림하여 더해진다고 하자. 그러면 개개의 숫자에 대한 반올림에 의한 오차는 -0.5와 0.5에서 균등분포를 따른다. 이때 50개의 숫자에 대한 정확한 합과 반올림에 의한 합의 오차가 3 이상일 근사확률을 구하라.

풀이 개개의 숫자에 대한 오차는 -0.5와 0.5에서 균등분포를 따르므로 $X_i \sim U(-0.5, 0.5)$이고, 따라서 평균과 분산은 각각 $E(X_i) = 0$, $Var(X_i) = \dfrac{1}{12}$이다. 한편 50개

숫자의 정확한 합과 반올림한 합의 오차는 $X = \sum_{i=1}^{50} X_i \approx N(50\mu, 50\sigma^2)$
$= N\left(0, \dfrac{50}{12}\right) = N(0, 2.04^2)$ 이므로 구하고자 하는 근사확률은 다음과 같다.

$$P(|X| \geq 3) = P\left(\left|\dfrac{X-0}{2.04}\right| \geq \dfrac{3}{2.04}\right) \fallingdotseq P(|Z| \geq 1.47)$$

$$= 2P(Z \geq 1.47) = 2(1 - 0.9292) = 0.1416$$

08-41

A 교수는 과거 경험에 따르면 학생들의 통계학 점수는 평균 77점 그리고 표준편차 15점이라고 하였다. 현재 이 교수는 36명과 64명인 두 반을 강의하고 있다.

(1) 두 반의 평균성적이 72점과 82점 사이일 근사확률을 각각 구하라.

(2) 36명인 반의 평균성적이 64명인 반보다 2점 이상 더 클 근사확률을 구하라.

풀이 (1) 36명인 반의 평균성적을 $\overline{X}$ 그리고 36명인 반의 평균성적을 $\overline{Y}$라고 하자. 그러면 과거 통계학 성적은 평균 $\mu = 77$이고 표준편차 $\sigma = 15$이므로 $\overline{X}$와 $\overline{Y}$의 근사확률분포는

$$\overline{X} \approx N\left(77, \left(\dfrac{15}{6}\right)^2\right) = N(77, 2.5^2), \quad \overline{Y} \approx N\left(77, \left(\dfrac{15}{8}\right)^2\right) = N(77, 1.875^2)$$

이다. 그러므로 구하고자 하는 근사확률은 각각 다음과 같다.

$$P(72 \leq \overline{X} \leq 82) = P\left(\dfrac{72-77}{2.5} \leq \dfrac{\overline{X}-77}{2.5} \leq \dfrac{82-77}{2.5}\right)$$

$$\fallingdotseq P(-2 \leq Z \leq 2) = 2P(0 \leq Z \leq 2)$$

$$= 2\{P(Z \leq 2) - 0.5\}$$

$$= 2(0.9772 - 0.5) = 0.9544$$

$$P(72 \leq \overline{Y} \leq 82) = P\left(\dfrac{72-77}{1.875} \leq \dfrac{\overline{X}-77}{1.875} \leq \dfrac{82-77}{1.875}\right)$$

$$\fallingdotseq P(-2.67 \leq Z \leq 2.67) = 2P(0 \leq Z \leq 2.67)$$

$$= 2\{P(Z \leq 2.67) - 0.5\}$$

$$= 2(0.9962 - 0.5) = 0.9924$$

(2) $\overline{X} \approx N\left(77, \left(\dfrac{15}{6}\right)^2\right) = N(77, 2.5^2)$, $\overline{Y} \approx N\left(77, \left(\dfrac{15}{8}\right)^2\right) = N(77, 1.875^2)$이고

서로 독립이므로 $\overline{X} - \overline{Y} \approx N\left(0, \left(\dfrac{15}{6}\right)^2 + \left(\dfrac{15}{8}\right)^2\right) = N(0, 3.125^2)$이다. 한편 36

명인 반의 평균성적이 64명인 반보다 2점 이상 더 크다는 사실은 $\overline{X} > \overline{Y} + 2$ 또

는 $\overline{X} - \overline{Y} > 2$를 의미하고, 따라서 구하고자 하는 확률은 다음과 같다.

$$P(\overline{X} - \overline{Y} > 2) = P\left(Z > \dfrac{2}{3.125}\right) = P(Z > 0.64) = 1 - 0.7389 = 0.2611$$

08-42

제주도에서 여름휴가를 보내기 위해 무작위로 동일한 크기의 펜션 사용료를 조사한 결과 다음과 같았다. 물음에 답하라(단, 펜션 사용료는 분산이 8.03인 정규분포를 따르고, 단위 는 만 원이다).

12.5 11.5 6.0 5.5 15.5 11.5 10.5

17.5 10.0 9.5 13.5 8.5 11.5 15.5 10.5

(1) $\chi^2 -$ 통계량 V의 분포를 구하고, 관찰된 표본분산의 값 s_0^2을 구하라.

(2) 통계량의 관찰값 $v_0 = \dfrac{(n-1)s_0^2}{\sigma^2}$ 을 구하라.

(3) 표본분산 S^2이 s_0^2보다 클 확률을 구하라.

풀이 (1) 확률표본의 크기가 15이므로 표본분산 X의 분포는 자유도 14인 카이제곱분포를 따른다. 또한 표본평균과 표본분산은 각각 다음과 같다.

$$\overline{x} = \dfrac{12.5 + 11.5 + \cdots + 10.5}{15} = 11.3$$
$$s_0^2 = \dfrac{1}{14}\sum_{i=1}^{15}(x_i - 11.3)^2 = \dfrac{155.9}{14} \approx 11.1357$$

(2) $n = 15$, $\sigma^2 = 8.03$이므로 통계량의 관찰값은 $v_0 = \dfrac{(n-1)s_0^2}{\sigma^2} = \dfrac{14 \times 11.1357}{8.03}$
≈ 19.41이다.

(3) $P(S^2 > s_0^2) = P(S^2 > 11.1357) = P\left(\dfrac{14S^2}{\sigma^2} > \dfrac{14 \times 11.1357}{8.03}\right) = P(V > 19.41)$
$= 0.15$

08-43

모분산이 0.35인 정규모집단에서 크기 8인 표본을 추출한다. 물음에 답하라.

(1) 표본분산과 관련된 통계량 $V = \dfrac{(n-1)S^2}{\sigma^2}$의 분포를 구하라.

(2) 표본 조사한 결과가 다음과 같을 때, 관찰된 표본분산의 값 s_0^2을 구하라.

$$2.5 \quad 2.1 \quad 3.4 \quad 1.7 \quad 2.0 \quad 3.2 \quad 2.8 \quad 2.4$$

(3) $P(S^2 < s_1) = 0.05$를 만족하는 s_1을 구하라.

(4) $P(S^2 > s_2) = 0.05$를 만족하는 s_2를 구하라.

풀이 (1) $n = 8$, $\sigma^2 = 0.35$이므로 표본분산에 관련된 표본분포는 다음과 같이 자유도 7인 카이제곱분포를 따른다. 즉, $V = \dfrac{7S^2}{0.35} \sim \chi^2(7)$이다.

(2) 표본평균과 표본분산은 각각 다음과 같다.

$$\bar{x} = \frac{2.5 + 2.1 + \cdots + 2.4}{8} = 2.513$$

$$s_0^2 = \frac{1}{7} \sum_{i=1}^{8} (x_i - 2.513)^2 = \frac{2.44875}{7} \approx 0.3498$$

(3) $P(S^2 < s_1) = 0.05$이면 $P(S^2 > s_1) = 0.95$이고, 따라서 다음이 성립한다.

$$P(S^2 > s_1) = P\left(V > \frac{7s_1}{0.35}\right) = P(V > \chi_{0.95}^2) = 0.95$$

따라서 $\dfrac{7s_1}{0.35} = \chi_{0.95}^2 = 2.17$이므로 $s_1 = \dfrac{2.17 \times 0.35}{7} = 0.1085$이다.

(4) $P(S^2 > s_2) = P\left(V > \dfrac{7s_2}{0.35}\right) = P(V > \chi_{0.05}^2) = 0.05$이므로 다음을 얻는다.

$$\frac{7s_2}{0.35} = \chi_{0.05}^2 = 14.07; \quad s_2 = \frac{14.07 \times 0.35}{7} = 0.7035$$

08-44

건강한 성인이 하루에 소비하는 물의 양은 평균 $1.5\,\mathrm{L}$, 분산 $0.0476\,\mathrm{L}^2$인 정규분포를 따른다고 한다. 10명의 성인을 무작위로 선정하여 하루 동안 소비하는 물의 양을 측정하고자 한다. 물음에 답하라.

(1) 표본분산과 관련된 통계량 $V = \dfrac{(n-1)S^2}{\sigma^2}$ 의 분포를 구하라.

(2) 표본 조사한 결과 다음과 같을 때, 관찰된 표본분산의 값 s_0^2을 구하라(단, 단위는 L 이다).

1.5 1.6 1.2 1.7 1.4 1.3 1.6 1.3 1.4 1.7

(3) 이 표본을 이용하여 통계량의 관찰값 $v_0 = \dfrac{(n-1)s_0^2}{\sigma^2}$ 을 구하라.

(4) 표본분산 S^2이 (2)에서 구한 s_0^2보다 클 확률을 구하라.

(5) $P(S^2 > s_1^2) = 0.025$인 s_1^2을 구하라.

풀이 (1) $n = 10$, $\sigma^2 = 0.0476$이므로 표본분산에 관련된 표본분포는

$$V = \frac{9S^2}{0.0476} \sim \chi^2(9)$$

(2) 표본평균과 표본분산은 각각 다음과 같다.

$$\overline{x} = \frac{1.5 + 1.6 + \cdots + 1.7}{10} = 1.47$$

$$s_0^2 = \frac{1}{9}\sum_{i=1}^{10}(x_i - 1.47)^2 = \frac{0.281}{9} \approx 0.0312$$

(3) $n = 10$, $\sigma^2 = 0.0476$이므로 통계량의 관찰값은 다음과 같다.

$$v_0 = \frac{(n-1)s_0^2}{\sigma^2} = \frac{9 \times 0.0312}{0.0476} \approx 5.9$$

(4) 카이제곱분포표로부터 구하고자 하는 확률은 다음과 같다.

$$P(S^2 > s_0^2) = P(S^2 > 0.0312) = P\left(\frac{9S^2}{\sigma^2} > \frac{9 \times 0.0312}{0.0476}\right) = P(V > 5.9) = 0.75$$

(5) $P(S^2 > s_1^2) = P\left(\dfrac{9S^2}{\sigma^2} > \dfrac{9s_1^2}{0.0476}\right) = 0.025$이므로 $\chi_1^2 = \dfrac{9s_1^2}{0.0476}$ 은 자유도 9인

분포에서 꼬리확률이 0.025인 임계점이므로 $\dfrac{9s_1^2}{0.0476} = \chi_{0.025}^2 = 19.02$, 즉

$s_1^2 = \dfrac{19.02 \times 0.0476}{9} \approx 0.1006$이다.

08-45

모비율이 $p = 0.25$인 모집단에서 크기가 각각 다음과 같은 표본을 임의로 선정한다. 이때 표본비율이 $p \pm 0.1$ 안에 있을 근사확률을 구하고, 표본의 크기가 커짐에 따른 확률의 변화를 비교하라.

(1) $n = 50$ (2) $n = 100$ (3) $n = 150$

풀이   표본비율을 $\hat{p}$라 하면, $\hat{p} \approx N\left(0.25, \dfrac{0.25 \times 0.75}{n}\right) = N\left(0.25, \dfrac{0.1875}{n}\right)$이다.

(1) $n = 50$이므로 $\hat{p} \approx N(0.25, 0.0612^2)$이고, 따라서 구하고자 하는 근사확률은 다음과 같다.

$$
\begin{aligned}
P\left(p - 0.1 < \hat{p} < p + 0.1\right) &= P\left(-\frac{0.1}{0.0612} < \frac{\hat{p} - p}{0.0612} < \frac{0.1}{0.0612}\right) \\
&= P(-1.63 < Z < 1.63) \\
&= 2\{P(Z < 1.63) - 0.5\} \approx 2(0.9484 - 0.5) \\
&= 0.8968
\end{aligned}
$$

(2) $n = 100$이므로 $\hat{p} \approx N(0.25, 0.0433^2)$이고, 따라서 구하고자 하는 근사확률은 다음과 같다.

$$
\begin{aligned}
P\left(p - 0.1 < \hat{p} < p + 0.1\right) &= P\left(-\frac{0.1}{0.0433} < \frac{\hat{p} - p}{0.0433} < \frac{0.1}{0.0433}\right) \\
&= P(-2.31 < Z < 2.31) \\
&= 2\{P(Z < 2.31) - 0.5\} \approx 2(0.9896 - 0.5) \\
&= 0.9792
\end{aligned}
$$

(3) $n = 150$이므로 $\hat{p} \approx N(0.25, 0.0354^2)$이고, 따라서 구하고자 하는 근사확률은 다음과 같다.

$$
\begin{aligned}
P\left(p - 0.1 < \hat{p} < p + 0.1\right) &= P\left(-\frac{0.1}{0.0354} < \frac{\hat{p} - p}{0.0354} < \frac{0.1}{0.0354}\right) \\
&= P(-2.82 < Z < 2.82) \\
&= 2\{P(Z < 2.82) - 0.5\} \approx 2(0.9976 - 0.5) \\
&= 0.9952
\end{aligned}
$$

따라서 표본의 크기가 커질수록 구하고자 하는 확률은 커진다.

08-46

2014년 7월 26일자 동아일보에 '전년도 해외여행자 수가 1,484만 6천 명으로 역대 최고를 기록했다.'는 기사가 실렸다. 이것은 전 국민의 약 30%에 해당하는 비율이다. 2015년도에 해외여행을 계획하는 사람의 비율을 조사하기 위하여, 500명을 임의로 선정하여 조사하였다. 물음에 답하라.

(1) 표본비율의 근사확률분포를 구하라.

(2) $|\hat{p} - p|$가 0.05보다 작을 확률을 구하라.

(3) 표본비율이 p_0보다 클 확률이 0.025인 p_0을 구하라.

풀이 (1) $p = 0.3$, $q = 0.7$, $n = 500$이므로 $\sqrt{\dfrac{pq}{n}} = \sqrt{0.00042} \approx 0.0205$이고, 표본비율 $\hat{p}$의 근사확률분포는 $\hat{p} \approx N(0.3,\, 0.0205^2)$이다.

(2) $\dfrac{\hat{p} - 0.3}{0.0205} \approx N(0,\, 1)$이므로 구하고자 하는 확률은 다음과 같다.

$$P(|\hat{p} - p| < 0.05) = P\left(|Z| < \frac{0.05}{0.0205}\right) = P(|Z| < 2.4) = 2\{P(Z < 2.4) - 0.5\}$$

$$\approx 2(0.9918 - 0.5) = 0.9836$$

(3) $P(\hat{p} > p_0) = P\left(Z > \dfrac{p_0 - 0.3}{0.0205}\right) = P(Z > z_{0.025}) = 0.025$이고 $z_{0.025} = 1.96$이므로 구하고자 하는 p_0은 다음과 같다.

$$\frac{p_0 - 0.3}{0.0205} = 1.96; \quad p_0 = 0.3 + 1.96 \times 0.0205 \approx 0.3402$$

08-47

순수한 초콜릿을 좋아하는지 첨가물이 포함된 초콜릿을 좋아하는지 미국 통계학회에서 조사한 결과, 미국 소비자의 약 75%가 땅콩이나 캐러멜 등을 첨가한 초콜릿을 좋아하는 것으로 조사되었다. 첨가물이 포함된 초콜릿을 좋아하는지 알아보기 위하여 200명의 소비자를 임의로 선정하였다. 물음에 답하라.

(1) 표본비율의 근사확률분포를 구하라.

(2) 표본비율이 78%를 초과할 확률을 구하라.

(3) 표본비율의 95 백분위수를 구하라.

풀이 (1) $p = 0.75$, $q = 0.25$, $n = 200$이므로 $\sqrt{\dfrac{pq}{n}} = \sqrt{0.0009375} \approx 0.0306$이고, 표본

비율 $\hat{p}$의 근사확률분포는 $\hat{p} \approx N(0.75, 0.0306^2)$이다.

(2) $\dfrac{\hat{p} - 0.75}{0.0306} \approx N(0, 1)$이므로 구하고자 하는 확률은 다음과 같다.

$$P(\hat{p} > 0.78) = P\left(Z > \frac{0.78 - 0.75}{0.0306}\right) = P(Z > 0.98) = 1 - P(Z < 0.98)$$

$$\approx 1 - 0.8365 = 0.1635$$

(3) 95 백분위수를 p_0이라 하고, 표준화하면 $z_0 = \dfrac{p_0 - 0.75}{0.0306} = z_{0.05} = 1.645$이므로

$p_0 = 0.75 + 1.645 \times 0.0306 \approx 0.8 (= 80\%)$이다.

08-48

어느 식품회사의 마케팅 부서에서 분석한 자료에 따르면 주부들의 20% 가 식품비로 주당 10만 원 이상을 소비하는 것으로 나타났다. 모비율이 20% 라는 가정 아래서 무작위로 1,000명의 주부를 표본으로 선정하였다. 물음에 답하라.

(1) 표본비율의 근사확률분포를 구하라.
(2) 표본비율이 $p \pm 0.02$ 안에 있을 근사확률을 구하라.
(3) 표본비율의 90, 95 그리고 99 백분위수를 구하라.

풀이 (1) $p = 0.2$, $q = 0.8$, $n = 1000$이므로 $\sqrt{\dfrac{pq}{n}} = \sqrt{0.00016} \approx 0.0127$이고, 표본비율

$\hat{p}$의 근사확률분포는 $\hat{p} \approx N(0.2, 0.0127^2)$이다.

(2) $\dfrac{\hat{p} - p}{0.0127} \approx N(0, 1)$이므로 구하고자 하는 확률은 다음과 같다.

$$P(|\hat{p} - p| < 0.02) = P\left(|Z| < \frac{0.02}{0.0127}\right) = P(|Z| < 1.57)$$

$$= 2\{P(Z < 1.57) - 0.5\}$$

$$\approx 2(0.9418 - 0.5) = 0.8836$$

(3) $\hat{p}$의 90백분위수를 p_1이라 하면 $z_1 = \dfrac{p_1 - 0.2}{0.0127} = z_{0.1} \approx 1.28$, 95백분위수를 p_2라

하면 $z_2 = \dfrac{p_2 - 0.2}{0.0127} = z_{0.05} = 1.645$, 99백분위수를 p_3이라 하면 $z_3 = \dfrac{p_3 - 0.2}{0.0127}$

$= z_{0.01} \approx 2.33$이다. 따라서 $p_1 \approx 0.2163$, $p_2 = 0.2209$, $p_3 \approx 0.2296$이다.

08-49

지난 선거에서 후보자 A는 그 도시의 유권자를 상대로 49.5%의 지지율을 얻었다. 이번 선거에서 지난 선거의 지지율을 얻을 수 있는지 알기 위하여, 400명의 유권자를 상대로 조사하여 49%를 초과할 확률을 구하라.

풀이 후보자 A에 대한 지지율이 $p = 0.495$, $n = 400$이므로 표본비율의 근사확률분포는 다음과 같다.

$$\hat{p} \approx N\left(0.495, \frac{0.495 \times 0.505}{400}\right) = N(0.495, 0.025^2)$$

따라서 구하고자 하는 확률은 다음과 같다.

$$P(\hat{p} > 0.49) = P\left(Z > \frac{0.49 - 0.495}{0.025}\right) = P(Z > -0.2) = P(Z < 0.2) \approx 0.5793$$

08-50

모평균과 모분산이 각각 $\mu_1 = 5$, $\mu_2 = 4$, $\sigma_1^2 = 9$, $\sigma_2^2 = 16$이고 독립인 두 정규모집단에서 각각 크기 $n = m = 100$인 표본을 추출하였다. 첫 번째 모집단의 표본평균을 $\overline{X}$, 두 번째 모집단의 표본평균을 $\overline{Y}$라 할 때, $|\overline{X} - \overline{Y}|$가 2보다 작을 확률을 구하라.

풀이 $\overline{X} - \overline{Y}$의 평균은 $\mu_{\overline{X} - \overline{Y}} = \mu_1 - \mu_2 = 1$이다. 그리고 $\sigma_1^2 = 9$, $\sigma_2^2 = 16$, $n = m = 100$이므로 $\overline{X} - \overline{Y}$의 분산은 다음과 같다.

$$\sigma_{\overline{X} - \overline{Y}}^2 = \frac{\sigma_1^2}{n} + \frac{\sigma_2^2}{m} = \frac{9}{100} + \frac{16}{100} = \frac{25}{100} = 0.5^2$$

따라서 $U = \overline{X} - \overline{Y}$라 하면 $U \sim N(1, 0.5^2)$ 또는 $Z = \dfrac{U - 1}{0.5} \sim N(0, 1)$이다. 그러므로 구하고자 하는 확률은 다음과 같다.

$$P(|\overline{X} - \overline{Y}| < 2) = P(|U| < 2) = P\left(\frac{-2 - 1}{0.5} < Z < \frac{2 - 1}{0.5}\right)$$
$$= P(-6 < Z < 2) = P(Z < 2) - P(Z \leq -6)$$
$$= 0.9772 - 0 = 0.9772$$

08-51

문제 08-50에서 모분산이 $\sigma_1^2 = \sigma_2^2 = 9$일 때, $|\overline{X} - \overline{Y}|$가 2보다 작을 확률을 구하라.

풀이 문제 08-50에 의하여 $\overline{X} - \overline{Y}$의 평균은 $\mu_{\overline{X} - \overline{Y}} = 1$이고 $\sigma_1^2 = \sigma_2^2 = 9$, $n = m = 100$이므로 $\overline{X} - \overline{Y}$의 분산은 다음과 같다.

$$\sigma_{\overline{X} - \overline{Y}}^2 = \sigma_1^2 \left(\frac{1}{n} + \frac{1}{m} \right) = 9 \left(\frac{1}{100} + \frac{1}{100} \right) = \frac{18}{100} = 0.4243^2$$

따라서 $U = \overline{X} - \overline{Y}$라 하면 $U \sim N(1, 0.4243^2)$ 또는 $Z = \dfrac{U - 1}{0.4243} \sim N(0, 1)$이다. 그러므로 구하고자 하는 확률은 다음과 같다.

$$\begin{aligned} P(|\overline{X} - \overline{Y}| < 2) = P(|U| < 2) &= P\left(\frac{-2 - 1}{0.4243} < Z < \frac{2 - 1}{0.4243} \right) \\ &= P(-7.08 < Z < 2.36) = P(Z < 2.36) - P(Z \le -7.08) \\ &= 0.9909 - 0 = 0.9909 \end{aligned}$$

08-52

성인 남성의 몸무게는 평균 66.55 kg, 표준편차 8.46 kg이고, 성인 여성의 몸무게는 55.74 kg, 표준편차 5.42 kg이라 한다. 남성 150명과 여성 150명을 임의로 선정했을 때, 남성의 평균 몸무게가 여성의 평균 몸무게보다 12 kg 이상 클 확률을 구하라.

풀이 남성 표본의 평균 몸무게와 여성 표본의 평균 몸무게는 각각 다음과 같은 정규분포에 근사한다.

$$\overline{X} \approx N\left(66.55, \frac{8.46^2}{150} \right), \quad \overline{Y} \approx N\left(55.74, \frac{5.42^2}{150} \right)$$

따라서 두 표본평균의 차 $\overline{X} - \overline{Y}$는 다음과 같은 정규분포에 근사한다.

$$U = \overline{X} - \overline{Y} \approx N\left(10.81, \frac{100.948}{150} \right) = N(10.81, 0.82^2)$$

따라서 구하고자 하는 확률은 다음과 같다.

$$\begin{aligned} P(\overline{X} - \overline{Y} \ge 12) = P(U \ge 12) &= P\left(Z \ge \frac{12 - 10.81}{0.82} \right) \\ &= P(Z \ge 1.45) = 1 - P(Z < 1.45) \\ &= 1 - 0.9265 = 0.0735 \end{aligned}$$

08-53

자동차를 생산하는 두 공정라인에서 차체에 엔진을 올리는 평균 시간에 차이가 있는지 알아보기 위하여 두 공정라인에서 엔진을 올리는 시간을 측정한 결과 다음과 같았다. 공정라인 A의 표본평균이 공정라인 B의 표본평균보다 1.66 분 이상일 확률을 구하라(단, 엔진을 올리는 시간은 분산과 평균이 각각 같은 정규분포를 따르고, 단위는 분이다).

라인 A	3 7 5 8 4 3
라인 B	2 4 9 3 2

풀이 공정라인 A에 대한 표본평균을 $\overline{X}$, 공정라인 B에 대한 표본평균을 $\overline{Y}$라 하자. 그러면 표본에서 각각의 표본평균은 $\overline{x} = 5$, $\overline{y} = 4$이고, 표본분산은 다음과 같다.

$$s_1^2 = \frac{1}{5}\sum (x_i - 5)^2 = 4.4, \quad s_2^2 = \frac{1}{4}\sum (y_j - 4)^2 = 8.5$$

그러므로 합동표본분산과 합동표본표준편차는 각각 다음과 같다.

$$s_p^2 = \frac{1}{6+5-2}\left(5s_1^2 + 4s_2^2\right) = \frac{5\times 4.4 + 4\times 8.5}{9} \approx 6.2222,$$
$$s_p = \sqrt{6.2222} \approx 2.4944$$

한편 표본의 크기가 각각 6과 5이므로 다음을 얻는다.

$$\sqrt{\frac{1}{n} + \frac{1}{m}} = \sqrt{\frac{1}{6} + \frac{1}{5}} = \sqrt{0.3667} \approx 0.6055$$

따라서 $s_p \sqrt{\dfrac{1}{n} + \dfrac{1}{m}} = 2.4944 \times 0.6055 \approx 1.51$ 이고, $\overline{X} - \overline{Y}$는 자유도 9인 t-분포에 따른다. 한편 두 모평균이 동일하므로 $\mu_X - \mu_Y = 0$ 이고, 구하고자 하는 확률은 다음과 같다.

$$P\left(\overline{X} - \overline{Y} \geq 1.66\right) = P\left(\frac{\overline{X} - \overline{Y} - 0}{1.51} \geq \frac{1.66 - 0}{1.51}\right) = P(T \geq 1.1) = 0.162$$

08-54

어느 회사에서 생산된 배터리의 10% 가 불량품이라고 한다. 이 회사에서 임의로 8개를 선정하였을 때,

(1) 불량품이 없을 확률을 구하라.

(2) 두 개 이상 불량품이 포함될 확률을 구하라.

(3) 15% 이상 불량품이 포함될 확률을 구하라.

풀이 (1) 불량품의 수를 X 라 하면 $X \sim B(8, 0.1)$ 이므로 $P(X=0) = 0.4305$ 이다.

(2) $P(X \geq 2) = 1 - P(X \leq 1) = 1 - 0.8131 = 0.1869$

(3) 8개의 제품 중에 15% 이상 불량품이 있을 사건은 1.2개 이상 불량품이 있을 사건과 동치이므로, 구하고자 하는 확률은 다음과 같다.

$$P(X \geq 1.2) = P(X \geq 2) = 1 - P(X \leq 1) = 1 - 0.8131 = 0.1869$$

08-55

문제 08-54에서 임의로 80개를 선정하였을 때, (1) ~ (3)을 구하라.

풀이 (1) 불량품의 수를 X 라 하면 $\mu = np = 8$, $\sigma^2 = np(1-p) = 7.2 = 2.68^2$ 이므로 $X \approx N(8, 2.68^2)$ 이다.

$$P(X=0) = P(-0.5 \leq X \leq 0.5) = 2P(0 \leq X \leq 0.5)$$
$$= 2P\left(\frac{0-8}{2.68} \leq \frac{X-8}{2.68} \leq \frac{0.5-8}{2.68}\right)$$
$$\approx 2P(-2.99 \leq Z \leq -2.80) = 2(0.9986 - 0.9974) = 0.0024$$

(2) $P(X \geq 2) = P(X \geq 1.5) = P\left(\frac{X-8}{2.68} \geq \frac{1.5-8}{2.68}\right)$
$$\approx P(Z \geq -2.42) = P(Z \leq 2.42) = 0.9922$$

(3) $p = 0.1$, $\dfrac{p(1-p)}{n} = \dfrac{0.1 \times 0.9}{80} = 0.0335^2$ 이므로 $\hat{p} \approx N(0.1, 0.0335^2)$ 이다. 그러므로

$$P(\hat{p} \geq 0.15) = P\left(\frac{\hat{p} - 0.1}{0.0335} \geq \frac{0.15 - 0.1}{0.0335}\right) \fallingdotseq P(Z \geq 1.49) = 0.9319$$

이다.

08-56

어느 대학의 경우 신입생 적정선이 1,000명이라고 한다. 이 대학은 근래 몇 년간 평균 60%의 신입생을 모집하였다. 이러한 사실을 기초로 1차 전형에서 1,550명을 모집하였을 때, 다음을 구하라.

(1) 1,000명 이상 남을 확률

(2) 900명 이하로 남을 확률

풀이 (1) 모집인원을 X라 하면 $\mu = np = 930$, $\sigma^2 = np(1-p) = 372 = 19.29^2$이므로 $X \approx N(930, 19.29^2)$이다. 그러므로 구하고자 하는 근사확률은 다음과 같다.

$$P(X \geq 1000) = P\left(\frac{X-930}{19.29} \geq \frac{1000-930}{19.29}\right) \fallingdotseq P(Z \geq 3.63) = 0$$

(2) $P(X \leq 900) = P\left(\frac{X-930}{19.29} \leq \frac{900-930}{19.29}\right) \fallingdotseq P(Z \leq -1.56)$

$$= 1 - P(Z < 1.56) = 1 - 0.9406 = 0.0594$$

08-57

트랜스미션에 대한 주요 결점은 외부에 의한 영향으로 발생하며, 과거의 경험에 의하면 모든 결점의 70%가 번개에 의한 것으로 알려졌다. 이를 확인하기 위하여 200개의 결함이 있는 트랜스미션을 조사한 결과 151개 이상이 번개에 의한 원인일 확률을 구하라.

풀이 표본의 크기가 200이므로 $\hat{p} \approx N\left(0.7, \frac{0.7 \times 0.3}{200}\right) = N(0.7, 0.032^2)$이고, 200개의 트랜스미션 표본 중에 151개 이상이 번개에 의한 원인일 확률은 다음과 같다.

$$P\left(\hat{p} \geq \frac{151}{200}\right) = P\left(\frac{\hat{p}-0.7}{0.032} \geq \frac{0.755-0.7}{0.032}\right)$$

$$\fallingdotseq P(Z \geq 1.72) = 1 - 0.9573 = 0.0427$$

08-58

1,000명의 어린이로 구성된 어느 단체에는 35명의 왼손잡이가 있다고 한다. 40명의 어린이를 임의로 선정했을 때, 5% 이상이 왼손잡이일 확률을 구하라.

풀이 1,000명의 어린이 중에 왼손잡이가 35명 있으므로 모비율은 $p = 0.035$이고 표본의 크기가 40이므로, 40명 안에 포함된 왼손잡이 어린이의 비율을 $\hat{p}$이라 하면, $\hat{p} \approx N\left(p, \frac{pq}{n}\right) = N(0.035, 0.029^2)$이다. 따라서 구하고자 하는 확률은 다음과 같다.

$$P(\hat{p} \geq 0.05) = P\left(\frac{\hat{p}-0.035}{0.029} \geq \frac{0.05-0.035}{0.029}\right)$$

$$= P(Z \geq 0.52) = 1 - 0.6985 = 0.3015$$

08-59

어느 도시의 시장 선거에서 A 후보자는 그 도시의 유권자를 상대로 53%의 지지율을 얻고 있다고 한다. 이때 400명의 유권자를 상대로 조사한 결과, 49% 이하의 유권자가 지지할 확률을 구하라.

풀이 A 후보자에 대한 지지율이 $p = 0.53$이므로

$$\hat{p} \approx N\left(0.53, \frac{0.53 \times 0.47}{400}\right) = N(0.7, 0.025^2)$$

이고, 따라서 구하고자 하는 확률은 다음과 같다.

$$P(\hat{p} \le 0.49) = P\left(\frac{\hat{p} - 0.53}{0.025} \le \frac{0.49 - 0.53}{0.025}\right)$$
$$\fallingdotseq P(Z \le -1.6) = 1 - P(Z < 1.6) = 1 - 0.9452 = 0.0548$$

08-60

모평균과 모분산이 각각 $\mu_1 = 178$, $\mu_2 = 166$, $\sigma_1^2 = 16$, $\sigma_2^2 = 9$이고 독립인 두 정규모집단에서 각각 크기 $n = m = 16$인 표본을 임의로 추출하였다. 물음에 답하라.
(1) 두 표본평균의 차에 대한 확률분포를 구하라.
(2) 두 표본평균의 차가 10 이상일 확률을 구하라.

풀이 (1) $\mu_1 - \mu_2 = 12$이고 $\dfrac{\sigma_1^2}{n} + \dfrac{\sigma_2^2}{m} = \dfrac{25}{16} = 1.25^2$이므로 $\overline{X} - \overline{Y} \sim N(12, 1.25^2)$이다.

(2) $P(\overline{X} - \overline{Y} > 10) = P\left(Z > \dfrac{10 - 12}{1.25}\right) = P(Z > -1.6) = P(Z < 1.6) = 0.9452$

08-61

A 교수는 과거 경험에 따르면 여학생의 통계학 점수는 평균 79점, 표준편차 15점이고 남학생의 통계학 점수는 평균 77점, 표준편차 10점이라고 하였다. 이러한 주장을 확인하기 위하여 여학생 40명과 남학생 50명을 임의로 선정하였다. 물음에 답하라(단, 통계학 점수는 정규분포를 따른다).
(1) 표본으로 선정된 여학생과 남학생의 평균점수의 차에 대한 확률분포를 구하라.
(2) 여학생의 평균이 남학생의 평균보다 1점 이상일 확률을 구하라.

풀이 (1) 여학생과 남학생의 모평균과 모표준편차를 각각 $\mu_1 = 79$, $\mu_2 = 77$, $\sigma_1 = 15$, $\sigma_2 = 10$이라 하면, $\mu_1 - \mu_2 = 2$, $\dfrac{15^2}{40} + \dfrac{10^2}{50} = 7.625 = 2.761^2$이므로 여학생의 평균점수를 $\overline{X}$, 남학생의 평균점수를 $\overline{Y}$라 하면, $\overline{X} - \overline{Y} \sim N(2, 2.761^2)$이다.

(2) $P(\overline{X} - \overline{Y} \geq 1) = P\left(Z \geq \dfrac{1-2}{2.761}\right) = P(Z \geq -0.36) = P(Z \leq 0.36) = 0.6406$

08-62

2014년 4월 한 신문기사에 의하면, 지난해 국내 20대 대기업에 다니는 남녀 직원의 평균 근속 년수는 6년 정도 차이가 난다고 한다. 두 그룹의 표준편차가 동일하게 4년이라 가정하고, 남자 직원 250명과 여자 직원 200명을 임의로 선정하였다. 물음에 답하라.

(1) 표본으로 선정된 남녀 직원의 평균 근속 년수의 차에 대한 확률분포를 구하라.

(2) 남자와 여자의 평균 근속 년수의 차가 ± 5년 사이일 확률을 구하라.

풀이 (1) 남자의 평균 근속 년수를 μ_1, 여자의 평균 근속 년수를 μ_2라 하면, $\sigma_1 = \sigma_2 = \sigma = 4$이므로 $\mu_1 - \mu_2 = 6$이고 $\sigma \sqrt{\dfrac{1}{250} + \dfrac{1}{200}} \approx 0.3795$이다. 이때 두 그룹에 대한 표본의 크기가 충분히 크므로 선정된 남녀의 평균 근속 년수의 차는 다음과 같은 분포를 갖는다.

$$\overline{X} - \overline{Y} \approx N(6, 0.3795^2) \quad \text{또는} \quad Z = \dfrac{\overline{X} - \overline{Y} - 6}{0.3795} \approx N(0, 1)$$

(2) $P(|\overline{X} - \overline{Y}| < 5) = P(\overline{X} - \overline{Y} < 5) - P(\overline{X} - \overline{Y} \leq -5)$

$$= P\left(Z < \dfrac{5-6}{0.3795}\right) - P\left(Z \leq \dfrac{-5-6}{0.3795}\right)$$

$$= P(Z < -2.635) - P(Z \leq -31.621) = 0.0042 - 0 = 0.0042$$

08-63

2014년 4월 연합뉴스의 보도 자료에 의하면, 지난해 국내 20대 대기업에 다니는 남자 직원의 평균 연봉은 8,600만 원이고, 여자 직원의 평균 연봉은 5,800만 원이었다. 두 그룹의 연봉은 표준편차가 동일하게 1,000만 원인 정규분포를 따른다고 가정하고, 남자 직원 25명과 여자 직원 20명을 임의로 선정하였다. 물음에 답하라.

(1) 표본으로 선정된 남자 직원과 여자 직원의 평균 연봉의 차에 대한 확률분포를 구하라.

(2) 남자 직원의 평균 연봉이 여자 직원의 평균 연봉보다 3,400만 원 이상 높을 확률을 구하라.

풀이 (1) 남자 직원의 평균 연봉을 $\mu_1 = 8600$, 여자 직원의 평균 연봉을 $\mu_2 = 5800$이라 하면, $\sigma_1 = \sigma_2 = \sigma = 1000$이므로 $\mu_1 - \mu_2 = 2800$, $\sigma \sqrt{\dfrac{1}{25} + \dfrac{1}{20}} = 1000 \times 0.3$ $= 300$이다. 따라서 선정된 남자와 여자의 평균 연봉의 차는 다음과 같은 분포를 갖는다.

$$\overline{X} - \overline{Y} \sim N(2800, 300^2) \ \text{또는} \ Z = \frac{\overline{X} - \overline{Y} - 2800}{300} \sim N(0, 1)$$

(2) $P(\overline{X} - \overline{Y} \geq 3400) = P\left(Z \geq \dfrac{3400 - 2800}{300}\right) = P(Z \geq 2)$

$$= 1 - P(Z < 2) = 1 - 0.9772 = 0.0228$$

08-64

모평균 $\mu_1 = 550$, $\mu_2 = 500$이고 모표준편차 $\sigma_1 = 9$, $\sigma_2 = 16$인 두 정규모집단에서 각각 크기 50과 40인 표본을 임의로 추출하였을 때, 두 표본평균의 차가 48과 52 사이일 확률을 구하라.

풀이 $\overline{X} - \overline{Y} \sim N\left(50, \dfrac{9}{50} + \dfrac{16}{40}\right) = N(50, 0.762^2)$이므로

$$P(48 < \overline{X} - \overline{Y} < 52) = P\left(\frac{48 - 50}{0.762} < Z < \frac{52 - 50}{0.762}\right)$$

$$= P(-2.62 < Z < 2.62)$$

$$= 2P(0 < Z < 2.62) = 2(0.9956 - 0.5) = 0.9912$$

08-65

두 정규모집단 A와 B의 모분산은 동일하고, 평균은 각각 $\mu_1 = 700$, $\mu_2 = 680$이라 한다. 이때 두 모집단에서 표본을 추출하여 다음과 같은 결과를 얻었다.

A 표본	$n = 17$, $\overline{x} = 704$, $s_1 = 39.25$
B 표본	$m = 10$, $\overline{y} = 675$, $s_2 = 43.75$

(1) 두 표본에 대한 합동표본분산 s_p^2을 구하라.

(2) 두 표본평균의 차 $D = \overline{X} - \overline{Y}$에 대한 확률분포를 구하라.

(3) $P(D > d_0) = 0.05$인 d_0을 구하라.

풀이 (1) $n = 17$, $m = 10$, $s_1 = 39.25$, $s_2 = 43.75$이므로 구하고자 하는 합동표본분산은 다음과 같다.

$$s_p^2 = \frac{1}{17 + 10 - 2}(16 \times 39.25^2 + 9 \times 43.75^2) = 1675.0225$$

(2) $s_p = \sqrt{1675.0225} = 40.927$, $\mu_1 = 700$, $\mu_2 = 680$, 그리고 $n = 17$, $m = 10$이므로

$$\mu_1 - \mu_2 = 20, \quad s_p \times \sqrt{\frac{1}{n} + \frac{1}{m}} = 40.927 \times \sqrt{\frac{1}{17} + \frac{1}{10}} \approx 16.3105$$

이고 D에 관한 확률분포는 $T = \dfrac{D - 20}{16.3105} \sim t(25)$이다.

(3) $P(D > d_0) = P\left(T > \dfrac{d_0 - 20}{16.3105}\right) = 0.05$이고, 자유도 25인 t-분포표로부터 $t_{0.05} = 1.708$이므로 구하고자 하는 d_0은 다음과 같다.

$$\frac{d_0 - 20}{16.3105} = t_{0.05} = 1.708, \quad d_0 = 20 + 1.708 \times 16.3105 \approx 47.8583$$

08-66

대부분의 은행은 고객의 다양한 비즈니스 요구에 맞추기 위해 서로 다른 형태의 예금을 제공한다. 일반적으로 고객들은 인출 금액에 제한이 있는 보편적인 예금인 저축예금과 사업에 관련된 통상적인 금전거래에 많이 쓰이는 당좌예금을 많이 선택한다. 두 예금은 일평균 이자에 차이가 있다. 다음 자료는 일평균 잔고가 동일하게 1억원인 두 예금계좌에서 무작위로 선택된 표본의 일일 이자에 대한 자료이다.

구분	저축예금(X)	당좌예금(Y)
표본크기	$n = 50$	$m = 45$
표본평균	$\overline{x} = 40$천 원	$\overline{y} = 30$천 원
표본표준편차	$s_1 = 2.15$천 원	$s_2 = 3.65$천 원

모집단이 정규분포를 따르지 않고, 두 모분산이 같다고 가정할 때, $\overline{X} - \overline{Y}$의 표준화 확률변수의 표본분포를 구하라.

> **풀이** 모집단이 정규분포를 따르지 않지만, $n, m \geq 30$이므로 t-분포를 사용한다. μ_1과 μ_2를 저축예금과 당좌예금의 일평균 이자라 할 때, 표본평균 차 $\overline{X} - \overline{Y}$의 표준화 확률변수의 분포는
>
> $$T = \frac{\overline{X} - \overline{Y} - (\mu_1 - \mu_2)}{s_p \sqrt{\dfrac{1}{n} + \dfrac{1}{m}}} = \frac{\overline{X} - \overline{Y} - (\mu_1 - \mu_2)}{s_p \sqrt{\dfrac{1}{50} + \dfrac{1}{45}}} \sim t(n+m-2) = t(93)$$
>
> 을 따른다. 이때 합동표본분산 s_p^2과 합동표본편차 s_p는 다음과 같다.
>
> $$s_p^2 = \frac{1}{50 + 45 - 2}(49s_1^2 + 44s_2^2) \approx 8.7386, \quad s_p = \sqrt{8.7386} \approx 2.9561$$
>
> 따라서 $s_p \sqrt{\dfrac{1}{50} + \dfrac{1}{45}} = 2.9561 \times 0.2055 \approx 0.6075$이고, $\overline{X} - \overline{Y}$의 표준화 확률변수의 표본분포는 자유도 93인 t-분포를 따른다. 한편 $n, m \geq 30$이므로 z-분포를 따른다고 해도 무방하며, t-분포의 자유도가 100에 가까우므로 t-분포와 z-분포는 거의 차이가 없을 것이다.

08-67

다음 표는 고혈압 환자 32명을 두 그룹으로 분류하여 각기 다른 방법으로 치료한 결과이다. 이때 평균 수치가 높을수록 치료의 효과가 있음을 나타내고, 두 방법에 의한 치료 결과는 동일한 모분산을 갖는 정규분포를 따른다고 한다. 물음에 답하라.

치료법 A	$n = 14$, $\overline{x} = 47.20$, $s_1^2 = 111.234$
치료법 B	$m = 18$, $\overline{y} = 43.43$, $s_2^2 = 105.252$

(1) 두 표본에 대한 합동표본분산을 구하라.

(2) $\mu_1 = \mu_2$라 할 때, 이 표본에 기초하여 $P(\overline{X} - \overline{Y} > 10.175)$를 구하라.

(3) $\sigma_1^2 = \sigma_2^2 = 102$일 때, 합동표본분산이 62.87보다 클 확률을 구하라.

(4) $\sigma_1^2 = \sigma_2^2 = 102$일 때, $P(S_1^2 > 0.4S_2^2)$를 구하라(단, $f_{0.05, 13, 17} = 0.4$이다).

> **풀이** (1) 합동표본분산은 $s_p^2 = \dfrac{1}{14 + 18 - 2}(13 \times 111.234 + 17 \times 105.252) = 107.8442$이다.
>
> (2) $\mu_1 = \mu_2$이므로 $\mu_1 - \mu_2 = 0$이고, 합동표본표준편차는 $s_p = \sqrt{107.8442} \approx 10.3848$

이다. 그러므로 $T = \dfrac{\overline{X} - \overline{Y}}{10.3848 \times \sqrt{\dfrac{1}{14} + \dfrac{1}{18}}} = \dfrac{\overline{X} - \overline{Y}}{3.7} \sim t(30)$ 이다.

따라서 구하고자 하는 확률은 다음과 같다.

$$P\left(\overline{X} - \overline{Y} > 10.175\right) = P\left(T > \frac{10.175}{3.7}\right) = P(T > 2.75) = 0.005$$

(3) $\sigma^2 = 102$ 이고 두 표본의 크기의 합이 32이므로 $V = \dfrac{30}{102} S_p^2 \sim V(30)$ 이다. 그러므로 구하고자 하는 확률은 다음과 같다.

$$P(S_p^2 \geq 62.87) = P\left(\frac{30}{102} S_p^2 \geq \frac{30 \times 62.87}{102}\right) = P(V \geq 18.49) = 0.95$$

(4) $\sigma_1^2 = \sigma_2^2 = 102$ 이고 $n = 14$, $m = 18$ 이므로 $\dfrac{S_1^2 / \sigma_1^2}{S_2^2 / \sigma_2^2} = \dfrac{S_1^2}{S_2^2} \sim F(13, 17)$ 이고, $f_{0.05,\,13,\,17} = 0.4$ 이다. 그러므로 구하고자 하는 확률은 다음과 같다.

$$P\left(S_1^2 > 0.4 S_2^2\right) = P\left(\frac{S_1^2}{S_2^2} > 0.4\right) = P\left(\frac{S_1^2}{S_2^2} > f_{0.04,\,13,\,17}\right) = 0.05$$

08-68

시중에서 판매되고 있는 두 회사의 커피믹스에 포함된 카페인의 양을 조사한 결과, 다음 표를 얻었다. 이때 두 회사에서 제조된 커피믹스에 포함된 카페인의 양은 동일한 분산을 갖는 정규분포를 따른다고 한다. 물음에 답하라(단, 단위는 mg 이다).

A 회사	$n = 16$, $\overline{x} = 78$, $s_1^2 = 32.5$
B 회사	$m = 16$, $\overline{y} = 75$, $s_2^2 = 34.2$

(1) 두 표본에 대한 합동표본분산을 구하라.

(2) $\mu_1 = \mu_2$ 라 할 때, 이 표본에 기초하여 $P\left(\overline{X} - \overline{Y} > x_0\right) = 0.01$ 을 만족하는 x_0 을 구하라.

(3) $\sigma_1^2 = \sigma_2^2 = 33$ 일 때, $P\left(S_p^2 > s_0\right) = 0.01$ 을 만족하는 s_0 을 구하라.

(4) $\sigma_1^2 = 30$, $\sigma_2^2 = 35$ 일 때, $P\left(\dfrac{S_1^2}{S_2^2} > f_0\right) = 0.05$ 를 만족하는 f_0 을 구하라.

풀이 (1) 합동표본분산은 $s_p^2 = \dfrac{1}{16 + 16 - 2}(15 \times 32.5 + 15 \times 34.2) = 33.35$ 이다.

(2) $\mu_1 = \mu_2$ 이므로 $\mu_1 - \mu_2 = 0$ 이고, 합동표본표준편차는 $s_p = \sqrt{33.35} \approx 5.7749$ 이

다. 그러므로 $T = \dfrac{\overline{X} - \overline{Y}}{5.7749 \times \sqrt{\dfrac{1}{16} + \dfrac{1}{16}}} = \dfrac{\overline{X} - \overline{Y}}{2.04} \sim t(30)$ 이다. 자유도 30인

t-분포에서 $t_{0.01} = 2.457$ 이므로

$$P(\overline{X} - \overline{Y} > x_0) = P\left(\frac{\overline{X} - \overline{Y}}{2.04} > \frac{x_0}{2.04}\right) = P\left(T > \frac{x_0}{2.04}\right) = P(T > t_{0.01}) = 0.01$$

이고, 따라서 $\dfrac{x_0}{2.04} = t_{0.01} = 2.457$, 즉 $x_0 = 2.457 \times 2.04 \approx 5.0123$ 이다.

(3) $\sigma^2 = 33$ 이고 두 표본의 크기의 합이 32이므로 $V = \dfrac{30}{33} S_p^2 \sim V(30)$ 이다. 자유도 30인 카이제곱분포에서 $\chi_{0.01}^2 = 50.89$ 이므로 다음이 성립한다.

$$P(S_p^2 > s_0) = P\left(\frac{30 S_p^2}{33} > \frac{30 s_0}{33}\right) = P\left(V > \frac{30 s_0}{33}\right) = P(V > \chi_{0.01}^2) = 0.01$$

따라서 구하고자 하는 s_0은 다음과 같다.

$$\frac{30 s_0}{33} = \chi_{0.01}^2 = 50.89, \quad s_0 = \frac{33 \times 50.89}{30} = 55.979$$

(4) $\sigma_1^2 = 30$, $\sigma_2^2 = 35$ 이므로 $F = \dfrac{S_1^2/30}{S_2^2/35} = \dfrac{35 S_1^2}{30 S_2^2} = 1.167 \times \dfrac{S_1^2}{S_2^2} \sim F(15, 15)$ 이다. 분자, 분모의 자유도가 모두 15인 F-분포에서 $f_{0.05, 15, 15} = 2.4$ 이므로 다음을 얻는다.

$$P\left(\frac{S_1^2}{S_2^2} > f_0\right) = P(F > 1.167 f_0) = P(F > f_{0.05, 15, 15}) = 0.05$$

따라서 구하고자 하는 f_0은 다음과 같다.

$$1.167 f_0 = f_{0.05, 15, 15} = 2.4, \quad f_0 = \frac{2.4}{1.167} = 2.0566$$

08-69

다음 표는 고소공포증에 걸린 환자 32명을 각각 16명씩 기존의 치료법과 새로운 치료법에 의하여 치료한 결과로 점수가 높을수록 치료의 효과가 있음을 나타낸다. 이때 두 방법에 의한 치료 결과는 정규분포를 따른다고 한다.

기존 치료법	$\overline{x} = 44.33, \quad s_X^2 = 101.666$
새 치료법	$\overline{y} = 47.67, \quad s_Y^2 = 95.095$

506 _ 문제풀며 정리하는 확률과 통계

(1) 두 모분산이 동일하게 100이라 할 때, 합동표본분산이 170보다 작을 근사확률을 구하라.

(2) 두 표본에 대한 합동표본분산을 구하라.

(3) 두 모평균이 동일하다고 할 때, 새로운 방법에 의한 치료 결과가 기존의 치료법보다 7.56점 이상 높을 근사확률을 구하라.

(4) 두 모분산이 동일하게 100이라 할 때, $P\left(S_Y^2 \geq 2.4\, S_X^2\right)$를 구하라.

풀이 (1) $\sigma^2 = 100$이고 두 표본의 크기가 각각 16이므로 합동표본분산은 $\dfrac{30}{100}S_p^2 \sim \chi^2(30)$ 이다. 그러므로 구하고자 하는 확률은 $P(S_p^2 \leq 170) = P\left(\dfrac{30}{100}S_p^2 \leq 51\right)$ $\fallingdotseq 1 - 0.005 = 0.995$이다.

(2) 기존 방법으로 치료를 받은 평균점수를 $\overline{X}$, 새로운 방법으로 치료받은 평균점수를 $\overline{Y}$라 하면, 합동표본분산은 $s_p^2 = \dfrac{1}{16 + 16 - 2}(15 \times 101.666 + 15 \times 95.095) = 98.3805$이다.

(3) $\mu_Y - \mu_X = 0$이고 $s_p = \sqrt{98.3805} = 9.919$이므로 $\dfrac{\overline{Y} - \overline{X}}{9.919 \times \sqrt{\dfrac{1}{16} + \dfrac{1}{16}}} = \dfrac{\overline{Y} - \overline{X}}{3.51}$ $\sim t(28)$이다. 따라서 구하고자 하는 확률은

$$P\left(\overline{Y} - \overline{X} \geq 7.56\right) = P\left(\dfrac{\overline{Y} - \overline{X}}{3.62} \geq 2.1546\right) \fallingdotseq 0.02 \text{이다.}$$

(4) $\sigma^2 = 100$이고 두 표본의 크기가 각각 16이므로 $\dfrac{S_Y^2/100}{S_X^2/100} = \dfrac{S_Y^2}{S_X^2} \sim F(15,\, 15)$이다.

그러므로 구하고자 하는 확률은 $P\left(S_Y^2 \geq 2.4\, S_X^2\right) = P\left(\dfrac{S_Y^2}{S_X^2} \geq 2.4\right) = 0.05$이다.

08-70

시중에서 판매되고 있는 두 회사의 땅콩 잼에 포함된 카페인의 양을 조사한 결과, 다음 표를 얻었다. 이때 두 회사에서 제조된 땅콩 잼에 포함된 카페인의 양은 동일한 모분산을 갖는 정규분포를 따른다고 한다.

(단위 : mg)

A 회사	$n = 15$, $\overline{x} = 78$, $s_X^2 = 30.25$
B 회사	$m = 13$, $\overline{y} = 75$, $s_Y^2 = 36$

(1) 두 모분산이 동일하게 35라 할 때, 합동표본분산이 12.4보다 작을 근사확률을 구하라.

(2) 두 표본에 대한 합동표본분산을 구하라.

(3) 두 모평균이 동일하다고 할 때, A 회사에서 제조된 땅콩 잼의 평균이 B 회사에서 제조된 평균보다 $3.7\,\mathrm{mg}$ 이하일 근사확률을 구하라.

(4) $\sigma_A^2 = 30$, $\sigma_B^2 = 35$일 때, $P\left(S_Y^2 \geq 3S_X^2\right)$를 구하라.

풀이 (1) $\sigma^2 = 35$이고 두 표본의 크기가 각각 15와 13이므로 합동표본분산은 $\dfrac{26}{35}S_p^2 \sim \chi^2(26)$이다. 따라서 구하려는 확률은 $P(S_p^2 \leq 12.4) = P\left(\dfrac{26}{35}S_p^2 \leq 9.21\right) = 1 - 0.999 = 0.001$이다.

(2) A 회사에서 제조된 땅콩 잼에 포함된 카페인의 평균을 $\overline{X}$, B 회사에서 제조된 땅콩 잼에 포함된 카페인의 평균을 $\overline{Y}$라 하면, 합동표본분산은 다음과 같다.

$$s_p^2 = \frac{1}{15 + 13 - 2}(14 \times 30.25 + 12 \times 36) = 32.9$$

(3) $\mu_A - \mu_B = 0$이고 $s_p = \sqrt{32.9} = 5.736$이므로 $\dfrac{\overline{X} - \overline{Y}}{5.736 \times \sqrt{\dfrac{1}{15} + \dfrac{1}{13}}} = = \dfrac{\overline{X} - \overline{Y}}{2.17}$

$\sim t(26)$이다. 따라서 구하려는 확률은 $P(\overline{X} - \overline{Y} \leq 3.7) = P\left(\dfrac{\overline{X} - \overline{Y}}{2.17} \leq 1.705\right) \fallingdotseq 1 - 0.05 = 0.95$이다.

(4) $\sigma_A^2 = 30$, $\sigma_B^2 = 35$이므로 $\dfrac{S_Y^2/30}{S_X^2/35} = \dfrac{35S_Y^2}{30S_X^2} = \dfrac{1.167 \times S_Y^2}{S_X^2} \sim F(12, 14)$이다.

그러므로 구하고자 하는 확률은 $P\left(S_Y^2 \geq 3S_X^2\right) = P\left(\dfrac{S_Y^2}{S_X^2} \geq 3\right) \fallingdotseq 0.025$이다.

08-71

다음 표는 고혈압 환자 32명을 두 그룹으로 분류하여 각기 다른 방법으로 치료한 결과이다. 이때 평균 수치가 높을수록 치료의 효과가 있음을 나타내고, 두 방법에 의한 치료 결과는 미지의 서로 다른 모분산을 갖는 정규분포를 따른다고 한다. 물음에 답하라.

치료법 A	$n = 14$, $\overline{x} = 47.20$, $s_1^2 = 111.234$
치료법 B	$m = 18$, $\overline{y} = 43.43$, $s_2^2 = 105.252$

(1) $\overline{X} - \overline{Y}$의 분포를 구하라.

(2) $\mu_1 = \mu_2$라 할 때, $P(\overline{X} - \overline{Y} > 10.175)$를 구하라.

풀이 치료법 A와 치료법 B의 모평균을 μ_1, μ_2라 하면, 두 모분산이 미지의 이분산이므로 t -분포를 이용한다.

(1)
$$T = \frac{\overline{X} - \overline{Y} - (\mu_1 - \mu_2)}{\sqrt{\dfrac{s_1^2}{n} + \dfrac{s_2^2}{m}}} \sim t(\mathrm{d.f.})$$

를 따른다. 이때

$$T = \frac{\overline{X} - \overline{Y} - (\mu_1 - \mu_2)}{\sqrt{\dfrac{111.234}{14} + \dfrac{105.252}{18}}} = \frac{\overline{X} - \overline{Y} - (\mu_1 - \mu_2)}{3.7138}$$

이고,

$$\mathrm{d.f.} = \frac{\left(\dfrac{s_1^2}{n} + \dfrac{s_2^2}{m}\right)^2}{\dfrac{(s_1^2/n)^2}{n-1} + \dfrac{(s_2^2/m)^2}{m-1}} = \frac{\left(\dfrac{111.234}{14} + \dfrac{105.252}{18}\right)^2}{\dfrac{(111.234/14)^2}{13} + \dfrac{(105.252/18)^2}{17}}$$

$$= \frac{190.23634}{6.86722} = 27.7$$

이다.

따라서 두 방법에 의한 치료 결과의 평균 수치의 차에 대한 표준화 확률변수의 분포는 자유도가 27인 t-분포를 따른다.

(2) 모평균이 같으므로 $T = \dfrac{\overline{X} - \overline{Y}}{3.7138} \sim t(27)$을 따른다. 따라서 구하는 확률은 다음과 같다.

$$P\left(\overline{X} - \overline{Y} > 10.175\right) = P\left(T > \frac{10.175}{3.7138}\right) = P(T > 2.74) = 0.00552$$

문제 08-67의 동일한 모분산을 갖는다고 가정할 때의 경우와 크게 다르지 않은 결과를 얻을 수 있음을 알 수 있다. 확률의 오차는 고작 $0.00052 (= 0.052\%)$가 되어 무시할 수 있는 정도로 볼 수 있다. 이 차이는 자유도의 계산에서 나오는 것으로 판단된다.

08-72

모직 17묶음의 절단 강도는 평균 452.4이고 표준편차는 12.3이고, 인조섬유 25묶음의 절단 강도는 평균 474.6이고 표준편차는 5.50인 것으로 조사되었다. 그리고 두 종류의 섬유의 절단 강도는 동일한 모분산을 갖는 정규분포를 따른다고 한다.

(1) 합동표본분산의 측정값 s_p^2을 구하라.

(2) 모직의 평균 절단강도 $\overline{X}$와 인조섬유의 평균 절단 강도 $\overline{Y}$의 차 $D = \overline{Y} - \overline{X}$에 대한 확률분포를 구하라.

(3) 표본의 측정값 $D_0 = \overline{y} - \overline{x}$을 이용하여 두 모집단 인조섬유와 모직에 대한 절단강도의 평균의 차이 μ_0에 대하여 $P(|D - \mu_0| \leq d_0) = 0.95$인 μ_0의 범위를 구하라.

풀이 (1) 모직 17묶음의 절단 강도는 평균을 $\overline{X}$, 인조섬유 25묶음의 절단 강도는 평균을 $\overline{Y}$라 하면, $\overline{X} = 452.4$, $\overline{Y} = 474.6$이고 $s_X = 12.3$, $s_Y = 5.5$ 그리고 두 표본의 크기가 각각 17과 25이므로 구하고자 하는 합동표본분산은 $s_p^2 = \dfrac{1}{17 + 25 - 2}(16 \times 12.3^2 + 24 \times 5.5^2) = 78.666$이다.

(2) $s_p = \sqrt{78.666} = 8.869$, $\mu_0 = \mu_Y - \mu_X$ 그리고 $n = 17$, $m = 25$이므로

$$\frac{\overline{Y} - \overline{X} - (\mu_Y - \mu_X)}{s_p \sqrt{\dfrac{1}{m} + \dfrac{1}{n}}} = \frac{D - \mu_0}{8.869 \times \sqrt{\dfrac{1}{25} + \dfrac{1}{17}}} = \frac{D - \mu_0}{8.869 \times 0.3144}$$

$$= \frac{D - \mu_0}{2.789} \sim t(40)$$

(3) 자유도 40인 t-분포표로부터 $t_{0.025}(40) = 2.021$이고

$$P(|D - \mu_0| \leq d_0) = P\left(\frac{|D - \mu_0|}{2.789} \leq \frac{d_0}{2.789}\right) = 0.95$$이다. 따라서 $\dfrac{d_0}{2.789} = 2.021$;

$d_0 = 2.021 \times 2.789 = 5.637$이고, 또한 $D_0 = \overline{y} - \overline{x} = 474.6 - 452.4 = 22.2$이므로 구하고자 하는 μ_0의 범위는 다음과 같다.

$$D_0 - 5.637 \leq \mu_0 \leq D_0 + 5.637; \quad 22.2 - 5.637 \leq \mu_0 \leq 22.2 + 5.637;$$

$$16.563 \leq \mu_0 \leq 27.837$$

08-73

두 정규모집단 A와 B의 모분산은 미지이며 서로 다르고, 평균은 각각 $\mu_1 = 700$, $\mu_2 = 680$이라 한다. 이때 두 모집단에서 표본을 추출하여 다음과 같은 결과를 얻었다.

A 표본	$n = 17$, $\overline{x} = 704$, $s_1 = 39.25$
B 표본	$m = 10$, $\overline{y} = 675$, $s_2 = 43.75$

(1) 두 표본평균의 차 $D = \overline{X} - \overline{Y}$의 확률분포를 구하라.

(2) $P(D > d_0) = 0.05$인 d_0을 구하라.

풀이 (1) 두 모분산이 미지이고 서로 다르므로, 이분산의 t-분포를 이용한다. $\mu_1 = 700$, $\mu_2 = 680$, 그리고 $n = 17$, $m = 10$이므로

$$\mu_1 - \mu_2 = 20, \quad \sqrt{\frac{s_1^2}{n} + \frac{s_2^2}{m}} = \sqrt{\frac{39.25^2}{17} + \frac{43.75^2}{10}} \approx \sqrt{282.028} \approx 16.794$$

이고 D의 표준화 확률변수의 확률분포는 $T = \dfrac{D - (\mu_1 - \mu_2)}{\sqrt{\dfrac{s_1^2}{n} + \dfrac{s_2^2}{m}}} = \dfrac{D - 20}{16.794}$

$\sim t(\mathrm{d.f.})$이다. 이때

$$\mathrm{d.f.} = \frac{\left(\dfrac{s_1^2}{n} + \dfrac{s_2^2}{m}\right)^2}{\dfrac{(s_1^2/n)^2}{n-1} + \dfrac{(s_2^2/m)^2}{m-1}} = \frac{\left(\dfrac{39.25^2}{17} + \dfrac{43.75^2}{10}\right)^2}{\dfrac{(39.25^2/17)^2}{16} + \dfrac{(43.75^2/10)^2}{9}} \quad .$$

$$= \frac{79539.55223}{4583.9698} \approx 17.4$$

따라서 D의 표준화 확률변수의 확률분포는 자유도 17인 t-분포이다.

(2) $P(D > d_0) = P\left(T > \dfrac{d_0 - 20}{16.794}\right) = 0.05$이고, 자유도 17인 t-분포표로부터 $t_{0.05} = 1.740$이므로 구하고자 하는 d_0은 다음과 같다.

$$\frac{d_0 - 20}{16.794} = t_{0.05} = 1.740, \quad d_0 = 20 + 1.740 \times 16.794 \approx 49.2216$$

08-74

대한가족계획협회에서 1998년 7월 미혼인 남자 54%와 여자 36%가 성인 전용 극장의 허용을 지지한다고 발표하였다. 이 사실을 기초로 올해 미혼인 남자와 여자를 각각 500명씩 조사할 경우, 지지율의 차가 10% 이하일 확률을 구하라.

풀이 남자의 지지율은 $p_1 = 0.54$이고 여자의 지지율이 $p_2 = 0.36$이므로 $p_1 - p_2 = 0.18$이다. 남자와 여자를 각각 500명씩 선정하였으므로 다음을 얻는다.

$$\sqrt{\frac{0.54 \times 0.46}{500} + \frac{0.36 \times 0.64}{500}} \approx \sqrt{0.0009} = 0.03$$

그러므로 구하고자 하는 확률은 다음과 같다.

$$P\left(\hat{p}_1 - \hat{p}_2 \leq 0.1\right) = P\left(\frac{\hat{p}_1 - \hat{p}_2 - 0.18}{0.03} \leq \frac{0.1 - 0.18}{0.03}\right)$$

$$= P(Z \leq -2.67) = P(Z \geq 2.67) = 1 - P(Z < 2.67)$$

$$= 1 - 0.9962 = 0.0038$$

08-75

여자의 27%와 남자의 22%가 어느 특정 브랜드의 커피를 좋아한다고 커피 회사가 주장한다. 이것을 알아보기 위하여 여자와 남자를 동일하게 250명씩 임의로 선정하여 조사한 결과, 여자 중에서 69명 그리고 남자 중에서 58명이 좋아한다고 응답하였다. 물음에 답하라.

(1) 여자와 남자의 표본비율의 차 $\hat{p}_1 - \hat{p}_2$에 대한 근사확률분포를 구하라.

(2) $\hat{p}_1 - \hat{p}_2$이 3%보다 작을 근사확률을 구하라.

(3) $\hat{p}_1 - \hat{p}_2$이 관찰된 표본비율의 차보다 클 근사확률을 구하라.

(4) $\hat{p}_1 - \hat{p}_2$이 p_0보다 클 확률이 0.025인 p_0을 구하라.

풀이 (1) 여자의 비율을 p_1, 남자의 비율을 p_2라 하면, $p_1 - p_2 = 0.27 - 0.22 = 0.05$이고,

$$\sqrt{\frac{p_1 q_1}{n} + \frac{p_2 q_2}{m}} = \sqrt{\frac{0.27 \times 0.73}{250} + \frac{0.22 \times 0.78}{250}} = \sqrt{0.001475} \approx 0.0384$$

이므로 $\hat{p}_1 - \hat{p}_2$의 근사확률은 다음과 같다.

$$\hat{p}_1 - \hat{p}_2 \approx N(0.05, 0.0384^2) \text{ 또는 } Z = \frac{\hat{p}_1 - \hat{p}_2 - 0.05}{0.0384} \approx N(0, 1)$$

(2) $P\left(\hat{p}_1 - \hat{p}_2 < 0.03\right) = P\left(\frac{\hat{p}_1 - \hat{p}_2 - 0.05}{0.0384} < \frac{0.03 - 0.05}{0.0384}\right) = P(Z < -0.52)$

$$= 1 - P(Z < 0.52) \approx 1 - 0.6985 = 0.3015$$

(3) 관찰된 여자의 비율은 $\hat{p}_f = \frac{69}{250} = 0.276$, 남자의 비율은 $\hat{p}_m = \frac{58}{250} = 0.232$이므로 관찰된 표본비율의 차는 $\hat{p}_f - \hat{p}_m = 0.044$이다. 그러므로 $\hat{p}_1 - \hat{p}_2$이 0.044보다 클 확률은 다음과 같다.

$$P\left(\hat{p}_1 - \hat{p}_2 > 0.044\right) = P\left(\frac{\hat{p}_1 - \hat{p}_2 - 0.05}{0.0384} > \frac{0.044 - 0.05}{0.0384}\right) = P(Z > -0.16)$$
$$= P(Z < 0.16) \approx 0.5636$$

(4) $z_{0.025} = 1.96$이므로 다음이 성립한다.

$$P\left(\hat{p}_1 - \hat{p}_2 > p_0\right) = P\left(Z > \frac{p_0 - 0.05}{0.0384}\right) = P(Z > z_{0.025}) = 0.025$$

따라서 구하고자 하는 p_0은 다음과 같다.

$$\frac{p_0 - 0.05}{0.0384} = z_{0.025} = 1.96,$$

$$p_0 = 0.05 + 1.96 \times 0.0384 \approx 0.12526 (= 12.526\%)$$

08-76

2005년 통계조사에 따르면 25세 이상 남자와 여자 중 대졸 이상은 각각 37.8%와 25.4%로 조사되었다. 남자와 여자를 각각 500명, 450명씩 표본 조사한 결과, 남자와 여자 비율의 차가 10% 이하일 확률을 구하라.

풀이 대졸 이상인 남자의 비율은 $p_1 = 0.378$, 여자의 비율은 $p_2 = 0.254$이므로

$$p_1 - p_2 = 0.378 - 0.254 = 0.124,$$

$$\sqrt{\frac{0.378 \times 0.622}{500} + \frac{0.254 \times 0.746}{450}} \approx 0.03$$

이고, 따라서 두 표본비율의 차 $\hat{p}_1 - \hat{p}_2$의 확률분포는 $\hat{p}_1 - \hat{p}_2 \approx N(0.124, 0.03^2)$이다. 그러므로 구하고자 하는 근사확률은 다음과 같다.

$$P\left(\hat{p}_1 - \hat{p}_2 \le 0.1\right) = P\left(Z \le \frac{0.1 - 0.124}{0.03}\right) = P(Z \le -0.8)$$
$$= 1 - P(Z < 0.8) \approx 1 - 0.7881 = 0.2119$$

08-77

2012년 12월에 부산시에서 조사한 '부산지역 외국인 주민 생활환경 실태조사 및 정책발전 방안'에 따르면, 한국어 교육을 받을 의향이 있는지 묻는 항목에 중화권 131명 중 93.9%,

북미 및 유럽권 48명 중 93.8%가 그렇다고 응답하였다. 두 지역의 외국인 주민의 한국어 교육을 받을 의향이 동일하게 93%라고 가정한다. 물음에 답하라.

(1) 중화권과 북미 및 유럽권 외국인 주민의 표본비율의 차 $\hat{p}_1 - \hat{p}_2$에 대한 근사확률분포를 구하라.

(2) $\hat{p}_1 - \hat{p}_2$이 5%보다 작을 근사확률을 구하라.

(3) $\hat{p}_1 - \hat{p}_2$이 관찰된 표본비율의 차보다 클 근사확률을 구하라.

(4) $\hat{p}_1 - \hat{p}_2$이 p_0보다 클 확률이 0.05인 p_0을 구하라.

풀이 (1) 중화권의 비율과 북미 및 유럽권의 비율이 동일하게 $p_1 = p_2 = 0.93$이므로 $p_1 - p_2 = 0$이고,

$$\sqrt{\frac{p_1 q_1}{n} + \frac{p_2 q_2}{m}} = \sqrt{\frac{0.93 \times 0.07}{131} + \frac{0.93 \times 0.07}{48}} = \sqrt{0.0018532} \approx 0.043$$

이므로 $\hat{p}_1 - \hat{p}_2$의 근사확률은 다음과 같다.

$$\hat{p}_1 - \hat{p}_2 \approx N(0, 0.043^2) \ \text{또는} \ Z = \frac{\hat{p}_1 - \hat{p}_2}{0.043} \approx N(0, 1)$$

(2) $P(\hat{p}_1 - \hat{p}_2 < 0.05) = P\left(Z < \frac{0.05}{0.043}\right) = P(Z < 1.16) \approx 0.8770$

(3) 관찰된 중화권의 비율은 $\hat{p}_c = 0.939$, 북미 및 유럽권의 비율은 $\hat{p}_e = 0.938$이므로 관찰된 표본비율의 차는 $\hat{p}_c - \hat{p}_e = 0.001$이다. 그러므로 $\hat{p}_1 - \hat{p}_2$이 0.001보다 클 확률은 다음과 같다.

$$P(\hat{p}_1 - \hat{p}_2 > 0.001) = P\left(\frac{\hat{p}_1 - \hat{p}_2}{0.043} > \frac{0.001}{0.043}\right) = P(Z > 0.02)$$

$$= 1 - P(Z \leq 0.02) \approx 1 - 0.5080 = 0.492$$

(4) $z_{0.05} = 1.645$이므로 다음이 성립한다.

$$P(\hat{p}_1 - \hat{p}_2 > p_0) = P\left(Z > \frac{p_0}{0.043}\right) = P(Z > z_{0.05}) = 0.05$$

따라서 구하고자 하는 p_0은 다음과 같다.

$$\frac{p_0}{0.043} = z_{0.05} = 1.645, \quad p_0 = 1.645 \times 0.043 \approx 0.0707 (= 7.07\%)$$

08-78

많은 소비자는 주중의 월요일에 만들어진 자동차의 결함률이 8% 이고, 다른 요일에 제조된 자동차의 결함률은 월요일보다 2% 작다고 생각한다. 이러한 생각을 알아보기 위하여 월요일에 만들어진 자동차 100대를 선정하고 다른 요일에 만들어진 자동차 200대를 선정하여 조사한 결과, 월요일에 만들어진 자동차가 다른 요일에 만들어진 자동차보다 결함이 있는 비율이 2.7% 더 많을 확률을 구하라.

풀이 월요일에 만들어진 자동차의 결함율은 $p_1 = 0.08$ 이고, 다른 요일에 만들어진 자동차의 결함율은 2% 작으므로 $p_2 = 0.06$ 이다. 그러므로

$$p_1 - p_2 = 0.08 - 0.06 = 0.02, \qquad \sqrt{\frac{0.08 \times 0.92}{100} + \frac{0.06 \times 0.94}{200}} = 0.032$$

이고, 따라서 두 표본비율 $\hat{p}_1 - \hat{p}_2$ 는 다음과 같은 근사표준정규분포를 따른다.

$$\hat{p}_1 - \hat{p}_2 \approx N\left(0.02, (0.032)^2\right)$$

그러므로 구하고자 하는 근사확률은 다음과 같다.

$$P(\hat{p}_1 - \hat{p}_2 \geq 0.027) = P\left(\frac{\hat{p}_1 - \hat{p}_2 - 0.02}{0.032} \geq \frac{0.027 - 0.02}{0.032}\right)$$
$$\doteqdot P(Z \geq 0.22) = 1 - P(Z < 0.22) = 1 - 0.5871 = 0.4129$$

08-79

서로 독립인 두 정규모집단 $N(24, 16)$ 과 $N(28, 16)$ 에서 각각 크기 10과 15인 확률표본을 추출하였다. 이때 $P(S_p^2 > s_0) = 0.05$ 를 만족하는 s_0 을 구하라.

풀이 $n = 10$, $m = 15$ 이고 $\sigma_1^2 = \sigma_2^2 = 16$ 이므로 $\dfrac{n + m - 2}{\sigma^2} = \dfrac{23}{16}$ 이다. 따라서 $\dfrac{23}{16} S_p^2 \sim \chi^2(23)$ 이고 자유도 23에 대한 95 백분위수는 $\chi_{0.05}^2 = 35.17$ 이다. 즉, 다음이 성립한다.

$$P(S_p^2 > s_0) = P\left(\frac{23 S_p^2}{16} > \frac{23 s_0}{16}\right) = P\left(\frac{23 S_p^2}{16} > \chi_{0.05}^2\right) = 0.05$$

그러므로 구하고자 하는 s_0 은 다음과 같다.

$$\frac{23 s_0}{16} = \chi_{0.05}^2 = 35.17, \ s_0 = \frac{16 \times 35.17}{23} = 24.4661$$

08-80

동일한 모분산 σ^2을 갖는 서로 독립인 두 정규모집단에서 각각 크기 10과 15인 확률표본을 추출하였다. 이때 $P(S_1^2 > s_0 S_2^2) = 0.025$를 만족하는 s_0을 구하라.

풀이 $n = 10$, $m = 15$이므로 분자와 분모의 자유도는 각각 $n - 1 = 9$와 $m - 1 = 14$이다.

또한 $\sigma_1^2 = \sigma_2^2$이므로 $\dfrac{S_1^2/\sigma_1^2}{S_2^2/\sigma_2^2} = \dfrac{S_1^2}{S_2^2} \sim F(9, 14)$이고, F-분포에서 97.5백분위수는 $f_{0.025,\,9,\,14} = 3.21$이다. 따라서 다음이 성립한다.

$$P\big(S_1^2 > s_0 S_2^2\big) = P\left(\frac{S_1^2}{S_2^2} > s_0\right) = P\left(\frac{S_1^2}{S_2^2} > f_{0.025,\,9,\,14}\right) = 0.025$$

그러면 구하고자 하는 s_0은 $s_0 = f_{0.025,\,9,\,14} = 3.21$이다.

추정

모평균이 μ 인 모집단에서 크기 2인 확률표본 $\{X_1, X_2\}$를 추출하여, 모평균에 대한 점추정량을 다음과 같이 정의하였다. 모평균 μ 에 대한 불편추정량과 편의추정량을 구별하라.

$$\hat{\mu}_1 = X_1, \ \hat{\mu}_2 = \frac{1}{2}(X_1 + X_2), \ \hat{\mu}_3 = \frac{1}{2}(X_1 + 2X_2), \ \hat{\mu}_4 = \frac{1}{3}(X_1 + 2X_2)$$

풀이 X_1, X_2가 동일한 모집단분포에 따르므로 $E(X_1) = E(X_2) = \mu$이다. 기댓값의 성질을 이용하여 각 추정량의 평균을 구하면, 다음과 같다.

$$E(\hat{\mu}_1) = E(X_1) = \mu,$$
$$E(\hat{\mu}_2) = \frac{1}{2}E(X_1 + X_2) = \frac{1}{2}\{E(X_1) + E(X_2)\} = \frac{1}{2}(\mu + \mu) = \mu,$$
$$E(\hat{\mu}_3) = \frac{1}{2}E(X_1 + 2X_2) = \frac{1}{2}\{E(X_1) + 2E(X_2)\} = \frac{1}{2}(\mu + 2\mu) = \frac{3}{2}\mu,$$
$$E(\hat{\mu}_4) = \frac{1}{3}E(X_1 + 2X_2) = \frac{1}{3}\{E(X_1) + 2E(X_2)\} = \frac{1}{3}(\mu + 2\mu) = \mu$$

그러므로 $\hat{\mu}_1$, $\hat{\mu}_2$, $\hat{\mu}_4$는 모평균이 μ 에 대한 불편추정량이고 $\hat{\mu}_3$는 편의추정량이다.

문제 09-01의 모평균 μ 에 대한 불편추정량 중에서 효율성을 갖는 추정량을 구하라.

풀이 X_1, X_2가 동일한 모집단분포에 따르므로 $Var(X_1) = Var(X_2) = \sigma^2$이라 하면, 각 불편추정량의 분산은 다음과 같다.

$$Var\left(\hat{\mu}_1\right) = Var\left(X_1\right) = \sigma^2,$$

$$Var\left(\hat{\mu}_2\right) = \frac{1}{4} Var\left(X_1 + X_2\right) = \frac{1}{4}\left\{Var(X_1) + Var(X_2)\right\} = \frac{\sigma^2}{2},$$

$$Var\left(\hat{\mu}_4\right) = \frac{1}{9} Var\left(X_1 + 2X_2\right) = \frac{1}{9}\left\{Var(X_1) + 4 Var(X_2)\right\} = \frac{5\sigma^2}{9}$$

그러면 $Var\left(\hat{\mu}_2\right) < Var\left(\hat{\mu}_4\right) < Var\left(\hat{\mu}_1\right)$ 이고, 따라서 모평균이 μ 에 대한 효율추정량은 $\hat{\mu}_2$ 이다.

09-03

모분산이 4인 정규모집단에서 크기 3인 확률표본을 선정하여 모평균을 추정하기 위해 다음과 같이 점추정량을 설정하였다. 물음에 답하라.

$$\hat{\mu}_1 = \frac{1}{3}(X_1 + X_2 + X_3), \quad \hat{\mu}_2 = \frac{1}{4}(X_1 + X_2 + 2X_3), \quad \hat{\mu}_3 = \frac{1}{3}(3X_1 + X_2 + X_3)$$

(1) 각 추정량의 편의를 구하라.
(2) 불편추정량과 편의추정량을 구하라.
(3) 불편추정량의 분산을 구하고, 최소분산불편추정량을 구하라.

풀이 (1) 각 추정량의 평균을 구하면 다음과 같다.

$$E(\hat{\mu}_1) = \frac{1}{3} E(X_1 + X_2 + X_3) = \frac{1}{3}(\mu + \mu + \mu) = \mu,$$

$$E(\hat{\mu}_2) = \frac{1}{4} E(X_1 + X_2 + 2X_3) = \frac{1}{4}(\mu + \mu + 2\mu) = \mu,$$

$$E(\hat{\mu}_3) = \frac{1}{3} E(3X_1 + X_2 + X_3) = \frac{1}{3}(3\mu + \mu + \mu) = \frac{5}{3}\mu$$

그러므로 각 추정량의 편의는 다음과 같다.

$$b_1 = E(\hat{\mu}_1) - \mu = 0, \ b_2 = E(\hat{\mu}_2) - \mu = 0, \ b_3 = E(\hat{\mu}_3) - \mu = \frac{2}{3}\mu$$

(2) 불편추정량 : $\hat{\mu}_1, \ \hat{\mu}_2$ 편의추정량 : $\hat{\mu}_3$

(3) $Var(\hat{\mu}_1) = \frac{1}{9} Var(X_1 + X_2 + X_3) = \frac{1}{9}(4 + 4 + 4) = \frac{4}{3},$

$$Var(\hat{\mu}_2) = \frac{1}{16} Var(X_1 + X_2 + 2X_3) = \frac{1}{16}(4 + 4 + 4 \times 4) = \frac{3}{2}$$

이므로 $Var(\hat{\mu}_1) < Var(\hat{\mu}_2)$ 이다. 그러므로 최소분산불편추정량은 $\hat{\mu}_1$ 이다.

09-04

모분산이 4인 정규모집단에서 크기 3인 확률표본을 선정하여 모평균을 추정하기 위해 다음과 같이 점추정량을 설정하였다. 물음에 답하라.

$$\hat{\mu}_1 = \frac{X_1}{2} + \frac{X_2}{3} + \frac{X_3}{6}, \ \hat{\mu}_2 = \frac{X_1}{2} + \frac{X_2}{3} + \frac{X_3}{4}, \ \hat{\mu}_3 = \frac{X_1}{3} + \frac{X_2}{4} + \frac{5X_3}{12}$$

(1) 각 추정량의 편의를 구하라.
(2) 불편추정량과 편의추정량을 구하라.
(3) 불편추정량의 분산을 구하고, 최소분산추정량을 구하라.

풀이 (1) 각 추정량의 평균을 구하면 다음과 같다.

$$E(\hat{\mu}_1) = E\left(\frac{X_1}{2} + \frac{X_2}{3} + \frac{X_3}{6}\right) = \frac{\mu}{2} + \frac{\mu}{3} + \frac{\mu}{6} = \mu,$$

$$E(\hat{\mu}_2) = E\left(\frac{X_1}{2} + \frac{X_2}{3} + \frac{X_3}{4}\right) = \frac{\mu}{2} + \frac{\mu}{3} + \frac{\mu}{4} = \frac{13}{12}\mu,$$

$$E(\hat{\mu}_3) = E\left(\frac{X_1}{3} + \frac{X_2}{4} + \frac{5X_3}{12}\right) = \frac{\mu}{3} + \frac{\mu}{4} + \frac{5\mu}{12} = \mu$$

그러므로 각 추정량의 편의는 다음과 같다.

$$b_1 = E(\hat{\mu}_1) - \mu = 0, \ b_2 = E(\hat{\mu}_2) - \mu = \frac{\mu}{12}, \ b_3 = E(\hat{\mu}_3) - \mu = 0$$

(2) 불편추정량 : $\hat{\mu}_1$, $\hat{\mu}_3$ 편의추정량 : $\hat{\mu}_2$

(3) $Var(\hat{\mu}_1) = Var\left(\frac{X_1}{2} + \frac{X_2}{3} + \frac{X_3}{6}\right) = \frac{4}{4} + \frac{4}{9} + \frac{4}{36} = \frac{14}{9},$

$Var(\hat{\mu}_3) = Var\left(\frac{X_1}{3} + \frac{X_2}{4} + \frac{5X_3}{12}\right) = \frac{4}{9} + \frac{4}{16} + \frac{100}{144} = \frac{25}{18}$

이므로 $Var(\hat{\mu}_3) < Var(\hat{\mu}_1)$ 이다. 그러므로 최소분산불편추정량은 $\hat{\mu}_3$ 이다.

09-05

$E(X_1) = \mu$, $Var(X_1) = 4$, $E(X_2) = \mu$, $Var(X_2) = 7$, $E(X_3) = \mu$, $Var(X_3) = 14$ 일 때, 다음 추정량

$$\hat{\mu}_1 = \frac{1}{3}(X_1 + X_2 + X_3), \quad \hat{\mu}_2 = \frac{1}{4}(X_1 + 2X_2 + X_3), \quad \hat{\mu}_3 = \frac{1}{3}(2X_1 + X_2 + 2X_3)$$

에 대하여

(1) 각 추정량의 편의를 구하라.

(2) 불편추정량과 편의추정량을 구하라.

(3) 각 추정량의 분산을 구하고, 최소분산불편추정량을 구하라.

(4) $\mu = 1$일 때, 각 추정량의 평균제곱오차를 구하라.

풀이 (1) $E(\hat{\mu}_1) = \dfrac{1}{3} E(X_1 + X_2 + X_3) = \dfrac{1}{3}(\mu + \mu + \mu) = \mu$,

$E(\hat{\mu}_2) = \dfrac{1}{4} E(X_1 + 2X_2 + X_3) = \dfrac{1}{4}(\mu + 2\mu + \mu) = \mu$,

$E(\hat{\mu}_3) = \dfrac{1}{3} E(2X_1 + X_2 + 2X_3) = \dfrac{1}{3}(2\mu + \mu + 2\mu) = \dfrac{5}{3}\mu$

이므로, $b_1 = E(\hat{\mu}_1) - \mu = 0$, $b_2 = E(\hat{\mu}_2) - \mu = 0$, $b_3 = E(\hat{\mu}_3) - \mu = \dfrac{2}{3}\mu$

(2) 불편추정량 : $\hat{\mu}_1$, $\hat{\mu}_2$ 편의추정량 : $\hat{\mu}_3$

(3) $Var(\hat{\mu}_1) = \dfrac{1}{9} Var(X_1 + X_2 + X_3) = \dfrac{1}{9}(4 + 7 + 14) = 2.78$,

$Var(\hat{\mu}_2) = \dfrac{1}{16} Var(X_1 + 2X_2 + X_3) = \dfrac{1}{16}(4 + 4 \times 7 + 14) = 2.875$,

$Var(\hat{\mu}_3) = \dfrac{1}{9} Var(2X_1 + X_2 + 2X_3) = \dfrac{1}{9}(4 \times 4 + 7 + 4 \times 14) = 8.78$

이고 최소분산불편추정량은 $\hat{\mu}_1$ 이다.

(4) M.S.E.$_1$ = $Var(\hat{\mu}_1) + (b_1)^2 = 2.78$, M.S.E.$_2$ = $Var(\hat{\mu}_2) + (b_2)^2 = 2.875$,

M.S.E.$_3$ = $Var(\hat{\mu}_3) + (b_3)^2 = 9.22$

09-06

$E(X_1) = \mu$, $Var(X_1) = 7$, $E(X_2) = \mu$, $Var(X_2) = 13$, $E(X_3) = \mu$, $Var(X_3) = 20$
일 때, 다음 추정량

$$\hat{\mu}_1 = \dfrac{1}{3}(X_1 + X_2 + X_3), \ \hat{\mu}_2 = \dfrac{X_1}{4} + \dfrac{X_2}{2} + \dfrac{X_3}{5}, \ \hat{\mu}_3 = \dfrac{X_1}{3} + \dfrac{X_2}{4} + \dfrac{X_3}{5} + 2$$

에 대하여

(1) 각 추정량의 편의를 구하라.

(2) 불편추정량과 편의추정량을 구하라.

(3) 각 추정량의 분산을 구하고, 최소분산추정량을 구하라.

(4) $\mu = 2$일 때, 평균제곱오차를 구하라.

풀이 (1) $E(\hat{\mu}_1) = \dfrac{1}{3} E(X_1 + X_2 + X_3) = \dfrac{1}{3}(\mu + \mu + \mu) = \mu,$

$E(\hat{\mu}_2) = E\left(\dfrac{X_1}{4} + \dfrac{2X_2}{2} + \dfrac{X_3}{5}\right) = \dfrac{\mu}{4} + \mu + \dfrac{\mu}{5} = 1.45\mu,$

$E(\hat{\mu}_3) = E\left(\dfrac{X_1}{3} + \dfrac{X_2}{4} + \dfrac{X_3}{5} + 2\right) = \dfrac{\mu}{3} + \dfrac{\mu}{4} + \dfrac{\mu}{5} + 2 = 0.78\mu + 2$

이므로,

$b_1 = E(\hat{\mu}_1) - \mu = 0,\ \ b_2 = E(\hat{\mu}_2) - \mu = 0.45\mu,\ \ b_3 = E(\hat{\mu}_3) - \mu = 0.22\mu + 2$

(2) 불편추정량 : $\hat{\mu}_1$ 편의추정량 : $\hat{\mu}_2,\ \hat{\mu}_3$

(3) $Var(\hat{\mu}_1) = \dfrac{1}{9} Var(X_1 + X_2 + X_3) = \dfrac{1}{9}(7 + 13 + 20) = 4.44,$

$Var(\hat{\mu}_2) = Var\left(\dfrac{X_1}{4} + \dfrac{2X_2}{2} + \dfrac{X_3}{5}\right) = \dfrac{7}{16} + 13 + \dfrac{20}{25} = 14.2375,$

$Var(\hat{\mu}_3) = Var\left(\dfrac{X_1}{3} + \dfrac{X_2}{4} + \dfrac{X_3}{5} + 2\right) = \dfrac{7}{9} + \dfrac{13}{16} + \dfrac{20}{25} = 2.3903$

이고 최소분산추정량은 $\hat{\mu}_3$ 이다.

(4) $\text{M.S.E.}_1 = Var(\hat{\mu}_1) + (b_1)^2 = 4.44,\ \text{M.S.E.}_2 = Var(\hat{\mu}_2) + (b_2)^2 = 15.0475,$

$\text{M.S.E.}_3 = Var(\hat{\mu}_3) + (b_3)^2 = 8.3439$

09-07

$E(X_1) = \mu,\ Var(X_1) = 2,\ E(X_2) = \mu,\ Var(X_2) = 4$ 에 대하여

(1) $\hat{\mu} = \dfrac{1}{2}(X_1 + X_2)$의 분산을 구하라.

(2) $\hat{\mu}_1 = aX_1 + (1-a)X_2$의 분산이 최소가 되는 상수 a와 최소 분산을 구하라.

풀이 (1) $Var(\hat{\mu}) = \dfrac{1}{4} Var(X_1 + X_2) = \dfrac{1}{4}(2 + 4) = 1.5$

(2) $Var(\hat{\mu}_1) = Var(aX_1 + (1-a)X_2) = a^2 Var(X_1) + (1-a)^2 Var(X_2)$

$= 2a^2 + 4(1-a)^2$

$$= 6\left(a^2 - \frac{4}{3}a + \frac{2}{3}\right) = 6\left(a - \frac{2}{3}\right)^2 + \frac{4}{3}$$

이므로 $a = \frac{2}{3}$ 이고 최소분산은 $\frac{4}{3}$ 이다.

09-08

어느 CD 플레이어를 만드는 제조회사에서 생산되는 플레이어의 평균수명을 알기 위하여 50개를 임의로 추출하여 조사한 결과 총 수명이 7,864시간이었다. 최소분산불편추정량을 이용하여 이 회사에서 제조되는 플레이어의 평균수명을 추정하여라.

풀이 모평균 μ 에 대한 최소분산불편추정량은 $\overline{X}$ 이므로 50개의 표본에서 측정된 평균 수명을 이용하여 전체 생산된 플레이어의 평균 수명을 점추정하므로 추정값은 $\overline{x} = \frac{7864}{50}$ $= 157.28$(시간)이다.

09-09

우리나라 근로자의 유형을 알아보기 위하여 17,663명을 임의로 조사하여 다음 결과를 얻었다.

격주 근로자	주 5일 근로자	주 6일 근로자
748명	16,689명	226명

이때, 이 결과를 이용하여 우리나라 근로자의 비율을 유형별로 추정하여라.

풀이 격주 근로자의 비율을 p_1, 주 5일 근로자의 비율을 p_2 그리고 주 6일 근로자의 비율을 p_3 이라 하면, 모비율에 대한 불편추정량은 표본비율이므로 유형별 근로자의 비율의 추정값은 각각 다음과 같다.

$$\hat{p}_1 = \frac{748}{17663} = 0.042, \ \hat{p}_2 = \frac{16689}{17663} = 0.945, \ \hat{p}_3 = \frac{226}{17663} = 0.013$$

09-10

크기 20인 표본을 조사한 결과 $\sum_{i=1}^{20} x_i = 48.6$ 과 $\sum_{i=1}^{20} x_i^2 = 167.4$ 인 결과를 얻었다. 이 결과를 이용하여 모평균과 모분산을 점추정하여라.

풀이 표본평균이 모평균에 대한 불편추정량이므로 모평균의 점추정값은

$$\hat{\mu} = \overline{x} = \frac{1}{20}\sum x_i = \frac{48.6}{20} = 2.43 \text{이다. 또한 } \sum_{i=1}^{n}(x_i - \overline{x})^2 = \sum_{i=1}^{n}x_i^2 - n\,\overline{x}^2 \text{이므로 표본}$$

분산은 다음과 같다.

$$s^2 = \frac{1}{19}\sum_{i=1}^{20}(x_i - \overline{x}^2)^2 = \frac{1}{19}\left(\sum_{i=1}^{20}x_i^2 - 20\times\overline{x}^2\right) = \frac{167.4 - 20\times 2.43^2}{19} = 2.595$$

한편 표본분산이 모분산에 대한 불편추정량이므로 $\hat{\sigma}^2 = s^2 = 2.595$이다.

09-11

타이어를 생산하는 어느 회사에서 새로운 제조법에 의하여 생산한 타이어의 주행거리를 알아보기 위하여 7개를 임의로 선정하여 사용한 결과 다음과 같은 결과를 얻었다.

(단위 : $1,000\,\mathrm{km}$)

| 59.2 | 60.6 | 56.2 | 62.0 | 58.1 | 57.7 | 58.1 |

(1) 이 회사에서 생산된 타이어의 평균 주행거리의 추정값을 구하라.
(2) 주행거리의 분산에 대한 추정값을 구하라.

풀이 (1) 모평균에 대한 불편추정량의 하나는 표본평균이므로 $\overline{x} = \frac{1}{7}\sum x_i = 58.84$이다.

(2) 표본분산이 모분산에 대한 불편추정량이므로 $\hat{\sigma}^2 = \frac{1}{6}\sum(x_i - 58.84)^2 = 3.76$이다.

09-12

상호대화식의 컴퓨터 시스템은 대단위 장치에서 사용이 가능하다. 시간당 수신된 신호 수 X는 모수 λ인 푸아송분포에 따른다고 한다. 이때 수신된 신호 수에 대한 다음 표본에 대하여,

| 31 | 28 | 28 | 25 | 17 | 26 | 22 | 10 | 4 | 27 |

(1) 이 모수에 대한 불편추정량을 하나 제시하여라.
(2) 시간당 수신된 평균 신호 수에 대한 불편추정값을 구하라.
(3) 30분당 수신된 평균 신호 수에 대한 불편추정값을 구하라.

📖**풀이** (1) 모집단 분포는 $X \sim P(\lambda)$이고, 모수 λ는 모평균 μ를 나타낸다. 그러므로 모평균에 대한 불편추정량의 하나는 표본평균이므로 $\hat{\lambda} = \frac{1}{10}(X_1 + X_2 + \cdots + X_{10})$이다.

(2) $\hat{\lambda} = \frac{1}{10}(x_1 + x_2 + \cdots + x_{10}) = 21.8$

(3) 시간당 수신된 평균 신호 수가 21.8로 추정되므로 30분당 평균 10.9회 신호가 수신될 것으로 추정한다.

09-13

X_1, X_2, $\cdots$, X_{10}은 $n = 10$이고 미지의 p를 모수로 갖는 이항분포로부터 추출된 확률표본이라 한다.

(1) $\hat{p} = \frac{\overline{X}}{10}$가 모수 p에 대한 불편추정량임을 보여라.

(2) 관찰된 표본이 다음과 같을 때, 모수 p에 대한 불편추정값을 구하라.

1	8	2	5	7	6	2	9	4	7

📖**풀이** (1) $X_i \sim$ i.i.d. $B(10, p)$, $i = 1, 2, \cdots, 10$이므로 $E(X_i) = 10p$이고, 따라서

$$E(\overline{X}) = \frac{1}{10}\sum_{i=1}^{10} E(X_i) = \frac{1}{10}(100p) = 10p$$

이다. 그러므로 $E(\hat{p}) = E\left(\frac{\overline{X}}{10}\right) = \frac{1}{10}E(\overline{X}) = p$이고, 따라서 $\hat{p} = \frac{\overline{X}}{10}$는 모수 p에 대한 불편추정량이다.

(2) 표본평균은 $\overline{x} = 5.1$이고 $\hat{p} = \frac{\overline{X}}{10}$는 모수 p에 대한 불편추정량이므로 추정값은 0.51이다.

09-14

X_1, X_2, $\cdots$, X_{10}은 $(0, b)$에서 균등분포를 이루는 모집단에서 추출된 확률표본이고, 관찰값이 다음 표와 같다고 한다.

10	7	11	12	8	8	9	10	9	13

(1) 모평균에 대한 불편추정값을 구하라.

(2) 모분산에 대한 불편추정값을 구하라.

(3) 모수 b에 대한 불편추정값을 구하라.

(4) 모표준편차에 대한 추정값을 구하라.

풀이 (1) 표본평균이 모평균에 대한 불편추정량이므로, 모평균에 대한 불편추정값은 다음 과 같다.

$$\hat{\mu} = \frac{1}{10}(x_1 + x_2 + \cdots + x_{10}) = 9.7$$

(2) 표본분산은 모분산의 불편추정량이므로, 모분산에 대한 불편추정값은

$$\hat{\sigma}^2 = \frac{1}{9}\sum_{i=1}^{10}(x_i - 9.7)^2 = 3.57$$

이다.

(3) 모평균의 불편추정값이 9.7이고, 모평균은 $\mu = \frac{b+0}{2}$ 이므로 b에 대한 불편추정값 은 $\hat{\mu} = \frac{\hat{b}}{2} = 9.7$ 로부터 $\hat{b} = 19.4$ 이다.

(4) 모분산의 추정값이 3.57이므로 모표준편차 σ에 대한 추정값은 $\hat{\sigma} = 1.9$ 이다.

09-15

$X \sim B(10, p)$에 대한 점추정량 $\hat{p} = \frac{X}{11}$에 대하여

(1) 이 추정량의 편의와 분산을 구하라.

(2) 평균제곱오차 $\text{M.S.E.}(\hat{p}) = E[(\hat{p} - p)^2]$을 구하라.

(3) 이 평균제곱오차가 $\hat{p}_1 = \frac{X}{10}$의 평균제곱오차보다 작게 되는 p의 범위를 구하라.

풀이 (1) $E(X) = 10p$, $Var(X) = 10p(1-p)$이므로 $E(\hat{p}) = E\left(\frac{X}{11}\right) = \frac{10p}{11}$ 이고, 따라서

$$b = E(\hat{p}) - p = \frac{10p}{11} - p = -\frac{p}{11},$$
$$Var(\hat{p}) = Var\left(\frac{X}{11}\right) = \frac{Var(X)}{121} = \frac{10p(1-p)}{121}$$

이다.

(2) $\text{M.S.E.}(\hat{p}) = Var(\hat{p}) + b^2 = \frac{10p(1-p)}{121} + \left(-\frac{p}{11}\right)^2 = \frac{10p - 9p^2}{121}$

(3) $E(\hat{p}_1) = E\left(\frac{X}{10}\right) = \frac{10p}{10} = p$ 이므로 $\hat{p}_1 = \frac{X}{10}$ 의 편의는 0이고 분산은

$$Var(\hat{p}_1) = Var\left(\frac{X}{10}\right) = \frac{Var(X)}{100} = \frac{p(1-p)}{10}$$ 이다. 그러므로

$$\text{M.S.E.}(\hat{p}_1) = Var(\hat{p}_1) = \frac{p - p^2}{10}$$ 이고, 따라서 구하고자 하는 p의 범위는

$$\text{M.S.E.}(\hat{p}) < \text{M.S.E.}(\hat{p}_1); \quad \frac{10p - 9p^2}{121} < \frac{p - p^2}{10};$$

$$p(31p - 21) < 0; \quad 0 < p < \frac{21}{31}$$

이다.

09-16

모수 θ에 대한 점추정량의 분포가 다음과 같을 때, 가장 바람직한 점추정량은 어느 것인가?

$$\hat{\theta}_1 \sim N(1.02\theta, 0.01\theta^2), \quad \hat{\theta}_2 \sim N(1.05\theta, 0.05\theta^2), \quad \hat{\theta}_3 \sim N(1.12\theta, 0.03\theta^2)$$

풀이 각 추정량의 평균제곱오차를 구한다. 우선 각 추정량의 기댓값과 분산이

$$E(\hat{\theta}_1) = 1.02\theta, \quad E(\hat{\theta}_2) = 1.05\theta, \quad E(\hat{\theta}_3) = 1.12\theta,$$

$$Var(\hat{\theta}_1) = 0.01\theta^2, \quad Var(\hat{\theta}_2) = 0.05\theta^2, \quad Var(\hat{\theta}_3) = 0.03\theta^2$$

이므로, 각 추정량의 편의는 $b_1 = E(\hat{\theta}_1) - \theta = 0.02\theta$,

$b_2 = E(\hat{\theta}_2) - \theta = 0.05\theta$, $b_3 = E(\hat{\theta}_3) - \theta = 0.12\theta$이고, 따라서 평균제곱오차는 각각

$$\text{M.S.E.}_{\cdot 1} = 0.01\theta^2 + (0.02\theta)^2 = 0.0104\theta^2,$$

$$\text{M.S.E.}_{\cdot 2} = 0.05\theta^2 + (0.05\theta)^2 = 0.0525\theta^2,$$

$$\text{M.S.E.}_{\cdot 3} = 0.03\theta^2 + (0.12\theta)^2 = 0.0444\theta^2$$

이다. 그러므로 평균제곱오차가 가장 작은 추정량 $\hat{\theta}_1$이 가장 바람직한 추정량이다.

09-17

$X_1, X_2, \cdots, X_{12}$가 모수 λ인 푸아송분포를 따르는 모집단에서 얻은 표본이라 할 때,

8   5   0   10   0   3   4   11   2   8   6   7

(1) 이 모수에 대한 불편추정량을 하나 제시하여라.

(2) (1)에서 구한 불편추정값을 구하라.

풀이 (1) 모집단 분포는 $X \sim P(\lambda)$이고, 모수 λ는 모평균 μ를 나타낸다. 그러므로 모평균
에 대한 불편추정량의 하나는 표본평균이므로 $\hat{\lambda} = \dfrac{1}{12}(X_1 + X_2 + \cdots + X_{12})$이다.

(2) $\hat{\lambda} = \dfrac{1}{12}(x_1 + x_2 + \cdots + x_{12}) = 5.33$

09-18

다음은 9명의 어린이가 하루 동안 TV를 시청하는 시간이다. 이 표본을 이용하여 어린이가
하루 동안 TV를 시청하는 평균 시간을 추정하고, 표준오차를 구하라(단, 어린이가 TV를
시청하는 시간은 분산이 0.5인 정규분포를 따르고, 단위는 시간이다).

$$2.2 \quad 3.1 \quad 3.8 \quad 2.7 \quad 4.0 \quad 2.6 \quad 2.4 \quad 1.6 \quad 2.3$$

풀이 표본평균 $\overline{X}$가 모평균 μ에 대한 최소분산불편추정량이므로 표본평균을 구하면 다음
과 같다.

$$\hat{\mu} = \overline{x} = \frac{1}{9}(2.2 + 3.1 + \cdots + 2.3) = 2.744$$

또한 표본평균 $\overline{X}$의 표준편차는 $\sigma_{\overline{X}} = \dfrac{\sigma}{\sqrt{n}}$이므로 표준오차는 다음과 같다.

$$\text{S.E.}(\hat{\mu}) = \frac{\sigma}{\sqrt{n}} = \frac{0.707}{\sqrt{9}} \approx 0.2357$$

09-19

문제 09-18의 표본을 이용하여 어린이가 하루 동안 TV를 시청한 평균 시간에 대한
$90\%, 95\%, 99\%$ 신뢰구간을 구하라.

풀이 표본평균 $\overline{x} = 2.744$, 표준오차 $\text{S.E.}(\overline{X}) \approx 0.2357$이므로 $90\%, 95\%, 99\%$ 오차한계
는 각각 다음과 같다.

$$e_{90\%} = 1.645 \times 0.2357 \approx 0.3877, \quad e_{95\%} = 1.96 \times 0.2357 \approx 0.462,$$

$$e_{99\%} = 2.575 \times 0.2357 \approx 0.6069$$

따라서 다음 신뢰구간을 얻는다.

90% 신뢰구간 : $(2.744 - 0.3877,\ 2.744 + 0.3877) = (2.3563,\ 3.1317)$

$$95\% \ \text{신뢰구간} : (2.744 - 0.462, \ 2.744 + 0.462) = (2.282, \ 3.206)$$
$$99\% \ \text{신뢰구간} : (2.744 - 0.6069, \ 2.744 + 0.6069) = (2.1371, \ 3.3509)$$

09-20

모분산이 다음과 같은 정규모집단의 모평균에 대한 95% 신뢰도를 갖는 구간을 추정하기 위하여 크기가 50인 표본을 선정한다. 이때 오차한계를 구하라.

(1) $\sigma^2 = 5$ (2) $\sigma^2 = 15$ (3) $\sigma^2 = 25$ (4) $\sigma^2 = 35$

풀이   (1) $e_{95\%} = 1.96\sqrt{\dfrac{5}{50}} = 0.6198$ (2) $e_{95\%} = 1.96\sqrt{\dfrac{15}{50}} = 1.0735$

     (3) $e_{95\%} = 1.96\dfrac{5}{\sqrt{50}} = 1.3859$ (4) $e_{95\%} = 1.96\sqrt{\dfrac{35}{50}} = 1.6399$

09-21

모분산이 4인 정규모집단의 모평균에 대한 95% 신뢰도를 갖는 구간을 추정하기 위하여 다음과 같은 크기의 표본을 선정한다. 이때 오차한계를 구하라.

(1) $n = 50$ (2) $n = 100$ (3) $n = 200$ (4) $n = 500$

풀이   (1) $e_{95\%} = 1.96 \times \dfrac{2}{\sqrt{50}} = 0.5544$ (2) $e_{95\%} = 1.96 \times \dfrac{2}{\sqrt{100}} = 0.3920$

     (3) $e_{95\%} = 1.96 \times \dfrac{2}{\sqrt{200}} = 0.2772$ (4) $e_{95\%} = 1.96 \times \dfrac{2}{\sqrt{500}} = 0.1753$

09-22

우리나라 빈곤층 아동 · 청소년 가구의 의료 급여 수급의 평균을 추정하기 위하여 30가구를 표본 조사한 결과 다음과 같았다. 이 표본을 이용하여 의료 급여 수급의 평균에 대한 95% 신뢰구간을 구하라(단, 표준편차는 $\sigma = 5.105$ 이고 단위는 만 원이다).

93.242	89.635	92.660	92.540	94.883	102.165	93.326	90.880	93.684	91.564
88.727	94.317	88.166	96.085	82.028	97.213	99.338	93.381	86.498	83.348
97.262	89.656	84.045	89.113	81.562	87.180	94.345	92.436	93.633	97.276

풀이 표본평균은 $\bar{x} = 91.673$이고 표준오차는 $\mathrm{S.E.}(\overline{X}) = \dfrac{\sigma}{\sqrt{30}} = 0.932$이다. 따라서 95% 근사오차한계는 $e_{95\%} = 1.96 \times 0.932 \approx 1.8267$이다. 그러므로 95% 근사신뢰 구간은 다음과 같다.

$$(91.673 - 1.8267,\ 91.673 + 1.8267) = (89.846,\ 93.4997)$$

09-23

모분산이 8인 정규모집단에서 크기 50인 표본을 조사한 결과 $\displaystyle\sum_{i=1}^{50} x_i = 426.8$이었다. 이 결과를 이용하여 모평균에 대한 95% 신뢰구간을 구하라.

풀이 표본평균은 $\bar{x} = \dfrac{1}{50}\displaystyle\sum_{i=1}^{50} x_i = \dfrac{426.8}{50} = 8.536$이다. 따라서 95% 오차한계는 다음과 같다.

$$e_{95\%} = 1.96 \times \mathrm{S.E.}(\overline{X}) = 1.96 \times \sqrt{\frac{8}{50}} \approx 0.784$$

따라서 모평균에 대한 95% 신뢰구간은 다음과 같다.

$$(8.536 - e_{95\%},\ 8.536 + e_{95\%}) = (8.536 - 0.784,\ 8.536 + 0.784)$$

$$= (7.752,\ 9.320)$$

09-24

다음은 어느 상점에서 종업원이 손님에게 제공하는 서비스 시간에 대한 자료이다. 과거 경험에 따르면, 서비스 시간이 표준편차 25초인 정규분포를 따른다고 한다. 이때 평균 서비스 시간에 대한 95% 신뢰구간을 구하라(단, 단위는 초이다).

95	21	54	127	109	51	65	30	98	107
68	99	69	101	73	82	100	63	45	76
72	85	121	76	117	67	126	112	83	95

풀이 표본평균은 $\bar{x} = 82.9$이고 $\sigma = 25$, $n = 30$이므로 구하고자 하는 95% 오차한계는 다음과 같다.

$$e_{95\%} = 1.96 \times \mathrm{S.E.}(\overline{X}) = 1.96 \times \frac{25}{\sqrt{30}} \approx 8.95$$

따라서 평균 서비스 시간에 대한 95% 신뢰구간은 다음과 같다.

$$(82.9 - e_{95\%}, \ 82.9 + e_{95\%}) = (82.9 - 8.95, \ 82.9 + 8.95) = (73.95, \ 91.85)$$

09-25

정규모집단에서 크기 17인 표본을 추출하여 조사한 결과 표본평균 41, 표본표준편차 3.2 였다. 이때 $|\overline{X} - \mu|$에 대한 95% 오차한계와 모평균에 대한 95% 신뢰구간을 구하라.

풀이 표본평균 $\overline{x} = 41$, 표본표준편차 $s = 3.2$이고, 자유도는 16이므로 t-분포표로부터 $t_{0.025} = 2.12$이므로 $|\overline{X} - \mu|$에 대한 95% 오차한계는 $e_{95\%} = 2.12 \times \dfrac{3.2}{\sqrt{17}} \approx 1.645$ 이다. 따라서 모평균에 대한 95% 신뢰구간은 다음과 같다.

$$(41 - 1.645, \ 41 + 1.645) = (39.355, \ 42.645)$$

09-26

어느 회사에서 제조되는 1.5 V 소형 건전지의 평균수명을 알아보기 위하여 15개를 임의로 조사한 결과, 평균 71.5 시간, 표준편차 3.8 시간으로 측정되었다. 이 회사에서 제조되는 소형 건전지의 평균수명에 대한 95% 신뢰구간을 구하라.

풀이 표본평균 $\overline{x} = 71.5$, 표본표준편차 $s = 3.8$이고 자유도 14인 t-분포에 대한 $t_{0.025} = 2.145$이므로 오차한계는 $e_{95\%} = t_{0.025} \times \dfrac{3.8}{\sqrt{15}} \approx 2.105$이다. 그러므로 평균 수명에 대한 95% 신뢰구간은 $(71.5 - 2.105, \ 71.5 + 2.105) = (69.395, \ 73.605)$이다.

09-27

어느 회사에서는 직원들의 후생 복지를 지원하기 위하여 먼저 직원들이 여가 시간에 자기 계발을 위하여 하루 동안 투자하는 시간을 조사하였고, 그 결과는 다음과 같았다. 물음에 답하라(단, 다른 회사의 직원들이 자기계발을 위하여 투자한 시간은 정규분포를 따르고, 단 위는 분이다).

40	30	70	60	50	60	60	30	40	50	90	60	50	30	30

전 직원이 자기계발을 위하여 투자하는 평균 시간에 대한 95% 신뢰구간을 구하라.

풀이 표본평균과 표본분산, 표본표준편차를 구하면 다음과 같다.

$$\bar{x} = \frac{1}{15}(40 + 30 + 70 + \cdots + 30) = 50$$

$$s^2 = \frac{1}{14}\sum_{i=1}^{15}(x_i - 50)^2 = 300, \quad s = \sqrt{300} \approx 17.3205$$

자유도 14인 t-분포에 대한 $t_{0.025} = 2.145$이므로 오차한계는 $e_{95\%} = t_{0.025} \times \dfrac{17.3205}{\sqrt{15}}$ ≈ 9.5927이다. 그러므로 평균 투자시간에 대한 95% 신뢰구간은

$$(50 - 9.5927, \ 50 + 9.5927) = (40.4073, \ 59.5927)$$

이다.

09-28

정규모집단의 모평균을 알아보기 위하여 크기 10인 표본을 조사하여 $\bar{x} = 24.04$, $s = 1.2$ 를 얻었다. 신뢰도 95%인 모평균에 대한 신뢰구간을 구하라.

풀이 자유도 9인 t-분포에서 $t_{0.025, 9} = 2.262$이므로 오차한계는 $e_{95\%} = 2.262 \times \dfrac{1.2}{\sqrt{10}}$ $= 0.8584$이다. 따라서 모평균에 대한 95% 신뢰구간은 다음과 같다.

$$(24.04 - 0.8584, \ 24.04 + 0.8584) = (23.1816, \ 24.8984)$$

09-29

어느 회사에서 생산하는 비누 무게는 분산이 $\sigma^2 = 4\,\mathrm{g}^2$인 정규분포를 따른다고 한다. 25개 의 비누를 임의로 추출하였을 때 그 평균 무게의 값은 $\bar{x} = 97\,\mathrm{g}$이었다. 실제 평균 무게 μ 에 대한 95% 신뢰구간을 구하라.

풀이 $z_{0.025} = 1.96$이고, $\sigma = 2$, $n = 25$이므로 μ에 대한 95% 신뢰구간은 다음과 같다.

$$\left(\bar{x} - z_{0.025}\,\frac{\sigma}{\sqrt{n}}\,, \ \bar{x} + z_{0.025}\,\frac{\sigma}{\sqrt{n}}\right) = \left(97 - 1.96 \times \frac{2}{\sqrt{25}}\,, \ 97 + 1.96 \times \frac{2}{\sqrt{25}}\right)$$

$$= (96.216, \ 97.784)$$

09-30

문제 09-29에서 분산 σ^2을 모르지만 $s^2 = 4.25\,\mathrm{g}^2$이라 할 때, 실제 평균 무게 μ에 대한 95% 신뢰구간을 구하라.

풀이 $t_{0.025}(24) = 2.064$이고, $s = \sqrt{4.25} = 2.062$이므로 μ에 대한 95% 신뢰구간은 다음과 같다.

$$\left(\overline{x} - t_{0.025}(24)\,\frac{s}{\sqrt{n}}\ ,\ \overline{x} + t_{0.025}(24)\,\frac{s}{\sqrt{n}}\right)$$

$$= \left(97 - 2.064 \times \frac{2.062}{\sqrt{25}}\ ,\ 97 + 2.064 \times \frac{2.062}{\sqrt{25}}\right)$$

$$= (96.149,\ 97.851)$$

09-31

정규모집단에서 추출된 크기 64인 표본에 대하여 $\overline{x} = 74$, $s^2 = 5.1$을 얻었을 때,
(1) 모평균에 대한 점추정값을 구하라.
(2) 95% 오차 한계를 구하라.
(3) 95% 신뢰구간을 구하라.

풀이 (1) 표본에서 얻은 표본평균이 모평균에 대한 점추정량이므로 점추정값은 $\hat{\mu} = 74$이다.

(2) 모분산을 모르므로 t-추정을 하나, 표본의 크기가 충분히 크므로 z-추정을 하며, 이때 95% 오차 한계는 $e_{95\%} = 1.96 \times \dfrac{s}{\sqrt{n}} = 1.96 \times \dfrac{2.258}{8} = 0.553$이다.

(3) 신뢰구간의 하한과 상한이 각각 $l = \overline{x} - e_{95\%} = 74 - 0.553 = 73.447$, $u = \overline{x} + e_{95\%} = 74 + 0.553 = 74.553$이므로 95% 신뢰구간은 $(73.447,\ 74.553)$이다.

09-32

다음 자료는 어느 직장에 근무하는 직원 20명에 대한 혈중 콜레스테롤 수치를 조사한 자료이다. 이 직장에 근무하는 직원들의 콜레스테롤 평균 수치에 대한 95% 신뢰구간을 구하라.

| 193.27 | 193.88 | 253.26 | 237.15 | 188.83 | 200.56 | 274.31 | 230.36 | 212.08 | 222.19 |
| 198.48 | 202.50 | 215.35 | 218.95 | 233.16 | 222.23 | 218.53 | 204.64 | 206.72 | 199.37 |

(1) 콜레스테롤 수치가 정규분포 $N(\mu, 400)$을 따르는 경우

(2) 콜레스테롤 수치가 정규분포를 따르는 경우

풀이 (1) 표본에서 얻은 표본평균과 표본표준편차는 각각 $\bar{x} = 216.29$, $s = 21.53$이다. 한편 모표본표준편차가 $\sigma = 20$이고 $z_{0.025} = 1.96$이므로 95% 신뢰구간은 다음과 같다.

$$\left(\bar{x} - z_{0.025} \frac{\sigma}{\sqrt{n}},\ \bar{x} + z_{0.025} \frac{\sigma}{\sqrt{n}} \right)$$

$$= \left(216.29 - 1.96 \times \frac{20}{\sqrt{20}},\ 216.29 + 1.96 \times \frac{20}{\sqrt{20}} \right)$$

$$= (207.52,\ 225.06)$$

(2) 표본표준편차가 21.53이므로 t-추정을 한다. $t_{0.025}(19) = 2.093$이므로 95% 신뢰구간은 다음과 같다.

$$\left(\bar{x} - t_{0.025}(19) \frac{s}{\sqrt{n}},\ \bar{x} + t_{0.025}(19) \frac{s}{\sqrt{n}} \right)$$

$$= \left(216.29 - 2.093 \times \frac{21.53}{\sqrt{20}},\ 216.29 + 2.093 \times \frac{21.53}{\sqrt{20}} \right)$$

$$= (206.214,\ 226.366)$$

09-33

어느 대학교 학생들의 I.Q.는 평균이 μ이고 표준편차가 $\sigma = 5.4$인 어떤 분포를 따른다고 한다. μ를 추정하기 위하여 25명의 무작위 표본을 추출한 결과 $\bar{x} = 127$을 얻었다.

(1) 정규모집단인 경우에 μ에 대한 95% 신뢰구간을 구하라.

(2) 정규모집단이라는 가정이 없고 $n = 100$인 경우에 μ에 대한 95% 근사 신뢰구간을 구하라.

풀이 (1) $z_{0.025} = 1.96$이고, $\sigma = 5.4$, $n = 25$이므로 μ에 대한 95% 신뢰구간은 다음과 같다.

$$\left(\overline{x} - z_{0.025} \frac{\sigma}{\sqrt{n}}, \ \overline{x} + z_{0.025} \frac{\sigma}{\sqrt{n}}\right)$$

$$= \left(127 - 1.96 \times \frac{5.4}{\sqrt{25}}, \ 127 + 1.96 \times \frac{5.4}{\sqrt{25}}\right)$$

$$= (124.8832, \ 129.1168)$$

(2) $n = 100$이므로 $\overline{X}$는 평균 127이고 분산이 $\frac{5.4^2}{100}$인 정규분포에 근사한다. 그러므로 μ에 대한 95% 근사신뢰구간은 다음과 같다.

$$\left(\overline{x} - z_{0.025} \frac{\sigma}{\sqrt{n}}, \ \overline{x} + z_{0.025} \frac{\sigma}{\sqrt{n}}\right)$$

$$= \left(127 - 1.96 \times \frac{5.4}{\sqrt{100}}, \ 127 + 1.96 \times \frac{5.4}{\sqrt{100}}\right)$$

$$= (125.9416, \ 128.0584)$$

09-34

$N(\mu, 45)$인 정규모집단에서 다음과 같은 크기 30인 표본을 얻었다. 이 자료를 이용하여 모평균 μ에 대한 90% 신뢰구간을 구하라.

27.3	30.5	25.4	27.6	33.1	32.5	28.9	33.4	30.7	32.8
35.8	26.9	23.3	36.2	38.1	33.5	34.2	28.4	32.0	38.5
26.8	26.6	39.2	30.8	34.4	34.2	34.5	23.8	22.6	33.7

풀이 표본평균은 $\overline{x} = 31.19$이고 $\sigma = \sqrt{45}$, $n = 30$, $z_{0.05} = 1.645$이므로 구하고자 하는 90% 신뢰구간은 다음과 같다.

$$\left(\overline{x} - z_{0.05} \frac{\sigma}{\sqrt{n}}, \ \overline{x} + z_{0.05} \frac{\sigma}{\sqrt{n}}\right) =$$

$$= \left(31.19 - 1.645 \times \sqrt{\frac{45}{30}}, \ 31.19 + 1.645 \times \sqrt{\frac{45}{30}}\right)$$

$$= (29.1753, \ 33.2047)$$

09-35

다음은 어느 상점에서 종업원이 손님에게 제공하는 서비스 시간에 대한 자료이다. 과거 경험에 따르면, 서비스 시간이 표준편차 25초인 정규분포를 따른다고 한다. 이때, 신뢰수준 99%에서 평균 서비스 시간에 대한 신뢰구간을 구하라.

(단위 : 초)

95	21	54	127	109	51	65	30	98	107
68	99	69	101	73	82	100	63	45	76
72	85	121	76	117	67	126	112	83	95

풀이 표본평균은 $\bar{x} = 82.9$이고 $\sigma = 25$, $n = 30$, $z_{0.005} = 2.575$이므로 구하고자 하는 99% 신뢰구간은 다음과 같다.

$$\left(\bar{x} - z_{0.005} \frac{\sigma}{\sqrt{n}}, \ \bar{x} + z_{0.005} \frac{\sigma}{\sqrt{n}} \right)$$

$$= \left(82.9 - 2.575 \times \frac{25}{\sqrt{30}}, \ 82.9 + 2.575 \times \frac{25}{\sqrt{30}} \right)$$

$$= (71.1468, \ 94.6532)$$

09-36

A는 지난 2년 동안 온라인 사업체를 운영했다. 그는 미용 제품, 건강보조제와 가정 필수품을 포함한 상품을 판매한다. 그는 온라인 사업체를 운영하면서 극심한 스트레스를 경험해서 관리를 도와줄 직원을 고용하기로 하였다. 그의 주 관심사는 직원이 이 사업을 관리하는데 투자할 수 있는 시간이다. 후보자를 면접하는 동안 그는 후보자 중 20명을 임의로 선택하여 그들이 온라인 사업을 관리하는데 하루에 몇 시간 투자할 수 있는지 묻고 기록하였다.

5 4 6 5 3 7 8 6 6 8 6 8 7 5 2 4 10 7 5 9

(1) 표본평균과 표본표준편차를 구하라.
(2) 모평균에 대한 95% 신뢰구간을 구하라.
(3) A는 직원들이 온라인 사업을 관리하는데 하루 평균 7시간을 투자할 것이라 믿을 수 있는가?

풀이 (1) 표본평균과 표본표준편차를 구하면 각각 다음과 같다.

$$\overline{x}= \frac{1}{20}\sum_{i=1}^{20} x_i = \frac{121}{20}= 6.05$$

$$s = \sqrt{\frac{1}{19}\sum_{i=1}^{20}(x_i - 6.05)^2} \approx 2.0124$$

(2) 모집단의 분포를 모르고 $n = 20 < 30$이므로 $\overline{X}$의 표본분포를 알 수 없다. 따라서 모평균 μ의 구간추정을 할 수 없다.

그러나 만약 모집단이 정규분포를 따른다고 가정하면 자유도 19인 t-분포를 이용한다. 이때 t-분포표로부터 $t_{0.025,\,19} = 2.093$이므로 모평균에 대한 95% 신뢰구간은 다음과 같다.

$$\left(6.05 - 2.093 \times \frac{2.0124}{\sqrt{20}},\ 6.05 + 2.093 \times \frac{2.0124}{\sqrt{20}}\right)= (5.1081,\ 6.9918)$$

(3) 정규모집단이 아니면 알 수 없고, 정규모집단인 경우에는 신뢰구간의 상한이 6.9918이므로, 평균적으로 7시간 투자할 것이라 믿을 수 없다.

09-37

모평균 μ인 정규모집단에서 크기 10인 표본을 임의로 추출하여 $\overline{x}= 37.5$와 $s = 4$인 결과를 얻었다. 모평균 μ에 대한 90%, 95% 그리고 99% 신뢰구간을 구하라.

풀이 모분산을 모르므로 t-추정을 한다. $t_{0.05}(9) = 1.833$, $t_{0.025}(9) = 2.262$, $t_{0.005}(9) = 3.250$이므로

90% 신뢰구간 :

$$\left(\overline{x}- t_{0.05}(9)\,\frac{s}{\sqrt{n}},\ \overline{x}+ t_{0.05}(9)\,\frac{s}{\sqrt{n}}\right)$$

$$= \left(37.5 - 1.833 \times \frac{4}{\sqrt{10}},\ 37.5 + 1.833 \times \frac{4}{\sqrt{10}}\right)$$

$$= (35.1814,\ 39.8186)$$

95% 신뢰구간 :

$$\left(\overline{x}- t_{0.025}(9)\,\frac{s}{\sqrt{n}},\ \overline{x}+ t_{0.025}(9)\,\frac{s}{\sqrt{n}}\right)$$

$$= \left(37.5 - 2.262 \times \frac{4}{\sqrt{10}}, \ 37.5 + 2.262 \times \frac{4}{\sqrt{10}}\right)$$

$$= (34.6388, \ 40.3612)$$

99% 신뢰구간 :

$$\left(\overline{x} - t_{0.005}(9)\frac{s}{\sqrt{n}}, \ \overline{x} + t_{0.005}(9)\frac{s}{\sqrt{n}}\right)$$

$$= \left(37.5 - 3.25 \times \frac{4}{\sqrt{10}}, \ 37.5 + 3.25 \times \frac{4}{\sqrt{10}}\right)$$

$$= (33.389, \ 41.611)$$

09-38

강의실 옆의 커피 자판기에서 컵 한 잔에 나오는 커피의 양을 조사하기 위하여 101잔을 조사한 결과 평균 0.3리터, 표준편차 0.06리터이었다. 이 자판기에서 나오는 커피 한 잔의 평균 양에 대한 95% 신뢰구간을 구하라.

(1) 커피의 양은 정규분포를 따르며, 표준편차는 0.05리터로 알려져 있는 경우
(2) 커피의 양은 정규분포를 따르며, 표준편차를 모르는 경우

풀이 (1) 모표준편차가 0.05이므로 z-추정을 한다. $z_{0.025} = 1.96$이므로 95% 신뢰구간은 다음과 같다.

$$\left(\overline{x} - z_{0.025}\frac{\sigma}{\sqrt{n}}, \ \overline{x} + z_{0.025}\frac{\sigma}{\sqrt{n}}\right)$$

$$= \left(0.3 - 1.96 \times \frac{0.05}{\sqrt{101}}, \ 0.3 + 1.96 \times \frac{0.05}{\sqrt{101}}\right)$$

$$= (0.2902, \ 0.3098)$$

(2) 표본표준편차가 0.06이므로 t-추정을 한다. $t_{0.025}(100) = 1.984$이므로 95% 신뢰구간은 다음과 같다.

$$\left(\overline{x} - t_{0.025}(100)\frac{s}{\sqrt{n}}, \ \overline{x} + t_{0.025}(100)\frac{s}{\sqrt{n}}\right)$$

$$= \left(0.3 - 1.984 \times \frac{0.06}{\sqrt{100}}, \ 0.3 - 1.984 \times \frac{0.06}{\sqrt{100}}\right)$$

$$= (0.2881, \ 0.3119)$$

09-39

어느 컴퓨터 제조회사에서 생산되는 컴퓨터의 내구연한이 정규분포를 따른다고 한다. 10명의 소비자를 대상으로 설문 조사한 결과 다음의 자료를 얻었다. 신뢰수준 90%에 대한 모평균 μ의 신뢰구간을 구하라.

(단위 : 년)

| 4.6 | 3.6 | 4.0 | 6.1 | 8.8 | 5.3 | 1.2 | 5.6 | 3.3 | 1.6 |

풀이 모평균에 대한 점추정값은 $\overline{x} = \dfrac{1}{10}(4.6 + 3.6 + \cdots + 3.3 + 1.6) = 4.41$이고, 또한 표본분산 s^2과 표본표준편차 s 그리고 표준오차는 각각 다음과 같다.

$$s^2 = \frac{1}{9}\sum_{i=1}^{10}(x_i - 4.41)^2 = \frac{44.629}{9} = 4.959, \quad s = \sqrt{4.959} = 2.227,$$

$$\text{S.E.}(\overline{X}) = \frac{s}{\sqrt{n}} = 0.704$$

또한 t-분포표로부터 $t_{0.05}(9) = 1.833$이므로 90% 신뢰수준에 대한 신뢰구간의 하한과 상한은 각각

$$l = \overline{x} - t_{0.05}(9) \times \text{S.E.}(\overline{X}) = 4.41 - 1.29 = 3.12$$
$$u = \overline{x} + t_{0.05}(9) \times \text{S.E.}(\overline{X}) = 4.41 + 1.29 = 5.70$$

이다. 따라서 신뢰수준 90%에 대한 모평균 μ의 신뢰구간은 $(3.12, 5.70)$이다.

09-40

10년 전의 남학생의 키에 비하여 많이 성장하였는지 알아보기 위하여 다음과 같은 표본을 얻었다. 이 표본을 이용하여 우리나라 남학생의 평균 키에 대한 90% 신뢰구간을 구하라.

(단위 : cm)

| 160.0 | 176.2 | 160.5 | 180.5 | 167.4 | 164.8 | 175.5 | 168.8 | 173.6 | 179.3 |
| 170.0 | 189.1 | 185.2 | 163.7 | 178.4 | 167.7 | 161.5 | 169.4 | 178.2 | 171.1 |

풀이 표본평균과 표본표준편차를 구하면 각각 $\overline{x} = 172.04$, $s = 8.18$이다. 또한 $t_{0.05}(19) = 1.729$이므로 90% 신뢰구간은 다음과 같다.

$$\left(\overline{x} - t_{0.05}(19)\frac{s}{\sqrt{n}}, \ \overline{x} + t_{0.05}(19)\frac{s}{\sqrt{n}}\right)$$

$$= \left(172.04 - 1.729 \times \frac{8.18}{\sqrt{20}}, \ 172.04 + 1.729 \times \frac{8.18}{\sqrt{20}}\right)$$

$$= (168.88, \ 175.20)$$

09-41

다음 자료는 TV 광고시간을 측정한 자료이다. 이 자료를 이용하여 TV 평균 광고시간에 대한 95% 근사 신뢰구간을 구하라(단, 일반적으로 TV 광고시간은 표준편차가 0.32인 정규분포를 따르고, 단위는 분이다).

1.5	2.9	2.8	1.6	2.2	2.5	1.9	2.0	3.1	2.7
1.3	1.9	2.6	1.9	2.7	1.8	1.7	2.2	2.3	2.3
3.5	1.8	1.5	2.1	2.0	1.5	2.0	2.4	1.9	2.3

풀이 표본평균을 구하면 $\overline{x} = 2.163$이고 $\sigma = 0.32$, $n = 30$이므로 구하고자 하는 95% 오차한계는 다음과 같다.

$$e_{95\%} = 1.96 \times \text{S.E.}(\overline{X}) = 1.96 \times \frac{0.32}{\sqrt{30}} \approx 0.1145$$

따라서 평균 서비스 시간에 대한 95% 신뢰구간은 다음과 같다.

$$(2.163 - e_{95\%}, \ 2.163 + e_{95\%}) = (2.163 - 0.1145, \ 2.163 + 0.11145$$

$$= (2.0485, \ 2.2775)$$

09-42

문제 09-41에서 TV 광고시간의 모표준편차가 알려지지 않았지만 정규분포를 따른다고 알려져 있다. 문제 09-41의 TV 광고시간 자료를 이용하여 TV 평균 광고시간에 대한 95% 근사 신뢰구간을 구하라.

풀이 표본평균과 표본표준편차를 구하면 각각 $\overline{x} = 2.1633$, $s = 0.5196$이다. 또한 $t_{0.025}(29) = 2.045$이므로 95% 신뢰구간은 다음과 같다.

$$\left(\overline{x} - t_{0.025}(29)\frac{s}{\sqrt{n}}, \ \overline{x} + t_{0.025}(29)\frac{s}{\sqrt{n}}\right)$$

$$= \left(2.1633 - 2.045 \times \frac{0.5196}{\sqrt{30}}, \ 2.1633 + 2.045 \times \frac{0.5196}{\sqrt{30}}\right)$$
$$= (1.9693, \ 2.3573)$$

09-43

문제 09-42에 대하여 TV 평균 광고시간에 대한 95% 하한신뢰경계를 구하라. (주의: 하한 신뢰경계는 단측신뢰구간을 구하는 경우에 나타난다.)

풀이 문제 09-42에서 $\bar{x} = 2.1633$, $s = 0.5196$를 구하였으며, $t_{0.05}(29) = 1.699$이므로 95% 하한신뢰경계는 다음과 같다.

$$\bar{x} - \frac{s}{\sqrt{n}} t_{\alpha}(n-1) = 2.1633 - 1.699 \times \frac{0.5196}{\sqrt{30}} = 2.1633 - 0.1612 = 2.0021$$

09-44

대기권의 약 0.035%를 차지하고 있는 무색무취의 이산화탄소의 양을 알아보기 위하여 30 개국을 표본 조사한 결과 다음과 같은 표를 얻었다. 대기권의 평균 이산화탄소의 양에 대한 95% 신뢰구간을 구하라.

(단위 : ppm)

319	338	337	339	328	325	340	331	341	336	330	339	321	327	337
340	331	330	340	336	341	320	343	350	322	335	326	349	341	332

풀이 표본평균과 표본표준편차를 구하면 각각 $\bar{x} = 334.13$, $s = 8.15$이다. 또한 $t_{0.025}(29) = 2.045$이므로 95% 신뢰구간은 다음과 같다.

$$\left(\bar{x} - t_{0.025}(29)\frac{s}{\sqrt{n}}, \ \bar{x} + t_{0.025}(29)\frac{s}{\sqrt{n}}\right)$$
$$= \left(334.13 - 2.045 \times \frac{8.15}{\sqrt{30}}, \ 334.13 + 2.045 \times \frac{8.15}{\sqrt{30}}\right)$$
$$= (331.087, \ 337.173)$$

09-45

부산지역에 거주하는 외국인 800명을 상대로 한국의 의료 환경에 대한 만족도를 조사한 결과 38.5%가 만족한다고 응답하였다. 이 자료를 기초로 한국에 거주하는 외국인이 우리나라 의료 환경에 만족하는 비율에 대한 95% 신뢰구간을 구하라.

풀이 표본비율이 $\hat{p} = 0.385$이므로 $\hat{q} = 0.615$이고 $n = 800$이므로 95% 오차한계는 다음과 같다.

$$e_{95\%} = 1.96\sqrt{\frac{0.385 \times 0.615}{800}} = 1.96 \times 0.0172 \approx 0.0337$$

그러므로 95% 근사신뢰구간은 다음과 같다.

$$(0.385 - 0.0337,\ 0.385 + 0.0337) = (0.3513,\ 0.4187)$$

09-46

모비율에 대한 95% 신뢰도를 갖는 구간을 추정하기 위하여 다음과 같은 크기의 표본을 선정하여 표본비율이 $\hat{p} = 0.75$이었다. 이때 오차한계를 구하라.

(1) $n = 50$ (2) $n = 100$ (3) $n = 200$ (4) $n = 500$

풀이 (1) $e_{95\%} = 1.96\sqrt{\dfrac{0.75 \times 0.25}{50}} \approx 0.1200$ (2) $e_{95\%} = 1.96\sqrt{\dfrac{0.75 \times 0.25}{100}} \approx 0.0849$

(3) $e_{95\%} = 1.96\sqrt{\dfrac{0.75 \times 0.25}{200}} \approx 0.0600$ (4) $e_{95\%} = 1.96\sqrt{\dfrac{0.75 \times 0.25}{500}} \approx 0.0380$

09-47

충무시의 어느 중학교에서는 반바지 교복 착용에 대해 전교생 720명을 대상으로 설문 조사한 결과 97%의 찬성으로 반바지 교복을 착용하고 있다. 이러한 사실에 근거하여 전국의 중학생을 상대로 반바지 교복 착용에 대한 설문 조사를 한다고 할 때, 다음을 구하라.

(1) 전체 중학생의 찬성률을 점추정하라.

(2) 표본비율 $\hat{p}$의 표준오차를 구하라.

(3) $|\hat{p} - p|$에 대한 95% 오차한계를 구하라.

(4) 찬성률에 대한 95% 신뢰구간을 구하라.

풀이 (1) $\hat{p} = 0.97$

(2) $n = 720$이므로 표본비율 $\hat{p}$의 표준오차는 다음과 같다.

$$\text{S.E.}(\hat{p}) = \sqrt{\frac{0.97 \times 0.03}{720}} \approx 0.0064$$

(3) 95% 오차한계는 $e = 1.96 \times \text{S.E.}(\hat{p}) = 1.96 \times 0.0064 \approx 0.0125$이다.

(4) 95% 신뢰구간은 다음과 같다.

$$(0.97 - e_{95\%},\ 0.97 + e_{95\%}) = (0.97 - 0.0125,\ 0.97 + 0.0125)$$
$$= (0.9575,\ 0.9825)$$

09-48

2014년에 한국소비자보호원은 서울지역 자가 운전자 1,000명을 대상으로 설문 조사를 실시한 결과 가짜 석유 또는 정량 미달 주유를 의심한 경험이 있는 소비자가 79.3%에 이르는 것으로 나타났다고 밝혔다. 이와 같은 경험을 가진 서울지역 자가 운전자의 비율에 대한 90% 신뢰구간을 구하라.

풀이 $\hat{p} = 0.793$, $n = 1000$이므로 표본비율 $\hat{p}$에 대한 90% 오차한계는 다음과 같다.

$$e_{90\%} = 1.645 \times \text{S.E.}(\hat{p}) = 1.645 \times \sqrt{\frac{0.793 \times 0.207}{1000}} \approx 0.021$$

따라서 90% 신뢰구간은 다음과 같다.

$$(0.793 - e_{90\%},\ 0.793 + e_{90\%}) = (0.793 - 0.021,\ 0.793 + 0.021) = (0.771,\ 0.814)$$

09-49

2014년에 교육부와 통일부는 전국 200개 초·중·고 학생 116,000명을 대상으로 우리나라 통일에 대해 조사한 결과 '통일이 필요하다.'라는 응답이 53.5%로 나타났다. 통일이 필요하다고 생각하는 초·중·고 학생의 비율에 대한 95% 신뢰구간을 구하라.

풀이 $\hat{p} = 0.535$, $n = 116000$이므로 표본비율 $\hat{p}$에 대한 95% 오차한계는 다음과 같다.

$$e_{95\%} = 1.96 \times \text{S.E.}(\hat{p}) = 1.96 \times \sqrt{\frac{0.535 \times 0.465}{116000}} \approx 0.0029$$

따라서 95% 신뢰구간은 다음과 같다.

$$(0.535 - e_{95\%},\ 0.535 + e_{95\%}) = (0.535 - 0.0029,\ 0.535 + 0.0029)$$
$$= (0.5321,\ 0.5379)$$

09-50

A 후보의 지지율을 조사하기 위하여 1,000명을 임의로 조사한 결과 485명의 지지를 받았다. 이 후보의 지지율에 대하여 다음을 구하라.
(1) 전체 유권자의 지지율을 추정하여라.
(2) 표본비율 $\hat{p}$ 의 표준오차를 구하라.
(3) $|\hat{p} - p|$ 에 대한 95% 오차한계를 구하라.
(4) 전체 유권자의 지지율에 대한 95% 신뢰구간을 구하라.

풀이 (1) 표본으로 추출된 1,000명에 대한 지지율은 $\hat{p} = \dfrac{X}{n} = \dfrac{485}{1000} = 0.485$ 이므로 전체 유권자에 대한 지지율의 추정값은 48.5% 이다.

(2) $n = 1,000$, $x = 485$ 이므로 표본비율 $\hat{p}$ 의 표준오차는 다음과 같다.

$$\text{S.E.}(\hat{p}) = \frac{1}{n}\sqrt{\frac{x(n-x)}{n}} = \frac{1}{1000}\sqrt{\frac{485(1000-485)}{1000}} = 0.016$$

(3) 95% 오차한계는 $e_{95\%} = 1.96 \times \text{S.E.}(\hat{p}) = 0.031$, 즉 3.1% 이다.

(4) 95% 신뢰구간은 $(0.485 - 0.031,\ 0.485 + 0.031) = (0.454,\ 0.516)$ 이다.

09-51

20대 여성의 취업 현황을 알기 위하여 1,000명을 조사한 결과 345명이 취업상태에 있는 것으로 나타났다.
(1) 전체 20대 여성의 취업률에 대한 추정값을 구하라.
(2) 표준오차를 구하라.
(3) 90% 오차한계를 구하라.
(4) 20대 여성의 취업률에 대한 90% 신뢰구간을 구하라.

풀이 (1) 표본으로 추출된 1,000명에 대한 취업률은 $\hat{p} = \dfrac{X}{n} = \dfrac{345}{1000} = 0.345$ 이므로 전체 20대 여성의 취업률에 대한 추정값은 34.5% 이다.

(2) 표본비율 $\hat{p}$의 표준오차는 $n=1{,}000$, $x=345$이므로

$$\text{S.E.}(\hat{p}) = \frac{1}{n}\sqrt{\frac{x(n-x)}{n}} = \frac{1}{1000}\sqrt{\frac{345 \times 655}{1000}} = 0.015$$

(3) 90% 오차한계는 $e_{90\%} = 1.645 \times \text{S.E.}(\hat{p}) = 0.0247$, 즉 2.47%이다.

(4) 90% 신뢰구간은 $(0.345 - 0.0247,\ 0.345 + 0.0247) = (0.3203,\ 0.3697)$이다.

09-52

20대 여성 100명을 대상으로 건강 다이어트 식품을 복용하는지 조사한 결과 35명이 복용한다고 응답했다. 우리나라 20대 여성의 건강 다이어트 식품을 복용하는 비율에 대한 95% 신뢰구간을 구하라.

풀이 표본으로 추출된 100명에 대한 복용 비율은 $\hat{p} = \dfrac{X}{n} = \dfrac{35}{100} = 0.35$이므로 전체 20대 여성의 다이어트 식품을 복용하는 비율에 대한 추정값은 35%이다. 한편 $n=100$, $x=35$ 이므로 표본비율 $\hat{p}$의 표준오차는 $\text{S.E.}(\hat{p}) = \dfrac{1}{n}\sqrt{\dfrac{x(n-x)}{n}} = \dfrac{1}{100}\sqrt{\dfrac{35 \times 65}{100}} = 0.0477$이고, 따라서 95% 오차한계는 $e_{95\%} = 1.96 \times \text{S.E.}(\hat{p}) = 0.0935$이다. 그러므로 95% 신뢰구간은

$$(0.35 - 0.0935,\ 0.35 + 0.0935) = (0.2565,\ 0.4435)$$

이다.

09-53

전국 성인 1,500명을 대상으로 전화 여론조사에서 A 후보가 625명 그리고 B 후보는 535명의 지지를 얻었다고 한다. 두 후보의 지지율에 대한 95% 신뢰구간을 구하라.

풀이 A 후보와 B 후보의 지지율을 각각 p_1, p_2라 하면, 두 후보의 지지율에 대한 추정값은 $\hat{p}_1 = \dfrac{625}{1500} = 0.417$, $\hat{p}_2 = \dfrac{535}{1500} = 0.357$이다. 또한

$$\text{S.E.}(\hat{p}_1) = \frac{1}{n}\sqrt{\frac{x(n-x)}{n}} = \frac{1}{1500}\sqrt{\frac{625 \times 875}{1500}} = 0.0127$$

$$\text{S.E.}(\hat{p}_2) = \frac{1}{n}\sqrt{\frac{x(n-x)}{n}} = \frac{1}{1500}\sqrt{\frac{535 \times 965}{100}} = 0.0124$$

이므로 95% 오차한계는 각각

$$e_{95\%}^1 = 1.96 \times \text{S.E.}(\hat{p}_1) = 0.0249, \quad e_{95\%}^2 = 1.96 \times \text{S.E.}(\hat{p}_2) = 0.0243$$

이다. 따라서 A 후보의 지지율에 대한 95% 신뢰구간은

$$(0.417 - 0.0249, \, 0.417 + 0.0249) = (0.3921, \, 0.4419)$$

이고, B 후보의 지지율에 대한 95% 신뢰구간은 다음과 같다.

$$(0.357 - 0.0243, \, 0.357 + 0.0243) = (0.3327, \, 0.3813)$$

09-54

대도시와 중소도시의 무연 휘발유 가격에 차이가 있는지 알아보기 위하여 표본 조사한 결과 다음과 같은 자료를 얻었다.

대도시 표본 : [1.69 1.79 1.68 1.72 1.66 1.73 1.59 1.78 1.72 1.63 1.55 1.85]

중소도시 표본 : [1.46 1.47 1.42 1.51 1.55 1.52 1.48 1.47 1.53 1.50]

대도시와 중소도시의 휘발유 가격은 모표준편차가 동일하게 $\sigma = 0.08$인 정규분포를 따르고, 단위는 1,000원이다. 두 지역 간 평균 가격의 차이에 대한 90% 신뢰구간을 구하라.

풀이 $\overline{x} - \overline{y} = 0.2082$이고 $\sigma_1 = \sigma_2 = 0.08$, $n = 12$, $m = 10$이므로 표준오차는 다음과 같다.

$$\text{S.E.}(\overline{X} - \overline{Y}) = 0.08\sqrt{\frac{1}{12} + \frac{1}{10}} = 0.08 \times 0.4282 \approx 0.03426$$

따라서 90% 오차한계는 $e_{90\%} = 1.645 \times 0.03426 \approx 0.0564$이고, 신뢰구간은 다음과 같다.

$$(0.2082 - 0.0564, \, 0.2082 + 0.0564) = (0.1518, \, 0.2646)$$

09-55

피트니스센터를 이용하는 남녀 고객의 이용시간을 조사결과 다음과 같은 자료를 얻었다. 두 모평균의 차에 대한 99% 신뢰구간을 구하라(단, 시간의 단위는 분이다).

남자 집단(X)	여자 모집단(Y)
$\overline{x} = 34.5$	$\overline{y} = 42.4$
$\sigma_1 = 14$	$\sigma_2 = 14$
$n = 100$	$m = 50$

풀이 $\sigma_1 = \sigma_2 = 14$이고 $n = 100$, $m = 50$이므로 표준오차는 다음과 같다.

$$\text{S.E.}(\overline{X} - \overline{Y}) = \sqrt{\frac{14^2}{100} + \frac{14^2}{50}} = \sqrt{5.88} \approx 2.425$$

$\overline{x} - \overline{y} = -7.9$이고, 두 모집단의 분포를 모르지만 표본크기가 충분히 크므로 정규분포를 이용하면 99% 오차한계는 $e_{99\%} = 2.575 \times 2.425 = 6.2444$이고, 신뢰구간은 다음과 같다.

$$(-7.9 - 6.2444, \ -7.9 + 6.2444) = (-14.1444, \ -1.6556)$$

즉, 여자 고객이 평균적으로 1.6435분과 14.1565분 사이에서 남자 고객보다 피트니스센터를 더 이용한다.

09-56

모분산이 각각 $\sigma_1^2 = 9$, $\sigma_2^2 = 4$이고 독립인 두 정규모집단에서 각각 크기 25와 36인 표본을 추출하여 표본평균 $\overline{x} = 35$, $\overline{y} = 32.5$를 얻었다. 물음에 답하라.

(1) 두 모평균 차의 점추정값을 구하라.

(2) $\overline{X} - \overline{Y}$의 표준오차를 구하라.

(3) $\left| (\overline{X} - \overline{Y}) - (\mu_1 - \mu_2) \right|$에 대한 95% 오차한계를 구하라.

(4) 두 모평균 차에 대한 95% 신뢰구간을 구하라.

풀이 (1) $\overline{x} = 35$, $\overline{y} = 32.5$이므로 $\mu_1 - \mu_2$에 대한 점추정은 $\overline{x} - \overline{y} = 35 - 32.5 = 2.5$이다.

(2) $\sigma_1^2 = 9$, $\sigma_2^2 = 4$이고 $n = 25$, $m = 36$이므로 $\overline{X} - \overline{Y}$의 표준오차는 다음과 같다.

$$\text{S.E.}(\overline{X} - \overline{Y}) = \sqrt{\frac{9}{25} + \frac{4}{36}} = \sqrt{0.4711} \approx 0.6864$$

(3) $\left| (\overline{X} - \overline{Y}) - (\mu_1 - \mu_2) \right|$에 대한 95% 오차한계는 다음과 같다.

$$e_{95\%} = z_{0.025} \, \text{S.E.}(\overline{X} - \overline{Y}) = 1.96 \times 0.6864 = 1.3453$$

(4) 두 모평균 차에 대한 95% 신뢰구간은 다음과 같다.

$$(2.5 - e_{95\%}, \ 2.5 + e_{95\%}) = (2.5 - 1.3453, \ 2.5 + 1.3453) = (1.1547, \ 3.8453)$$

09-57

남성과 여성의 평균 주급에 차이가 있는지 조사하기 위해 미국 노동통계청에서 조사한 결과, 전일제 임금근로자인 남성 256명의 평균 주급은 854달러이고 여성 162명의 평균 주급은 691달러였다. 이때 남성의 표준편차는 121달러이고 여성의 표준편차는 86달러인 정규분포를 따른다고 한다. 물음에 답하라.

(1) 남성과 여성의 평균 주급의 차를 점추정하라.

(2) $\overline{X} - \overline{Y}$의 표준오차를 구하라.

(3) $\left| (\overline{X} - \overline{Y}) - (\mu_1 - \mu_2) \right|$에 대한 95% 오차한계를 구하라.

(4) 두 모평균 차에 대한 95% 신뢰구간을 구하라.

풀이 (1) $\overline{x} = 854$, $\overline{y} = 691$이므로 $\mu_1 - \mu_2$에 대한 점추정은 $\overline{x} - \overline{y} = 854 - 691 = 163$이다.

(2) $\sigma_1^2 = 121^2$, $\sigma_2^2 = 86^2$이고 $n = 256$, $m = 162$이므로 $\overline{X} - \overline{Y}$의 표준오차는 다음과 같다.

$$\text{S.E.}(\overline{X} - \overline{Y}) = \sqrt{\frac{121^2}{256} + \frac{86^2}{162}} = \sqrt{102.846} \approx 10.1413$$

(3) $\left| (\overline{X} - \overline{Y}) - (\mu_1 - \mu_2) \right|$에 대한 95% 오차한계는 다음과 같다.

$$e_{95\%} = z_{0.025} \times \text{S.E.}(\overline{X} - \overline{Y}) = 1.96 \times 10.1413 \approx 19.8769$$

(4) 두 모평균 차에 대한 95% 신뢰구간은 다음과 같다.

$$(163 - e_{95\%},\ 163 + e_{95\%}) = (163 - 19.8769,\ 163 + 19.8769)$$
$$= (143.1231,\ 182.8769)$$

09-58

금융감독원이 2010년도에 전국 28개 대학의 2,490명의 학생을 대상으로 대학생 금융 이해력 평가를 실시하여 총점 100점에 대해 다음 결과를 얻었다. 물음에 답하라.

(1) 2,490명의 평균점수는 60.8점이다. 전체 대학생의 점수는 표준편차가 10.5점인 정규분포를 따른다고 할 때, 우리나라 대학생의 금융 이해력의 평균점수에 대한 95% 신뢰구간을 구하라.

(2) 이 자료에 따르면 상경계열 학생은 평균 65.7점이고 공학계열 학생의 평균은 49.5점이었다. 상경계열 학생 356명과 공학계열 학생 324명을 조사하였으며 각각 분산이 21과 85인 정규분포를 따른다고 할 때, 상경계열과 공학계열 학생의 평균점수의 차에 대한 95% 신뢰구간을 구하라.

풀이 (1) 표본평균이 $\overline{x} = 60.8$이고 $n = 2490$, $\sigma = 10.5$이므로 95% 오차한계는 다음과 같다.

$$e_{95\%} = 1.96 \times \text{S.E.}(\overline{X}) = 1.96 \times \frac{10.5}{\sqrt{2490}} \approx 0.4124$$

따라서 모평균에 대한 95% 신뢰구간은 다음과 같다.

$$(60.8 - e_{95\%},\ 60.8 + e_{95\%}) = (60.8 - 0.4124,\ 60.8 + 0.4124)$$
$$= (60.39,\ 61.21)$$

(2) 상경계열의 평균점수를 μ_1, 공학계열의 평균점수를 μ_2라 하면, $\sigma_1^2 = 21$, $\sigma_2^2 = 85$, $n = 356$, $m = 324$, $\overline{x} = 65.7$, $\overline{y} = 49.5$이므로 $\mu_1 - \mu_2$의 점추정은 $\overline{x} - \overline{y} = 65.7 - 49.5 = 16.2$이다. 따라서 95% 오차한계는 다음과 같다.

$$e_{95\%} = 1.96 \times \text{S.E.}(\overline{X} - \overline{Y}) = 1.96 \times \sqrt{\frac{21}{356} + \frac{85}{324}} \approx 1.111$$

따라서 상경계열 학생과 공학계열 학생의 평균점수의 차에 대한 95% 신뢰구간은 다음과 같다.

$$(16.2 - e_{95\%},\ 16.2 + e_{95\%}) = (16.2 - 1.111,\ 16.2 + 1.111)$$
$$= (15.089,\ 17.311)$$

09-59

독립인 두 정규모집단 $N(\mu_1,\ 9)$와 $N(\mu_2,\ 4)$로부터 각각 크기 16과 36인 표본을 추출하여 표본평균 $\overline{x} = 22$, $\overline{y} = 21$을 얻었다.

(1) 모평균 차의 점추정값을 구하라.

(2) $\overline{X} - \overline{Y}$의 표준오차를 구하라.

(3) $\left|(\overline{X} - \overline{Y}) - (\mu_1 - \mu_2)\right|$에 대한 95% 오차한계를 구하라.

(4) $\mu_1 - \mu_2$에 대한 95% 신뢰구간을 구하라.

풀이 (1) $\overline{x} = 22$, $\overline{y} = 21$이므로 $\mu_1 - \mu_2$의 추정값은 $\hat{\mu}_1 - \hat{\mu}_2 = \overline{x} - \overline{y} = 22 - 21 = 1$이다.

(2) $\sigma_1^2 = 9$, $\sigma_2^2 = 4$이고 $n = 16$, $m = 36$이므로

$$\text{S.E.}(\overline{X} - \overline{Y}) = \sqrt{\frac{9}{16} + \frac{4}{36}} = \sqrt{0.5625 + 0.1111} = \sqrt{0.6736} = 0.8207 \text{이다.}$$

(3) $\left| (\overline{X} - \overline{Y}) - (\mu_1 - \mu_2) \right|$에 대한 95% 오차한계는 $1.96 \times \mathrm{S.E.}(\overline{X} - \overline{Y}) = 1.96 \times$ $0.8207 = 1.609$이다.

(4) $\mu_1 - \mu_2$에 대한 95% 신뢰구간은 $(1 - 1.609, 1 + 1.609) = (-0.609, 2.609)$이다.

09-60

모평균 μ_X, μ_Y 그리고 $\sigma_X = 4$, $\sigma_Y = 5$인 두 정규모집단에서 각각 크기 12, 10인 표본을 임의로 추출하여 $\overline{x} = 75.5$, $\overline{y} = 70.4$인 결과를 얻었다. 모평균의 차 $\mu_X - \mu_Y$에 대한 95% 신뢰구간을 구하라.

풀이 $\overline{x} - \overline{y} = 75.5 - 70.4 = 5.1$, $\sigma_X^2 = 16$, $\sigma_Y^2 = 25$이므로 $\sqrt{\dfrac{\sigma_1^2}{n} + \dfrac{\sigma_2^2}{m}} = \sqrt{\dfrac{16}{12} + \dfrac{25}{10}}$ $= 1.9579$이고 $z_{0.025} = 1.96$이므로 95% 신뢰구간은 다음과 같다.

$$\left(\overline{x} - \overline{y} - z_{\alpha/2} \sqrt{\frac{\sigma_1^2}{n} + \frac{\sigma_2^2}{m}} , \quad \overline{x} - \overline{y} + z_{\alpha/2} \sqrt{\frac{\sigma_1^2}{n} + \frac{\sigma_2^2}{m}} \right)$$

$$= (5.1 - 1.96 \times 1.9579, \, 5.1 + 1.96 \times 1.9579)$$

$$= (1.2625, 8.9375)$$

09-61

우리나라 100세 이상인 남·여 노인에 대한 혈당치가 각각 모표준편차가 $12\,\mathrm{mg/dL}$와 $10\,\mathrm{mg/dL}$인 정규분포를 따른다고 하자. 이때 전국 100세 이상 노인 103명(남자 13명, 여자 90명)을 대상으로 조사된 자료에 의하면, 남자와 여자의 평균 혈당치가 각각 $115.9\,\mathrm{mg/dL}$와 $104\,\mathrm{mg/dL}$로 나타났다. 이때, 전국 100세 이상 남자와 여자의 평균 혈당치의 차에 대한 95% 신뢰구간을 구하라.

풀이 $\sigma_M^2 = 144$, $\sigma_F^2 = 100$이고 $n_M = 13$, $n_F = 90$이므로

$$\sqrt{\frac{\sigma_M^2}{n_M} + \frac{\sigma_F^2}{n_F}} = \sqrt{\frac{144}{13} + \frac{100}{90}} = \sqrt{12.188} = 3.491$$

이다. 또한 $\overline{x} - \overline{y} = 11.9$이므로 95% 신뢰구간의 상한과 하한은 각각 다음과 같다.

$$l = \overline{x} - \overline{y} - 1.96 \times \sqrt{\frac{\sigma_M^2}{n_M} + \frac{\sigma_F^2}{n_F}} = 11.9 - 6.842 = 5.058$$

$$u = \overline{x} - \overline{y} + 1.96 \times \sqrt{\frac{\sigma_M^2}{n_M} + \frac{\sigma_F^2}{n_F}} = 11.9 + 6.842 = 18.742$$

그러므로 $\mu_M - \mu_F$에 대한 95% 신뢰구간은 $(5.058, 18.742)$이다.

09-62

시중에서 판매되고 있는 두 회사의 커피에 포함된 카페인의 양을 조사한 결과, 다음 표와 같았다. 두 회사에서 판매하는 커피에 함유된 평균 카페인의 차에 대한 90% 신뢰구간을 구하라(단, 두 회사에서 판매하는 커피에 포함된 카페인의 양은 동일한 분산을 갖는 정규분포를 따르고, 단위는 mg이다).

A 회사	$n = 8$, $\overline{x} = 109$, $s_1^2 = 4.25$
B 회사	$m = 6$, $\overline{y} = 107$, $s_2^2 = 4.36$

풀이 두 모평균의 차에 대한 점추정값은 $\overline{x} - \overline{y} = 109 - 107 = 2$이다. 또한 두 표본의 표본분산이 $s_1^2 = 4.25$, $s_2^2 = 4.36$이므로 합동표본분산과 합동표본표준편차는 다음과 같다.

$$s_p^2 = \frac{7 \times 4.25 + 5 \times 4.36}{8 + 6 - 2} \approx 4.296, \quad s_p = \sqrt{4.296} = 2.0726$$

또한 자유도 12인 t-분포에서 $t_{0.05} = 1.782$이므로 90% 신뢰구간에 대한 오차한계는 다음과 같다.

$$e_{90\%} = 1.782 \times 2.0726 \times \sqrt{\frac{1}{8} + \frac{1}{6}} \approx 1.995$$

이때 $\overline{X} - \overline{Y} = 2$이므로 $\mu_1 - \mu_2$에 대한 90% 신뢰구간은 다음과 같다.

$$\left(\overline{x} - \overline{y} - e_{90\%}, \ \overline{x} - \overline{y} + e_{90\%} \right) = (0.005, 3.995)$$

09-63

전자제품용 배터리를 생산하는 두 회사가 자신들의 제품을 독립적인 시험기관에 제출하였다. 시험기관은 각 회사로부터 받은 배터리 중 200개씩을 시험하고 전지의 수명을 기록하였다. 다음은 이 시험의 결과를 나타낸 자료이다(단, 단위는 시간이다). 두 회사의 배터리의 평균 수명의 차에 대한 95% 신뢰구간을 추정하라. 이 자료는 한 회사의 배터리가 다른 회사의 배터리보다 평균 수명이 더 길다는 것을 확인해 주는가?

A 회사(X)	B 회사(Y)
$\bar{x} = 41.5$	$\bar{y} = 39.0$
$s_1 = 3.6$	$s_2 = 5.0$

풀이 두 모집단의 분포와 두 모분산을 모르지만 표본크기가 충분히 크므로 $\overline{X} - \overline{Y}$는 정규분포를 따른다.

(1) 두 모분산이 동일하다고 가정할 수 없으므로 표본분포 $\overline{X} - \overline{Y}$에 대한 표준오차를 구하면 다음과 같다.

$$\sqrt{\frac{s_1^2}{n} + \frac{s_2^2}{m}} = \sqrt{\frac{3.6^2}{200} + \frac{5^2}{200}} = \sqrt{0.1898} \approx 0.4357$$

$z_{0.025} = 1.96$이므로, 95% 신뢰구간에 대한 오차한계는

$$e_{95\%} = 1.96 \times 0.4357 \approx 0.854$$

이고, 이때 $\bar{x} - \bar{y} = 41.5 - 39 = 2.5$이므로 $\mu_1 - \mu_2$에 대한 95% 신뢰구간은

$$\left(\bar{x} - \bar{y} - e_{95\%}, \ \bar{x} - \bar{y} + e_{95\%}\right) = (2.5 - 0.854, \ 2.5 + 0.854) = (1.646, \ 3.354)$$

가 된다. 따라서 A 회사 배터리의 평균 수명이 B 회사의 그것보다 길다.

물론 $t(\mathrm{d.f.})$-분포를 사용해도 무방한 데, 이때 d.f.는 조정자유도 공식에 의해 361이고, t분포표에서 $t_{0.025, \infty} = 1.96$을 얻는다. 그러므로 신뢰구간은 위에서 구한 것과 같다.

(2) 두 모분산이 동일하다고 가정하면 문제 09-62의 풀이처럼 합동표본분산을 이용하여 구한다. $s_p^2 = \dfrac{199(3.6^2 + 5^2)}{398} = 18.98$, $s_p = 4.357$이고, 자유도가 398이므로,

$e_{95\%} = 1.96 \times 4.357 \times \sqrt{\dfrac{1}{200} + \dfrac{1}{200}} = 0.854$를 얻어서 신뢰구간은 (1)에서 구한 것과 같다.

09-64

모분산이 동일한 두 정규모집단에서 각각 임의로 표본을 선정하여 다음 결과를 얻었다. 이때 두 모평균의 차에 대한 90% 신뢰구간을 구하라.

	표본평균	표본표준편차	표본의 크기
표본 A	$\bar{x} = 25.5$	$s_1 = 2.1$	$n = 10$
표본 B	$\bar{y} = 24.7$	$s_2 = 3.2$	$m = 8$

풀이 표본 A와 표본 B를 각각 모평균 μ_1과 μ_2인 정규모집단에서 선정한 표본이라 하자. 그러면 합동표본분산과 합동표본표준편차는 각각 다음과 같다.

$$s_p^2 = \frac{9 \times 2.1^2 + 7 \times 3.2^2}{10 + 8 - 2} \approx 6.9606, \ s_p = \sqrt{6.9606} \approx 2.6383$$

그리고 자유도 16인 t-분포에서 $t_{0.05,16} = 1.746$이므로 오차한계는 다음과 같다.

$$e_{90\%} = 1.746 \times 2.6383 \times \sqrt{\frac{1}{10} + \frac{1}{8}} \approx 2.185$$

또한 $\bar{x} - \bar{y} = 0.8$이므로 두 모평균의 차에 대한 90% 신뢰구간은 다음과 같다.

$$(0.8 - 2.185, \ 0.8 + 2.185) = (-1.385, \ 2.985)$$

09-65

40대 남녀를 임의로 선정하여 혈압을 측정한 결과가 다음과 같다. 남자와 여자의 혈압은 모분산이 동일한 정규분포를 따른다고 할 때, 남자와 여자의 평균 혈압의 차에 대한 95% 신뢰구간을 구하라.

	표본평균	표본표준편차	표본의 크기
남자	$\bar{x} = 141$	$s_1 = 3.6$	$n = 6$
여자	$\bar{y} = 135$	$s_2 = 2.7$	$m = 9$

풀이 남자와 여자의 평균 혈압을 각각 μ_1과 μ_2라 하자. 그러면 합동표본분산과 합동표본 표준편차는 각각 다음과 같다.

$$s_p^2 = \frac{5 \times 3.6^2 + 8 \times 2.7^2}{6 + 9 - 2} \approx 9.4708, \ s_p = \sqrt{9.4708} \approx 3.0775$$

그리고 자유도 13인 t-분포에서 $t_{0.025,13} = 2.160$이므로 오차한계는 다음과 같다.

$$e_{95\%} = 2.16 \times 3.0775 \times \sqrt{\frac{1}{6} + \frac{1}{9}} \approx 3.50349$$

또한 $\bar{x} - \bar{y} = 6$이므로 두 모평균의 차에 대한 95% 신뢰구간은 다음과 같다.

$$(6 - 3.50349, \, 6 + 3.50349) = (2.49651, \, 9.50349)$$

09-66

인조섬유 25묶음의 절단 강도는 평균 474.6이고 표준편차는 5.50, 모직 17묶음의 절단 강도는 평균 452.4이고 표준편차는 12.3인 것으로 조사되었다. 그리고 두 종류의 섬유의 절단 강도는 동일한 분산을 갖는 정규분포를 따른다고 한다.

(1) 두 모평균 차의 점추정값을 구하라.

(2) $\bar{X} - \bar{Y}$의 표준오차를 구하라.

(3) $\mu_1 - \mu_2$에 대한 95% 신뢰구간을 구하라.

(4) 95% 신뢰수준에서 $\mu_1 - \mu_2$에 대한 최대오차를 구하라.

풀이 (1) 두 모평균의 차에 대한 점추정량은 $\hat{\mu}_1 - \hat{\mu}_2 = \bar{X} - \bar{Y}$이므로 두 모평균의 차에 대한 점추정값은 $\hat{\mu}_1 - \hat{\mu}_2 = 474.6 - 452.4 = 22.2$이다.

(2) $s_X = 5.5$, $s_Y = 12.3$이고 두 표본의 크기가 각각 25와 17이므로 합동표본분산과 합동표본표준편차는 다음과 같다.

$$s_p^2 = \frac{1}{25 + 17 - 2}(24 \times 5.5^2 + 16 \times 12.3^2) = 78.666, \quad s_p = \sqrt{78.666} = 8.869$$

따라서 표준오차는 $\mathrm{S.E.}(\bar{X} - \bar{Y}) = 8.869 \times \sqrt{\dfrac{1}{25} + \dfrac{1}{17}} = 8.869 \times 0.3144 = 2.789$이다.

(3) $t_{0.025}(40) = 2.021$이므로 구하고자 하는 95% 신뢰구간의 하한과 상한은 각각 다음과 같다.

$$l = \bar{X} - \bar{Y} - 2.021 \times \mathrm{S.E.}(\bar{X} - \bar{Y}) = 22.2 - 2.021 \times 2.789 = 16.5634,$$

$$u = \bar{X} - \bar{Y} + 2.021 \times \mathrm{S.E.}(\bar{X} - \bar{Y}) = 22.2 + 2.021 \times 2.789 = 27.8366$$

그러므로 95% 신뢰구간은 $(16.5634, \, 27.8366)$이다.

(4) 최대오차는 $2.021 \times \mathrm{S.E.}(\bar{X} - \bar{Y}) = 2.021 \times 2.789 = 5.6366$이다.

09-67

모분산이 동일한 두 정규모집단 A와 B에서 표본을 추출하여 다음과 같은 결과를 얻었다.

(단위 : mg)

A 표본	$n=17,\ \overline{x}=704,\ s_1=39.25$
B 표본	$m=10,\ \overline{y}=675,\ s_2=43.75$

(1) 두 모평균 차의 점추정값을 구하라.

(2) $\overline{X}-\overline{Y}$의 90% 오차한계를 구하라.

(3) $\mu_A-\mu_B$에 대한 90% 신뢰구간을 구하라.

풀이 (1) 두 모평균의 차에 대한 점추정량은 $\hat{\mu}_A-\hat{\mu}_B=\overline{X}-\overline{Y}$이므로 두 모평균의 차에 대한 점추정값은 $\hat{\mu}_A-\hat{\mu}_B=704-675=29$이다.

(2) $s_1=39.25$, $s_2=43.75$이고 두 표본의 크기가 각각 17과 10이므로 구하고자 하는 합동표본분산과 합동표본표준편차는 다음과 같다.

$$s_p^2=\frac{1}{17+10-2}(16\times 39.25^2+9\times 43.75^2)=1675.0225,$$

$$s_p=\sqrt{1675.0225}=40.927$$

따라서 표준오차는 $\text{S.E.}(\overline{X}-\overline{Y})=40.927\times\sqrt{\frac{1}{17}+\frac{1}{10}}=40.927\times 0.3985$ ≈ 16.3105이다. 또한 $t_{0.05}(25)=1.708$이므로 90% 오차한계는 다음과 같다.

$$t_{0.05}(25)\times\text{S.E.}(\overline{X}-\overline{Y})=1.708\times 16.3105=27.8583$$

(3) 구하고자 하는 90% 신뢰구간의 하한과 상한은 각각 다음과 같다.

$$l=\overline{X}-\overline{Y}-1.708\times\text{S.E.}(\overline{X}-\overline{Y})=29-27.8583=1.1417,$$

$$u=\overline{X}-\overline{Y}+1.708\times\text{S.E.}(\overline{X}-\overline{Y})=29+27.8583=56.8583$$

그러므로 90% 신뢰구간은 $(1.1417,\ 56.8583)$이다.

09-68

시중에서 판매되고 있는 두 회사의 땅콩 잼에 포함된 카페인의 양을 조사한 결과, 다음 표를 얻었다. 이때 두 회사에서 제조된 땅콩 잼에 포함된 카페인의 양은 동일한 분산을 갖는 정규분포를 따른다고 한다.

(단위 : mg)

A 회사	$n=15,\ \overline{x}=78,\ s_X^2=3.25$
B 회사	$m=13,\ \overline{y}=75,\ s_Y^2=3.60$

(1) 두 모평균 차의 점추정값을 구하라.

(2) $\overline{X} - \overline{Y}$의 90% 오차한계를 구하라.

(3) $\mu_A - \mu_B$에 대한 90% 신뢰구간을 구하라.

풀이 (1) 두 모평균의 차에 대한 점추정량은 $\hat{\mu}_A - \hat{\mu}_B = \overline{X} - \overline{Y}$이므로 두 모평균의 차에 대한 점추정값은 $\hat{\mu}_A - \hat{\mu}_B = 78 - 75 = 3$이다.

(2) $s_X^2 = 3.25$, $s_Y^2 = 3.60$이고 두 표본의 크기가 각각 15와 13이므로 구하고자 하는 합동표본분산과 합동표본표준편차는 다음과 같다.

$$s_p^2 = \frac{1}{15+13-2}(14 \times 3.25 + 12 \times 3.6) = 3.412, \quad s_p = \sqrt{3.412} = 1.8472$$

한편 $t_{0.05}(26) = 1.706$이므로 $\overline{X} - \overline{Y}$의 90% 오차한계는 다음과 같다.

$$t_{0.05}(26) \times s_p \times \sqrt{\frac{1}{n} + \frac{1}{m}} = 1.706 \times 1.8472 \times \sqrt{\frac{1}{15} + \frac{1}{13}} = 1.1941$$

(3) 구하고자 하는 90% 신뢰구간의 하한과 상한은 각각 다음과 같다.

$$l = \overline{X} - \overline{Y} - 1.706 \times \text{S.E.}(\overline{X} - \overline{Y}) = 3 - 1.1941 = 1.8059,$$

$$u = \overline{X} - \overline{Y} + 1.706 \times \text{S.E.}(\overline{X} - \overline{Y}) = 3 + 1.1941 = 4.1941$$

그러므로 90% 신뢰구간은 $(1.8059, 4.1941)$이다.

09-69

어느 공장에서 근무하는 남녀 근로자의 평균 연령에 대한 차이를 알기 위하여 남자와 여자를 각각 61명씩 추출하여 조사하였다. 그 결과 남자 근로자의 평균 연령은 38세 표준편차 5세이었고, 여자 근로자의 평균 연령은 26세 표준편차 2세이었다. 남녀 근로자의 평균 연령에 대한 차이를 95% 신뢰수준에서 신뢰구간을 구하라. 전체 남자 근로자와 여자 근로자의 확률분포는 모분산이 동일한 정규분포를 따른다고 한다.

풀이 남자 근로자의 평균 연령을 $\overline{X}$, 여자 근로자의 평균 연령을 $\overline{Y}$라 하면, 표본조사 결과 $\overline{x} = 38$, $\overline{y} = 26$, $s_X = 5$, $s_Y = 2$, $n = m = 61$이고, 합동표본분산과 합동표본표준편차는 각각

$$s_p^2 = \frac{60 S_X^2 + 60 S_Y^2}{61 + 61 - 2} = \frac{60(25+4)}{120} = 14.5, \quad s_p = \sqrt{14.5} = 3.808$$

이다. 한편 $t_{0.025}(60) = 2.000$이므로 95% 신뢰구간은 다음과 같다.

$$\left(\overline{x} - \overline{y} - t_{0.025}(60)\, s_p \sqrt{\frac{1}{n} + \frac{1}{m}},\ \overline{x} - \overline{y} + t_{0.025}(60)\, s_p \sqrt{\frac{1}{n} + \frac{1}{m}} \right)$$

$$= (12 - 2 \times 3.808 \times 0.1811,\ 12 - 2 \times 3.808 \times 0.1811) = (10.62,\ 13.38)$$

09-70

모평균 μ_X, μ_Y인 두 정규모집단에서 각각 크기 $10, 15$인 표본을 임의로 추출하여 $\overline{x} = 485.5$, $\overline{y} = 501.4$와 $s_X = 6$, $s_Y = 7$인 결과를 얻었다. 모평균의 차 $\mu_X - \mu_Y$에 대한 95% 신뢰구간을 구하라.

풀이 $\overline{x} = 485.5$, $\overline{y} = 501.4$, $s_X = 6$, $s_Y = 7$, $n = 10$, $m = 15$이므로 합동표본분산과 합동표본표준편차는 각각

$$s_p^2 = \frac{9 s_X^2 + 14 s_Y^2}{10 + 15 - 2} = \frac{9 \times 36 + 14 \times 49}{23} = 43.913, \quad s_p = \sqrt{43.913} = 6.6267$$

이다. 한편 $t_{0.025}(23) = 2.069$이므로 95% 신뢰구간은 다음과 같다.

$$\left(\overline{x} - \overline{y} - t_{0.025}(23)\, s_p \sqrt{\frac{1}{10} + \frac{1}{15}},\ \overline{x} - \overline{y} + t_{0.025}(23)\, s_p \sqrt{\frac{1}{10} + \frac{1}{15}} \right)$$

$$= (-15.9 - 2.069 \times 6.6267 \times 0.4082,\ -15.9 + 2.069 \times 6.6267 \times 0.4082)$$

$$= (-21.4967,\ -10.3033)$$

09-71

다음은 서울과 부산 두 지역의 측정된 아황산가스 오염 수치이다.

서울	0.067	0.088	0.075	0.094	0.053	0.082	0.059	0.068	0.077	0.084
부산	0.073	0.078	0.085	0.089	0.064	0.072	0.069	0.068	0.087	0.077

(1) 두 지역의 평균 아황산가스 오염 수치에 대한 95% 신뢰구간을 구하라.

(2) 서울과 부산지역의 오염 수치의 차에 대한 95% 신뢰구간을 구하라.

풀이 (1) 두 지역의 평균 오염 수치와 분산을 구하면 각각 $\overline{x} = 0.0747$, $\overline{y} = 0.0762$, $s_X^2 = 0.000168$, $s_Y^2 = 0.000073$, $n = m = 10$이다. 또한 $t_{0.025}(9) = 2.262$이므

로 서울지역의 평균 오염수치에 대한 95% 신뢰구간은 다음과 같다.

$$\left(\overline{x}-t_{0.025}(9)\frac{s}{\sqrt{n}},\ \overline{x}+t_{0.025}(9)\frac{s}{\sqrt{n}}\right)$$

$$=\left(0.0747-2.262\times\frac{0.013}{\sqrt{10}},\ 0.0747+2.262\times\frac{0.013}{\sqrt{10}}\right)$$

$$=(0.0654,\ 0.084)$$

그리고 부산지역의 평균 오염 수치에 대한 95% 신뢰구간은 다음과 같다.

$$\left(\overline{x}-t_{0.025}(9)\frac{s}{\sqrt{n}},\ \overline{x}+t_{0.025}(9)\frac{s}{\sqrt{n}}\right)$$

$$=\left(0.0762-2.262\times\frac{0.0085}{\sqrt{10}},\ 0.0762+2.262\times\frac{0.0085}{\sqrt{10}}\right)$$

$$=(0.0701,\ 0.0823)$$

(2) 합동표본분산과 합동표본표준편차는 각각 다음과 같다.

$$s_p^2=\frac{9s_X^2+9s_Y^2}{10+10-2}=\frac{9(0.000168+0.000073)}{18}=0.0001205,$$

$$s_p=\sqrt{0.0001205}=0.011$$

한편 $t_{0.025}(18)=2.101$이므로 95% 신뢰구간은 다음과 같다.

$$\left(\overline{x}-\overline{y}-t_{0.025}(18)s_p\sqrt{\frac{1}{10}+\frac{1}{10}},\ \overline{x}-\overline{y}+t_{0.025}(18)s_p\sqrt{\frac{1}{10}+\frac{1}{10}}\right)$$

$$=(0.0015-2.101\times0.011\times0.4472,\ 0.0015+2.101\times0.011\times0.4472)$$

$$=(0.0088,\ 0.0118)$$

09-72

다음은 남자와 여자의 생존 연령을 조사한 자료이다.

| 남자 | 52 | 60 | 55 | 46 | 33 | 75 | 58 | 45 | 57 | 88 |
| 여자 | 62 | 58 | 65 | 56 | 53 | 45 | 56 | 65 | 77 | 47 |

(1) 남자와 여자의 평균 생존 연령에 대한 90% 신뢰구간을 구하라.
(2) 두 그룹의 모분산이 동일하다는 조건 아래서 합동표본표준편차를 구하라.
(3) (2)를 이용하여, 여자와 남자의 평균 생존 연령의 차이에 대한 90% 신뢰구간을 구하라.

풀이 (1) 여자와 남자의 평균 생존 연령을 각각 $\overline{X}$, $\overline{Y}$라 하면, $\overline{x} = 58.4$, $\overline{y} = 56.9$, $s_X = 9.41$, $s_Y = 15.51$, $n = m = 10$이고 $t_{0.05}(9) = 1.833$이므로 여자의 평균 생존 연령에 대한 90% 신뢰구간은 다음과 같다.

$$\left(\overline{x} - t_{0.05}(9)\,\frac{s}{\sqrt{n}},\ \overline{x} + t_{0.05}(9)\,\frac{s}{\sqrt{n}} \right)$$

$$= \left(58.4 - 1.833 \times \frac{9.41}{\sqrt{10}},\ 58.4 + 1.833 \times \frac{9.41}{\sqrt{10}} \right)$$

$$= (52.95,\, 63.85)$$

그리고 남자의 평균 생존 연령에 대한 90% 신뢰구간은 다음과 같다.

$$\left(\overline{x} - t_{0.05}(9)\,\frac{s}{\sqrt{n}},\ \overline{x} + t_{0.05}(9)\,\frac{s}{\sqrt{n}} \right)$$

$$= \left(56.9 - 1.833 \times \frac{15.51}{\sqrt{10}},\ 56.9 + 1.833 \times \frac{15.51}{\sqrt{10}} \right)$$

$$= (47.91,\, 65.89)$$

(2) $s_p^2 = \dfrac{9s S_X^2 + 9s_Y^2}{10 + 10 - 2} = \dfrac{9\,(88.5481 + 240.5601)}{23} = 164.5541,$

$s_p = \sqrt{164.5541} = 12.83$

(3) $t_{0.05}(18) = 1.734$이므로 90% 신뢰구간은 다음과 같다.

$$\left(\overline{x} - \overline{y} - t_{0.05}(18)\, s_p \sqrt{\frac{1}{10} + \frac{1}{10}},\ \overline{x} - \overline{y} + t_{0.05}(18)\, s_p \sqrt{\frac{1}{10} + \frac{1}{10}} \right)$$

$$= (1.5 - 1.734 \times 12.83 \times 0.4472,\ 1.5 + 1.734 \times 12.83 \times 0.4472)$$

$$= (-8.45,\, 11.45)$$

09-73

모분산이 미지이고 서로 다른 두 정규모집단 A와 B에서 표본을 추출하여 다음과 같은 결과를 얻었다.

(단위 : mg)

A 표본	$n = 17$, $\overline{x} = 704$, $s_1 = 39.25$
B 표본	$m = 10$, $\overline{y} = 675$, $s_2 = 43.75$

(1) 두 모평균 차의 점추정값을 구하라.

(2) $\overline{X} - \overline{Y}$의 90% 오차한계를 구하라.

(3) $\mu_1 - \mu_2$에 대한 90% 신뢰구간을 구하라.

풀이 (1) 두 모평균의 차에 대한 점추정량은 $\hat{\mu}_1 - \hat{\mu}_2 = \overline{X} - \overline{Y}$이므로 두 모평균의 차에 대한 점추정값은 $\hat{\mu}_1 - \hat{\mu}_2 = 704 - 675 = 29$이다.

(2) $s_1 = 39.25$, $s_2 = 43.75$이고 $n = 17$, $m = 10$이므로 표준오차는 다음과 같다.

$$\text{S.E.}(\overline{X} - \overline{Y}) = \sqrt{\frac{s_1^2}{n} + \frac{s_2^2}{m}} = \sqrt{\frac{39.25^2}{17} + \frac{43.75^2}{10}} \approx \sqrt{282.028} \approx 16.794$$

두 모분산이 미지이고 서로 다르므로, $\overline{X} - \overline{Y}$의 표준화 확률변수는 $t(\text{d.f.})$-분포를 따른다. 이때

$$\text{d.f.} = \frac{\left(\dfrac{s_1^2}{n} + \dfrac{s_2^2}{m}\right)^2}{\dfrac{(s_1^2/n)^2}{n-1} + \dfrac{(s_2^2/m)^2}{m-1}} = \frac{\left(\dfrac{39.25^2}{17} + \dfrac{43.75^2}{10}\right)^2}{\dfrac{(39.25^2/17)^2}{16} + \dfrac{(43.75^2/10)^2}{9}}$$

$$= \frac{79539.55223}{4583.9698} \approx 17.4$$

가 되어 자유도 d.f.는 17이고, $t_{0.05}(17) = 1.740$이므로 90% 오차한계는 다음과 같다.

$$t_{0.05}(17) \times \text{S.E.}(\overline{X} - \overline{Y}) = 1.740 \times 16.794 = 30.276$$

(3) 구하고자 하는 90% 신뢰구간의 하한과 상한은 각각 다음과 같다.

$$l = \overline{X} - \overline{Y} - 1.740 \times \text{S.E.}(\overline{X} - \overline{Y}) = 29 - 30.276 = -1.276,$$

$$u = \overline{X} - \overline{Y} + 1.740 \times \text{S.E.}(\overline{X} - \overline{Y}) = 29 + 30.276 = 59.276$$

그러므로 90% 신뢰구간은 $(-1.276, 59.276)$이다.

09-74

유명상표의 프린터 토너와 일반상표의 프린터 토너의 평균 인쇄성능 차이를 추정해 보고자 한다. 무작위로 선택된 6명의 사용자가 각각 이 두 종류의 토너를 사용한 후 각 경우의 인쇄 쪽수를 기록한 표가 다음과 같다(단, 관찰값의 차의 모집단은 정규분포를 따른다고 한다).

프린터 사용자	유명상표(X)	일반상표(Y)	$D = X - Y$
1	306	300	6
2	256	260	-4
3	402	357	45
4	299	286	13
5	306	290	16
6	257	260	-3

$\mu_D (= \mu_1 - \mu_2)$의 99% 신뢰구간을 구하라.

풀이 관찰값의 차의 평균은 $\overline{d} = \dfrac{\sum d_i}{n} = \dfrac{73}{6} = 12.17$ 쪽이고, 표본표준편차는

$s_d = \sqrt{\dfrac{n(\sum d_i^2) - (\sum d_i)^2}{n(n-1)}} = 18.02$ 쪽이다. $n = 6 < 30$이므로, $\overline{D}$의 분포는 자유도

가 5인 t-분포를 따르고, 99% 오차한계는 $e_{99\%} = 4.0321 \times \dfrac{18.02}{\sqrt{6}} = 29.66$이다. 따라서 99% 신뢰구간은 $(12.17 - 29.66, \ 12.17 + 29.66) = (-17.49, \ 41.83)$이다 (단, 단위는 쪽이다).

09-75

두 종류의 약품 A, B의 효능을 조사하기 위하여 동일한 조건을 가진 환자 400명 중 250명은 약품 A로 치료하고, 다른 150명은 약품 B로 치료한 결과, 각각 215명과 124명이 효과를 얻었다. 두 약품의 효율의 차이에 대한 90% 신뢰구간을 구하라.

풀이 약품 A와 B의 효율을 각각 p_1, p_2라 하면, 두 약품의 효율에 대한 추정값은 각각

$\hat{p}_1 = \dfrac{215}{250} = 0.86, \quad \hat{p}_2 = \dfrac{124}{150} \approx 0.827$이다. 그러므로 $\hat{p}_1 - \hat{p}_2 = 0.033$이고, 또한

$$\mathrm{S.E.}(\hat{p}_1 - \hat{p}_2) = \sqrt{\dfrac{0.86 \times 0.14}{250} + \dfrac{0.827 \times 0.173}{150}} \approx 0.0379$$

이므로 90% 오차한계는 $e_{90\%} = 1.645 \times \mathrm{S.E.}(\hat{p}_1 - \hat{p}_2) \approx 0.0623$이다. 따라서 두 약품의 효율에 대한 차의 90% 신뢰구간은 다음과 같다.

$$(0.033 - 0.0623, \ 0.033 + 0.0623) = (-0.0293, \ 0.0953)$$

09-76

통계청은 2014년 2분기 적자 가구의 비율을 표본 조사하여 다음 결과를 얻었다.

· 전체적으로 적자 가구의 비율은 23.0% 이다.

· 서민층과 중산층의 적자 가구의 비율은 각각 26.8% 와 19.8% 이다.

(1) 우리나라의 적자 가구의 비율에 대한 95% 신뢰구간을 구하라(단, 표본의 크기는 14,950가구라 가정한다).

(2) 서민층과 중산층의 적자 가구 비율의 차에 대한 95% 신뢰구간을 구하라(단, 표본의 크기는 동일하게 48,000가구라 가정한다).

풀이 (1) $\hat{p}= 0.23$, $n = 14,950$ 이므로 표본비율 $\hat{p}$ 에 대한 95% 오차한계는 다음과 같다.

$$e_{95\%} = 1.96 \times \text{S.E.}(\hat{p}) = 1.96 \times \sqrt{\frac{0.23 \times 0.77}{14950}} \approx 0.0067$$

따라서 95% 신뢰구간은 다음과 같다.

$$(0.23 - e_{95\%},\ 0.23 + e_{95\%}) = (0.23 - 0.0067,\ 0.23 + 0.0067)$$
$$= (0.2233,\ 0.2367)$$

(2) 서민층과 중산층의 비율을 각각 p_1 과 p_2 라 하면, $n = m = 48,000$, $\hat{p}_1 = 0.268$, $\hat{p}_2 = 0.198$ 이므로 $p_1 - p_2$ 의 점추정은 $\hat{p}_1 - \hat{p}_2 = 0.268 - 0.198 = 0.07$ 이다. 그러므로 95% 오차한계는 다음과 같다.

$$e_{95\%} = 1.96 \times \text{S.E.}(\hat{p}_1 - \hat{p}_2) = 1.96 \times \sqrt{\frac{0.268 \times 0.732 + 0.198 \times 0.802}{48000}}$$
$$\approx 0.0053$$

따라서 서민층과 중산층의 적자 가구의 비율에 대한 차의 95% 신뢰구간은 다음과 같다.

$$(0.07 - e_{95\%},\ 0.07 + e_{95\%}) = (0.07 - 0.0053,\ 0.07 + 0.0053)$$
$$= (0.0647,\ 0.0753)$$

09-77

한국영양학회지에 발표된 '고등학생의 식습관과 건강인지에 관한 연구'에 따르면, 서울지역 고등학교 남학생 260명과 여학생 250명을 표본 조사하여 다음 결과가 나왔다. 물음에 답하라.

· 주 1회 이상 아침 식사를 결식하는 비율이 남학생 41.1%, 여학생 44.1%이다.

· 자신이 건강하다고 생각하는 비율은 남학생 68.9%, 여학생 55.6%이다.

· 평균 키는 남학생이 $174.1\,\mathrm{cm}$이고 여학생이 $161.6\,\mathrm{cm}$이다.

· 평균 몸무게는 남학생이 $65.9\,\mathrm{kg}$이고 여학생이 $52.5\,\mathrm{kg}$이다.

(1) 서울지역 고등학교 남학생의 평균 키와 여학생의 평균 키의 차에 대한 95% 신뢰구간을 구하라(단, 남학생과 여학생의 키에 대한 표준편차는 각각 $5\,\mathrm{cm}$와 $3\,\mathrm{cm}$이고 정규분포를 따른다고 가정한다).

(2) 서울지역 고등학교 남학생의 평균 몸무게와 여학생의 평균 몸무게의 차에 대한 99% 신뢰구간을 구하라(단, 남학생과 여학생의 키에 대한 표준편차는 각각 $4.5\,\mathrm{kg}$과 $2.5\,\mathrm{kg}$이고 정규분포를 따른다고 가정한다).

(3) 주 1회 이상 아침 식사를 결식하는 서울지역 여학생의 비율과 남학생의 비율의 차에 대한 90% 신뢰구간을 구하라.

(4) 건강하다고 생각하는 서울지역 남학생의 비율과 여학생의 비율의 차에 대한 95% 신뢰구간을 구하라.

풀이 (1) 남학생의 평균 키를 μ_1, 여학생의 평균 키를 μ_2라 하면, $\sigma_1^2 = 25$, $\sigma_2^2 = 9$, $n = 260$, $m = 250$, $\overline{x} = 174.1$, $\overline{y} = 161.6$이므로 $\mu_1 - \mu_2$의 점추정은 $\overline{x} - \overline{y} = 174.1 - 161.6 = 12.5$이다. 그러므로 95% 오차한계는 다음과 같다.

$$e_{95\%} = 1.96 \times \text{S.E.}(\overline{X} - \overline{Y}) = 1.96 \times \sqrt{\frac{25}{260} + \frac{9}{250}} \approx 0.713$$

따라서 남학생과 여학생의 평균 키의 차에 대한 95% 신뢰구간은 다음과 같다.

$$(12.5 - e_{95\%},\ 12.5 + e_{95\%}) = (12.5 - 0.713,\ 12.5 + 0.713) = (11.787,\ 13.213)$$

(2) 남학생의 평균 몸무게를 μ_1, 여학생의 평균 몸무게를 μ_2라 하면, $\sigma_1^2 = 20.25$, $\sigma_2^2 = 6.25$, $n = 260$, $m = 250$, $\overline{x} = 65.9$, $\overline{y} = 52.5$이므로 $\mu_1 - \mu_2$의 점추정은 $\overline{x} - \overline{y} = 65.9 - 52.5 = 13.4$이다. 그러므로 99% 오차한계는 다음과 같다.

$$e_{99\%} = 2.575 \times \text{S.E.}(\overline{X} - \overline{Y}) = 2.575 \times \sqrt{\frac{20.25}{260} + \frac{6.25}{250}} \approx 0.8259$$

따라서 남학생과 여학생의 평균 몸무게의 차에 대한 99% 신뢰구간은 다음과 같다.

$$(13.4 - e_{99\%},\ 13.4 + e_{99\%}) = (13.4 - 0.8259,\ 13.4 + 0.8259)$$

$$= (12.5741,\ 14.2259)$$

(3) 여학생의 결식률을 p_1, 남학생의 결식률을 p_2라 하면, $n = 250$, $m = 260$, $\hat{p}_1 = 0.441$,

$\hat{p_2} = 0.411$이므로 $p_1 - p_2$의 점추정은 $\hat{p_1} - \hat{p_2} = 0.441 - 0.411 = 0.03$이다. 그러므로 90% 오차한계는 다음과 같다.

$$e_{90\%} = 1.645 \times \text{S.E.}(\hat{p_1} - \hat{p_2}) = 1.645 \times \sqrt{\frac{0.441 \times 0.559}{250} + \frac{0.411 \times 0.589}{260}}$$

$$\approx 0.072$$

따라서 여학생과 남학생의 결식률의 차에 대한 90% 신뢰구간은 다음과 같다.

$$(0.03 - e_{90\%},\ 0.03 + e_{90\%}) = (0.03 - 0.072,\ 0.03 + 0.072) = (-0.042,\ 0.102)$$

(4) 건강하다고 생각하는 남학생의 비율을 p_1, 여학생의 비율을 p_2라 하면, $n = 260$, $m = 250$, $\hat{p_1} = 0.689$, $\hat{p_2} = 0.556$이므로 $p_1 - p_2$의 점추정은 $\hat{p_1} - \hat{p_2} = 0.689 - 0.556 = 0.133$이다. 그러므로 95% 오차한계는 다음과 같다.

$$e_{95\%} = 1.96 \times \text{S.E.}(\hat{p_1} - \hat{p_2}) = 1.96 \times \sqrt{\frac{0.689 \times 0.311}{260} + \frac{0.556 \times 0.444}{250}}$$

$$\approx 0.0835$$

따라서 건강한 남학생과 여학생의 비율의 차에 대한 95% 신뢰구간은 다음과 같다.

$$(0.133 - e_{95\%},\ 0.133 + e_{95\%}) = (0.133 - 0.0835,\ 0.133 + 0.0835)$$

$$= (0.0495,\ 0.2165)$$

09-78

2000년 4월 (사)한국 청소년 순결 운동본부가 전국의 고등학생(남학생 256명, 여학생 348명)을 대상으로 청소년의 음주 정도에 대하여 표본 조사한 결과, 남학생 83.9%, 여학생 59.2%가 음주 경험이 있는 것으로 조사되었다. 남학생과 여학생의 음주율 차에 대한 95% 신뢰구간을 구하라.

풀이 남학생과 여학생의 음주율을 각각 p_1, p_2라 하면, $n = 256$, $m = 348$, $\hat{p_1} = 0.839$, $\hat{p_2} = 0.592$이므로 $p_1 - p_2$의 점추정은 $\hat{p_1} - \hat{p_2} = 0.839 - 0.592 = 0.247$이다. 그러므로 95% 오차한계는 다음과 같다.

$$e_{95\%} = 1.96 \times \text{S.E.}(\hat{p_1} - \hat{p_2}) = 1.96 \times \sqrt{\frac{0.839 \times 0.161}{256} + \frac{0.592 \times 0.408}{348}} \approx 0.069$$

따라서 여학생과 남학생의 음주율의 차에 대한 95% 신뢰구간은 다음과 같다.

$$(0.247 - e_{95\%}, \ 0.247 + e_{95\%}) = (0.247 - 0.069, \ 0.247 + 0.069)$$
$$= (0.178, \ 0.316)$$

09-79

다음 조건에 대하여 $p_A - p_B$에 대한 99% 신뢰구간을 구하라.

(1) $B(37, p_A)$로부터 $x = 14$인 성공을 얻었고, $B(26, p_B)$로부터 $y = 7$인 성공을 얻었다.

(2) $B(302, p_A)$로부터 $x = 261$인 성공을 얻었고, $B(454, p_B)$로부터 $y = 401$인 성공을 얻었다.

풀이 (1) $\hat{p}_A = \dfrac{14}{37} = 0.3784$, $\hat{q}_A = 0.6216$, $\hat{p}_B = \dfrac{7}{26} = 0.2692$, $\hat{q}_B = 0.7308$ 이므로 $\hat{p}_A -$

$\hat{p}_B = 0.1092$이고, 추정량 $\hat{p}_A - \hat{p}_B$에 대한 표준오차는 S.E.$(\hat{p}_A - \hat{p}_B) =$

$\sqrt{\dfrac{0.3784 \times 0.6216}{37} + \dfrac{0.2692 \times 0.7308}{26}} = 0.1180$이다. 한편 99% 신뢰구간에 오

차한계는 $d = z_{0.005} \times$ S.E.$(\hat{p}_A - \hat{p}_B) = 2.575 \times 0.1180 = 0.3039$이므로 구하고지

하는 99% 신뢰구간은 $(-0.1947, 0.4131)$이다.

(2) $\hat{p}_A = \dfrac{261}{302} = 0.8642$, $\hat{q}_A = 0.1358$, $\hat{p}_B = \dfrac{401}{454} = 0.8833$, $\hat{q}_B = 0.1167$이므로

$\hat{p}_A - \hat{p}_B = -0.0191$이고, 추정량 $\hat{p}_A - \hat{p}_B$에 대한 표준오차는

$$\text{S.E.}(\hat{p}_A - \hat{p}_B) = \sqrt{\dfrac{0.8642 \times 0.1358}{302} + \dfrac{0.8833 \times 0.1167}{454}} = 0.0785$$

이다. 한편 99% 신뢰구간에 오차한계는

$$e_{99\%} = z_{0.005} \times \text{S.E.}(\hat{p}_A - \hat{p}_B) = 2.575 \times 0.0785 = 0.2021$$

이므로 구하고자 하는 99% 신뢰구간은 다음과 같다.

$$(-0.0191 - 0.2021, \ -0.0191 + 0.2021) = (-0.2212, 0.183)$$

09-80

과제물의 제시와 작성에 대하여 조사하기 위하여 20명의 교수를 임의로 추출하여 과제물을 항상 제시하는지 물었다. 또한 학생들이 과제물을 스스로 작성하는지에 대하여 알아보기 위하여 25명의 학생을 추출하여 질문한 결과 다음과 같은 응답을 얻었다. 이때 "Yes"는 과제물 제시 또는 스스로 작성을 의미한다.

교수	Yes Yes No Yes No No Yes Yes No Yes
	No No Yes Yes No Yes Yes No Yes Yes
학생	No Yes No No Yes No Yes No No Yes
	Yes No Yes No No No No No Yes No
	Yes Yes No Yes No

(1) 과제물을 제시하는 교수의 비율에 대한 90% 신뢰구간을 구하라.

(2) 과제물을 스스로 작성하는 학생의 비율에 대한 90% 신뢰구간을 구하라.

(3) 과제물을 제시하는 교수의 비율과 과제물을 스스로 작성하는 학생의 비율의 차이에 대한 90% 신뢰구간을 구하라.

풀이 (1) 과제물을 제시한다고 응답한 교수 수가 12명이므로 과제물 제시율은 $\hat{p}_1 = \dfrac{12}{20}$ $= 0.60$ 이고, 표본비율 $\hat{p}_1$ 의 표준오차는 $\text{S.E.}(\hat{p}_1) = \dfrac{1}{n}\sqrt{\dfrac{x(n-x)}{n}} = \dfrac{1}{20}$ $\sqrt{\dfrac{12 \times 8}{20}} = 0.1095$ 이며, 90% 오차한계는 $e_{90\%} = 1.645 \times \text{S.E.}(\hat{p}_1) = 0.180$ 이므로 90% 신뢰구간은 다음과 같다.

$$(0.60 - 0.180, \ 0.60 + 0.180) = (0.420, \ 0.780)$$

(2) 과제물을 스스로 작성했다고 응답한 학생 수가 10명이므로 과제물 작성률은 $\hat{p}_2 = \dfrac{10}{25} = 0.40$ 이고, 표본비율 $\hat{p}_2$ 의 표준오차는

$$\text{S.E.}(\hat{p}_2) = \dfrac{1}{n}\sqrt{\dfrac{x(n-x)}{n}} = \dfrac{1}{25}\sqrt{\dfrac{10 \times 15}{25}} = 0.1225$$

이고, 90% 오차한계는 $e_{90\%} = 1.645 \times \text{S.E.}(\hat{p}_2) = 0.2015$ 이므로 90% 신뢰구간은 $(0.40 - 0.2015, \ 0.40 + 0.2015) = (0.1985, \ 0.6015)$ 이다.

(3) $\hat{p}_1 - \hat{p}_2 = 0.20$ 이고, 또한 $\text{S.E.}(\hat{p}_1 - \hat{p}_2) = \sqrt{\dfrac{0.6 \times 0.4}{20} + \dfrac{0.4 \times 0.6}{25}} = 0.147$ 이므로 90% 오차한계는 $e_{90\%} = 1.645 \times \text{S.E.}(\hat{p}_1) = 0.2418$ 이다. 따라서 과제물을 제시하는 교수와 스스로 과제물을 작성하는 학생의 비율에 대한 차의 90% 신뢰구간은 $(0.20 - 0.2418, \ 0.20 + 0.2418) = (-0.0418, \ 0.4418)$ 이다.

09-81

모표준편차가 2인 정규모집단의 모평균을 추정하고자 한다. 90% 신뢰구간의 길이가 0.2를 넘지 않도록 하는 최소한의 표본의 크기를 구하라.

풀이 $\sigma = 2$, $d = 0.2$이고 $z_{0.05} = 1.645$이므로 다음을 얻는다.

$$n \ge 4\left(\frac{1.645 \times 2}{0.2}\right)^2 = 1082.41$$

따라서 구하고자 하는 표본의 크기는 $n = 1083$이다.

09-82

모표준편차가 각각 5와 3인 두 정규모집단의 모평균의 차에 대한 95% 신뢰구간의 길이가 2보다 작게 하기 위한 최소한의 표본의 크기를 구하라(단, 두 표본의 크기는 동일하다).

풀이 $\sigma_1 = 5$, $\sigma_2 = 3$이고 $z_{0.025} = 1.96$, $d = 2$이므로 다음을 얻는다.

$$n \ge \frac{4 \times 1.96^2 \left(5^2 + 3^2\right)}{2^2} = 130.614$$

따라서 구하고자 하는 표본의 크기는 $n = m = 131$이다.

09-83

2002년도 대학문화신문이 발표한 자료에 따르면, 서울지역 대학생의 78%가 '강의 도중 휴대 전화를 사용한 경험이 있다.'라고 답하였다. 오차한계 2.5%에서 대학생의 휴대 전화 사용 경험 비율에 대한 95% 신뢰구간을 구하기 위한 최소한의 표본의 크기를 구하라.

풀이 $z_{0.025} = 1.96$이고, $d = 2 \times 0.025 = 0.05$이고 사전정보가 $p^* = 0.78$, $q^* = 0.22$이므로 다음을 얻는다.

$$n \ge \frac{4 \times 1.96^2 \times 0.78 \times 0.22}{0.05^2} \approx 1054.75$$

따라서 $n = 1,055$이다.

09-84

한강의 물속에 포함된 염분의 평균 농도를 구하고자 한다. 95% 신뢰구간의 길이가 0.4를 넘지 않도록 하기 위한 최소한의 표본의 크기를 구하라(단, 염분의 농도에 대한 표준편차는 3인 것으로 알려져 있다고 한다).

풀이 $z_{0.025} = 1.96$이고 $\sigma = 3$ 그리고 $d = 0.4$이므로 $n \geq 4 \times \left(\dfrac{1.96 \times 3}{0.4} \right)^2 \approx 864.36$. 그러므로 $n = 865$이다.

09-85

모 일간지의 선호도에 대한 95% 신뢰구간의 길이를 8% 이내로 구하기 위하여 표본조사를 하고자 한다. 다음과 같은 상황에서 조건을 만족시키는 최소한의 표본의 크기를 구하라.
(1) 5년 전에 조사한 바에 따르면, 이 일간지에 대한 선호도는 29.7%이다.
(2) 표본조사를 처음으로 실시하여 아무런 정보가 없다.

풀이 (1) 예전에 조사한 결과 선호도가 $p^* = 0.297$이므로

$$n \geq 4 \times 1.96^2 \times \frac{0.297 \times 0.703}{0.08^2} \approx 501.307$$

이고, 따라서 $n = 502$명을 조사해야 한다.

(2) 사전정보가 전혀 없으므로 $n \geq \dfrac{1.96^2}{0.08^2} = 600.25$이고, 따라서 $n = 601$이다.

09-86

2L들이 우유병에 함유된 우유의 평균 양을 조사하기 위하여 30개를 추출하여 99% 신뢰구간을 구한 결과 $(1.997, 2.096)$을 얻었다. 오차범위 ± 0.02에서 99% 신뢰구간을 구하기 위하여 얼마나 많은 표본을 추가해야 하는가?

풀이 오차범위 ± 0.02이므로 신뢰구간의 길이는 $d = 0.04$보다 작은 99% 신뢰구간을 구하기 위한 표본의 크기를 구한다. 이때 사전 조사에 의한 신뢰구간의 길이가 $\ell = 2.096 - 1.997 = 0.099$이므로 사전 조사에 의한 표본표준편차는

$$2\, t_{0.005}(29) \frac{s}{\sqrt{30}} = 2 \times 2.756 \times \frac{s}{\sqrt{30}} = 0.099; \; s = 0.098$$이다. 그러므로 표본의 크

기는 $n \geq 4 \left(\dfrac{t_{0.005}(29)s}{0.04^2} \right)^2 = 182.37$ 즉, 183개의 표본을 구해야 한다. 한편 이미 30개를 조사하였으므로 크기 153인 표본을 조사하면 된다.

09-87

두 종류의 동선의 평균 저항 사이의 차에 대한 $\pm 0.01\,\Omega$ 오차범위에서 99% 신뢰구간을 얻고자 한다. 이때 두 동선의 저항에 대한 표준편차가 각각 $0.052\,\Omega$ 과 $0.048\,\Omega$ 을 넘지 않는다고 확신한다면 얼마나 많은 표본을 조사해야 하는가? 단, 두 모집단은 정규분포를 따르고, 두 표본의 크기는 동일하다.

풀이 $\sigma_1^2 = 0.0027$, $\sigma_2^2 = 0.0023$ 이고 오차범위가 ± 0.01 이므로 $d = 0.02$, 그리고 $z_{0.005} = 2.575$ 이므로 $\quad m = n \geq 4 \times \dfrac{z_{0.005}(\sigma_1^2 + \sigma_2^2)}{d^2} = 4 \times \dfrac{2.575 \times (0.0027 + 0.0023)}{0.02^2} = 128.75$ 이다. 따라서 표본크기는 $n = m = 129$ 이다.

09-88

A 철강회사에서 제조한 강판의 평균 두께를 표본 조사하고자 한다. 오차범위 $\pm 0.01\,\mathrm{mm}$ 에 90% 신뢰수준으로 표본 조사하기 위한 표본의 크기를 구하라. 단, 이전의 자료에 의하면 강판 두께의 표준편차는 $0.04\,\mathrm{mm}$ 를 넘지 않는다고 한다.

풀이 90% 신뢰수준 $t_{0.05}(n-1) \leq 1.7$ 이고 $s \leq 0.04$ 그리고 $d = 0.02$ 이므로

$$4 \times \left(\frac{t_{0.05}(n-1) \times s}{d} \right)^2 \leq 4 \times \left(\frac{1.7 \times 0.04}{0.02} \right)^2 = 46.24 \leq n \text{ 이고, 따라서 } n = 47 \text{이다.}$$

09-89

어느 광고회사에서 새로 나온 신제품에 대한 불량률을 조사하고자 한다. 신제품에 대한 불량률의 95% 신뢰구간의 길이가 5% 이내이기 위해 필요한 표본의 크기를 구하라.

풀이 신제품이기 때문에 불량률에 대한 사전 정보가 전혀 없으므로

$$n \geq \left(\frac{z_{0.025}}{d} \right)^2 = \left(\frac{1.96}{0.05} \right)^2 = 1536.64$$

이고, 따라서 $n = 1{,}537$ 이다.

09-90

제주도에서 여름휴가를 보내기 위해 무작위로 동일한 규모의 펜션 사용료를 조사한 결과 다음과 같았다. 물음에 답하라(단, 펜션 사용료는 정규분포를 따르고, 단위는 만 원이다).

12.5	11.5	6.0	5.5	15.5	11.5	10.5
17.5	10.0	9.5	13.5	8.5	11.5	15.5

(1) 모분산 σ^2에 대한 95% 신뢰구간을 구하라.
(2) 모표준편차 σ에 대한 95% 신뢰구간을 구하라.

풀이 (1) 표본평균과 표본분산은 각각 다음과 같다.

$$\bar{x} = \frac{12.5 + 11.5 + \cdots + 15.5}{14} = 11.357$$

$$s^2 = \frac{1}{13}\sum_{i=1}^{14}(x_i - 11.357)^2 = \frac{155.214}{13} = 11.94$$

그리고 표본의 크기가 14이므로 자유도 13인 χ^2-분포에서 $\chi^2_{0.025} = 24.74$, $\chi^2_{0.975} = 5.01$이므로 모분산 σ^2에 대한 95% 신뢰구간의 하한과 상한은 각각 다음과 같다.

$$\chi^2_L = \frac{(n-1)s^2}{\chi^2_{0.025}} = \frac{13 \times 11.94}{24.74} \approx 6.274$$

$$\chi^2_R = \frac{(n-1)s^2}{\chi^2_{0.975}} = \frac{13 \times 11.94}{5.01} \approx 30.982$$

따라서 구하고자 하는 신뢰구간은 $(6.274,\ 30.982)$이다.

(2) $\sqrt{6.274} \approx 2.505$, $\sqrt{30.982} \approx 5.566$이므로 모표준편차 σ에 대한 95% 신뢰구간은 $(2.505,\ 5.566)$이다.

09-91

정규모집단에서 크기 12인 표본을 임의로 선정하여 평균 13.1과 표준편차 2.7을 얻었다. σ^2에 대한 95% 신뢰구간을 구하라.

풀이 표본의 크기가 12이므로 자유도 11인 χ^2-분포에서 $\chi^2_{0.025,\,11} = 21.92$, $\chi^2_{0.975,\,11} = 3.82$이므로 모분산 σ^2에 대한 95% 신뢰구간의 하한과 상한은 각각 다음

과 같다.

$$\chi_L^2 = \frac{(n-1)s^2}{\chi_{0.025,11}^2} = \frac{11 \times 2.7^2}{21.92} \approx 3.658, \quad \chi_R^2 = \frac{(n-1)s^2}{\chi_{0.975,11}^2} = \frac{11 \times 2.7^2}{3.82} \approx 20.992$$

따라서 구하고자 하는 신뢰구간은 $(3.658, \ 20.992)$이다.

09-92

어느 생수회사에서 생산되는 25개의 생수병의 무게를 조사한 결과 표준편차 $1.6\,\mathrm{g}$을 얻었다. 생수병의 무게에 대한 모분산에 대한 95% 신뢰구간을 구하라.

풀이 $s^2 = 2.56$이고 $\chi_{0.975}^2(24) = 12.40, \quad \chi_{0.025}^2(24) = 39.36$이므로 σ^2에 대한 95% 신뢰구간의 하한과 상한은 각각

$$\chi_L^2 = \frac{24\,s^2}{\chi_{0.025}^2(24)} = \frac{24 \times 2.56}{39.36} = 1.561 \ , \quad \chi_R^2 = \frac{24\,s^2}{\chi_{0.975}^2(24)} = \frac{24 \times 2.56}{12.40} = 4.955$$

이므로 95% 신뢰구간은 $(1.561, \ 4.955)$이다.

09-93

1991년부터 2000년까지 10년간 국민 1인당 쌀 소비량을 조사한 결과 다음 자료를 얻었다. 이 자료를 이용하여 지난 10년간 국민 1인당 쌀 소비량의 모분산과 모표준편차에 대한 90% 신뢰구간을 구하라.

년 도	1991	1992	1993	1994	1995	1996	1997	1998	1999	2000
소비량	116.3	112.9	110.2	108.3	106.5	104.9	102.4	99.2	96.9	93.4

풀이 표본의 크기가 10이므로 $\frac{9S^2}{\sigma^2}$은 자유도 9인 χ^2-분포를 따른다. 한편 표본평균과 표본분산을 구하면 각각 $\overline{x} = \frac{1}{10} \sum_{i=1}^{10} x_i = \frac{1}{10}(116.3 + 112.9 + \cdots + 96.9 + 93.4)$ $= 105.1, \ s^2 = \frac{1}{9} \sum_{i=1}^{10}(x_i - 105.1)^2 = \frac{449.36}{9} = 49.929$이다. 또한 자유도 9인 χ^2-분포로부터 $\chi_{0.95}^2(9) = 3.32511, \quad \chi_{0.05}^2(9) = 16.919$이다. 따라서 σ^2에 대한 90% 신뢰구간의 하한과 상한은 각각 $\chi_L^2 = \frac{9S^2}{\chi_{0.05}^2(9)} = \frac{9 \times 49.929)}{16.919} = 26.56, \quad \chi_R^2 = \frac{9S^2}{\chi_{0.95}^2(9)} = \frac{9 \times 49.929}{3.32511} = 135.14$이고, σ^2에 대한 90% 신뢰구간은 $(26.56, \ 135.14)$

이다. 또한 σ에 대한 90% 신뢰구간의 하한과 상한은 각각 $\chi_{L} = \sqrt{26.56} = 5.154$, $\chi_{R} = \sqrt{135.14} = 11.625$이고, 따라서 σ에 대한 90% 신뢰구간은 $(5.154,\ 11.625)$이다.

09-94

다음 표본을 이용하여 모분산에 대한 95% 신뢰구간을 구하라.

3.4	3.6	4.0	0.4	2.0	3.0	3.1	4.1	1.4	2.5
1.4	2.0	3.1	1.8	1.6	3.5	2.5	1.7	5.1	0.7

풀이 표본의 크기가 20이므로 $\dfrac{19S^2}{\sigma^2}$은 자유도 19인 χ^2-분포를 따른다. 한편 표본평균과 표본분산을 구하면 각각 $\bar{x} = \dfrac{1}{20}\sum_{i=1}^{20} x_i = 2.545$, $s^2 = \dfrac{1}{19}\sum_{i=1}^{20}(x_i - 2.545)^2 = 1.4752$이다. 또한 자유도 19인 χ^2-분포로부터 $\chi^2_{0.975}(19) = 8.91$, $\chi^2_{0.025}(19) = 32.85$이다. 따라서 σ^2에 대한 95% 신뢰구간의 하한과 상한은 각각

$$\chi^2_L = \frac{19S^2}{\chi^2_{0.025}(19)} = \frac{19 \times 1.4752}{32.85} = 0.853,$$

$$\chi^2_R = \frac{19S^2}{\chi^2_{0.975}(19)} = \frac{19 \times 1.4752}{8.91} = 3.146$$

이고, σ^2에 대한 95% 신뢰구간은 $(0.853,\ 3.146)$이다.

09-95

다음은 어떤 제조회사에서 생산되는 음료수를 분석한 당분함량의 자료이다. 이 자료로부터 이 회사에서 생산되는 음료수의 당분함량에 대한 분산과 표준편차에 대한 95% 신뢰구간을 구하라.

15.1	13.4	16.5	14.6	14.4	14.0	15.4	13.8	14.6	14.3

풀이 표본의 크기가 10이므로 $\dfrac{9S^2}{\sigma^2}$은 자유도 9인 χ^2-분포를 따른다. 한편 표본평균과 표

본분산을 구하면 각각 $\overline{x} = 14.61$, $s^2 = \dfrac{1}{9}\sum_{i=1}^{10}(x_i - 14.61)^2 = \dfrac{7.069}{9} = 0.7854$이다.

또한 자유도 9인 χ^2-분포로부터 $\chi^2_{0.975}(9) = 2.70$, $\chi^2_{0.025}(9) = 19.02$이다. 따라서 σ^2에 대한 95% 신뢰구간의 하한과 상한은 각각

$$\chi^2_L = \frac{9\,s^2}{\chi^2_{0.025}(9)} = \frac{9 \times 0.7854}{19.02} = 0.570,$$

$$\chi^2_R = \frac{9\,s^2}{\chi^2_{0.975}(9)} = \frac{9 \times 0.7854}{2.70} = 2.618$$

이고, σ^2에 대한 95% 신뢰구간은 $(0.570,\ 2.618)$이다. 또한 σ에 대한 95% 신뢰구간의 하한과 상한은 각각 $\chi_L = \sqrt{0.570} = 0.755$, $\chi_{\text{A}} = \sqrt{135.14} = 1.618$이고, 따라서 σ에 대한 95% 신뢰구간은 $(0.755,\ 1.618)$이다.

09-96

크기 31인 표본을 관찰한 결과 표본평균 $\overline{x} = 53.42$, 표본표준편차 $s = 3.05$를 얻었다.

(1) 모평균에 대한 95% 신뢰구간을 구하라.

(2) 모평균에 대한 95% 신뢰구간의 길이를 2.0보다 작게 하려면 얼마나 많은 관찰값을 얻어야 하는가?

풀이 (1) $t_{0.025}(30) = 2.042$, $\dfrac{s}{\sqrt{n}} = \dfrac{3.05}{\sqrt{31}} = 0.5478$이므로 모평균에 대한 95% 신뢰구간은 다음과 같다.

$$\left(\overline{x} - t_{0.025}(30)\frac{s}{\sqrt{n}},\ \overline{x} + t_{0.025}(30)\frac{s}{\sqrt{n}} \right)$$

$$= (53.42 - 2.042 \times 0.5478,\ 53.42 + 2.042 \times 0.5478)$$

$$= (52.30,\ 54.54)$$

(2) $d = 2.0$이므로 $\quad 4 \times \left(\dfrac{t_{0.025}(30) \times s}{d} \right)^2 = 4 \times \left(\dfrac{2.042 \times 3.05}{2} \right)^2 = 38.79 \leq n$이다.

따라서 $n = 39$이고, 31개를 관찰하였으므로 8개를 더 관찰하면 된다.

09-97

한 포대에 $1\,\mathrm{kg}$인 설탕 16포대를 조사한 결과, 평균 $1.053\,\mathrm{kg}$이고 표준편차가 $0.058\,\mathrm{kg}$이라는 사실을 얻었다.

(1) 모평균에 대한 99% 신뢰구간을 구하라.

(2) 모표준편차 σ에 대한 99% 신뢰구간을 구하라.

(3) 모평균에 대한 99% 신뢰구간의 길이를 0.05 이하로 하려면 얼마나 더 많은 설탕 포대를 조사해야 하는가?

풀이 (1) $t_{0.005}(15) = 2.947$, $\dfrac{s}{\sqrt{n}} = \dfrac{0.058}{\sqrt{16}} = 0.0145$이므로 모평균에 대한 99% 신뢰구간은 다음과 같다.

$$\left(\overline{x} - t_{0.005}(15)\frac{s}{\sqrt{n}},\ \overline{x} + t_{0.005}(15)\frac{s}{\sqrt{n}}\right)$$

$$= (1.053 - 2.947 \times 0.0145,\ 1.053 + 2.947 \times 0.0145)$$

$$= (1.010,\ 1.096)$$

(2) 표본분산은 $s^2 = 0.00336$이고, $n = 16$이므로 $\chi^2_{0.005}(15) = 32.80$, $\chi^2_{0.995}(15) = 4.60$이다. 그러므로 모분산 σ^2에 대한 99% 신뢰구간은 다음과 같다.

$$\left(\frac{15 \times s^2}{\chi^2_{0.005}(15)},\ \frac{15 \times s^2}{\chi^2_{0.995}(15)}\right) = \left(\frac{15 \times 0.00336}{32.8},\ \frac{15 \times 0.00336}{4.6}\right)$$

$$= (0.0015,\ 0.0110)$$

(3) $d = 0.05$이므로 $4 \times \left(\dfrac{t_{0.005}(15) \times s}{L_0}\right)^2 = 4 \times \left(\dfrac{2.947 \times 0.058}{0.05}\right)^2 = 46.75 \leq n$이다. 그러므로 $n = 47$이고, 31개를 관찰하였으므로 16개를 더 관찰하면 된다.

09-98

서로 독립인 두 정규모집단에서 각각 표본을 선정하여 다음 결과를 얻었다. 모분산의 비 $\dfrac{\sigma_1^2}{\sigma_2^2}$에 대한 95% 신뢰구간을 구하라.

	크기	표본평균	표본표준편차
표본 1	7	$\overline{x} = 161$	$s_1 = 7.4$
표본 2	6	$\overline{y} = 169$	$s_2 = 9.1$

풀이 표본의 크기가 각각 7과 6이므로 분자와 분모의 자유도는 6과 5이고, 따라서 F-분포에서 임곗값을 구하면, 각각 $f_{0.025,\,6,\,5} = 6.98$, $f_{0.975,\,6,\,5} = \dfrac{1}{f_{0.025,\,5,\,6}} = \dfrac{1}{5.99}$ ≈ 0.1669이다. 그러므로 95% 신뢰구간의 하한과 상한은 각각 다음과 같다.

$$f_L = \frac{s_1^2/s_2^2}{f_{0.025}} = \frac{7.4^2}{9.1^2}\frac{1}{6.98} \approx 0.0947$$

$$f_U = \frac{s_1^2/s_2^2}{f_{0.975}} = \frac{7.4^2}{9.1^2}\frac{1}{0.1669} \approx 3.9621$$

그러므로 $\dfrac{\sigma_1^2}{\sigma_2^2}$에 대한 95% 신뢰구간은 $(0.0947,\ 3.9621)$이다.

09-99

12세 이하의 어린이가 일주일 동안 TV를 시청하는 시간을 조사하여 다음을 얻었다. 이것을 근거로 남자 어린이와 여자 어린이의 시청시간의 모분산의 비에 대한 95% 신뢰구간을 구하라(단, 단위는 시간이다).

	표본표준편차	표본의 크기
남자	2.1	8
여자	2.7	10

풀이 남자와 여자의 표본분산을 각각 s_1^2과 s_2^2이라 하면, 표본의 크기가 각각 8과 10이고 $\alpha = 0.05$이므로 분자와 분모의 자유도가 7과 9인 F-분포에서 $f_{0.025,\,7,\,9} = 4.2$, $f_{0.975,\,7,\,9} = \dfrac{1}{f_{0.025,\,9,\,7}} = \dfrac{1}{4.82} \approx 0.2075$이다. 이때 $\dfrac{s_1^2}{s_2^2} = \dfrac{2.1^2}{2.7^2} \approx 0.605$이므로 95% 신뢰구간의 하한과 상한은 각각 다음과 같다.

$$f_L = \frac{s_1^2/s_2^2}{f_{0.025,7,9}} = \frac{0.605}{4.2} \approx 0.144, \qquad f_U = \frac{s_1^2/s_2^2}{f_{0.975,7,9}} = \frac{0.605}{0.2075} \approx 2.9157$$

따라서 모분산의 비에 대한 95% 신뢰구간은 $(0.144,\ 2.9157)$이다.

09-100

다음 표본조사 결과를 이용하여 두 정규모집단의 모분산의 비에 대한 90% 신뢰구간을 구하라.

	표본평균	표본표준편차	표본의 크기
표본 A	201	6.2	6
표본 B	199	5.4	9

풀이 남자와 여자의 표본분산을 각각 s_1^2과 s_2^2이라 하면, 표본의 크기가 각각 6과 9이고 $\alpha = 0.1$이므로 분자와 분모의 자유도가 5와 8인 F-분포에서 $f_{0.05,\,5,\,8} = 3.69$, $f_{0.95,\,5,\,8} = \dfrac{1}{f_{0.05,\,8,\,5}} = \dfrac{1}{4.82} \approx 0.2075$이다. 이때 $\dfrac{s_1^2}{s_2^2} = \dfrac{6.2^2}{5.4^2} \approx 1.318$이므로 90% 신뢰구간의 하한과 상한은 각각 다음과 같다.

$$f_L = \frac{s_1^2/s_2^2}{f_{0.05,5,8}} = \frac{1.318}{3.69} \approx 0.357, \qquad f_U = \frac{s_1^2/s_2^2}{f_{0.95,5,8}} = \frac{1.318}{0.2075} \approx 6.352$$

따라서 모분산의 비에 대한 90% 신뢰구간은 $(0.357,\ 6.352)$이다.

09-101

회사의 생산기사들은 생산공정라인의 수정된 구조가 (1시간당 생산된 부품의 수로 측정되는) 평균 근로자 생산성을 향상시킬 것이라 믿는다. 그러나 기사들은 수정된 구조를 회사의 전 생산공정라인에 공식적으로 설치하기 전에 수정된 생산라인의 생산성 효과를 알아보고자 한다. 다음 자료는 무작위로 선택된 12명의 근로자들에 의해 생산라인이 수정된 후와 전의 생산성을 나타낸 것이다.

근로자	1	2	3	4	5	6	7	8	9	10	11	12
후	49	46	48	50	46	50	45	46	47	51	51	49
전	49	45	43	44	48	42	46	46	49	42	46	44

수정된 생산공정라인의 설치 후와 전의 모평균의 차에 대한 95% 신뢰구간을 구하고, 수정된 생산공정라인이 평균 근로자 생산성을 증가시키는지 설명하라(단, 관찰값의 차의 모집단은 정규분포를 따른다).

풀이 생산공정라인의 수정 여부에 따라 근로자들의 생산성이 달라질 수 있으므로 두 표본은 종속적이다. 따라서 두 표본에 대한 쌍체 비교를 한다. 관찰값의 차를 구해보면 다음 표와 같다.

근로자	1	2	3	4	5	6	7	8	9	10	11	12
후	49	46	48	50	46	50	45	46	47	51	51	49
전	49	45	43	44	48	42	46	46	49	42	46	44
d	0	1	5	6	-2	8	-1	0	-2	9	5	5

관찰값의 차의 점추정치는 $\bar{d} = \dfrac{\sum d_i}{n} = \dfrac{34}{12} = 2.83$ 이고, 표본표준편차는

$s_d = \sqrt{\dfrac{n(\sum d_i)^2 - (\sum d_i)^2}{n(n-1)}} = \sqrt{15.42} = 3.927$ 이다. 이 쌍체 표본의 모집단이 정규

분포를 따르고 표본크기가 $n = 12 < 30$ 이므로 $\overline{D}$ 의 분포는 자유도가 11인 t-분포이다. 따라서 모평균의 차에 대한 95% 신뢰구간은 다음과 같다.

$$\left(\bar{d} - t_{0.025, 11} \frac{s_d}{\sqrt{n}}, \ \bar{d} + t_{0.025, 11} \frac{s_d}{\sqrt{n}} \right)$$

$$= \left(2.83 - 2.201 \times \frac{3.927}{\sqrt{12}}, \ 2.83 + 2.201 \times \frac{3.927}{\sqrt{12}} \right)$$

$$= (2.83 - 2.495, \ 2.83 + 2.495)$$

$$= (0.3348, \ 5.325)$$

이 신뢰구간이 0을 포함하지 않으므로, 수정된 생산공정라인은 평균 근로자 생산성을 향상시킬 것이다.

가설검정

10-01

다음 주장에 대한 귀무가설과 대립가설을 수학적 기호로 표현하라.

(1) 보건복지부에서 청소년의 흡연율이 17.8% 라고 주장한다.

(2) 자동차 배터리 회사는 우리 회사에서 제조된 배터리의 평균수명은 4.5 년이라고 광고한다.

풀이 (1) 흡연율을 p 라 하면 $p = 0.178$ 이다. 이것은 보건복지부에서 주장하는 것으로 등호 ($=$)를 포함하므로 귀무가설이고, 이에 반대되는 주장인 대립가설은 $p \neq 0.178$ 이다. 그러므로 수학적 기호로 나타내면 다음과 같다.

$$H_0 : p = 0.178, \quad H_a : p \neq 0.178$$

(2) 배터리의 평균수명을 μ 라 하면, 회사의 주장은 $\mu = 4.5$ 이고 등호($=$)를 포함하므로 귀무가설이다. 그리고 이에 반대되는 주장은 $\mu \neq 4.5$ 이다. 그러므로 수학적 기호로 나타내면 다음과 같다.

$$H_0 : \mu = 4.5, \quad H_a : \mu \neq 4.5$$

10-02

안과협회에서는 환한 곳에서 어두운 방에 들어갈 때 우리의 눈이 어두운 곳에 적응하는데 걸리는 시간은 평균 7.88 초라고 주장한다. 이 주장을 검정하기 위해 임의로 50명을 추출하여 실험한 결과, 적응 시간이 평균 7.83 초였다. 이때 적응 시간은 표준편차 0.15 초인 정규분포를 따른다고 할 때, 물음에 답하라.

(1) 귀무가설과 대립가설을 설정하라.

(2) 유의수준 5%에서 기각역을 구하라.

(3) 검정통계량의 관찰값을 구하라.

(4) p-값을 구하라.

(5) 검정통계량의 관찰값 또는 p-값을 이용하여 유의수준 5%에서 귀무가설을 검정하라.

풀이 (1) 귀무가설은 $H_0 : \mu = 7.88$이고 대립가설은 $H_a : \mu \neq 7.88$이다.

(2) 유의수준 $\alpha = 0.05$에 대한 양측검정 기각역은 $R : |Z| > z_{0.025} = 1.96$이다.

(3) 모표준편차가 $\sigma = 0.15$이므로 검정통계량은 $Z = \dfrac{\overline{X} - 7.88}{0.15/\sqrt{50}}$이고 $\overline{x} = 7.83$이므로 검정통계량의 관찰값은 $z_0 = \dfrac{7.83 - 7.88}{0.15/\sqrt{50}} \approx -2.36$이다.

(4) 검정통계량의 관찰값의 절댓값이 $|z_0| = 2.36$이므로 p-값은 다음과 같다.

$$p\text{-값} = P(Z < -2.36) + P(Z > 2.36) = 2P(Z > 2.36)$$

$$= 2\{1 - P(Z \leq 2.36)\} = 2(1 - 0.9909) = 0.0182$$

(5) 검정통계량의 관찰값 $z_0 = -2.36$이 기각역 $Z < -1.96$, $Z > 1.96$ 안에 놓이므로 귀무가설 $H_0 : \mu = 7.88$을 유의수준 5%에서 기각한다. 또한 p-값$= 0.0182 < \alpha = 0.05$이므로 귀무가설 $H_0 : \mu = 7.88$을 유의수준 5%에서 기각한다.

10-03

성인이 전자책에 있는 텍스트 한쪽을 읽는 데 평균 48초 이상 걸린다고 한다. 이것을 검정하기 위해 12명을 임의로 선정하여 시간을 측정하여 다음을 얻었다. 이때 텍스트 한쪽을 읽는 데 걸리는 시간은 표준편차가 8초인 정규분포를 따른다고 할 때, 물음에 답하라.

[43.2 41.5 48.3 37.7 46.8 42.6 46.7 51.4 47.3 40.1 46.2 44.7]

(1) 귀무가설과 대립가설을 설정하라.

(2) 유의수준 5%에서 기각역을 구하라.

(3) 검정통계량의 관찰값을 구하라.

(4) p-값을 구하라.

(5) 검정통계량의 관찰값 또는 p-값을 이용하여 유의수준 5%에서 귀무가설을 검정하라.

풀이 (1) 귀무가설은 $H_0 : \mu \geq 48$이고 대립가설은 $H_a : \mu < 48$이다.

(2) 유의수준 $\alpha = 0.05$에 대한 왼쪽(하단측) 검정 기각역은 $R : Z < -1.645$이다.

(3) 모표준편차가 $\sigma = 8$이므로 검정통계량은 $Z = \dfrac{\overline{X} - 48}{8/\sqrt{12}}$ 이고, 12명에 대한 표본평균을 계산하면 $\overline{x} = 44.71$이므로 검정통계량의 관찰값은 $z_0 = \dfrac{44.71 - 48}{8/\sqrt{12}} \approx -1.42$이다.

(4) 검정통계량의 관찰값이 $z_0 = -1.42$이므로 p-값은 다음과 같다.

$$p\text{-값} = P(Z < -1.42) = 1 - P(Z < 1.42) = 1 - 0.9222 = 0.0778$$

(5) 검정통계량의 관찰값 $z_0 = -1.42$가 기각역 $Z < -1.645$ 안에 놓이지 않으므로 귀무가설 $H_0 : \mu \geq 48$을 유의수준 5%에서 기각할 수 없다. 또한 p-값 $= 0.0778$ $> \alpha = 0.05$이므로 귀무가설 $H_0 : \mu \geq 48$을 유의수준 5%에서 기각할 수 없다.

10-04

모표준편차가 5인 정규모집단에서 크기 36인 표본을 추출했더니 표본평균이 48.5였다. 유의수준 5%에서 두 가설 $H_0 : \mu = 50$과 $H_a : \mu \neq 50$을 검정하려고 한다.

(1) 기각역을 구하라.
(2) 검정통계량의 관찰값을 구하라.
(3) p-값을 구하라.
(4) 검정통계량의 관찰값을 이용하여 귀무가설의 진위를 결정하라.
(5) p-값을 이용하여 귀무가설의 진위를 결정하라.

풀이 (1) $\alpha = 0.05$에 대한 양측검정의 기각역은 $R : |Z| > z_{0.025} = 1.96$ 즉, $Z < -1.96$, $Z > 1.96$이다.

(2) 모표준편차가 $\sigma = 5$이므로 검정통계량은 $Z = \dfrac{\overline{X} - 50}{5/\sqrt{36}}$ 이고 $\overline{x} = 48.5$이므로 검정통계량의 관찰값은 $z_0 = \dfrac{48.5 - 50}{5/\sqrt{36}} = -1.8$이다.

(3) p-값 $= P(Z < -1.8) + P(Z > 1.8) = 2P(Z > 1.8)$
$$= 2\{1 - P(Z \leq 1.8)\} = 2(1 - 0.9641) = 0.0718$$

(4) 검정통계량의 관찰값 $z_0 = -1.8$은 기각역 $Z < -1.96$, $Z > 1.96$ 안에 놓이지 않으므로 유의수준 5%에서 귀무가설 $H_0 : \mu = 50$을 기각할 수 없다. 즉, 모평균이 $\mu = 50$이라는 주장은 타당성이 있다.

(5) p-값 $= 0.0718 > \alpha = 0.05$이므로 귀무가설 $H_0 : \mu = 50$을 유의수준 5%에서 기각할 수 없다.

10-05

모표준편차가 0.35인 정규모집단에서 크기 45인 표본을 추출했더니 표본평균이 3.2이었다. 유의수준 5%에서 두 가설 $H_0 : \mu = 3.09$와 $H_a : \mu \neq 3.09$를 검정하려고 한다. 물음에 답하라.

(1) 기각역을 구하라.

(2) 검정통계량의 관찰값을 구하라.

(3) p-값을 구하라.

(4) 검정통계량의 관찰값을 이용하여 귀무가설의 진위를 결정하라.

(5) p-값을 이용하여 귀무가설의 진위를 결정하라.

풀이 (1) $\alpha = 0.05$에 대한 양측검정의 기각역은 $R : |Z| > z_{0.025} = 1.96$ 즉, $Z < -1.96$, $Z > 1.96$이다.

(2) 모표준편차가 $\sigma = 0.35$이므로 검정통계량은 $Z = \dfrac{\overline{X} - 3.09}{0.35/\sqrt{45}}$ 이고 $\overline{x} = 3.2$이므로 검정통계량의 관찰값은 $z_0 = \dfrac{3.2 - 3.09}{0.35/\sqrt{45}} \approx 2.11$이다.

(3) p-값 $= P(Z < -2.11) + P(Z > 2.11) = 2P(Z > 2.11)$
$= 2\{1 - P(Z < 2.11)\} = 2(1 - 0.9826) = 0.0348$

(4) 검정통계량의 관찰값 $z_0 = 2.11$은 기각역 $Z < -1.96$, $Z > 1.96$ 안에 놓이므로 귀무가설 $H_0 : \mu = 3.09$를 유의수준 5%에서 기각한다. 즉, 모평균이 $\mu = 3.09$라는 주장은 타당성이 없다.

(5) p-값 $= 0.0348 < \alpha = 0.05$이므로 귀무가설 $H_0 : \mu = 3.09$를 유의수준 5%에서 기각한다.

10-06

우리나라 직장인의 연간 평균 독서량이 15.5권 이상이라는 출판협회의 주장을 알아보기 위하여 50명의 직장인을 임의로 선정하여 독서량을 조사한 결과 연간 평균 14.2권 이었다. 그리고 과거 조사한 자료에 따르면 직장인의 연간 평균 독서량은 표준편차가 3.4권인 정규분포를 따르는 것으로 알려져 있다. 이 자료를 근거로 출판협회의 주장에 대하여 유의수준 1%에서 검정하라.

풀이 (1) 귀무가설 $H_0 : \mu \geq 15.5$와 대립가설 $H_a : \mu < 15.5$를 설정한다.

(2) 유의수준 $\alpha = 0.01$에 대한 왼쪽 검정의 기각역은 $R : Z < -z_{0.01} = -2.3264$이다.

(3) 모표준편차가 $\sigma = 3.4$이므로 검정통계량은 $Z = \dfrac{\overline{X} - 15.5}{3.4/\sqrt{50}}$이고 $\overline{x} = 14.2$이므로 검정통계량의 관찰값은 $z_0 = \dfrac{14.2 - 15.5}{3.4/\sqrt{50}} \approx 2.70$이다.

(4) 검정통계량의 관찰값 $z_0 = -2.70$이 기각역 $Z < -2.3264$ 안에 놓이므로 귀무가설 $H_0 : \mu \geq 15.5$를 유의수준 1%에서 기각한다.

10-07

2주 동안 유럽여행을 하는 데 소요되는 평균 경비는 300만 원을 초과한다고 한다. 이를 알아보기 위하여 어느 날 인천국제공항에서 유럽여행을 다녀온 사람 70명을 임의로 선정하여 조사한 결과 평균 여행 경비는 306만 원이었다. 여행 경비는 표준편차가 25.6만 원인 정규분포를 따르는 것으로 알려져 있다. 이 자료를 근거로 평균 경비가 300만 원을 초과하는지 유의수준 5%에서 검정하라.

풀이 ① 귀무가설 $H_0 : \mu \leq 300$와 대립가설 $H_a : \mu > 300$(주장)를 설정한다.

② 유의수준 $\alpha = 0.05$에 대한 오른쪽(상단측) 검정의 기각역은 $R : Z > z_{0.05} = 1.645$이다.

③ 표본표준편차가 $\sigma = 25.6$, $n = 70$이므로 검정통계량은 $Z = \dfrac{\overline{X} - 300}{24.6/\sqrt{70}}$이고 $\overline{x} = 306$이므로 검정통계량의 관찰값은 $z_0 = \dfrac{306 - 300}{25.6/\sqrt{70}} \approx 1.96$이다.

④ 검정통계량의 관찰값이 기각역 안에 들어가므로 귀무가설을 기각한다. 즉, 유럽여행을 하는데 소요되는 평균 경비는 300만 원을 초과한다는 결론은 타당하다.

10-08

환경부는 휴대 전화 케이스 코팅 중소기업들이 집중된 어느 지역에서 오염물질인 총탄화수소의 대기 배출 농도가 평균 $902 \, \text{ppm}$이라고 하였다. 이를 알아보기 위하여 이 지역의 중소기업 50곳의 총탄화수소 대기 배출 농도를 조사한 결과, 평균 농도가 $895 \, \text{ppm}$이고 표준편차가 $25.1 \, \text{ppm}$이었다. 이 자료를 근거로 환경부의 주장에 대하여 유의수준 5%에서 검정하라.

풀이 ① 귀무가설 $H_0 : \mu = 902$와 대립가설 $H_a : \mu \neq 902$를 설정한다.

② 유의수준 $\alpha = 0.05$에 대한 양측검정의 기각역은 $R : |Z| > z_{0.025} = 1.96$ 즉, $Z < -1.96$, $Z > 1.96$이다.

③ 표본표준편차가 $s = 25.1$, $n = 50$이므로 검정통계량은 $Z = \dfrac{\overline{X} - 902}{25.1/\sqrt{50}}$ 이고 $\overline{x} = 895$이므로 검정통계량의 관찰값은 $z_0 = \dfrac{895 - 902}{25.1/\sqrt{50}} \approx -1.972$이다.

④ 검정통계량의 관찰값이 기각역 안에 들어가므로 이 지역의 대기 배출 농도가 평균 902 ppm 이라는 결론은 불충분하다.

10-09

어느 지역에서 일하는 건설노동자의 하루 평균임금이 14.5만 원 인지 알아보기 위하여 이 지역의 건설노동자 350명을 상대로 조사한 결과, 평균임금이 14.2만 원, 표준편차가 3.5만 원 인 것으로 조사되었다. 이 자료를 근거로 평균임금이 14.5만 원 인지 유의수준 10%에서 검정하라.

풀이 ① 귀무가설 $H_0 : \mu = 14.5$와 대립가설 $H_a : \mu \neq 14.5$를 설정한다.

② 유의수준 $\alpha = 0.1$에 대한 양측검정의 기각역은 $R : |Z| > z_{0.05} = 1.645$ 즉, $Z < -1.645$, $Z > 1.645$이다.

③ 표본표준편차가 $s = 3.5$, $n = 350$이므로 검정통계량은 $Z = \dfrac{\overline{X} - 14.5}{3.5/\sqrt{350}}$ 이고 $\overline{x} = 14.2$이므로 검정통계량의 관찰값은 $z_0 = \dfrac{14.2 - 14.5}{3.5/\sqrt{350}} \approx -1.6036$이다.

④ 검정통계량의 관찰값이 기각역 안에 놓이지 않으므로 건설노동자의 하루 평균임금 이 14.5만 원 이라는 결론은 충분하다.

10-10

모표준편차가 $\sigma = 1.75$인 정규모집단에서 모평균이 $\mu \leq 10$이라고 한다. 이 모집단에서 15개의 자료를 임의로 추출하여 조사한 결과 표본평균이 $\overline{x} = 10.8$이었을 때, 물음에 답하라.

(1) 모평균에 대한 주장이 타당한지 유의수준 5%에서 검정하라.

(2) p-값을 구하고 유의수준 1%에서 검정하라.

풀이 (1) ① 귀무가설 $H_0 : \mu \leq 10$에 대하여 대립가설 $H_a : \mu > 10$을 설정한다.

② 유의수준 $\alpha = 0.05$에 대한 오른쪽 검정 기각역은 $R : Z > 1.645$이다.

③ 모표준편차가 $\sigma = 1.75$이므로 검정통계량은 $Z = \dfrac{\overline{X} - 10}{1.75/\sqrt{15}}$ 이고 $\overline{x} = 10.8$ 이므로 검정통계량의 관찰값은 $z_0 = \dfrac{10.8 - 10}{1.75/\sqrt{15}} \approx 1.77$이다.

④ 검정통계량의 관찰값 $z_0 = 1.77$은 기각역 안에 놓이므로 $H_0 : \mu \leq 10$을 기각
한다.

(2) $z_0 = 1.77$이므로 p-값은 다음과 같다.

$$p\text{-값} = P(Z > 1.77) = 1 - P(Z \leq 1.77) = 1 - 0.9616 = 0.0384$$

그러므로 p-값$= 0.0384 > \alpha = 0.01$다. 그러므로 유의수준 1%에서 H_0을 기각할
수 없다.

10-11

어느 음료수 제조회사에서 시판 중인 음료수의 용량이 $360\,\mathrm{mL}$라고 한다. 이 음료수 6개
를 수거하여 용량을 측정한 결과, 평균 $360.6\,\mathrm{mL}$, 표준편차 $0.74\,\mathrm{mL}$였다. 이 결과를 이
용하여 유의수준 10%에서 음료수의 용량을 검정하라(단, 음료수의 용량은 정규분포를 따
른다).

풀이 ① 귀무가설 $H_0 : \mu = 360$과 대립가설 $H_a : \mu \neq 360$을 설정한다.

② 모집단은 정규분포를 따르나, 표본 크기가 6이므로 표본집단은 자유도가 5인 t-분
포를 따른다. 유의수준 $\alpha = 0.1$에 대한 임곗값은 $t_{0.05}(5) = 2.015$이고 기각역은
$R : |T| > 2.015$이다.

③ 표본표준편차가 $s = 0.74$이므로 검정통계량은 $T = \dfrac{\overline{X} - 360}{0.74/\sqrt{6}}$이고 $\overline{x} = 360.6$이
므로 검정통계량의 관찰값은 $t_0 = \dfrac{360.6 - 360}{0.74/\sqrt{6}} \approx 1.986$이다.

④ 검정통계량의 관찰값 $t_0 = 1.986$은 기각역 안에 놓이지 않으므로 $H_0 : \mu = 360$을
기각하지 않는다. 즉, 유의수준 10%에서 음료수의 용량이 $360\,\mathrm{mL}$라는 주장은 설
득력이 있다.

10-12

전체 수험생을 대상으로 모의 수학능력시험을 치른 결과, 이번 수능시험에서 상위 50%의
성적에서 평균은 최소 210점이라고 주장하였다. 이러한 주장에 대하여 타당성이 있는지를
알아보기 위하여 20명의 수험생을 임의로 추출하여 모의 수학능력시험 점수를 조사한 결
과 평균 206.4점을 얻었다. 이 자료를 근거로 평균이 210점 이상이라는 주장에 대한 타당
성을 유의수준 $\alpha = 0.1$에서 검정하라. (단, 상위 50%의 수학능력시험 점수는 $N(\mu, 55^2)$
을 따른다고 한다.)

풀이 ① 귀무가설 H_0: $\mu \geq 210$과 대립가설 H_a: $\mu < 210$을 설정한다.

② 적당한 검정통계량을 선택한다. 모표준편차 $\sigma = 55$이므로 모평균에 대한 검정통계량과 그의 분포는 $Z = \dfrac{\overline{X} - 210}{55/\sqrt{20}} \sim N(0,1)$이다.

③ 표본에서 얻은 평균점수는 $\overline{x} = 206.4$이므로 검정통계량의 관찰값은 $z_0 = \dfrac{206.4 - 210}{55/\sqrt{20}}$ $= -0.29$이다.

④ p-값$= P(Z < -0.29) = 0.3859 \geq 0.1 = \alpha$이므로 귀무가설을 채택한다.

10-13

1996년 10월 경북지역 고3 남학생의 평균 키가 10년 전 평균 키 169.27 cm 보다 3.1 cm 더 커졌다고 보고되었다. 이러한 주장의 타당성을 살펴보기 위하여 400명의 고3 남학생을 조사한 결과 평균 키 171.7 cm 와 표준편차 4.38 cm 를 얻었다. 이 조사 자료를 근거로 보고서의 진위를 유의수준 $\alpha = 0.01$에서 보고서의 타당성을 검정하라. 단, 10년 전 고3 남학생의 키가 어떠한 분포를 이루는지 조사된 자료는 없다고 한다.

풀이 ① 귀무가설 H_0: $\mu = 172.37$과 대립가설 H_a: $\mu \neq 172.37$을 설정한다.

② 모분산을 모르는 대표본이므로 모평균에 대한 검정통계량과 그의 분포는 $Z = \dfrac{\overline{X} - 172.37}{S/\sqrt{400}} \approx N(0,1)$이다. 따라서 유의수준 $\alpha = 0.01$에 대한 양측검정 기각역은 R: $|Z| > 2.575$이다.

③ 표본평균과 표본표준편차가 $\overline{x} = 171.7$, $s = 1.07$이므로 검정통계량의 관찰값은 $z_0 = \dfrac{20 \times (171.7 - 172.37)}{4.38} = -3.06$이다.

④ 검정통계량의 관찰값 z_0이 기각역 R안에 있으므로 보고서의 주장(즉, 귀무가설)을 기각한다. 또는

⑤ p-값을 구하면, p-값$= 2P(Z < -3.06) = 0.0022$이고 유의수준 $\alpha = 0.01$보다 작으므로 귀무가설 H_0을 기각한다. 다시 말해서, 유의수준 $\alpha = 0.01$에서 경북지역 고3 남학생의 평균 키가 10년 전보다 3.1 cm 더 커졌다는 보고서의 주장은 타당성이 없다.

10-14

정규모집단 $N(\mu, 1)$에 대한 가설 H_0: $\mu = 25$, H_a: $\mu \neq 25$를 검정하기 위하여, 크기 10인 표본을 조사한 결과, $\bar{x} = 24.23$을 얻었다.

(1) 유의수준 $\alpha = 0.1$에서 귀무가설 H_0을 채택할 수 있는 Z-검정통계량의 범위를 구하라.

(2) 유의수준 $\alpha = 0.01$에서 귀무가설 H_0을 채택할 수 있는 Z-검정통계량의 범위를 구하라.

(3) 검정통계량의 관찰값을 구하라.

(4) 유의수준 $\alpha = 0.1$과 $\alpha = 0.01$에서 H_0의 기각과 채택을 결정하여라.

(5) p-값을 구하고, 각 유의수준에 대한 기각을 결정하여라.

풀이 (1) 양측검정이므로 유의수준 $\alpha = 0.1$에 대한 기각역은 R : $|Z| > 1.645$이다. 그러므로 H_0을 채택할 수 있는 채택역은 $(-1.645, 1.645)$이다.

(2) 유의수준 $\alpha = 0.01$에 대한 기각역은 R : $|Z| > 2.575$이고, 따라서 채택역은 $(-2.575, 2.575)$이다.

(3) $z_0 = \dfrac{24.23 - 25}{1/\sqrt{10}} = -2.43$

(4) 유의수준 $\alpha = 0.1$에서 기각하고, 유의수준 $\alpha = 0.01$에서 채택한다.

(5) p-값을 구하면, p-값 $= 2P(Z < -2.43) = 2(1 - 0.9925) = 0.015$이고, 따라서 유의수준 $\alpha = 0.1$인 경우에는 귀무가설 H_0을 기각한다. 그러나 유의수준 $\alpha = 0.01$인 경우에는 귀무가설 H_0을 채택한다.

10-15

환한 곳에서 어두운 방에 들어갈 때 우리의 눈이 어두운 곳에 적응하는데 걸리는 시간을 측정한 실험이 있다. 지금까지의 실험 결과는 적응하는데 걸리는 시간은 평균 7.88초, 표준편차 0.15초인 정규분포를 따른다고 한다. 이제 임의로 10명을 추출하여 새로운 방법으로 실험한 결과 적응 시간이 평균 7.8초였다. 새로운 실험 방법으로 측정한 평균 적응 시간이 기존의 방법에 의한 시간과 차이가 있는지 유의수준 $\alpha = 0.05$에서 검정하라.

풀이 ① 귀무가설 H_0: $\mu = 7.88$과 대립가설 H_a: $\mu \neq 7.88$을 설정한다.

② 유의수준 $\alpha = 0.05$에 대한 양측검정의 기각역은 R : $|Z| > 1.96$이다.

③ 모분산이 $\sigma = 0.15$이므로 모평균에 대한 검정통계량과 분포는

$Z = \dfrac{\overline{X} - 7.88}{0.15 / \sqrt{10}} \sim N(0, 1)$ 이다. 그리고 표본평균이 $\overline{x} = 7.8$ 이므로 검정통계량 의 관찰값은 $z_0 = \dfrac{7.8 - 7.88}{0.15 / \sqrt{10}} = -1.687$ 이다.

④ 검정통계량의 관찰값 z_0 이 기각역 R 안에 들어있지 않으므로 $H_0 : \mu = 7.88$ 은 타당하다.

10-16

고무 장난감을 생산하는 어느 회사가 지름 $60\,\mathrm{mm}$ 인 유아용 고무 원판을 주문받아 제작하였다. 그러나 물건을 받은 주문자는 이 업체에서 생산한 고무 원판의 지름이 $60\,\mathrm{mm}$ 에 미치지 않는다고 항의하였다. 이것을 알아보기 위하여, 50개의 고무 원판을 표본 조사했더니 다음과 같았다. 이 자료를 근거로 주문자의 주장이 맞는지 유의수준 5% 에서 검정하라(단, 단위는 mm 이다).

56.7	64.0	58.2	60.4	63.7	58.0	55.1	54.3	57.8	63.1
61.6	63.2	54.3	54.2	56.2	63.4	57.7	54.2	55.4	60.3
60.2	54.1	60.1	57.1	57.2	61.9	63.2	59.6	60.1	62.1
61.2	56.0	55.9	54.8	58.1	61.5	61.7	61.2	55.8	59.0
62.9	63.9	59.3	60.9	59.0	58.7	61.4	61.8	54.9	57.7

풀이 ① 귀무가설 $H_0 : \mu \geq 60$ 과 대립가설 $H_a : \mu < 60$ (주문자의 주장)을 설정한다.

② 유의수준 $\alpha = 0.05$ 에 대한 왼쪽 검정이므로 기각역은 $R : Z < -z_{0.05} = -1.645$ 이다.

③ 표본조사한 자료로부터 평균과 표준편차 $\overline{x} = 59.062$, $s = 3.077$ 를 구한다.

④ 검정통계량은 $Z = \dfrac{\overline{X} - 60}{3.077 / \sqrt{50}}$ 이다.

⑤ 검정통계량의 관찰값 $z_0 = \dfrac{59.062 - 60}{3.077 / \sqrt{50}} \approx -2.16$ 이고, 따라서 검정통계량의 관찰값이 기각역 안에 들어간다. 그러므로 주문자의 주장은 설득력이 있다.

10-17

우리나라 사람의 커피 소비량은 1인당 연평균 484잔을 초과한다고 한다. 이를 알아보기 위하여 200명을 임의로 선정하여 커피 소비량을 조사한 결과, 1인당 소비하는 커피는 연평균은 486잔 그리고 표준편차는 16.54잔이었다. 이 자료를 근거로 p-값을 구하여 커피 소비량이 1인당 484잔을 초과하는지 유의수준 5% 에서 검정하라.

풀이 ① 귀무가설 H_0 : $\mu \leq 484$과 대립가설 H_a : $\mu > 484$(주장)을 설정한다.

② 표본조사한 자료로부터 평균과 표준편차 $\overline{x} = 486$, $s = 16.54$를 구한다.

③ 검정통계량은 $Z = \dfrac{X - 484}{16.54/\sqrt{200}}$ 이고, 검정통계량의 관찰값 $z_0 = \dfrac{486 - 484}{16.54/\sqrt{200}}$ ≈ 1.71 이다.

④ p-값과 유의수준은 다음과 같다.

$$p\text{-값} = P(Z > 1.71) = 1 - 0.9564 = 0.0436 < \alpha = 0.05$$

⑤ 이 자료를 이용하여 우리나라 사람의 커피 소비량은 1인당 연평균 484잔을 초과한다고 주장하는 것은 설득력이 있다.

10-18

한 청소년 실태조사 보고서에 따르면, 중소도시에 거주하는 청소년이 휴일에 봉사활동이나 동아리 활동을 하는 평균 시간은 76분이라고 한다. 이를 알아보기 위하여 전국의 중소도시에 거주하는 청소년 400명의 봉사활동 또는 동아리 활동 시간을 조사한 결과, 평균 75.4분, 표준편차 5.8분이었다. 이 자료를 근거로 봉사활동 또는 동아리 활동 시간이 평균 76분인지 유의수준 5%에서 검정하라.

풀이 ① 귀무가설 H_0 : $\mu = 76$과 대립가설 H_a : $\mu \neq 76$을 설정한다.

② 유의수준 $\alpha = 0.05$에 대한 양측검정이므로 기각역은 $R : |Z| > z_{0.025} = 1.96$이다.

③ 검정통계량은 $Z = \dfrac{X - 76}{5.8/\sqrt{400}}$ 이고, 표본평균 $\overline{x} = 75.4$이다.

④ 검정통계량의 관찰값 $z_0 = \dfrac{75.4 - 76}{5.8/\sqrt{400}} = -2.069$이고, 따라서 검정통계량의 관찰값이 기각역 안에 들어간다. 그러므로 이 보고서의 주장은 설득력이 없다.

10-19

컴퓨터 시뮬레이션을 이용하여 숫자 '0'과 '1'을 임의로 5,000개를 생성한 결과, 2,566개의 숫자 '0'이 나왔다고 한다. 이때 숫자 '0'이 나올 가능성이 0.5이라는 주장에 대하여 p-값을 구하고, 유의수준 5%와 10%에서 양측검정하라.

풀이 ① 귀무가설 H_0 : $p = 0.5$와 대립가설 H_a : $p \neq 0.5$를 설정한다.

② Z-통계량 $Z = \dfrac{X - np_0}{\sqrt{np_0(1 - p_0)}} = \dfrac{X - 2500}{35.355}$ 을 선택한다.

③ $x = 2566$이므로 Z-통계량의 관찰값은 $z_0 = \dfrac{2566 - 2500}{35.355} = 1.87$이다.

④ p-값$= 2\{1 - P(Z < 1.87)\} = 2(1 - 0.9693) = 0.0614$이고 유의수준 0.05보다 크므로 유의수준 5%에서는 귀무가설을 기각할 수 없다. 그러나 유의수준 0.1 보다 작으므로 유의수준 10%에서는 귀무가설을 기각한다. 즉, 유의수준 10%에서는 숫자 '0'이 나올 가능성이 0.5라는 주장은 타당성이 없다.

10-20

우리나라 9-11세 아동을 대상으로 흡연 경험이 있는지 조사한 한 보고서에 따르면, 경험이 있다는 응답이 8.9%이었다. 이를 알아보기 위해 전국의 9-11세 아동 3,000명을 상대로 흡연 경험의 유무를 조사한 결과, 294명이 흡연 경험이 있다고 응답하였다. 이 자료를 근거로 흡연 경험이 있는 아동의 비율이 8.9%인지 유의수준 5%에서 검정하라.

풀이 ① 귀무가설 H_0: $p = 0.089$과 대립가설 H_a: $p \neq 0.089$을 설정한다.

② 유의수준 $\alpha = 0.05$에 대한 양측검정이므로 기각역은 $R : |Z| > z_{0.025} = 1.96$이다.

③ 검정통계량은 $Z = \dfrac{\hat{p} - 0.089}{\sqrt{\dfrac{0.089 \times 0.911}{3000}}} = \dfrac{\hat{p} - 0.089}{0.0052}$이고, 3000명 중에서 294명이

경험이 있다고 하였으므로 표본비율은 $\hat{p} = \dfrac{294}{3000} = 0.098$이다.

④ 검정통계량의 관찰값 $z_0 = \dfrac{0.098 - 0.089}{0.0052} \approx 1.73$이고, 이 관찰값이 기각역 안에 놓이지 않는다. 그러므로 이 보고서의 주장은 설득력이 있다.

10-21

뼈와 치아에 가장 중요한 요소 중 하나인 칼슘의 하루 섭취량은 $800\,\mathrm{mg}$이다. 그러나 차상위 계층 이하인 사람들의 하루 섭취량이 이 기준에 미치지 못하는지 알아보기 위하여 6명의 차상위 계층 이하인 사람을 임의로 선정하여 조사한 결과, 평균 $774\,\mathrm{mg}$, 표준편차 $31.4\,\mathrm{mg}$이었다. 이 자료를 이용하여 차상위 계층 이하인 사람들의 하루 칼슘 섭취량의 미달 여부를 유의수준 5%에서 검정하라(단, 칼슘의 하루 섭취량은 정규분포를 따른다).

풀이 ① 귀무가설 H_0: $\mu = 800$과 대립가설 H_a: $\mu < 800$(주장)을 설정한다.

② 모집단은 정규분포를 따르나, 표본 크기가 6이므로 표본집단은 자유도 5인 t-분포를 따른다. 유의수준 $\alpha = 0.05$에 대한 임곗값은 $t_{0.05}(5) = 2.015$이고 기각역은 $R : T < -2.015$이다.

③ 표본표준편차가 $s = 31.4$ 이므로 검정통계량은 $T = \dfrac{\overline{X} - 800}{31.4/\sqrt{6}}$ 이고 $\overline{x} = 774$ 이므로 검정통계량의 관찰값은 $t_0 = \dfrac{774 - 800}{31.4/\sqrt{6}} \approx -2.028$ 이다.

④ 검정통계량의 관찰값 $t_0 = -2.028$ 은 기각역 안에 놓이므로 $H_0 : \mu = 800$ 을 기각한다. 즉, 유의수준 5%에서 차상위 계층 이하인 사람의 칼슘 하루 섭취량이 기준에 미치지 못한다고 할 수 있다.

10-22

스마트폰에 사용되는 배터리의 수명이 하루를 초과하는지 알아보기 위하여 10개를 임의로 선정하여 조사한 결과, 평균 1.2일 표준편차 0.35일이었다. 배터리의 수명이 하루를 초과하는지 유의수준 5%에서 검정하라(단, 배터리의 수명은 정규분포를 따른다).

풀이 ① 귀무가설 $H_0 : \mu \leq 1$ 과 대립가설 $H_a : \mu > 1$(주장)을 설정한다.

② 모집단은 정규분포를 따르나, 표본 크기가 10이므로 표본집단은 자유도 9인 t-분포를 따른다. 유의수준 $\alpha = 0.05$ 에 대한 임곗값은 $t_{0.05}(9) = 1.833$ 이고 기각역은 $R : T > 1.833$ 이다.

③ 표본표준편차가 $s = 0.35$ 이므로 검정통계량은 $T = \dfrac{\overline{X} - 1}{0.35/\sqrt{10}}$ 이고, $\overline{x} = 1.2$ 이므로 검정통계량의 관찰값은 $t_0 = \dfrac{1.2 - 1}{0.35/\sqrt{10}} \approx 1.807$ 이다.

④ 검정통계량의 관찰값 $t_0 = 1.807$ 은 기각역 안에 놓이지 않으므로 $H_0 : \mu \leq 1$ 을 기각할 수 없다. 즉, 유의수준 5%에서 배터리의 수명이 하루를 초과한다고 하기에는 증거가 불충분하다.

10-23

모평균이 $\mu \leq 10$ 이라는 주장에 대한 타당성을 조사하기 위하여 크기 25인 표본을 조사한 결과, 표본평균 10.3과 표본표준편차 2를 얻었다. p-값을 구하고 유의수준 5%에서 검정하라. 단, 모집단은 정규분포를 따른다고 한다.

풀이 ① 귀무가설 $H_0 : \mu \leq 10$ 과 대립가설 $H_a : \mu > 10$ 을 설정한다.

② 모집단은 정규분포를 따르나, 표본 크기가 25이므로 표본집단은 자유도 24인 t-분포를 따른다. 유의수준 $\alpha = 0.05$ 에 대한 임곗값은 $t_{0.05}(24) = 1.711$ 이고, 따라서

오른쪽 검정의 기각역은 $R : T > 1.711$이다.

③ 표본표준편차 $s = 2$이므로 검정통계량은 $T = \dfrac{\overline{X} - 10}{2 / \sqrt{25}}$이고, $\overline{x} = 10.3$이므로 검정 통계량의 관찰값은 $t_0 = \dfrac{10.3 - 10}{2 / \sqrt{25}} = 0.75$이다.

④ 검정통계량의 관찰값은 $t_0 = 0.75$이고, 오른쪽 검정이므로 p-값$= P(T \geq 0.75)$이다. 이때 자유도 24에 대하여 $t_{0.25}(24) = 0.685$, $t_{0.20}(24) = 0.856$이므로 p-값은 0.20과 0.25 사이의 값이다. 따라서 p-값$> \alpha = 0.05$이고 귀무가설 $H_0 : \mu \leq 10$을 기각할 수 없다.

10-24

우리나라 남아의 출생률은 54.5%로, 아직도 120명의 남아 중에서 20명은 짝이 없다고 한다. 이것을 알아보기 위하여 산부인과 병원에서 무작위로 선정한 450명의 신생아를 조사한 결과 261명이 남자아이였다. 이 자료를 근거로 남아의 출생률이 54.5%인지 유의수준 5%에서 검정하라.

풀이 ① 귀무가설 $H_0 : p = 0.545$와 대립가설 $H_a : p \neq 0.545$를 설정한다.

② 유의수준 $\alpha = 0.05$에 대한 양측검정이므로 기각역은 $R : |Z| > z_{0.025} = 1.96$이다.

③ 검정통계량은 $Z = \dfrac{\hat{p} - 0.545}{\sqrt{\dfrac{0.545 \times 0.455}{450}}} = \dfrac{\hat{p} - 0.545}{0.0235}$이고, 450명 중에서 261명이

남아이므로 표본비율은 $\hat{p} = \dfrac{261}{450} = 0.58$이다.

④ 검정통계량의 관찰값 $z_0 = \dfrac{0.58 - 0.545}{0.0235} \approx 1.489$이고, 따라서 검정통계량의 관찰 값이 기각역 안에 놓이지 않는다. 그러므로 우리나라 남아의 출생율이 54.5%라는 주장은 설득력이 있다.

10-25

어떤 특정한 국가 정책에 대한 여론의 반응을 알아보기 위하여 여론을 조사하여 다음 결과를 얻었다. 다음 결과를 각각 이용하여 국민의 절반이 이 정책을 지지한다고 할 수 있는지 유의수준 5%에서 검정하라.

(1) 2,500명을 상대로 여론을 조사하여 1,300명이 이 정책에 찬성하였다.

(2) 1,000명을 상대로 여론을 조사하여 520명이 이 정책에 찬성하였다.

풀이 (1) ① 귀무가설 $H_0 : p = 0.5$와 대립가설 $H_a : p \neq 0.5$를 설정한다.

② 유의수준 $\alpha = 0.05$에 대한 양측검정이므로 기각역은 $R : |Z| > z_{0.025} = 1.96$ 이다.

③ 검정통계량은 $Z = \dfrac{\hat{p} - 0.5}{\sqrt{\dfrac{0.5 \times 0.5}{2500}}} = \dfrac{\hat{p} - 0.5}{0.01}$ 이고, 2,500명 중에서 1,300명이

찬성하였으므로 표본비율은 $\hat{p} = \dfrac{1300}{2500} = 0.52$ 이다.

④ 검정통계량의 관찰값은 $z_0 = \dfrac{0.52 - 0.5}{0.01} = 2.0$ 이고 기각역 안에 놓인다. 따라서 국민의 절반이 이 정책을 지지한다고 할 수 없다.

(2) ③ 검정통계량은 $Z = \dfrac{\hat{p} - 0.5}{\sqrt{\dfrac{0.5 \times 0.5}{1000}}} = \dfrac{\hat{p} - 0.5}{0.0158}$ 이고, 1,000명 중에서 520명이 찬

성하였으므로 표본비율은 $\hat{p} = \dfrac{520}{1000} = 0.52$ 이다.

④ 검정통계량의 관찰값은 $z_0 = \dfrac{0.52 - 0.5}{0.0158} \approx 1.266$ 이고 기각역 안에 놓이지 않는다. 따라서 국민의 절반이 이 정책을 지지한다고 할 수 있다.

10-26

한 포털 사이트는 우리나라 20세 이상의 성인 중에서 인터넷 신문을 이용하는 사람의 비율이 54.5%를 초과한다고 하였다. 이를 알아보기 위하여 427명을 임의로 선정하여 인터넷 신문의 이용 여부를 조사한 결과, 256명이 인터넷 신문을 이용한다고 응답하였다. 이 자료를 근거로 p-값을 구하여 인터넷 신문의 이용률이 54.5%를 초과하는지 유의수준 5%에서 검정하라.

풀이 ① 귀무가설 $H_0 : p \leq 0.545$와 대립가설 $H_a : p > 0.545$(포털 사이트의 주장)를 설정한다.

② 검정통계량은 $Z = \dfrac{\hat{p} - 0.545}{\sqrt{\dfrac{0.545 \times 0.455}{427}}} = \dfrac{\hat{p} - 0.545}{0.024}$ 이고, 427명 중에서 256명이

인터넷 신문을 이용하므로 표본비율은 $\hat{p} = \dfrac{256}{427} \approx 0.5995$ 이다.

③ 검정통계량의 관찰값이 $z_0 = \dfrac{0.5995 - 0.545}{0.024} \approx 2.27$ 이므로 p-값과 유의수준은 다음과 같다.

$$p\text{-값} = P(Z > 2.27) = 0.0116 < \alpha = 0.05$$

④ 이 자료를 근거로 귀무가설을 기각하므로 포털 사이트의 주장은 설득력이 있다.

10-27

어느 지역에 거주하는 외국인을 상대로 조사한 보고서에 따르면, 한국인을 친근하게 느낀다고 응답한 비율이 34.4%를 넘지 않는다고 한다. 이것을 알아보기 위하여 그 지역에 거주하는 외국인 450명을 조사한 결과, 139명이 친근하게 느낀다고 응답하였다. 이 자료를 근거로 p-값을 구하여 보고서의 내용에 대하여 유의수준 5%에서 검정하라.

풀이 ① 귀무가설 $H_0 : p \geq 0.344$와 대립가설 $H_a : p < 0.344$(보고서의 주장)를 설정한다.

② 검정통계량은 $Z = \dfrac{\hat{p} - 0.344}{\sqrt{\dfrac{0.344 \times 0.656}{450}}} = \dfrac{\hat{p} - 0.344}{0.0224}$ 이고, 450명 중에서 139명이

친근하다고 응답하였으므로 표본비율은 $\hat{p} = \dfrac{139}{450} \approx 0.309$이다.

③ 검정통계량의 관찰값이 $z_0 = \dfrac{0.309 - 0.344}{0.0224} = -1.56$이므로 p-값과 유의수준은
다음과 같다.

$$p\text{-값} = P(Z < -1.56) = 0.0594 > \alpha = 0.05$$

④ 귀무가설을 기각하지 않는다. 즉, 한국인이 친근하다고 응답한 비율이 34.4%를 넘지 않는다는 보고서 내용은 설득력이 없다.

10-28

귀무가설 $H_0 : p \geq 0.2$를 검정하기 위하여 다음과 같이 표본 조사하였다. 다음 두 가지 결과에 대하여 p-값을 통해 유의수준 5%에서 각각 귀무가설을 검정하라.
(1) 크기 50인 표본을 조사하여 표본비율 $\hat{p} = 0.15$를 얻었다.
(2) 크기 500인 표본을 조사하여 표본비율 $\hat{p} = 0.15$를 얻었다.

풀이 ① 귀무가설은 $H_0 : p \geq 0.2$이고 대립가설은 $H_a : p < 0.2$이다.

② 검정통계량은 $Z = \dfrac{\hat{p} - 0.2}{\sqrt{\dfrac{0.2 \times 0.8}{n}}}$ 이고 표본비율은 $\hat{p} = 0.15$이다. 따라서 크기 50인

표본과 크기 500인 표본에 대한 검정통계량의 관찰값 z_1과 z_2는 각각 다음과 같다.

$$z_1 = \dfrac{0.15 - 0.2}{\sqrt{\dfrac{0.2 \times 0.8}{50}}} \approx -0.88, \quad z_2 = \dfrac{0.15 - 0.2}{\sqrt{\dfrac{0.2 \times 0.8}{500}}} \approx -2.80$$

③ 크기 50인 표본에 대한 p-값과 크기 500인 표본에 대한 p-값은 각각 다음과 같다.

$$p_1 = P(Z < -0.88) = 1 - 0.8106 = 0.1894$$

$$p_2 = P(Z < -2.8) = 1 - 0.9974 = 0.0026$$

그러므로 $p_2 < \alpha < p_1$이고, 크기 50인 표본에 의한 검정에서 $H_0 : p \geq 0.2$를 기각할 수 없으나, 크기 500인 표본에 의한 검정에서는 H_0을 기각한다.

10-29

한국금연운동협의회에 따르면 전국의 20세 이상 성인 남자의 흡연율은 55.1%로 2001년 69.9%에 비해 14.8% 포인트 감소했다고 주장하였다. 이러한 주장에 대한 진위 여부를 확인하기 위하여 850명의 20세 이상 성인 남자를 조사한 결과 503명이 흡연을 하는 것으로 조사되었다면, 흡연율이 55.1%라는 주장에 타당성이 있는지 다음 방법에 의하여 유의수준 1%에서 검정하라.

(1) p-값$= 2\,P(Z < -|z_0|)$을 이용

(2) 연속성을 수정

풀이 (1) ① 귀무가설 $H_0 : p = 0.551$과 대립가설 $H_a : p \neq 0.551$을 설정한다.

② Z-통계량 $Z = \dfrac{\hat{p} - p_0}{\sqrt{p_0(1 - p_0)/n}} = \dfrac{X - np_0}{\sqrt{np_0(1 - p_0)}}$을 선택한다.

③ $n = 850$, $x = 503$, $p_0 = 0.551$이므로 Z-통계량의 관찰값은

$$z_0 = \frac{503 - 850 \times 0.551}{\sqrt{850 \times 0.551 \times 0.449}} = \frac{34.65}{14.501} = 2.39 \text{이다.}$$

④ p-값$= 2P(Z < -2.39) = 0.0168$이고 유의수준 0.01보다 크므로 한국금연운동협의회의 주장이 타당성을 갖는다.

(2) ① 귀무가설과 대립가설은 (1)과 동일하다.

② 연속성을 수정한 Z-통계량 $Z = \dfrac{x - np_0 - 0.5}{\sqrt{np_0(1 - p_0)}}$을 선택한다.

③ 유의수준 $\alpha = 0.01$에 대한 임곗값은 $z_{0.005} = 2.575$이고 기각역은 $R : |Z| > 2.575$이다.

④ 검정통계량의 관찰값은 $z_0 = \dfrac{503 - 850 \times 0.551 - 0.5}{\sqrt{850 \times 0.551 \times 0.449}} = \dfrac{34.15}{14.501} = 2.355$이고, 따라서 검정통계량의 관찰값이 기각역 안에 들어가지 않으므로 귀무가설을 기각할 수 없다.

10-30

어떤 특정한 국가 정책에 대한 여론의 반응을 알아보기 위하여 900명을 상대로 여론조사한 결과 510명이 이 정책을 찬성하였다. 이 결과를 이용하여 국민의 절반이 이 정책을 지지한다고 할 수 있는지 유의수준 5%에서 검정하라.

풀이 ① 귀무가설 $H_0 : p = 0.5$와 대립가설 $H_a : p \neq 0.5$를 설정한다.

② Z-통계량 $Z = \dfrac{\hat{p} - p_0}{\sqrt{\dfrac{p_0(1-p_0)}{n}}} = \dfrac{\hat{p} - 0.5}{\sqrt{\dfrac{0.5 \times 0.5}{900}}} = \dfrac{\hat{p} - 0.5}{0.0167}$를 선택한다.

③ $\hat{p} = \dfrac{510}{900} = 0.5667$이므로 Z-통계량의 관찰값은 $z_0 = \dfrac{0.5667 - 0.5}{0.0167} = 3.994$이다.

④ 검정통계량의 관찰값이 기각역 $R : |Z| > 1.96$ 안에 놓이므로 귀무가설을 기각한다. 즉, 국민의 절반이 지지한다고 할 타당한 근거가 없다.

10-31

문제 10-30에서 90명을 상대로 여론 조사한 결과 51명이 이 정책을 찬성하였다면, 어떠한 결과가 나오는지 동일한 방법으로 검정하라.

풀이 Z-통계량은 $Z = \dfrac{\hat{p} - p_0}{\sqrt{\dfrac{p_0(1-p_0)}{n}}} = \dfrac{\hat{p} - 0.5}{\sqrt{\dfrac{0.5 \times 0.5}{90}}} = \dfrac{\hat{p} - 0.5}{0.0527}$이고, $\hat{p} = \dfrac{51}{90} = 0.5667$

이므로 검정통계량의 관찰값은 $z_0 = \dfrac{0.5667 - 0.5}{0.0527} = 1.266$이고, 따라서 유의수준 5%에 대한 기각역 $R : |Z| > 1.96$ 안에 놓이지 않는다. 따라서 국민의 절반이 이 정책을 지지한다고 할 수 있다.

10-32

두 모집단의 평균이 동일한지 알아보기 위하여 각각 크기 36인 표본을 조사하여 다음을 얻었다. 이것을 근거로 p-값을 구하고 모평균이 동일한지 유의수준 5%에서 검정하라.

	표본평균	모표준편차
A	27.3	5.2
B	24.8	6.0

풀이 ① A와 B의 평균을 각각 μ_1, μ_2라 하면 귀무가설 $H_0 : \mu_1 = \mu_2$와 대립가설 $H_a : \mu_1 \neq \mu_2$를 설정한다.

② 모표준편차가 각각 $\sigma_1 = 5.2$, $\sigma_2 = 6$이고 $n = 36$, $m = 36$이므로 검정통계량은

$$Z = \frac{\overline{X} - \overline{Y}}{\sqrt{\dfrac{5.2^2}{36} + \dfrac{6^2}{36}}} = \frac{\overline{X} - \overline{Y}}{1.3233} \text{ 이다. } \overline{x} = 27.3, \ \overline{y} = 24.8 \text{이므로 검정통계량의 관}$$

찰값은 $z_0 = \dfrac{27.3 - 24.8}{1.3233} \approx 1.89$ 이다.

③ $z_0 = 1.89$이므로 p-값과 유의수준은 다음과 같다.

$$p\text{-값} = 2P(Z > 1.89) = 2 \times 0.0294 = 0.0588 \geq \alpha = 0.05$$

④ p-값이 유의수준보다 크므로 귀무가설을 기각하지 않는다. 즉, 두 모평균이 동일하다는 주장은 근거가 충분하다.

10-33

사회계열과 공학계열 대졸 출신의 평균임금이 동일한지 알아보기 위하여 각각 크기 50인 표본을 조사하여 다음을 얻었다. 이것을 근거로 두 계열 출신의 평균임금이 동일한지 유의수준 5%에서 검정하라.

	표본평균	모표준편차
사회계열	301.5만 원	38.6만 원
공학계열	317.1만 원	43.3만 원

풀이 ① 사회계열과 공학계열의 평균임금을 각각 μ_1, μ_2라 하면 귀무가설 $H_0 : \mu_1 = \mu_2$와 대립가설 $H_a : \mu_1 \neq \mu_2$를 설정한다.

② 유의수준 $\alpha = 0.05$에 대한 양측검정의 기각역은 $R : |Z| > z_{0.025} = 1.96$이다.

③ 모표준편차가 각각 $\sigma_1 = 38.6$, $\sigma_2 = 43.3$이고 $n = 50$, $m = 50$이므로 검정통계량은

$$Z = \frac{\overline{X} - \overline{Y}}{\sqrt{\dfrac{38.6^2}{50} + \dfrac{43.3^2}{50}}} = \frac{\overline{X} - \overline{Y}}{8.203} \text{ 이다. } \overline{x} = 301.5, \ \overline{y} = 317.1 \text{이므로 검정통계량}$$

의 관찰값은 $z_0 = \dfrac{301.5 - 317.1}{8.203} \approx -1.902$이다.

④ 검정통계량의 관찰값이 기각역 안에 놓이지 않으므로 귀무가설을 기각할 수 없다. 즉, 사회계열과 공학계열의 평균임금은 동일하다고 할 수 있다.

10-34

감기에 걸렸을 때 비타민 C의 효능을 알아보기 위하여, 비타민 C를 복용한 그룹과 복용하지 않은 그룹으로 나누어 회복 기간을 조사하여 다음 결과를 얻었다. 이것을 근거로 감기에 걸렸을 때 비타민 C가 효력이 있는지 유의수준 5%에서 검정하라(단, 단위는 일이다).

	표본평균	표본표준편차	표본의 크기
비타민 처리 그룹	5.2	1.4	100
그렇지 않은 그룹	5.8	2.2	65

풀이 ① 비타민 처리 그룹과 그렇지 않은 그룹의 평균을 각각 μ_1, μ_2라 하면 귀무가설 $H_0 : \mu_1 = \mu_2$와 대립가설 $H_a : \mu_1 \neq \mu_2$를 설정한다.

② 유의수준 $\alpha = 0.05$에 대한 양측검정의 기각역은 $R : |Z| > z_{0.025} = 1.96$이다.

③ 표본표준편차가 각각 $s_1 = 1.4$, $s_2 = 2.2$이고 $n = 100$, $m = 65$이므로 검정통계량은 $Z = \dfrac{\overline{X} - \overline{Y}}{\sqrt{\dfrac{1.4^2}{100} + \dfrac{2.2^2}{65}}} = \dfrac{\overline{X} - \overline{Y}}{0.3067}$이다. $\overline{x} = 5.2$, $\overline{y} = 5.8$이므로 검정통계량의 관찰값은 $z_0 = \dfrac{5.2 - 5.8}{0.3067} \approx -1.956$이다.

④ 검정통계량의 관찰값 $z_0 = -1.956$이 기각역 안에 놓이지 않으므로 귀무가설을 채택한다. 이는 회복 시간이 똑같음을 뜻하므로 비타민 C가 효력이 있다는 근거는 불충분하다.

10-35

두 그룹 A와 B의 모평균이 동일한지 알아보기 위해 표본 조사한 결과, 다음과 같았다. 이것을 근거로 모평균이 동일한지 유의수준 5%에서 검정하라.

	표본평균	표본표준편차	표본의 크기
A	201	5	65
B	199	6	96

풀이 ① 그룹 A와 B의 평균을 각각 μ_1, μ_2라 하면 $\mu_1 = \mu_2$임을 보이고자 하므로 귀무가설 $H_0 : \mu_1 = \mu_2$와 대립가설 $H_a : \mu_1 \neq \mu_2$를 설정한다.

② 유의수준 $\alpha = 0.05$에 대한 양측검정의 기각역은 $R : |Z| > z_{0.025} = 1.96$이다.

③ 표본표준편차가 각각 $s_1 = 5$, $s_2 = 6$이고 $n = 65$, $m = 96$이므로 검정통계량은

$$Z = \frac{\overline{X} - \overline{Y}}{\sqrt{\dfrac{5^2}{65} + \dfrac{6^2}{96}}} = \frac{\overline{X} - \overline{Y}}{0.8716}$$ 이다. $\overline{x} = 201$, $\overline{y} = 199$이므로 검정통계량의 관찰값은

$$z_0 = \frac{201 - 199}{0.8716} \approx 2.29$$ 이다.

④ 검정통계량의 관찰값 $z_0 = 2.29$는 기각역 안에 놓이므로 $H_0 : \mu_1 = \mu_2$를 기각한다. 즉, $\mu_1 = \mu_2$라는 결론은 신빙성이 없다.

10-36

두 회사 A와 B에서 생산된 타이어의 제동 거리가 동일한지 알아보기 위하여 두 회사 제품을 64개씩 임의로 선정하여 조사한 결과 다음과 같았다. 이것을 근거로 두 회사 타이어의 제동 거리가 동일한지 유의수준 5%에서 검정하라(단, 단위는 m이다).

	평균	표준편차
A 회사	13.46	1.46
B 회사	13.95	1.33

풀이 ① 회사 A와 B의 평균을 각각 μ_1, μ_2라 하면 $\mu_1 = \mu_2$임을 보이고자 하므로 귀무가설 $H_0 : \mu_1 = \mu_2$와 대립가설 $H_a : \mu_1 \neq \mu_2$를 설정한다.

② 유의수준 $\alpha = 0.05$에 대한 양측검정의 기각역은 $R : |Z| > z_{0.025} = 1.96$이다.

③ 표본표준편차가 각각 $s_1 = 1.46$, $s_2 = 1.33$이고 $n = 64$, $m = 64$이므로 검정통계량은 $Z = \dfrac{\overline{X} - \overline{Y}}{\sqrt{\dfrac{1.46^2}{64} + \dfrac{1.33^2}{64}}} = \dfrac{\overline{X} - \overline{Y}}{0.2469}$ 이다. $\overline{x} = 13.46$, $\overline{y} = 13.95$이므로 검정통계량의 관찰값은 $z_0 = \dfrac{13.46 - 13.95}{0.2469} \approx -1.985$ 이다.

④ 검정통계량의 관찰값 $z_0 = -1.985$은 기각역 안에 놓이므로 $H_0 : \mu_1 = \mu_2$를 기각한다. 즉, 두 회사 A와 B에서 생산된 타이어의 제동거리가 동일하다는 결론은 타당성이 없다.

10-37

12세 이하의 남자아이가 여자아이에 비하여 주당 TV 시청시간이 더 많은지 알아보기 위하여 조사한 결과 다음과 같았다. 이것을 근거로 남자아이가 여자아이보다 TV를 더 많이 시

청하는지 유의수준 5%에서 검정하라.

	표본평균	모표준편차	표본의 크기
남자	14.5	2.1	48
여자	13.7	2.7	42

풀이 ① 남자아이와 여자아이의 평균 시청시간을 각각 μ_1, μ_2라 하면 $\mu_1 > \mu_2$임을 보이고 자 하므로 귀무가설 $H_0 : \mu_1 - \mu_2 \leq 0$와 대립가설 $H_a : \mu_1 - \mu_2 > 0$(주장)를 설정 한다.

② 유의수준 $\alpha = 0.05$에 대한 오른쪽 검정의 기각역은 $R : Z > z_{0.05} = 1.645$이다.

③ 모표준편차가 각각 $\sigma_1 = 2.1$, $\sigma_2 = 2.7$이고 $n = 48$, $m = 42$이므로 검정통계량은

$$Z = \frac{\overline{X} - \overline{Y}}{\sqrt{\dfrac{2.1^2}{48} + \dfrac{2.7^2}{42}}} = \frac{\overline{X} - \overline{Y}}{0.5152} \text{이다.} \ \overline{x} = 14.5, \ \overline{y} = 13.7 \text{이므로 검정통계량의 관}$$

찰값은 $z_0 = \dfrac{14.5 - 13.7}{0.5152} \approx 1.553$이다.

④ 검정통계량의 관찰값 $z_0 = 1.553$은 기각역 안에 놓이지 않으므로 $H_0 : \mu_1 - \mu_2 \leq 0$ 를 기각할 수 없다. 즉, 남자아이가 여자아이에 비하여 주당 TV 시청시간이 더 많 다고 하기에 불충분하다.

10-38

어느 패스트푸드 가게에서 근무하는 종업원 A의 서비스 시간이 종업원 B보다 긴지 알기 위하여 조사한 결과 다음과 같았다. 이것을 근거로 종업원 A가 종업원 B보다 서비스 시간 이 긴지 유의수준 1%에서 검정하라.

	표본평균	모표준편차	표본의 크기
종업원 A	4.5	0.45	50
종업원 B	4.3	0.42	80

풀이 ① 종업원 A와 B의 평균 서비스 시간을 각각 μ_1, μ_2라 하면 $\mu_1 > \mu_2$임을 보이고자 하므로 귀무가설 $H_0 : \mu_1 \leq \mu_2$와 대립가설 $H_a : \mu_1 > \mu_2$(주장)를 설정한다.

② 유의수준 $\alpha = 0.01$에 대한 오른쪽 검정의 기각역은 $R : Z > z_{0.01} = 2.3264$이다.

③ 모표준편차가 각각 $\sigma_1 = 0.45$, $\sigma_2 = 0.42$이고 $n = 50$, $m = 80$이므로 검정통계량은

$$Z = \dfrac{\overline{X} - \overline{Y}}{\sqrt{\dfrac{0.45^2}{50} + \dfrac{0.42^2}{80}}} = \dfrac{\overline{X} - \overline{Y}}{0.0791}$$ 이다. $\overline{x} = 4.5$, $\overline{y} = 4.3$이므로 검정통계량의

관찰값은 $z_0 = \dfrac{4.5 - 4.3}{0.07915} \approx 2.53$ 이다.

④ 검정통계량의 관찰값 $z_0 = 2.53$은 기각역 안에 놓이므로 $H_0 : \mu_1 \leq \mu_2$를 기각한다.

즉, 종업원 A의 서비스 시간이 종업원 B보다 많다고 하기에 충분하다.

10-39

울산지역의 1인당 평균 소득이 서울보다 150만 원을 초과하여 더 많은지 알아보기 위하여 두 도시에 거주하는 사람을 각각 100명씩 임의로 선정하여 조사한 결과 다음 표와 같았다. 이것을 근거로 울산지역의 평균 소득이 서울보다 150만 원을 초과하여 더 많은지 유의수 준 5%에서 검정하라.

	평균	표준편차
울산	1,854만원	69.9만원
서울	1,684만원	73.3만원

풀이 ① 울산과 서울의 1인당 평균 소득을 각각 μ_1, μ_2라 하면 $\mu_1 - \mu_2 > 150$임을 보이고 자 하므로 귀무가설 $H_0 : \mu_1 - \mu_2 \leq 150$과 대립가설 $H_a : \mu_1 - \mu_2 > 150$(주장)을 설정한다.

② 유의수준 $\alpha = 0.05$에 대한 오른쪽 검정이므로 기각역은 $R : Z > z_{0.05} = 1.645$이다.

③ 표본표준편차가 각각 $s_1 = 69.9$, $s_2 = 73.3$이고 $n = 100$, $m = 100$이므로 검정통 계량은

$$Z = \dfrac{(\overline{X} - \overline{Y}) - 150}{\sqrt{\dfrac{69.9^2}{100} + \dfrac{73.3^2}{100}}} = \dfrac{(\overline{X} - \overline{Y}) - 150}{10.1286}$$ 이다. $\overline{x} - \overline{y} = 170$이므로 검정통계량

의 관찰값은 $z_0 = \dfrac{170 - 150}{10.1286} \approx 1.975$ 이다.

④ 검정통계량의 관찰값 $z_0 = 1.975$는 기각역 안에 놓이므로 $H_0 : \mu_1 - \mu_2 \leq 150$을 기각한다. 즉, 울산지역의 1인당 평균 소득이 서울보다 150만 원을 초과하여 더 많 다고 할 수 있다.

10-40

두 회사의 커피에 함유된 카페인의 양에 대한 조사에서 다음 정보를 얻었다. 함유된 카페인의 양이 같은지 유의수준 5% 에서 검정하라. 단, 카페인의 양은 정규분포를 따른다고 한다.

A 회사	$n = 8, \quad \overline{x} = 109, \quad s_1^2 = 4.25$
B 회사	$m = 6, \quad \overline{y} = 107, \quad s_2^2 = 4.36$

풀이 ① 두 회사의 커피에 함유된 카페인의 평균을 각각 μ_1, μ_2 라 하면, 귀무가설은 $H_0 : \mu_1 = \mu_2$ 이고 대립가설은 $H_a : \mu_1 \neq \mu_2$ 이다.

② 유의수준 $\alpha = 0.05$ 에 대한 양측검정이고, 이때 자유도 12인 t-분포를 사용하므로 기각역은 $R : |T| > t_{0.025} = 2.179$ 이다.

③ [09. 추정]의 문제 09-62로부터 합동표본표준편차가 $s_p = 2.0726$ 이므로 검정통계량은 다음과 같다.

$$T = \frac{\overline{X} - \overline{Y}}{2.0726 \times \sqrt{\frac{1}{8} + \frac{1}{6}}} = \frac{\overline{X} - \overline{Y}}{1.119}$$

④ 주어진 자료에서 $\overline{x} - \overline{y} = 2$ 이므로 검정통계량의 관찰값은 $t_0 = \dfrac{2}{1.119} = 1.787$ 이고, 따라서 검정통계량의 관찰값이 기각역 안에 놓이지 않으므로 귀무가설을 기각할 수 없다. 즉, 두 회사의 커피에 함유된 카페인의 양이 같다고 할 수 있다.

10-41

의사협회에서 남자 40명과 여자 35명을 조사한 바에 따르면 입원일수가 다음과 같았다. 이 자료에 따르면 남자의 입원일수가 여자의 입원일수보다 더 길다는 증거가 되는지 유의수준 10% 에서 검정하라. 단, 남자와 여자의 입원일수에 대한 표준편차는 각각 $\sigma_1 = 7.5$ 일, $\sigma_2 = 6.8$ 일이다.

남자	4	4	12	18	9	6	12	10	3	6	15	7	3	55	1	2	10	13	5	7
	1	23	9	2	1	17	2	24	11	14	6	2	1	8	1	3	19	3	1	13
여자	14	7	15	1	12	1	3	7	21	4	1	5	4	4	3	5	18	12	5	1
	7	7	2	15	4	9	10	7	3	6	5	9	6	2	14					

풀이 ① 남자와 여자의 평균 입원일수를 각각 μ_1과 μ_2라 하면, 귀무가설은 H_0: $\mu_1 - \mu_2 \leq 0$이고 대립가설은 $H_a : \mu_1 - \mu_2 > 0$이다.

② 유의수준 $\alpha = 0.01$에 대한 오른쪽 검정 기각역은 $R : Z > 1.28$이다.

③ 모표준편차가 각각 $\sigma_1 = 7.5$, $\sigma_2 = 6.8$이고 $n = 40$, $m = 35$이므로 검정통계량은

$$Z = \frac{\overline{X} - \overline{Y}}{\sqrt{\dfrac{7.5^2}{45} + \dfrac{6.8^2}{35}}} = \frac{\overline{X} - \overline{Y}}{1.6035}$$ 이다. $\overline{x} = 9.075$, $\overline{y} = 7.114$이므로 검정통계량의

관찰값은 $z_0 = \dfrac{9.075 - 7.114}{1.6035} \approx 1.223$이다.

④ 검정통계량의 관찰값 $z_0 = 1.223$은 기각역 안에 놓이지 않으므로 $H_0 : \mu_1 - \mu_2 \leq 0$를 기각하지 않는다. 즉, 남자의 입원일수가 여자보다 더 길다는 증거를 충분히 제공하지 않는다.

10-42

은행의 판매부장은 신용카드 사용을 증가시키기 위한 새로운 판매 홍보전략을 구상하고 있다. 은행은 이 전략이 미혼 카드 소지자보다 기혼 카드 소지자에게 다른 영향을 미칠지를 우려해 이 전략을 전국적으로 펼치기 전에 판매부장은 30명의 미혼 고객과 35명의 기혼 고객을 무작위로 선정하여 판매전략을 발표한 직후부터 2주일 동안 미혼 고객과 기혼 고객의 평균 카드 사용액의 차이에 대한 구간을 추정하기로 하였다. 각 집단의 카드 사용액으로 이루어진 두 모집단의 분포와 분산은 알지 못한다고 한다. 다음 표는 두 표본집단에 대한 정보를 나타낸 자료이다. 기혼 고객의 신용카드 평균 사용액이 미혼 고객의 평균 사용액보다 적은지에 대해 유의수준 1%에서 검정하라(단, 단위는 천 원이다).

미혼 고객(X)	기혼 고객(Y)
$\overline{x} = 550$	$\overline{y} = 320$
$s_1 = 123$	$s_2 = 93$

풀이 두 모집단의 분포를 모르고, 미지의 두 모분산이 동일하다고 가정할 수 없지만 표본 크기가 충분히 크므로 $\overline{X} - \overline{Y}$는 $t(\mathrm{d.f.})$-분포를 따른다. 물론 표준정규분포를 따르기도 하지만, 선호되는 $t(\mathrm{d.f.})$-분포를 이용하자.

미혼 고객과 기혼 고객의 평균 신용카드 사용액을 각각 μ_1, μ_2라 하면, 밝히고자 하는 것은 $\mu_1 > \mu_2$이고, 등호가 들어가지 않으므로 대립가설로 설정한다.

① 귀무가설은 $H_0 : \mu_1 - \mu_2 \le 0$이고 대립가설은 $H_a : \mu_1 - \mu_2 > 0$이다.

② 유의수준 $\alpha = 0.01$에 대하여 오른쪽 검정 기각역은 $T > t_{\alpha, \, \mathrm{d.f.}}$이다.

자유도 d.f.는 다음과 같이 구할 수 있다.

$$\mathrm{d.f.} = \frac{\left(\dfrac{s_1^2}{n} + \dfrac{s_2^2}{m}\right)^2}{\dfrac{\left(s_1^2/n\right)^2}{n-1} + \dfrac{\left(s_2^2/m\right)^2}{m-1}}$$

$$= \frac{\left(\dfrac{123^2}{30} + \dfrac{93^2}{35}\right)^2}{\dfrac{\left(123^2/30\right)^2}{29} + \dfrac{\left(93^2/35\right)^2}{34}} = \frac{564623.43}{10565.65} \approx 53.44$$

이므로 자유도는 53이다. 그러나 t-분포표에 53인 경우가 없으므로 50을 사용한다. 따라서 오른쪽 검정 기각역은 $T > t_{0.01, \, 50} = 2.403$이다.

③ 표본표준편차가 각각 $s_1 = 123$, $s_2 = 93$이고 $n = 30$, $m = 35$이므로 검정통계량은

$T = \dfrac{\overline{X} - \overline{Y} - 0}{\sqrt{\dfrac{123^2}{30} + \dfrac{93^2}{35}}} \approx \dfrac{\overline{X} - \overline{Y}}{27.41}$이다. $\overline{x} = 550$, $\overline{y} = 320$이므로, 검정통계량의 관

찰값은 $t_0 = \dfrac{550 - 320}{27.41} \approx 8.39$이다.

④ 검정통계량의 관찰값 $t_0 = 8.39$는 기각역 안에 놓이므로 $H_0 : \mu_1 - \mu_2 \le 0$를 기각한다. 즉, 미혼 고객이 기혼 고객보다 카드 사용액이 많다고 할 수 있다.

물론 이때 표준정규분포를 이용해도 똑같은 결론을 유도할 수 있다.

또한 두 모분산이 동일하다고 가정할 때에도 표준오차를 구할 때 합동표본분산을 이용하여 계산한 후 앞에서와 같은 과정으로 계산하면 된다.

10-43

어느 제약 회사는 기존의 감기약 A에 비하여 새로 개발한 신약 B가 더 효과적인지 알아보기 위하여 과거에 감기약 A를 사용했던 감기 환자 8명을 임의로 선정하여 회복 기간을 조사하였고 그 결과가 다음과 같았다. 유의수준 10%에서 신약이 효과가 있는지 검정하라 (단, 두 종류의 감기약에 의한 회복 기간은 정규분포를 따른다고 알려져 있다).

감기 환자	1	2	3	4	5	6	7	8
A의 회복 기간	6	4	3	5	5	7	6	4
B의 회복 기간	4	3	4	3	4	6	3	3

풀이 우선 각 감기 환자별로 회복기간의 차를 구한다.

감기 환자	1	2	3	4	5	6	7	8
회복 기간의 차(d_i)	2	1	-1	2	1	1	3	1
d_i^2	4	1	1	4	1	1	9	1

① 감기약 A와 B의 평균 회복 기간을 각각 μ_1, μ_2 라 하면, 귀무가설은 $H_0 : \mu_1 - \mu_2 = 0$ (또는 $\mu_1 - \mu_2 \leq 0$)이고 대립가설은 $H_a : \mu_1 - \mu_2 > 0$(주장)이다.

② 유의수준 $\alpha = 0.1$에 대한 오른쪽 검정이고, 이때 자유도 7인 t-분포를 사용하므로 기각역은 $R : T > t_{0.1} = 1.415$이다.

③ 회복 기간의 차에 대한 평균과 표준편차를 구한다.

$$\overline{d} = \frac{1}{8}(1 + 1 - 1 + 2 + 1 + 1 + 3 + 1) = 1.25$$

그리고 $\sum d_i^2 = 22$, $(\sum d_i)^2 = 100$이므로 회복 기간의 차에 대한 표준편차는 다음과 같다.

$$s_d = \sqrt{\frac{8 \times 22 - 100}{56}} \approx 1.165$$

④ 검정통계량 $T = \dfrac{\overline{D} - 0}{S_D / \sqrt{n}}$ 의 관찰값은 $t_0 = \dfrac{\overline{d}}{s_d / \sqrt{n}} = \dfrac{1.35}{1.165 / \sqrt{8}} = 3.0347$이므로 기각역 안에 들어간다.

⑤ 따라서 귀무가설을 기각한다. 즉, 감기약 B가 감기약 A보다 회복 기간을 줄여준다고 할 수 있다.

10-44

남녀 직장인이 받는 스트레스에 대해 조사한 결과가 다음과 같다. 이것을 근거로 남녀 직장인이 받는 스트레스에 차이가 있는지 유의수준 5%에서 검정하라.

	조사 인원	스트레스를 받은 인원
남자	1,650명	1,137명
여자	1,235명	806명

풀이 ① 남자와 여자가 스트레스를 받는 비율을 각각 p_1, p_2라 하면, 귀무가설 $H_0 : p_1 = p_2$와 대립가설 $H_a : p_1 \neq p_2$를 설정한다.

② 유의수준 $\alpha = 0.05$에 대한 양측검정의 기각역은 $R : |Z| > z_{0.025} = 1.96$이다.

③ 합동표본비율이 $\hat{p} = \dfrac{1137 + 806}{1650 + 1235} = 0.6735$, $\hat{q} = 0.3265$이므로 검정통계량은 다음과 같다.

$$Z = \frac{\hat{p}_1 - \hat{p}_2}{\sqrt{0.6735 \times 0.3265 \times \left(\dfrac{1}{1650} + \dfrac{1}{1235} \right)}} = \frac{\hat{p}_1 - \hat{p}_2}{0.0176}$$

④ 남자와 여자의 표본비율이 각각 $\hat{p}_1 = \dfrac{1137}{1650} = 0.689$, $\hat{p}_2 = \dfrac{806}{1235} = 0.653$이므로 검정통계량의 관찰값은 $z_0 = \dfrac{0.689 - 0.653}{0.0176} \approx 2.045$이다. 따라서 검정통계량의 관찰값이 기각역에 들어가므로 귀무가설을 기각한다. 즉, 남녀 직장인이 받는 스트레스에 차이가 있다고 할 수 있다.

10-45

A와 B 두 도시 간, 특히 정당 지지율에 차이가 있는지 알아보기 위하여 두 도시에서 500명씩 임의로 추출하여 지지도를 조사한 결과, A 도시에서 275명, B 도시에서 244명이 지지하는 것으로 조사되었다. 이 자료를 근거로 두 도시 간의 지지도에 차이가 있는지 유의수준 5%에서 검정하라.

풀이 ① A 도시와 B 도시의 정당 지지율을 각각 p_1, p_2라 하면, 귀무가설 $H_0 : p_1 = p_2$와 대립가설 $H_a : p_1 \neq p_2$를 설정한다.

② 유의수준 $\alpha = 0.05$에 대한 양측검정의 기각역은 $R : |Z| > z_{0.025} = 1.96$이다.

③ 합동표본비율이 $\hat{p} = \dfrac{275+244}{500+500} = 0.519$, $\hat{q} = 0.481$이므로 검정통계량은 다음과 같다.

$$Z = \frac{\hat{p}_1 - \hat{p}_2}{\sqrt{0.519 \times 0.481 \times \left(\dfrac{1}{500} + \dfrac{1}{500}\right)}} = \frac{\hat{p}_1 - \hat{p}_2}{0.0316}$$

④ A와 B의 정당 지지율이 각각 $\hat{p}_1 = \dfrac{275}{500} = 0.55$, $\hat{p}_2 = \dfrac{244}{500} = 0.488$이므로 검정통계량의 관찰값은 $z_0 = \dfrac{0.55 - 0.488}{0.0316} \approx 1.962$이다. 따라서 검정통계량의 관찰값이 기각역에 들어가므로 귀무가설을 기각한다. 즉, A와 B 두 도시 간의 어떤 정당의 지지율에 차이가 있다고 할 수 있다.

10-46

어떤 단체에서 국영 TV의 광고 방송에 대한 찬반을 묻는 조사를 실시하였다. 대도시에 거주하는 사람들 2,055명 중 1,312명이 찬성하였고, 농어촌에 거주하는 사람 800명 중 486명이 찬성하였다. 도시 사람의 찬성률이 농어촌 사람의 찬성률보다 큰지 유의수준 5%에서 검정하라.

풀이 ① 도시와 농어촌의 찬성률을 각각 p_1, p_2라 하면, 귀무가설 $H_0 : p_1 \le p_2$와 대립가설 $H_a : p_1 > p_2$(주장)를 설정한다.

② 유의수준 $\alpha = 0.05$에 대한 오른쪽 검정의 기각역은 $R : Z > z_{0.05} = 1.645$이다.

③ 합동표본비율이 $\hat{p} = \dfrac{1312+486}{2055+800} = 0.6298$, $\hat{q} = 0.3702$이므로 검정통계량은 다음과 같다.

$$Z = \frac{\hat{p}_1 - \hat{p}_2}{\sqrt{0.6298 \times 0.3702 \times \left(\dfrac{1}{2055} + \dfrac{1}{800}\right)}} = \frac{\hat{p}_1 - \hat{p}_2}{0.0201}$$

④ 도시와 농어촌의 표본비율이 각각 $\hat{p}_1 = \dfrac{1312}{2055} \approx 0.6384$, $\hat{p}_2 = \dfrac{486}{800} = 0.6075$이므로 검정통계량의 관찰값은 $z_0 = \dfrac{0.6384 - 0.6075}{0.0201} \approx 1.5373$이다. 따라서 검정통계량의 관찰값이 기각역 안에 놓이지 않으므로 귀무가설을 기각할 수 없다. 즉, 도시 사람의 찬성률이 농어촌 사람의 찬성률보다 크다고 할 근거가 없다.

10-47

어떤 단체에서 국영 TV의 광고 방송에 대한 찬반을 묻는 조사를 하였다. 대도시에 거주하는 사람들 2050명 중 1250명이 찬성하였고, 농어촌에 거주하는 사람 800명 중 486명이 찬성하였다. 도시 사람들과 농어촌 사람들의 찬성비율이 같은지 유의수준 5%에서 검정하라.

풀이 ① 도시와 농어촌의 찬성률을 각각 p_1, p_2라 하면, 귀무가설 $H_0 : p_1 - p_2 = 0$과 대립가설 $H_a : p_1 - p_2 \neq 0$를 설정한다.

② 도시 사람의 표본 크기와 찬성자는 $n = 2050$, $x = 1250$이고, 농어촌 사람의 표본 크기와 찬성자는 $m = 800$, $y = 486$이므로 합동표본비율은 $\hat{p} = \dfrac{1250 + 486}{2050 + 800}$ $= 0.609$이고, $\hat{p_1} = \dfrac{1250}{2050} = 0.61$, $\hat{p_2} = \dfrac{486}{800} = 0.6075$이므로 검정통계량의 관찰값은

$$z_0 = \frac{\hat{p_1} - \hat{p_2}}{\sqrt{\hat{p}\,\hat{q}\left(\dfrac{1}{n} + \dfrac{1}{m}\right)}} = \frac{0.61 - 0.6075}{\sqrt{0.609 \times 0.391 \times \left(\dfrac{1}{2050} + \dfrac{1}{800}\right)}}$$

$$= \frac{0.0025}{0.026} = 0.125$$

이다.

③ 유의수준 $\alpha = 0.05$에 대한 임곗값은 $z_{0.025} = 1.96$이고 기각역은 $R : |Z| > 1.96$이므로 검정통계량의 관찰값 z_0은 기각역 안에 놓이지 않는다. 즉, 국영 TV의 광고 방송에 대하여 도시 사람들과 농어촌 사람들의 찬성비율이 동일하다고 할 수 있다.

10-48

남학생 650명과 여학생 555명을 대상으로 학업을 위하여 아르바이트를 하고 있는지 설문조사를 실시한 결과, 남학생 403명과 여학생 389명이 아르바이트를 하고 있는 것으로 조사되었다. 아르바이트하는 남학생의 비율이 여학생의 비율보다 낮은지 유의수준 1%에서 검정하라.

풀이 ① 남학생과 여학생의 비율을 각각 p_1, p_2라 하면, 귀무가설 $H_0 : p_1 \geq p_2$와 대립가설 $H_a : p_1 < p_2$(주장)를 설정한다.

② 유의수준 $\alpha = 0.01$에 대한 왼쪽 검정의 기각역은 $R : Z < -z_{0.01} = -2.3264$이다.

③ 합동표본비율이 $\hat{p} = \dfrac{403 + 389}{650 + 555} = 0.6573$, $\hat{q} = 0.3427$이므로 검정통계량은 다음과 같다.

$$Z = \dfrac{\hat{p}_1 - \hat{p}_2}{\sqrt{0.6573 \times 0.3427 \times \left(\dfrac{1}{650} + \dfrac{1}{555}\right)}} = \dfrac{\hat{p}_1 - \hat{p}_2}{0.0274}$$

④ 남학생과 여학생의 표본비율이 각각 $\hat{p}_1 = \dfrac{403}{650} = 0.62$, $\hat{p}_2 = \dfrac{389}{555} \approx 0.70$이므로 검정통계량의 관찰값은 $z_0 = \dfrac{0.62 - 0.7}{0.0274} \approx -2.9197$이다. 검정통계량의 관찰값이 기각역 안에 놓이므로 귀무가설을 기각한다. 즉, 남학생의 비율이 여학생의 비율보다 낮다고 할 수 있다.

10-49

어느 대학병원은 남자 1,000명 중 56명, 여자 1,000명 중 37명이 심장 질환을 앓고 있다고 보고하였다. 이를 기초로 남녀의 심장 질환 발병 비율이 동일한지 유의수준 5%에서 검정하라.

풀이 ① 남자와 여자의 비율을 각각 p_1, p_2라 하면, 두 비율이 같은지를 검정하므로 귀무가설은 $H_0 : p_1 - p_2 = 0$이고 대립가설은 $H_a : p_1 - p_2 \neq 0$이다.

② 남자와 여자가 심장질환에 걸리는 표본비율은 각각 $\hat{p}_1 = 0.056$, $\hat{p}_2 = 0.037$이다. 그리고 합동표본비율은 $\hat{p} = \dfrac{59 + 37}{1000 + 1000} = 0.048$이므로 검정통계량은 다음과 같다.

$$Z = \dfrac{\hat{p}_1 - \hat{p}_2}{\sqrt{0.048 \times 0.952 \times \left(\dfrac{1}{1000} + \dfrac{1}{1000}\right)}} = \dfrac{\hat{p}_1 - \hat{p}_2}{0.00967}$$

그러므로 검정통계량의 관찰값은 다음과 같다.

$$z_0 = \dfrac{0.056 - 0.037}{0.00967} \approx 1.98$$

따라서 p-값$= 2\{1 - P(Z < 1.98)\} = 2(1 - 0.9761) = 0.0478$이고 유의수준 $\alpha = 0.05$보다 작으므로 귀무가설을 기각한다. 즉, 남자와 여자의 비율이 동일하다는 주장은 타당성이 없다.

10-50

두 표본분포 $X \sim B(20, p_1)$과 $Y \sim B(30, p_2)$에 대하여 성공이 각각 $x = 7$, $y = 12$로 관찰되었다.

(1) 두 표본비율 $\hat{p}_1$과 $\hat{p}_2$을 구하라.

(2) $\hat{p}_1 - \hat{p}_2$에 대한 99% 신뢰구간을 구하라.

(3) 가설 $H_0 : p_1 = p_2$, $H_a : p_1 < p_2$를 유의수준 0.1에서 검정하라.

풀이 (1) $x = 7$, $y = 12$이므로 $\hat{p}_1 = \dfrac{7}{20} = 0.35$, $\hat{p}_2 = \dfrac{12}{30} = 0.4$이다.

(2) 99% 신뢰구간에 대한 임곗값은 $z_{0.005} = 2.58$이고, $\hat{p}_1 - \hat{p}_2 = 0.35 - 0.4 = -0.05$,

$$\sqrt{\frac{\hat{p}_1\,\hat{q}_1}{n} + \frac{\hat{p}_2\,\hat{q}_2}{m}} = \sqrt{\frac{0.35 \times 0.65}{20} + \frac{0.4 \times 0.6}{30}} = 0.139$$

이며, (두 분포에서) $np \geq 5$, $n(1-p) \geq 5$이므로, 모비율의 차 $p_1 - p_2$에 대한 99% 신뢰구간은 다음과 같다.

$$\left(\hat{p}_1 - \hat{p}_2 - z_{0.005} \sqrt{\frac{\hat{p}_1\,\hat{q}_1}{n} + \frac{\hat{p}_2\,\hat{q}_2}{m}} , \quad \hat{p}_1 - \hat{p}_2 + z_{0.005} \sqrt{\frac{\hat{p}_1\,\hat{q}_1}{n} + \frac{\hat{p}_2\,\hat{q}_2}{m}} \right)$$

$$= (-0.05 - 2.58 \times 0.139, -0.05 + 2.58 \times 0.139) = (-0.4086, 0.3086)$$

(3) 합동표본비율은 $\hat{p} = \dfrac{7 + 12}{20 + 30} = 0.38$이고

$$z_0 = \frac{\hat{p}_1 - \hat{p}_2}{\sqrt{\hat{p}\,\hat{q}\left(\dfrac{1}{n} + \dfrac{1}{m}\right)}} = \frac{-0.05}{\sqrt{0.38 \times 0.63 \times \left(\dfrac{1}{20} + \dfrac{1}{30}\right)}} = -0.357$$

이다. 그러므로 p-값 $= 2P(Z < -0.357) = 2(1 - 0.6402) = 0.7196$이고 유의수준 0.1 보다 크므로 귀무가설을 기각할 수 없다. 즉, 두 모비율이 같다는 주장이 타당하다.

10-51

어떤 컴퓨터 회사는 컴퓨터를 생산하는 두 공장을 가지고 있다. A 공장은 1,128대의 컴퓨터를 생산하여 23대가 이 회사의 제품 기준에 미달하였고, B 공장에서 생산된 컴퓨터 962

대 중에서 24대가 미달하였다. 두 공장에서 생산된 컴퓨터의 기준치 미달 정도가 동일한
지 p-값을 구하고, 유의수준 5%에서 검정하라.

풀이 ① A와 B 두 공장의 미달률을 각각 p_1, p_2라 하면, 귀무가설 $H_0 : p_1 - p_2 = 0$과 대
립가설 $H_a : p_1 - p_2 \neq 0$를 설정한다.

② A 공장에서 생산된 $n = 1128$대의 컴퓨터 중에서 $x = 23$대가 미달하였고, B 공장
에서 생산된 $m = 962$대의 컴퓨터 중에서 $y = 24$대가 불합격하였으므로 합동표본
비율은 $\hat{p} = \dfrac{23 + 24}{1128 + 962} = 0.022$이고, $\hat{p_1} = \dfrac{23}{1128} = 0.020$, $\hat{p_2} = \dfrac{24}{962} = 0.0245$
이므로 검정통계량의 관찰값은 다음과 같다.

$$z_0 = \frac{\hat{p_1} - \hat{p_2}}{\sqrt{\hat{p}\,\hat{q}\left(\dfrac{1}{n} + \dfrac{1}{m}\right)}} = \frac{0.020 - 0.0245}{\sqrt{0.022 \times 0.978 \times \left(\dfrac{1}{1128} + \dfrac{1}{962}\right)}} = -0.7$$

③ p-값 $= 2P(Z < -0.7) = 2(1 - 0.7794) = 0.4412$이고 $\alpha = 0.05$ 보다 크므로
$H_0 : p_1 = p_2$를 기각할 수 없다. 즉, 유의수준 $\alpha = 0.05$에서 두 공장에서 생산된
컴퓨터의 기준 미달율에 차이가 없다고 할 수 있다.

10-52

어느 회사에서는 직원들의 후생 복지를 지원하기 위하여 먼저 직원들이 여가 시간에 자기
계발을 위하여 하루 동안 투자하는 시간을 조사하였고, 그 결과는 다음과 같았다. 물음에
답하라(단, 다른 회사의 직원들이 자기계발을 위하여 투자한 시간은 정규분포를 따르고, 단
위는 분이다).

40	30	70	60	50	60	60	30	40	50	90	60	50	30	30

직원들의 자기계발을 위한 평균 투자시간이 1시간에 미달하는지 유의수준 5%에서 검정하라.

풀이 ① 귀무가설 $H_0 : \mu \geq 60$과 대립가설 $H_a : \mu < 60$(주장)을 설정한다.

② 자유도 14인 t-분포에서 $t_{0.05} = 1.761$이므로 유의수준 $\alpha = 0.05$에 대한 왼쪽 검
정의 기각역은 $R : T < -1.761$이다.

③ $\overline{x} = 50$, $s = 17.3205$이므로 검정통계량은 $T = \dfrac{\overline{X} - 60}{17.3205/\sqrt{15}}$이고, 검정통계량

의 관찰값은 $t_0 = \dfrac{50-60}{17.3205/\sqrt{15}} \approx -2.236$이다.

④ 관찰값이 기각역 안에 놓이므로 귀무가설을 기각한다. 즉, 평균 투자시간이 1시간에 미달한다는 근거가 충분하다.

10-53

건강에 관심이 많은 어느 사회단체는 건강한 성인에게 하루에 필요한 물의 양은 2L 이상이라고 하였다. 이것을 확인하기 위하여 12명의 건강한 성인을 임의로 선정하여 하루에 소비하는 물의 양을 다음과 같이 조사하였다. 건강한 성인이 하루에 평균 2L 이상 물을 소비하는지 유의수준 1%에서 검정하라(단, 건강한 성인의 하루 물 소비량은 정규분포를 따르고, 단위는 L이다).

2.1	2.2	1.5	1.7	2.0	1.6	1.7	1.5	2.4	1.6	2.5	1.9

풀이 ① 귀무가설 $H_0 : \mu \geq 2$과 대립가설 $H_a : \mu < 2$를 설정한다.

② 자유도 11인 t-분포에서 $t_{0.01, 11} = 2.718$이므로 유의수준 $\alpha = 0.01$에 대한 왼쪽 검정의 기각역은 $R : T < -2.718$이다.

③ 표본평균과 표본분산, 표본표준편차를 구하면 다음과 같다.

$$\overline{x} = \frac{1}{12}(2.1 + 2.2 + \cdots + 1.9) = 1.8917$$

$$s^2 = \frac{1}{11}\sum_{i=1}^{12}(x_i - 1.8917)^2 \approx 0.121, \quad s = \sqrt{0.121} \approx 0.3476$$

검정통계량은 $T = \dfrac{\overline{X} - 2}{0.3476/\sqrt{12}}$이고, 검정통계량의 관찰값은 $t_0 = \dfrac{1.8917 - 2}{0.3476/\sqrt{12}}$ ≈ -1.08이다.

④ 검정통계량의 관찰값이 기각역 안에 놓이지 않으므로 귀무가설을 기각할 수 없다. 즉, 건강한 성인이 하루에 평균 2L 이상 소비한다는 근거가 충분하다.

10-54

정규모집단의 모평균을 알아보기 위하여 크기 10인 표본을 조사하여 $\overline{x} = 24.04$, $s = 1.2$를 얻었다. 물음에 답하라.

(1) 유의수준 $\alpha = 0.01$에서 $H_0 : \mu = 25$와 $H_a : \mu \neq 25$를 검정하라.

(2) 유의수준 $\alpha = 0.05$에서 $H_0 : \mu = 25$와 $H_a : \mu \neq 25$를 검정하라.

풀이 (1) ① 자유도 9인 t-분포에서 유의수준 $\alpha = 0.01$에 대한 양측검정의 임곗값은 $t_{0.005} = 3.250$이므로 기각역은 $R : |T| > 3.25$이다.

② 표본표준편차가 $s = 1.2$이므로 검정통계량은 $T = \dfrac{\overline{X} - 25}{1.2/\sqrt{10}}$이고, 검정통계량의 관찰값은 $t_0 = \dfrac{24.04 - 25}{1.2/\sqrt{10}} \approx -2.5298$이다.

③ 검정통계량의 관찰값이 기각역 안에 놓이지 않으므로 귀무가설을 기각할 수 없다. 즉, 모평균이 25라는 주장은 타당성이 있다.

(2) ① 자유도 9인 t-분포에서 유의수준 $\alpha = 0.05$에 대한 양측검정의 임곗값은 $t_{0.025, 9} = 2.262$이므로 기각역은 $R : |T| > 2.262$이다.

② 검정통계량의 관찰값이 $t_0 = -2.5298$이므로 기각역 안에 놓인다.

③ 검정통계량의 관찰값이 기각역 안에 놓이므로 귀무가설을 기각한다. 즉, 모평균이 25라는 주장은 타당성이 없다.

10-55

어느 공업지역 부근을 흐르는 하천 물의 평균 pH 농도가 7이라고 한다. 이것을 알아보기 위하여 임의로 21곳의 물을 선정하여 조사한 결과, 평균 7.2, 표준편차 0.32이었다. 이 하천의 pH 농도는 정규분포를 따른다고 할 때, 평균 pH 농도가 7인지 유의수준 5%에서 검정하라.

풀이 ① 귀무가설 $H_0 : \mu = 7$과 대립가설 $H_a : \mu \neq 7$을 설정한다.

② 자유도 20인 t-분포에서 $t_{0.025, 20} = 2.086$이므로 유의수준 $\alpha = 0.05$에 대한 양측검정의 기각역은 $R : |T| > 2.086$이다.

③ $\overline{x} = 7.2$, $s = 0.32$이므로 검정통계량은 $T = \dfrac{\overline{X} - 7}{0.32/\sqrt{21}}$이고, 검정통계량의 관찰값은 $t_0 = \dfrac{7.2 - 7}{0.32/\sqrt{21}} \approx 2.795$이다.

④ 검정통계량의 관찰값이 기각역 안에 놓이므로 귀무가설을 기각한다. 즉, 하천물의 평균 pH 농도가 7이라는 주장은 근거가 불충분하다.

10-56

점심시간에 식당가 부근에 있는 공용주차장에 주차된 승용차의 평균 주차시간이 1시간을 초과하는지 알아보기 위하여 어느 점심시간에 주차시간을 조사한 결과 다음과 같았다. 물음에 답하라(단, 주차시간은 정규분포를 따르고, 단위는 분이다).

(1) 평균 주차시간이 1시간을 초과하는지 유의수준 5%에서 검정하라.

(2) p-값을 구하여 유의수준 5%에서 검정하라.

53	47	68	62	65	65	68	65	64	56
68	76	55	63	56	62	69	60	62	60

풀이 (1) ① 귀무가설 $H_0 : \mu \leq 60$과 대립가설 $H_a : \mu > 60$(주장)을 설정한다.

② 자유도 19인 t-분포에서 $t_{0.05} = 1.729$이므로 유의수준 $\alpha = 0.05$에 대한 오른쪽 검정의 기각역은 $R : T > 1.729$이다.

③ 표본평균과 표본분산, 표본표준편차를 구하면 다음과 같다.

$$\overline{x} = \frac{1}{20}(53 + 47 + \cdots + 60) = 62.2$$

$$s^2 = \frac{1}{19}\sum_{i=1}^{20}(x_i - 62.2)^2 \approx 43.12, \quad s = \sqrt{43.12} \approx 6.5663$$

검정통계량은 $T = \dfrac{\overline{X} - 60}{6.5663/\sqrt{20}}$ 이고, T의 관찰값은 $t_0 = \dfrac{62.2 - 60}{6.5663/\sqrt{20}}$
≈ 1.4984이다.

④ 검정통계량의 관찰값이 기각역 안에 놓이지 않으므로 귀무가설을 기각할 수 없다. 즉, 평균 주차시간이 1시간을 초과한다는 주장은 근거가 불충분하다.

(2) 자유도 19인 t-분포표에서 검정통계량의 관찰값이 $1.328 < t_0 = 1.4984 < 1.729$이므로 $0.05 <$ p-값 < 0.1이다. 따라서 유의수준 5%에서 귀무가설을 기각할 수 없고, (1)과 같은 결론을 얻는다.

10-57

자동차 배터리를 판매하는 한 판매상이 자신이 판매하는 배터리의 평균 수명은 36개월을 초과한다고 말한다. 임의로 배터리 10개를 측정하여 평균 37.8개월, 표준편차 4.3개월을 얻었다. 이 자료를 근거로 배터리의 평균 수명이 36개월을 초과하는지 유의수준 5%에서 검정하라. 단, 배터리의 수명은 정규분포를 따른다고 한다.

풀이 ① 귀무가설 $H_0 : \mu \leq 36$과 대립가설 $H_a : \mu > 36$(주장)을 설정한다.

② 자유도 9인 t-분포에서 $t_{0.05,9} = 1.833$이므로 유의수준 $\alpha = 0.05$에 대한 오른쪽 검정의 기각역은 $R : T > 1.833$이다.

③ $\bar{x} = 37.8$, $s = 4.3$이므로 검정통계량은 $T = \dfrac{\bar{X} - 36}{4.3/\sqrt{10}}$이고, 검정통계량의 관찰값은 $t_0 = \dfrac{37.8 - 36}{4.3/\sqrt{10}} \approx 1.3237$이다.

④ 위의 관찰값 t_0이 기각역 안에 놓이지 않으므로 귀무가설을 기각할 수 없다. 즉, 배터리의 평균 수명은 36개월을 초과한다는 주장은 근거가 불충분하다.

10-58

승용차 유리를 생산하는 회사에서 만든 유리의 두께는 정규분포를 따른다고 한다. 한편 이 회사에서 생산되는 유리의 두께는 평균 $5\,\mathrm{mm}$라고 주장한다. 이러한 주장의 진위를 알아보기 위하여 41개의 유리를 표본 조사한 결과 평균 $4.96\,\mathrm{mm}$, 표준편차 $0.124\,\mathrm{mm}$를 얻었다. 이 회사에서 주장하는 유리 두께의 평균과 표준편차에 대하여 유의수준 0.05와 0.01에서 양측검정하라.

풀이 ① 귀무가설 $H_0 : \mu = 5$과 대립가설 $H_a : \mu \neq 5$를 설정한다.

② 검정통계량과 검정통계량의 확률분포는 $T = \dfrac{\bar{X} - 5}{s/\sqrt{41}} \sim t(40)$이다.

③ 표본 조사한 자료로부터 평균과 표준편차를 구하면, $\bar{x} = 4.96$, $s = 0.124$이다.

④ 주어진 유의수준 $\alpha = 0.05$와 $\alpha = 0.01$에 대한 임곗값과 기각역을 구한다. $t_{0.025}(40) = 2.021$, $t_{0.005}(40) = 2.704$이므로 두 유의수준에 대한 기각역은 각각 $R_1 : |T| > 2.021$, $R_2 : |T| > 2.704$이다.

⑤ 검정통계량의 관찰값 $t_0 = \dfrac{4.96 - 5}{0.124/\sqrt{41}} = -2.066$을 구한다.

⑥ 유의수준 $\alpha = 0.05$에 대하여 검정통계량의 관찰값이 기각역 안에 들어가므로 귀무가설을 기각한다. 그러나 유의수준 $\alpha = 0.01$에 대하여 검정통계량의 관찰값이 기각역 안에 들어가지 않으므로 귀무가설을 기각할 수 없다.

10-59

어느 회사에서 생산되는 금속 실린더 61개의 지름을 조사한 결과 평균 $49.998\,\mathrm{mm}$, 표준편차 $0.0134\,\mathrm{mm}$를 얻었다. 이때, 이 회사에서 생산되는 금속 실린더의 지름이 $50\,\mathrm{mm}$라고 할 수 있는지 p-값을 구하고 유의수준 0.05에서 검정하라.

풀이 ① 귀무가설 H_0: $\mu = 50$과 대립가설 H_a: $\mu \neq 50$을 설정한다.

② 검정통계량과 검정통계량의 확률분포는 $T = \dfrac{\overline{X} - 50}{s / \sqrt{61}} \sim t(60)$이다.

③ 표본 조사한 자료로부터 평균과 표준편차 $\overline{x} = 49.998$, $s = 0.0134$를 구한다.

④ 주어진 유의수준 $\alpha = 0.05$에 대한 임곗값과 기각역을 구한다. 그러면 $t_{0.025}(60)$ $= 2.000$이므로 기각역은 R : $|T| > 2.000$이다.

⑤ 검정통계량의 관찰값 $t_0 = \dfrac{49.998 - 50}{\dfrac{0.0134}{\sqrt{61}}} = -1.1657$을 구한다.

⑥ 자유도 60인 T-분포에서 임곗값이 1.1657인 p-값$= 2P(T > 1.1657)$은 0.2와 0.3 사이이므로 유의수준 $\alpha = 0.05$ 보다 크다. 그러므로 귀무가설을 기각할 수 없다. 즉, 회사의 주장에 타당성이 있다.

10-60

귀무가설 H_0: $\mu \leq 0.50$과 대립가설 H_a: $\mu > 0.50$을 검정하기 위하여 61개의 표본조사를 하였다.

(1) 유의수준 0.1에서 귀무가설을 채택할 T-통계량의 값을 구하라.
(2) 유의수준 0.01에서 귀무가설을 채택할 T-통계량의 값을 구하라.
(3) 표본평균이 0.502이고 표준편차가 0.008일 때, 유의수준 0.1에서 귀무가설을 채택할 것인지 결정하여라.
(4) 표본평균이 0.502이고 표준편차가 0.008일 때, 유의수준 0.01에서 귀무가설을 채택할 것인지 결정하여라.

풀이 (1) 자유도 60인 T-검정에 대하여 오른쪽 검정이므로 유의수준 0.1에서 귀무가설 H_0을 기각할 기각역은 R: $T > 1.296$이고, 따라서 H_0을 채택할 영역은 $T \leq 1.296$이다.

(2) 유의수준 0.01에서 귀무가설 H_0을 기각할 기각역은 R : $T > 2.390$이고, 따라서 H_0을 채택할 영역은 $T \leq 2.390$이다.

(3)-(4) ① 검정통계량과 검정통계량의 확률분포는 $T = \dfrac{\overline{X} - 50}{s / \sqrt{61}} \sim t(60)$이다.

② 표본 조사한 자료로부터 평균과 표준편차 $\overline{x} = 0.502$, $s = 0.008$을 구한다.

③ 검정통계량의 관찰값은 $t_0 = \dfrac{0.502 - 0.5}{\dfrac{0.008}{\sqrt{61}}} = 1.953$ 이고, 이 관찰값은 유의

수준 $\alpha = 0.1$에 대한 기각역 안에 들어가므로 귀무가설을 기각한다. 그러나 유의수준 $\alpha = 0.01$에 대한 기각역 안에 들어가지 못하므로 귀무가설을 기각할 수 없다.

10-61

A 회사는 지름 $60\,\mathrm{mm}$인 금속 베어링의 제작을 의뢰한 제조업체에서 생산한 베어링의 지름이 $60\,\mathrm{mm}$가 안된다고 주장한다. 이러한 주장에 대하여 베어링 제조회사에서는 정확하게 $60\,\mathrm{mm}$이라고 주장하여, 50개의 베어링을 표본 조사한 결과가 다음과 같았다. 베어링 제조회사의 주장을 유의수준 5%에서 검정하라.

(단위 : mm)

56.7	64.0	58.2	60.4	63.7	58.0	55.1	54.3	57.8	63.1
61.6	63.2	54.3	54.2	56.2	63.4	57.7	54.2	55.4	60.3
60.2	54.1	60.1	57.1	57.2	61.9	63.2	59.6	60.1	62.1
61.2	56.0	55.9	54.8	58.1	61.5	61.7	61.2	55.8	59.0
62.9	63.9	59.3	60.9	59.0	58.7	61.4	61.8	54.9	57.7

풀이 ① 귀무가설 $H_0 : \ \mu = 60$와 대립가설 $H_a : \ \mu < 60$을 설정한다.

② 검정통계량과 검정통계량의 확률분포는 $T = \dfrac{\overline{X} - 60}{S / \sqrt{50}} \sim t(49)$이다.

③ 표본 조사한 자료로부터 평균과 표준편차 $\overline{x} = 59.062$, $s = 3.077$을 구한다.

④ 주어진 유의수준 $\alpha = 0.05$에 대한 임곗값과 기각역 $R : \ T < t_{0.05}(49) = -1.6766$을 구한다.

⑤ 검정통계량의 관찰값 $t_0 = \dfrac{\sqrt{50}\,(59.062 - 60)}{3.077} = -2.1556$을 구한다.

⑥ 검정통계량의 관찰값이 기각역 안에 들어가므로 귀무가설을 기각한다. 즉, 유의수준 0.05에서 베어링의 평균 지름이 $60\,\mathrm{mm}$라는 제조회사의 주장은 타당성이 없다.

10-62

지름이 $1\,\mathrm{mm}$인 매우 정교한 베어링을 생산하는 회사에서 15개의 베어링을 표본 조사한 결과 다음과 같은 자료를 얻었다. 이 회사에서 생산된 베어링의 평균 지름이 $1\,\mathrm{mm}$라고 할 수 있는지 유의수준 5%에서 검정하라. 단, 베어링의 지름은 정규분포를 따른다고 한다.

1.0030	0.9997	0.9990	1.0054	0.9991
1.0041	0.9988	1.0026	1.0032	0.9943
1.0021	1.0028	1.0002	0.9984	0.9999

풀이 ① 귀무가설 $H_0 :\ \mu = 1$과 대립가설 $H_a :\ \mu \neq 1$을 설정한다.

② 검정통계량과 검정통계량의 확률분포는 $T = \dfrac{\overline{X} - 1}{s / \sqrt{15}} \sim t(14)$이다.

③ 표본 조사한 자료로부터 평균과 표준편차 $\overline{x} = 1.0008,\ s = 0.0028$을 구한다.

④ 주어진 유의수준 $\alpha = 0.05$에 대한 임곗값과 기각역을 구한다. $t_{0.025}(14) = 2.145$ 이므로 기각역은 $R :\ T < -2.145,\ T > 2.145$이다.

⑤ 검정통계량의 관찰값 $t_0 = \dfrac{1.0008 - 1}{\dfrac{0.0028}{\sqrt{15}}} - 1.1066$을 구한다.

⑥ 검정통계량의 관찰값이 기각역 안에 들어가지 않으므로 귀무가설을 기각할 수 없다. 즉, 유의수준 0.05에서 베어링의 평균 지름이 $1\,\mathrm{mm}$라고 할 수 있다.

10-63

컴퓨터 회사에서 새로 개발한 소프트웨어는 초보자도 쉽게 사용할 수 있도록 만들었으며, 그 사용법을 능숙하게 익히는데 3시간 이상 걸리지 않는다고 한다. 이를 확인하기 위하여 20명을 표본으로 선정하여 조사한 결과 다음과 같은 자료를 얻었다. 유의수준 5%에서 이 회사의 주장에 대한 타당성을 검정하라. 단, 소프트웨어의 사용법을 익히는데 걸리는 시간은 정규분포를 따른다고 한다.

2.75	3.25	3.48	2.95	2.82	3.75	4.01	3.05	2.67	4.25
3.01	2.84	2.75	1.80	3.20	2.48	2.95	3.02	2.73	2.56

풀이 ① 귀무가설 $H_0 :\ \mu \leq 3$과 대립가설 $H_a :\ \mu > 3$을 설정한다.

② 검정통계량과 검정통계량의 확률분포는 $T = \dfrac{\overline{X} - 3}{s / \sqrt{20}} \sim t(19)$이다.

③ 표본 조사한 자료로부터 평균과 표준편차 $\overline{x} = 3.016$, $s = 0.55$를 구한다.

④ 주어진 유의수준 $\alpha = 0.05$에 대한 임곗값과 기각역을 구한다. 그러면 $t_{0.005}(19) = 1.729$이므로 기각역은 $R : T > 1.729$이다.

⑤ 검정통계량의 관찰값 $t_0 = \dfrac{3.016 - 3}{\dfrac{0.55}{\sqrt{20}}} = 0.130$을 구한다.

⑥ 유의수준 $\alpha = 0.05$에 대하여 검정통계량의 관찰값이 기각역 안에 들어가지 않으므로 귀무가설을 기각할 수 없다.

10-64

어느 진공관 제조회사의 주장에 의하면, 이 회사에서 생산되는 진공관의 수명이 2,550시간 이상 된다고 한다. 이를 확인하기 위하여 36개의 진공관을 임의로 추출하여 조사한 결과 평균수명이 2516시간이고 표준편차가 132시간이었다. 이 회사의 주장이 타당한지 유의수준 $\alpha = 0.05$에서 Z-검정하라.

풀이 ① 귀무가설 $H_0 : \mu \geq 2550$과 대립가설 $H_a : \mu < 2550$을 설정한다.

② 유의수준 $\alpha = 0.05$에 대한 왼쪽 검정 기각역은 $R : Z < -1.645$이다.

③ 모분산을 모르는 대표본이므로 모평균에 대한 검정통계량과 이것의 분포는 $Z = \dfrac{\overline{X} - 2550}{s / \sqrt{36}} \approx N(0, 1)$이다. 그리고 표본평균과 표본표준편차가 $\overline{x} = 2516$, $s = 132$이므로 검정통계량의 관찰값은 $z_0 = \dfrac{2516 - 2550}{\dfrac{132}{\sqrt{36}}} = -1.545$이다.

④ 위의 관찰값 z_0이 기각역 R안에 들어있지 않으므로 이 회사의 주장은 타당하다.

10-65

두 회사에서 생산한 전기 포트의 평균수명에 차이가 있는지 알기 위하여 임의로 표본을 선정하여 다음을 얻었다. 평균수명에 차이가 있는지 유의수준 5%에서 검정하라(단, 전기 포트의 수명은 모분산이 동일한 정규분포를 따르고 단위는 년이다).

	표본평균	표본표준편차	표본의 크기
표본 A	$\overline{x} = 7.46$	$s_1 = 0.52$	$n = 11$
표본 B	$\overline{y} = 7.81$	$s_2 = 0.46$	$m = 13$

풀이 ① 표본 A와 표본 B의 모평균을 각각 μ_1, μ_2라 하면, 귀무가설은 $H_0 : \mu_1 = \mu_2$이고 대립가설은 $H_a : \mu_1 \neq \mu_2$(주장)이다.

② 두 표본의 크기가 각각 11, 13이고 유의수준 $\alpha = 0.05$에 대한 양측검정이므로 자유도 22인 t-분포에서 $t_{0.025, 22} = 2.074$이고, 기각역은 $R : |T| > t_{0.025, 22} = 2.074$이다.

③ 합동표본분산과 합동표본표준편차는 각각 다음과 같다.

$$s_p^2 = \frac{10 \times 0.52^2 + 12 \times 0.46^2}{11 + 13 - 2} \approx 0.2383, \ s_p = \sqrt{0.2383} \approx 0.4882$$

따라서 검정통계량은 다음과 같다.

$$T = \frac{\overline{X} - \overline{Y}}{0.4882 \times \sqrt{\dfrac{1}{11} + \dfrac{1}{13}}} = \frac{\overline{X} - \overline{Y}}{0.2}$$

④ $\overline{x} - \overline{y} = -0.35$이므로 검정통계량의 관찰값은 $t_0 = -\dfrac{0.35}{0.2} = -1.75$이고, 따라서 검정통계량의 관찰값이 기각역 안에 놓이지 않으므로 귀무가설을 기각할 수 없다. 즉, 전기 포트의 평균 수명에 차이가 있다는 주장은 불충분하다.

10-66

두 정유 회사에서 판매하는 휘발유의 평균 가격이 동일한 지 알아보기 위하여 임의로 표본을 선정하여 다음 표를 얻었다. 물음에 답하라(단, 휘발유의 가격은 모분산이 동일한 정규분포를 따르고 단위는 원이다).
(1) 유의수준 1%에서 평균 가격이 동일한 지 검정하라.
(2) 유의수준 10%에서 평균 가격이 동일한 지 검정하라.

	표본평균	표본표준편차	표본의 크기
표본 A	$\overline{x} = 1687$	$s_1 = 32$	$n = 15$
표본 B	$\overline{y} = 1665$	$s_2 = 38$	$m = 15$

풀이 (1) ① 표본 A와 표본 B의 모평균을 각각 μ_1, μ_2라 하면, 귀무가설은 $H_0 : \mu_1 = \mu_2$이고 대립가설은 $H_a : \mu_1 \neq \mu_2$이다.

② 두 표본의 크기가 각각 15이고 유의수준 $\alpha = 0.01$에 대한 양측검정이므로 자유도 28인 t-분포에서 $t_{0.005, 28} = 2.763$이고, 기각역은 $R : |T| > t_{0.005, 28}$

= 2.763이다.

③ 합동표본분산과 합동표본표준편차는 각각 다음과 같다.

$$s_p^2 = \frac{14 \times 32^2 + 14 \times 38^2}{15 + 15 - 2} = 1234, \ s_p = \sqrt{1234} \approx 35.1283$$

따라서 검정통계량은 다음과 같다.

$$T = \frac{\overline{X} - \overline{Y}}{35.1283\sqrt{\frac{1}{15} + \frac{1}{15}}} = \frac{\overline{X} - \overline{Y}}{12.827}$$

④ $\overline{x} - \overline{y} = 22$이므로 검정통계량의 관찰값은 $t_0 = \frac{22}{12.827} \approx 1.7151$이고, 이 관찰값이 기각역 안에 놓이지 않으므로 귀무가설을 기각할 수 없다. 즉, 두 정유회사에서 판매하는 휘발유의 평균 가격이 동일하다고 할 수 있다.

(2) 유의수준 $\alpha = 0.1$에 대한 양측검정이므로 자유도 28인 t-분포에서 $t_{0.05, 28} = 1.701$이고, 기각역은 $R : |T| > t_{0.05, 28} = 1.701$이다. 따라서 검정통계량의 관찰값 $t_0 = 1.7151$은 기각역 안에 놓이고, 귀무가설을 기각한다. 즉, 두 정유회사에서 판매하는 휘발유의 평균 가격이 동일하다는 증거는 불충분하다.

10-67

새로운 교수법이 효과가 있는지 알아보기 위하여 독립적으로 무작위로 선정한 두 그룹을 테스트하여 다음 줄기-잎 그림을 작성하였다. 유의수준 5%에서 새로운 교수법이 효과가 있는지 검정하라(단, 테스트 결과는 모분산이 동일한 정규분포를 따른다고 알려져 있다).

새로운 교수법		전통적인 교수법
6	6	5 6
9 6 5 2	7	0 2 6 6 9
8 8 7 5 3 1	8	1 2 4 7
9 6 4 1	9	0 2 3

풀이 ① 새로운 교수법과 전통적인 교수법에 의한 평균을 각각 μ_1, μ_2라 하면, 귀무가설은 $H_0 : \mu_1 \leq \mu_2$이고 대립가설은 $H_a : \mu_1 > \mu_2$(주장)이다.

② 두 표본의 크기가 각각 15, 16이고 유의수준 $\alpha = 0.05$에 대한 오른쪽 검정이므로 자유도 29인 t-분포에서 $t_{0.05, 29} = 1.699$이고, 기각역은 $R : T > t_{0.05, 29} = 1.699$이다.

③ 두 표본의 평균과 분산을 구하면 각각 다음과 같다.

$$\bar{x} = \frac{1}{15}\sum x_i = 84, \qquad s_1^2 = \frac{1}{14}\sum(x_i - 84)^2 = 86.29$$

$$\bar{y} = \frac{1}{16}\sum y_i = 79.5, \qquad s_2^2 = \frac{1}{15}\sum(y_i - 79.5)^2 = 84.42$$

그러므로 합동표본분산과 합동표본표준편차는 각각 다음과 같다.

$$s_p^2 = \frac{14 \times 86.29 + 15 \times 84.42}{15 + 16 - 2} \approx 85.3228, \; s_p = \sqrt{85.3228} \approx 9.237$$

따라서 검정통계량은 다음과 같다.

$$T = \frac{\overline{X} - \overline{Y}}{9.237\sqrt{\dfrac{1}{15} + \dfrac{1}{16}}} = \frac{\overline{X} - \overline{Y}}{3.3198}$$

④ $\bar{x} - \bar{y} = 4.5$이므로 검정통계량의 관찰값은 $t_0 = \dfrac{4.5}{3.3198} \approx 1.3555$이고, 따라서 검정통계량의 관찰값이 기각역 안에 놓이지 않으므로 귀무가설을 기각할 수 없다. 즉, 새로운 교수법이 효과가 있다는 근거는 불충분하다.

10-68

근무시간이 고정된 것보다 자유롭게 선택하는 제도에서 근로자의 효율이 높은지 알아보기 위하여, 독립적으로 자유 시간 선택제와 고정 시간제 근로자를 선정하여 다음과 같이 일의 양을 조사하였다. 자유 시간 선택제에 의한 근로자의 평균 일의 양이 더 많은지 유의수준 5%에서 검정하라(단, 각 근로자의 일의 양은 모분산이 동일한 정규분포를 따른다고 알려져 있다).

	표본평균	표본표준편차	표본의 크기
자유 시간 선택제	$\bar{x} = 69.3$	$s_1 = 2.7$	$n = 10$
고정 시간제	$\bar{y} = 67.8$	$s_2 = 2.5$	$m = 13$

풀이 ① 자유 시간 선택제와 고정 시간제 근로자의 평균 일의 양을 각각 μ_1, μ_2라 하면, 귀무가설은 $H_0 : \mu_1 \le \mu_2$이고 대립가설은 $H_a : \mu_1 > \mu_2$(주장)이다.

② 두 표본의 크기가 각각 10, 13이고 유의수준 $\alpha = 0.05$에 대한 오른쪽 검정이므로 자유도 21인 t-분포에서 $t_{0.05, 21} = 1.721$이고, 기각역은 $R : T > t_{0.05, 21} = 1.721$이다.

③ 합동표본분산과 합동표본표준편차는 각각 다음과 같다.

$$s_p^2 = \frac{9 \times 2.7^2 + 12 \times 2.5^2}{10 + 13 - 2} \approx 6.6957, \ s_p = \sqrt{6.6957} \approx 2.5876$$

따라서 검정통계량은 다음과 같다.

$$T = \frac{\overline{X} - \overline{Y}}{2.5876 \sqrt{\dfrac{1}{10} + \dfrac{1}{13}}} = \frac{\overline{X} - \overline{Y}}{1.0884}$$

④ $\overline{x} - \overline{y} = 1.5$이므로 검정통계량의 관찰값은 $t_0 = \dfrac{1.5}{1.0884} \approx 1.3782$이고, 따라서 검정통계량의 관찰값이 기각역 안에 놓이지 않으므로 귀무가설을 기각할 수 없다. 즉, 자유 시간 선택제 근로자의 일의 양이 더 많다는 근거는 불충분하다.

10-69

서로 독립이고 모분산이 동일한 두 정규모집단에서 각각 표본을 선정하여 다음 결과를 얻었다. 이 자료를 근거로 $\mu_1 < \mu_2$인 주장을 유의수준 5%에서 검정하라.

표본 1	8 2 7 4 3
표본 2	9 6 6 8 5 4

풀이 ① 표본 1과 2의 모평균을 각각 μ_1, μ_2라 하면, 귀무가설은 $H_0 : \mu_1 \geq \mu_2$이고 대립가설은 $H_a : \mu_1 < \mu_2$(주장)이다.

② 두 표본의 크기가 각각 5, 6이고 유의수준 $\alpha = 0.05$에 대한 왼쪽 검정이므로 자유도 9인 t-분포에서 $t_{0.05, 9} = 1.833$이고, 기각역은 $R : T < -t_{0.05, 9} = -1.833$이다.

③ 두 표본의 평균과 분산을 구하면 각각 다음과 같다.

$$\overline{x} = \frac{1}{5} \sum x_i = 4.8, \qquad s_1^2 = \frac{1}{4} \sum (x_i - 4.8)^2 \approx 2.59$$
$$\overline{y} = \frac{1}{6} \sum y_i = 6.33, \qquad s_2^2 = \frac{1}{5} \sum (y_i - 6.33)^2 \approx 1.862$$

그러므로 합동표본분산과 합동표본표준편차는 각각 다음과 같다.

$$s_p^2 = \frac{4 \times 2.59 + 5 \times 1.862}{5 + 6 - 2} \approx 2.1856, \ s_p = \sqrt{2.1856} \approx 1.47836$$

따라서 검정통계량은 다음과 같다.

$$T = \frac{\overline{X} - \overline{Y}}{1.47836\sqrt{\dfrac{1}{5} + \dfrac{1}{6}}} = \frac{\overline{X} - \overline{Y}}{0.8952}$$

④ $\overline{x} - \overline{y} = -1.53$이므로 검정통계량의 관찰값은 $t_0 = -\dfrac{1.53}{0.8952} \approx -1.698$이고, 따라서 검정통계량의 관찰값이 기각역 안에 놓이지 않으므로 귀무가설을 기각할 수 없다. 즉, $\mu_1 < \mu_2$인 주장은 근거가 불충분하다.

10-70

남자보다 여자가 평균적으로 10년을 더 산다고 보도된 바 있다. 이러한 보도의 진위를 알아보기 위하여 남자와 여자를 각각 20명씩 표본 조사하여 다음 자료를 얻었다. 이 자료를 근거로 보고서의 주장에 대한 타당성을 유의수준 1%에서 검정하라. 단, 남자와 여자의 수명에 대한 모표준편차는 11.7년이고, 이들 수명은 정규분포를 따른다고 한다.

남자	52	60	55	46	33	75	58	45	57	88
	35	57	48	54	52	46	38	40	52	64
여자	62	58	65	66	63	45	56	65	77	47
	85	77	58	69	64	66	58	70	72	58

풀이 ① 여자의 평균연령을 μ_1 그리고 남자의 평균연령을 μ_2라 하고, 귀무가설 $H_0 : \mu_1 - \mu_2 = 10$과 대립가설 $H_a : \mu_1 - \mu_2 \neq 10$을 설정한다.

② 여자의 평균연령과 남자의 평균연령을 각각 $\overline{X}, \overline{Y}$라 하면, 모분산이 각각 $\sigma_1 = \sigma_2 = 11.7$이므로 $Z = \dfrac{\overline{X} - \overline{Y} - (\mu_1 - \mu_2)}{\sqrt{\dfrac{\sigma_1^2}{n} + \dfrac{\sigma_2^2}{m}}} = \dfrac{\overline{X} - \overline{Y} - 10}{\sqrt{13.689}} \sim N(0, 1)$이다.

③ 유의수준 $\alpha = 0.01$에 대한 임곗값과 기각역을 구한다. 양측검정이므로 $\alpha = 0.01$에 대한 임곗값은 $z_{0.005} = 2.575$이고, 따라서 기각역은 $R : |Z| > 2.575$이다.

④ 검정통계량의 관찰값을 구한다. 두 표본에 대한 표본평균이 각각 $\overline{x} = 64.05$, $\overline{y} = 52.75$이므로 검정통계량의 관찰값은 $z_0 = \dfrac{11.3 - 10}{3.7} = 0.35$이다.

⑤ 검정통계량의 관찰값이 기각역 안에 들어있지 않으므로 귀무가설 H_0을 기각할 수 없다. 즉, 여자가 남자보다 평균 10년을 더 산다고 할 수 있다.

10-71

A와 B 두 회사에서 생산되는 타이어의 평균수명에 차이가 있는지 조사하기 위하여, 각각 36개씩 타이어를 표본 추출하여 조사한 결과 다음과 같았다. 두 회사에서 생산된 타이어의 평균수명에 차이가 있는지 유의수준 5%에서 검정하라. 단, 타이어의 수명은 정규분포를 따른다고 한다.

(단위 : km)

	표본평균	표본표준편차
A 회사 타이어	57,300	3,550
B 회사 타이어	56,100	3,800

풀이 ① A와 B 회사에서 생산된 타이어의 평균수명을 각각 μ_1, μ_2라 하고, $H_0 : \mu_1 - \mu_2 = 0$을 귀무가설 그리고 $H_a : \mu_1 - \mu_2 \neq 0$을 대립가설로 설정한다.

② 표본으로 추출된 A와 B 회사 타이어의 평균수명을 각각 $\overline{X}$, $\overline{Y}$라 하면, 두 표본의 크기가 각각 36으로 충분히 크므로 귀무가설에 대한 검정통계량과 그 확률분포는

$$Z = \frac{\overline{X} - \overline{Y} - 0}{\sqrt{\dfrac{s_1^2}{n} + \dfrac{s_2^2}{m}}} = \frac{\overline{X} - \overline{Y}}{866.706} \approx N(0, 1)$$ 이다.

③ 유의수준 $\alpha = 0.05$에 대한 임곗값과 기각역을 구한다. 양측검정이므로 $\alpha = 0.05$에 대한 임곗값은 $z_{0.025} = 1.96$이고, 따라서 기각역은 $R : |Z| > 1.96$이다.

④ 검정통계량의 관찰값을 구한다. 두 표본에 대한 표본평균이 각각 $\overline{x} = 57300$, $\overline{y} = 56100$이므로 검정통계량의 관찰값은 $z_0 = \dfrac{57300 - 56100}{866.706} = 1.38$이다.

⑤ 검정통계량의 관찰값이 기각역 안에 들어있지 않으므로 귀무가설 H_0을 기각할 수 없다. 즉, 두 회사에서 생산된 타이어의 평균수명은 같다고 할 수 있다.

10-72

어떤 대학병원에서 단기간 동안 이 병원에 입원한 남녀 환자들의 입원 기간을 조사하여 다음과 같은 조사 자료를 얻었다. 이때 유의수준 5%에서 남녀 간에 입원 기간에 차이가 있는지 검정하라. 단, 남자와 여자의 입원 기간은 각각 표준편차가 5.6일, 4.5일인 정규분포를 따른다고 한다.

남자	3 4 12 16 5 11 21 9 8 25
	17 3 8 6 13 7 30 12 9 10
여자	12 5 4 10 1 8 19 13 9 1 13
	13 7 9 15 8 28

풀이 ① 남자와 여자의 평균 입원 기간을 각각 μ_1, μ_2 라 하고, 두 가설 $H_0 : \mu_1 - \mu_2 = 0$ 과 $H_a : \mu_1 - \mu_2 \neq 0$ 을 설정한다.

② 표본으로 추출된 남자와 여자의 평균 입원 기간을 각각 $\overline{X}$, $\overline{Y}$라 하면, 두 표본의 크기가 각각 20개씩이므로 귀무가설에 대한 검정통계량과 그 확률분포는

$$Z = \frac{\overline{X} - \overline{Y} - 0}{\sqrt{\dfrac{\sigma_1^2}{n} + \dfrac{\sigma_2^2}{m}}} = \frac{\overline{X} - \overline{Y}}{\sqrt{\dfrac{5.5^2}{20} + \dfrac{4.5^2}{17}}} \sim N(0, 1)$$

이다.

③ 유의수준 $\alpha = 0.05$ 에 대한 임곗값과 기각역을 구한다. 양측검정이므로 $\alpha = 0.05$ 에 대한 임곗값은 $z_{0.025} = 1.96$ 이고, 따라서 기각역은 $R : |Z| > 1.96$ 이다.

④ 검정통계량의 관찰값을 구한다. 두 표본에 대한 표본평균이 각각 $\overline{x} = 11.45$, $\overline{y} = 10.29$ 이므로 검정통계량의 관찰값은 $z_0 = \dfrac{11.45 - 10.29}{1.6443} = 0.705$ 이다.

⑤ 검정통계량의 관찰값이 기각역 안에 들어있지 않으므로 귀무가설 H_0 을 기각할 수 없다. 즉, 남자와 여자의 평균 입원 기간에는 차이가 없다고 할 수 있다.

10-73

서로 독립인 두 정규모집단에서 각각 크기 11과 16인 표본을 추출하여 다음 결과를 얻었다.

모집단	표본의 크기	표본평균	표본표준편차
1	11	704	1.6
2	16	691	1.2

(1) 합동표본분산 S_p^2 을 구하라.

(2) 두 모분산이 같은 경우, 유의수준 0.1에서 $H_0 : \mu_1 = \mu_2$ 와 $H_a : \mu_1 \neq \mu_2$ 를 검정하라.

풀이 (1) 두 표본의 표본분산을 S_1^2, S_2^2 이라 하면 합동표본분산은

$$S_p^2 = \frac{10 \times 1.6^2 + 15 \times 1.2^2}{25} = 1.888$$

이다.

(2) ① 귀무가설 H_0: $\mu_1 - \mu_2 = 0$과 대립가설 H_a: $\mu_1 - \mu_2 \neq 0$를 설정한다.

② 검정통계량과 검정통계량의 확률분포는 $T = \dfrac{\overline{X} - \overline{Y} - 0}{S_p \sqrt{\dfrac{1}{11} + \dfrac{1}{16}}} \sim t(25)$ 이다.

③ 주어진 유의수준 $\alpha = 0.1$에 대한 임곗값과 기각역을 구하면, $t_{0.025}(25) = 2.060$이므로 기각역은 R : $|T| > 2.060$이다.

④ 표본 조사한 자료로부터 두 표본평균이 각각 $\overline{x} = 704$, $\overline{y} = 691$이므로 검정통계량의 관찰값은 $t_0 = \dfrac{704 - 691}{\dfrac{1.888}{\sqrt{0.1534}}} = 2.6968$이다.

⑤ 유의수준 $\alpha = 0.1$에 대하여 검정통계량의 관찰값이 기각역 안에 들어가므로 귀무가설을 기각한다.

10-74

모분산이 미지이고 서로 다른 두 정규모집단 A와 B에서 표본을 추출하여 다음과 같은 결과를 얻었다.

(단위 : mg)

A 표본	$n = 17$, $\overline{x} = 704$, $s_1 = 39.25$
B 표본	$m = 10$, $\overline{y} = 675$, $s_2 = 43.75$

두 모평균이 동일한지 1%, 5%와 10% 유의수준에서 각각 검정하라.

풀이 ① A 표본과 B 표본의 모평균을 각각 μ_1, μ_2라 하면, 귀무가설은 H_0: $\mu_1 = \mu_2$이고 대립가설은 H_a: $\mu_1 \neq \mu_2$이다.

② 두 모분산이 미지이고 서로 다르므로, $\overline{X} - \overline{Y}$의 표준화 확률변수는 $t(\mathrm{d.f.})$-분포를 따른다. 이때

$$\mathrm{d.f.} = \frac{\left(\dfrac{s_1^2}{n} + \dfrac{s_2^2}{m}\right)^2}{\dfrac{(s_1^2/n)^2}{n-1} + \dfrac{(s_2^2/m)^2}{m-1}} = \frac{\left(\dfrac{39.25^2}{17} + \dfrac{43.75^2}{10}\right)^2}{\dfrac{(39.25^2/17)^2}{16} + \dfrac{(43.75^2/10)^2}{9}}$$

$$= \frac{79539.55223}{4583.9698} \approx 17.4$$

로 d.f.는 17이다. 유의수준 $\alpha = 0.01$, $\alpha = 0.05$와 $\alpha = 0.1$에 대한 양측검정이므로 자유도 17인 t-분포에서 $t_{0.005,17} = 2.898$, $t_{0.025,17} = 2.110$과 $t_{0.05,17} = 1.740$이고, 기각역은 각각 $R : |T| > t_{0.005,17} = 2.898$, $R : |T| > t_{0.025,17} = 2.110$과 $R : |T| > t_{0.05,17} = 1.740$이다.

③ 표준오차는 다음과 같다.

$$\sqrt{\frac{s_1^2}{n} + \frac{s_2^2}{m}} = \sqrt{\frac{39.25^2}{17} + \frac{43.75^2}{10}} \approx \sqrt{282.028} \approx 16.794$$

따라서 검정통계량은 다음과 같다.

$$T = \frac{\overline{X} - \overline{Y}}{\sqrt{\frac{s_1^2}{n} + \frac{s_2^2}{m}}} = \frac{\overline{X} - \overline{Y}}{16.794}$$

④ $\overline{x} - \overline{y} = 29$이므로 검정통계량의 관찰값은 $t_0 = \frac{29}{16.794} \approx 1.727$이고, 따라서 유의수준 1%, 5%와 10%에서 모두 검정통계량의 관찰값이 기각역 안에 놓이지 않으므로 귀무가설을 기각할 수 없다. 즉, 1%, 5%와 10% 유의수준에서 각각 두 모집단의 평균이 같다고 할 수 있다.

10-75

A 고등학교 학생들의 주장에 따르면 자신들의 평균성적이 B 고등학교 학생들보다 높다고 한다. 이를 확인하기 위하여 두 고등학교에서 각각 10명씩 임의로 추출하여 모의고사를 치른 결과 다음과 같은 점수를 얻었다. A 고등학교 학생들의 주장이 맞는지 유의수준 0.05에서 검정하라. 단, 두 학교 학생들의 표준편차는 거의 비슷하다고 하고, 성적은 정규분포를 따른다고 한다.

A 고교	77	78	75	94	65	82	69	78	77	84
B 고교	73	88	75	89	54	72	69	66	87	77

풀이 ① A와 B 고등학교의 평균성적을 각각 μ_1, μ_2 라 하고, 두 가설 $H_0 : \mu_1 - \mu_2 \geq 0$ 과 $H_a : \mu_1 - \mu_2 < 0$을 설정한다.

② 표본으로 추출된 A와 B 두 고등학교의 평균성적을 각각 $\overline{X}$, $\overline{Y}$라 하면, 두 표본의

크기가 각각 10씩이므로 귀무가설에 대한 검정통계량과 그 확률분포는

$$T = \frac{\overline{X} - \overline{Y} - 0}{S_p \sqrt{\frac{1}{n} + \frac{1}{m}}} = \frac{\overline{X} - \overline{Y}}{0.4472 S_p} \sim t\,(18)$$

이다.

③ 유의수준 $\alpha = 0.05$에 대한 임곗값과 기각역을 구한다. 왼쪽 검정이므로 $\alpha = 0.05$ 에 대한 임곗값은 $t_{0.05} = -1.734$이고, 따라서 기각역은 $R\ :\ T < -1.734$이다.

④ 검정통계량의 관찰값을 구한다. 두 표본에 대한 표본평균이 각각 $\overline{x} = 77.9$, $\overline{y} = 75.0$이고 두 표준편차는 각각 $s_1 = 7.95$, $s_2 = 10.97$이므로 합동표본분산은

$$S_p^2 = \frac{9 \times 7.95^2 + 9 \times 10.97^2}{18} = 91.7717 \text{이고, 따라서 } S_p = \sqrt{91.7717} = 9.58 \text{이다.}$$

그러므로 검정통계량의 관찰값은 $t_0 = \dfrac{77.9 - 75}{0.4472 \times 9.58} = 0.677$이다.

⑤ 검정통계량의 관찰값이 기각역 안에 들어있지 않으므로 귀무가설 H_0을 기각할 수 없다. 즉, A 고등학교의 성적이 B 고등학교의 성적보다 높다고 할 수 있다.

10-76

실험 전후의 변화를 확인하기 위하여 크기 10인 표본을 선정하여 실험 전후의 측정값을 다음과 같이 얻었다. 실험 전후의 평균에 차이가 없는지 유의수준 5%에서 검정하라(단, 실험 전후의 측정값은 정규분포를 따른다).

	1	2	3	4	5	6	7	8	9	10
실험 전	5.6	7.4	5.8	10.9	8.8	9.7	6.8	7.9	8.6	5.8
실험 후	5.3	6.9	5.5	9.7	8.4	9.8	7.0	7.3	8.2	5.5

풀이 우선 실험 전후의 측정값에 대한 차를 구한다.

	1	2	3	4	5	6	7	8	9	10
d_i	0.3	0.5	0.3	1.2	0.4	-0.1	-0.2	0.6	0.4	0.3

① 실험 전후의 평균을 각각 μ_1, μ_2라 하면, 귀무가설은 $H_0 : \mu_1 - \mu_2 = 0$, 대립가설은 $H_a : \mu_1 - \mu_2 \neq 0$이다.

② 유의수준 $\alpha = 0.05$에 대한 양측검정이고 이때 자유도 9인 t-분포를 사용하므로 기각역은 $R : |T| > t_{0.025,\,9} = 2.262$이다.

③ d_i에 대한 평균과 표준편차를 구한다.

$$\overline{d} = \frac{1}{10}(0.3 + 0.5 + 0.3 + \cdots + 0.3) = 0.37$$

그리고 $\sum d_i^2 = 2.69$, $(\sum d_i)^2 = 13.69$이므로 타수의 차에 대한 표준편차는 다음과 같다.

$$s_d = \sqrt{\frac{10 \times 2.69 - 13.69}{9 \times 10}} \approx 0.3831$$

④ 검정통계량 $T = \dfrac{\overline{d}}{0.3831 / \sqrt{10}} = \dfrac{\overline{d}}{0.1211}$ 의 관찰값은 $t_0 = \dfrac{0.37}{0.1211} \approx 3.0553$이므로 기각역 안에 놓인다.

⑤ 따라서 귀무가설을 기각한다. 즉, 실험 전후의 평균에 차이가 있다고 할 수 있다.

10-77

자동차 사고가 빈번히 일어나는 교차로의 신호 체계를 바꾸면 사고를 줄일 수 있다고 경찰청에서 말한다. 이것을 알아보기 위하여 시범적으로 사고가 많이 발생하는 지역을 선정하여 지난 한 달 동안 발생한 사고 건수와 신호 체계를 바꾼 후의 사고 건수를 조사한 결과 다음과 같았다. 유의수준 5%에서 신호 체계를 바꾸면 사고를 줄일 수 있는지 검정하라 (단, 사고 건수는 정규분포를 따른다고 알려져 있다).

지역	1	2	3	4	5	6	7	8
바꾸기 전	5	10	8	9	5	7	6	8
바꾼 후	4	9	8	8	4	8	5	8

풀이 우선 각 지역의 신호체계를 바꾸기 전후의 사고 건수에 대한 차를 구한다.

지역	1	2	3	4	5	6	7	8
d_i	1	1	0	1	1	-1	1	0

① 신호체계를 바꾸기 전과 후의 평균 사고 건수를 각각 μ_1, μ_2라 하면, 밝히고자 하는 것은 $\mu_1 > \mu_2$이고 등호가 들어가지 않으므로 대립가설로 설정한다. 따라서 귀무가설은 $H_0 : \mu_1 - \mu_2 = 0$(또는 $\mu_1 - \mu_2 \leq 0$)이고 대립가설은 $H_a : \mu_1 - \mu_2 > 0$ (주장)이다.

② 유의수준 $\alpha = 0.05$에 대한 오른쪽 검정이고 이때 자유도 7인 t-분포를 사용하므로 기각역은 $R : T > t_{0.05, 7} = 1.895$이다.

③ d_i 에 대한 평균과 표준편차를 구한다.

$$\bar{d} = \frac{1}{8}(1+1+0+1+1-1+1+0) = 0.5$$

그리고 $\sum d_i^2 = 6$, $(\sum d_i)^2 = 16$ 이므로 사고 건수의 차에 대한 표준편차는 다음과 같다.

$$s_d = \sqrt{\frac{8 \times 6 - 16}{56}} \approx 0.7559$$

④ 검정통계량 $T = \dfrac{\bar{d}-0}{0.7559/\sqrt{8}} = \dfrac{\bar{d}}{0.26725}$ 의 관찰값은 $t_0 = \dfrac{0.5}{0.26725} \approx 1.871$ 이므로 기각역 안에 놓이지 않는다.

⑤ 따라서 귀무가설을 기각할 수 없다. 즉, 신호체계를 바꾸면 사고를 줄일 수 있다는 근거는 없다.

10-78

정규모집단에서 크기 20인 표본을 추출하여 조사한 결과 표본분산 2.4를 얻었다. 유의수준 10%에서 모분산이 2보다 큰지 검정하라.

풀이 ① 귀무가설 $H_0 : \sigma^2 \leq 2$ 과 대립가설 $H_a : \sigma^2 > 2$(주장)을 설정한다.

② 크기 20이므로 자유도 15인 χ^2-분포에서 유의수준 $\alpha = 0.1$ 에 대한 오른쪽 검정의 임곗값은 $\chi^2_{0.1,15} = 27.20$ 이므로, 기각역은 $V > 27.20$ 이다.

③ 검정통계량은 $V = \dfrac{19\,S^2}{2}$ 이고 관찰값은 $v_0 = \dfrac{19 \times 2.4}{2} = 22.8$ 이므로 기각역 안에 놓이지 않는다.

④ 검정통계량의 관찰값이 기각역 안에 놓이지 않으므로 귀무가설을 기각할 수 없다. 즉, 모분산이 2보다 크다는 근거가 불충분하다.

10-79

전자상가에 있는 10곳의 캠코더 판매점을 둘러본 결과, 동일한 제품의 캠코더 가격이 다음과 같이 다르게 나타났다. 물음에 답하라(단, 캠코더 가격은 정규분포를 따르고, 단위는 천 원이다).

938.8	952.0	946.8	958.8	948.4	950.0	953.8	928.8	947.5	936.2

---

(1) 표본평균과 표본분산을 구하라.

(2) 모평균이 950.0 천 원 인지 유의수준 5% 에서 검정하라.

(3) 모표준편차가 11.2 천 원 인지 유의수준 5% 에서 검정하라.

풀이 (1) 표본평균과 표본분산을 먼저 구하면 다음과 같다.

$$\bar{x} = \frac{1}{10} \sum x_i = 946.11, \quad s^2 = \frac{1}{9} \sum (x_i - 946.11)^2 = 157.234$$

(2) ① 귀무가설 $H_0 : \mu = 950$ 과 대립가설 $H_a : \mu \neq 950$ 을 설정한다.

② 검정통계량은 $T = \dfrac{\overline{X} - 950}{s / \sqrt{10}}$ 이고, $s = \sqrt{157.234} \approx 12.539$, $\bar{x} = 946.11$ 이므로 검정통계량의 관찰값은 $t_0 = \dfrac{946.11 - 950}{\frac{12.539}{\sqrt{10}}} \approx -0.0981$ 이다.

③ 유의수준 $\alpha = 0.05$ 에 대한 양측검정이고, 임곗값은 자유도 9인 t-분포에서 $t_{0.025,9} = 2.262$ 이므로 기각역은 $R : T < -2.262, \ T > 2.262$ 이다.

④ 검정통계량의 관찰값이 기각역 안에 들어가지 않으므로 귀무가설을 기각할 수 없다.

(3) ① $\sigma = 11.2$ 또는 $\sigma^2 = 125.44$ 에 대하여 검증하므로 귀무가설 $H_0 : \sigma^2 = 125.44$ 와 대립가설 $H_a : \sigma^2 \neq 125.44$ 를 설정한다.

② 유의수준 $\alpha = 0.05$ 에 대한 양측검정의 임곗값은 자유도 9인 χ^2-분포표로부터 $\chi^2_{0.975,9} = 2.7$, $\chi^2_{0.025,9} = 19.02$ 이므로, 기각역은 $V < 2.7, \ V > 19.02$ 이다.

④ 검정통계량은 $V = \dfrac{9S^2}{\sigma_0^2} = \dfrac{9S^2}{125.44}$ 이고, $s^2 = 157.234$ 이므로 검정통계량의 관찰값은 $v_0 = \dfrac{9 \times 157.234}{125.44} \approx 11.28$ 이다.

⑤ 검정통계량의 관찰값 $v_0 = 11.28$ 이 기각역 안에 놓이지 않으므로 귀무가설을 기각하지 않는다. 즉, 모표준편차가 11.2 천 원 이라 할 수 있다.

10-80

지름 20 mm 인 볼트를 생산한 회사에서 볼트 지름의 표준편차는 0.5 mm 보다 작다고 하였다. 이것을 알아보기 위하여 10개의 볼트를 임의로 조사하여 다음을 얻었다. 표준편차가 0.5 mm 보다 작은지 유의수준 5% 에서 검정하라. (단 볼트의 지름은 정규분포를 따른다고 하고, 단위는 mm 이다.)

20.8	20.2	19.2	21.1	20.6	20.0	20.3	19.5	19.7	20.3

풀이 표본평균과 표본분산을 먼저 구하면 다음과 같다.

$$\overline{x} = \frac{1}{10} \sum x_i = 20.17, \ s^2 = \frac{1}{9} \sum (x_i - 20.17)^2 = 0.347$$

① $\sigma < 0.5$를 검정하므로 귀무가설 $H_0 : \sigma^2 \geq 0.25$와 대립가설 $H_a : \sigma^2 < 0.25$(주장)을 설정한다.

② 검정통계량은 $V = \dfrac{9S^2}{\sigma_0^2} = \dfrac{9S^2}{0.25}$이고, $s^2 = 0.347$이므로 검정통계량의 관찰값은

$v_0 = \dfrac{9 \times 0.347}{0.25} = 12.492$이다.

④ 유의수준 $\alpha = 0.05$에 대한 왼쪽 검정의 임곗값은 자유도 9인 χ^2-분포표로부터 $\chi_{0.95,9}^2 = 3.33$이므로, 기각역은 $V < 3.33$이다.

⑤ 검정통계량의 관찰값 $v_0 = 12.492$가 기각역 안에 놓이지 않으므로 귀무가설을 기각하지 않는다. 즉, 표준편차가 $0.5\,\mathrm{mm}$ 보다 작다는 근거는 미약하다.

10-81

정규모집단에서 크기 12인 표본을 임의로 선정하여 평균 13.1과 표준편차 2.7을 얻었다. 유의수준 5%에서 모분산이 5보다 큰지 검정하라.

풀이 ① 귀무가설 $H_0 : \sigma^2 \leq 5$와 대립가설 $H_a : \sigma^2 > 5$(주장)을 설정한다.

② $s = 2.7$이므로 검정통계량의 관찰값은 $v_0 = \dfrac{11S^2}{\sigma_0^2} = \dfrac{11 \times 2.7^2}{5} = 16.038$이다.

④ 유의수준 $\alpha = 0.05$에 대한 오른쪽 검정의 임곗값은 자유도 11인 χ^2-분포표로부터 $\chi_{0.05,11}^2 = 19.68$이므로, 기각역은 $V > 19.68$이다.

⑤ 검정통계량의 관찰값 $v_0 = 16.038$이 기각역 안에 놓이지 않으므로 귀무가설을 기각하지 않는다. 즉, 모분산이 5보다 크다는 근거는 미약하다.

10-82

정규모집단에서 크기 10인 표본을 임의로 선정하여 조사한 결과 다음과 같았다. 모분산이 $\sigma^2 = 0.8$이라는 주장에 대하여 유의수준 1%에서 검정하라.

| 1.5 | 1.1 | 3.6 | 1.5 | 1.7 | 2.1 | 3.2 | 2.5 | 2.8 | 2.9 |

풀이 ① 귀무가설 $H_0 : \sigma^2 = 0.8$과 대립가설 $H_a : \sigma^2 \neq 0.8$을 설정한다.

② 유의수준 $\alpha = 0.01$에 대한 양측검정이고 자유도가 9이므로 $\chi^2_{0.995} = 1.73$, $\chi^2_{0.005} = 23.59$이므로 기각역은 $R : V < 1.73,\ V > 23.59$이다.

③ 표본의 평균과 분산을 구하면 다음과 같다.

$$\bar{x} = \frac{1.5 + 1.1 + \cdots + 2.9}{10} = 2.29$$

$$s^2 = \frac{1}{9} \sum_{i=1}^{10} (x_i - 2.29)^2 = \frac{6.269}{9} \approx 0.697$$

따라서 검정통계량 $V = \dfrac{9S^2}{0.8}$의 관찰값은 $v_0 = \dfrac{9 \times 0.697}{0.8} \approx 7.84$이므로 기각역 안에 놓이지 않는다.

④ 유의수준 1%에서 귀무가설을 기각할 수 없다. 즉, 모분산이 0.8이라는 주장은 타당해 보인다.

10-83

정규모집단에서 모표준편차가 0.09보다 작은지 알아보기 위하여, 크기 12인 표본을 추출하여 조사한 결과 표본표준편차가 0.05이었다. 모표준편차가 0.09보다 작은지 유의수준 5%에서 검정하라.

풀이 ① 귀무가설 $H_0 : \sigma \geq 0.09$와 대립가설 $H_a : \sigma < 0.09$(주장)을 설정한다. 그러면 모분산에 대한 귀무가설 $H_0 : \sigma^2 \geq 0.09^2$과 대립가설 $H_a : \sigma^2 < 0.09^2$ (주장)으로 변환하여 검정을 실시한다.

② 유의수준 $\alpha = 0.05$에 대한 왼쪽 검정이고 자유도가 11이므로 $\chi^2_{0.95} = 4.57$이고, 기각역은 $R : V < 4.57$이다.

③ 관찰된 표본표준편차가 $s = 0.05$이므로 검정통계량 $V = \dfrac{11S^2}{0.09^2}$의 관찰값은

$$v_0 = \frac{11 \times 0.05^2}{0.09^2} \approx 3.395$$

이다.

④ 검정통계량의 관찰값이 기각역 안에 놓이므로 귀무가설을 기각한다. 즉, 모표준편차가 0.09 보다 작다고 할 수 있다.

10-84

정규모집단에서 크기 17인 표본을 조사하여 표본평균 15.1과 표준편차 2.7을 얻었다. 가설 $H_0 : \sigma^2 \le 4.5$을 유의수준 5%에서 검정하라.

풀이 ① 귀무가설이 $H_0 : \sigma^2 \le 4.5$이므로 대립가설은 $H_a : \sigma^2 > 4.5$이다.

② 유의수준 $\alpha = 0.05$에 대한 오른쪽 검정이고 자유도가 16이므로 $\chi^2_{0.05} = 26.30$이고, 기각역은 $R : V > 26.30$이다.

③ 검정통계량 $V = \dfrac{16S^2}{4.5}$의 관찰값은 $v_0 = \dfrac{16 \times 2.7^2}{4.5} \approx 25.92$이므로 기각역 안에 놓이지 않는다.

④ 유의수준 5%에서 귀무가설을 기각할 수 없다. 즉, $\sigma^2 \le 4.5$라는 주장은 타당성이 있다.

10-85

정규모집단에서 크기 16인 표본을 추출하여 조사한 결과 표본분산 0.9를 얻었다.
(1) 모분산이 0.5 보다 큰지를 검정하기 위한 귀무가설과 대립가설을 설정하여라.
(2) 유의수준 $\alpha = 0.01$을 이용하여 임곗값과 기각역을 구하라.
(3) 검정통계량의 관찰값을 구하라.
(4) 1% 유의수준에서 (1)의 귀무가설을 채택할 것인지, 기각할 것인지 결정하여라.

풀이 (1) 귀무가설 $H_0 : \sigma^2 \le 0.5$와 반대되는 대립가설 $H_a : \sigma^2 > 0.5$를 설정한다.

(2) 크기 16이므로 자유도는 15이고, 유의수준 $\alpha = 0.01$에 대한 오른쪽 검정의 임곗값은 $\chi^2_{0.01}(15) = 30.58$이므로, 기각역은 $V > 30.58$이다.

(3) 검정을 위한 χ^2-통계량은 $V = \dfrac{15\,S^2}{\sigma_0^2} = \dfrac{15\,S^2}{0.5} = 30\,S^2$이고, χ^2-통계량의 관찰값은 $v_0 = 30 \times 0.9 = 27$이다.

(4) 검정통계량의 관찰값 $v_0 = 27$은 유의수준 $\alpha = 0.01$에 대한 기각역 안에 들어가지 않으므로 $H_0 : \sigma^2 \leq 0.5$를 기각하지 못한다.

10-86

서울지역 1인당 평균 소득의 분산이 울산지역보다 큰지 알아보기 위하여, 두 지역에서 각각 16명씩 임의로 선정하여 조사한 결과 다음 표와 같았다. 물음에 답하라. 단, 소득은 정규분포를 따른다고 한다.

	평균	표준편차
울산	1,854만 원	69.9만 원
서울	1,684만 원	73.3만 원

(1) 이것을 근거로 서울지역의 분산이 울산지역보다 큰지 유의수준 10%에서 검정하라.
(2) p-값을 구하여 (1)을 검정하라.

풀이 (1) ① 서울과 울산의 평균 소득의 분산을 각각 σ_1^2과 σ_2^2이라 하면, 귀무가설 $H_0 : \sigma_1^2 \leq \sigma_2^2$과 대립가설 $H_a : \sigma_1^2 > \sigma_2^2$(주장)을 설정한다.

② 검정통계량은 $F = \dfrac{S_1^2}{S_2^2}$이므로 검정통계량의 관찰값은 $f_0 = \dfrac{73.3^2}{69.9^2} \approx 1.0996$이다.

③ 분자와 분모의 자유도는 각각 15이고, 유의수준 $\alpha = 0.05$인 오른쪽 검정에 대한 임계점은 $f_{0.1,\,15,\,15} = 1.97$이다. 따라서 기각역은 $F > 1.97$이다.

④ 검정통계량의 관찰값 f_0이 기각역 안에 놓이지 않으므로 귀무가설 H_0을 기각할 수 없다. 다시 말해서, 서울지역의 분산이 울산지역의 분산보다 크다고 할 수 없다.

(2) 오른쪽 검정이므로 p-값$= P(F > 1.0996)$이고 p-값$= P(F > 1.0996) > P(F > 1.97) = 0.05$이므로 귀무가설 H_0을 기각할 수 없다.

10-87

식물학자가 두 지역에 서식하고 있는 어떤 식물의 줄기 굵기를 측정한 결과, 다음과 같은 결과를 얻었다. 두 지역의 식물의 줄기 굵기에 대한 분산이 서로 같은지를 유의수준 5%에서 검정하라(단, 단위는 cm이고, 굵기는 정규분포를 따른다고 한다).

| A 지역 | 0.8 | 1.8 | 1.0 | 0.1 | 0.9 | 1.7 | 1.4 | 1.0 | 0.9 | 1.2 | 0.5 | |
| B 지역 | 1.0 | 0.8 | 1.6 | 2.6 | 1.3 | 1.1 | 2.4 | 1.8 | 2.5 | 1.4 | 1.9 | 2.0 | 1.2 |

풀이 ① A 지역과 B 지역에서 서식하는 식물 줄기의 굵기에 대한 분산을 각각 σ_1^2, σ_2^2이라 하고, 귀무가설 $H_0 : \dfrac{\sigma_1^2}{\sigma_2^2} = 1$과 대립가설 $H_a : \dfrac{\sigma_1^2}{\sigma_2^2} \neq 1$을 설정한다.

② $n = 11$, $m = 13$이므로 분자와 분모의 자유도가 각각 10, 12이고, 따라서 유의수준 $\alpha = 0.05$인 양측검정에 대한 임계점은

$$f_{0.975, 10, 12} = \frac{1}{f_{0.025, 12, 10}} = \frac{1}{3.62} \approx 0.28, \quad f_{0.025, 10, 12} = 3.37$$

이고, 따라서 기각역은 $F < 0.28$ 또는 $F > 3.37$이다.

③ 주어진 자료로부터 $s_1^2 = 0.24$, $s_2^2 = 0.35$이므로 검정통계량 $F = \dfrac{S_1^2}{S_2^2}$의 관찰값은 $f_0 = \dfrac{0.24}{0.35} \approx 0.686$이고, 이 값은 기각역 안에 놓이지 않으므로 두 모분산은 같다고 할 수 있다.

10-88

서로 다른 실험 방법에 대한 반응의 분산이 서로 다른지 알아보기 위하여, 크기가 각각 8과 6인 표본을 조사하여 각각 표준편차 $s_1 = 2.3$과 $s_2 = 5.4$를 얻었다. 두 실험 방법에 대한 반응의 모분산이 서로 다른지 유의수준 5%에서 검정하라. (단, 실험 방법에 대한 반응은 정규분포를 따른다고 한다.)

풀이 ① 두 실험 방법에 대한 반응의 분산을 각각 σ_1^2과 σ_2^2이라 하면, 귀무가설 $H_0 : \sigma_1^2 = \sigma_2^2$과 대립가설 $H_a : \sigma_1^2 \neq \sigma_2^2$(주장)을 설정한다.

② 검정통계량은 $F = \dfrac{S_1^2}{S_2^2}$이므로 검정통계량의 관찰값은 $f_0 = \dfrac{2.3^2}{5.4^2} \approx 0.1814$이다.

③ 분자·분모의 자유도는 각각 7과 5이고, 유의수준 $\alpha = 0.05$인 양측검정에 대한 임

계점은 $f_{0.025, \, 7, \, 5} = 6.85$, $f_{0.975, \, 7, \, 5} = \dfrac{1}{f_{0.025, \, 5, \, 7}} = \dfrac{1}{5.29} \approx 0.189$ 이다. 따라서 기각역은 $F < 0.189$, $F > 6.85$ 이다.

④ 검정통계량의 관찰값 f_0 이 기각역 안에 놓이므로 귀무가설 H_0 을 기각한다. 다시 말해서, 두 실험 방법에 대한 반응의 분산은 같다고 할 수 없다.

10-89

스마트폰을 생산하는 공정라인에서 종사하는 남녀 근로자의 작업 능률이 동일한지 알아보기 위하여 남녀 근로자를 각각 10명씩 임의로 추출하여 조사한 결과, 남자 근로자의 분산은 2.5이고, 여자 근로자의 분산은 2.0이었다. 남자와 여자가 생산한 스마트폰의 모분산에 차이가 있는지 유의수준 10%에서 검정하라. 단, 남자와 여자의 작업 능률은 정규분포를 따른다고 한다.

풀이 ① 남녀 근로자가 생산한 컴퓨터의 분산이 동일하다는 귀무가설 $H_0 : \sigma_1^2 = \sigma_2^2$ 과 대립가설 $H_a : \sigma_1^2 \neq \sigma_2^2$ 을 설정한다.

② 검정통계량은 $F = \dfrac{S_1^2}{S_2^2}$ 이므로 검정통계량의 관찰값은 $f_0 = \dfrac{2.5}{2} = 1.25$ 이다.

③ 분자·분모의 자유도는 각각 9와 9이고, 유의수준 $\alpha = 0.1$ 인 양측검정에 대한 임계점은 $f_{0.05, \, 9, \, 9} = 3.18$, $f_{0.95, \, 9, \, 9} = \dfrac{1}{f_{0.05, \, 9, \, 9}} = \dfrac{1}{3.18} = 0.314$ 이다. 따라서 기각역은 $F < 0.314$, $F > 3.18$ 이다.

④ 검정통계량의 관찰값 f_0 이 기각역 안에 놓이지 않으므로 귀무가설 H_0 을 기각할 수 없다. 다시 말해서, 남자 근로자와 여자 근로자의 능률은 거의 같다고 할 수 있다.

10-90

서로 독립인 두 정규모집단에서 각각 크기 10과 16인 표본을 임의로 선정하였다. 이때 표본 1의 표준편차는 $s_1 = 6.45$ 이고 표본 2의 표준편차는 $s_2 = 14.16$ 이었다. 이 자료를 근거로 귀무가설 $H_0 : \sigma_1^2 = \sigma_2^2$ 에 대하여 다음 대립가설을 유의수준 5%에서 검정하라.

(1) $H_a : \sigma_1^2 \neq \sigma_2^2$ (2) $H_a : \sigma_1^2 < \sigma_2^2$

풀이 (1) ① 귀무가설 $H_0 : \sigma_1^2 = \sigma_2^2$ 과 대립가설 $H_a : \sigma_1^2 \neq \sigma_2^2$ 을 검정하기 위한 검정통계량은 $F = \dfrac{S_1^2}{S_2^2}$ 이므로 관찰값은 $f_0 = \dfrac{6.45^2}{14.16^2} \approx 0.2075$ 이다.

② 분자와 분모의 자유도는 각각 9와 15이므로 유의수준 $\alpha = 0.05$인 양측검정에 대한 임계점은 $f_{0.025,\,9,\,15} = 3.12$, $f_{0.975,\,9,\,15} = \dfrac{1}{f_{0.025,\,15,\,9}} = \dfrac{1}{3.77} = 0.265$이고, 따라서 기각역은 $F < 0.265$, $F > 3.12$이다.

③ 검정통계량의 관찰값 f_0이 기각역 안에 놓이므로 귀무가설 H_0을 기각한다. 즉, $\sigma_1^2 = \sigma_2^2$이라고 할 근거가 미약하다.

(2) ① 귀무가설 $H_0 : \sigma_1^2 = \sigma_2^2$과 대립가설 $H_a : \sigma_1^2 < \sigma_2^2$을 검정하기 위한 검정통계량은 $F = \dfrac{S_1^2}{S_2^2}$이므로 관찰값은 $f_0 = \dfrac{6.45^2}{14.16^2} \approx 0.2075$이다.

② 분자·분모의 자유도는 각각 9와 15이므로 유의수준 $\alpha = 0.05$인 왼쪽 검정에 대한 임계점은 $f_{0.05,\,9,\,15} = 2.59$이고, 따라서 기각역은 $F < 2.59$이다.

③ 검정통계량의 관찰값 f_0이 기각역 안에 놓이므로 귀무가설 H_0을 기각한다. 즉, $\sigma_1^2 < \sigma_2^2$이라고 하기에 충분하다.

10-91

두 종류의 비료 A와 B를 각각 5개 지역에 사용한 결과 단위 면적당 쌀 수확량을 조사한 결과 다음을 얻었다. 단, 쌀 수확량은 정규분포를 따른다고 가정한다.
(1) 두 종류의 비료에 의한 평균 쌀 수확량에 차이가 있는지 유의수준 5%에서 검정하라.
(2) 쌀 수확량의 분산에 차이가 있는지 유의수준 5%에서 검정하라.

| A 지역 | 357 | 325 | 346 | 345 | 330 |
| B 지역 | 335 | 328 | 335 | 344 | 326 |

풀이 (1) ① A와 B 두 지역의 평균 수확량을 각각 μ_1, μ_2라 하고, 두 가설 $H_0 : \mu_1 = \mu_2$와 $H_a : \mu_1 \neq \mu_2$를 설정한다.

② 표본으로 추출된 A와 B 두 지역의 평균 수확량을 각각 $\overline{X}$, $\overline{Y}$라 하면, 두 표본의 크기가 각각 5이므로 귀무가설에 대한 검정통계량과 그 확률분포는

$$T = \frac{\overline{X} - \overline{Y} - 0}{S_p \sqrt{\dfrac{1}{n} + \dfrac{1}{m}}} = \frac{\overline{X} - \overline{Y}}{0.632 S_p} \sim t(8) \text{이다.}$$

③ 유의수준 $\alpha = 0.05$에 대한 임곗값과 기각역을 구한다. 양측검정이므로 $\alpha = 0.05$에 대한 임곗값은 $t_{0.025} = 2.306$이고, 따라서 기각역은 $R : |T| > 2.306$이다.

④ 검정통계량의 관찰값을 구한다. 두 표본에 대한 표본평균이 각각 $\bar{x} = 340.6$, $\bar{y} = 333.6$이고 두 표준편차는 각각 $s_1 = 12.97$, $s_2 = 7.09$이므로 합동표본분산과 합동표본표준편차는 각각 다음과 같다.

$$S_p^2 = \frac{4 \times 12.97^2 + 4 \times 7.09^2}{8} = 109.2445, \ S_p = \sqrt{109.2445} = 10.45$$

그러므로 검정통계량의 관찰값은 $t_0 = \dfrac{340.6 - 333.6}{0.632 \times 10.45} = 1.0599$이다.

⑤ 검정통계량의 관찰값이 기각역 안에 들어있지 않으므로 귀무가설 H_0을 기각할 수 없다. 즉, 두 종류의 비료에 의한 쌀 수확량에는 차이가 없다.

(2) ① 쌀 생산량의 분산이 동일하다는 귀무가설 $H_0 : \sigma_1^2 = \sigma_2^2$과 이에 반대되는 대립가설 $H_a : \sigma_1^2 \neq \sigma_2^2$을 설정한다.

② 검정통계량은 $F = \dfrac{S_1^2}{S_2^2}$이고, $s_1 = 12.97$, $s_2 = 7.09$이므로 검정통계량의 관찰값은 $f_0 = \dfrac{12.97^2}{7.09^2} = 3.346$이다.

③ 분자・분모의 지유도는 각각 4이고, 유의수준 $\alpha = 0.05$인 양측검정에 대한 임계점은 $f_{0.025}(4,4) = 9.60$, $f_{0.975}(4,4) = \dfrac{1}{f_{0.025}(4,4)} = \dfrac{1}{9.60} = 0.104$이고, 따라서 기각역은 $F < 0.104$, $F > 9.6$ 이다. (**참고:** $f_a(b, c) := f_{a, b, c}$)

④ 검정통계량의 관찰값 f_0이 기각역 안에 놓이지 않으므로 귀무가설 H_0을 기각할 수 없다. 다시 말해서, 두 비료에 의한 쌀 수확량의 분산은 거의 같다고 할 수 있다.

10-92

음료수를 제조하는 회사의 주장에 따르면 내용물의 무게에 대한 분산은 $6 \, g^2$이라고 한다. 10개의 음료수를 임의로 수거하여 표본 조사한 결과 표본분산이 $14 \, g^2$임을 얻었다. 귀무가설 $H_0 : \sigma^2 = 6$을 기각할 수 있는지 유의수준 $\alpha = 0.05$와 $\alpha = 0.01$에서 검정하라. (단, 음료수의 무게는 정규분포를 따른다.)

풀이 ① 귀무가설 $H_0 : \sigma^2 = 6$과 반대되는 대립가설 $H_a : \sigma^2 \neq 6$를 설정한다.

② 10개의 음료수를 조사하였으므로 자유도는 9이고, χ^2-통계량 $V = \dfrac{9 S^2}{\sigma_0^2} = \dfrac{9 S^2}{6} = 1.5 \, S^2$을 선택한다.

③ $s^2 = 14$이므로 χ^2-통계량의 관찰값은 $v_0 = 1.5 \times 14 = 21$이다.

④ 유의수준 $\alpha = 0.05$에 대한 임곗값은 $\chi^2_{0.975}(9) = 2.7$, $\chi^2_{0.025}(9) = 19.02$이므로, 기각역은 $V < 2.7$, $V > 19.02$이다. 또한 유의수준 $\alpha = 0.01$에 대한 임곗값은 $\chi^2_{0.995}(9) = 1.73$, $\chi^2_{0.005}(9) = 23.59$이므로, 기각역은 $V < 1.73$, $V > 23.59$이다.

(참고: $\chi^2_a(b) := \chi^2_{a,\,b}$)

⑤ 유의수준 $\alpha = 0.05$에서 검정통계량의 관찰값 $v_0 = 21$은 기각역 안에 들어가므로 $H_0 : \sigma^2 = 6$을 기각한다. 그러나 유의수준 $\alpha = 0.01$에서 관찰값 $v_0 = 21$은 기각역 안에 들어가지 않으므로 $H_0 : \sigma^2 = 6$을 기각할 수 없다.

10-93

어느 음료 제조회사에서 생산되는 음료수 팩에 들어있는 순수 용량은 평균 1 L, 분산은 $0.42\,\text{L}^2$ 이하라고 한다. 이것을 확인하기 위하여 25개 상점에서 각각 1개씩 이 음료수를 임의로 수거하여 측정한 결과 분산 $0.81\,\text{L}^2$인 것으로 조사되었다. 음료 제조회사의 주장이 타당한지 유의수준 1%에서 검정하라. 단, 이 회사에서 제조되는 음료수의 양은 정규분포를 따른다고 한다.

풀이 ① 귀무가설 $H_0 : \sigma^2 \le 0.42$와 반대되는 대립가설 $H_a : \sigma^2 > 0.42$를 설정한다.

② 25개의 음료수 팩을 조사하였으므로 자유도는 24이고, 따라서 χ^2-통계량 $V = \dfrac{24\,S^2}{\sigma_0^2}$ 을 선택한다.

③ 유의수준 $\alpha = 0.01$에 대한 임곗값은 $\chi^2_{0.01}(24) = 42.9798$이고, 기각역은 $V > 42.9798$이다.

④ 검정통계량의 관찰값은 $v_0 = \dfrac{24 \times 0.81}{0.42} = 46.286$이고, 이 관찰값은 기각역 안에 들어가므로 유의수준 1%에서 귀무가설 H_0을 기각한다. 즉, 이 회사에서 제조되는 음료수의 순수 용량은 분산이 $0.42\,\text{L}^2$ 이하라고 할 수 없다.

10-94

어느 자동차 회사에서 생산된 신모델은 단위 연료당 주행거리를 나타내는 평균연비가 $12.5\,\text{km/L}$, 표준편차는 $0.8\,\text{km/L}$ 이상이라고 한다. 이 주장을 조사하기 위하여 30대의 자동차를 이용하여 주행시험을 한 결과 표준편차 $0.62\,\mathrm{km/L}$인 것으로 밝혀졌다. 이 회사의 주장을 수용할 수 있는지 유의수준 5%에서 검정하라. 단, 자동차 연비는 점근적으로 정규분포를 따르는 것으로 알려져 있다.

풀이 ① 자동차 회사의 주장 $H_0 : \sigma^2 \geq 0.64$를 귀무가설로 설정하고, 이에 반대되는 대립가설 $H_a : \sigma^2 < 0.64$를 설정한다.

② 30대의 자동차를 조사하였으므로 자유도는 29이고, 따라서 χ^2-통계량 $V = \dfrac{29\,S^2}{\sigma_0^2}$을 선택한다.

③ 유의수준 $\alpha = 0.05$에 대한 임곗값은 $\chi^2_{0.95}(29) = 17.7083$이고, 따라서 기각역은 $V < 17.7083$이다.

④ 검정통계량의 관찰값은 $v_0 = \dfrac{29 \times 0.3844}{0.64} = 17.42$이고, 따라서 귀무가설을 기각한다. 다시 말해서, 연비의 표준편차가 $0.8\,\mathrm{km/L}$ 이상이라는 주장을 기각한다.

10-95

어느 컴퓨터 공정 라인에서 종사하는 남자와 여자의 작업 능률이 동일한 지 알아보기 위하여 남·여 근로자를 각각 12명, 10명씩 임의로 추출하여 조사한 결과 남자 근로자의 표준편차는 2.3대이고, 여자 근로자의 표준편차는 2.0대였다. 남자와 여자가 생산한 컴퓨터의 모분산에 차이가 있는지 유의수준 10%에서 검정하라. (단, 남자와 여자의 작업 능률은 서로 독립이고 정규분포를 따른다.)

풀이 ① 남녀 근로자가 생산한 컴퓨터의 분산이 동일하다는 귀무가설 $H_0 : \sigma_1^2 = \sigma_2^2$과 이에 반대되는 대립가설 $H_a : \sigma_1^2 \neq \sigma_2^2$을 설정한다.

② 검정통계량은 $F = \dfrac{S_1^2}{S_2^2}$이고, $s_1 = 2.3$, $s_2 = 2.0$이므로 검정통계량의 관찰값은 $f_0 = \dfrac{5.29}{4} = 1.32$이다.

③ 분자·분모의 자유도는 각각 11과 9이고, 유의수준 $\alpha = 0.1$인 양측검정에 대한 임계점은 $f_{0.05}(11,9) = 3.1$, $f_{0.95}(11,9) = \dfrac{1}{f_{0.05}(9,11)} = \dfrac{1}{2.9} = 0.345$이고, 따라서 기각역은 $F < 0.345$, $F > 3.1$이다.

④ 검정통계량의 관찰값 f_0이 기각역 안에 놓이지 않으므로 귀무가설 H_0을 기각할 수 없다. 다시 말해서, 남자와 여자가 생산한 컴퓨터의 모분산은 같다고 할 수 있다.

10-96

미국 아이들의 태어날 당시 몸무게는 평균 $3.313\,\text{kg}$이고 표준편차가 $575\,\text{g}$인 정규분포를 따른다고 한다. 유의수준 0.1에서 귀무가설 $H_0 : \sigma = 575$에 대한 대립가설 $H_a : \sigma < 575$를 검정하고자 한다.

(1) 임의로 선정한 81명의 신생아의 몸무게가 평균 $2.819\,\text{kg}$이고 표준편차가 $496\,\text{g}$일 때, 귀무가설을 검정하라.

(2) 이 검정에 대한 대략적인 p-값을 구하고, 귀무가설을 검정하라.

풀이 (1) ① $\sigma = 575$이라는 주장에 대한 검정이므로 귀무가설 $H_0 : \sigma^2 = 575^2$과 대립가설 $H_a : \sigma^2 < 575^2$을 설정한다.

② 81명의 신생아를 상대로 조사하였으므로 자유도는 80이고, χ^2-통계량 $V = \dfrac{80\,S^2}{\sigma_0^2} = \dfrac{80\,S^2}{575^2}$을 선택한다.

③ 유의수준 $\alpha = 0.1$에 대한 왼쪽 검정이므로 임곗값은 $\chi_{0.9}^2(80) = 64.28$이고, 기각역은 $V < 64.28$이다.

④ $s = 496$이므로 검정통계량의 관찰값은 $v_0 = \dfrac{80 \times 496^2}{575^2} = 59.528$이고, 이 관찰값은 기각역 안에 들어가므로 유의수준 10%에서 귀무가설 H_0을 기각한다.

(2) $P(V \leq 57.15) = 0.025$와 $P(V \leq 60.39) = 0.05$이고 p-값$= P(V \leq 59.528)$이므로 $0.025 < p$-값< 0.05이다. 즉, p-값이 유의수준 0.1보다 작으며, 따라서 귀무가설 H_0을 기각한다.

(**참고:** 대립가설을 $H_a : \sigma \neq 575$로 놓고 양측검정을 시행해도 같은 결론을 얻는다.)

10-97

전국적으로 발생하는 교통사고 건수가 요일별로 동일한가를 살펴보기 위하여, 지난해 1년 동안 발생한 교통사고 건수를 조사한 결과 다음 표와 같았다. 유의수준 5%에서 요일별 사고 건수가 동일한가에 대하여 검정하라.

월	화	수	목	금	합계
86	56	51	55	72	320

풀이 ① 요일별 교통사고 비율이 동등한가에 대하여 검정하므로 다음과 같은 귀무가설과

대립가설을 설정한다.

$$H_0 : p_1 = 0.2, \ p_2 = 0.2, \ p_3 = 0.2, \ p_4 = 0.2, \ p_5 = 0.2,$$

$$H_a : H_0 이 \ 아니다.$$

② χ^2-통계량 $\chi^2 = \sum_{i=1}^{k} \dfrac{(n_i - e_i)^2}{e_i}$ 을 사용하며, 범주의 수가 5이므로 자유도 4인 χ^2-분포에 대하여 유의수준 $\alpha = 0.05$ 인 오른쪽 검정에 대한 임계점은 $\chi_{0.05}^2(4) = 9.49$ 이고, 따라서 기각역은 $\chi^2 > 9.49$ 이다.

③ 검정통계량의 관찰값은 다음 표와 같이 $\chi_0^2 = 13.47$ 이고, 이 관찰값은 기각역 안에 놓이므로 귀무가설 H_0 을 기각한다. 즉, 교통사고 건수는 요일별로 동일하다고 할 수 없다.

범주	n_i	p_i	$e_i = n p_i$	$n_i - e_i$	$(n_i - e_i)^2$	$\dfrac{(n_i - e_i)^2}{e_i}$
1	86	0.2	64	22	484	7.56
2	56	0.2	64	-8	64	1.00
3	51	0.2	64	13	169	2.64
4	55	0.2	64	-9	81	1.27
5	72	0.2	64	8	64	1.00
$n = 320$						합 : 13.47

10-98

15세 이상 24세 이하 청소년이 고민하는 문제에 대하여 2008년도 통계청 자료에 따르면 다음 표와 같다. 최근 300명의 청소년을 대상으로 조사한 결과에 대하여 청소년들의 고민하는 문제에 변화가 있는지 유의수준 1% 에서 검정하라.

분류	직업	공부	외모	가정환경	용돈부족	기타
통계청 조사결과(%)	24.1	38.5	12.7	5.1	5.2	14.4
최근 조사결과(명)	96	93	36	19	24	32

풀이 ① 청소년들이 고민하는 문제의 각 범주별 비율에 변화가 있는가에 대하여 검정하므로 다음과 같은 귀무가설과 대립가설을 설정한다.

$$H_0 : p_1 = 0.241, \ p_2 = 0.385, \ p_3 = 0.127, \ p_4 = 0.0051,,$$

$$p_5 = 0.052, \ p_6 = 0.144$$

$$H_a : H_0 \text{이 아니다.}$$

② χ^2-통계량 $\chi^2 = \sum_{i=1}^{k} \dfrac{(n_i - e_i)^2}{e_i}$ 을 사용하며, 범주의 수가 6이므로 자유도 5인 χ^2-분포에 대하여 유의수준 $\alpha = 0.01$인 오른쪽 검정에 대한 임계점은 $\chi^2_{0.01}(5) = 15.09$ 이고, 따라서 기각역은 $\chi^2 > 15.09$이다.

③ 검정통계량의 관찰값은 다음 표와 같이 $\chi^2_0 = 20.55$이고, 이 관찰값은 기각역 안에 놓이므로 귀무가설 H_0을 기각한다. 즉, 최근에 청소년들이 고민하는 문제의 비율은 2008년도와 차이가 있다고 할 수 있다.

범주	n_i	p_i	$e_i = np_i$	$n_i - e_i$	$(n_i - e_i)^2$	$\dfrac{(n_i - e_i)^2}{e_i}$
직업	96	0.241	72	24	576	8.00
공부	93	0.385	116	-23	529	4.56
외모	36	0.127	38	-2	4	0.11
가정	19	0.051	15	4	16	1.07
용돈	24	0.052	16	8	64	4.00
기타	32	0.144	43	-11	121	2.81
$n = 300$						합 : 20.55

10-99

2007년도 통계청에서 조사한 직업군별 사망자의 비율은 다음 표와 같다. 올해도 직업군별 사망 비율이 2007년도와 같은지 알아보기 위하여, 상반기에 사망한 근로자 35,448명을 상대로 조사한 결과를 표에 제시하였다. 올해도 2007년도의 비율이 적용되는지 유의수준 5%에서 검정하라.

분류	고위직	전문가	기술직	사무직	서비스직	
통계청 조사결과(%)	0.48	1.96	3.04	6.67	10.48	
최근 조사결과(명)	157	645	1,063	2,319	3,764	

분류	농·어업직	기능직	기계조립	단순노무	무직·가사	기타
통계청 조사결과(%)	8.17	2.91	1.28	4.11	57.14	3.76
최근 조사결과(명)	2,892	1,117	522	1,403	20,272	1,294

풀이

① 직종별 사망률에 변화가 있는가에 대한 검정이므로 다음과 같은 귀무가설과 대립가설을 설정한다.

$$H_0 : \ p_1 = 0.0048, \ p_2 = 0.0196, \ p_3 = 0.0304, \ p_4 = 0.0667,$$
$$p_5 = 0.1048, \ p_6 = 0.0817, \ p_7 = 0.0291, \ p_8 = 0.0128,$$
$$p_9 = 0.0411, \ p_{10} = 0.5714, \ p_{11} = 0.0376$$

$H_a : H_0$이 아니다.

② χ^2-통계량 $\chi^2 = \sum_{i=1}^{k} \dfrac{(n_i - e_i)^2}{e_i}$ 을 사용하며, 범주의 수가 11이므로 자유도 10인 χ^2-분포에 대하여 유의수준 $\alpha = 0.05$인 오른쪽 검정에 대한 임계점은 $\chi_{0.05}^2(10) = 18.31$이고, 따라서 기각역은 $\chi^2 > 18.31$이다.

③ 검정통계량의 관찰값은 다음 표와 같이 $\chi_0^2 = 21.7$이고, 이 관찰값은 기각역 안에 놓이므로 귀무가설 H_0을 기각한다. 즉, 올해의 직종별 사망률은 2007년도의 비율과 차이가 있다고 할 수 있다.

범주	n_i	p_i	$e_i = np_i$	$n_i - e_i$	$(n_i - e_i)^2$	$\dfrac{(n_i - e_i)^2}{e_i}$
1	157	0.0048	170	-13	169	0.994
2	645	0.0196	695	-50	2500	3.597
3	1063	0.0304	1078	-15	225	0.209
4	2319	0.0667	2364	-45	2025	0.857
5	3764	0.1048	3715	49	2401	0.646
6	2892	0.0817	2896	-4	16	0.006
7	1117	0.0291	1031	86	7396	7.174
8	502	0.0128	454	48	2304	5.075
9	1403	0.0411	1457	-54	2916	2.001
10	20292	0.5714	20255	37	1369	0.068
11	1294	0.0376	1333	-39	1521	1.141
	$n = 35448$					합 : 21.7

10-100

두 지역에서 각각 10가구씩 표본 추출하여 소비지출을 조사한 결과, 다음과 같았다. 두 지역간 소비지출의 분산이 동일한지 유의수준 0.05에서 검정하라. 단, 소비지출은 정규분포를 따른다고 한다.

A 지역	72	75	75	80	100	110	125	150	160	200
B 지역	50	60	72	90	100	125	125	130	132	170

풀이 ① A 지역과 B 지역의 소비지출에 대한 분산을 각각 σ_1^2, σ_2^2이라 하고, 귀무가설 $H_0 : \sigma_1^2 = \sigma_2^2$과 이에 반대되는 대립가설 $H_a : \sigma_1^2 \neq \sigma_2^2$을 설정한다.

② 두 지역의 표본분산을 구하면 각각 $s_1^2 = 1899.79$, $s_2^2 = 1418.49$이고, 검정을 위한 검정통계량은 $F = \dfrac{S_1^2}{S_2^2}$이므로 검정통계량의 관찰값은 $f_0 = \dfrac{1899.79}{1418.49} = 1.3393$이다.

③ 분자·분모의 자유도는 각각 9이므로 유의수준 $\alpha = 0.05$인 양측검정에 대한 임계점은 $f_{0.025}(9,9) = 4.03$, $f_{0.975}(9,9) = \dfrac{1}{f_{0.025}(9,9)} = \dfrac{1}{4.03} = 0.248$이고, 따라서 기각역은 $F < 0.248$, $F > 4.03$이다. 따라서 검정통계량의 관찰값 f_0이 기각역 안에 놓이지 않으므로 귀무가설 H_0을 기각할 수 없다.

10-101

독립인 두 정규모집단에서 각각 크기 16과 21인 표본을 추출한 결과, 표본 A에서 표준편차 $s_1 = 5.96$ 그리고 표본 B에서 표준편차 $s_2 = 11.40$을 얻었다. 이 자료를 근거로 가설 $H_0 : \sigma_1^2 = \sigma_2^2$, $H_a : \sigma_1^2 \neq \sigma_2^2$을 유의수준 0.05에서 검정하라.

풀이 ① 귀무가설 $H_0 : \sigma_1^2 = \sigma_2^2$과 이에 반대되는 대립가설 $H_a : \sigma_1^2 \neq \sigma_2^2$을 검정하기 위한 검정통계량은 $F = \dfrac{S_1^2}{S_2^2}$이고, $s_1 = 5.96$ 그리고 $s_2 = 11.40$이므로 검정통계량의 관찰값은 $f_0 = \dfrac{5.96^2}{11.4^2} = 0.273$이다.

② 분자·분모의 자유도는 각각 15와 20이고, 유의수준 $\alpha = 0.05$인 양측검정에 대한 임계점은 $f_{0.025}(15, 20) = 2.57$, $f_{0.975}(15, 20) = \dfrac{1}{f_{0.025}(20, 15)} = \dfrac{1}{2.76} = 0.362$이고, 따라서 기각역은 $F < 0.362$, $F > 2.57$이다.

③ 검정통계량의 관찰값 f_0이 기각역 안에 놓이므로 귀무가설 H_0을 기각한다.

A.1 누적이항확률표

n	x	p									
		0.05	0.10	0.15	0.20	0.25	0.30	0.35	0.40	0.45	0.50
2	0	0.9025	0.8100	0.7225	0.6400	0.5625	0.4900	0.4225	0.3600	0.3025	0.2500
	1	0.9975	0.9900	0.9775	0.9600	0.9375	0.9100	0.8775	0.8400	0.7975	0.7500
	2	1.0000	1.0000	1.0000	1.0000	1.0000	1.0000	1.0000	1.0000	1.0000	1.0000
3	0	0.8574	0.7290	0.6141	0.5120	0.4219	0.3430	0.2746	0.2160	0.1664	0.1250
	1	0.9928	0.9720	0.9392	0.8960	0.8438	0.7840	0.7182	0.6480	0.5748	0.5000
	2	0.9999	0.9990	0.9966	0.9920	0.9844	0.9730	0.9571	0.9360	0.9089	0.8750
	3	1.0000	1.0000	1.0000	1.0000	1.0000	1.0000	1.0000	1.0000	1.0000	1.0000
4	0	0.8145	0.6561	0.5220	0.4096	0.3164	0.2401	0.1785	0.1296	0.0915	0.0625
	1	0.9860	0.9477	0.8905	0.8192	0.7382	0.6517	0.5630	0.4752	0.3900	0.3125
	2	0.9995	0.9963	0.9880	0.9728	0.9492	0.9163	0.8735	0.8208	0.7585	0.6875
	3	1.0000	0.9999	0.9995	0.9984	0.9961	0.9919	0.9850	0.9744	0.9590	0.9375
	4	1.0000	1.0000	1.0000	1.0000	1.0000	1.0000	1.0000	1.0000	1.0000	1.0000
5	0	0.7738	0.5905	0.4437	0.3277	0.2373	0.1681	0.1160	0.0778	0.0503	0.0312
	1	0.9774	0.9185	0.8352	0.7373	0.6328	0.5282	0.4284	0.3370	0.2562	0.1875
	2	0.9988	0.9914	0.9734	0.9421	0.8965	0.8369	0.7648	0.6826	0.5931	0.5000
	3	1.0000	0.9995	0.9978	0.9933	0.9844	0.9692	0.9460	0.9130	0.8688	0.8125
	4	1.0000	1.0000	0.9999	0.9997	0.9990	0.9976	0.9947	0.9898	0.9815	0.9687
	5	1.0000	1.0000	1.0000	1.0000	1.0000	1.0000	1.0000	1.0000	1.0000	1.0000
6	0	0.7351	0.5314	0.3771	0.2621	0.1780	0.1176	0.0754	0.0467	0.0277	0.0156
	1	0.9672	0.8857	0.7765	0.6553	0.5339	0.4202	0.3191	0.2333	0.1636	0.1094
	2	0.9978	0.9841	0.9527	0.9011	0.8306	0.7443	0.6471	0.5443	0.4415	0.3438
	3	0.9999	0.9987	0.9941	0.9830	0.9624	0.9295	0.8826	0.8208	0.7447	0.6562
	4	1.0000	0.9999	0.9996	0.9984	0.9954	0.9891	0.9777	0.9590	0.9308	0.8906
	5	1.0000	1.0000	1.0000	0.9999	0.9998	0.9993	0.9982	0.9959	0.9917	0.9844
	6	1.0000	1.0000	1.0000	1.0000	1.0000	1.0000	1.0000	1.0000	1.0000	1.0000

누적이항확률표(계속)

n	x	p									
		0.05	0.10	0.15	0.20	0.25	0.30	0.35	0.40	0.45	0.50
7	0	0.6983	0.4783	0.3206	0.2097	0.1335	0.0824	0.0490	0.0280	0.0152	0.0078
	1	0.9556	0.8503	0.7166	0.5767	0.4449	0.3294	0.2338	0.1586	0.1024	0.0625
	2	0.9962	0.9743	0.9262	0.8520	0.7564	0.6471	0.5323	0.4199	0.3164	0.2266
	3	0.9998	0.9973	0.9879	0.9667	0.9294	0.8740	0.8002	0.7102	0.6083	0.5000
	4	1.0000	0.9998	0.9988	0.9953	0.9871	0.9712	0.9444	0.9037	0.8471	0.7734
	5	1.0000	1.0000	0.9999	0.9990	0.9987	0.9962	0.9910	0.9812	0.9643	0.9375
	6	1.0000	1.0000	1.0000	1.0000	0.9999	0.9998	0.9994	0.9984	0.9963	0.9922
	7	1.0000	1.0000	1.0000	1.0000	1.0000	1.0000	1.0000	1.0000	1.0000	1.0000
8	0	0.6634	0.4305	0.2725	0.1678	0.1001	0.0576	0.0319	0.0168	0.0084	0.0039
	1	0.9428	0.8131	0.6572	0.5033	0.3671	0.2553	0.1691	0.1064	0.0632	0.0352
	2	0.9942	0.9619	0.8948	0.7969	0.6785	0.5518	0.4278	0.3154	0.2201	0.1445
	3	0.9996	0.9950	0.9786	0.9437	0.8862	0.8059	0.7064	0.5941	0.4770	0.3633
	4	1.0000	0.9996	0.9971	0.9896	0.9727	0.9420	0.8939	0.8263	0.7396	0.6367
	5	1.0000	0.9999	0.9998	0.9988	0.9958	0.9887	0.9747	0.9502	0.9115	0.8555
	6	1.0000	1.0000	1.0000	0.9999	0.9996	0.9987	0.9964	0.9915	0.9819	0.9648
	7	1.0000	1.0000	1.0000	1.0000	1.0000	0.9999	0.9998	0.9993	0.9983	0.9961
	8	1.0000	1.0000	1.0000	1.0000	1.0000	1.0000	1.0000	1.0000	1.0000	1.0000
9	0	0.6302	0.3874	0.2316	0.1342	0.0751	0.0404	0.0207	0.0101	0.0046	0.0020
	1	0.9288	0.7748	0.5995	0.4362	0.3003	0.1960	0.1211	0.0705	0.0385	0.0195
	2	0.9916	0.9470	0.8591	0.7382	0.6007	0.4628	0.3373	0.2318	0.1495	0.0898
	3	0.9994	0.9917	0.9661	0.9144	0.8343	0.7297	0.6089	0.4826	0.3614	0.2539
	4	1.0000	0.9991	0.9944	0.9804	0.9511	0.9012	0.8283	0.7334	0.6214	0.5000
	5	1.0000	0.9999	0.9994	0.9969	0.9900	0.9747	0.9464	0.9006	0.8342	0.7461
	6	1.0000	1.0000	1.0000	0.9997	0.9987	0.9957	0.9888	0.9750	0.9502	0.9102
	7	1.0000	1.0000	1.0000	1.0000	0.9999	0.9996	0.9986	0.9962	0.9909	0.9805
	8	1.0000	1.0000	1.0000	1.0000	1.0000	1.0000	0.9999	0.9997	0.9992	0.9980
	9	1.0000	1.0000	1.0000	1.0000	1.0000	1.0000	1.0000	1.0000	1.0000	1.0000

누적이항확률표(계속)

n	x	p									
		0.05	0.10	0.15	0.20	0.25	0.30	0.35	0.40	0.45	0.50
10	0	0.5987	0.3487	0.1969	0.1074	0.0563	0.0282	0.0135	0.0060	0.0025	0.0010
	1	0.9139	0.7361	0.5443	0.3758	0.2440	0.1493	0.0860	0.0464	0.0233	0.0107
	2	0.9885	0.9298	0.8202	0.6778	0.5256	0.3828	0.2616	0.1673	0.0996	0.0547
	3	0.9990	0.9872	0.9500	0.8791	0.7759	0.6496	0.5138	0.3823	0.2660	0.1719
	4	0.9999	0.9984	0.9901	0.9672	0.9219	0.8497	0.7515	0.6331	0.5044	0.3770
	5	1.0000	0.9999	0.9986	0.9936	0.9803	0.9527	0.9051	0.8338	0.7384	0.6230
	6	1.0000	1.0000	0.9999	0.9991	0.9965	0.9894	0.9740	0.9452	0.8980	0.8281
	7	1.0000	1.0000	1.0000	0.9999	0.9996	0.9984	0.9952	0.9877	0.9726	0.9453
	8	1.0000	1.0000	1.0000	1.0000	1.0000	0.9999	0.9995	0.9983	0.9955	0.9893
	9	1.0000	1.0000	1.0000	1.0000	1.0000	1.0000	0.9999	0.9999	0.9997	0.9990
	10	1.0000	1.0000	1.0000	1.0000	1.0000	1.0000	1.0000	1.0000	1.0000	1.0000
11	0	0.5688	0.3138	0.1673	0.0859	0.0422	0.0198	0.0088	0.0036	0.0014	0.0005
	1	0.8981	0.6974	0.4922	0.3221	0.1971	0.1130	0.0606	0.0302	0.0139	0.0059
	2	0.9848	0.9104	0.7788	0.6174	0.4552	0.3127	0.2001	0.1189	0.0652	0.0327
	3	0.9984	0.9815	0.9306	0.8389	0.7133	0.5696	0.4256	0.2963	0.1911	0.1133
	4	0.9999	0.9972	0.9841	0.9496	0.8854	0.7897	0.6683	0.5328	0.3971	0.2744
	5	1.0000	0.9997	0.9973	0.9883	0.9657	0.9218	0.8513	0.7535	0.6331	0.5000
	6	1.0000	1.0000	0.9997	0.9980	0.9924	0.9784	0.9499	0.9006	0.8262	0.7256
	7	1.0000	1.0000	1.0000	0.9998	0.9988	0.9957	0.9878	0.9707	0.9390	0.8867
	8	1.0000	1.0000	1.0000	1.0000	0.9999	0.9990	0.9980	0.9941	0.9852	0.9673
	9	1.0000	1.0000	1.0000	1.0000	1.0000	1.0000	0.9998	0.9993	0.9978	0.9941
	10	1.0000	1.0000	1.0000	1.0000	1.0000	1.0000	1.0000	1.0000	0.9998	0.9995
	11	1.0000	1.0000	1.0000	1.0000	1.0000	1.0000	1.0000	1.0000	1.0000	1.0000
12	0	0.5404	0.2824	0.1422	0.0687	0.0317	0.0138	0.0057	0.0022	0.0008	0.0002
	1	0.8816	0.6590	0.4435	0.2749	0.1584	0.0850	0.0424	0.0196	0.0083	0.0032
	2	0.9804	0.8891	0.7358	0.5583	0.3907	0.2528	0.1513	0.0834	0.0421	0.0193
	3	0.9978	0.9744	0.9078	0.7946	0.6488	0.4925	0.3467	0.2253	0.1345	0.0730
	4	0.9998	0.9957	0.9761	0.9274	0.8424	0.7237	0.5833	0.4382	0.3044	0.1938
	5	1.0000	0.9995	0.9954	0.9806	0.9456	0.8822	0.7873	0.6652	0.5269	0.3872
	6	1.0000	1.0000	0.9993	0.9961	0.9857	0.9614	0.9154	0.8418	0.7393	0.6128
	7	1.0000	1.0000	0.9999	0.9994	0.9972	0.9905	0.9745	0.9427	0.8883	0.8062
	8	1.0000	1.0000	1.0000	0.9999	0.9996	0.9983	0.9944	0.9847	0.9644	0.9270
	9	1.0000	1.0000	1.0000	1.0000	1.0000	0.9998	0.9992	0.9972	0.9921	0.9807
	10	1.0000	1.0000	1.0000	1.0000	1.0000	1.0000	0.9999	0.9997	0.9989	0.9968
	11	1.0000	1.0000	1.0000	1.0000	1.0000	1.0000	1.0000	1.0000	0.9999	0.9998
	12	1.0000	1.0000	1.0000	1.0000	1.0000	1.0000	1.0000	1.0000	1.0000	1.0000

누적이항확률표(계속)

n	x	p									
		0.05	0.10	0.15	0.20	0.25	0.30	0.35	0.40	0.45	0.50
13	0	0.5133	0.2542	0.1209	0.0550	0.0238	0.0097	0.0037	0.0013	0.0004	0.0001
	1	0.8646	0.6213	0.3983	0.2336	0.1267	0.0637	0.0296	0.0126	0.0049	0.0017
	2	0.9755	0.8661	0.6920	0.5017	0.3326	0.2025	0.1132	0.0579	0.0269	0.0112
	3	0.9969	0.9658	0.8820	0.7473	0.5843	0.4206	0.2783	0.1686	0.0929	0.0461
	4	0.9997	0.9935	0.9658	0.9009	0.7940	0.6543	0.5005	0.3530	0.2280	0.1334
	5	1.0000	0.9991	0.9924	0.9700	0.9198	0.8346	0.7159	0.5744	0.4268	0.2905
	6	1.0000	0.9999	0.9987	0.9930	0.9757	0.9376	0.8705	0.7712	0.6437	0.5000
	7	1.0000	1.0000	0.9998	0.9988	0.9944	0.9818	0.9538	0.9022	0.8212	0.7095
	8	1.0000	1.0000	1.0000	0.9998	0.9990	0.9960	0.9874	0.9679	0.9302	0.8666
	9	1.0000	1.0000	1.0000	1.0000	0.9999	0.9993	0.9975	0.9922	0.9797	0.9539
	10	1.0000	1.0000	1.0000	1.0000	1.0000	0.9999	0.9997	0.9987	0.9959	0.9888
	11	1.0000	1.0000	1.0000	1.0000	1.0000	1.0000	1.0000	0.9999	0.9995	0.9983
	12	1.0000	1.0000	1.0000	1.0000	1.0000	1.0000	1.0000	1.0000	1.0000	0.9999
	13	1.0000	1.0000	1.0000	1.0000	1.0000	1.0000	1.0000	1.0000	1.0000	1.0000
14	0	0.4877	0.2288	0.1028	0.0440	0.0178	0.0068	0.0024	0.0008	0.0002	0.0001
	1	0.8470	0.5846	0.3567	0.1979	0.1010	0.0475	0.0205	0.0081	0.0029	0.0009
	2	0.9699	0.8416	0.6479	0.4481	0.2811	0.1608	0.0839	0.0398	0.0170	0.0065
	3	0.9958	0.9559	0.8535	0.6982	0.5213	0.3552	0.2205	0.1243	0.0632	0.0287
	4	0.9996	0.9908	0.9533	0.8702	0.7415	0.5842	0.4227	0.2793	0.1672	0.0898
	5	1.0000	0.9985	0.9885	0.9561	0.8883	0.7805	0.6405	0.4859	0.3373	0.2120
	6	1.0000	0.9998	0.9978	0.9884	0.9617	0.9067	0.8164	0.6925	0.5461	0.3953
	7	1.0000	1.0000	0.9997	0.9976	0.9897	0.9685	0.9247	0.8499	0.7414	0.6047
	8	1.0000	1.0000	1.0000	0.9996	0.9978	0.9917	0.9757	0.9417	0.8811	0.7880
	9	1.0000	1.0000	1.0000	1.0000	0.9997	0.9983	0.9940	0.9825	0.9574	0.9102
	10	1.0000	1.0000	1.0000	1.0000	1.0000	0.9998	0.9989	0.9961	0.9886	0.9713
	11	1.0000	1.0000	1.0000	1.0000	1.0000	1.0000	0.9999	0.9994	0.9978	0.9935
	12	1.0000	1.0000	1.0000	1.0000	1.0000	1.0000	1.0000	0.9999	0.9997	0.9991
	13	1.0000	1.0000	1.0000	1.0000	1.0000	1.0000	1.0000	1.0000	1.0000	0.9999
	14	1.0000	1.0000	1.0000	1.0000	1.0000	1.0000	1.0000	1.0000	1.0000	1.0000

누적이항확률표(계속)

n	x	p									
		0.05	0.10	0.15	0.20	0.25	0.30	0.35	0.40	0.45	0.50
15	0	0.4633	0.2059	0.0874	0.0352	0.0134	0.0047	0.0016	0.0005	0.0001	0.0000
	1	0.8290	0.5490	0.3186	0.1671	0.0802	0.0353	0.0142	0.0052	0.0017	0.0005
	2	0.9638	0.8159	0.6042	0.3980	0.2361	0.1268	0.0617	0.0271	0.0107	0.0037
	3	0.9945	0.9444	0.8227	0.6482	0.4613	0.2969	0.1727	0.0905	0.0424	0.0176
	4	0.9994	0.9873	0.9383	0.8358	0.6865	0.5155	0.3519	0.2173	0.1204	0.0592
	5	0.9999	0.9978	0.9832	0.9389	0.8516	0.7216	0.5643	0.4032	0.2608	0.1509
	6	1.0000	0.9997	0.9964	0.9819	0.9434	0.8689	0.7548	0.6098	0.4522	0.3036
	7	1.0000	1.0000	0.9994	0.9958	0.9827	0.9500	0.8868	0.7869	0.6535	0.5000
	8	1.0000	1.0000	0.9999	0.9992	0.9958	0.9848	0.9578	0.9050	0.8182	0.6964
	9	1.0000	1.0000	1.0000	0.9999	0.9992	0.9963	0.9876	0.9662	0.9231	0.8491
	10	1.0000	1.0000	1.0000	1.0000	0.9999	0.9993	0.9972	0.9907	0.9745	0.9408
	11	1.0000	1.0000	1.0000	1.0000	1.0000	0.9999	0.9995	0.9981	0.9937	0.9824
	12	1.0000	1.0000	1.0000	1.0000	1.0000	1.0000	0.9999	0.9987	0.9989	0.9963
	13	1.0000	1.0000	1.0000	1.0000	1.0000	1.0000	1.0000	1.0000	0.9999	0.9995
	14	1.0000	1.0000	1.0000	1.0000	1.0000	1.0000	1.0000	1.0000	1.0000	1.0000
	15	1.0000	1.0000	1.0000	1.0000	1.0000	1.0000	1.0000	1.0000	1.0000	1.0000
16	0	0.4401	0.1853	0.0743	0.0281	0.0100	0.0033	0.0010	0.0003	0.0001	0.0000
	1	0.8108	0.5177	0.2839	0.1407	0.0635	0.0261	0.0098	0.0033	0.0010	0.0003
	2	0.9571	0.7892	0.5614	0.3518	0.1971	0.0994	0.0451	0.0183	0.0066	0.0021
	3	0.9930	0.9316	0.7899	0.5981	0.4050	0.2459	0.1339	0.0651	0.0281	0.0106
	4	0.9991	0.9830	0.9209	0.7982	0.6302	0.4499	0.2892	0.1666	0.0853	0.0384
	5	0.9999	0.9967	0.9765	0.9183	0.8103	0.6598	0.4900	0.3288	0.1976	0.1051
	6	1.0000	0.9995	0.9900	0.9733	0.9204	0.8247	0.6881	0.5272	0.3660	0.2272
	7	1.0000	0.9999	0.9989	0.9930	0.9729	0.9256	0.8406	0.7161	0.5629	0.4018
	8	1.0000	1.0000	0.9998	0.9985	0.9925	0.9743	0.9329	0.8577	0.7441	0.5982
	9	1.0000	1.0000	1.0000	0.9998	0.9984	0.9929	0.9771	0.9417	0.8759	0.7728
	10	1.0000	1.0000	1.0000	1.0000	0.9997	0.9984	0.9938	0.9809	0.9514	0.8949
	11	1.0000	1.0000	1.0000	1.0000	1.0000	0.9997	0.9987	0.9951	0.9851	0.9616
	12	1.0000	1.0000	1.0000	1.0000	1.0000	1.0000	0.9998	0.9991	0.9965	0.9894
	13	1.0000	1.0000	1.0000	1.0000	1.0000	1.0000	1.0000	0.9999	0.9994	0.9979
	14	1.0000	1.0000	1.0000	1.0000	1.0000	1.0000	1.0000	1.0000	0.9999	0.9997
	15	1.0000	1.0000	1.0000	1.0000	1.0000	1.0000	1.0000	1.0000	1.0000	1.0000
	16	1.0000	1.0000	1.0000	1.0000	1.0000	1.0000	1.0000	1.0000	1.0000	1.0000

누적이항확률표(계속)

n	x	\multicolumn{10}{c}{p}
		0.05	0.10	0.15	0.20	0.25	0.30	0.35	0.40	0.45	0.50
20	0	0.3585	0.1216	0.0388	0.0115	0.0032	0.0008	0.0002	0.0000	0.0000	0.0000
	1	0.7358	0.3917	0.1756	0.0692	0.0243	0.0076	0.0021	0.0005	0.0001	0.0000
	2	0.9245	0.6769	0.4049	0.2061	0.0913	0.0355	0.0121	0.0036	0.0009	0.0002
	3	0.9841	0.8670	0.6477	0.4114	0.2252	0.1071	0.0444	0.0160	0.0049	0.0013
	4	0.9974	0.9568	0.8298	0.6296	0.4148	0.2375	0.1182	0.0510	0.0189	0.0059
	5	0.9997	0.9887	0.9327	0.8042	0.6172	0.4164	0.2454	0.1256	0.0553	0.0207
	6	1.0000	0.9976	0.9781	0.9133	0.7858	0.6080	0.4166	0.2500	0.1299	0.0577
	7	1.0000	0.9996	0.9941	0.9679	0.8982	0.7723	0.6010	0.4159	0.2520	0.1316
	8	1.0000	0.9999	0.9987	0.9900	0.9591	0.8867	0.7624	0.5956	0.4143	0.2517
	9	1.0000	1.0000	0.9998	0.9974	0.9861	0.9520	0.8782	0.7553	0.5914	0.4119
	10	1.0000	1.0000	1.0000	0.9994	0.9961	0.9829	0.9468	0.8725	0.7507	0.5881
	11	1.0000	1.0000	1.0000	0.9999	0.9991	0.9949	0.9804	0.9435	0.8692	0.7483
	12	1.0000	1.0000	1.0000	1.0000	0.9998	0.9987	0.9940	0.9790	0.9420	0.8684
	13	1.0000	1.0000	1.0000	1.0000	1.0000	0.9997	0.9985	0.9935	0.9786	0.9423
	14	1.0000	1.0000	1.0000	1.0000	1.0000	1.0000	0.9997	0.9984	0.9936	0.9793
	15	1.0000	1.0000	1.0000	1.0000	1.0000	1.0000	1.0000	0.9997	0.9985	0.9941
	16	1.0000	1.0000	1.0000	1.0000	1.0000	1.0000	1.0000	1.0000	0.9997	0.9987
	17	1.0000	1.0000	1.0000	1.0000	1.0000	1.0000	1.0000	1.0000	1.0000	0.9998
	18	1.0000	1.0000	1.0000	1.0000	1.0000	1.0000	1.0000	1.0000	1.0000	1.0000
	19	1.0000	1.0000	1.0000	1.0000	1.0000	1.0000	1.0000	1.0000	1.0000	1.0000
	20	1.0000	1.0000	1.0000	1.0000	1.0000	1.0000	1.0000	1.0000	1.0000	1.0000

A.2 누적푸아송확률표

x	$\mu=E(X)$									
	0.1	0.2	0.3	0.4	0.5	0.6	0.7	0.8	0.9	1.0
0	0.905	0.819	0.741	0.670	0.607	0.549	0.497	0.449	0.407	0.368
1	0.995	0.982	0.963	0.938	0.910	0.878	0.844	0.809	0.772	0.736
2	1.000	0.999	0.996	0.992	0.986	0.977	0.966	0.953	0.937	0.920
3	1.000	1.000	1.000	0.999	0.998	0.997	0.994	0.991	0.987	0.981
4	1.000	1.000	1.000	1.000	1.000	1.000	0.999	0.999	0.998	0.996
5	1.000	1.000	1.000	1.000	1.000	1.000	1.000	1.000	1.000	0.999
6	1.000	1.000	1.000	1.000	1.000	1.000	1.000	1.000	1.000	1.000

x	1.1	1.2	1.3	1.4	1.5	1.6	1.7	1.8	1.9	2.0
0	0.333	0.301	0.273	0.247	0.223	0.202	0.183	0.165	0.147	0.135
1	0.699	0.663	0.627	0.592	0.558	0.525	0.493	0.463	0.434	0.406
2	0.900	0.879	0.857	0.833	0.809	0.783	0.757	0.731	0.704	0.677
3	0.974	0.966	0.957	0.946	0.934	0.921	0.907	0.891	0.875	0.857
4	0.995	0.992	0.989	0.986	0.981	0.976	0.970	0.964	0.956	0.947
5	0.999	0.998	0.998	0.997	0.996	0.994	0.992	0.990	0.987	0.983
6	1.000	1.000	1.000	0.999	0.999	0.999	0.998	0.997	0.997	0.995
7	1.000	1.000	1.000	1.000	1.000	1.000	1.000	0.999	0.999	0.999
8	1.000	1.000	1.000	1.000	1.000	1.000	1.000	1.000	1.000	1.000

x	2.2	2.4	2.6	2.8	3.0	3.2	3.4	3.6	3.8	4.0
0	0.111	0.091	0.074	0.061	0.050	0.041	0.033	0.027	0.022	0.018
1	0.355	0.308	0.267	0.231	0.199	0.171	0.147	0.126	0.107	0.092
2	0.623	0.570	0.518	0.469	0.423	0.380	0.340	0.303	0.269	0.238
3	0.819	0.779	0.736	0.69	0.647	0.603	0.558	0.515	0.473	0.433
4	0.928	0.904	0.877	0.848	0.815	0.781	0.744	0.706	0.668	0.629
5	0.975	0.964	0.951	0.935	0.916	0.895	0.871	0.844	0.816	0.785
6	0.993	0.988	0.983	0.976	0.966	0.955	0.942	0.927	0.909	0.889
7	0.998	0.997	0.995	0.992	0.988	0.983	0.977	0.969	0.960	0.949
8	1.000	0.999	0.999	0.998	0.996	0.994	0.992	0.988	0.984	0.979
9	1.000	1.000	1.000	0.999	0.999	0.998	0.997	0.996	0.994	0.992
10	1.000	1.000	1.000	1.000	1.000	1.000	0.999	0.999	0.998	0.997
11	1.000	1.000	1.000	1.000	1.000	1.000	1.000	1.000	0.999	0.999
12	1.000	1.000	1.000	1.000	1.000	1.000	1.000	1.000	1.000	1.000

누적푸아송확률표(계속)

x	4.20	4.40	4.60	4.80	5.00	5.20	5.40	5.60	5.80	6.00
0	0.015	0.012	0.010	0.008	0.007	0.006	0.005	0.004	0.003	0.002
1	0.078	0.066	0.056	0.048	0.040	0.034	0.029	0.024	0.021	0.017
2	0.210	0.185	0.163	0.143	0.125	0.109	0.095	0.082	0.072	0.062
3	0.395	0.359	0.326	0.294	0.265	0.238	0.213	0.191	0.170	0.151
4	0.590	0.551	0.513	0.476	0.440	0.406	0.373	0.342	0.313	0.285
5	0.753	0.720	0.686	0.651	0.616	0.581	0.546	0.512	0.478	0.446
6	0.867	0.844	0.818	0.791	0.762	0.732	0.702	0.670	0.638	0.606
7	0.936	0.921	0.905	0.887	0.867	0.845	0.822	0.797	0.771	0.744
8	0.972	0.964	0.955	0.944	0.932	0.918	0.903	0.886	0.867	0.847
9	0.989	0.985	0.980	0.975	0.968	0.960	0.951	0.941	0.929	0.916
10	0.996	0.994	0.992	0.990	0.986	0.982	0.977	0.972	0.965	0.957
11	0.999	0.998	0.997	0.996	0.995	0.998	0.990	0.988	0.984	0.980
12	1.000	0.999	0.999	0.999	0.998	0.997	0.996	0.995	0.993	0.991
13	1.000	1.000	1.000	1.000	0.999	0.999	0.999	0.998	0.997	0.996
14	1.000	1.000	1.000	1.000	1.000	1.000	0.999	0.999	0.999	0.999
15	1.000	1.000	1.000	1.000	1.000	1.000	1.000	1.000	1.000	0.999
16	1.000	1.000	1.000	1.000	1.000	1.000	1.000	1.000	1.000	1.000

x	6.50	7.00	7.50	8.00	8.50	9.00	9.50	10.0	10.5	11.0
0	0.002	0.001	0.001	0.000	0.000	0.000	0.000	0.000	0.000	0.000
1	0.011	0.007	0.005	0.003	0.002	0.001	0.001	0.000	0.000	0.000
2	0.043	0.030	0.020	0.014	0.009	0.006	0.004	0.003	0.002	0.001
3	0.112	0.082	0.059	0.042	0.030	0.021	0.015	0.010	0.007	0.005
4	0.224	0.173	0.132	0.100	0.074	0.055	0.040	0.029	0.021	0.015
5	0.369	0.301	0.241	0.191	0.150	0.116	0.089	0.067	0.050	0.038
6	0.527	0.450	0.378	0.313	0.256	0.207	0.165	0.130	0.102	0.079
7	0.673	0.599	0.525	0.453	0.386	0.324	0.269	0.220	0.179	0.143
8	0.792	0.729	0.662	0.593	0.523	0.456	0.392	0.333	0.279	0.232
9	0.877	0.830	0.776	0.717	0.653	0.587	0.522	0.458	0.397	0.341
10	0.933	0.901	0.862	0.816	0.763	0.706	0.645	0.583	0.521	0.460
11	0.966	0.947	0.921	0.888	0.849	0.803	0.752	0.697	0.639	0.579
12	0.984	0.973	0.957	0.936	0.909	0.876	0.836	0.792	0.742	0.689
13	0.993	0.987	0.978	0.966	0.949	0.926	0.898	0.864	0.825	0.781
14	0.997	0.994	0.990	0.983	0.973	0.959	0.940	0.917	0.888	0.854
15	0.999	0.998	0.995	0.992	0.986	0.978	0.967	0.951	0.932	0.907
16	1.000	0.999	0.998	0.996	0.993	0.989	0.982	0.973	0.960	0.944
17	1.000	1.000	0.999	0.998	0.997	0.995	0.991	0.986	0.978	0.968
18	1.000	1.000	1.000	0.999	0.999	0.998	0.996	0.993	0.988	0.982
19	1.000	1.000	1.000	1.000	0.999	0.999	0.998	0.997	0.994	0.991
20	1.000	1.000	1.000	1.000	1.000	1.000	0.999	0.998	0.997	0.995
21	1.000	1.000	1.000	1.000	1.000	1.000	1.000	0.999	0.999	0.998
22	1.000	1.000	1.000	1.000	1.000	1.000	1.000	1.000	0.999	0.999
23	1.000	1.000	1.000	1.000	1.000	1.000	1.000	1.000	1.000	1.000

누적푸아송확률표(계속)

x	11.5	12.0	12.5	13.0	13.5	14.0	14.5	15.0	15.5	16.0
0	0.000	0.000	0.000	0.000	0.000	0.000	0.000	0.000	0.000	0.000
1	0.000	0.000	0.000	0.000	0.000	0.000	0.000	0.000	0.000	0.000
2	0.001	0.001	0.000	0.000	0.000	0.000	0.000	0.000	0.000	0.000
3	0.003	0.002	0.002	0.001	0.001	0.000	0.000	0.000	0.000	0.000
4	0.011	0.008	0.005	0.004	0.003	0.002	0.001	0.001	0.001	0.000
5	0.028	0.020	0.015	0.011	0.008	0.006	0.004	0.003	0.002	0.0014
6	0.060	0.046	0.035	0.026	0.019	0.014	0.010	0.008	0.006	0.0040
7	0.114	0.090	0.070	0.054	0.041	0.032	0.024	0.018	0.013	0.0100
8	0.191	0.155	0.125	0.100	0.079	0.062	0.048	0.037	0.029	0.0220
9	0.289	0.242	0.201	0.166	0.135	0.109	0.088	0.070	0.055	0.0433
10	0.402	0.347	0.297	0.252	0.211	0.176	0.145	0.118	0.096	0.0774
11	0.520	0.462	0.406	0.353	0.304	0.260	0.220	0.185	0.154	0.1270
12	0.633	0.576	0.519	0.463	0.409	0.358	0.311	0.268	0.228	0.1931
13	0.733	0.682	0.628	0.573	0.518	0.464	0.413	0.363	0.317	0.2745
14	0.815	0.772	0.725	0.675	0.623	0.570	0.518	0.466	0.415	0.3675
15	0.878	0.844	0.806	0.764	0.718	0.669	0.619	0.568	0.517	0.4667
16	0.924	0.899	0.869	0.835	0.798	0.756	0.711	0.664	0.615	0.5660
17	0.954	0.937	0.916	0.890	0.861	0.827	0.790	0.749	0.705	0.6593
18	0.974	0.963	0.948	0.930	0.908	0.883	0.853	0.819	0.782	0.7423
19	0.986	0.979	0.969	0.957	0.942	0.923	0.901	0.875	0.846	0.8122
20	0.992	0.988	0.983	0.975	0.965	0.952	0.936	0.917	0.894	0.8682
21	0.996	0.994	0.991	0.986	0.980	0.971	0.960	0.947	0.930	0.9108
22	0.998	0.997	0.995	0.992	0.989	0.983	0.976	0.967	0.956	0.9418
23	0.999	0.999	0.998	0.996	0.994	0.991	0.986	0.981	0.973	0.9633
24	1.000	0.999	0.999	0.998	0.997	0.995	0.992	0.989	0.984	0.978
25	1.000	1.000	0.999	0.999	0.998	0.997	0.996	0.994	0.991	0.9869
26	1.000	1.000	1.000	1.000	0.999	0.999	0.998	0.997	0.995	0.9925
27	1.000	1.000	1.000	1.000	1.000	0.999	0.999	0.998	0.997	0.9959
28	1.000	1.000	1.000	1.000	1.000	1.000	0.999	0.999	0.999	0.9978
29	1.000	1.000	1.000	1.000	1.000	1.000	1.000	1.000	0.999	0.9989
30	1.000	1.000	1.000	1.000	1.000	1.000	1.000	1.000	1.000	0.9994
31	1.000	1.000	1.000	1.000	1.000	1.000	1.000	1.000	1.000	1.000
32	1.000	1.000	1.000	1.000	1.000	1.000	1.000	1.000	1.000	1.000
33	1.000	1.000	1.000	1.000	1.000	1.000	1.000	1.000	1.000	1.000
34	1.000	1.000	1.000	1.000	1.000	1.000	1.000	1.000	1.000	1.000
35	1.000	1.000	1.000	1.000	1.000	1.000	1.000	1.000	1.000	1.000

A.3 누적표준정규확률표

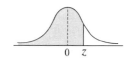

• 아래 표는 z 이하의 정규분포 면적을 의미한다

z	0.00	0.01	0.02	0.03	0.04	0.05	0.06	0.07	0.08	0.09
0.0	0.5000	0.5040	0.5080	0.5120	0.5160	0.5199	0.5239	0.5279	0.5319	0.5359
0.1	0.5398	0.5438	0.5478	0.5517	0.5557	0.5596	0.5636	0.5675	0.5714	0.5753
0.2	0.5793	0.5832	0.5871	0.5910	0.5948	0.5987	0.6026	0.6064	0.6103	0.6141
0.3	0.6179	0.6217	0.6255	0.6293	0.6331	0.6368	0.6406	0.6443	0.6480	0.6517
0.4	0.6554	0.6591	0.6628	0.6664	0.6700	0.6736	0.6772	0.6808	0.6844	0.6879
0.5	0.6915	0.6950	0.6985	0.7019	0.7054	0.7088	0.7123	0.7157	0.7190	0.7224
0.6	0.7257	0.7291	0.7324	0.7357	0.7389	0.7422	0.7454	0.7486	0.7517	0.7549
0.7	0.7580	0.7611	0.7642	0.7673	0.7704	0.7734	0.7764	0.7794	0.7823	0.7852
0.8	0.7881	0.7910	0.7939	0.7967	0.7995	0.8023	0.8051	0.8078	0.8106	0.8133
0.9	0.8159	0.8186	0.8212	0.8238	0.8264	0.8289	0.8315	0.8340	0.8365	0.8389
1.0	0.8413	0.8438	0.8461	0.8485	0.8508	0.8531	0.8554	0.8577	0.8599	0.8621
1.1	0.8643	0.8665	0.8686	0.8708	0.8729	0.8749	0.8770	0.8790	0.8810	0.8830
1.2	0.8849	0.8869	0.8888	0.8907	0.8925	0.8944	0.8962	0.8980	0.8997	0.9015
1.3	0.9032	0.9049	0.9066	0.9082	0.9099	0.9115	0.9131	0.9147	0.9162	0.9177
1.4	0.9192	0.9207	0.9222	0.9236	0.9251	0.9265	0.9279	0.9292	0.9306	0.9319
1.5	0.9332	0.9345	0.9357	0.9370	0.9382	0.9394	0.9406	0.9418	0.9429	0.9441
1.6	0.9452	0.9463	0.9474	0.9484	0.9495	0.9505	0.9515	0.9525	0.9535	0.9545
1.7	0.9554	0.9564	0.9573	0.9582	0.9591	0.9599	0.9608	0.9616	0.9625	0.9633
1.8	0.9641	0.9649	0.9656	0.9664	0.9671	0.9678	0.9686	0.9693	0.9699	0.9706
1.9	0.9713	0.9719	0.9726	0.9732	0.9738	0.9744	0.9750	0.9756	0.9761	0.9767
2.0	0.9772	0.9778	0.9783	0.9788	0.9793	0.9798	0.9803	0.9808	0.9812	0.9817
2.1	0.9821	0.9826	0.9830	0.9834	0.9838	0.9842	0.9846	0.9850	0.9854	0.9857
2.2	0.9861	0.9864	0.9868	0.9871	0.9875	0.9878	0.9881	0.9884	0.9887	0.9890
2.3	0.9893	0.9896	0.9898	0.9901	0.9904	0.9906	0.9909	0.9911	0.9913	0.9916
2.4	0.9918	0.9920	0.9922	0.9925	0.9927	0.9929	0.9931	0.9932	0.9934	0.9936
2.5	0.9938	0.9940	0.9941	0.9943	0.9945	0.9946	0.9948	0.9949	0.9951	0.9952
2.6	0.9953	0.9955	0.9956	0.9957	0.9959	0.9960	0.9961	0.9962	0.9963	0.9964
2.7	0.9965	0.9966	0.9967	0.9968	0.9969	0.9970	0.9971	0.9972	0.9973	0.9974
2.8	0.9974	0.9975	0.9976	0.9977	0.9977	0.9978	0.9979	0.9979	0.9980	0.9981
2.9	0.9981	0.9982	0.9982	0.9983	0.9984	0.9984	0.9985	0.9985	0.9986	0.9986
3.0	0.99865	0.99869	0.99874	0.99878	0.99882	0.99886	0.99889	0.99893	0.99896	0.99900
3.1	0.99903	0.99906	0.99910	0.99913	0.99916	0.99918	0.99921	0.99924	0.99926	0.99929
3.2	0.99931	0.99934	0.99936	0.99938	0.99940	0.99942	0.99944	0.99946	0.99948	0.99950
3.3	0.99952	0.99953	0.99955	0.99957	0.99958	0.99960	0.99961	0.99962	0.99964	0.99965
3.4	0.99966	0.99968	0.99969	0.99970	0.99971	0.99972	0.99973	0.99974	0.99975	0.99976
3.5	0.99977	0.99978	0.99978	0.99979	0.99980	0.99981	0.99981	0.99982	0.99983	0.99983
3.6	0.99984	0.99985	0.99985	0.99986	0.99986	0.99987	0.99987	0.99988	0.99988	0.99989
3.7	0.99989	0.99990	0.99990	0.99990	0.99991	0.99991	0.99992	0.99992	0.99992	0.99992

A.4 카이제곱분포표

α d.f.	0.995	0.99	0.975	0.95	0.9	0.5	0.1	0.05	0.025	0.01	0.005
1	0.00004	0.0002	0.001	0.004	0.02	0.45	2.71	3.84	5.02	6.63	7.88
2	0.01	0.02	0.05	0.10	0.21	1.39	4.61	5.99	7.38	9.21	10.60
3	0.07	0.11	0.22	0.35	0.58	2.37	6.25	7.81	9.35	11.34	12.84
4	0.21	0.30	0.48	0.71	1.06	3.36	7.78	9.49	11.14	13.28	14.86
5	0.41	0.55	0.83	1.15	1.61	4.35	9.24	11.07	12.83	15.09	16.75
6	0.68	0.87	1.24	1.64	2.20	5.35	10.64	12.59	14.45	16.81	18.55
7	0.99	1.24	1.69	2.17	2.83	6.35	12.02	14.07	16.01	18.48	20.28
8	1.34	1.65	2.18	2.73	3.49	7.34	13.36	15.51	17.53	20.09	21.95
9	1.73	2.09	2.70	3.33	4.17	8.34	14.68	16.92	19.02	21.67	23.59
10	2.16	2.56	3.25	3.94	4.87	9.34	15.99	18.31	20.48	23.21	25.19
11	2.60	3.05	3.82	4.57	5.58	10.34	17.28	19.68	21.92	24.72	26.76
12	3.07	3.57	4.40	5.23	6.30	11.34	18.55	21.03	23.34	26.22	28.30
13	3.57	4.11	5.01	5.89	7.04	12.34	19.81	22.36	24.74	27.69	29.82
14	4.07	4.66	5.63	6.57	7.79	13.34	21.06	23.68	26.12	29.14	31.32
15	4.60	5.23	6.26	7.26	8.55	14.34	22.31	25.00	27.49	30.58	32.80
16	5.14	5.81	6.91	7.96	9.31	15.34	23.54	26.30	28.85	32.00	34.27
17	5.70	6.41	7.56	8.67	10.09	16.34	24.77	27.59	30.19	33.41	35.72
18	6.26	7.01	8.23	9.39	10.86	17.34	25.99	28.87	31.53	34.81	37.16
19	6.84	7.63	8.91	10.12	11.65	18.34	27.20	30.14	32.85	36.19	38.58
20	7.43	8.26	9.59	10.85	12.44	19.34	28.41	31.41	34.17	37.57	40.00
21	8.03	8.90	10.28	11.59	13.24	20.34	29.62	32.67	35.48	38.93	41.40
22	8.64	9.54	10.98	12.34	14.04	21.34	30.81	33.92	36.78	40.29	42.80
23	9.26	10.20	11.69	13.09	14.85	22.34	32.01	35.17	38.08	41.64	44.18
24	9.89	10.86	12.40	13.85	15.66	23.34	33.20	36.42	39.36	42.98	45.56
25	10.52	11.52	13.12	14.61	16.47	24.34	34.38	37.65	40.65	44.31	46.93
26	11.16	12.20	13.84	15.38	17.29	25.34	35.56	38.89	41.92	45.64	48.29
27	11.81	12.88	14.57	16.15	18.11	26.34	36.74	40.11	43.19	46.96	49.64
28	12.46	13.56	15.31	16.93	18.94	27.34	37.92	41.34	44.46	48.28	50.99
29	13.12	14.26	16.05	17.71	19.77	28.34	39.09	42.56	45.72	49.59	52.34
30	13.79	14.95	16.79	18.49	20.60	29.34	40.26	43.77	46.98	50.89	53.67
40	20.71	22.16	24.43	26.51	29.05	39.34	51.81	55.76	59.34	63.69	66.77
50	27.99	29.71	32.36	34.76	37.69	49.33	63.17	67.50	71.42	76.15	79.49
60	35.53	37.48	40.48	43.19	46.46	59.33	74.40	79.08	83.30	88.38	91.95
70	43.28	45.44	48.76	51.74	55.33	69.33	85.53	90.53	95.02	100.43	104.21
80	51.17	53.54	57.15	60.39	64.28	79.33	96.58	101.88	106.63	112.33	116.32
90	59.20	61.75	65.65	69.13	73.29	89.33	107.57	113.15	118.14	124.12	128.30
100	67.33	70.06	74.22	77.93	82.36	99.33	118.50	124.34	129.56	135.81	140.17

A.5 $t-$분포표

d.f.	α					
	0.25	0.1	0.05	0.025	0.01	0.005
1	1.000	3.078	6.314	12.706	31.821	63.657
2	0.817	1.886	2.920	4.303	6.965	9.925
3	0.765	1.638	2.353	3.182	4.541	5.841
4	0.741	1.533	2.132	2.776	3.747	4.604
5	0.727	1.476	2.015	2.571	3.365	4.032
6	0.718	1.440	1.943	2.447	3.143	3.707
7	0.711	1.415	1.895	2.365	2.998	3.499
8	0.706	1.397	1.860	2.306	2.896	3.355
9	0.703	1.383	1.833	2.262	2.821	3.250
10	0.700	1.372	1.812	2.228	2.764	3.169
11	0.697	1.363	1.796	2.201	2.718	3.106
12	0.695	1.356	1.782	2.179	2.681	3.055
13	0.694	1.350	1.771	2.160	2.650	3.012
14	0.692	1.345	1.761	2.145	2.624	2.977
15	0.691	1.341	1.753	2.131	2.602	2.947
16	0.690	1.337	1.746	2.120	2.583	2.921
17	0.689	1.333	1.740	2.110	2.567	2.898
18	0.688	1.330	1.734	2.101	2.552	2.878
19	0.688	1.328	1.729	2.093	2.539	2.861
20	0.687	1.325	1.723	2.086	2.528	2.845
21	0.686	1.323	1.721	2.080	2.518	2.831
22	0.686	1.321	1.717	2.074	2.508	2.819
23	0.685	1.319	1.714	2.069	2.500	2.807
24	0.685	1.318	1.711	2.064	2.492	2.797
25	0.684	1.316	1.708	2.060	2.485	2.787
26	0.684	1.315	1.706	2.056	2.479	2.779
27	0.684	1.314	1.703	2.052	2.473	2.771
28	0.683	1.313	1.701	2.048	2.467	2.763
29	0.683	1.311	1.699	2.045	2.462	2.756
30	0.683	1.310	1.697	2.042	2.457	2.750
40	0.681	1.303	1.684	2.021	2.423	2.704
50	0.679	1.299	1.676	2.009	2.403	2.678
60	0.679	1.296	1.671	2.000	2.390	2.660
70	0.678	1.294	1.667	1.994	2.381	2.648
80	0.678	1.292	1.664	1.990	2.374	2.639
90	0.677	1.291	1.662	1.987	2.369	2.632
100	0.677	1.290	1.660	1.984	2.364	2.626
∞	0.674	1.282	1.645	1.960	2.326	2.576

A.6 $F-$분포표

분모의 자유도	α	분자의 자유도								
		1	2	3	4	5	6	7	8	9
1	0.10	39.86	49.50	53.59	55.83	57.24	58.20	58.91	59.44	59.86
	0.05	161.40	199.5	215.7	224.6	23.20	234.00	236.80	238.90	240.50
	0.025	647.79	799.50	864.16	899.58	921.85	937.11	948.22	956.66	963.28
	0.01	4,052	5,000	5,403	5,625	5,764	5,859	5,928	5,981	6,022
2	0.10	8.53	9.00	9.16	9.24	9.29	9.33	9.35	9.37	9.38
	0.05	18.51	19.00	19.16	19.25	19.30	19.33	19.35	19.37	19.38
	0.025	38.51	39.00	39.17	39.25	39.30	39.33	39.36	39.37	39.39
	0.01	98.50	99.00	99.17	99.25	99.30	99.33	99.36	99.37	99.39
3	0.10	5.54	5.46	5.39	5.34	5.31	5.28	5.27	5.25	5.24
	0.05	10.13	9.55	9.28	9.12	9.01	8.94	8.89	8.85	8.81
	0.025	17.44	16.04	15.44	15.10	14.88	14.73	14.62	14.54	14.47
	0.01	34.12	30.82	29.46	28.71	28.24	27.91	27.62	27.49	27.35
4	0.10	4.54	4.32	4.19	4.11	4.05	4.01	3.98	3.95	3.94
	0.05	7.71	6.94	6.59	6.39	6.26	6.16	6.09	6.04	6.00
	0.025	12.22	10.65	9.98	9.60	9.36	9.20	9.07	8.98	8.90
	0.01	21.20	18.00	16.69	15.98	15.52	15.21	14.98	14.80	14.66
5	0.10	4.06	3.78	3.62	3.52	3.45	3.40	3.37	3.34	3.32
	0.05	6.61	5.79	5.41	5.19	5.05	4.95	4.88	4.82	4.77
	0.025	10.01	8.43	7.76	7.39	7.15	6.98	6.85	6.76	6.68
	0.01	16.26	13.27	12.06	11.39	10.97	10.67	10.46	10.29	10.16
6	0.10	3.78	3.46	3.29	3.18	3.11	3.05	3.01	2.98	2.96
	0.05	5.99	5.14	4.76	4.53	4.39	4.28	4.21	4.15	4.10
	0.025	8.81	7.26	6.60	6.23	5.99	5.82	5.70	5.60	5.52
	0.01	13.75	10.92	9.78	9.15	8.75	8.47	8.26	8.10	7.98
7	0.10	3.59	3.26	3.07	2.96	2.88	2.83	2.78	2.75	2.72
	0.05	5.59	4.74	4.35	4.12	3.97	3.87	3.79	3.73	3.68
	0.025	8.07	6.54	5.89	5.52	5.29	5.12	4.99	4.90	4.82
	0.01	12.25	9.55	8.45	7.85	7.46	7.19	6.99	6.84	6.72
8	0.10	3.46	3.11	2.92	2.81	2.73	2.67	2.62	2.59	2.56
	0.05	5.32	4.46	4.07	3.84	3.69	3.58	3.50	3.44	3.39
	0.025	7.57	6.06	5.42	5.05	4.82	4.65	4.53	4.43	4.36
	0.01	11.26	8.65	7.59	7.01	6.63	6.37	6.18	6.03	5.91
9	0.10	3.36	3.01	2.81	2.69	2.61	2.55	2.51	2.47	2.44
	0.05	5.12	4.26	3.86	3.63	3.48	3.37	3.29	3.23	3.18
	0.025	7.21	5.71	5.08	4.72	4.48	4.32	4.20	4.10	4.03
	0.01	10.56	8.02	6.99	6.42	6.06	5.80	5.61	5.47	5.35
10	0.10	3.29	2.92	2.73	2.61	2.52	2.46	2.41	2.38	2.35
	0.05	4.96	4.10	3.71	3.48	3.33	3.22	3.14	3.07	3.02
	0.025	6.94	5.46	4.83	4.47	4.24	4.07	3.95	3.85	3.78
	0.01	10.04	7.56	6.55	5.99	5.64	5.39	5.20	5.06	4.94
11	0.10	3.23	2.86	2.66	2.54	2.45	2.39	2.34	2.30	2.27
	0.05	4.84	3.98	3.59	3.36	3.20	3.09	3.01	2.95	2.90
	0.025	6.72	5.26	4.63	4.28	4.04	3.88	3.76	3.66	3.59
	0.01	9.65	7.21	6.22	5.67	5.32	5.07	4.89	4.74	4.63

문제 풀며 정리하는 **확률과 통계** 2판

초판 1쇄 발행 | 2019년 8월 30일
2판 2쇄 발행 | 2024년 8월 25일

지은이 | 고 석 구 · 이 재 원
펴낸이 | 조 승 식
펴낸곳 | (주)도서출판 북스힐

등 록 | 1998년 7월 28일 제22-457호
주 소 | 서울시 강북구 한천로 153길 17
전 화 | (02) 994-0071
팩 스 | (02) 994-0073

홈페이지 | www.bookshill.com
이메일 | bookshill@bookshill.com

정가 30,000원

ISBN 979-11-5971-528-0